土 壤 科 学 丛 书

SOIL SCIENCE SERIES

土壤生物化学
Soil Biochemistry

主编 黄巧云 林启美 徐建明

编委 （按姓氏笔画排序）

吕贻忠 李贵桐 何 艳 汪海珍 林启美

赵小蓉 徐建明 黄巧云 蔡 鹏 谭文峰

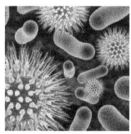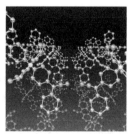

TURANG SHENGWU HUAXUE

高等教育出版社·北京

内容提要

　　本书系统总结了半个多世纪以来的土壤生物化学领域的研究成果，涵盖了土壤生物化学的核心内容，包括土壤微生物生物量，土壤酶和 DNA 等生物大分子的活性、功能与转化，土壤碳、氮、磷、硫、铁、锰等主要养分元素和铬、汞、硒、砷等重金属元素的生物化学过程，土壤外源有机污染物的生物残留与降解，以及根际微域土壤的生物化学等。每章除介绍一般的基本原理和研究进展外，还列举和推荐了一些重要土壤生物化学指标的测定方法。本书可供土壤、环境、生态、地学、农学、生物、湖泊等学科的科研、教学和工程技术人员参考。

图书在版编目（ＣＩＰ）数据

土壤生物化学／黄巧云，林启美，徐建明主编. --
北京：高等教育出版社，2015.3（2021.12重印）
（土壤科学丛书）
ISBN 978 - 7 - 04 - 041621 - 3

Ⅰ.①土… Ⅱ.①黄… ②林… ③徐… Ⅲ.①土壤学 -
生物化学 Ⅳ.①S154.2

中国版本图书馆 CIP 数据核字（2014）第 284419 号

策划编辑	柳丽丽	责任编辑 柳丽丽	封面设计 张 楠	版式设计 张 杰
插图绘制	邓 超	责任校对 孟 玲	责任印制 赵义民	

出版发行	高等教育出版社	咨询电话	400 - 810 - 0598
社　　址	北京市西城区德外大街4号	网　　址	http://www.hep.edu.cn
邮政编码	100120		http://www.hep.com.cn
印　　刷	北京盛通印刷股份有限公司	网上订购	http://www.landraco.com
开　　本	787 mm×1092 mm　1/16		http://www.landraco.com.cn
印　　张	28.75		
字　　数	540 千字	版　　次	2015 年 3 月第 1 版
插　　页	2	印　　次	2021 年 12 月第 2 次印刷
购书热线	010 - 58581118	定　　价	69.00 元

序　言

　　作为土壤学重要分支的土壤生物化学，是在土壤学其他分支以及生物学、化学等学科的快速发展过程中，日臻完善其理论体系和研究内容的。20 世纪下半叶，国外先后出版了多部与土壤生物化学有关的著作，仅 Marcel Dekker 有限公司在 1967 至 2000 年间就出版了 10 卷土壤生物化学专著，其中第 1 至 4 卷还被译成中文在国内出版。半个多世纪以来，国内虽然翻译了几部国外的土壤生物化学方面的论著，出版了诸如《土壤酶学》、《土壤微生物生物量测定方法及其应用》、《土壤有机质热力学》等相关的著作，但较全面、系统地介绍土壤生物化学研究成果的论著迄今还没有。鉴于此，来自华中农业大学、中国农业大学和浙江大学等高校从事土壤生物化学研究领域的专家共同撰写了这部土壤生物化学论著，他们长期从事土壤生物化学方面的研究，有深厚的研究积累。书中重点介绍了土壤碳、氮、磷、硫的生物化学，土壤微生物生物量，土壤酶和 DNA 等生物大分子的活性、功能与转化，土壤金属和类金属的生物化学，土壤有机污染物的转化，以及根际土壤生物化学等土壤生物化学的核心内容。

　　本书共分为 9 章，第 1 章由中国农业大学的林启美编写，第 2 章由华中农业大学的黄巧云编写，第 3 章由华中农业大学的蔡鹏编写，第 4 章由中国农业大学的林启美和吕贻忠编写，第 5 章由中国农业大学的李贵桐编写，第 6 章由中国农业大学的赵小蓉编写，第 7 章由浙江大学的徐建明和汪海珍编写，第 8 章由华中农业大学的谭文峰编写，第 9 章由浙江大学的徐建明和何艳编写。

　　本书可作为土壤学专业研究生或农业资源与环境专业本科高年级土壤生物化学课程的教材，也可作为环境、地学、生态、农学、林学以及生物学类科研人员、教师、研究生以及高年级本科生的重要科研和教学参考书。

　　由于编者水平有限，错误和疏漏之处在所难免，敬请使用本书的师生、读者和同行提出宝贵意见，以便再版时修订完善。

编　者

目 录

第1章 土壤微生物量

土壤是地球生物圈的重要组成部分，在地球生物圈物质和能量循环与转化过程中起着极其重要的作用。土壤微生物是"类生命体"土壤极其活跃的组成成分，既是土壤中几乎所有的物理、化学与生物学过程的"引擎"，也是物质与能量的"归宿"。土壤微生物数量极其巨大，种类极其繁多，且随环境条件而变化。显然，对个体微生物的研究，只能是"管中窥豹"，很难了解微生物在土壤物质和能量循环与转化过程中的作用。需要从整体的与系统的角度，忽略个体的差异，把握土壤微生物"整体"的特征，土壤微生物量的概念应运而生，并且与碳（C）、氮（N）、磷（P）、硫（S）等营养元素的循环转化紧密地结合在一起，极大地推动了土壤生物学的发展。

1.1 土壤微生物量概述

1.1.1 土壤微生物量的概念

20 世纪 70 年代，英国洛桑实验站（Rothamsted Experimental Station, http://www.rothamsted.ac.uk）著名土壤学家、英国皇家科学院院士 Jenkinson D S 及他的博士研究生 Powlson D S 教授，率先提出土壤微生物量的概念（soil microbial biomass），并创建土壤微生物量分析方法，试图从"森林"而非"单棵树"的整体角度，去研究微生物在土壤物质和能量循环与转化过程中的作用，有力地推动了土壤科学的发展。

土壤微生物量是指土壤中单个细胞体积（biovolume）小于 5×10^3 μm^3 的所有生命体，主要包括真菌、细菌、放线菌及原生动物等。由于微生物细胞的主要组成元素 C、N、P、S 与土壤肥力、土壤质量、植物营养和生态环境等密切相关，因此常用微生物量碳、微生物量氮、微生物量磷和微生物量硫等概念来表征微生物量。同时，更重要的是将微生物量与 C、N、P、S 等元素地球化学及生物化学循环转化过程偶联在一起，从而能更加深入地研究和了解 C、N、P、S 的循环转化过程及其机理。

1.1.2　土壤微生物量碳及其影响因素

土壤微生物量碳(soil microbial biomass carbon, SMB_C)是指土壤中活体微生物细胞内各种有机化合物的含碳总量。不同的微生物细胞,由于其结构物质组成差异很小,因此单位质量微生物量的有机碳含量的变异也不大,一般为44% ~47%,Jenkinson 和 Ladd(1981)建议取值47%,即当微生物量碳含量为100 g 时,活体微生物细胞干物质质量为212.77 g。

不同土壤的微生物量碳含量差异很大,最高的超过 1 000 mg·kg^{-1},最低的不到 50 mg·kg^{-1}。即使在同一个实验样地,土壤微生物量碳也有巨大的差异。如 Hargreaves 等(2003)报道,英国洛桑实验站 Broadbalk 肥料长期定位试验 NPK 小区(plot No. 141,28 m × 6 m)18 个采样点的土壤微生物量碳最低仅134 mg·kg^{-1},最高达 350 mg·kg^{-1}。尽管对土壤微生物量碳变异有不少研究,但对其变化规律仍然没有很清楚的认识。总体来看,土壤微生物量碳主要受植被、土壤类型、土地利用、耕作栽培管理等因素的影响,而且存在季节性的变化。

1. 植被类型

不同的植被因其地上与地下生物量及根系沉积物的差异,导致输入土壤的有机碳种类和数量明显不同,从而影响土壤微生物量碳。由于森林生态系统的植被种类繁多,大多数研究均是围绕不同林地土壤微生物量碳的差异,而农田及草地生态系统研究得比较少。主要是因为前者的植被相对比较恒定而单一,物质输入与输出比较恒定,时空变异比较小。农田的植被很单一,受人为控制,而草地植被过于复杂,研究起来相对比较困难。

Hackl 等(2005)比较了橡树、山毛榉树以及云杉 – 冷杉 – 山毛榉树等 12个采样点自然林地土壤微生物量碳的差异,发现每种林地不仅土壤微生物量碳差异很大(图 1 – 1),而且微生物量的群落结构(soil microbial community structure)也有明显的区别。朱志建等(2006)报道,我国亚热带 4 种主要的森林植被中,常绿阔叶林的土壤微生物量碳最高,为 338 mg·kg^{-1},杉木林最低,为 260 mg·kg^{-1}。与次生阔叶天然林相比,一代、二代杉木人工林土壤微生物量碳分别降低了 47 % 和 54 %(Wang 和 Wang,2006)。Sinha 等(2009)的研究结果表明,不同的树木由于其根际沉积物的差异,根际土壤微生物量碳和活性微生物量碳(active microbial biomass carbon, AMB_C)有很明显的区别(图1 – 2),其中 *Aegle marmelos* 根际土壤的微生物量碳最高,达 590 mg·kg^{-1},最低的 *Tectona grandis* 只有 50 mg·kg^{-1}左右。他们还将土壤微生物量碳与土壤基础呼吸、脱氢酶(dehydrogenase)、脲酶(urease)、过氧化氢酶(catalase)、酚氧化酶(phenoloxidase)和过氧化物酶(peroxidase)等酶活性结合,采用主成分分析方法(principal component analysis,PCA)计算根际土壤微生物指数(rhizosphere soil microbial index,RSMI,微生物学参数主成分分析权重与该参数得分值的乘积之和),并认为 RSMI 值能够反映不同树木的根际土壤微生物性质的差异,且与矿区植被恢复存在密切的联系,RSMI 值高的树木更适合用于矿区植被恢复。

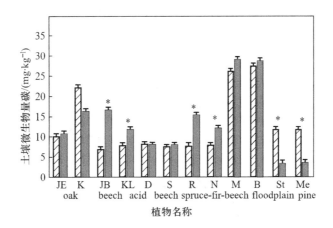

图 1-1　12 种不同树木林地土壤微生物量碳的差异(oak:橡树角树林;beech:车叶草三毛榉林地;acid beech:嗜酸性山毛榉林地;spruce-fir-beech:云杉-冷杉-山毛榉林地;floodplain:河漫滩林地;pine:奥地利松林地。JE、K、JB、KL、D、S、R、N、M、B、St、Me 等代表不同采样点)(Hackl 等,2005)

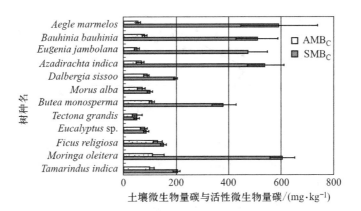

图 1-2　不同树木根际土壤微生物量碳(SMB$_C$)及活性微生物量碳(AMB$_C$)的差异(Sinha 等,2009)

2. 土壤类型

不同的土壤微生物量碳的差异很大，尽管人们一直试图探究决定土壤微生物量的关键因素，但由于土壤的复杂性和土壤微生物量的巨大时空变异性，很难建立土壤微生物量碳与土壤基础物质组成成分、质地、酸碱度、物理结构等土壤物理化学性质之间的定量关系。Aciego Pietri 和 Brookes(2008)利用英国洛桑实验站特有的 Hoosfield 酸性土壤带样地，发现土壤的 pH 与土壤微生物量碳 ($R^2 = 0.80, p < 0.001$)、茚三酮反应态氮 ($R^2 = 0.90, p < 0.001$)、总有机碳 ($R^2 = 0.83, p < 0.001$)和全氮 ($R^2 = 0.83, p < 0.001$)均有极显著的相关性(图 1 – 3)。微生物量和微生物活性在 pH 为 5～7 时比较稳定，因为此时的土壤有机碳、全氮、活性 Al 浓度差异很小。

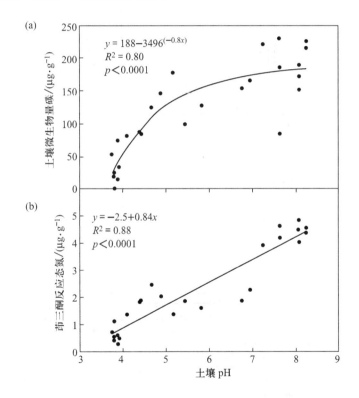

图 1 – 3　英国洛桑实验站 Hoosfield 酸性土壤带样地土壤 pH 与(a)土壤微生物量碳及(b)茚三酮反应态氮之间的关系(Aciego Pietri 和 Brookes,2008)

3. 土地利用

在相似的环境或土壤条件下，土地利用方式对土壤微生物量碳有相当大的影响。近几年，我国在这方面有不少研究。如宇万太等(2008)利用中国科学院沈阳生态实验站的肥料长期定位实验，比较研究了荒地、草地、林地、耕地和裸地土壤微生物量碳的变化与差异，发现土壤微生物量碳为荒地 > 草地 > 林地 > 耕地 > 裸地。刘文娜等（2006）报道，山东桓台县潮土、褐土和砂姜黑土微生物量碳均是粮田 > 菜地 > 林地。王小利等（2006）报道，亚热带红壤低山丘陵地区土壤微生物量碳为水田 > 林地 > 旱地 > 果园。显然，个案研究结果可能差异很大，甚至得到完全相反的结果，主要原因是，同一土地利用方式下不同研究样地的土壤条件、植被状况、水热条件等并不相同，因此土壤微生物量碳存在差异。Wardle（1998）汇总了 58 篇文章中的土壤微生物量碳数据，发现美国、英国等 13 个国家的耕地土壤微生物量碳平均约为 400 mg·kg^{-1}，草地达 800 mg·kg^{-1}，而林地比草地略低一些（图 1 - 4）。

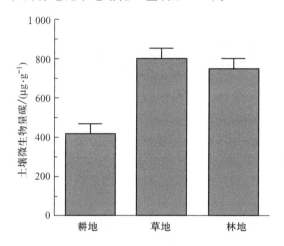

图 1 - 4　美国、英国等 13 个国家耕地、草地和林地土壤微生物量碳（Wardle, 1998）

4. 耕作栽培管理措施

施肥、耕作栽培管理等措施对土壤微生物量碳的影响一直受到人们的关注，国内外对此开展了大量的研究。但是，由于不同国家和地区的耕作栽培管理措施及生态环境条件差异的原因，目前还没有就施肥、耕作栽培等对土壤微生物量碳的影响达成共识。

现有的研究结果表明，施肥对土壤微生物量碳的影响与施肥量、肥料类型和配合比例、土壤类型、生态系统状况、种植制度等有关。施用有机肥料，如秸秆还田、厩肥等，土壤微生物量碳大幅度提高，但影响程度还与有机肥料的物理、化学和生物学性状以及土壤性状等有关，特别是有机物质的碳氮比及土壤有效氮磷含量，可直接或间接地、短期或长期地影响到土壤微生物量碳的变化。一般说来，易矿化成分含量比较高，碳氮比较低的有机肥料对土壤微生物量碳的影响仅表现出短期效应。而难分解成分如木质素含量比较高，碳氮比较高的有机肥料则具有长期效果。可见，如以调控土壤氮磷等养分供给为目的，则应考虑施用易分解的有机肥料。而以培肥土壤为目的，则应施用较难分解的有机肥料。Rajashekhara Rao 和 Siddaramappa（2008）的研究结果就很好地说明了这一点，尽管水稻土壤微生物量碳随着水稻秸秆或两种树叶（*Pongamia pinnata* 和 *Azadirachta indica*）的加入量的增加而提高，土壤质量也相应提高，但水稻生物量和籽粒产量却降低（图 1－5）。

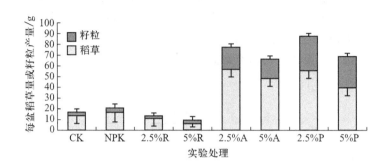

图 1－5　施用稻草（R）和 *Pongamia pinnata*（P）与 *Azadirachta indica*（A）树叶（用量按 C 计算，为 2.5% 和 5%）对印度水稻土水稻生物量和籽粒产量的影响（CK 代表对照组，NPK 代表 NPK 矿质肥料）（Rajashekhara Rao 和 Siddaramappa，2008）

关于施用氮、磷化肥对土壤微生物量碳的影响已有很多研究。对于贫营养的草原和森林生态系统，施用氮、磷等化学肥料，一般都会显著地提高土壤微生物量碳（齐莎，2010）。而对于氮、磷营养相对比较丰富的农田生态系统，施肥的效果可能取决于所用化肥种类及用量、土壤养分状况以及耕作栽培制度等。一般说来，合理施用化肥能够提高农作物生物量，增加输入土壤的有机物质，从而提高土壤微生物量碳。Zhong 和 Cai（2007）报道，在氮、磷均不足的土壤中连续 13 年施用磷肥，土壤微生物量碳显著提高，而氮肥的影响需要磷肥与之搭配，钾肥对土壤微生物量碳没有显著的影响。英国洛桑实验站著名的 Broadbalk 近 180 年肥料实验研究结果表明，合理施用化肥能够提高土壤微生物量碳，比不施用化肥提高了 2 倍以上，接近施用厩肥土壤（Lin 和 Brookes，1996；Witter 和 Kanal，1998）。河南封丘实验站 16 年的肥料实验结果显示（图 1－6），与不施肥比较，施用氮、磷、钾肥料，土壤微生物量碳至少提高了 70%（Chu 等，2007）。

施用化肥对土壤微生物量碳的影响，一般都表现为间接的效应，即由于化肥促进植物生长，提高输入土壤有机物质的量，从而增加土壤微生物量碳。其直接效应一般表现出对土壤微生物量碳的负面影响，即不合理地施用化肥，特别是大量施用单一的某种化肥，常常导致土壤物理和化学性质的恶化，如酸化和盐渍化等，土壤微生物量碳会随肥料用量特别是氮肥用量的增加而降低（图 1－7）。

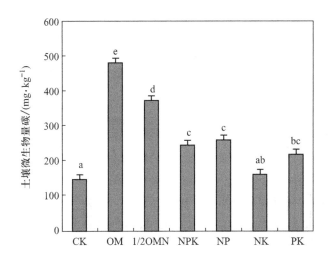

图 1-6　连续 16 年不施肥（CK）、施用厩肥（OM）、半量厩肥和半量矿质氮肥（1/2OMN）、NPK 矿质肥料（NPK）、缺失矿质肥料（NP、NK、PK）玉米 - 小麦系统土壤微生物量碳的差异（不同的字母代表 $p < 0.05$ 显著性差异）（Chu 等，2007）

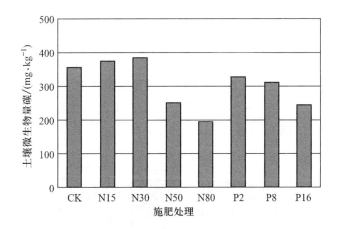

图 1-7　施用氮（硝酸铵）、磷（普通过磷酸钙）肥料对内蒙古典型草原土壤微生物量碳的影响（横坐标代表不同浓度（单位：$g \cdot m^{-2}$）氮（N）肥和磷（P）肥施用量的处理组）（齐莎，2010）

　　耕作、轮作、套种、间作等对土壤微生物量碳的影响已有大量的研究，特别是保护性耕作对土壤微生物量碳的影响，成为近几年的研究热点。耕作栽培措施对土壤微生物量碳的影响，一方面取决于耕作栽培技术措施，另一方面与种植制度及生态环境条件有关。不少研究结果证实，耕作可以降低土壤微生物量碳，免耕、少耕等保护性耕作可提高土壤微生物量碳。Franchini 等（2007）

报道，巴西亚热带氧化土，免耕时土壤微生物量碳比耕作土壤高 80% ~ 104%，而轮作对土壤微生物量碳没有显著的影响，但水旱轮作会导致土壤微生物量碳下降。Wright 等（2005）发现，耕作对土壤微生物量碳的影响与种植的作物有关，且主要反映在表层土壤上，免耕对种植玉米的土壤微生物量碳影响更大一些，而少耕则对棉花地的土壤微生物量碳影响更大（图 1 - 8）。

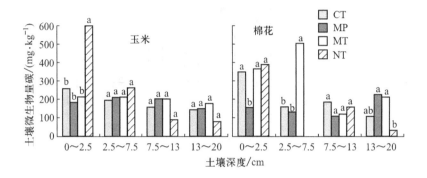

图 1 - 8　不同的耕作措施（常规耕作：conventional tillage，CT；铧式犁耕：moldboard plow，MP；最小耕作：minimum tillage，MT；免耕：no tillage，NT）对种植玉米和棉花不同土层土壤微生物量碳的影响（Wright 等，2005）

5. 季节变化

土壤微生物量碳不仅受植被、土壤及人类生产活动等因素的影响，而且存在明显的季节性变化。Wardle（1998）从 58 篇论文收集的土壤微生物量碳季节变化数据中发现，耕地、草地和林地土壤微生物量碳季节变化的差异很小，变异系数为 24% 左右（图 1 - 9）。总体来看，土壤微生物量碳季节变化与土壤 pH、总有机碳和全氮的含量呈负相关关系，而与纬度呈正相关关系（表1 - 1）。

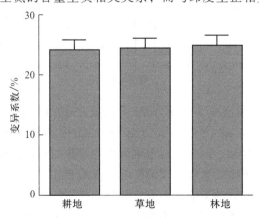

图 1 - 9　耕地、草地和林地土壤微生物量碳的季节变化变异系数（Wardle，1998）

其中，林地主要取决于土壤氮素含量，耕地土壤取决于 pH 和纬度，而草地土壤与 pH、有机碳含量及纬度有关。

表 1-1　耕地、草地和林地土壤微生物量碳季节变异（CV）与土壤 pH、有机碳（C）、全氮（N）及纬度（LAT）的回归分析（Wardle，1998）

生态类型	回归方程	标准误差	相关系数
耕地	CV = 70.2 − 6.95(pH)	1.91[++]	0.524[++]
	CV = 47.2 − 5.98(pH) + 0.422(LAT)	pH：1.91[++]，LAT：0.190[*]	0.608[++]
草地	CV = 36.9 − 3.57(C)	1.25[*]	0.559[*]
	CV = 82.5 − 4.96(C) − 6.71(pH)	C：1.42[+]，pH：3.26[+]	0.711[*]
	CV = 81.3 − 5.31(C) − 8.71(pH) + 0.381(LAT)	C：1.22[++]，pH：2.92[*]，LAT：0.161[*]	0.814[++]
林地	CV = 40.8 − 37.0(N)	N：16.8[*]	0.591[*]
全部	CV = 12.2 + 0.321(LAT)	LAT：0.120[+]	0.304[+]
	CV = 34.4 − 3.92(pH) + 0.389(LAT)	LAT：0.120[+]，pH：1.22[+]	0.462[++]
	CV = 58.5 − 3.56(pH) + 0.342(LAT) − 2.33(C)	LAT：0.177[+]，pH：1.39[++]，C：0.619[++]	0.597[++]

*、+、++ 分别表示 $p < 0.05$、$p < 0.01$ 和 $p < 0.001$ 的显著性差异。

1.1.3　土壤微生物量氮及其影响因素

土壤中活体微生物细胞所含有的各种形态的氮素称为土壤微生物量氮（soil microbial biomass nitrogen，SMB_N）。不同的土壤微生物量氮差异很大，高的达几百 mg·kg^{-1}，低的不到 5 mg·kg^{-1}。土壤微生物量氮的影响因素和变化规律与微生物量碳基本一致，主要受植被、土壤类型、土地利用、耕作栽培管理等因素的影响，而且存在季节性变化。

Wardle（1998）汇总了 58 篇论文中的土壤微生物量氮数据，发现美国、英国等 13 个国家耕地土壤微生物量氮平均约为 40 mg·kg^{-1}，草地接近 150 mg·kg^{-1}，而林地为 110 mg·kg^{-1}，其季节性变化的特征基本一致（图 1-10）。李世清等（1998）的调查结果要高一些，我国西北地区阔针叶混交林地土壤微生物量氮为 403.2 mg·kg^{-1}，草甸土壤为 340.8 mg·kg^{-1}，草原土壤为 301.2 mg·kg^{-1}，农田土壤为 62.4～137.6 mg·kg^{-1}。刘守龙等（2003）的调查结果显示，我国湖南省 6 块稻田长期定位土壤微生物量氮为 33.0～193 mg·kg^{-1}，施用有机肥料的土壤微生物量氮显著高于施用氮、磷、钾等化肥的土壤。

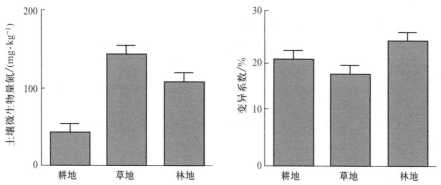

图1-10 美国、英国等13个国家耕地、草地和林地土壤微生物量氮及其变异(Wardle, 1998)

有机肥料含氮量或碳氮比对土壤微生物量氮有很大的影响。一般说来,碳氮比越高,对微生物量氮的影响持续时间越长,反之仅表现出短期效应。Patra等(1992)报道,小麦秸秆对土壤微生物量氮的影响大于豇豆秸秆,并随着培养时间的延长,后者的微生物量氮逐渐减少,而前者基本不变。Wright 等(2005)发现,耕作对土壤微生物量氮的影响与种植的作物有关,且主要反映在表层土壤上,保护性耕作对种植玉米的土壤微生物量氮影响更大一些(图1-11)。

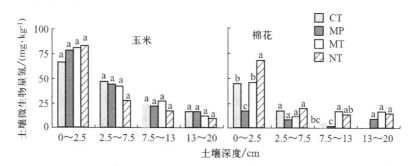

图1-11 不同的耕作措施,CT、MP、MT和NT(参见图1-8说明)对种植玉米和棉花不同土层土壤微生物量氮的影响(Wright 等,2005)

1.1.4 土壤微生物量磷、硫及其影响因素

土壤微生物量磷、硫(soil microbial biomass phosphorus and sulfur, SMB_P, SMB_S)是指土壤中活体微生物细胞中各种化合物磷和硫的总含量。可能主要是因为大部分土壤硫素比较丰富,对大多数生态系统的物质与能量循环转化影响很小,对土壤微生物量硫的研究并不多,而对土壤微生物量磷的研究比较多。

现有的研究结果显示，土壤微生物量硫最低的不到 1 mg·kg^{-1}，最高的接近 30 mg·kg^{-1}。如 He 等(1997)报道，英国草地表层土壤(0~15 cm)的微生物量硫为 17~27 mg·kg^{-1}，日本 19 块土壤(包括草地、耕地和林地)的微生物量硫为 0.81~13.4 mg·kg^{-1}(Chowdhury 等,1999)。比起土壤微生物量硫，土壤微生物量磷的含量要高一些，且变异更大，最高的超过 200 mg·kg^{-1}，最低的不到 5 mg·kg^{-1}(Joergensen 等,1995)。

与土壤微生物量碳、氮一样，土壤微生物量硫、磷也应受多种因素的影响，但由于缺乏研究，目前对土壤微生物量硫的影响因素了解得很少，对土壤微生物量磷的影响因素有所了解。现有的研究结果显示，土壤有效磷含量及有机物料含磷量或碳磷比，是土壤微生物量磷的主要影响因素。施用有机肥和磷肥可显著提高土壤微生物量磷，单施氮肥则显著降低土壤微生物量磷(王晔青等,2007)(图 1-12)。刘守龙等(2003)对我国亚热带稻田土壤微生物量磷的研究表明，不同的施肥方式下土壤微生物量磷的含量为：高量有机肥 > 中量有机肥 > 秸秆还田 > NPK > CK。在一定的范围内，微生物量磷与土壤有效磷含量存在线性关系(图 1-13)，随土壤有效磷含量的增加而提高。但是，土壤有效磷含量过高，会导致土壤微生物量磷含量下降(来璐等,2006;赵小蓉等,2009)。

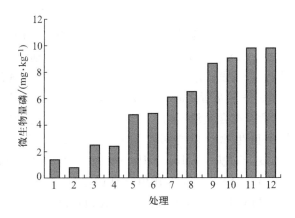

图 1-12　不同的施肥对种植大豆土壤微生物量磷的影响(处理内容 1~12 依次为 CK、N、NP、NPK、M1、M1N、M1NP、M1NPK、M2、M2N、M2NP、M2NPK,M 为猪厩肥,用量分别为 18.75t·hm^{-2}(M1)、37.50t·hm^{-2}(M2),有机质 119.6 g·kg^{-1},全氮 5.6 g·kg^{-1},P$_2$O$_5$ 8.3 g·kg^{-1},K$_2$O 11.9 g·kg^{-1}。氮肥为尿素(N),30 kg·hm^{-2},磷肥为过磷酸钙(P$_2$O$_5$),90 kg·hm^{-2},钾肥为硫酸钾(K$_2$O),90 kg·hm^{-2})(王晔青等,2007)

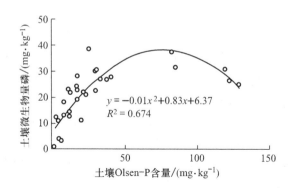

图 1 - 13　土壤 Olsen - P 含量与微生物量磷之间的关系（赵小蓉等，2009）

1.1.5　土壤微生物量碳、氮、磷、硫之间的关系

　　碳、氮、磷、硫都是微生物的必需营养元素，其中碳既是微生物细胞主要结构物质组成元素，同时也是能量的来源。氮是微生物细胞蛋白质等含氮化合物的组成元素。磷不仅是核酸等物质的组成元素，也是 ATP 等能量物质的重要成分。硫主要存在于含硫氨基酸中。可见，除了微生物量碳，微生物量氮、磷、硫不仅可指示微生物量，而且能够反映微生物的 N、P、S 营养状况。不同种类微生物细胞的蛋白质构成及含量差异不是很大，因此，土壤微生物量碳与土壤微生物量氮之间的比例变异也很小，两者之间有良好的线性关系，其比值（SMB_C/SMB_N）为 5 ~ 15，平均约为 6。Jenkinson（1988）通过总结 9 篇研究报告中的 104 块土壤，采用熏蒸培养法测定的土壤与未熏蒸土壤的碳增量（F_C）和氮增量（F_N）结果，发现两者之间有显著的相关性：$F_C = (5.31 \pm 0.108)F_N$。

　　与微生物氮素营养或含氮量不同，不同种类微生物细胞的磷、硫含量差异很大，大大降低了微生物量碳与微生物量磷、硫的相关性，SMB_C/SMB_P、SMB_C/SMB_S 的比值变异很大。SMB_C/SMB_S 一般为（50 ~ 150）∶1，但最高可达 2 000∶1（Wu 等，1994）。SMB_C/SMB_P 比值最低的不到 5（表 1 - 2），最高的达 400，接种溶磷微生物的土壤，其 SMB_C/SMB_P 比值最高，接近 1 000∶1（程淑琴等，2003）。

　　目前，有关土壤微生物量硫的研究不多，对土壤微生物量碳与微生物量硫之间的关系研究报道很少。但有关土壤微生物量碳与微生物量磷的关系有不少研究，尽管对其巨大变异的原因还没有十分清楚的解释，但现有结果显示，SMB_C/SMB_P 的比值可能主要与土壤有效磷含量、微生物群落结构等有关。来璐等（2006）研究表明，SMB_C/SMB_P 的比值与土壤有效磷含量呈显著的相关性（图 1 -14），他们认为这极有可能是土壤微生物吸收富集磷素所致。Ezawa 等

（2004）报道，土壤施用无机磷后，一些真菌及细菌，特别是 AM 真菌，迅速以多聚磷酸盐的形式贮存磷素（Khoshmanesh 等，2002）。Bünemann 等（2008）也认为，在培养介质中加入磷素能够促使微生物形成 Poly－P。^{31}P－NMR 结果显示，不同微生物细胞磷化合物组成成分存在差异，如 P. putida 和 A. niger 细胞中的主要形态为三磷酸核苷酸、二磷酸核苷酸以及焦磷酸盐（PPi）和 Poly－P，而 B. subtilis 细胞中则以磷脂化合物为主，其磷酸双酯化合物高于真菌（Makarov 等，2002）。细菌生物量碳磷比值比真菌要低得多，分别为 19～43 和 97～293，因此，高的 SMB_C/SMB_P 比值，也可能暗示高的细菌生物量，或低的真菌生物量。

表 1－2　土壤微生物量碳磷比（SMB_C/SMB_P）的变化范围

土壤来源	土壤样品	SMB_C/SMB_P	文献来源
尼加拉瓜	25 个耕地土	34～214	Joergensen 和 Castillo，2001
英国草地	不施肥	37～76	He 等，1997
	施氮肥	79～276	
	施磷肥	9～30	
新西兰草地	不施肥	24～69	Chen 等，2003
新西兰林地	不施肥	19～65	
德国林地（0～6 cm）		15～21	Joergensen 和 Scheu，1999
中国旱耕地	45 个	16～75	吴金水等，2003

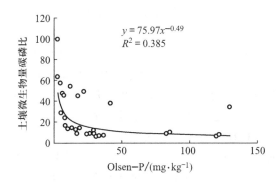

图 1－14　土壤 Olsen－P 含量与微生物量碳磷比之间的关系（来璐等，2006）

1.2　土壤微生物量的研究方法

早在 20 世纪初，人们就发现熏蒸不仅能够杀灭病原微生物，减轻作物病害，而且能够提高土壤的有效养分含量，改善作物营养。但直到 70 年代末，英国著名的土壤学家 Jenkinson D S 领导的研究小组首次报道,熏蒸土壤在培养期间所释放的 $CO_2 - C$ 量与未熏蒸前土壤的活体微生物量之间有显著的线性关系,可作为土壤微生物量的指标,从而首创用熏蒸培养(fumigation incubation,FI)方法测定土壤微生物量,并掀起全球性的土壤微生物量研究热潮,相继提出多种方法,试图更加准确而快速地定量土壤活体微生物细胞的数量,即土壤微生物量。进入 21 世纪以来,大量的分子生物学新技术和新方法应用到土壤学研究之中,人们不再满足于仅从"总体上"把握土壤微生物,而是更加强调结构与功能的关系,多层次、全方位地研究了解土壤生物及生物过程的本质。

回眸 30 多年的研究发展历史,土壤微生物量定量化方法可以分为 3 类:计数方法、生理学方法和生物化学方法。一方面由于计数方法主要用于研究占总数不到 1% 的可培养微生物,另一方面直接显微计数技术费时费力,目前极少有人用显微技术方法来测定土壤微生物量。因此,此处仅介绍生理学方法和生物化学方法。

1.2.1　生理学方法

活体微生物细胞最常见的生理特征是消耗氧气、释放 CO_2、矿化氮、释放热量等,基于这些生理特征所提出的土壤微生物量分析技术主要有:熏蒸培养方法、基质诱导呼吸方法、精氨酸诱导氨化或矿化方法以及热释放法等。

1. 熏蒸培养方法

自从发明了显微镜,人们就认识到土壤中存在大量的细菌、真菌、放线菌、原生动物、线虫等微小的生命体,是一个巨大的微生物基因库。这些生命体一旦死亡,如熏蒸灭菌处理,就可以被再繁殖的其他生命体作为基质利用,表现出土壤 O_2 消耗量或 CO_2 释放量的快速提高。Jenkinson 和 Powlson(1976)的系列研究证实,氯仿熏蒸可以杀死 99% 的土壤微生物,且对土壤物理和化学性质没有显著的影响,不会显著地产生非生命过程 $CO_2 - C$ 释放。熏蒸土壤进行培养时,其 $CO_2 - C$ 释放量快速且大幅度地增加,而不熏蒸的土壤 $CO_2 - C$ 释放量比较低。培养期间 $CO_2 - C$ 累积释放量与被杀死的活体微生物量之间存在极其显著的线性关系,且这种关系不随土壤的类型而变化,可以用一个相对恒定的系数,即被熏蒸杀死微生物在培养期间的矿化率(k_C)来估算土壤中的活体微生物量。

基本操作步骤是:将一定量的新鲜土壤经氯仿蒸汽熏蒸 24h,去除氯仿后在一定的温度下培养 10d,测定所释放处理的 $CO_2 - C$,同时做不熏蒸土壤对照,土壤微生物量碳按照下式计算:

$$土壤微生物量碳(SMB_C) = F_C / k_C$$

式中：F_C 为熏蒸土壤与未熏蒸土壤（对照）在培养 10d 内释放的 $CO_2 - C$ 差值，k_C 为矿化系数，即被熏蒸杀死的土壤微生物量碳在培养期间矿化为 $CO_2 - C$ 的比例，一般取值为 0.45，即在 10d 培养期间，熏蒸杀死的微生物量碳仅有 45% 被矿化为 $CO_2 - C$，大部分仍然陈留在土壤中，或未被分解，或转化为土壤有机质，或形成新的微生物量。

FI 方法最大的困难是对照土壤 $CO_2 - C$ 释放量，即土壤背景 $CO_2 - C$ 释放量。一些研究者认为，熏蒸土壤的背景呼吸量很低，可以忽略不计，直接用熏蒸土壤培养 10d 释放的 $CO_2 - C$ 量来估计土壤微生物量。另外，一些土壤如强酸性土壤和易分解有机物质含量比较高的土壤，也不适合用 FI 方法。前者可能是由于强酸性土壤中 Al^{3+} 等成分，影响熏蒸后再培养期间土壤微生物的繁殖。后者则是由于土壤背景 $CO_2 - C$ 释放量比较高，两者都导致熏蒸土壤 10d 培养期间 $CO_2 - C$ 释放量低于未熏蒸土壤，即 F_C 为负值，无法估算土壤微生物量。

熏蒸土壤在培养期间 $CO_2 - C$ 释放量大幅增加的同时，土壤矿质态氮（主要为 $NH_4^+ - N$）也显著增加。Shen 等（1984）研究发现，熏蒸土壤培养期间矿质态氮的增加量，与被熏蒸杀死的微生物量含氮量之间存在显著的线性关系，可以根据矿质氮增加量来估算土壤微生物量氮（SMB_N），即土壤微生物量氮熏蒸培养分析方法。土壤微生物量氮根据下式计算：

$$土壤微生物量氮（SMB_N）= F_N / k_N$$

式中：F_N 为熏蒸与未熏蒸土壤矿质态氮的差值，即培养期间矿质氮增加量；k_N 为转换系数，表示被熏蒸杀死的土壤微生物量氮在 10d 培养期间矿化为矿质态氮的比例，一般取值 0.57（Jenkinson，1988）。这就意味着，在 10d 培养期间，约有 57% 的被熏蒸杀死的微生物细胞中的含氮有机化合物被分解为矿化态氮，主要是铵，还有不到一半或未被分解，或转化为新的微生物量氮，或形成土壤有机氮。

2. 基质诱导呼吸方法（substrate-induced respiration，SIR）

在自然条件下，土壤易分解的有机物质含量一般比较低。因此，土壤中的微生物一般都处于休眠状态，其呼吸量很低，即土壤基础呼吸量一般比较低。但是，当加入易分解的有机物质，如葡萄糖、肉汁等，土壤呼吸量迅速增加，几分钟内就达到第一个高峰，并保持近 4h 不变，这种呼吸量称为基质诱导呼吸量。Anderson 和 Domsch（1978）研究发现，加入葡萄糖的诱导呼吸量与熏蒸培养方法所测定的土壤微生物量碳之间呈正比例关系，并提出可以通过测定葡萄糖诱导呼吸量，来估算土壤微生物量。

上述方法的基本操作步骤是：在一定量的新鲜土壤中加入一定量的葡萄糖（约 6 mg · kg^{-1} 土），混合均匀后在一定的温度下培养，测定前 2h 内的 CO_2 呼吸速率，根据 CO_2 呼吸速率与微生物量碳的定量关系计算土壤微生物量碳（Lin 和 Brookes，1999a）。

显然，SIR 方法是基于土壤微生物对所加入基质快速的响应，并假设土壤中不同种类、不同生理状态的微生物在短时间内都以相同的速度代谢所加入的基质，释放出 CO_2 或消耗 O_2，目前还没有确凿的证据证实或推翻这一假设。

基质诱导呼吸速率是土壤微生物对加入基质的快速反应，因此，一些研究者将基质诱导呼吸速率作为土壤活性微生物量指标。他们发现，在加入葡萄糖的同时加入细菌和真菌抗生素，如放线菌酮和链霉素，可以分别选择性地抑制真菌和细菌诱导呼吸，从而能够分别估算出真菌和细菌诱导呼吸量，并计算出真菌和细菌生物量（Lin 和 Brookes，1999a，1999c）。

3. 精氨酸诱导氨化或矿化方法（arginine-induced ammonification or mineralization，AIA/AIM）

与土壤基础呼吸相似，在自然条件下，土壤氨化或矿化速率比较低，但是，当加入含氮有机化合物时，土壤微生物迅速响应，将其转化为铵，再转化为硝酸盐。Alef 和 Kleiner（1987）研究发现，土壤中有 50 多种细菌对所加入的精氨酸迅速响应，将其水解为铵，短时间内铵的转化速率与基质诱导呼吸速率、土壤微生物量碳、土壤 ATP 含量之间均存在线性关系。因此，可以通过快速测定诱导铵化速率估算土壤微生物量。

基本操作步骤与 SIR 相似，在一定量的新鲜土壤中加入精氨酸水溶液（$0.3\ mg \cdot kg^{-1}$ 土），在一定的温度下培养 2h，测定铵释放量，计算精氨酸氨化速率，根据已建立的精氨酸氨化速率与微生物量碳之间的定量关系计算土壤微生物量碳（Lin 和 Brookes，1999b）。

显然，此方法也存在同样的问题，目前还没有充足的证据支持该方法的基本假设，即所有的土壤微生物对精氨酸的响应都是相同的，且不利用精氨酸的微生物量占总微生物量的比例不随土壤类型的变化而变化。

4. 热释放法（heat output）

任何化学过程和生物化学过程都伴随着热的吸收或释放，主要取决于系统最初和最终的能量状态，与反应过程的复杂程度没有关系。因此，热释放量或吸收量能够反映一个生命体总体的活跃状态，而不是某个单一的生物化学反应。在自然条件下，由于生物化学过程比较弱，土壤热释放量一般比较低，但加入基质后，土壤热释放量迅速增加，并保持几小时没有太大的变化。此时的放热量是土壤原有的活体微生物分解基质的结果。因此，与精氨酸氨化速率、土壤 ATP 含量、微生物量碳以及蛋白酶活性等之间存在显著的相关性，可用作土壤微生物量或微生物活性指标（Zheng 等，2009）。但是，需要注意的是，土壤中的许多溶解反应、CO_2 水合反应、H_2CO_3 的电离以及水的蒸发等都干扰热释放的测定，一些污染物也会影响热的测定。

热释放法的基本操作步骤是：取一定量的新鲜土壤(1~10 g)置于适宜体积的安瓿中，在25 ℃下预培养过夜，然后再拧紧瓶盖，同上进行培养，用微量热分析仪测定热释放量，以不加入土壤为对照，根据热释放与微生物碳的定量关系(1 g 微生物量碳 = 180.05 mW)，计算土壤微生物量碳。

5. 碳代谢指纹分析技术(carbon catabolism fingerprint)

有机物质是大多数土壤微生物的物质和能量的来源，不同的土壤微生物对有机物质的需求和依赖性差异很大。传统的稀释平板分离与计数技术主要是基于微生物的这一特性，极大地增加和丰富了我们对土壤微观世界的认识。土壤碳代谢指纹分析技术也是基于微生物对不同碳源物质的代谢特性，通过检测代谢产物来了解土壤中碳代谢功能群微生物的结构与活性。

碳源物质的种类很多，一般根据研究的目的选择不同的碳源物质，如研究根际土壤微生物碳代谢指纹，可选择根系分泌的有机物质(表1-3)。溴百里酚蓝(bromothymol blue)和酚红(phenol red)曾用于检测代谢产物，氧化还原色素氯化三苯基四氮唑(triphenyltetrazolium chloride,TTC)是比较理想的微生物呼吸作用指示物质。当微生物利用不同的碳源物质时，产生电子传递体烟酰胺腺嘌呤二核苷酸(NADH)，而四氮唑能够接受电子，并且与电子传递链无关，四氮唑接受电子后转变为紫色的甲臢，颜色的深浅及形成速度，能够反映微生物代谢碳源的数量及活性。BIOLOG 公司开发的微平板技术(Bochner,1984)能够同时检测微生物对95 种不同碳源的利用特点，可应用于菌种鉴定，以及土壤和水体等的微生物群落结构的研究(Kirk 等,2004;曹军等,2010)。如果没有微平板，也可以用微试管(1.0 mL)，或直接用含有特定碳源物质的琼脂平板来研究微生物利用碳源的特征。目前，还有其他一些类似 BIOLOG 微平板的技术，用来研究微生物利用碳源的特征，如 API 系统、Entero - Set 20 系统、Minitek 系统和 Patho - Tec Rapid I - D 系统等。

BIOLOG 微平板的基本操作步骤是，首先制备 10^{-3} L 土壤悬浮液，再用多头加液器将土壤悬浮液加入微平板的池内，每池加土壤悬浮液 0.15 mL，在一定的温度(25 ℃)下培养一定的时间(约 240 h)，扫描测定培养期间所形成的紫色(590 nm)，一般根据指数变化时(72 h)的平均光密度值(average well colour development,AWCD)分析土壤碳代谢指纹特征。

表 1 - 3　可选择使用的碳源物质

糖类	半乳糖胺(galactosamine)、葡萄糖胺(glucosamine)、核糖醇(adonitol)、阿拉伯糖(arabinose)、阿拉伯糖醇(arabitol)、纤维二糖(cellobiose)、赤藻糖醇(erythritol)、果糖(fructose)、岩藻糖(fucose)、半乳糖(galactose)、龙胆二糖(gentiobiose)、葡萄糖(glucose)、肌糖(inositol)、乳糖(lactose)、乳果糖(lactulose)、麦芽糖(maltose)、甘露醇(mannitol)、甘露糖(mannose)、蜜二糖(melibiose)、甲基葡糖苷(methylglucoside)、阿洛酮糖(psicose)、棉子糖(raffinose)、鼠李糖(rhamnose)、山梨(糖)醇(sorbitol)、蔗糖(sucrose)、海藻糖(trehalose)、松二糖(turanose)、木糖醇(xylitol)
酯类化合物	单甲基琥珀酸酯(mono-methyl succinate)、丙酮酸甲酯(methylpyruvate)
羧酸类化合物	乙酸(acetic)、乌头酸(aconitic)、柠檬酸(citric)、蚁酸(formic)、半乳糖酸内酯(galactonic acid lactone)、半乳糖醛酸(galacturonic)、葡萄糖酸(gluconic)、氨基葡萄糖酸(glucosaminic)、葡萄糖醛酸(glucoronic)、羟基丁酸(hydroxylbutyric)、苯乙醇酸(hydroxylphenylacetic)、甲叉丁二酸(itaconic)、丁酮酸(ketobutyric)、酮戊二酸(ketoglutaric)、戊酮酸(ketovaleric)、乳酸(lactic)、丙二酸(malonic)、丙酸(propionic)、奎尼酸(quinic)、糖二酸(saccharic)、癸二酸(sebacic)、琥珀酸(succinic)
氨基酸	丙氨酸(alanine)、氨基乙酸(glycine)、天冬酰胺(asparagines)、天冬氨酸(aspartic acid)、谷氨酸(glutamic acid)、甘氨酰天冬氨酸(glycyl-aspartic acid)、甘氨酰谷氨酸(glycyl-glutamic acid)、组氨酸(histidine)、羟基脯氨酸(hydroxyl-proline)、亮氨酸(leucine)、鸟氨酸(ornithine)、苯基丙氨酸(phenylalanine)、脯氨酸(proline)、焦谷氨酸(pyroglutamic acid)、丝氨酸(serine)、苏氨酸(threonine)、肉碱(carnitine)、氨基丁酸(aminobutyric acid)
多聚物	肝糖(glycogen)、环式糊精(cyclodextrin)、糊精(dextrin)、吐温 80(Tween 80)、吐温 40(Tween 40)
醇类	丁二醇(butanediol)、甘油(glycerol)
氨基化合物	琥珀酰胺酸(succinamic acid)、葡糖醛酰胺(glucuronamide)、丙酸胺(alaninamide)
芳香类化合物	肌苷(inosine)、咪唑丙烯酸(urocanic acid)、胸苷(thymidine)、尿苷(uridine)
磷酸化合物	磷酸甘油(glycerol phosphate)、1 - 磷酸葡萄糖(glucose - 1 - phosphate)、6 - 磷酸葡萄糖(glucose - 6 - phosphate)
溴代化合物	溴代琥珀酸(bromosuccinic acid)

续表

胺类化合物	苯乙基胺（phenylethylamine）、氨基乙醇（aminoethanol）、腐胺（putrescine）
根系分泌物	
糖类	阿拉伯糖（arabinose）、果糖（fructose）、葡萄糖（glucose）、半乳糖（galactose）、麦芽糖（maltose）、棉子糖（raffinose）、鼠李糖（rhamnose）、核糖（ribose）、蔗糖（sucrose）、木糖（xylose）、低聚糖（oligosaccharides）
氨基酸类	丙氨酸（α-alanine，β-alanine）、氨基丁酸（α-aminobutyric acid）、天冬酰胺酸（asparagine）、精氨酸（arginine）、天冬氨酸（aspartic acid）、胱硫醚（cystathionine）、胱氨酸/半胱氨酸（cystine/cysteine）、谷氨酰胺（glutamine）、氨基乙酸（glycine）、高丝氨酸（homoserine）、亮氨酸/异亮氨酸（leucine/isoleucine）、赖氨酸（lysine）、甲硫氨酸（methionine）、鸟氨酸（ornithine）、苯丙氨酸（phenylalanine）、脯氨酸（proline）、丝氨酸（serine）、苏氨酸（threonine）、酪氨酸（tyrosine）、色氨酸（tryptophan）
有机酸类	乙酸（acetic）、丁酸（butyric）、柠檬酸（citric）、反丁烯二酸（fumaric）、乙醇酸（glycolic）、苹果酸（malic）、丙二酸（malonic）、草酸（oxalic）、丙酸（propionic）、琥珀酸（succinic）、酒石酸（tartaric）、戊酸（valeric）
脂肪酸和甾醇类	菜油甾醇（campesterol）、胆固醇（cholesterol）、亚油酸（linoleic）、亚麻酸（linolenic，oleic）、棕榈酸（palmitic）、谷甾醇（sitosterol）、硬脂酸（stearic）、豆甾醇（stigmasterol）

1.2.2　生物化学方法

尽管不同微生物的细胞的结构与功能完全不同，但其结构物质组成成分及含量，以及相应的 C、N、P、S 等元素含量，有很多相同的地方，即不同的微生物细胞的含量差异比较小，且不随生长条件和生长繁殖时期而变化。微生物细胞死亡后，有机物质被迅速分解，可以通过化学方法浸提并定量测定这些物质，由此可以估算土壤微生物量。常用的方法主要有熏蒸浸提方法、ATP 分析方法、麦角甾醇分析方法、磷脂脂肪酸分析方法等。

1. 熏蒸浸提方法（fumigation extraction method，FE）

尽管熏蒸培养方法能够定量分析土壤微生物量碳、氮，但存在两个缺陷，一是耗时太长，至少需要培养 10d，二是不适合批量土壤样品分析。Vance 等

（1987）研究发现，熏蒸土壤 0.5 mol·L^{-1} K$_2$SO$_4$ 可提取有机碳大幅度增加，这些碳来自熏蒸杀死的微生物。因此，可以通过测定熏蒸土壤 K$_2$SO$_4$ 可提取有机碳的增加量来快速且批量地测定土壤微生物量碳。与此同时，一些研究者发现，熏蒸处理也导致土壤可提取氮、磷、硫大幅度增加，并提出通过分析熏蒸土壤可提取氮、磷、硫的增加量来估算土壤微生物量氮、磷、硫，从而创建了土壤微生物量碳、氮、磷、硫的熏蒸浸提测定方法。

基本操作步骤是，取一定量的新鲜土壤用氯仿熏蒸 24 h，去除氯仿后，浸提测定熏蒸杀死的微生物碳、氮、磷、硫化合物，碳、氮用 0.5 mol·L^{-1} K$_2$SO$_4$ 溶液浸提，浸提液含碳量可用重铬酸钾滴定法，也可用仪器分析方法测定（Wu 等，1990），浸提液中的全氮可用 Kjeldahl 定氮法（凯氏法）（Brookes 等，1985），或用碱性过硫酸钾消煮法将全部含氮化合物转化为硝酸盐再测定（Cabrera 和 Beare，1993），或用茚三酮比色法仅测定 α–氨基酸态氮和 NH$_4^+$–N，再根据它们之间的定量关系计算微生物量氮（Amato 和 Ladd，1988）。微生物量磷用 0.5 mol·L^{-1} NaHCO$_3$（pH8.5）浸提，酸性土壤建议用 0.03 mol·L^{-1} NH$_4$F–0.025 mol·L^{-1} IICl（Bray–1）作为提取剂（吴金水等，2003），浸提液中的磷用 H$_2$SO$_4$–H$_2$O$_2$–HClO$_4$ 消煮法测定全磷，或直接用钼蓝比色法仅测定无机磷。硫用 0.01mol·L^{-1} CaCl$_2$ 浸提，用离子色谱仪测定。根据熏蒸土壤与未熏蒸土壤之间的差值和浸提测定效率（或转换系数 k_{EC}），计算土壤微生物量碳、氮、磷、硫，计算公式如下：

$$土壤微生物量碳（SMB_C） = E_C/k_{EC}$$
$$土壤微生物量氮（SMB_N） = E_N/k_{EN}$$
$$土壤微生物量磷（SMB_P） = E_P/k_{EP}$$
$$土壤微生物量硫（SMB_S） = E_S/k_{ES}$$

式中：E_C、E_N、E_P 和 E_S 分别为熏蒸与未熏蒸土壤可提取碳、氮、磷、硫的差值；k_{EC}、k_{EN}、k_{EP} 和 k_{ES} 为转换系数，分别表示熏蒸杀死的土壤微生物量碳、氮、磷、硫定量测定出来的比例，其取值存在比较大的争议。

Vance 等（1987）发现仅有 38% 的土壤微生物量碳能够被浸提测定出来，即 k_{EC} 为 0.38。Wu 等（1990）采用仪器分析方法测定浸提出来的有机碳的效率约为 45%，即 k_{EC} 为 0.45。其他研究者也提出不少方法，试图改善和提高浸提液有机碳分析效率（林启美等，1999；周桦等，2009），但浸提分析的效率很少超过 50%，说明大部分被熏蒸杀死的微生物含碳有机物质不能被浸提测定出来，其原因还不知道，极有可能吸附在土壤胶体上。此外，一些研究结果显示，k_{EC} 受多种因素的影响，如根系及可提取有机物质、土壤吸附能力、微生物种类和生长时期等，最低的仅 0.11，最高的达 0.68（Eberhardt 等，1996）。

k_{EN} 最初是通过熏蒸提取法测定的全氮增量与熏蒸培养法测定的土壤微生

物量氮之间的定量关系间接计算出来的，变化范围在 0.35~0.81。后来一些研究者采用 ^{15}N 标记技术来测定，或根据所加入的微生物量氮的回收率来计算，k_{EN} 的变化幅度为 0.17~0.45，Jenkinson（1988）综合前期研究结果，建议 k_{EN} 取值 0.45，目前大部分研究者使用这一数值。一方面由于测定浸提液全氮含量比较复杂，另一方面由于熏蒸释放出来的氮素很大一部分为茚三酮反应态氮，且与微生物量氮存在比较恒定的定量关系。因此，不少研究者通过快速测定茚三酮反应态氮的含量，间接地计算土壤微生物量氮，计算公式如下：

$$土壤微生物量氮（SMB_N） = m \times E_{nin-N}$$

式中：E_{nin-N} 为熏蒸与未熏蒸土壤茚三酮反应态氮的差值；m 为转换系数，取值 5.0（Joergensen 和 Brookes，1990）。

　　与 k_{EC}、k_{EN} 相似，k_{EP} 的取值也存在很大的争议。一些研究者向土壤加入一定量的细菌和真菌，根据其回收率确定 k_{EP} 值，建议 k_{EP} 取值 0.4（吴金水等，2003）。Brookes 等（1982）研究发现，熏蒸处理释放的磷大部分为无机磷，且极容易被土壤胶体吸附固定，影响浸提测定效率。他们建议直接测定无机磷来估算微生物量磷，并采用向土壤加入适量无机磷酸盐的方法，来校正土壤对熏蒸处理释放出来的微生物量磷的吸附固定，计算公式为

$$土壤微生物量磷（SMB_P） = E_{Pi}/(k_{EP} \cdot R_{Pi})$$

式中：E_{Pi} 为熏蒸与未熏蒸土壤钼蓝比色法测定的无机磷差值；R_{Pi} 为校正系数，$R_{Pi} = [（外加 KH_2PO_4 溶液土壤的测定值 - 未熏蒸土壤的测定值）/25] \times 100\%$；$k_{EP}$ 为转换系数，取值 0.4。但是，不少研究者认为 k_{EP} 值已经内涵土壤胶体对微生物量磷的吸附固定，没有必要再通过加入无机磷进行校正（Zhao 等，2008）。k_{ES} 的取值也存在一些争议，无论是微生物量硫回收率方法，还是 ^{35}S 标记底物技术，不同的研究者获得的 k_{ES} 差异比较大，Wu 等（1994）建议 k_{ES} 取值 0.31。

2. ATP 分析方法

　　三磷酸腺苷（adenosine triphosphate，ATP）由腺嘌呤与 D - 葡萄糖结合形成腺嘌呤葡萄糖苷，再与磷酸以磷酸键结合，形成携带生物能量的物质，是所有生物体的能量贮藏物质，存在于细胞核、细胞质和线粒体等细胞器中。

　　ATP 是细胞中非常活跃的成分，不少研究结果显示，微生物细胞死亡后，细胞内的 ATP 迅速分解，人为加入土壤中的 ATP 存留时间不到 1 h，因此，ATP 是活的生命体存在和数量的重要指标，最早用于指示水体底泥中的微生物量。20 世纪 70 年代初，Lee 等（1971）首次报道土壤中的 ATP 能够被定量地提取出来，其含量与微生物量存在密切联系。在此基础上，Jenkinson 和 Oades（1979）创建了土壤 ATP 分析技术，即三氯乙酸（TCA）- Na_2HPO_4 - 百草枯（1，1 - dimethyl - 4，4 - bipyridylium dichloride，$C_{12}H_{14}N_2Cl_2$）联合浸提荧光反应分析

技术。其基本操作步骤是：取一定量的新鲜土壤加入三氯乙酸 – Na$_2$HPO$_4$ – 百草枯浸提剂，超声波处理一定的时间，吸取一定量的浸提液，加入荧光素 – 荧光素酶，在一定的范围内荧光反应所释放的光子数量与 ATP 的含量存在线性关系。

尽管有一些研究结果显示，不同微生物细胞的 ATP 浓度存在差异，且随其代谢和生理状况而变化，故土壤 ATP 的含量不能指示土壤微生物量，但林启美（1997）汇总全球 204 个不同土壤的分析结果，发现土壤 ATP 的含量与土壤微生物量碳之间存在极显著的线性关系（图 1 – 15），每克土壤微生物量碳（SMB$_C$）平均含有 11 μmol ATP，说明土壤微生物 ATP 浓度相对比较恒定，土壤 ATP 含量能够指示土壤微生物量。

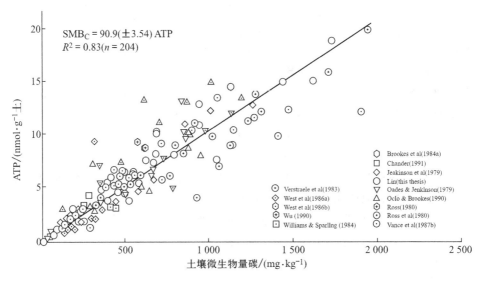

图 1 – 15　土壤 ATP 的含量与土壤微生物量碳之间的关系（林启美，1997）

3. 磷脂脂肪酸（phospholipid fatty acids,PLFA）分析方法

已有的研究结果表明，磷脂不是微生物细胞中的"贮存脂肪"，仅存在于细胞膜中，是微生物细胞膜的重要组成部分，细胞死亡后磷脂被迅速分解。土壤中的磷脂来自活体微生物细胞，其含量（磷脂磷酸盐含量）与土壤 ATP 的含量、一些酶活性以及葡萄糖诱导 CO$_2$ 呼吸速率之间存在极显著的相关性，也可用作土壤微生物量的指标（Zelles 等，1992）。但存在一些异议，主要是因为磷脂含量不仅随微生物种类而异，而且随生长繁殖条件和生长时期而变化，单位质量微生物量碳的磷脂浓度最高超过 500 μmol · g^{-1}，最低不到 10 μmol · g^{-1}。

磷脂是脂肪酸与磷酸根结合的产物，磷脂中的脂肪酸有直链脂肪酸、支链脂肪酸、饱和脂肪酸、不饱和脂肪酸等。不同种类的微生物细胞所含脂肪酸的碳原子数量、结构、支链成分等都有很大的差异，如革兰氏阳性菌通常含有奇数支链脂肪酸，而革兰氏阴性菌通常含有偶数直链和环丙基脂肪酸，大多数真菌都含有 18:2ω6 脂肪酸，10Me18:0 被认为是放线菌所特有的脂肪酸。因此，不少研究者根据这些特征，通过分析土壤磷脂脂肪酸的组成及其含量，研究了解土壤微生物群落结构（文倩等，2008）。需要指出的是，尽管脂肪酸组成在解译土壤微生物群落结构的相似性和差异上具有一定的意义，但由于缺乏了解微生物细胞膜中脂肪酸的分布特性，以及不同种群和不同生长条件下的变化，应用时必须十分谨慎。

4. 麦角甾醇（ergosterol）分析方法

麦角甾醇（24β – 甲基胆甾 – 5,7,trans 22 – trien – 3β – 酚）是真菌和藻类等微生物细胞膜双层结构的重要组成成分，大部分以游离状态存在于细胞膜磷脂层中，少量的通过酯键与脂肪酸结合。由于只有真菌和藻类细胞才能合成麦角甾醇，因此，一些研究者用麦角甾醇的含量指示真菌感染或真菌生长繁殖状况（Montgomery 等，2000）。麦角甾醇是细胞膜的成分，比较容易分解，在土壤中的存留时间也比较短，如 Davis 和 Lamar（1992）报道，熏蒸杀死的真菌，在 2 周培养期间，其细胞内 95% 以上的麦角甾醇被分解。因此，一些研究者认为，土壤麦角甾醇的含量能够指示土壤中活体真菌的数量，即真菌生物量。但也有不少研究者持反对意见，主要是因为真菌细胞麦角甾醇的含量随真菌种类及生长繁殖时期而变化，有些真菌甚至不合成麦角甾醇。麦角甾醇在土壤中不能迅速被分解，所测定出来的麦角甾醇并不完全来自活体真菌细胞，可能有相当的一部分来自死亡的真菌细胞（Zhao 等，2005）。可见，土壤麦角甾醇的含量作为真菌生物量的指标具有一定的价值，但仍有许多问题需要深入研究。

1.3 土壤微生物量的周转及其意义

周转（turn-over）是指生态系统中生命体或生命体内的物质产生与消失的轮回过程，即生物的新生与死亡的过程。在一定的时间内，如一年中，某个生态系统新形成的生命体数量占生命体总量的比值，称为周转率或周转速率（turn-over rate），即单位时间内生态系统中生物更新自身生命体的数量。相应的，某个生态系统中的生命体完全更新一次所需要的时间，即为周转期（turn-over time），用天或年来表示。

对于一个生态系统，周转可以仅指某种或某类生命体的新生与死亡，如在良好的条件下，细菌周转期为 20～30 min，真菌为几个小时；也可指所有生命体的产生与消失的轮回过程，即生物量周转。由于大多数生态系统的生命体数量和种类极其繁多而复杂，因此，了解某种或某类生物的周转特征与规律，一方面研究的难度比较大，另一方面也只能是盲人摸象或管中窥豹，不可能把握系统内生命体真实的周转规律。显然，只有生物量周转才能真实地反映复杂生态系统的生命体新生与死亡的轮回过程，才能与系统的物质和能量循环转化密切联系起来。

生命体是由不同的物质或元素组成的，生命体周转必然伴随着生命体构成元素的循环与转化，实际上是构成生命体所有的物质或元素周转的矢量之和。C、N、P、S 等是所有生命体或生物量最重要的、最基本的营养元素，其含量称为生物量 CNPS，其周转不仅与生物量新生与死亡轮回密切相关，而且涉及这些元素的生物地球化学循环转化。因此，生物量周转常常体现在生物量 CNPS 的周转。单位时间(1 年内)土壤微生物量的更新数量称为土壤微生物量周转速率，而土壤微生物量更新一次需要的时间就是土壤微生物量周转期，具体体现在微生物量构成元素 C、N、P、S 的周转，即土壤微生物量 CNPS 周转。

1.3.1 土壤微生物量周转的研究方法

由于土壤生态系统的复杂性、多样性和变异性，研究了解土壤微生物量的周转并非易事，总结起来，目前有实验室模拟方法和田间观测两种方法，研究土壤微生物量的周转特征与规律，其理论基础均是一级动力学反应方程。

1. 实验室模拟方法

一般说来，任何生命体的生长繁殖与消亡(即周转)一般都遵循一级动力学反应方程，假设 $t = 0$ 时，初始生命体数量为 x_0，经过 t 时间后，则生命体数量 (x) 为

$$x = x_0 \times e^{-kt}$$

式中：k 为生命体消亡(或新生或周转)速率常数，周转期 (T) 应为

$$T = 1/k$$

一定时间内的周转量 (q) 为

$$q = kx$$

由于生长繁殖与死亡并存，不可能将二者区分开来，因此，根据一级动力学方程所计算出来的周转速率是一个表观参数，并不是生命体周转的真实值。为此，一些研究者借助 ^{14}C、^{15}N、^{32}P 或 ^{35}S 同位素技术，标记微生物量，从而将其与原有的微生物量区分开来。如 Chaussod 等(1988)用 ^{14}C - 葡萄糖或黑麦草以标记土壤微生物量碳 $(^{14}C - SMB_C)$，再根据土壤微生物量碳的 ^{14}C 放射强度的相对变化(或者 ^{14}C 与 ^{12}C 的比例)估计其周转期。这种方法尽管可以区别新合成的微生物量，但依然不能排除土壤微生物量碳总量变化的影响，因为微生物量碳的 ^{14}C 放射强度的相对变化是由 ^{14}C 标记部分的土壤微生物量碳的周转

（即实际测定对象）和微生物量碳总量变化所决定的。为此，Wu（1990）提出培养 20～100d 时的 ^{14}C 标记微生物量碳（^{14}C-SMB$_C$）的变化，能更准确地反映土壤微生物量碳的周转速率。

从图 1-16 可以看出，向土壤中加入 ^{14}C 标记葡萄糖，培养 3～20d 时，标记的微生物量碳（^{14}C-SMB$_C$）与微生物量碳总量（SMB$_C$）同步大幅度下降，说明标记与非标记的土壤微生物量的周转特征相似，也说明添加葡萄糖对土壤微生物量碳周转的影响仍未结束，因此这一阶段内 ^{14}C-SMB$_C$ 的变化不能真实地反映土壤微生物量碳的周转速度。培养 20～100d，标记和未标记的土壤微生物量碳周转恢复正常状态，即 SMB$_C$ 和 ^{14}C-SMB$_C$ 的变化速率基本保持恒定，说明此时土壤微生物量的衰减速率可比较真实地反映土壤微生物量碳的周转速率。

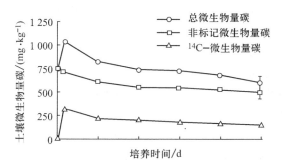

图 1-16　添加 ^{14}C 标记葡萄糖的土壤中微生物量碳的变化（误差为平均值的标准差，n = 3）（吴金水和肖和艾，2004）

其他不少研究者采用类似的同位素标记技术，成功地测定出土壤微生物量氮（姚槐应等，1999）和微生物量磷（Kouno 等，2002）的周转特征。以微生物量氮为例，假设：t 为培养时间（d）；$(SMB_N)_0$ 为初始微生物量氮，取培养时间为 22 天时的土壤微生物量氮；$(SMB_N)_t$ 为 t 天时的土壤微生物量氮；$(SMB_N)_s$ 为从第 22 天开始，代谢物转化为微生物量氮的数量；$(^{15}N-SMB_N)_0$ 为初始 ^{15}N 标记微生物量氮，即培养时间为 22 天时所测定的 ^{15}N 标记的微生物量氮；$(^{15}N-SMB_N)_t$ 为 t 天时的 ^{15}N 标记的微生物量氮；$(^{15}N-SMB_N)_s$ 为从第 22 天开始，标记的代谢物转化为微生物量氮的数量；F_t 为从第 22 天到 t 天培养期间，残存的微生物量氮占初始值的比例。根据下式计算：

$$F_t = [(SMB_N)_0 - (SMB_N)_t - (SMB_N)_s] / (SMB_N)_0$$

由于标记的微生物量氮与未标记的微生物量氮的周转速率相同，因此，

$$^{15}N-F_t = [(^{15}N-SMB_N)_0 - (^{15}N-SMB_N)_t - (^{15}N-SMB_N)_s] / (^{15}N-SMB_N)_0$$

$(PE)_m$ 为从初始（即培养 22 天时）到 t 天期间，能有效地重新合成进入微生物量的标记代谢物的 ^{15}N 原子百分超，假定等于未熏蒸土样 K$_2$SO$_4$ 提取氮的

原子百分超。$(PE)_a$ 为初始加入的硫酸铵 ^{15}N 原子百分超。

由于

$$(SMB_N)_s \times (PE)_m = (^{15}N - SMB_N)_s \times (PE)_a$$

因此，$(SMB_N)_s$ 可由下式计算得到，其余参数可直接测定计算出来：

$$(SMB_N)_s = (PE)_m \times [(SMB_N)_t \times (^{15}N - SMB_N)_0 - (SMB_N)_0 \times (^{15}N - SMB_N)_t] /$$
$$[(^{15}N - SMB_N)_0 \times (PE)_a - (SMB_N)_0 \times (PE)_m]$$

再根据一级动力学方程，可计算微生物量氮表观周转速率和周转期。加入含氮底物常常会加速土壤微生物氮的周转，可通过加入与不加入底物时土壤微生物量氮下降比例的差值进行校正：

$$\Delta A = e^{-kt} - e^{-k_u t}$$

式中：ΔA 为加入底物与不加入底物土壤微生物量氮下降比例的差值，k 和 k_u 分别为加入底物和不加入底物土壤微生物量氮周转速率常数，t 为培养时间。校正后的周转速率和周转期即为真实的土壤微生物量氮周转速率和周转期。姚槐应等(1999)应用此方法，测定出种植 3 年的菜地红砂土微生物量氮的周转期为 0.17 年，种植 4 年的橘园黄筋泥微生物量氮的周转期为 0.24 年，而种植 30 年的茶园黄筋泥微生物量氮的周转期为 0.69 年。

2. 田间观测方法

实验室模拟试验都是在恒温(一般是 25℃)甚至恒湿(一般是 50% 左右的田间持水量)的条件下进行的，所测定的结果显然不能反映自然条件下土壤微生物量的周转特征。McGill 等(1986)认为，应根据土壤微生物量碳(氮、磷)的季节性变化来测定其周转速率。土壤微生物量碳(氮、磷)的周转速率为土壤微生物量碳(氮、磷)一年内动态变化量(减少或增加)之和与一年内土壤微生物量碳(氮、磷)平均值的比值，周转期为周转速率的倒数。

Joergensen 等(1994)基于自然条件下土壤有机物质分解与微生物量之间的关系，提出用 CO_2 年释放速率来测定土壤微生物量碳的周转速率：

$$v = (CO_2 - C) / SMB_C \times \beta / \alpha$$

式中：v 为土壤微生物量碳的周转速率，$CO_2 - C$ 为 CO_2 年释放速率($kg \cdot hm^{-2}$)，SMB_C 为土壤微生物量碳年平均值($kg \cdot hm^{-2}$)，β 为有机物质转化为土壤微生物量碳的质量分数，α 为有机物质矿化为 CO_2 的质量分数。显然，β 和 α 值受有机物质、土壤、气候等多种因素的影响，时空变异很大，目前还没有合适的数值适用于大部分土壤条件。

Jenkinson 和 Parry(1989)根据土壤有机碳的分解转化规律，利用土壤有机碳周转数学模型，计算英国洛桑实验站长期未施肥小区土壤微生物碳、氮的周转期为 1.5 年。他们还根据实验室模拟实验温度与自然温度的差异，提出可以用相应的温度系数，将实验室测定的土壤微生物量周转速率转换为自然条件下土壤微生物量的周转速率。若室内模拟实验的培养温度为 25 ℃，英国洛桑实验站的年均气温为 9.3 ℃，则转换系数为 3.8，两者的结果比较接近（Jenkinson 等，1987）。

1.3.2　土壤微生物量碳、氮、磷的周转及其意义

1. 土壤微生物量碳的周转与碳循环

（1）土壤微生物量碳的周转期

土壤微生物量的周转差异很大，因测定条件与测定方法、气候条件、土壤条件等而异，温度和水分可能是最主要的影响因素。一般说来，在室内培养条件下，土壤微生物量的周转速率比田间要快得多，其中温度是主要的影响因素。如 Chaussod 等（1988）报道实验室条件下（28 ℃），土壤微生物量碳的周转期为 0.39～0.49 年，自然条件下土壤微生物量碳的周转期则为 0.4～1.8 年。吴金水和肖和艾（2004）报道，在实验室条件下，英国 5 个草地、耕地和休闲地土壤生物量碳的周转时间为 0.25～1.10 年，转换在田间条件下为 1.1～4.1 年，且主要受土壤质地而非土壤利用方式的影响。在标准条件下（25℃,50% 田间持水量），英国耕地土壤微生物量碳的周转期为 0.24 年（Kouno 等，2002），转换为自然条件下为 0.91 年。我国 3 种不同质地（菜园红砂土、橘园黄筋泥、茶籽园黄筋泥）红壤微生物量碳的周转期分别为 0.22 年、0.38 年和 0.47 年。假设年均气温为 17 ℃，转换系数为 1.47，则田间条件下土壤微生物量碳的周转期分别为 0.32 年、0.56 年和 0.69 年（陈国潮等，2002）。

不同的方法所获得的土壤微生物量周转期的差异，目前还缺乏大量的比较研究，因此，也缺乏对不同方法所获得数据的评价。Jenkinson 和 Parry（1989）采用土壤有机碳模型，计算出英国洛桑实验站长期不施肥小区土壤微生物量碳的周转期为 1.5 年，McGill 等（1986）根据土壤微生物量碳的季节变化，测定出加拿大连续耕作 50 年的土壤微生物量碳的周转期为 0.2～3.9 年。同位素标记的实验室结果，转换为田间实际条件下的土壤微生物量碳的周转期为 0.84～4.1 年（陈国潮等，2002；吴金水和肖和艾，2004）。由于土壤和气候条件的差异，很难将这些结果进行比较，也不可能评价不同方法所获得结果的准确性。

在相同的气候和地理环境条件下，土壤条件可能是影响土壤微生物量周转最重要的因素，包括土壤质地、土壤利用方式、耕作栽培管理等，对土壤微生物量碳的周转有显著的影响。Singh 等（1989）报道，热带森林土壤微生物量碳的周转期为 0.14 年，温带森林土壤微生物量碳的周转期为 0.60 年，北部森林土壤微生物量碳的周转期为 0.82 年，热带稀树草原土壤微生物量碳的周转期为 0.34 年，温带草原土壤微生物量碳的周转期为 0.64 年，德国森林土壤微生

物量碳的周转期为 0.37 年（Raubuch 和 Joergensen,2002），耕作土壤微生物量碳的周转期一般都在 1 年以上（陈国潮等,2002;吴金水和肖和艾,2004）。土壤质地对微生物量碳周转的影响也较大，黏土微生物量碳的周转期比壤土和砂土长一些，质地轻的土壤微生物量碳的周转更快（吴金水和肖和艾,2004）。此外，施肥、秸秆还田、耕作栽培管理等对土壤微生物量碳的周转也有影响，但目前这方面的研究比较少，缺乏规律性的认识和了解。

（2）土壤微生物量碳与有机碳的关系

土壤是最重要的碳库，有机碳库容达 1 500 ~ 2 000 Pg（1 Pg = 10^{15} g），一般认为 1 500 Pg，无机碳库容 700 ~ 1 000 Pg，是大气碳库的 3 倍多，是陆地生物量碳库的 2.5 倍以上（Shimel,1995）。我国土壤有机碳库总量为 50Pg，无机碳库总量为 60Pg，分别为全球库量的 1/40 ~ 1/30 和 1/20 ~ 1/15（潘根兴,1999）。可见，土壤碳库特别是有机碳库的微小变化，将对全球碳平衡产生巨大的影响。

微生物量碳是土壤有机碳最活跃的组成成分，大量研究结果显示，微生物量碳约占土壤有机碳的 3%，但李新爱等（2006）报道，我国水稻土的微生物量碳占有机碳的比例比旱地和林地高一些，分别为 6.78%、1.95% 和 2.15%（图 1 – 17）。按照土壤微生物量碳占有机碳 3% 计算，全球土壤微生物量碳为 39Pg。假设微生物量碳平均周转期为 0.42 年，则每年通过微生物量周转的有机碳为 93Pg。如果底物的利用率为 35%，维持微生物正常生活每年需要有机碳 265Pg，远超过每年以枯枝落叶进入土壤的有机碳量（50 ~ 200Pg，一般认为 68Pg）。可见，土壤微生物量碳周转是一把双刃剑，快速的微生物量碳周转对于更新土壤有机碳和养分循环极其重要，但不利于土壤碳库的形成。因此，调节和控制土壤微生物量碳的周转，无论对于调节土壤养分供给，培肥土壤，还是对于全球碳平衡，都具有十分重要的意义。

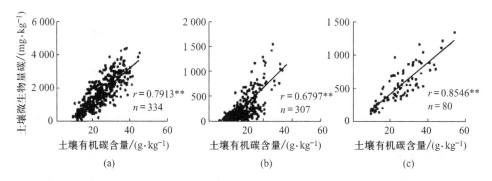

图 1 – 17　广西环江大才（a）稻田、（b）旱地和（c）林地土壤微生物量碳与有机碳含量的相关性（李新爱等,2006）

2. 土壤微生物量氮的周转与氮素高效管理

（1）土壤微生物量氮的周转期

由于不同微生物细胞的含氮量差异较小，微生物量碳与微生物量氮的比例比较恒定，因此，大多数研究者认为，土壤微生物量氮的周转规律与微生物量碳一致，影响土壤微生物量碳周转的因素，必然影响土壤微生物量氮的周转。一般说来，热带森林土壤微生物量氮的周转期为 0.14 年，温带森林土壤微生物量氮的周转期为 0.60 年，北部森林土壤微生物量氮的周转期为 0.82 年，热带稀树草原土壤微生物量氮的周转期为 0.34 年，温带草原土壤微生物量氮的周转期为 0.64 年，耕作土壤微生物量碳的周转期一般都在 1 年以上（吴金水和肖和艾，2004）。姚槐应等（1999）采用 ^{15}N 标记方法直接测定的种植 3 年菜地红砂土的微生物量氮的周转期为 0.17 年，种植 4 年橘园的黄筋泥土壤为 0.24 年，种植 30 年茶园的黄筋泥土壤为 0.69 年，换算为田间条件的土壤微生物量氮的周转期分别为 0.25 年、0.35 年和 1.01 年，与微生物量碳的周转期比较接近，3 种土壤微生物量氮的周转期分别为 0.32 年、0.56 年和 0.69 年（陈国潮等，2002）。Perelo 等（2006）应用 ^{15}N 标记技术，比较研究室内培养和田间试验条件下，加入硝酸盐和基质时高产和低产土壤微生物量氮周转的差异，发现室内培养条件下，加入硝酸盐和基质时高产土壤微生物量氮的周转期分别为 0.28 年和 0.41 年，田间条件下土壤微生物量氮的周转期为 0.53 年；低产土壤微生物量氮的周转期分别为 0.34 年、0.94 年和 0.72 年。显然，如果根据温度的差异，将室内试验结果换算为田间条件下的土壤微生物量氮的周转期（由于培养温度为 22 ℃，假设平均气温与英国洛桑实验站相似，换算系数为 3.08），高产土壤微生物量氮的周转期分别为 0.86 年和 1.26 年，低产土壤微生物量氮的周转期分别为 1.05 年和 2.9 年，与田间直接测定结果的差异很大。庞欣等（2001）研究发现，根际土壤微生物量氮的周转更快一些，并且因植物而异，豆科三叶草比禾本科黑麦草根际土壤微生物量氮的周转更快一些。

（2）土壤微生物量氮与土壤供氮能力的关系

与微生物量碳相似，微生物量氮也是土壤非常活跃的有机氮。Anderson 等（1980）研究发现，26 个农业土壤微生物量氮占全氮的比例（SMB_N/STN）为 0.5%~15.3%，平均为 5%。我国也有大量的研究结果，如浙江 7 种不同利用方式的红壤 SMB_N/STN 比值为 1.8%~4%（姚槐应等，1999），洞庭湖区水稻土 SMB_N/STN 比值为 1.83%~6.42%（彭佩钦等，2005），湖南省 8 个长期不同施肥处理的水稻土壤 SMB_N/STN 比值为 2%~5%，平均为 3.6%（刘守龙等，2003）。李新爱等（2006）通过分析湖南省 334 个水稻土、80 个旱地和 307 个林地土壤样品，发现水稻土 SMB_N/STN 比值平均为 4.22%，与林地土壤（4.67%）没有显著差异，但显著高于旱地土壤（2.49%）（图 1-18）。

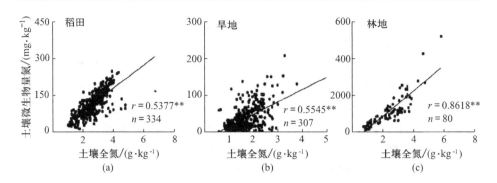

图 1 – 18 广西环江大才(a)稻田、(b)旱地和(c)林地土壤微生物量氮与全氮含量的相关性(李新爱等,2006)

作为土壤中活性氮库的组分,土壤微生物量氮不仅与土壤供氮能力密切相关,而且也与植物氮素营养联系密切,甚至关系到硝酸盐的淋失。早在土壤微生物量氮测定方法形成时,Ayanaba等(1976)就发现,土壤微生物量氮和短期好气培养的矿化势之间没有相关性,但与长期需氧培养的矿化势密切相关。Sakamoto等(1992)报道土壤微生物量氮与可矿化氮有显著的正相关关系,土壤微生物量氮是可矿化氮的46% ~ 112%。Carter(1986)也认为,土壤微生物量氮与矿化势之间有显著的相关性。Stockdale和Ress(1994)的研究表明,微生物量氮与70℃下干燥后再湿润培养释放的氮、淹水培养后释放的氮,以及水解氮之间有很高的相关性。迄今为止,也有不少研究结果显示,土壤微生物量氮与有效氮指标之间的相关性存在不确定性。王成等(2003)发现,耕层土壤可矿化氮仅为土壤微生物量氮的16.6%,20 ~ 40 cm和40 ~ 60 cm土层所占比例则更低,分别为10.2 %和9.3 %,3个土层平均为12%,可矿化氮与土壤微生物量氮之间没有显著的相关性。Hossain等(1995)也指出,土壤微生物量氮与土壤氮矿化率没有相关性。Holems和Zak(1994)认为,土壤净矿化氮呈明显的季节性变化,而土壤微生物量氮则相对稳定,因此两者之间不可能存在相关性,这可能是导致室内培养实验与田间实验结果不一致的主要原因(黄思光等,2005)。王岩等(1993)研究发现,土壤微生物量氮与酸解总氮没有显著的相关性,但与氨基酸氮和酸解未知氮有显著的相关性。但李世清等(2004)报道,施肥后的土壤微生物量氮与酸解总氮呈极显著正相关,且与氨基酸氮的相关系数最大,与酸解铵态氮次之,而与氨基糖氮和酸解未知氮之间无显著相关。

尽管有不少研究结果显示,土壤微生物量氮与矿化势、矿质氮或碱解氮等土壤有效氮含量之间存在一定的相关性,但与植物氮素营养之间的关系的研究结果并不多,更没有发现一种量化的关系。王淑平等(2003)报道,土壤微生物量氮与土壤碱解氮及玉米吸氮量之间均呈显著正相关,土壤微生物量氮是玉米氮素营养的重要来源，其有效性与土壤矿质态氮相近，高于酸解有机氮和非酸解氮。张振中等（2009）的研究结果显示，土壤微生物量氮与玉米在各生育时期的吸氮量呈负相关关系，且施氮量越大，负相关程度越高。但土壤微生物量氮平均值与籽粒含氮量和产量均表现为显著相关，他们甚至认为，比起常规的碱解氮，土壤微生物量氮能更好地反映土壤供应氮素的能力，可作为推荐配方施肥时的土壤有效氮指标。

关于土壤微生物量氮与氮素流失之间的关系研究比较少，特别是缺乏直接的证据。一般认为，土壤微生物量氮是土壤氮素的生物固持，可减少氮素流失。如赵俊晔等（2006）研究发现，土壤微生物量氮的动态变化与硝酸盐淋失动态有一定的联系。由于微生物对氮素的固持作用，可能会降低硝酸盐的淋失。由于氮素流失与降水、地形、地貌、土壤、植被等多种因素有关，所以很难建立土壤微生物量氮与氮素流失之间的定量关系。但微生物是土壤氮素转化的动力，直接控制土壤氮素形态，因此，了解并建立土壤微生物量氮与土壤氮素转化及不同形态氮素含量之间的关系，仍然可为评价氮素流失及其风险提供参考。

3. 土壤微生物量磷的周转与磷素高效管理

（1）土壤微生物量磷的周转期

比起土壤微生物量碳、氮周转，土壤微生物量磷周转的研究比较少，一般都是根据与微生物量碳之间的关系，推测土壤微生物量磷的周转期，实验室模拟和田间实验的测定研究结果并不多。根据土壤微生物量碳与微生物量磷之间的关系，土壤微生物量磷的周转期一般为 0.13~3.3 年，Chen 和 He（2002）报道，中国亚热带红壤微生物量磷的周转期为 0.36~0.59 年，而英国土壤微生物量磷的周转期为 1.3~4.0 年，森林土壤微生物量磷的周转期为 0.78 年，草地土壤微生物量磷的周转期为 1.25 年。王晔青等（2008）根据微生物量磷的季节变化，计算出我国棕壤不同施肥处理微生物量磷的周转期为 0.68~1.61 年，施肥延缓了微生物量磷的周转，而单施氮肥加快了微生物量磷的周转。Kouno 等（2002）采用 ^{32}P 同位素标记技术，测定加入葡萄糖和黑麦草的土壤微生物量磷的周转期分别为 0.1 年和 0.12 年，比微生物量碳的周转期（分别为 0.23 年和 0.26 年）要短得多，即微生物量磷的周转要快得多（图 1-19）。他们认为主要是因为磷主要存在于微生物细胞质中，更加活跃，不像碳主要存在于细胞壁上，周转比较慢。现有研究结果显示，比起土壤微生物量碳、氮，土壤微生物量磷的周转受测定方法、环境条件、土壤类型及利用特性等多种因素的影响，其周转期变异更大，仍需要做大量的研究。

（2）土壤微生物量磷与土壤供磷能力的关系

与土壤微生物量碳、氮一样，土壤微生物量磷也是土壤极其活跃的有机磷组分。已有研究结果表明，土壤微生物量磷占土壤有机磷最低的仅 0.2%，最

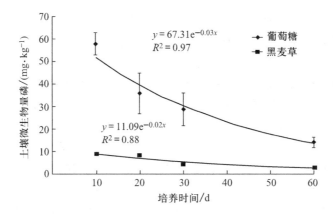

图 1 – 19 微生物量磷的周转期(葡萄糖:k = 0.0266,周转期为 37.6d,黑麦草:k = 0.0235,周转期为 42.6d)(Kouno 等,2002)

高可达 20%（Jenkinson 和 Ladd,1981）。我国西北干旱土壤微生物量磷占土壤全磷 0.45% ~ 4.5%，大部分在 1% ~ 2%，而我国南方土壤(红壤、紫色土和冲积土)一般低于 1.5%（吴金水等,2003）。我国南方林地土壤微生物量磷占土壤全磷的比例为 1.27% ~ 1.74%（Chen 和 He,2004），土壤微生物量磷与土壤全磷、有机磷和速效磷之间呈显著正相关（王晔青等,2007;来璐等,2007）。显然，已经有不少的研究结果表明，微生物量磷是土壤有效磷的组成成分，根据微生物量磷的周转特性推测，不少生态系统通过土壤微生物量磷周转，足以满足植物对磷素营养的需要。但是，有关土壤微生物量磷与植物磷素营养之间的直接关系的数据并不多。He 等(1997)报道，牧草产量和吸磷量与土壤微生物量磷的相关性比与 Olsen – P 或 Bray – P 的相关性更好，微生物量磷与 Olsen – P 或 Bray – P 之和与牧草产量及吸磷量的相关性甚至更高。Ayaga 等(2006)在肯尼亚 Malava 和 Mau Summit 两地施用厩肥(farm-yard manure,FYM)和磷肥的田间实验结果显示，玉米产量与 $NaHCO_3$ – P，NaOH – P 及树脂态磷均没有显著的相关性，但与土壤微生物量磷有显著的相关性(图 1 – 20)。

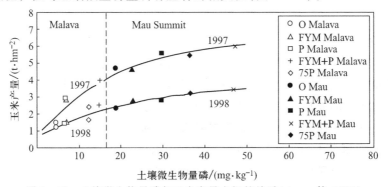

图 1 – 20 土壤微生物量磷与玉米产量之间的关系(Ayaga 等,2006)

1.3.3　土壤微生物量与土壤质量

1. 土壤质量的概念

土壤质量是土壤多种功能的综合体现，自 20 世纪 80 年代提出以来，土壤质量的概念不断地发展变化，目前大部分学者将土壤质量定义为"土壤在生态系统边界内保持作物生产力、维持环境质量、促进动植物健康的能力"（Doran 和 Parkin,1994）。土壤保持作物生产力的能力实际上是指土壤肥力质量。维持环境质量的能力是指土壤降低环境污染物和病菌损害的能力，即土壤环境质量。土壤促进动植物健康的能力是指土壤对动植物和人类健康的影响，属于土壤健康质量。显然，土壤质量是土壤肥力质量、土壤环境质量和土壤健康质量的综合量度。

选择合适的土壤性质参数是评价土壤质量的基础和关键。土壤物理和化学属性一直被用来作为表征土壤生产力、肥力和健康质量的指标，已难以准确评价土壤质量，无法满足土壤质量研究的需要。近年来，越来越多的证据表明，土壤生物学性质能敏感地反映出土壤质量的变化，是土壤质量评价不可缺少的指标。

2. 土壤微生物量指标在评价土壤质量中的作用与意义

土壤生物学指标很多，包括地上部生长的植物、土壤动物、土壤微生物等。Pankhurst(1997)指出，土壤生物指标应具有以下几个特点。①反映土壤生态过程的结构或功能，同时适用于所有土壤类型和地貌特点。②对土壤健康变化做出反应。③有可行的度量测定方法。④能够进行合理的解释。目前应用最多的是土壤微生物指标，分为种群、群落和生态系统 3 个层次，其中生态系统层次上的土壤生物学指标最能反映土壤质量状况及其变化（Visser 和 Parkinson,1992），主要包括土壤微生物量碳氮磷硫、土壤呼吸熵（soil respiration quotient, q_{CO_2}）、土壤微生物熵（soil microbial quotient）、矿化势等（Doran 和 Parkin, 1994；Pankhurst,1997；Stenberg,1999）。

（1）土壤微生物量

现有的研究结果显示，土壤微生物量对土壤质量变化非常敏感。一般说来，土壤微生物量碳氮磷硫等含量越高，土壤肥力也比较高。何振立（1997）总结指出，几乎所有实验区的大豆产量均与土壤微生物量碳有显著的正相关关系，2/3 的实验区的高粱、黑麦及玉米产量与土壤微生物量碳呈正相关关系，SMB_C/SOC 比值随作物产量的增加而提高。胡曰利和吴晓芙（2002）报道，比起土壤有机质和全氮，土壤微生物量碳氮更能敏感地反映施肥对林地土壤的影响。Tscherko 等（2007）应用模糊聚类方法（fuzzy rule-based classification model），分析 20 多年所测定的土壤茚三酮反应态氮、SIR、氮矿化势、脲酶、芳基硫酸酯酶、木聚糖酶、磷酸酶等酶活性、有机质等数据，评价欧盟不同草地土壤的质量，研究发现土壤微生物量是最敏感的指标，氮矿化势能够极好地反映高质量土壤，而脲酶和芳基硫酸酯酶的活性则能够比较好地指示土壤污染和劣质土壤。张海燕等（2006）通过分析 19 个不同利用方式的黑土的微生物量和养分，发现土壤微生物量与土壤有机质、全氮、全磷、速效钾和碱解氮等呈显著或极显著的正相关关系，土壤微生物量碳比土壤微生物量氮更能灵敏地反映土壤的肥力状况。

（2）土壤微生物熵

1850 年，德国物理学家鲁道夫·克劳修斯首次提出熵（entropy）的概念，熵被用来表示任何一种能量在空间中分布的均匀程度，能量分布得越均匀，熵就越大。当一个体系的能量完全均匀分布时，这个系统的熵就达到最大值。如果听任一个系统自然发展，那么能量差总是倾向于消除的，即能量均匀分布，熵达到最大值。熵一般用 S 表示，总是大于或等于零，不可能是负值。

1948 年，克劳德·艾尔伍德·香农（Claude Elwood Shannon）第一次将熵的概念引入信息论中，将其作为事物不确定性的表征。目前熵在控制论、概率论、数论、天体物理、生命科学等领域都有重要应用，在不同的学科中也有引申出的更为具体的定义，是各领域十分重要的参量。例如，在物理学上，熵是热能与温度的商值，标志热量转化为功的程度；控制论、系统论上用来描述、表征体系混乱度的函数，是系统内部无序结构的度量；社会学上用以借喻人类社会的某些状态，如无序状态或混乱状态的程度；在生物学和生态学上，熵是生物亲序，是行为携灵现象，用于分析生命体从生长、衰老到病死的全过程，用"生命熵"来独立定义。

土壤微生物熵也称为土壤微生物商，是指微生物量碳与土壤有机碳的比值。显然，土壤微生物熵越高，表示土壤微生物量碳占有机碳的比例越大。由于微生物量碳是土壤最活跃的有机碳组分，所以土壤微生物熵可表征土壤有机碳的活度。不少研究结果显示，土壤微生物量碳占有机碳的比例在 3% 左右，比较恒定，但也有一些研究显示，土壤微生物熵随土地利用、耕作栽培管理以及土层深度等的不同而变化，甚至与土壤污染有关。

（3）土壤呼吸熵

土壤呼吸熵也称为土壤代谢商，是土壤基础呼吸与微生物量碳的比值，即单位质量土壤微生物量碳的呼吸量。显然，呼吸熵将微生物活体数量与其活性及功能有机地联系起来，土壤呼吸熵越高，微生物呼吸速率越大，形成单位质量的微生物量需要消耗更多的物质和能量，即代谢效率越低。可见，土壤呼吸熵能够反映土壤微生物的"发热"程度，一般用作土壤微生物环境胁迫的指标，可反映土壤扰动（Anderson 和 Domsch，1990）、土壤污染状况等。

1.3.4　土壤微生物量与土壤污染

1. 土壤污染的概念

土壤污染(soil pollution 或 soil contamination)是指外来物质(称为污染物)以各种途径进入土壤,并在土壤中积累,如果积累数量与速度超过土壤的自净能力,就会导致土壤性状恶化,土壤质量下降,并对人类及动植物产生直接或间接的危害。土壤污染物大致可分为无机和有机两大类。前者主要包括酸、碱、盐、重金属、放射性元素化合物、砷、硒、氟化合物等。后者可分为生命有机体和有机物质,生命有机体主要是指病原菌,有机物质主要包括有机农药、酚类、氰化物、石油、合成洗涤剂、3,4-苯并芘等。常见的土壤污染物主要有酸雨、重金属、氮磷、农药等,主要来源于污水灌溉、酸雨、降尘、施肥、喷药、工农业排放等。

2. 土壤微生物量指示土壤重金属污染

自工业革命以来,主要由于废气、废水、废渣(俗称"三废")排放,土壤重金属污染越来越广泛而严重,导致发生水俣病(汞污染)和骨痛病(镉污染)等严重事件。常见的重金属污染主要是汞、镉、铅、砷和铬。大量的研究结果表明,尽管极低浓度的重金属可能提高土壤微生物量碳,但土壤微生物对重金属极其敏感。Vásquez-Murrieta 等(2006)报道,重金属污染对土壤微生物可产生不可逆的影响,这种影响不仅表现在数量和土壤微生物量碳上,也表现在土壤微生物的活性和群落结构上。一般说来,土壤微生物量碳与重金属浓度之间存在显著的负相关关系,土壤微生物量碳随着重金属浓度的提高而降低(Wang 等,2007),土壤微生物熵和土壤基础呼吸与 Cu 和 As 含量呈显著的负相关关系,q_{CO_2} 与 Cd 含量呈显著的负相关关系,这可能是土壤微生物对重金属胁迫的一种适应性机制,类似人体的"发热"机制(Shukurov 等,2006)。比起植物,微生物对重金属更为敏感,因此,一些研究者建议,根据微生物对重金属的响应,提高土壤重金属环境质量标准(Brookes 和 McGraph,1984),且因土壤类型而异(表 1-4)。

表 1-4　不同土壤微生物量碳降低 60% 时几种重金属的浓度(单位:mg·kg^{-1})

国家	Zn	Cd	Cu	Ni	Pb	Cr
英国(Wuburn)	180	6.0	70	22	100	105
瑞典(Ultuna)	230	0.7	125	35	40	65
德国(Braunschweig 1)	360	2.8	102	23	101	95
德国(Braunschweig 2)	386	2.9	111	24	114	105

资料来源:何振立(1997)。

　　但是，也有一些研究结果显示，土壤微生物量碳作为重金属污染指标有局限性，主要是由于土壤微生物量存在巨大的时空变异特点。因此，为了准确地把握重金属污染对土壤微生物量的抑制作用效应，提高微生物量碳指示土壤重金属污染的功能，必须增加土壤样本的数量（Broos 等，2007；Wang 等，2009）。

3. 土壤微生物量指示土壤农药污染

　　喷施农药已经成为农业生产不可或缺的技术措施之一，喷施的农药大部分残留在土壤中。大量研究结果显示，农药残留对土壤微生物的影响，主要取决于农药的种类和残留量，也与土壤及环境条件密切相关，可能反映在土壤微生物量上，也可能表现出对土壤微生物活性和群落结构的影响上（姚斌等，2005；姚艳红等，2010）。一般说来，合理地施用农药对土壤微生物量没有显著的影响，即使降低土壤微生物量碳也是暂时的，土壤微生物量碳可以很快恢复到初始的水平。大部分农药是含碳有机物质，可作为微生物生长繁殖的基质，提高土壤微生物量碳。例如，阿特拉津（atrazine）是全世界广泛使用的除草剂，在一定的用量范围内，随着阿特拉津用量的增加，土壤微生物量碳、ATP、CO_2 呼吸、脱氢酶和脲酶活性提高（图 1－21）。显然，微生物量碳作为农药污染指标的灵敏度比较低。

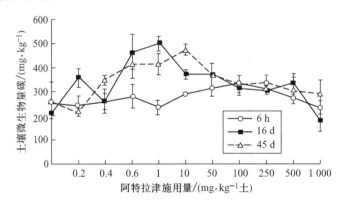

图 1－21　土壤微生物量碳随阿特拉津施用量的变化（Moreno 等，2007）

4. 土壤微生物量指示土壤退化

　　土壤退化（soil degradation 或 soil deterioration）是指在各种自然因素和人为因素的影响下，土壤生产力、环境调控潜力和可持续发展能力暂时或永久性的下降，甚至完全丧失的现象。常表现为土层变薄、土壤紧实板结、土壤盐渍化、土壤酸化、土壤沙化、土壤富营养化等。由于土壤退化常常导致土壤有机质含量降低，土壤物理性质与化学性质恶化，土壤微生物量碳一般都显著降低（蒋德明等，2008；王会利等，2009）。如图 1－22 所示，土壤微生物量碳、氮及其占土壤有机碳和全氮的比例，均随电导率的提高而降低，表明土壤盐渍化对土壤微生物量产生了极大的影响。

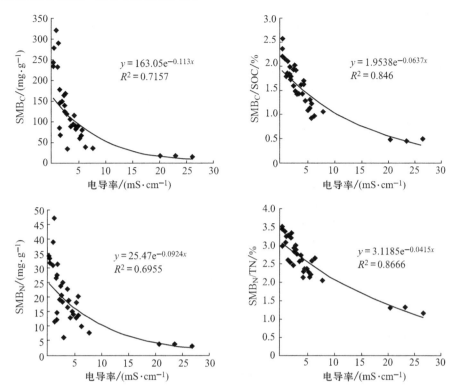

图 1 - 22　土壤微生物量碳、氮(SMB$_C$, SMB$_N$)及其占有机碳(SOC)和全氮(TN)的比例
与电导率的关系(Yuan 等,2007)

参 考 文 献

曹均,吴姬,赵小蓉,等. 2010. 北京 9 个典型板栗园土壤碳代谢微生物多样性特征. 生
　态学报,30(2): 527 - 532.

陈国潮,何振立,黄昌勇. 2002. 红壤微生物生物量 C 周转及其研究. 土壤学报,39(2):
　152 - 160.

程淑琴,赵小蓉,林启美. 2003. 一株曲霉在石灰性土壤磷素转化中的作用. 微生物学杂
　志,23(5): 5 - 8.

何振立. 1997. 土壤微生物量及其在养分循环与环境质量评价中的意义. 土壤,2: 61 - 69.

胡曰利,吴晓芙. 2002. 土壤微生物量作为土壤质量生物指标的研究. 中南林学院学报,
　22(3): 51 - 53.

黄思光,李世清,张兴昌,等. 2005. 土壤微生物体氮与可矿化氮关系的研究. 水土保持
　学报,19(4): 18 - 22.

蒋德明，曹成有，押田敏雄，等. 2008. 科尔沁沙地沙漠化过程中植被与土壤退化特征的研究. 干旱区资源与环境，22(10)：156 – 161.

来璐，赵小蓉，李贵桐，等. 2006. 土壤微生物量磷及碳磷比对加入无机磷的响应. 中国农业科学，39(10)：2036 – 2041.

来璐，赵小蓉，李贵桐，等. 2007. 低碳条件下土壤微生物量磷对加入无机磷的响应. 生态环境，16(3)：1014 – 1017.

李世清，李生秀，邵明安，等. 2004. 半干旱农田生态系统长期施肥对土壤有机氮组分和微生物体氮的影响. 中国农业科学，37(6)：859 – 864.

李世清，李生秀，张兴昌. 1998. 不同生态系统土壤微生物体氮的差异. 土壤侵蚀与水土保持学报，51(1)：69 – 73.

李新爱，肖和艾，吴金水，等. 2006. 喀斯特地区不同土地利用方式对土壤有机碳、全氮以及微生物生物量碳和氮的影响. 应用生态学报，17(10)：1827 – 1831.

林启美. 1997. 土壤微生物生物量研究方法综述. 中国农业大学学报，2(增刊)：1 – 11.

林启美，吴玉光，刘焕龙. 1999. 熏蒸浸提法测定土壤微生物量碳的改进. 生态学杂志，18(2)：63 – 66.

刘守龙，肖和艾，童成立，等. 2003. 亚热带稻田土壤微生物生物量碳、氮、磷状况及其对施肥的反应特点. 农业现代化研究，24(14)：278 – 282.

刘文娜，吴文良，王秀斌，等. 2006. 不同土壤类型和农业用地方式对土壤微生物量碳的影响. 植物营养与肥料学报，12(3)：406 – 411.

潘根兴. 1999. 中国土壤有机碳和无机碳库量研究. 科技通报，15(5)：330 – 332.

庞欣，张福锁，王敬国. 2001. 根际土壤微生物量氮周转率的研究. 核农学报，15(2)：106 – 111.

彭佩钦，张文菊，童成立，等. 2005. 洞庭湖典型湿地土壤碳、氮和微生物碳、氮及其垂直分布. 水土保持学报，19(1)：50 – 54.

齐莎. 2010. 内蒙古典型草原在不同管理措施下的土壤生物学特征. 博士论文，中国农业大学.

王成，王钊英，李世清，等. 2003. 作物生长期间土壤可矿化氮的变化规律研究. 新疆农业科学，40(5)：320 – 323.

王会利，乔洁，曹继钊，等. 2009. 红壤侵蚀裸地不同植被恢复后林地土壤微生物特性的研究. 土壤，41(6)：952 – 956.

王淑平，周广胜，孙长占，等. 2003. 土壤微生物量氮的动态及其生物有效性研究. 植物营养与肥料学报，9(1)：87 – 90.

王小利，苏以荣，黄道友. 2006. 土地利用对亚热带红壤低山区土壤有机碳和微生物碳的影响. 中国农业科学，39(4)：750 – 757.

王岩，蔡大同，史瑞和. 1993. 土壤生物量碳和氮与土壤有机碳、氮及施肥的关系. 南京农业大学学报，16(3)：63 – 67.

王晔青，韩晓日，马玲玲，等. 2008. 长期不同施肥对棕壤微生物量磷及其周转的影响. 植物营养与肥料学报，14(2)：3222 – 3227.

王晔青，韩晓日，周崇俊，等. 2007. 长期施肥棕壤微生物量磷状况及其影响因素. 安徽农业科学，35(18): 5496 - 5497.

文倩，林启美，赵小蓉，等. 2008. 北方农牧交错带林地、耕地和草地土壤微生物群落结构的 PLFA 分析. 土壤学报，45(2): 321 - 327.

吴金水，肖和艾. 2004. 土壤微生物生物量碳的表观周转时间测定方法. 土壤学报，41(3): 401 - 407.

吴金水，肖和艾，陈桂秋，等. 2003. 旱地土壤微生物磷测定方法研究. 土壤学报，40(1): 70 - 78.

姚斌，徐建民，尚鹤，等. 2005. 甲磺隆污染土壤的微生物生态效应. 农业环境科学学报，24(3): 557 - 561.

姚槐应，何振立，黄昌勇. 1999. 红壤微生物量氮的周转期及其研究意义. 土壤学报，36(3): 387 - 394.

姚艳红，戈峰，沈佐锐. 2010. 大气 CO_2 与吡虫啉对甘蓝土壤细菌与微生物生物量 C 的影响. 生态学报，30(1): 272 - 277.

宇万太，姜子绍，柳敏，等. 2008. 不同土地利用方式对土壤微生物生物量碳的影响. 土壤通报，39(2): 282 - 286.

张海燕，肖延华，张旭东，等. 2006. 土壤微生物量作为土壤肥力指标的探讨. 土壤通报，37(3): 422 - 425.

张振中，陆引罡，崔保伟，等. 2009. 土壤微生物量氮与玉米氮素养分利用关系研究术. 山地农业生物学报，28(2): 99 - 103.

赵俊晔，于振文，李延奇，等. 2006. 施氮量对土壤无机氮分布和微生物量氮含量及小麦产量的影响. 植物营养与肥料学报，12(4): 466 - 472.

赵小蓉，周然，李贵桐，等. 2009. 低磷石灰性土壤施磷和小麦秸秆后土壤微生物量磷的变化. 应用生态学报，20(2): 1 - 6.

周桦，宇万太，马强，等. 2009. 氯仿熏蒸浸提法测定土壤微生物量碳的改进. 土壤通报，40(1): 154 - 157.

朱志建，姜培坤，徐秋芳. 2006. 不同森林植被下土壤微生物量碳和易氧化态碳的比较. 林业科学研究，19(4): 523 - 526.

Aciego Pietri J C, Brookes P C. 2008. Relationships between soil pH and microbial properties in a UK arable soil. Soil Biology & Biochemistry, 40: 1856 - 1861.

Alef K, Kleiner D. 1987. Estimation of anaerobic microbial activities in soil by arginine ammonification and glucose-dependent CO_2-production. Soil Biology & Biochemistry, 19: 683 - 686.

Amato M, Ladd J N. 1988. Assay for microbial biomass based on ninhydrin-reactive nitrogen in extracts of fumigated soil. Soil Biology & Biochemistry, 20: 107 - 114.

Anderson J P E, Domash K H. 1980. Quantities of plant nutrients in the microbial biomass of selected soils. Soil Science, 130: 211 - 216.

Anderson J P E, Domsch K H. 1978. A physiological method for the quantitative measurement of microbial biomass in soils. Soil Biology & Biochemistry, 10: 215 - 221.

Anderson T H, Domsch K H. 1990. Application of eco-physiological quotients on microbial biomasses from soils of different cropping histories. Soil Biology & Biochemistry, 22: 251 – 255.

Ayaga G, Todd A, Brookes P C. 2006. Enhanced biological cycling of phosphorus increases its availability to crops in low-input sub-Saharan farming systems. Soil Biology & Biochemistry, 38: 81 – 90.

Ayanaba A A, Tuckwell S B, Jenkinson D S. 1976. The effects of cleaning and cropping on organic reserves and biomass of tropical forest soil. Soil Biology & Biochemistry, 8: 519 – 525.

Bochner B. 1984. "Breath – prints" at the microbial level. ASM News, 55: 536 – 539.

Brookes P C, Powlson D S, Jenkinson D S. 1982. Measurement of microbial biomass phosphorus in soil. Soil Biology & Biochemistry, 14: 319 – 329.

Brookes P C, McGraph S P. 1984. The effects of metal toxicity on the soil microbial biomass. Journal of Soil Science, 35: 341 – 346.

Broos K, Macdonald L M, Warne M St J, et al. 2007. Limitations of soil microbial biomass carbon as an indicator of soil pollution in the field. Soil Biology & Biochemistry, 39: 2693 – 2695.

Bünemann E K, Smernik R J, McNeill A M. 2008. Microbial synthesis of organic and condensed forms of phosphorus in acid and calcareous soils. Soil Biology & Biochemistry, 40: 932 – 946.

Cabrea M L, Beare M. 1993. Alkaline presulfate oxidation for determining total nitrogen in microbial biomass extracts. Soil Science Society of America Journal, 57: 1007 – 1012.

Cater M R. 1986. Microbial biomass and mineralizable nitrogen in solonetzic soil: Influence of gypsum and lime amendments. Soil Biology & Biochemistry, 18: 531 – 537.

Chaussod R, Houot S, Guiraud G, et al. 1988. Size and turnover of the microbial biomass in agricultural soils: Laboratory and field measurements. In: Jenkinson D S, Smith K A(eds). Nitrogen Efficiency in Agricultural Soils. Elsevier, London, pp. 312 – 326.

Chen C R, Condron L M, Davis M R, et al. 2003. Seasonal changes in soil phosphorus and associated microbial properties under adjacent grassland and forest in New Zealand. Forest Ecology and Management, 177: 539 – 557.

Chen G C, He Z L. 2002. Microbial biomass phosphorus turnover in variable charge soils in China. Communications in Soil Science and Plant Analysis, 33: 2101 – 2117.

Chen G C, He Z L. 2004. Determination of soil microbial biomass phosphorus in acid red soils from southern China. Biology and Fertility of Soils, 39: 446 – 451.

Chowdhury M A H, Kouno K, Ando T, et al. 1999. Correlation among microbial biomass S, soil properties, and other biomass nutrients. Soil Science and Plant Nutrition, 45: 175 – 186.

Chu H, Lin X, Takeshi F, Sho M, et al. 2007. Soil microbial biomass, dehydrogenase activity, bacterial community structure in response to long-term fertilizer management. Soil Biology & Biochemistry, 39: 2971 – 2976.

Davis M W, Lamar R T. 1992. Evaluation of methods to extract ergosterol for quantitation of soil fungal biomass. Soil Biology & Biochemistry, 24: 189 – 198.

Doran J W, Parkin T B. 1994. Defining and assessing soil quality. In: Defining Soil Quality for a Sustainable Environment. Madison, WI: SSSA Spec. Publ. 35. Am. Soc. Agron, pp. 3 – 21.

Eberhardt U, Apel G, Joergensen R G. 1996. Effects of direct chloroform fumigation on suspended cells of ^{14}C and ^{32}P labelled bacterial and fungal. Soil Biology & Biochemistry, 28: 677 – 679.

Ezawa T, Cavagnaro T R, Smith S E, et al. 2004. Rapid accumulation of polyphosphate in extra radical hyphae of an arbuscular mycorrhizal fungus as revealed by histochemistry and a polyphosphate kinase/luciferase system. New Phytologist, 161: 387 – 392.

Franchini J C, Crispino C C, Souza R A, et al. 2007. Microbiological parameters as indicators of soil quality under various soil management and crop rotation systems in southern Brazil. Soil & Tillage Research, 92: 18 – 29.

Hackl E, Pfeffer M, Donat C, et al. 2005. Composition of the microbial communities in the mineral soil under different types of natural forest. Soil Biology & Biochemistry, 37: 661 – 671.

Hargreaves P R, Brookes P C, Ross G J S, et al. 2003. Evaluating soil microbial biomass carbon as an indicator of long-term environmental change. Soil Biology & Biochemistry, 35: 401 – 407.

He Z L, Wu J, O' Donnel A G, et al. 1997. Seasonal responses in microbial biomass carbon, phosphorus and sulphur in soil under pasture. Biology & Fertility of Soils, 24: 421 – 428.

Holems W E, Zak D R. 1994. Soil microbial biomass dynamics and net nitrogen mineralization in northern hard wood ecosystem. Soil Science Society of America Journal, 58: 238 – 243.

Hossain A K M A, Raison R J, Khanna P K. 1995. Effect of fertilizer application and fire regime on soil mineralization in an Australia subalpine eucalypt forest. Biology and Fertility of Soils, 19: 246 – 252.

Jenkinson D S. 1988. The determination of microbial biomass carbon and nitrogen in soil. In: Wilson J R(ed). Advances in Nitrogen Cycling in Agricultural Ecosystems, C. A. B. International, Wallingford, pp. 368 – 388.

Jenkinson D S, Hart P B S, Rayner J H, et al. 1987. Modelling the turnover of organic matter in long-term experiments at Rothamsted. In: Cooley J H(ed). Soil Organic Matter Dynamics and Soil Productivity. INTECOL Bulletin, 15 pp. 1 – 8.

Jenkinson D S, Ladd J N. 1981. Microbial biomass in soil, measurement and turnover. In: Paul E A, Ladd J N (eds). Soil Biochemistry, Vol. 5. Marcel Dekker, Inc., New York, pp. 415 – 471.

Jenkinson D S, Oades J M. 1979. A method for measuring adenosine triphosphate in soil. Soil Biology & Biochemistry, 11: 193 – 199.

Jenkinson D S, Parry L N. 1989. The nitrogen cycle in Broadbalk wheat experiment: A model for the turnover of nitrogen through the microbial biomass. Soil Biology & Biochemistry, 21: 535 – 541.

Jenkinson D S, Powlson D S. 1976. The effects of biocidal treatment on metabolism in soil— V. A method for measuring soil biomass. Soil Biology & Biochemistry, 8: 209 – 213.

Joergensen R G, Brookes P C. 1990. Ninhydrin-reactive nitrogen measurement of microbial biomass in 0.5 M K_2SO_4 soil extracts. Soil Biology & Biochemistry, 22: 1023 – 1027.

Joergensen R G, Castillo X. 2001. Interrelationships between microbial and soil properties in young volcanic ash soils of Nicaragua. Soil Biology & Biochemistry, 33: 1581 – 1589.

Joergensen R G, Kübler H, Meyer B, et al. 1995. Microbial biomass phosphorus in soils of beech(Fagus sylvatica L.)forests. Biology and Fertility of Soils, 19: 215 – 219.

Joergensen R G, Meyer B, Mueller T. 1994. Time course of the soil microbial biomass under wheat : One year field study. Soil Biology & Biochemistry, 26: 987 – 994.

Joergensen R G, Scheu S. 1999. Response of soil microorganisms to the addition of carbon, nitrogen and phosphorus in a forest Rendina. Soil Biology & Biochemistry, 31: 859 – 866.

Khoshmanesh A, Hart B T, Duncan A, et al. 2002. Luxury uptake of phosphorus by sediment bacteria. Water Research, 36: 774 – 778.

Kirk J L, Beaudette L A, Hart M, et al. 2004. Methods of studying soil microbial diversity. Journal of Microbiological Methods, 58: 169 – 188.

Kouno K, Wu J, Brookes P C. 2002. Turnover of biomass C and P in soil following incorporation of glucose or ryegrass. Soil Biology & Biochemistry, 34: 617 – 622.

Lee C C, Harris R F, Williams J D H, et al. 1971. Adenosine triphosphate in lake sediments: I. Determination. Soil Science Society of America Proceedings, 35: 82 – 86.

Lin Q, Brookes P C. 1999c. Comparison of substrate-induced respiration and biovolume measurements of microbial biomass and its community structure in unamended, ryegrass-amended, fumigated and pesticide-treated soils. Soil Biology & Biochemistry, 31: 1999 – 2014.

Lin Q, Brookes P C. 1996. Comparison of methods to measure microbial biomass in unamended, ryegrass-amended and fumigated soils. Soil Biology & Biochemistry, 28: 933 – 939.

Lin Q, Brookes P C. 1999a. An evaluation of the substrate-induced respiration method. Soil Biology & Biochemistry, 31: 1969 – 1983.

Lin Q, Brookes P C. 1999b. Arginine ammonification as a method to estimate soil microbial biomass and microbial community structure. Soil Biology & Biochemistry, 31: 1985 – 1997.

Makarova M I, Haumaierb L, Zechb W. 2002. Nature of soil organic phosphorus: An assessment of peak assignments in the diester region of ^{31}P NMR spectra. Soil Biology & Biochemistry, 34: 1467 – 1477.

McGill W B, Cannon K R, Robertson J A, et al. 1986. Dynamics of soil microbial biomass and water soluble organic C in Breton L after 50 years cropping to two rotations. Canadian Journal of Soil Science, 66: 1 – 19.

Montgomery H J, Monreal C M, Young J C, et al. 2000. Determination of soil fungal biomass from soil ergosterol analysis. Soil Biology & Biochemistry, 32: 1207 – 1217.

Moreno J L, Aliaga A, Navarro S, et al. 2007. Effects of atrazine on microbial activity in semi-arid soil. Applied Soil Ecology, 35: 120 – 127.

Pankhurst C, Doube B M, Gupta V V S R. 1997. Biological indicators of soil health: Synthesis.

In: Pankhurst C E, Doube B M, Gupta V V S R(eds). Biological Indicators of Soil Health. New York, CAB International, pp. 419 – 435.

Patra D D, Bhandaris S C, Misra A. 1992. Effects of plant residues on the size of microbial biomass and nitrogen mineralization in soil-incorporation of cowpea and wheat straw. Soil Science & Plant Nutrition, 30: 1 – 6.

Perelo L W, Jimenez M, Munch J C. 2006. Microbial immobilization and turnover of ^{15}N labelled substrates in two arable soils under field and laboratory conditions. Soil Biology & Biochemistry, 38: 912 – 922.

Rajashekhara Rao B K, Siddaramappa R. 2008. Evaluation of soil quality parameters in a tropical paddy soil amended with rice residues and tree litters. European Journal of Soil Biology, 44: 334 – 340.

Sakamoto K, Yoshida T, Satoch M. 1992. Comparison of carbon and nitrogen mineralization between fumigation and heating treatments. Soil Science and Plant Nutrition, 38: 133 – 140.

Shen S M, Pruden G, Jenkinson D S. 1984. Mineralization and immobilization of nitrogen in fumigated soil and the measurement of microbial biomass nitrogen. Soil Biology & Biochemistry, 16: 437 – 444.

Shimel D S. 1995. Terrestrial ecosystem and the carbon cycle. Global Change Biology, 1: 77 – 91.

Shukurov N, Pen-Mouratov S, Steinberger Y. 2006. The influence of soil pollution on soil microbial biomass and nematode community structure in Navoiy Industrial Park, Uzbekistan. Environment International, 32: 1 – 11.

Singh S, Ghoshal N, Singh K P. 2007. Variations in soil microbial biomass and crop roots due to differing resource quality inputs in a tropical dryland agroecosystem. Soil Biology & Biochemistry, 39: 76 – 86.

Sinha S, Masto R E, Ram L C, et al. 2009. Rhizosphere soil microbial index of tree species in a coal mining ecosystem. Soil Biology & Biochemistry, 41: 1824 – 1832.

Stenberg B. 1999. Monitoring soil quality of arable land: Microbiological indicators. Acta Agriculture Scandinavian, Section B Plant Soil Science, 49: 1 – 24.

Stockdale E A, Ress R M. 1994. Relationship between biomass nitrogen and nitrogen extracted by other nitrogen availability methods. Soil Biology & Biochemistry, 26: 1213 – 1220

Tscherko D, Kandeler E, Bárdossy A. 2007. Fuzzy classification of microbial biomass and enzyme activities in grassland soils. Soil Biology & Biochemistry, 39: 1799 – 1808

Vance E D, Brookes P C, Jenkinson D S. 1987. An extraction method for measuring soil microbial biomass C. Soil Biology & Biochemistry, 19: 703 – 707.

Vásquez-Murrieta M S, Migueles-Garduño I, Franco-Hernández O, et al. 2006. C and N mineralization and microbial biomass in heavy-metal contaminated soil. European Journal of Soil Biology, 42: 89 – 98

Visser S, Parkinson D. 1992. Soil biological criteria as indicators of soil quality: Soil microorganisms. American Journal of Alternative Agriculture, 7: 33 – 37.

Wang Y P, Shi J Y, Wang H, Lin Q, et al. 2007. The influence of soil heavy metals pollution on soil microbial biomass, enzyme activity, and community composition near a copper smelter. Ecotoxicology and Environmental Safety, 67: 75 – 81.

Wang Q, Wang S. 2006. Microbial biomass in sub-tropical forest soils: Effect of conversion of natural secondary broad-leaved forest to Cunninghamia lanceolata plantation. Journal of Forestry Research, 17: 197 – 200.

Wang Q Y, Zhou Q M, Cang L, et al. 2009. Indication of soil heavy metal pollution with earthworms and soil microbial biomass carbon in the vicinity of an abandoned copper mine in Eastern Nanjing, China. European Journal of Soil Biology, 45: 229 – 234.

Wardle D A. 1998. Controls of temporal variability of the soil microbial biomass: A global-scale synthesis. Soil Biology & Biochemistry, 30: 1627 – 1637.

Witter E, Kanal A. 1998. Characteristics of the soil microbial biomass in soils from a long-term field experiment with different levels of C input. Applied Soil Ecology, 10: 37 – 49.

Wright A L, Hon F M, Matocha Jr J E. 2005. Tillage impacts on microbial biomass and soil carbon and nitrogen dynamics of corn and cotton rotations. Applied Soil Ecology, 29: 85 – 92.

Wu J. 1990. The turnover of organic C in soil. PhD thesis, Reading University, UK.

Wu J, Joergensen R G, Pommerening B, et al. 1990. Measurement of soil microbial biomass C by fumigation-extraction—An automated procedure. Soil Biology & Biochemistry, 22: 1167 – 1169.

Wu J, O'donnell A G, He Z L, et al. 1994. Fumigation-extraction method for measurement of soil microbial biomass – S. Soil Biology & Biochemistry, 26: 117 – 125.

Yoshitake S, Sasaki A, Uchida M, et al. 2007. Carbon and nitrogen limitation to microbial respiration and biomass in an acidic solfatara field. European Journal of Soil Biology, 43: 1 – 13.

Yuan B C, Li Z Z, Liu H, et al. 2007. Microbial biomass and activity in salt affected soils under arid conditions. Applied Soil Ecology, 35: 319 – 328.

Yuan P W, Shi J Y, Wang H, et al. 2007. The influence of soil heavy metals pollution on soil microbial biomass, enzyme activity, and community composition near a copper smelter. Ecotoxicology and Environmental Safety, 67: 75 – 81.

Zelles L, Bai Q Y, Beck T, et al. 1992. Signature fatty cids in phospholipid and lipolysaccharides as indicator of microbial biomass and community structure in agricultural soils. Soil Biology & Biochemistry, 24: 317 – 323.

Zhao X R, Li G T, Lin Q M. 2008. Interference of soil extractable phosphorus in measuring soil microbial biomass phosphorus. Communications in Soil Science and Plant Analysis, 39: 1367 – 1374.

Zhao X, Lin Q, Brookes P C. 2005. Does soil ergosterol concentration provide a reliable estimate of soil fungal biomass? Soil Biology & Biochemistry, 37: 311 – 317.

Zheng S X, Hu J L, Chen K, et al. 2009. Soil microbial activity measured by microcalorimetry in response to long-term fertilization regimes and available phosphorous on heat evolution. Soil Biology and Biochemistry, 41: 2094 – 2099.

Zhong W H, Cai Z C. 2007. Long-term effects of inorganic fertilizers on microbial biomass and community functional diversity in a paddy soil derived from quaternary red clay. Applied Soil Ecology, 36: 84 – 91.

第2章　土　壤　酶

　　土壤是一个催化系统，被认为是"类生物体"，是因为其中有酶的存在。土壤中所有的生物化学转化都依赖于土壤中的酶促反应。土壤中各种天然的和外源有机物质的分解、转化及合成一般都是在酶的作用下完成的。因此，土壤酶促反应决定着土壤中养分的释放、污染物的降解以及腐殖质的形成。土壤酶活性反映了土壤中各种生物化学过程的强度和方向，土壤酶活性被众多的土壤学研究者作为土壤肥力和上壤质量的重要指标。

2.1　土壤酶学概况

2.1.1　土壤酶学的发展简史

　　土壤酶学的发展经历了萌芽期、发展期和成熟期。第一篇关于土壤酶的报道是由 Woods 于 1899 年发表的，他用实验发现了土壤中存在氧化酶类，特别是过氧化物酶，这些酶是通过植物根系或其他部分的分解进入土壤的。Cameron 和 Bell(1905)发现土壤中有氧化酶(过氧化物酶)。König 等 (1906) 利用生物抑制剂氰化物显示了土壤中过氧化氢酶的活性。May 和 Gile(1909)反复证实了土壤过氧化氢酶活性与土壤有机、无机组分及微生物活性之间存在一定的相关性。Fermi(1910)报道了土壤中的蛋白酶。早期对土壤酶的研究主要集中在过氧化氢酶，可能是因为它较易检测，而对其他酶类了解不多。随后，分别于 1927 年和 1930 年发现了土壤中的脱氨酶、磷酸酶及脲酶。表 2-1 所示为早期发现的部分土壤酶。

　　早期从事土壤酶研究的科学家有美国的 D. L. Lynch 和 A. D. McLaren，法国的 G. S. Durand 以及日本学者 Aomine S. Kobayashi 等。1956 年，A. D. McLaren 及其合作者将高能辐射消毒灭菌用于土壤酶研究。1963 年，Briggs 和 Segal 首次进行土壤酶的提取和纯化，得到脲酶的固体提取物。到 20 世纪 70 年代，土壤酶学研究的成果已经相当丰富，开始出版土壤酶学方面的专著，标志其已成为土壤学的一个成熟的学科分支。

表 2 - 1   早期发现的部分土壤酶(Skujins,1967)

年份	土壤酶	研究者
1905	氧化酶	Cameron 和 Bel
1910	蛋白酶	Fermi
1927	脱氨基酶	Subrahmanyan
1934	脲酶	Rorini
1950	蔗糖酶	Hofmann 和 Seegerer
1951	淀粉酶	Hofmann 和 Seegerer
1951	多酚氧化酶(儿茶酚氧化酶、酪氨酸酶)	Кулревич
1952	肌醇六磷酸酶	Jackman 和 Black
1970	硫酸酶	Tabatabai 和 Bremner

2.1.2   土壤酶学的研究内容

土壤酶的研究内容包括土壤酶的来源、土壤酶与土壤形成、土壤酶与土壤组分相互作用、土壤酶活性测定方法、土壤酶与养分循环、土壤酶与污染物转化和降解、土壤酶与土壤质量评价等。

2.2   土壤中的酶

2.2.1   土壤酶的来源

土壤酶来自于增殖的和死亡的微生物、土壤动物以及植物根系和植物残体。许多学者试图找到土壤酶活性与土壤微生物数量、活性或植被类型等的联系，但土壤中往往是多种因素交织在一起，如根际土壤微生物群落明显不同于非根际土壤的，而根际土壤微生物的群落又取决于植被的类型，因此，很难弄清土壤酶活性与某种生物的直接关系。

研究表明，许多微生物能产生胞外酶，如枯草芽孢杆菌(*Baciilus subtilis*)在某些条件下可分泌核糖核酸酶和碱性磷酸酶，蜂蜜酵母(*Saccharomyces mellis*)的细胞壁表面有焦磷酸酶和酸性磷酸酶的存在，米曲霉(*Aspergillus oryzae*)向环境中释放酶有一定的顺序，首先是碳水化合物酶和磷酸酶，其次是蛋白酶和酯酶，最后是过氧化氢酶。有些酶是在微生物生长初期释放，而另一些酶则在生长后期，当菌丝量减少的时候释放。

2.2.2 土壤酶的种类

在目前已知的存在于生物体内的近 2 000 种酶中，在土壤中被检测到的有 50 余种。它们主要分布在水解酶（hydrolase）、裂解酶（lyase）、氧化还原酶（oxidoreductase）和转移酶（transferase）等 4 种类型中，其中以水解酶和氧化还原酶为主。部分已发现的土壤酶及其催化的生化反应如表 2－2 所示。需要指出的是，这些酶只有少数几种曾被从土壤中提取出来，通常所说的某种土壤酶是指其在土壤中的活性，要想获得提纯的酶，并确切地知道其来源和在土壤中的位置是很困难的。

表 2－2　土壤中已检测到的酶类及其催化反应

酶学编号	酶	催化反应
氧化还原酶		
1.1.1.1	脱氢酶（dehydrogenase）	$XH_2 + A \longrightarrow X + AH_2$
1.7.3.3	尿酸氧化酶（urate oxidase）	尿酸 $+ O_2 \longrightarrow$ 尿囊素，CO_2，其他产物
1.10.3.1	邻苯二酚氧化酶（catechol oxidase）	邻苯二酚 $+ 1/2O_2 \longrightarrow$ 邻苯二醌 $+ H_2O$
1.10.3.2	漆酶（laccase）	苯酚 $+ O_2 \longrightarrow$ 苯醌 $+ H_2O$
1.11.1.6	过氧化氢酶（catalase）	$2H_2O_2 \longrightarrow 2H_2O + O_2$
1.11.1.7	过氧化物酶（peroxidase）、多酚氧化酶（polyphenol oxidase）	$A + H_2O_2 \longrightarrow$ 氧化态 $A + H_2O$
转移酶		
2.4.1	转糖基酶（transglycosylase）	$nC_{12}H_{22}O_{11} + HOR \longrightarrow$ $H(C_6H_{10}O_5)_nOR + nC_6H_{12}O_6$
2.6.1	转氨酶（transaminase）	$R_1R_2{-}CH{-}NH_3^+ + R_3R_4CO \longrightarrow$ $R_3R_4{-}CH{-}NH_3^+ + R_1R_2CO$
水解酶		
3.1.3.1/2	碱性/酸性磷酸酶（alkaline/acid phosphatase）	磷酸酯 $+ H_2O \longrightarrow R{-}OH + PO_4^{3-}$
	肌醇六磷酸酶（phytase）	肌醇六磷酸盐 $+ 6H_2O \longrightarrow$ 肌醇 $+ 6H_3PO_4$
3.1	核苷酸酶（nucleotidase）	核苷酸去磷酸化

酶学编号	酶	催化反应
3.1.1.3	脂肪酶(lipase)	甘油三酸酯 + $3H_2O \longrightarrow$ 甘油 + 脂肪酸
3.1.6.1	芳基硫酸酯酶(arylsulfatase)	硫酸酯 + $H_2O \longrightarrow R\!-\!OH + SO_4^{2-}$
3.2.1.1/2	α-/β-淀粉酶(α-/β-amylase)	葡聚糖中 1,4-糖苷键的水解
3.2.1.20	α-葡糖苷酶/麦芽糖酶(α-glucosidase, maltase)	α-R-葡糖苷 + $H_2O \longrightarrow R\!-\!OH$ + 葡萄糖
3.2.1.21	β-葡糖苷酶(β-glucosidase)	β-R-葡糖苷 + $H_2O \longrightarrow R\!-\!OH$ + 葡萄糖
3.2.1.23	β-半乳糖苷酶(β-galactosidase)	β-R-半乳糖苷 + $H_2O \longrightarrow$ $R\!-\!OH$ + 半乳糖
3.2.1.26	β-呋喃果糖苷酶/蔗糖酶(β-fructofuranosidase, invertase, saccharase)	β-呋喃果糖苷 + $H_2O \longrightarrow$ $R\!-\!OH$ + 果糖
蛋白酶(proteinase, protease)		蛋白质水解为多肽和氨基酸
3.2.1.4	纤维素酶(cellulase)	纤维素中 β-1,4-葡聚糖链的水解
3.2.1.8	木聚糖酶(xylanase)	β-1,4-木聚糖链的水解
3.5.1.1	天(门)冬酰胺酶(asparaginase)	天门冬酰胺 + $H_2O \longrightarrow$ 天门冬氨酸 + NH_3
3.5.1.4	酰胺酶(amidase)	一元羧酸酰胺 + $H_2O \longrightarrow$ 一元羧酸 + NH_3
3.5.1.5	脲酶(urase)	$CO(NH_2)_2 + H_2O \longrightarrow 2NH_3 + CO_2$
3.6.1.1	焦磷酸酶(pyrophosphatase)	焦磷酸盐 + $H_2O \longrightarrow 2$ 正磷酸盐
裂解酶		
4.1.1	天冬氨酸脱羧酶(aspartic acid decarboxylase)	天冬氨酸 $\longrightarrow$ 丙氨酸

　　水解酶中诸如多糖酶、蛋白酶催化土壤中糖类和蛋白质的分解,在土壤碳、氮循环中起着重要作用。多糖酶包括淀粉酶、纤维素酶、木聚糖酶、葡聚

糖酶等，它们先将多糖解聚为寡糖和单糖，这些寡糖和单糖可被生物吸收利用，或进一步被其他水解酶如 α -、β - 葡糖苷酶、半乳糖苷酶等分解，最终的水解产物葡萄糖、半乳糖等均是土壤微生物重要的能源物质。蔗糖酶对蔗糖的水解也是土壤中糖类代谢的一个重要反应。蛋白酶则是将土壤中的蛋白质分解为多肽的一种水解酶，微生物细胞不能直接利用蛋白质或大分子的多肽，土壤中的蛋白酶对蛋白质的降解使微生物能够利用外源蛋白质。脲酶也是研究得较多的一种水解酶，它能催化尿素的水解反应，生成氨和二氧化碳，在土壤氮素循环中扮演着重要角色。磷酸酶和硫酸酯酶则是分解有机磷和有机硫过程中不可或缺的。

　　氧化还原酶包括过氧化物酶、脱氢酶、酚氧化酶、硝酸还原酶、固氮酶等。过氧化物酶和多酚氧化酶类如漆酶、酪氨酸酶等能催化一系列酚类物质、芳胺和其他化合物的转化，它们的氧化活性即氧化偶联反应对于土壤腐殖物质的合成非常重要，这些氧化还原酶还参与土壤中外源有机物的降解和土壤有机质的耦合反应，在土壤有机污染物的净化过程中起重要作用。脱氢酶可通过转移电了和质了催化多种有机物的氧化，土壤中的脱氢酶在土壤有机质的氧化过程中发挥着重要作用。土壤脱氢酶活性常被用做指示土壤生物的活性，如土壤微生物总活性指标。土壤中的还原态有机物如酚类，可被过氧化物酶氧化，这个过程需要有过氧化氢的存在，形成的产物为水和氧气。过氧化氢是生物呼吸作用中一种有害的中间物质，能转化过氧化氢的还有过氧化氢酶，它也是指示土壤生物化学活性的一种重要酶类。

　　土壤中常见的水解酶和氧化还原酶的活性范围如表 2 - 3 所示。参与土壤碳、氮转化的主要土壤酶的活性范围列于表 2 - 4。

表 2 - 3　部分土壤水解酶和氧化还原酶的活性范围（**Nannipieri** 等，2002）

土壤酶	活性范围
芳基硫酸酯酶	$0.01 \sim 42.5$ μmol 对硝基酚 $\cdot g^{-1} \cdot h^{-1}$
碱性磷酸酶	$6.76 \sim 27.34$ μmol 对硝基酚 $\cdot g^{-1} \cdot h^{-1}$
酸性磷酸酶	$0.05 \sim 86.33$ μmol 对硝基酚 $\cdot g^{-1} \cdot h^{-1}$
脂肪酶	$5.02 \sim 8.15$ μg 对硝基酚 $\cdot g^{-1} \cdot h^{-1}$
脱氢酶	$0.002 \sim 1.073$ μmol TPF $\cdot g^{-1} \cdot 24h^{-1}$ $0.003 \sim 0.051$ μmol INF $\cdot g^{-1} \cdot 24h^{-1}$
过氧化氢酶	$61.2 \sim 73.9$ μmol $O_2 \cdot g^{-1} \cdot 24h^{-1}$

2.2.3　土壤酶的存在状态与活性

土壤中某种酶的活性都是与生物、非生物有关的酶活性的综合效应，Burns 将土壤中的酶划分为与增殖的微生物、动物、植物细胞有关的酶以及与腐殖质和黏土矿物结合的胞外酶等 10 个不同的类型（Burns，1982）。Ramirez-Martinez 和 McLaren（1966）报道，1g 土壤中磷酸酶的活性相当于 10^{10} 个细菌或 1g 真菌菌丝的酶活性。土壤对胞外酶的保护性机制主要有吸附、包埋、封闭、离子交换、交联、吸附与交联、共聚合以及共价结合等（图 2–1）。

表 2–4　参与土壤有机碳和氮转化的土壤酶及其活性范围（Nannipieri 等，2002）

酶	活性范围
碳转化酶	
木聚糖酶	$1.33 \sim 3\,125$ μmol 葡萄糖 $\cdot g^{-1} \cdot 24h^{-1}$
纤维素酶	$0.4 \sim 80$ μmol 葡萄糖 $\cdot g^{-1} \cdot 24h^{-1}$
蔗糖酶	$0.61 \sim 130$ 葡萄糖 $\cdot g^{-1} \cdot h^{-1}$
β – 葡糖苷酶	$0.09 \sim 405$ μmol 对硝基酚 $\cdot g^{-1} \cdot h^{-1}$
β – 半乳糖苷酶	$0.06 \sim 50.36$ μmol 对硝基酚 $\cdot g^{-1} \cdot h^{-1}$
氮转化酶	
蛋白酶	$0.5 \sim 2.7$ μmol 酪氨酸 $\cdot g^{-1} \cdot h^{-1}$
二肽酶	$0.08 \sim 1.73$ μmol 亮氨酸 $\cdot g^{-1} \cdot h^{-1}$
精氨酸脱氨（基）酶	$0.07 \sim 0.86$ μmol $N – NH_3 \cdot g^{-1} \cdot h^{-1}$
L – 天（门）冬酰胺酶	$0.31 \sim 4.07$ μmol $N – NH_3 \cdot g^{-1} \cdot h^{-1}$
酰胺酶	$0.24 \sim 12.28$ μmol $N – NH_3 \cdot g^{-1} \cdot h^{-1}$
L – 谷氨酰胺酶	$1.36 \sim 2.64$ μmol $N – NH_3 \cdot g^{-1} \cdot h^{-1}$
脲酶	$0.14 \sim 14.29$ μmol $N – NH_3 \cdot g^{-1} \cdot h^{-1}$
硝酸还原酶	$1.86 \sim 3.36$ μg $N \cdot g^{-1} \cdot h^{-1}$

2.2.4　土壤酶促动力学

酶催化反应可以通过定量测定反应速度，根据改变反应条件对反应速度的影响等推断酶的作用机理，这就是酶促反应动力学。酶促反应动力学是研究酶催化反应的速度，各种因素对反应速度的影响，以及由反应物到产物的反应历程。对一定的酶浓度的体系而言，酶促反应速度（V）与底物浓度（S）的关系可以用图 2–2 中的曲线表征。当底物浓度很低时，酶远远没有被饱和，酶促反应速度取决于酶与底物分子反应生成酶 – 底物复合物的速度，该速度与底物浓

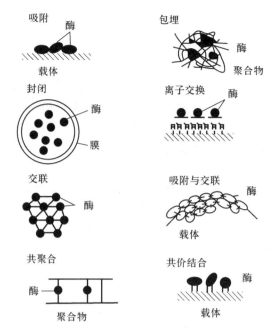

图 2 - 1 酶在土壤中的可能结合机制(Tabatabai 和 Dick,2002)

度成正比,属于一级反应。当底物浓度很高时,酶分子被底物饱和,反应速度与底物浓度无关,反应属于零级反应,这时的反应速度为最大反应速度。当底物浓度居中时,酶分子部分地被底物饱和,反应处于零级和一级之间,表现为混合级反应。如果将酶促反应的 3 个阶段作为一个整体,可以用下面的关系式描述酶促反应的动力学特征:

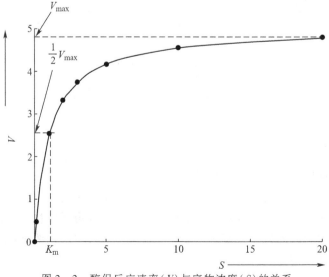

图 2 - 2 酶促反应速率(V)与底物浓度(S)的关系

$$V = \frac{V_{max}[S]}{[S] + K_m}$$

这就是著名的 Michaelis – Menten 方程，它是 Michaelis 与 Menten 于 1913 年提出的酶促反应动力学方程。它定量地描述了酶促反应速度(V)与底物浓度(S)之间的关系，式中 V_{max} 为最大反应速度，K_m 为 Michaelis 常数，也叫米氏常数，其物理意义是酶促反应速度达到最大反应速度一半时的底物浓度，因此单位与 S 相同。米氏常数 K_m 是表征酶与底物结合形成络合物的一种解离常数，对于某一特定的酶 – 底物体系而言，它是酶促反应的一项特征值，与酶浓度无关，但受环境条件(pH、温度)及其他外部因子如激活剂、抑制剂等的影响。K_m 值越小，说明酶与底物的亲和力越强。如果某种酶能同时作用于几种底物，就可以通过酶与不同底物间的 K_m 值的比较，评价酶的专一性和结合基团的情况。

Michaelis – Menten 方程还有一些转换形式，分别是：

Lineweaver – Burk 方程　　$\dfrac{1}{V} = \dfrac{K_m}{V_{max}} \cdot \dfrac{1}{S} + \dfrac{1}{V_{max}}$

Eadie – Hofstee 方程　　$V = -K_m \cdot \dfrac{V}{S} + V_{max}$

Hanes 方程　　$\dfrac{S}{V} = \dfrac{1}{V_{max}} \cdot S + \dfrac{K_m}{V_{max}}$

这些方程将反应速度与底物浓度两个变量变成了直线的关系，可通过作图法很容易得到 V_{max} 和 K_m 两个酶学常数。实际上，现在已经没有必要做这样的转换了，因为很多计算机软件可以直接通过 Michaelis – Menten 曲线方程计算 V_{max} 和 K_m 值。

土壤酶促反应动力学是土壤酶研究中常用的方法，同一种酶在不同的土壤中可能有不一样的酶动力学特征。可以通过测定特定土壤中某种酶的最大反应速率和动力学常数，反映酶活性的特点及受土壤环境影响的情况，酶是否受到抑制或激活。表 2 – 5 是文献已报道的各种土壤酶的最大反应速率和动力学常数。

2.2.5　土壤酶的激活与抑制

能提高土壤酶催化反应速率的物质称为土壤酶的激活剂，激活剂对土壤酶活性的影响与底物相似，激活作用一般不是专性的。很多碱金属、碱土金属以及过渡族金属离子都是土壤酶的激活剂。如碱金属离子的作用可能主要是与不具活性的酶的负电基团结合，使其转变为具有活性的形态，或者通过促进酶与底物的结合提高酶活性。过渡金属离子与酶的结合通常比碱金属和碱土金属紧密得多，可与酶结合成金属酶。某些有机分子如维生素及其衍生物一般是作为辅酶充当酶的激活剂，它们通常在酶与底物结合之前与酶结合，达到提高酶活性的目的。在土壤体系中，适量的盐基离子、重金属离子以及有机物质可以是某些酶的激活剂。

表 2 - 5 几种常见土壤酶的动力学参数

酶	土壤	K_m	V_{max}	文献
β-纤维二糖酶（β-cellobiase）	黏质壤土、砂质壤土、砂土	9.18~23.85 μmol·L⁻¹	0.081~0.18μmol·g⁻¹·min⁻¹·10⁻²	Darrah 和 Harris, 1986
1,3-β-葡聚糖酶（1,3-β-glucanase）		0.20~0.23 mg·mL⁻¹	0.39~0.41μmol 葡萄糖·g⁻¹·h⁻¹	Lethbridge 等, 1978
纤维素酶（cellulase）		9.7~21.4g·L⁻¹		Deng 等, 1994
脲酶（Urease）		57 mmol·L⁻¹		Paulson 等, 1970
	美国爱荷华州	252 mmol·L⁻¹		Tabatabai, 1973
芳基酰胺酶（arylamidase）	典型的 Hapludalf 土壤	0.10~2.29 mmol·L⁻¹	11.6~412 mg β-萘胺·kg⁻¹·h⁻¹	Tabatabai 等, 2002
左旋天冬酰胺酶（L-asparaginase）	9种不同类型的土壤	2.6~10.0 mmol·L⁻¹	9~131μg NH₄⁺-N·g⁻¹·2h⁻¹	Frankenberger 和 Tabatabai, 1991b
酰胺酶（amidase）		6.7~17.9 mmol·L⁻¹ 甲酰胺	138~438 μg NH₄⁺-N·g⁻¹·24h⁻¹	Frankenberger 和 Tabatabai, 1980
		4.0~5.1 mmol·L⁻¹ 乙酰胺	13~43μg NH₄⁺-N·g⁻¹·24h⁻¹	
		10.1~20.2 mmol·L⁻¹ 丙酰胺	35~105μg NH₄⁺-N·g⁻¹·24h⁻¹	
碱性磷酸酶（alkaline phosphatase）	干旱的 Calcixeroll 土壤	2.0~4.4 mmol·L⁻¹		Rojo 等, 1990
		0.44~4.94 mmol·L⁻¹	124~588μg 对硝基酚·h⁻¹·g⁻¹	Eivazi 等, 1977

续表

酶	土壤	K_m	V_{max}	文献
酸性磷酸酶（acid phosphatase）	暗色 Dystrochrept 土壤	3.6~15.4 mmol·L^{-1}		Rojo 等，1990
		1.11~3.40 mmol·L^{-1}	200~625 μg 对硝基酚·h^{-1}·g^{-1}	Eivazi 等，1977
	松软的 Paleoudalf 土壤，意大利	0.4~4.4 mmol·L^{-1}	5.8~22.0 nMρ－NP·g^{-1}·h^{-1}	Margon 和 Fornasier，2008
	典型的 Hapludalf 土壤，意大利	0.2~2.8 mmol·L^{-1}	3.1~13.0 nMρ－NP·g^{-1}·h^{-1}	Alja Margon 等，2008
酸性磷酸单酯酶（acid phosphomonoesterase）	西班牙	1.71~6.99 mmol·L^{-1}		Trasar-Cepeda 等，1988
		1.45 mmol·L^{-1}		Tena-Aldave 等，1979
		1.20 mmol·L^{-1}		Solla 等，1983
		1.2~3.2 mmol·L^{-1}		Dick 等，1984
		25.0~91.0 mmol·L^{-1}		Pang 等，1986
		1.26~4.58 mmol·L^{-1}		Tabatabai 等，1971
		0.44~0.65 mmol·L^{-1}		Kandeler 等，1990
碱性磷酸单酯酶（alkaline phosphomonoesterase）	松软的 Paleoudalf 土壤，意大利	0.1~1.7 mmol·L^{-1}	5.8~18.1 nMρ－NP·g^{-1}·h^{-1}	Margon 等，2008
	典型的 Hapludalf 土壤，意大利	0.1~2.3 mmol·L^{-1}	3.5~10.1 nMρ－NP·g^{-1}·h^{-1}	Margon 等，2008

续表

酶	土壤	K_m	V_{max}	文献
磷酸二酯酶 (phosphodiesterase)		0.25 ~ 1.25 mmol·L⁻¹	46 ~ 1 275μg 对硝基酚·h⁻¹·g⁻¹	Eivazi 等, 1977
		1.26 ~ 2.02 mmol·L⁻¹	52 ~ 5 305μg 对硝基酚·h⁻¹·g⁻¹	Browman 等, 1978
三偏磷酸酶 (trimetaphosphate)	美国爱荷华州	6.8 ~ 7.2 mmol·L⁻¹ TMP	590 ~ 1 200 mg TMP-P·kg⁻¹·5 h⁻¹	Busman 等, 1985
无机焦磷酸酶 (inorganic pyrophosphatase)		20 ~ 51 mmol·L⁻¹	130 ~ 830μg 正磷酸盐·g⁻¹·5 h⁻¹	Dick 等, 1978
天冬氨酸酶 (aspartase)		173 ~ 208 mmol·L⁻¹		Senwo 等, 1996
芳香基硫酸酯酶 (arylsulfatase)	松软的 Paleoudalf 土壤, 意大利	0.2 ~ 9.4 mmol·L⁻¹	1.4 ~ 29.5 nMp-NP·g⁻¹·h⁻¹	Alja Margon 等, 2008
	典型的 Hapludalf 土壤, 意大利	1.2 ~ 10.0 mmol·L⁻¹	1.3 ~ 11.0 nMp-NP·g⁻¹·h⁻¹	Alja Margon 等, 2008
		1.37 ~ 5.69 mmol·L⁻¹		Tabatabai 等, 1971
		2.63 ~ 3.13 mmol·L⁻¹		Al-Khafaji 等, 1979
		4.2 ~ 5.2 mmol·L⁻¹		Oshrain 等, 1979
		5.5 mmol·L⁻¹		Petit 等, 1977
		0.49 ~ 0.95 mmol·L⁻¹		Perucci 等, 1984
		1.72 ~ 9.38 mmol·L⁻¹		Farrell 等, 1994

续表

酶	土壤	K_m	V_{max}	文献
醋酸萘酯酶 (acetyl-naphthyl-esterase)		2.95 mmol·L⁻¹		Cacco 等, 1976
β-葡糖苷酶 (β-glucosidase)	Broad series 黏壤土	17.89~23.51 μmol·L⁻¹	4.94~16.02 μmol·g⁻¹·min⁻¹	Darrah 等, 1986
N-乙酰-β-D-氨基葡糖苷酶 (N-acetyl-β-D-glucosaminidase)	Udertic Paleustolls (Renfrow seris), 美国	0.56~0.84 mmol·L⁻¹	29.1~30.0 mg 对硝基酚·kg⁻¹·h⁻¹	Parham 等, 2000
	Udic Argiustolls (Teller), 美国	1.14~1.48 mmol·L⁻¹	38.8~39.8 mg 对硝基酚·kg⁻¹·h⁻¹	
硫葡糖苷酶 (myrosinase)	细壤土, 美国	7.9~10.8 mmol·L⁻¹	486~518 μg 葡萄糖·g⁻¹·4h⁻¹	Al-Turki 等, 2003
	Euic, 美国	6.4~6.7 mmol·L⁻¹	299~302 μg 葡萄糖·g⁻¹·4h⁻¹	
	细粉土, USA	9.2~12.9 mmol·L⁻¹	162~195 μg 葡萄糖·g⁻¹·4h⁻¹	
	砂土, 美国	5.3~6.1 mmol·L⁻¹	76~86 μg 葡萄糖·g⁻¹·4h⁻¹	
β-木糖苷酶 (β-xylosidase)	Broad series 黏壤土	49.17~94.51 μmol·L⁻¹	1.16~3.15 μmol·g⁻¹·min⁻¹	Darrah 等, 1986

续表

酶	土壤	K_m	V_{max}	文献
半乳糖苷酶（β – galactosidase）	Broad series 黏壤土	82.84 ~ 161.9　μmol · L^{-1}	0.82 ~ 1.98　μmol · g^{-1} · min^{-1}	Darrah 等，1986
硫氰酸酶（rhodanese）		1.20 ~ 10.3　mmol · L^{-1} S$_2$O$_3^{2-}$；2.48 ~ 10.20　mmol · L^{-1} CN$^-$	511 ~ 1 431　nmol SCN$^-$ g^{-1} · h^{-1}	Tabatabai 等，1979
硝酸还原酶（nitrate reductase）	Ames	3.7　mmol · L^{-1}	122　μg NO$_2^-$ – N · g^{-1} 24 h^{-1}	Abdelmagid 等，1986
	Okoboji	2.9　mmol · L^{-1}	126　μg NO$_2^-$ – N · g^{-1} 24 h^{-1}	
L – 组氨酸裂解酶（L – histidine ammonia – lyase）			51 ~ 97 μg NH$_4^+$ – N · g^{-1} 48 h^{-1}	Frankenberger, Jr.，1983
胱硫醚 γ – 裂解酶（cystathionase γ – lyase）		2.3　mmol · L^{-1}		Morra 等，1989

导致土壤酶催化反应速率降低，最终使酶活性下降的物质称为抑制剂，酶的抑制分为可逆性抑制与不可逆性抑制两大类。可逆性抑制剂一般是与酶可逆性结合，可通过简单的物理方法恢复酶的活性。不可逆性抑制剂则是与酶形成稳定的共价结合，不能用物理方法恢复酶的活性。可逆性抑制又包括以下 4 种情况。①竞争性抑制。竞争性抑制剂在结构上与底物接近，一般是与底物竞争酶分子上的相同结合位点。在竞争性抑制条件下，酶促反应的最大反应速率（V_{max}）不变，但动力学常数（K_m）增加。②非竞争性抑制。非竞争性抑制剂与酶分子结合的部位通常与底物－酶结合的部位不同，它不影响底物与酶的结合，但能影响酶的催化活性，即形成了不具活性的酶－底物－抑制剂三元复合体。这种竞争性抑制最终导致酶促反应的 V_{max} 降低，但 K_m 不变。③无竞争性抑制。无竞争性抑制剂一般只与酶－底物复合体结合，而不与游离酶结合。其结果是导致酶促反应的 V_{max} 和 K_m 均下降，但 V_{max}/K_m 保持不变。④底物抑制。对某些酶促反应而言，当底物的浓度过高时，不仅不会增加酶的活性，还会导致酶活性的降低，这是因为多个底物分子同时竞争酶分子上的同一位点，形成位阻效应，抑制了产物的形成。在土壤体系中，过量污染物质的存在如重金属离子、农药分子，以及有机质、黏土矿物等土壤组分都可能成为多种土壤酶的抑制剂。

2.3　影响土壤酶活性的因素

2.3.1　时空变化

在过去的几十年中，土壤酶学工作者虽然对土壤酶活性随季节的变化已进行了很多的研究，但两者间的直接的、准确的关系仍然不很清楚。

在全球尺度上，Sinsabaugh 等（2008）对 40 个生态系统中 7 种土壤酶活性的研究显示，葡糖苷酶、纤维二糖水解酶、乙酰葡糖胺糖苷酶及磷酸酶的活性随着土壤有机质含量的升高而增加，亮氨酸氨基肽酶、酚氧化酶和过氧化物酶的活性与土壤有机质含量无关。7 种土壤酶的活性都与土壤 pH 显著相关（图 2 - 3）。氧化酶活性比水解酶活性的变异大，且随土壤 pH 的上升而提高。虽然这些工作涉及的范围较大，但仍主要局限在北美地区，对亚洲、欧洲及大洋洲等地区土壤的酶活性时空变化及其与土壤性质的关系的研究还很缺乏。

美国新墨西哥沙漠草地土壤中的酚氧化酶和过氧化物酶活性比温带土壤的高得多，较高的 pH 和碳酸盐含量有利于土壤酚类物质的降解，是导致土壤有机质积累较少的重要原因（Stursova 和 Sinsabaugh,2008）。在山毛榉林土壤中，酸性磷酸酶、磷酸二酯酶及 β - 葡糖苷酶的活性在春季最高（Rastin 等,1988）。美国马萨诸塞州中部两种森林土壤的纤维素酶、几丁质酶、漆酶和过氧化物酶等的

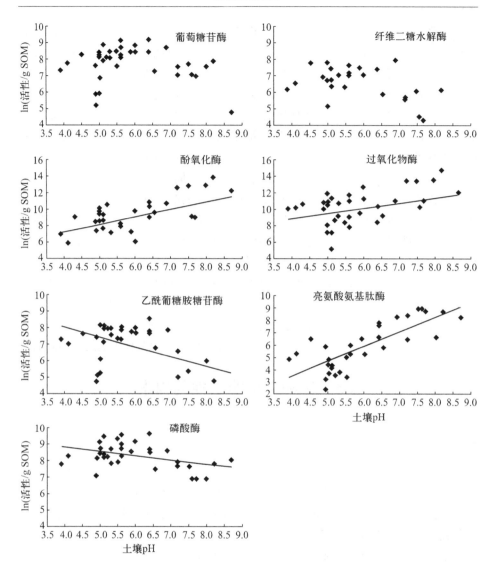

图 2 - 3 每克土壤有机质的平均酶活性的自然对数与土壤 pH 的关系($p < 0.05$)(Sinsabaugh 等,2008)

温度响应曲线为线性(McClaugherty 和 Linkins,1990)。对于阿根廷表层土壤而言,天然牧场中土壤脲酶的活性在夏季最高,而桉树林土壤中脲酶的最高活性则出现在夏末秋初时期,两种植被下,最低的酶活性均出现在冬季(Palma 和 Conti,1990)。在两个海拔高度的森林土壤中,脱氢酶活性最高出现在 5 月,脲酶在 5 月出现一个高峰,随后下降至 7 月份,又持续增加至 9 月份(Kumar 等,1992)。在印度东北部海拔 100 英尺和 1 500 英尺的土壤中,纤维素酶和淀粉酶在 5—6 月活性最高,在高海拔土壤中纤维素酶活性还在 9 月出现第二个高峰(Kshattriya 等,

1992)。German 等(2012)通过对北纬 8 °至北纬 63 °的 5 种代表性土壤中的纤维二糖水解酶、β - 葡萄糖苷酶、α - 葡萄糖苷酶、β - 木糖苷酶以及 N - 乙酰 - β - 葡糖苷酶等的动力学常数的研究，发现土壤胞外水解酶对温度的响应显示区域性，高纬度地区土壤酶比低纬度地区的土壤酶对温度的上升更为敏感(图 2 - 4 和图 2 - 5)。

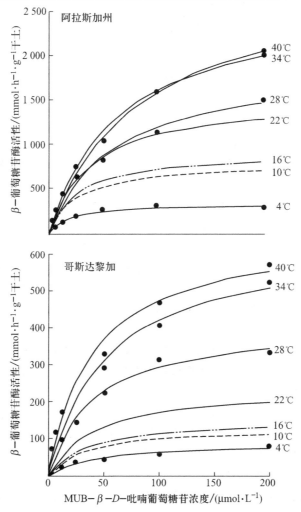

图 2 - 4　阿拉斯加州和哥斯达黎加土壤在不同温度下测定的 β - 葡萄糖苷酶的 Michaelis - Menten 曲线图(German 等,2012)

有关土壤剖面深度与酶活性的关系有很多的报道，通常随着土壤深度的增加和有机质的减少，酶活性降低。Frankenberger 和 Tabatabai(1991)发现，美国衣阿华土壤 105 ~ 115 cm 深处谷氨酰胺酶的活性比 0 ~ 15 cm 的降低了 10 倍。在新西兰泥炭土壤中，取样深度从 0 ~ 8 m，土壤蔗糖酶、淀粉酶、脲酶以及硫酸酯酶的活性分别下降了 15 倍、48 倍、85 倍和 40 倍(Speir 和 Ross,1990)。

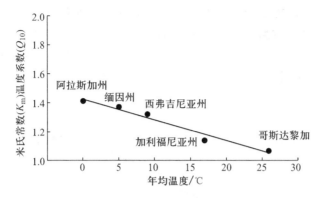

图 2 – 5　不同地点土壤 β – 葡萄糖苷酶米氏常数 (K_m) 温度系数 (Q_{10}) 与年均温度的关系（$r^2 = 0.96$，$p = 0.004$；German 等，2012）

　　在土壤内部，由于土壤固相组成和颗粒大小等的影响，酶的分布也是不均一的。Rojo 等（1990）发现，在钙质碱性和酸性土壤中，磷酸酶活性主要集中在大粒径（100 ~ 2 000 μm）的土壤颗粒中，这些颗粒含有大量的未腐殖化的有机质和植物残体，说明磷酸酶活性与植物如根系等密切相关，而在小颗粒中，由于含磷化合物与稳定腐殖质的结合使其不易被生物化学降解。Marx 等（2005）对英国 Devon 草地土壤中 > 200 μm、200 ~ 63 μm、63 ~ 2 μm 以及 0.1 ~ 2 μm 等不同粒径的土壤颗粒酶活性的研究表明，颗粒间酶活性的差异取决于酶的种类，β – 葡糖苷酶、β – 木糖酶、乙酰葡糖胺糖苷酶、β – 纤维素二糖水解酶等糖类水解酶主要分布在粗颗粒中，磷酸酶和亮氨酸氨肽酶则主要存在于黏粒部分。Allison 和 Jastrow（2006）发现，美国 Illinois 草原土壤，分解有机碳的酶存在于大团聚体、微团聚体以及黏粒部分，颗粒状有机物中两种纤维素降解酶和一种几丁质分解酶的活性是本体土壤的 2 ~ 4 倍。黏粒部分多酚氧化酶的活性是本体土壤的 3 倍。他们的结果说明，酶产生及碳周转速率在土壤颗粒状有机物中较快，而在以矿物为主的土壤颗粒中，由于酶及其碳底物的固定，速度则较慢。因此，他们认为可以通过合理的土地耕作利用降低土壤结构的物理破坏，增加土壤的碳库。

　　生长有植物的土壤，通常根际土壤酶的活性远高于非根际土壤，这是因为根际土壤微生物群落和数量比较丰富，植物和微生物的分泌物类型多、含量高。有研究表明，在 60 ~ 100 年的挪威云杉林地中，根际和菌丝际土壤酸性磷酸酶的活性是本体土壤的 2.5 倍，在根际区酸性磷酸酶的活性与菌丝长度呈极显著的正相关（$r = 0.83$，$p < 0.001$）（Haussling 和 Marschner，1989）。同样，在其他植物的根际，如 *Brassica oleracea*、*Allium cepa*、*Triticum aestivum*、*Trifolium alexandrinum*，酸性和碱性磷酸酶的活性均显著高于非根际土壤，且与植物的年龄、种类等有关（Tarafdar 和 Junk，1987）。

2.3.2　土壤组分和性质

土壤是复杂的由固、液、气组成的多相异质体系，固相中既有活的土壤生物，又有粒径大小不同的各种土壤矿物和有机质，液相中溶解有各种有机和无机离子与分子。土壤固相组分对酶的吸附固定以及土壤酸碱度、含水量、盐分等都会对酶的活性产生显著的影响。

1. 土壤有机质

作为土壤有机质的主要组成，腐殖物质在土壤酶的固定、稳定和酶活性表达方面起着重要作用。胡敏酸、富里酸、丹宁、黑色素以及腐殖质前体如酚类和醌类物质等可通过不同的作用机制与酶结合，导致酶的催化活性发生改变。

红外光谱研究表明，腐殖酸中的羧基和酚基在与蛋白质形成的离子键和氢键中起着重要作用，酶－腐殖质复合物中的氨基与羧基离子键可能较易断裂，以这种方式与腐殖质结合的酶可被 EDTA、磷酸盐等提取。在自然土壤中，能被盐溶液提取的酶的量通常很低，意味着以离子键结合的酶并不是其与腐殖质复合的主要机制。

Ladd 和 Butler 经一系列研究发现，土壤腐殖酸抑制许多蛋白水解酶活性的作用达 50%，而对某些肽酶的活性则有刺激效应，腐殖酸的甲基化、蛋白水解酶的乙酰化以及无机阳离子的存在等可在一定的程度上减轻抑制作用，他们认为腐殖酸对酶的抑制作用主要与其分子中的羧基有关（Gianfreda 和 Bollag，1996）。

Gianfreda 等（1995a,b）的研究表明，一种腐殖酸的前体——丹宁酸对脲酶活性的抑制作用（降低 73%）比其对蔗糖酶（降低 10%）和酸性磷酸酶（降低 25%）的更强，他们认为蔗糖酶和磷酸酶的糖蛋白结构可能不利于单宁酸与酶分子的络合，或者即使形成了复合物也未造成酶活性的明显丧失，脲酶分子活性中心的 Ni^{2+} 可能促进了丹宁对酶活性的抑制作用。

在土壤中，腐殖物质与酶之间的交互作用主要有以下 3 种方式。①直接作用包括吸附、空间效应、氢键以及酰胺键等，这些物理和化学过程可直接作用于酶的活性位点，而不是通过改变酶分子的结构间接导致酶活性的丧失。②腐殖质的生化异质性和复杂性，其对相似底物的作用，会干扰酶反应平衡。③腐殖质较强的阳离子交换特性，其与酶催化过程中作为辅助因子或起稳定酶分子结构作用的阳离子的反应，最终都会导致酶活性的改变。被腐殖质固定的酶，其热稳性和抗降解性能通常会增加，如被胡敏酸固定的过氧化物酶、过氧化氢酶及纤维素酶均维持较高的抗蛋白酶水解的能力（表 2－6）。

表 2 – 6　腐殖质 – 酶复合物的热稳定性和水解稳定性（Nannipieri 等,1996）

酶	结合状态	残留活性/%	
		热变性	蛋白水解性
过氧化物酶	游离态	40	0
	胡敏酸结合态	90	100
过氧化氢酶	游离态	未检测	0
	胡敏酸结合态	未检测	100
纤维素酶	游离态	33	35
	胡敏酸结合态	73	77

　　许多研究表明，土壤酶活性与土壤有机碳和全氮含量直接相关（表 2 – 7），可能是因为有机碳和全氮反映了土壤有机质的水平。Speir 等（1984）的研究表明，在最表层土壤，由于较好的通气条件和底物状况，糖酶如淀粉酶、纤维素酶、蔗糖酶、木聚糖酶等的活性通常高于土壤有机碳含量预测的结果，它们与土壤生物活性的关系更密切。而脲酶、磷酸酶、硫酸酯酶等则与土壤总有机碳含量紧密相关，因为这些酶多以有机矿质结合的胞外形态存在，比较稳定。

2. 黏土矿物

　　所有的酶都是蛋白质，其分子结构中含有多种极性基团如羰基、羟基，可离子化功能团如氨基、羧基等，这些功能团是酶与黏粒矿物结合的基础。层状硅酸盐黏粒矿物一般带负电荷，蛋白质分子既可带正电，也可带负电，其电荷符号和数量随介质环境的变化而变化。因此，酶蛋白可以通过阳离子交换反应的方式与黏粒矿物结合，介质的 pH 越低，黏粒吸附的蛋白质越多。然而，许多研究表明，被蒙皂石类矿物吸附的蛋白质，当介质的 pH 接近蛋白质的等电点时，被吸附的蛋白质分子与矿物之间形成一种更为紧密的结构。其次，蛋白质分子与黏粒矿物的联结可能还有范德华引力、氢键以及离子偶极作用等键合机理。蒙皂石对蛋白质的吸附取决于其交换性阳离子，几种不同类型的蒙皂石对蛋白质的吸附顺序为：氢质蒙脱 > 钠质蒙脱 > 钙质蒙脱 > 铝质蒙脱，只有氢蒙皂石和钠蒙皂石能将蛋白质吸收在层间，因为这两种蒙皂石具有较大的膨胀性，蛋白质可以单层或多层吸附在蒙皂石的内表面，钠蒙脱石 – 蛋白质复合物的晶面间距可以从 1.4 nm 到 2.9 nm。Fusi 等（1989）认为，酶蛋白质能否被黏土矿物层间固定，还取决于体系中的蛋白质含量。只有当蛋白质与黏粒的重量比超过 1:5 时，蛋白质分子才有可能进入矿物的层间（图 2 – 6）。在自然土壤中，还没有真正发现层间有蛋白质的蒙皂石复合物，主要原因可能有以下几方面。①多数土壤的膨胀性矿物中的交换性阳离子以两价离子为主，胀缩性很有限；②矿物的外表面更易与蛋白质分子接近。③游离蛋白质较易被微生物分

解。因此，在自然土壤中，被黏粒吸附的酶蛋白质多局限于膨胀性和非膨胀性
矿物的外表面。

表 2 − 7 土壤酶活性与土壤碳、氮含量的相关性

土壤	土壤酶	有机碳	全氮	文献
印度热带土壤	脲酶	$r = 0.88$, $p < 0.01$	$r = 0.52$, $p < 0.01$	Pal 和 Chhokar, 1981
特立尼达岛表土	脲酶	$r = 0.96$, $p < 0.01$	$r = 0.70$, $p < 0.01$	Dalal, 1975
美国衣阿华州土壤	脲酶	$r = 0.72$, $p < 0.001$	$r = 0.71$, $p < 0.001$	Zantua 等, 1977
	酰胺酶	$r = 0.89$, $p < 0.01$	$r = 0.74$, $p < 0.01$	Frankenberger 和 Tabatabai, 1981
	$L -$ 谷氨酰胺酶	$r = 0.79$, $p < 0.01$	$r = 0.76$, $p < 0.01$	Frankenberger 和 Tabatabai, 1991
	$\alpha -$ 葡萄糖苷酶 $\beta -$ 葡萄糖苷酶 $\alpha -$ 半乳糖苷酶 $\beta -$ 半乳糖苷酶	$r = 0.65$, $p < 0.01$ $r = 0.94$, $p < 0.01$ $r = 0.91$, $p < 0.01$ $r = 0.94$, $p < 0.01$		Eivazi 和 Tabatabai, 1990
西班牙西北部 Galicia 林地和草原土壤	磷酸酶	$r = 0.90$, $p < 0.01$		Trasar-Cepeda 和 Gil-Stores, 1987
德国 Solling 山毛榉林地酸性棕壤	纤维素酶 木聚糖酶 几丁质酶	$r^2 = 0.871$, $p < 0.05$ $r^2 = 0.954$, $p < 0.05$ $r^2 = 0.873$, $p < 0.05$		Wirth 和 Wolf, 1992

Gianfreda 等(1992)的研究表明，当蒙脱石与氧化铝形成复合物后，对脲
酶的吸附量显著降低，但明显地高于氧化铝的酶吸附量，吸附量的大小与黏粒

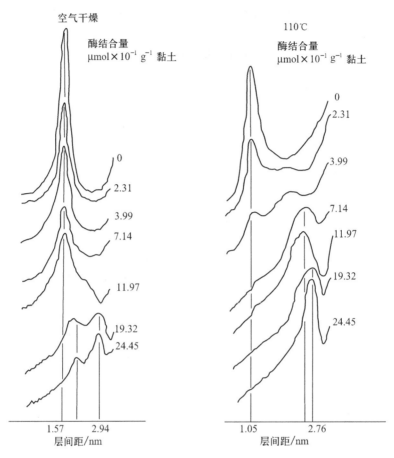

图 2-6 钙蒙脱石-过氧化氢酶复合物的 X 射线衍射图谱 (Fusi 等,1989)

的比表面并不呈正相关。Huang 等(1995)的工作也说明层间填充羟基铬、铝聚合物的蒙脱石,其对磷酸酶的吸附量明显下降。Naidja 等(1995)比较酪氨酸酶在蒙脱石和羟基铝-蒙脱石复合物表面的吸附也有类似的结果。由于蒙脱石矿物的外表面很有限,这说明酶蛋白质分子可以进入层状硅酸盐黏土矿物的层间。

酶还可以通过专性吸附的方式与土壤矿物结合。Naidja 等(1995)发现,酪氨酸酶在蒙脱石表面的固定量随着羟基铝包被的增多而增加,体系中磷酸盐的存在对蒙脱石吸附酪氨酸酶没有显著影响,却显著抑制羟基铝-蒙脱石复合物对酪氨酸酶的吸附(图 2-7),意味着磷酸根与矿物表面的羟基可能通过配位体交换的方式竞争酶蛋白分子的吸附位点。然而在非缓冲体系中,蒙脱石表面羟基铝包被越多,复合物对酪氨酸酶的吸附量越高,固定态酶的比活性也越强(图 2-8,表 2-8;Naidja 等,1997)。

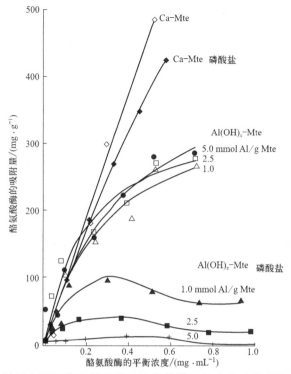

图 2－7 钙蒙脱石和不同数量羟基铝包被的蒙脱石复合物对酪氨酸酶的吸附等温线
（Naidja 等，1995）

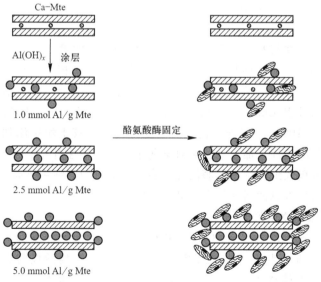

图 2－8 羟基铝－蒙脱石复合物固定酪氨酸酶示意（阴影代表 Ca^{2+}；黑色实心圆代表羟基铝聚合物；带黑点和波浪线的椭圆代表酪氨酸酶；黑色区域代表酪氨酸酶中双核 Cu 活性位点）（Naidja 等，1997）

表 2 - 8 酪氨酸酶在钙蒙脱石和羟基铝 - 蒙脱石复合物表面的
吸附与固定(Naidja 等 ,1997)

	酪氨酸蛋白质/μg		比活性
	吸附量	固定量	/%
Ca - Mte	41.4	ND	ND
Al(OH)$_x$ - Mte$_1$	22.8	16.1	23.6
Al(OH)$_x$ - Mte$_{2.5}$	29.5	22.3	19.3
Al(OH)$_x$ - Mte$_5$	82.0	74.6	62.1

土壤中大量存在的黏土矿物可与微生物发生直接的界面作用，也可以通过改变微生物的生活环境，强烈影响微生物的生长、代谢活性以及微生物生态，这些都会导致来源于土壤微生物酶活性的改变。一般来讲，黏土矿物首先抑制酶的活性，然后稳定和保护酶的残留活性。被黏土矿物吸附的酶会发生最适 pH、动力学常数、活性及稳定性等方面的改变。通常，酶与黏土矿物作用后，酶的最适 pH 向碱性方向移动 1 ~ 2 个单位，酶活性降低，酶反应速率和对底物的亲和力下降，酶的热稳性和水解稳定性增加(Gianfreda 和 Bollag，1996)。如沙漠草地土壤中较高的酚氧化酶的活性，可能与这些酶多结合在土壤矿物表面有关，耐热性较强，而水解酶可能多与土壤有机颗粒结合，热稳性相对较低(Stursova 和 Sinsabaugh，2008)。通常具有较大比表面的膨胀性黏粒矿物如蒙皂石对酶活性的影响较大，而像高岭石类的非膨胀性矿物则影响较小。

对土壤酶活性与黏粒含量的相关性研究表明，两者间存在着不确定的关系。酰胺酶和蛋白酶活性与土壤黏粒含量呈显著的正相关，相关系数分别为0.53 和 0.69，而脲酶、L - 谷氨酰胺酶和磷酸酶的活性与土壤黏粒含量没有明显的相关性(Pal 和 Chhokar，1981；Frankenberger 和 Tabatabai，1981；Frankenberger 和 Tabatabai，1991)。有研究表明，在夏威夷火山灰土壤中添加水铝英石显著提高土壤酶的活性，加入水铁矿对某些土壤酶的活性有一定的促进作用，而添加腐殖酸则极大地抑制土壤酶活性。腐殖酸抑制酶活性主要通过络合或共价反应阻止底物接近酶的活性位点(Allison，2006)。

3. 土壤微生物生物量

Frankenberger 和 Dick(1983)对 10 种土壤中的 11 种土壤酶与土壤微生物生物量的关系研究表明，磷酸二酯酶和 α - 半乳糖苷酶活性与微生物数量呈显著相关性，而磷酸酶、酰胺酶和过氧化氢酶则与微生物呼吸和总生物量显著相关。Nannipieri 等(1979)的结果显示，土壤脲酶和磷酸酶的活性与土壤细菌生物量显著相关，与真菌关系不大。Hayano 和 Tubaki(1985)认为，土

壤中的 β – 葡萄糖苷酶主要来源于真菌。Kumar 等(1992)发现在两个不同的海拔高度地区,土壤脱氢酶活性与真菌数量呈显著正相关,在低海拔地区土壤中脱氢酶和脲酶活性均与细菌数量有显著的正相关,这些相关性受季节变化和表面植被覆盖的强烈影响。Ahamadou 等(2009)对中国湖南长期肥料定位实验点的土壤研究表明,土壤酶活性与微量热法测定的土壤微生物活性峰高值呈显著正相关($p<0.01$),而与到达最高微生物活性的峰时间呈负相关($p<0.01$)。

4. 土壤 pH

有关土壤 pH 与酶活性的关系,已有大量的研究报道。前人的工作表明,两者间既有正相关,也有负相关,还有一些研究显示两者间没有任何相关性。Trevors(1984)发现,土壤 pH 从 3.9 上升至 10.6,脱氢酶活性显著增加。而在 pH 4.5~8.5,土壤中的葡萄糖苷酶和半乳糖苷酶活性与 pH 则呈显著的负相关(Eivazi 和 Tabatabai,1990)。土壤中的磷酸酶通常有两个最适 pH,酸性和碱性土壤中的磷酸酶分别称作酸性磷酸酶和碱性磷酸酶。对草皮生态系统而言,碱性土壤中酚氧化酶的活性高出酸性土壤的 2 倍左右(Yao 等,2009)。

5. 土壤含水量和盐分

水不仅是土壤酶来源的微生物细胞的主要组成,还是各种催化反应特别是水解反应的媒介。因此,水对于土壤中酶的合成、产生及活性至关重要。盐分对酶活性的影响是通过两方面的作用实现的,一是直接抑制或刺激酶催化作用,二是影响酶蛋白质的溶解度。此外,土壤含水量降低或盐分含量增加均导致土壤渗透压上升,使土壤微生物的代谢活性下降。West 等(1988)发现,土壤磷酸酶和硫酸酯酶的活性随着土壤含水量的下降呈指数降低。Frankenberger 和 Bingham(1982)的研究显示,土壤中的酰胺酶、脲酶、酸性和碱性磷酸酶、磷酸二酯酶、无机焦磷酸酶、芳基硫酸酯酶、硫氰酸酶、α – 葡萄糖苷酶、α – 半乳糖苷酶、脱氢酶以及过氧化氢酶活性均随土壤含盐量的上升而降低,盐分对脱氢酶活性的抑制作用比水解酶的更强。在石灰性粉质壤土中加入 NaCl 或者干燥使土壤含盐量上升,均导致土壤脲酶和酰胺酶活性的降低,但土壤重新湿润到原来含水量的水平时,两种酶的活性均得以恢复(Gomah,1990)。

2.3.3　农业管理

许多农业措施诸如耕作、施肥等会对土壤酶活性产生影响。Acosta-Martínez 和 Tabatabai(2000)研究酸性土壤中施用石灰对 α – 和 β – 葡萄糖苷酶、α – 和 β – 半乳糖苷酶、酰胺酶、芳基酰胺酶、脲酶、L – 谷氨酰胺酶、L – 天冬酰胺酶、天冬氨酸酶、酸性和碱性磷酸酶、磷酸二酯酶、芳香基硫酸酯酶等土壤酶活性的影响，发现酸性磷酸酶与土壤 pH 呈极显著负相关关系，其他酶的活性则与土壤 pH 极显著正相关。Acosta-Martínez 和 Tabatabai（2001a）报道，土壤芳基酰胺酶的活性受到土壤耕作和作物残茬处理的极大影响，开沟/覆盖、犁耕/覆盖以及免耕/覆盖的土壤酶活性最高，犁耕/未覆盖和免耕/清除前茬等处理的土壤酶活性最低。Allison 和 Vitousek（2005）的实验表明，经 28 天的培养，当土壤中的目标养分以复杂的化合物形式存在，且有碳氮供应时，酶活性增加。仅添加碳氮时，土壤中 β - 葡萄糖苷酶和酸性磷酸酶的活性也增加。土壤中铵和磷酸盐的加入分别导致甘氨酸氨肽酶和酸性磷酸酶活性的下降。他们认为土壤中的微生物是根据"经济规律"产生酶，但相当量的矿物稳定或结合态酶参与了这种响应过程。土壤酶的这种响应模式反映了微生物对养分的需求和它们从土壤中存在的复杂底物中利用有限养分的能力。Trasar-Cepeda 等（2008）的研究表明，大量施用化肥、有效磷含量高的土壤如玉米地、葡萄园、草地土壤的磷酸酶活性明显低于橡树林地土壤，而施用牛粪的耕地土壤，参与氮素循环的土壤酶通常比林地土壤具有更高的活性，可能是因为底物的刺激作用。他们指出，土地利用后的单位质量碳的酶活性高于林地土壤，意味着土壤有机质中水解酶的富集，维持了较高的土壤代谢活性。

肥料对土壤酶活性的影响取决于土壤类型、酶的种类和施肥时间等因素。在长期肥料实验中，肥料的影响可能会通过土壤性质的改变来实现。土壤中施入有机肥料后，经微生物转化分解释放出氮、磷、硫等养分，土壤微生物和酶活性会得到提升。有机肥料对土壤酶活性的刺激作用通常会超过无机肥料。

在一个高海拔区再生林实验中，施用有机肥料的土壤过氧化氢酶活性增加 52% ~ 84%，纤维素酶活性没有明显的差异。在罗马尼亚南部的长期肥料实验中，研究者发现，农家肥与 NPK 配合施用比单施农家肥或化肥更能增加土壤蔗糖酶和磷酸酶的活性（Gianfreda 和 Bollag，1996）。在酸性缺磷土壤中，施用石灰增加了土壤蛋白酶和硫酸酯酶的活性，但降低了磷酸酶活性，施用磷肥对 3 种酶的活性均有促进作用（Haynes 和 Swift，1988）。同样，Trasar-Cepeda 和 Barballas（1991）也发现，在富含有机质的酸性土壤中施用石灰抑制了磷酸酶的活性，而且石灰使用量越高，磷酸酶活性降低得越多。石灰对土壤磷酸酶活性的影响比较复杂，一方面，它可以促进土壤微生物活性，导致酶活性的上升；另一方面，土壤 pH 的升高，使土壤可溶性无机磷含量增加，而抑制了酶活性。Spiers 和 McGill（1979）的研究表明，在土壤中施入硝酸铵和葡萄糖使酸性磷酸酶的活性增加 6 倍。对我国湖南省祁阳红壤 20 年的长期肥料定位实验研究表明，氮磷钾与猪粪配合施用及休闲处理的土壤中蔗糖酶、脲酶、脱氢酶、蛋白酶、磷酸酶等的活性最高，对照和仅氮处理土壤的酶活性最低（Ahamadou等，2009）。说明土壤养分平衡在土壤酶活性维持方面的重要作用。休闲地土壤酶活性较高可能与没有作物种植、土壤养分残留较多，导致土壤微生物活性较强有关。

　　研究表明，农业耕作对土壤酶活性有着显著的影响。Klein和Koths（1980）发现免耕土壤中的脲酶、蛋白酶和磷酸酶活性高于耕作土壤。同样，有80年耕作历史的土壤各级团聚体颗粒中芳基硫酸酯酶和磷酸酶的活性显著低于天然未耕作的土壤，耕作导致芳基硫酸酯酶的米氏常数（K_m）和最大反应速率（V_{max}）降低（Gupta和Germida，1988；Farrell等，1994）。耕作土壤酶活性的降低反映出土壤有机质含量及微生物生物量的下降，耕种还可能导致土壤有机质转化为更惰性的形态，不易与酶或底物形成复合物，因此，耕作土壤的底物亲和力增加（K_m值降低）。Kandeler等（1999）通过比较不同程度的耕作方式对土壤酶活性的影响，发现减少耕作，特别是常规耕作使粗粒径（>200 μm）土壤颗粒的有机碳含量下降，这是导致常规耕作土壤中木聚糖酶活性降低的主要原因，因为土壤木聚糖酶的活性大部分位于粗有机质中。而蔗糖酶和碱性磷酸酶

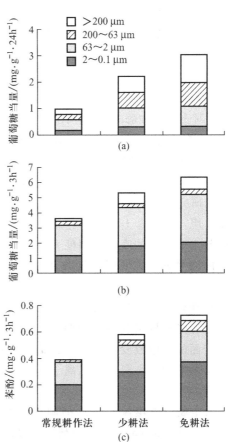

图2-9　在不同的耕作方式下，Haplic Chernozem土壤0～10cm几种粒径中（a）木聚糖酶、（b）蔗糖酶和（c）碱性磷酸酶的活性（Speir和Ross，2002）

则更多地受细粒径土壤颗粒的影响，虽然在粗粒径土壤部分其活性也降低，但受耕作的影响明显低于木聚糖酶（图2-9）。

2.3.4 环境污染物质

1. 重金属

土壤重金属污染是土壤最重要的污染之一，来自于城市及工业废弃物、农用化学品等的重金属进入土壤后，会对土壤酶活性产生严重的影响。重金属主要通过掩蔽酶的催化活性位点、改变蛋白质结构使其失活以及与形成酶－底物复合物中的金属离子竞争等方式抑制酶活性。阳离子金属是非竞争性抑制剂，它们通过与巯基、羧基及组氨酸结合，改变蛋白质结构，影响底物接近酶分子活性位点。阴离子金属和类金属可能与酶反应产物有相似的结构，它们常常是某种酶的竞争性抑制剂。如 Juma 和 Tabatabai(1977) 的研究表明，$HAsO_4^{2-}$ 和 MoO_4^{2-} 对土壤磷酸酶的抑制作用是由于这些阴离子与磷酸酶的水解产物 HPO_4^{2-} 和 $H_2PO_4^-$ 的结构相似，因为 HPO_4^{2-} 和 $H_2PO_4^-$ 是磷酸酶的抑制剂。同样，这些阴离子还能抑制硫酸酯酶的活性。

在溶液状态下，很低浓度的重金属离子可对酶活性产生抑制作用，但田间土壤的研究显示，重金属需要在很高的浓度下才可能造成对土壤酶活性的显著抑制作用。原因是土壤的物理保护作用使酶不易与重金属离子接触，重金属离子与土壤组分的交互作用使其不易与酶发生反应。而且，与不同土壤组分结合的酶受重金属离子抑制作用的程度也有差异。Huang 和 Shindo(2000a，b) 发现，固定在土壤胶体和高岭石矿物表面的酶受游离铜离子的抑制作用强于针铁矿及锰氧化物表面固定的酶(图 2 - 10)，铁锰氧化物固定态酶比游离酶更易受有机络合态铜的抑制作用，认定有机络合态铜分子中的羧基与氧化物表面的反应改变了酶分子的结构及其对底物的亲和性。提出以专性吸附方式结合的酶受游离重金属离子抑制作用较小，受络合态重金属抑制作用较强的观点。

重金属对土壤酶活性的抑制程度取决于金属离子的类型和土壤酶的种类。Juma 和 Tabatabai(1977) 研究了 20 种微量元素对 10 种表土中酸性和碱性磷酸酶活性影响的结果表明，Hg^{2+}、As^{5+}、W^{6+}、Mo^{6+} 等是酸性磷酸酶的最强抑制剂，而 Ag^+、Cd^{2+}、V^{4+}、As^{5+} 等抑制碱性磷酸酶活性的能力最强。Frankenberger 和 Tabatabai(1981,1991) 在一系列的研究后发现，3 种氨基水解酶的活性受 Hg 的抑制作用最强，这可能说明硫醇键在酶的活性位点中起着重要作用。Tyler (1976) 对瑞典铜和锌污染土壤的研究表明，lg(Cu + Zn) 与土壤磷酸酶和脲酶活性呈显著的负相关，而与 β - 葡萄糖苷酶的活性没有相关性。Renella 等(2011) 基于法国土壤的长期田间实验研究显示，土壤芳基酯酶的活性与水和 NH_4NO_3 提取的 Cd、Cr、Cu、Ni、Zn 等微量元素的含量呈显著的负相关。Doelman 和 Haanstra(1986,1989) 提出用 ED_{50}(50%

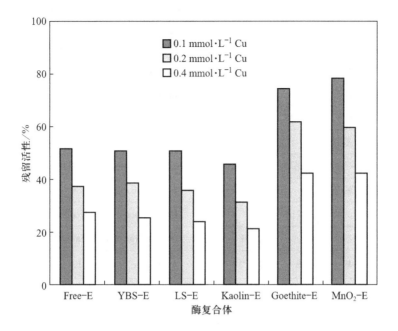

图 2 - 10　铜离子体系中游离及土壤胶体、矿物固定态酶的残留活性(pH 为 5.5,YBS 代表黄棕壤,LS 代表砖红壤)(Huang 和 Shindo,2000a)

有效生态剂量) 表征重金属的毒害作用，它是指导致土壤酶活性降低一半时的重金属浓度。在黏质土壤中，所有重金属的 ED_{50} 值大体相当(45 mmol·kg^{-1})，而在砂质壤土和粉质壤土中，重金属的 ED_{50} 值可从 12 mmol·kg^{-1} 变化至 88mmol·kg^{-1}。常见土壤重金属对主要土壤酶活性的抑制程度见表2 - 9。

　　除了抑制酶活性外，在某些情况下，重金属还可能刺激土壤酶的活性。Dick 和 Tabatabai(1983)发现经醋酸铵处理去除可溶性和交换性金属离子的 3 种土壤，Co^{2+}、Ni^{2+}、Zn^{2+} 等重金属离子均可以提高焦磷酸酶的活性。Sing 和 Tabatabai(1978)报道，Zn^{2+} 可以刺激土壤硫氰酸酶的活性。

　　鉴于土壤酶对重金属离子较强的敏感性，一些学者提出采用土壤酶活性作为土壤重金属污染的生物指示，如建议用脲酶、转化酶、脱氢酶等土壤酶活性作为指标。然而，使用这种方法时应谨慎小心，根据 Chander 和 Brooks(1991) 的研究，与未污染土壤相比，铜污染土壤中较低的脱氢酶活性可能是人为因素造成的，因为铜与三苯基甲脒(TPF)(三苯基四唑氯的转化产物)的反应降低了 TPF 的吸光值。

表 2 - 9　几种主要重金属对土壤酶活性的抑制作用

重金属	土壤酶	抑制程度	参考文献
Hg	α - 半乳糖苷酶	10%	Eivazi 和 Tabatabai, 1990
	芳基硫酸酯酶	>50%	Al-Khafaji 和 Tabatabai, 1979
	硝酸还原酶	>75%	Fu 和 Tabatabai, 1989
	左旋天冬酰胺酶	76% ~85%	Frankenberger 和 Tabatabai, 1991
	芳基酰胺酶	69% ~90%	Acosta-Martínez 和 Tabatabai, 2001b
Cd	α - 葡萄糖苷酶	66%	Eivazi 和 Tabatabai, 1990
	硝酸还原酶	>75%	Fu 和 Tabatabai, 1989
	左旋天冬酰胺酶	16% ~33%	Frankenberger 和 Tabatabai, 1991
	芳基酰胺酶	55% ~82%	Acosta-Martínez 和 Tabatabai, 2001b
Cr	芳基硫酸酯酶	>50%	Al-Khafaji 和 Tabatabai, 1979
	左旋天冬酰胺酶	26% ~42%	Frankenberger 和 Tabatabai, 1991
	芳基酰胺酶	14% ~32%	Acosta-Martínez 和 Tabatabai, 2001b
Cu	芳基酰胺酶	35% ~53%	Acosta-Martínez 和 Tabatabai, 2001b
	左旋天冬酰胺酶	11% ~18%	Frankenberger 和 Tabatabai, 1991
Ni	芳基硫酸酯酶	>50%	Al-Khafaji 和 Tabatabai, 1979
	芳基酰胺酶	20% ~37%	Acosta-Martínez 和 Tabatabai, 2001b
	左旋天冬酰胺酶	6% ~12%	Frankenberger 和 Tabatabai, 1991
Co	左旋天冬酰胺酶	3% ~8%	Frankenberger 和 Tabatabai, 1991
Pb	芳基酰胺酶	17% ~40%	Acosta-Martínez 和 Tabatabai, 2001b
	左旋天冬酰胺酶	8% ~15%	Frankenberger 和 Tabatabai, 1991
Ag	芳基酰胺酶	64% ~87%	Acosta-Martínez 和 Tabatabai, 2001b
	左旋天冬酰胺酶	63% ~87%	Frankenberger 和 Tabatabai, 1991

2. 农药

　　农药对土壤酶活性的影响已有大量的研究报道，Schaffer(1993)专门就这方面的工作撰写了综述并发表于《土壤生物化学》系列专著第 8 卷。从这些研究结果来看，农药对土壤酶活性的影响并无明显的规律可循。对于某一种农药而言，在一种土壤中对某种酶可以是抑制剂，但在另一种土壤中则可能成为激活剂，或不产生任何影响。此外，在同一土壤中，某一浓度的农药对某种酶可能产生抑制作用,但可能会促进另一种酶的活性,或不产生影响。如在砂质壤土中,草甘膦(glyphosate)对脱氢酶、磷酸酶和脲酶表现为抑制作用,而对粉质壤土中的 $1,3-\beta$ - 葡聚糖酶则没有任何影响。Lethbridge 等(1981)和 Nakamura 等(1990)报道,百草枯(paraquat)对土壤脱氢酶、磷酸酶、脲酶、芳基酯酶及芳基酰基酰胺酶均没有影响,而 Shinner 等(1983)则发现土壤脱氢酶、脲酶和木聚糖酶的活性在不同的程度上受这种除草剂的促进或抑制作用。

经草甘膦(glyphosate)和百草枯(paraquat)处理后,土壤脲酶的活性是对照的 1.1 ~ 1.4 倍,土壤浸提液的脲酶活性可达对照的 2.59 ~ 6.73 倍,但两种除草剂对溶液中的游离脲酶、固定在蒙脱石和单宁酸 - 蒙脱石复合物上的脲酶活性则无显著影响(Gianfreda 等,1994)。因此,他们认为除草剂对土壤脲酶活性的影响可能并非除草剂与酶蛋白分子有直接的作用,或即使有作用但并不影响酶的活性位点。百草枯是一种阳离子,可被带负电荷的土壤胶体吸附,草甘膦则以阴离子的形式被土壤组分吸附,这些过程均可导致吸附在土壤胶体表面的部分酶蛋白分子解吸,解吸进入溶液的酶分子可恢复酶活性,但如果重新被土壤组分固定则会丧失活性。对蔗糖酶而言,草甘膦和百草枯对游离的和固定在蒙脱石表面的蔗糖酶的活性均有促进作用,但对固定在丹宁酸、羟基铝 - 丹宁以及羟基铝 - 丹宁 - 蒙脱石等矿物 - 有机物复合体表面的蔗糖酶的活性则有抑制作用(Gianfreda 等,1995)。两种除草剂可能与酶蛋白有直接的作用,阳离子态的百草枯与蔗糖酶分子中的阴离子基团作用,而阴离子态的草甘膦则能与酶分子通过氢键结合,这些作用可能最终导致酶对底物亲和力及酶活性的增强。

Sannino 和 Gianfreda(2001)系统比较了 4 种农药对意大利 22 种土壤中的蔗糖酶、脲酶和磷酸酶活性的影响,发现草甘膦和百草枯的添加可提高土壤蔗糖酶的活性 4% ~ 204%,草甘膦通常抑制土壤磷酸酶的活性,最高可达 98%(图2 - 11)。

3. 石油污染物

石油及其副产品在生产、运输及贮存过程中,由于量大,对邻近土壤会构成极大的污染威胁。极性有机溶剂如酒精、丙酮等主要通过蛋白变性破坏酶活性。非极性有机化合物如碳氢化合物是疏水性的,它们不与溶液中的蛋白质发生相互作用。在土壤中,如果石油类污染物的浓度较高,特别是重质原油,它们可以通过包被有机矿质复合体、细胞等,阻止可溶性底物与酶的接触,最终抑制酶的活性。轻质石油产品对土壤酶活性的影响则很小,如在土壤酶活性测定中,经常使用甲苯来抑制微生物的活性,甲苯的用量可高达 25%(体积比)。据报道,高达 100 kg·m^{-2} 的原油浓度使土壤蔗糖酶、蛋白酶及磷酸酶的活性分别降低了 54%、62% 和 50%(Kiss 等,1998)。甚至有研究结果显示,石油污染可导致某些土壤酶活性的提高,如 8% 的原油污染下,土壤脲酶的活性增加(Speir 和 Ross,2002)。总之,土壤酶活性不像植物对石油污染那么敏感。

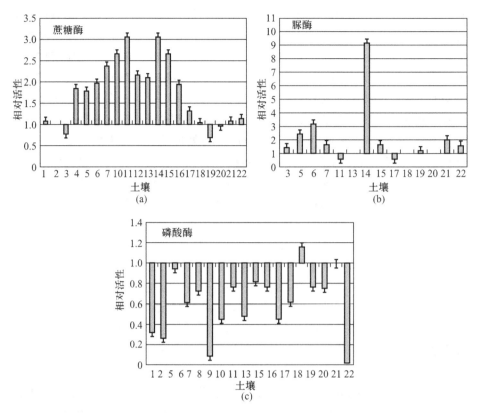

图 2-11 草甘膦对土壤酶活性的影响(结果表征为相对于未添加草甘膦处理土壤酶活性的增加值或降低值,未添加草甘膦处理的土壤酶活性为 1)

2.4 土壤酶与土壤质量

2.4.1 土壤酶与污染物净化

随着农业的发展,用于杀灭农作物病虫害和控制杂草的有机污染物在农田土壤中的施用量日益增加,这些外源有机物一般是人工合成的,抵抗自然转化和降解的能力强,因此,它们在土壤中的积累不断地增加。但是,很多人工合成的农药如酚类和苯胺类化合物,与土壤腐殖质前体相似,在土壤腐殖化过程中可以与腐殖质结合,这种结合也是降低土壤有机污染物毒性的一种途径。

外源有机物与土壤腐殖质的结合是通过氧化偶联反应进行的,酚类化合物的氧化偶联是其失去一个电子和一个质子,形成共振稳定的自由基过程。两个自由基可以进行一系列的耦合反应,酚类物质通过 C—C 或 C—O 键连接,芳胺则形成 C—N 或 N—N 键(图 2 – 12)。能催化氧化偶联反应的土壤酶主要是氧化还原酶类的过氧化物酶和多酚氧化酶。过氧化物酶产生于植物和微生物，它能催化木质素的聚合和解聚反应，所有的过氧化物酶都含有铁卟啉环，需要有过氧化物(如过氧化氢)的存在，才能产生活性。多酚氧化酶包括漆酶和酪氨酸酶，它们都需要分子氧，但氧化酚类物质的机理不同。酪氨酸酶是由母体化合物形成邻二酚，最后释放氧化态、高反应活性的邻醌，在碱性环境中，醌通过自氧化过程缓慢聚合。而漆酶氧化酚类物质则形成相应的阴离子自由基，这些自由基的反应活性极强，漆酶的催化反应不需要有过氧化物的存在，因此漆酶有着其他氧化还原酶不具备的优势。

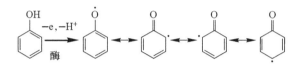

图 2 – 12　酚自由基的共振结构

　　污染物与腐殖质交叉偶联反应的产物是高度异质和复杂的物质，Bollag 等(1992)利用 *Trametes versicolor*、*Rhizoctonia praticola* 等真菌分离的漆酶与氯酚和芳胺在腐殖酸组分体系中培养，借助薄层色谱和液相色谱分离产物，用质谱和核磁共振光谱对产物进行了鉴定，发现除草剂 2，4 – D 的降解产物 2，4 – 二氯酚(2，4 – DCP)与地衣酚(5 – 甲基间苯二酚)、紫丁香酸(4 – 羟基 – 3，5 – 二甲氧基苯甲酸)、香草酸(4 – 羟基 – 3 – 甲氧基苯甲酸)、香草醛(3 – 甲氧基 – 4 – 羟基苯甲醛)等腐殖质来源的化合物发生了耦合反应。在另一个实验中，含 1 至 5 个氯原子的酚(4 – 氯酚、2，4 – 二氯酚、2，6 – 二氯酚、2，3，6 – 三氯酚、2，4，5 – 三氯酚、2，3，5，6 – 四氯酚、六氯酚)都在 *Rhizoctonia praticola* 漆酶的作用下与紫丁香酸发生了耦合交联。形成的耦合交联产物有两种，一是氯酚与紫丁香酸的邻喹啉产物通过醚键连接的醌型寡聚体，另一个是 2，4 – 二氯酚与紫丁香酸脱羧产物借助醚键连接的酚寡聚体(图 2 – 13)。同样，*Rhizoctonia praticola* 漆酶也可以催化芳胺与腐殖酸单体的偶联，4 – 氯苯胺与愈创木酚的偶联反应见图 2 – 14。

　　酶在有机污染土壤原位修复方面有着良好的应用前景，由于游离酶的寿命短暂和不稳定性，土壤组分固定态酶对于污染物的净化就显示了强大的生命力。如 Ruggiero 等(1989)的研究表明，无论是蒙脱石、高岭石还是土壤颗粒固定的漆酶，即使经过 15 次循环使用，对 2，4 – DCP 的移除效率仍可维持 60%(图 2 – 15)，这些固定态酶均有较强的抗水解能力。在自然土壤中，农药类有机污染物也可经酶促作用转化为与土壤有机质结合的形态。这些有毒的有机物分子与土壤有机物结合后，其生物有效性和毒性相应降低，而且土壤有机

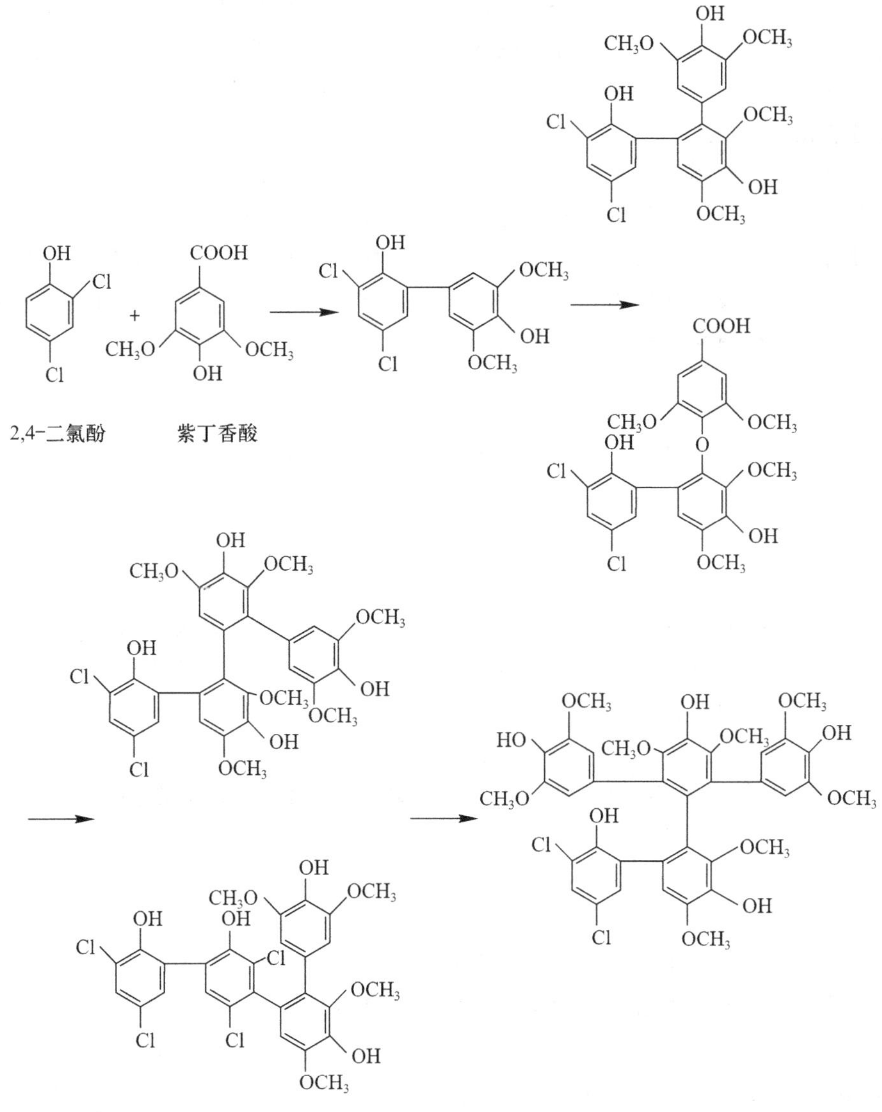

2,4-二氯酚　　　　紫丁香酸

图 2 - 13　氧化偶联反应的产物

物对农药的固定作用，大大降低了它们在土壤中的移动性，有效地抑制了其淋溶进入水体而污染水体的可能性。Ahn 等（2002）在美国宾夕法尼亚州有机质含量分别为 2.8% 和 7.4% 的两种土壤中，添加 ^{14}C 标记的 2,4 - DCP，与 *Trametes villosa* 漆酶经 14 天培养后，发现 11% ~ 32% 的 2,4 - DCP 转化为甲醇可溶性聚合物，53% ~ 85% 的 2,4 - DCP 与土壤有机质共价结合。但是两种土壤中，不同形态的漆酶催化效率差异较大。在低有机质土壤中，游离和固定态酶的催化效率相同，但在高有机质土壤中，固定态酶比游离酶有更高的催化效

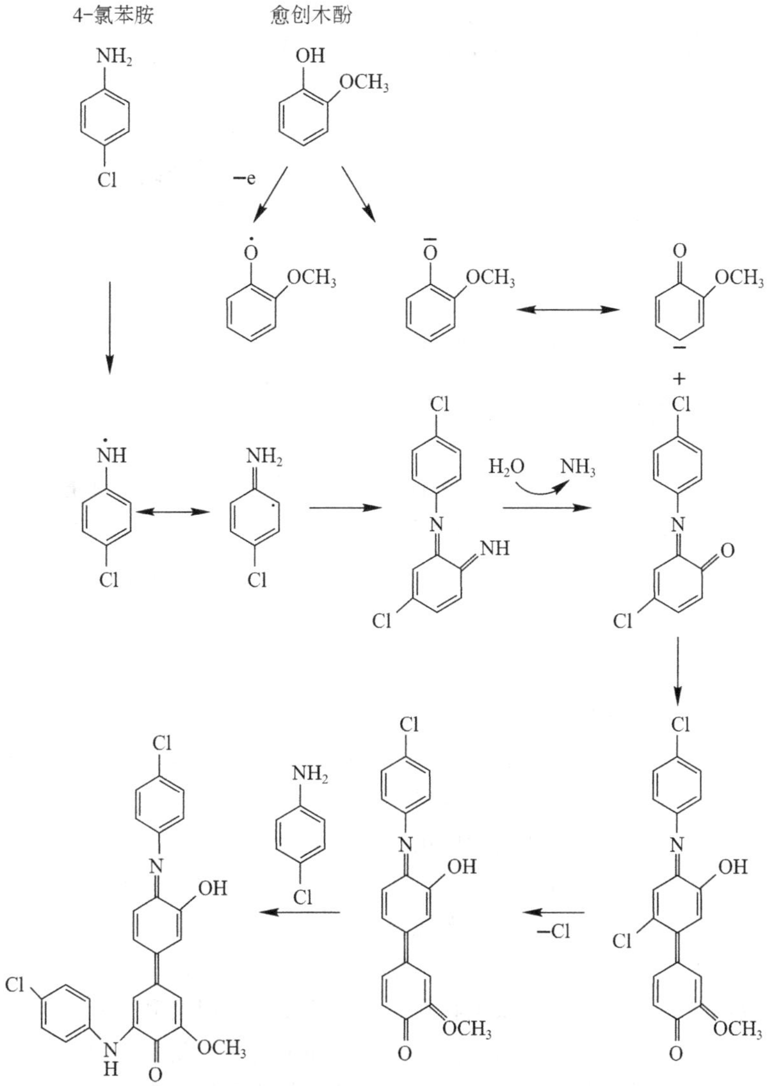

图 2 - 14　4 - 氯苯胺与愈创木酚在 *Rhizoctonia praticola* 漆酶作用下的氧化偶联反应(Bol-lag,1992)

率。他们的研究结果还显示，游离酶和固定态酶有同等的催化 2,4 - DCP 与胡敏素结合的效率，但固定态酶转化的 2,4 - DCP 与胡敏酸和富里酸结合的量比游离酶的高(图 2 - 16)。经酶促作用，与土壤腐殖质结合的有机污染物一般有较高的稳定性，如在一种德国土壤中添加 3,4 - 二氯苯胺，2 年后 46% 的化合物是以结合态存在的。用 [14]C 标记的阿特拉津在土壤中的实验结果表明，9 年后 83% 的农药分子还是与土壤组分结合的。

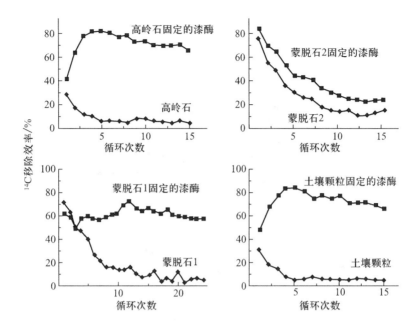

图 2 – 15   黏土矿物和土壤固定态漆酶对[14]C 标记的 2,4 – DCP 的移除效率（Ruggiero 等，1989）

利用酶转化和降解土壤中的有机污染物是一项新的污染修复技术，目前仍只有少数几种酶被用于实验研究，今后应研究和开发更多的能转化有机污染物的酶类，探讨这些酶进入土壤后的活性、动力学性质及稳定性。与利用微生物降解有机污染物比较，离体酶的应用具有以下优势。①酶具有专一和特定的底物转化能力；②酶可在多种环境条件下维持活性，这些环境可能对微生物细胞是不利的；③酶不受微生物捕食者或代谢抑制剂的影响；④土壤中的游离酶比微生物细胞有更强的移动性；⑤酶不受微生物竞争作用的影响；⑥酶处理低浓度污染物的效率更高，因为微生物在污染物浓度较低时会利用其他碳源。鉴于这些原因，应用离体酶进行污染土壤的净化还值得深入研究。离体酶应用方面的缺陷主要有：提取和纯化酶比较困难，纯化的蛋白质有潜在的不稳定性，酶的分离和生产成本较高，大面积应用费用昂贵。现代分子生物学技术的发展为克服这些困难，有效利用酶技术进行污染土壤修复提供了保障，如 DNA 重组技术可在增加酶的生产和提高酶的催化活性方面发挥重要的作用，有效地解决商业化生产酶制剂的问题。

2.4.2   土壤酶与全球变化

土壤中的多种酶类在土壤碳循环中发挥重要作用，如分解糖类的水解酶和氧化酚类物质的氧化还原酶类，这些酶在很大程度上调控着土壤温室气体的排

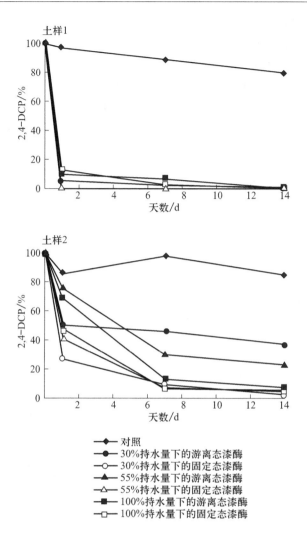

图 2 - 16　^{14}C - 2,4 - DCP 污染土壤经游离和固定态漆酶处理后 2,4 - DCP 的消失情况（Ahn 等,2002）

放，对全球气候变化有着深刻的影响。Freeman 等(2001)比较有氧和无氧土壤中几种酶的活性后发现，有氧条件下仅酚氧化酶的活性增加，是无氧条件下的7 倍(表 2 - 10)，酚氧化酶活性的上升，导致土壤酚化合物的浓度下降 27%。他们设计的另一个实验显示，用含有酚(2.4mg·L^{-1})的水处理土壤，土壤中硫酸酯酶、β - 葡糖苷酶等水解酶的活性显著低于用不含酚化合物的水处理的土壤。野外调查统计的结果显示，土壤酚氧化酶活性的增加总是伴随着 CO$_2$ 释放量的上升。这些结果说明，土壤在厌氧条件下，由于酚氧化酶活性不能正常发挥，导致在泥炭分解过程中起重要作用的水解酶的活性维持在很低的水平。

基于这一重要发现，他们认为酚氧化酶可能是地球上湿地巨大碳库（455 Gt）的一个重要开关。此结果在草皮生态系统中也得到印证。Yao 等（2009）的研究显示，碱性草皮土壤中酚氧化酶的活性是酸性土壤的 2 倍以上，但碱性土壤中纤维素酶、几丁质酶、葡糖苷酶等水解酶的活性较低，酚氧化酶活性与碱性和酸性土壤中可溶性酚及可溶性碳含量的差值呈正相关。这意味着碱性土壤中高浓度的可溶性酚化合物抑制了水解酶活性，导致可溶性有机碳的降解受限而累积于土壤。

表 2 - 10　氧气与土壤酚氧化酶、水解酶活性的关系（Freeman 等,2001）

	对照	处理
氧气对酶活性的影响		
硫酸酯酶	66 ±2.3	35 ±1.4
磷酸酶	571 ±2.4	387 ±7.9
β - 葡糖苷酶	237 ±2.3	177 ±12
酚氧化酶	615 ±93	4 350 ±27
增加酚氧化酶的影响		
酚（$\mu g \cdot L^{-1}$）	1 985 ±55.4	1 444 ±9.9
β - 葡糖苷酶	1 677 ±280	10 111 ±380
去除酚对水解酶活性的影响		
硫酸酯酶	579 ±36	849 ±43
磷酸酶	3 707 ±25	4 369 ±180
β - 葡糖苷酶	1 723 ±120	2 183 ±180
木糖酶	116 ±2.5	134 ±5
几丁质酶	243 ±14	296 ±3.5

* 酚氧化酶活性：nmol 2 - 羧基 - 2,3 - 吲哚满 - 5,6 - 醌 $\cdot min^{-1} \cdot g^{-1}$ 泥炭；水解酶活性：nmol 甲基 7 - 羟基香豆素 $\cdot min^{-1} \cdot g^{-1}$ 泥炭；表中数据为平均值±标准差。

2.4.3　土壤酶与土壤肥力

各种土壤酶分解土壤有机质释放出特定的养分，这些酶的活性影响着土壤中相应养分的供给和有效性，进而制约着土壤的肥力水平。Baligar 等（1988）观察到土壤酸性磷酸酶活性与各种形态土壤磷之间的正相关。Tarafdar 和 Jungk（1987）报道，土壤酸性磷酸酶和碱性磷酸酶活性与小麦和三叶草根际有机磷的消耗呈正相关。Dick 等（1988）的结果表明，酸性磷酸酶活性与小麦产量呈显著正相关。Speir（1984）的研究发现，汤加土壤中硫酸酯酶的活性与吸附态硫和禾本科植物绿黍（*Panicum maximum*）的产量（供应除硫以外的所有营养）呈显著正相关，建议硫酸酯酶的活性可以作为土壤硫营养的指标。

早在 1950 年，Hofmann 和 Seegerer 就提出利用酶活性作为土壤肥力状况的指标，因为土壤酶反映了气候、耕作、土壤改良以及土壤性质的综合影响，其活性可以指示土壤肥力。早期的很多研究多建议采用蔗糖酶活性作为土壤肥力的指标。邱凤琼等（1981）基于土壤酶活性与土壤肥力指标的相关性分析，提出酶活性可作为表征黑土肥力特征的重要辅助指标。但也有学者对土壤酶活性作为土壤肥力的指标持有不同的意见，认为土壤酶具有底物的专一性，主要依赖于土壤有机质的含量，某种土壤酶的活性可能与土壤的营养水平并不存在紧密的相关性。周礼恺等（1983）对黑土、草甸黑土和棕壤等进行的研究表明，个别酶的活性可能确实难以全面反映土壤的整体肥力水平，他们运用聚类分析的方法，论证了土壤酶活性的总体在评价土壤肥力水平中的重要作用，认为在评价土壤的肥力水平时，可能应更多地考虑土壤酶活性的总体，而不是只着眼于各个单一酶类的活性，最好是用与土壤主要肥力因素有关的、分布最广的酶活性的总体来表征土壤的肥力水平。

2.5　土壤酶的研究方法

阻碍土壤酶学发展的重要障碍之一是缺乏测定土壤酶活性的合适方法，虽然已有不少有关酶活性实验技术著作，但至今仍然没有统一的标准化的土壤酶活性测定方法，大部分研究者所测定的土壤酶活性都是潜在的酶活性，而不是原位土壤酶活性。因此，很难对不同研究者所得的结果进行比较。

土壤酶活性测定受样品处理（如贮藏方式、温度、灭菌方法）及测定条件（温度、缓冲液、pH、底物、离子强度）等很多因素的影响，准确测定土壤酶活性通常比较困难。一般需要严格控制条件，如一定的温度、pH 缓冲体系以及底物浓度等。如果测定条件改变，结果会发生很大的变化。改进土壤酶活性测定方法，应考虑以下几个重要方面。①必须保证反应是由酶而不是无机催化剂驱动的。②反应速率不受其他生物或物理化学因素（如微生物对产物的利用、底物或产物在土壤颗粒表面的吸附等）的影响。③底物类型及其浓度、缓冲液的有无、培养温度、反应时间以及振荡条件等，都会影响土壤酶活性的测定。

目前，土壤酶活性测定方法的主要缺陷表现在以下几方面。①实验室分析采用足量的底物，反映的仅仅是土壤潜在的酶活性，与原位土壤的实际情况有差异。②测定的是土壤酶活性库的大小，不能提供有关酶的释放及周转速率方面的信息。③酶活性测定中的底物一般是可溶性的简单分子，测定结果并不能反映降解复杂的、不溶性聚合物分子的土壤酶的活性。④实验室测定的酶活性包含了与土壤矿物和有机物复合的较稳定的酶，它们在实际土壤中可能并不一定发挥作用。⑤目前的测定结果不能反映酶活性来自于哪些微生物。⑥测定维持在一个恒定的温度，不能真实地反映田间情况和酶促反应对温度的敏感性。⑦操作过程对酶活性的测定结果影响较大，这种误差导致不同实验室的分析结果缺乏可比性(Wallenstein 和 Weintraub,2008)。

2.5.1 样品采集与贮存

用于土壤酶活性测定的样品一般都有特殊的要求，特别是采样的时间。一般而言，土壤酶活性的年变化很相似，因而对同一土壤在一年当中最好多次采样。如果采样只能在某一时间时，则应在气候因素比较稳定的阶段进行，并避免在耕作或施肥(或其他近期对土壤有扰动的作用)之后采样。风干及保存对土壤酶活性有很大的影响，并且随温度而变化。如 22~24℃下风干土壤，芳基硫酸酯酶活性平均增加 43%，葡糖苷酶和半乳糖苷酶的活性也都有一定程度的提高，但脲酶、磷酸酶、酰胺酶的活性却降低。Palma 和 Conti(1990)报道土壤置于密闭的塑料袋中并在 4℃下贮存，所测得的酶活性与新鲜湿润土壤差异不大，但 Ross(1970)则观察到无论是在 4℃还是室温下贮藏土壤 15d 和 30d，脱氢酶的活性都大幅度降低。Speir 和 Ross(1981)报道比起风干处理，丙酮脱水处理对 9 个新西兰草原土壤中蔗糖酶、淀粉酶、纤维素酶、木聚糖酶、脲酶、蛋白酶、磷酸酶和硫酸酯酶活性的影响要小。可见，土壤样品贮藏、处理方法，应因所测定的酶种类而异。

2.5.2 土壤灭菌

如果仅仅分析土壤胞外酶活性，而不考虑微生物细胞内的酶活性，一般需要对土壤进行灭菌处理。灭菌处理有多种方法，主要有物理方法(如高压蒸汽灭菌、高温干燥灭菌、高能辐射)和化学方法(如使用杀菌剂、防腐剂、抑菌物)。较好的灭菌处理方法，应该既能完全抑制微生物的活性，又不会破坏细胞，也不影响胞外酶活性。遗憾的是，到目前为止还没有找到一种理想的灭菌方法。

土壤中的酶通常比溶液中的酶或纯酶制剂更能耐高温，如干燥的土壤样品在 100 ℃下 3 h，或 50 ℃下 25 d，蔗糖酶的活性没有发生显著的变化，150 ℃下放置 80 min 的黑钙土，其中蔗糖酶的活性仍可保留 47%(Kiss 等,1975)。高压蒸汽灭菌比高温干燥灭菌更能降低土壤中各种酶的活性。Tiwari 等(1988)报道几种森林和菜地表层土壤，120 ℃下高压灭菌 15 min，土壤中腺嘌呤核苷脱氨基酶的活性完全丧失，蒸汽处理可完全抑制许多土壤中的葡糖苷酶和半乳糖苷酶的活性(Eivazi 和 Tabatabai,1988)。

甲苯是最常用的化学抑菌剂，Gianfreda 和 Bollag(1996)发现经甲苯处理的土壤，脲酶和葡萄糖氧化酶的活性显著降低，而芳基硫酸酯酶和磷酸酶的活性则升高。Frankenberger 和 Johanson(1986)比较甲苯、二甲基亚砜(DMSO)、酒精及 Triton X – 110 等对土壤胞内酶和胞外酶活性的影响，发现在测定土壤酰胺酶的活性时，甲苯、酒精和 Triton X – 110 能有效地抑制微生物繁殖。DMSO 虽然能使细胞质皱缩，但在纯酶体系中却显著地抑制多种酶促反应。Triton X – 110 对纯酶的活性没有影响，但在土壤体系中却使酶活性降低。在纯酶体系中，酒精会抑制某些酶的活性，但在测定土壤过氧化氢酶、酸性和碱性磷酸酶的活性时，酒精比甲苯更合适。甲苯可使土壤中的芳基硫酸酯酶和脲酶的活性提高 1.30 ~ 1.34 倍。这可能是由于甲苯处理破坏了微生物细胞，胞内酶释放到土壤中，从而提高了所测定的胞外酶活性。

X 射线、γ 射线以及足够强度的电子束（5 ~ 10 MeV），都可以有效地抑制微生物的活性，但多数微生物细胞的代谢活性还可持续一段时间，所以，所测定的酶活性包含了胞内酶和胞外酶活性。一些研究结果显示，辐射对不同土壤酶活性的影响不同，如经 2 Mrad 的 γ 射线处理后，土壤脲酶、蔗糖酶及蛋白酶的活性没有变化，而用 19 Mrad 的电子束辐射处理的黏壤土中磷酸酶活性却下降了 73%。不同的土壤酶对辐射敏感性存在差异，可能与酶的内在结构和化学特性、酶在土壤微环境中的位置、细胞膜透性的变化以及抑制剂的产生和释放等因素有关，如导致丧失 90% 酶活性的 γ 射线剂量，可从鲜土的 7 Mrad（脲酶）到干土的 48 Mrad（磷酸酶）。

2.5.3 底物选择与酶促反应条件

大部分土壤酶对底物的专性范围较宽，如测定磷酸酶活性的底物有 β – 甘油磷酸盐、核酸和肌醇六磷酸盐等天然化合物，以及磷酸苯酯、α – 或 β – 萘酚磷酸盐、对硝基酚磷酸盐等人工化合物，对硝基酚硫酸盐和对硝基酚糖苷都可用于测定硫酸酯酶和 α – 或 β – 葡糖苷酶。有人甚至用染料标记的底物来测定某些酶的活性，如 Writh 和 Wolf（1992）用一种可溶性的染料标记的酸沉淀态多糖衍生物，测定纤维素酶、木聚糖酶、几丁质酶、1,3 – 葡聚糖酶和淀粉酶等多糖内切水解酶的活性。此方法灵敏度高且重现性好，但使用合适的底物仍然是土壤酶活性分析最重要的环节之一。

底物的浓度也影响到土壤酶活性分析，许多研究表明，土壤中的酶促反应符合 Michaelis – Menten 方程。因此，为了保证反应为零级反应，通常要求在饱和的底物浓度下进行土壤酶活性测定。

土壤酶活性分析一般都要求在最适的 pH 下进行，因为此时酶最稳定。但测定的最适 pH 与自然土壤的 pH 可能不同，因此，所测定的酶活性与实际土壤酶活性有一定的差异。尽管使用缓冲液可能会提高干扰物质浓度，但 Zantua 和 Bremner（1975）报道使用缓冲液显著地提高了 16 种土壤的脲酶活性，况且通过设置对照可以消除干扰物质浓度的增加对分析的影响。

酶催化反应一般随着温度的升高而加快，但温度过高会降低酶活性。为了避免非生物催化剂对酶催化反应的影响，测定酶活性的温度通常都低于最高活性时的温度。土壤酶一般较稳定，因此，测定土壤酶活性的温度也比测定其他来源的酶活性要高。

在土壤酶活性分析过程中，足够长的培养时间也相当重要，以保证恒定的产物生成速率，而且消耗的底物仅占很少的比例（5%或更低），以满足在整个培养过程中底物处于饱和状态，但要避免时间过长造成酶失活以及产物对酶促反应的反馈抑制作用。如果测定土壤"累积酶"活性，在确定反应时间时，应尽量避免微生物繁殖以及胞内催化和新形成酶的影响。

测定方法的缺陷是误差的潜在来源，因此，土壤酶活性的测定要在严格控制的条件下进行。在诠释酶活性结果时，要切记所得结果是在最适的催化条件下进行的，与自然条件有一定的差异（表2-11）。

表 2-11 土壤酶活性测定条件与田间状况的差异

影响因子	实验室常规检测	田间条件
底物	过量	有限
	均质	异质
	可溶	不溶
	人工	天然
缓冲液	有	无
pH	最适	可变
温度	恒定	可变
振荡情况	频繁	静止
扩散问题	无	有
动植物	无	有
重现性	好	差
活性高低	潜在水平	实际水平

2.5.4 土壤酶活性的测定方法

土壤酶活性的测定方法基本上都来自于生物化学文献。由于土壤体系通常比其他体系都要复杂，所以这些测定方法和技术在土壤中应用均需要做适当的改进。长期以来，土壤酶学研究处于停滞不前的状态，一个很重要的原因就是土壤酶活性的测定缺乏标准的方法，土壤的复杂性使新方法的建立非常困难。有关土壤酶活性分析方面较重要的参考书籍包括 Alef 和 Nannipieri（1995）主编的 *Methods in Applied Soil Microbiology and Biochemistry* 以及美国土壤学会出版的《土壤分析方法》系列专著土壤生物化学卷中 Tabatabai（1994）撰写的"土壤酶"一章。下面介绍土壤酶活性测定中常用的方法及近年来出现的一些新技术和新方法。

1. 比色分析

许多酶促反应的底物和产物对光(可见光或紫外光)有吸收作用,在特定的温度、pH 和时间,土壤样品与底物反应后,底物或产物的浓度改变可以通过提取后进行比色分析定量测定。

芳基硫酸酯酶(EC 3.1.6.1)是催化土壤中有机硫酸酯类化合物降解的水解酶,可以作为其底物的有对硝基酚硫酸盐、对硝基邻苯二酚硫酸盐和酚酞硫酸盐等。虽然这些底物在土壤中都能被水解,但仅仅对硝基酚硫酸盐(对硝基酚)能从土壤中定量提取,其他两种底物由于很易与土壤中的酚类化合物发生反应,难以定量提取。

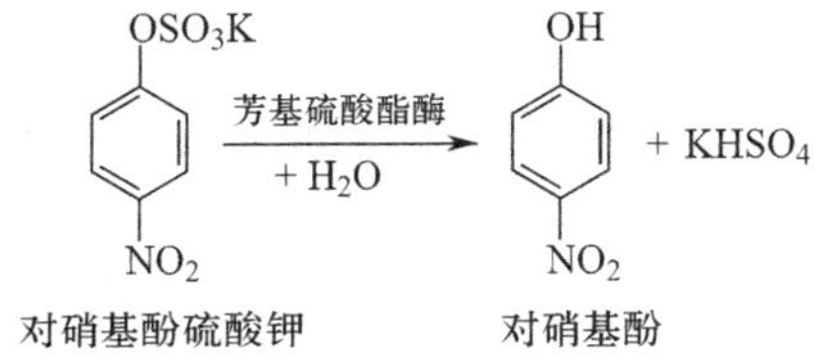

对硝基酚硫酸钾　　　　　　　　对硝基酚

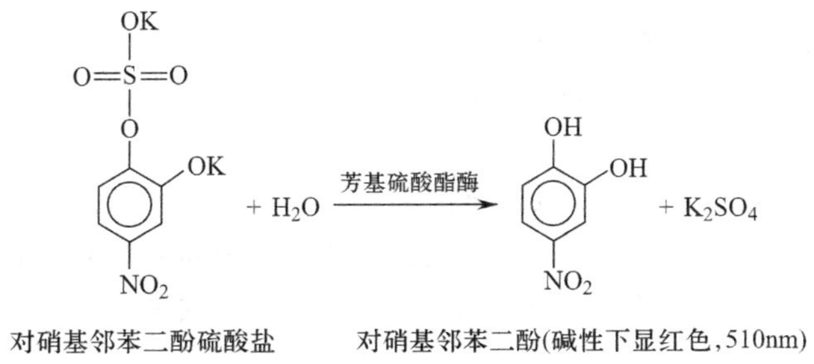

对硝基邻苯二酚硫酸盐　　　　对硝基邻苯二酚(碱性下显红色,510nm)

自从对硝基酚盐被用作酸性磷酸酶测定的底物以来,对硝基酚酯类已被广泛用作多种土壤酶的分析,还有一些其他发色基团作为底物用于土壤酶的分析测定,如芳基酰胺酶(EC 3.4.11.2)容易降解中性氨基酸芳基酰胺,即水解与 β-萘胺和对硝基苯胺连接的氨基酸,反应式如下:

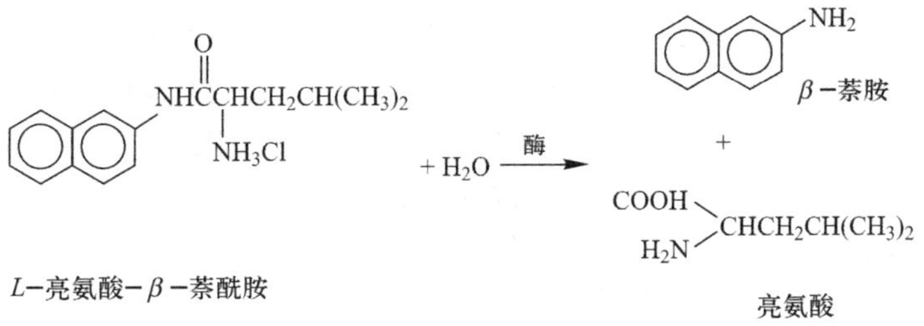

L-亮氨酸-β-萘酰胺　　　　　　　　　　亮氨酸

　　释放的 β - 萘胺可从土壤提取出来，其与对二甲基氨基肉桂醛的反应可用比色法进行测定。

β-萘胺　　　　　　对二甲基氨基肉桂醛　　　　　　红色染料

2. 滴定分析法

　　土壤中的一些氨基水解酶催化有机氮化合物的水解，其中 L - 天冬酰胺酶、L - 天冬氨酸酶、L - 谷氨酰胺酶、酰胺酶以及脲酶等在土壤元素生物地球化学循环中最为重要。测定这些土壤酶的活性，通常是将土壤与底物在合适的缓冲液中培养，测定释放的 NH_4^+，酶促反应用含有 Ag_2SO_4 的 $2\ mol \cdot L^{-1}$ 的 KCl 溶液终止。释放的氨离子可以用蒸馏滴定法测定，即在一定量的土壤培养液中加入 MgO 蒸馏，用含溴甲酚绿和甲基红指示剂的硼酸溶液收集释放的氨，标准硫酸滴定。

3. 荧光法(fluorescence method)

　　一些土壤酶可以用荧光法测定，如 Ramirez-Martinez 和 McLaren 于 1966 年提出的利用 β - 萘磷酸钠作为土壤磷酸酶活性测定的荧光底物，释放的产物是 β - 萘酚，反应式为

$$\beta - 萘磷酸钠 + H_2O \xrightarrow{\text{酸性磷酸酶}} \beta - 萘酚 + NaH_2PO_4$$

这个方法在计算土壤酶活性时，需要考虑被土壤颗粒吸附的水解产物的量。

　　1971 年，Pancholy 和 Lynd 利用 7 - 羟基 - 4 - 甲基香豆素测定土壤脂肪酶的活性。还有一些其他荧光底物被用作土壤及泥炭中葡萄糖苷酶、磷酸酶、芳基硫酸酯酶等的活性测定。如 Darrah 和 Harris(1986)提出一种测定一系列土壤水解酶活性的荧光法，利用 4 - 甲基 - 7 - 羟基香豆素(MUB)的轭合物作为酶底物，测定具有荧光特性的产物 MUB。该方法的主要优点有以下几方面。① MUB 不用从土壤中分离。②不需要终止酶促反应。③很低的反应产物浓度都可以检测出来，使其能用于低底物浓度和很短的培养时间下的酶活性分析。④系列 MUB 轭合物都可以用作酶底物。

表 2 - 12 是用该方法测定的英国 3 种土壤中 β - 葡萄糖苷酶、β - 纤维二糖酶、β - 木糖苷酶和 β - 半乳糖胺酶的酶学动力学参数 V_{max} 和 K_{m}。

表 2 - 12　荧光法测定的非缓冲体系中部分水解酶的动力学参数

$(V_{max} : \mu mol \cdot g^{-1} \cdot min^{-1} ; K_{m} : \mu mol \cdot L^{-1})$

土壤	β - 葡萄糖苷酶		β - 纤维二糖酶		β - 木糖苷酶		β - 半乳糖胺酶	
	V_{max}	K_{m}	V_{max}	K_{m}	V_{max}	K_{m}	V_{max}	K_{m}
Broad	1.602	23.51	0.094	9.18	0.315	94.51	0.198	102.50
Sonning	1.039	17.89	0.180	23.85	0.283	49.17	0.145	82.84
Rowland	0.494	19.81	0.081	11.25	0.116	61.29	0.082	161.89

4. 同位素法(radioisotope method)

同位素方法用于土壤酶活性的测定很有限，主要原因是标记的底物或产物不易从土壤中或与其他物质分离。用得较多的一种是将 ^{14}C 标记的尿素作为底物，测定释放的 $^{14}CO_2$ 的量。该方法的缺点是，只有当体系的 pH 用酸性缓冲液控制在 5.5 时，$^{14}CO_2$ 才能完全释放，显然这样的条件对于脲酶活性的测定是不合适的。脲酶的测定通常采用 pH 9.0 的 THAM 缓冲液，它会阻止 CO_2 的释放。使用 ^{14}C 标记尿素的另一个问题是同位素效应，包括同位素交换。虽然对土壤脲酶活性测定中的同位素效应还未做过探讨，但相关的信息告诉我们，刀豆脲酶对 ^{12}C 尿素的分解速率比 ^{14}C 尿素要快 10%。

5. 压力计法(manometric method)

压力计法是基于反应中某一组分为气体的一种准确的简易测定方法，多用于氧化酶(吸收 O_2)、脱羧(释放 CO_2)、氢化酶及脲酶等的测定。这种方法用于土壤酶活性的测定还很有限，因为土壤通常含有各种能吸收或释放气体的无机和有机化合物，造成分析结果的误差。

6. 电极法(electrode method)

使用较多的电极测定土壤酶活性的方法是氨电极法，氨电极可用于定量测定土壤脲酶催化反应释放的铵态氮。另一种可用于土壤酶活性测定的离子选择电极是氧化氮电极，它能测定土壤中的硝酸还原酶的产物——亚硝酸根离子(NO_2^-)，但前提是土壤中亚硝酸还原酶的活性被抑制，体系中生成的亚硝酸盐含量稳定。

7. 色谱法(chromatographic method)

色谱技术是基于分离移除干扰物质，测定目标化合物(通常是酶反应产物)的一种酶活性测定方法，在酶学研究中具有一定的应用前景，包括薄层色谱(TLC)、高效液相色谱(HPLC)、离子色谱(IC)以及气相色谱(GC)等。

液相色谱和气相色谱常常用来分析外源有机化合物的酶促降解反应，离子色谱与阴离子交换色谱、电导测定等结合可用于简单阴离子如磷酸根（PO_4^{3-}）、硝酸根（NO_3^-）、硫酸根（SO_4^{2-}）、氯离子（Cl^-）甚至一些简单有机酸的分析。

8. 毛细管电泳法（capillary electrophoresis，CE）

毛细管电泳法是以弹性石英毛细管为分离通道，以高压直流电场为驱动力，依据样品中各组分之间淌度和分配行为上的差异而实现分离的电泳分离分析方法。毛细管电泳法符合了以生物工程为代表的生命科学各领域中对多肽、蛋白质（包括酶、抗体）、核苷酸乃至脱氧核糖核酸（DNA）的分离分析要求，发展迅猛。毛细管电泳法是经典电泳技术和现代微柱分离相结合的产物。毛细管电泳法和高效液相色谱法（HPLC）相比，其相同之处在于都是高效分离技术，仪器操作均可自动化，且两者均有多种不同的分离模式。曾有人采用毛细管电泳法分析海水样品中的 β - 葡萄糖苷酶，将毛细管电泳分离与荧光底物柱上水解相结合检测到不同的同工酶，该技术使溶液体系中的同工酶的分离、测定与表征成为可能，这一技术还未真正用于土壤酶的分析测定，但其在土壤酶学领域的应用有着独特的优势。

9. 等温滴定量热分析（isothermal titration calorimetry）

任何生物化学反应过程都伴随着热量的释放或吸收，等温量热技术是通过测定酶促反应的热量变化，借助热力学方法计算得到酶的活性。该技术是直接监测反应体系的热量，不会引入干扰酶促反应的其他因素，不限制被测样品的物理状态。许多学者用微量热法研究了酶促反应动力学，并对酶促反应的热动力学研究法进行了积极的探索。屈松生研究团队应用 LKB2107 Batch 型热导式热量计先后研究了漆酶的氧化反应、精氨酸酶催化水解、过氧化氢酶等体系的热动力学，以及酶促反应的抑制作用热动力学，建立了酶促反应的热动力学研究方法（望天志等，1998）。曾宪诚等用 TKC28700 型热导式自动热量计研究了L2 精氨酸水解酶等的热动力学。梁毅等（1997）建立了用于热动力学研究的间歇反应器中单底物酶促反应的数学模型，讨论了产物竞争性抑制作用对模型的影响，模型的正确性在微量热法研究过氧化氢酶和精氨酸酶的酶促反应中得到了验证。然而迄今为止，量热技术还未在土壤酶学研究中使用，相信它将是一种很有应用前景的土壤酶分析测定方法。

10. 土壤酶活性的原位测定

原位测定土壤酶活性是土壤酶研究的终极目标，因为它是实际土壤酶促反应过程及强度的直接反映。根据比色分析法的原理，Dong 等（2007）发展了土壤酶活性的原位测定，他们将发色团饱和的薄膜置于垂直的土壤表面，土壤表面预留观察窗口，通过获取膜表面颜色的图像进行酶活性的定量以及与根系和真菌关联的酶活跃区域。这种方法特别适用于土壤酶活性的空间分布，以及与土壤微生物群落结构空间分布相关的研究。

原位测定土壤酶活性的最大困惑是土壤矿物、有机物等组分的干扰，量子点方法可以克服这些困难。量子点是可以发射近红外光的纳米晶体，比目前的荧光更稳定。量子点方法已在生物医学研究领域广泛应用，主要用于蛋白酶活性的检测，任何土壤酶都可以通过与量子点的共价结合而直接被检测出来，因此可以设计发射不同波长的量子点，同时检测不同类型的土壤酶。还可以通过对土壤酶与不同量子点的连续标记，测定不同时段土壤酶的释放和周转情况。量子点法用于土壤酶活性测定的局限主要是土壤背景荧光的干扰、量子点非专一性结合以及土壤的空间异质性（Wallenstein 和 Weintraub，2008）。

2.5.5 代表性土壤酶——磷酸酶活性的测定

1. 土壤磷酸酶简介

磷酸酶（phosphatase）是能催化磷酸酯类化合物水解的一系列酶的统称，根据作用底物的不同，可分为磷酸单酯酶、磷酸二酯酶、磷酸三酯酶等。磷酸单酯水解酶包括肌醇六磷酸酶、核酸磷酸酶、糖磷酸酶和甘油磷酸酶等。催化磷脂水解的磷脂酶属于磷酸二酯水解酶，还有磷酸三酯酶、分解含磷酰基酸酐的酶，以及作用于 P—N 键的酶如磷酰胺酶等。Malcolm（1983）认为，磷酸酶还应包括水解焦磷酸盐、偏磷酸盐和无机聚磷酸盐的酶类。磷酸酶对于植物磷素营养有着重要的意义。

研究得最多的磷酸酶是磷酸单酯酶，它可以将磷酸单酯转化为植物能吸收利用的无机磷酸盐。磷酸单酯酶的活性受土壤 pH、温度、有机质和水分含量等的影响很大，干燥显著降低酶活性，土壤再湿润又能提高酶的活性。

根据磷酸单酯酶催化反应的最适 pH，将其分为酸性磷酸酶、中性磷酸酶和碱性磷酸酶。许多研究表明，根际土壤中酸性磷酸酶和碱性磷酸酶的活性高于非根际土壤，而有机磷的含量则是非根际土壤高于根际土壤。土壤中酸性磷酸酶和碱性磷酸酶的最适 pH 分别为 4~6.5 和 9~10，前者主要存在于酸性土壤，后者多见于碱性土壤。测定土壤磷酸酶活性的 pH 通常为中性（pH 6.5~7.0）。磷酸酶活性的最适温度为 40~60 ℃，测定时通常选择37 ℃。

一般采用合成化合物如苯基磷酸盐、对硝基苯磷酸盐等作为土壤磷酸酶活性测定的底物，比起天然底物，它们的分解速度更快，并可以定量地回收磷酸盐。其基本原理是，土壤样品与磷酸苯二钠或对硝基酚磷酸钠溶液培养一定的时间后，水解产生的苯酚或对硝基酚用比色法定量测定，计算磷酸酶的活性。

2. 土壤磷酸酶活性的测定方法

（1）试剂配制

甲苯（$C_6H_5CH_3$）。

改进的通用缓冲溶液（MUB）贮备液：12.1 g 三羟甲基氨基甲烷（$C_4H_{11}NO_3$）、11.6 g 马来酸（$C_4H_4O_4$）、14 g 柠檬酸（$C_6H_8O_7 \cdot H_2O$）和 6.3 g 硼酸（H_3BO_3）溶于 500 mL 1 mol·L^{-1} NaOH 溶液中，用去离子水定容至 1 L，于 4 ℃ 下贮存。

pH 6.5 和 pH 11.0 的 MUB 溶液：在持续搅拌下，200 mL MUB 贮备液中分别滴加 0.1 mol·L^{-1} HCl 或 0.1 mol·L^{-1} NaOH 至溶液 pH 6.5 或 pH 11.0，再用去离子水定容至 1 L。

对硝基酚磷酸钠溶液[$c(C_6H_4NNa_2O_6P) = 15$ mmol·L^{-1}]：2.927 g 对硝基酚磷酸二钠溶于 40 mL MUB 溶液（pH6.5 或 11.0）中，用相同的 pH 缓冲液稀释至 50 mL，4 ℃ 下保存。

氯化钙溶液[$c(CaCl_2 \cdot 2H_2O) = 0.5$ mol·L^{-1}]：73.5 g 氯化钙溶于少量去离子水中并定容至 1 L。

氢氧化钠溶液[$c(NaOH) = 0.5$ mol·L^{-1}]：20 g NaOH 溶于 1 L 去离子水中。

对硝基酚标准溶液[$c(C_6H_5NO_3) = 7.19$ mmol·L^{-1}]：1 g 对硝基酚溶于少量去离子水中并定容至 1 L，4 ℃ 下存放。

（2）仪器设备

分光光度计、培养箱、三角瓶、容量瓶。

（3）操作步骤

取 1 g 新鲜土壤（< 2 mm）置于 50 mL 三角瓶中，加 0.25 mL 甲苯、4 mL MUB 缓冲液（酸性磷酸酶用 pH 6.5 缓冲液，碱性磷酸酶用 pH 11 缓冲液）和 1 mL 用相同的缓冲液配制的对硝基酚磷酸钠溶液，盖上塞子混匀，37℃ 培养 1 h，然后加 4 mL 氯化钙溶液和 4 mL 氢氧化钠溶液，充分混匀后用 Whatman 2 号滤纸过滤，400 nm 处比色测定。同时做空白对照，加对硝基酚磷酸钠溶液之前加入氯化钙溶液和氢氧化钠溶液，并迅速过滤。每个样品重复 3 次。

标准曲线：取 1 mL 对硝基酚标准溶液置于 100 mL 容量瓶中，用去离子水定容至刻度，再分别取该稀释液 0 mL、1 mL、2 mL、3 mL、4 mL、5 mL 于 50 mL 容量瓶中，加去离子水稀释至 5 mL，然后加 4 mL 氯化钙溶液和 4 mL 氢氧化钠溶液，充分混匀后过滤，400 nm 处比色测定。

（4）结果计算

土壤磷酸酶活性（μg 对硝基酚·g^{-1}·h^{-1}）= $(C \times V)/\text{dwt}$

式中：C 为样品对硝基酚的含量（$\mu g \cdot mL^{-1}$）；V 为土壤溶液体积（mL）；dwt 为烘干土壤质量（g）。

参 考 文 献

关松荫. 1986. 土壤酶及其研究法. 北京：农业出版社.

梁毅，汪存信，屈松生，吴元欣，李定或. 1997. 热动力学法研究间歇反应器中酶促反应动力学. 化工学报，48：102 - 107.

邱凤琼，周礼恺，陈恩凤，丁庆堂，张志明，党连超. 1981. 东北黑土有机质和酶活性与土壤肥力的关系，土壤学报，18：244 - 254.

望天志，李卫萍，刘义，万洪文，吴鼎泉，屈松生. 1998. 微量热法研究单底物酶促反应的热力学和动力学性质及过渡态的分析. 化学学报，56：625 - 630.

吴金水，林启美，黄巧云，肖和艾. 2006. 土壤微生物生物量测定方法及其应用. 北京：气象出版社.

周礼恺. 1987. 土壤酶学. 北京：科学出版社.

周礼恺，张志明，曹承绵. 1983. 土壤酶活性的总体在评价土壤肥力水平中的作用，土壤学报，20：413 - 418.

Acosta-Martínez V, Klose S, Zobeck T M. 2003. Enzyme activities in semiarid soil under conservation reserve program native rangeland, and cropland. Journal of Plant Nutrition and Soil Science, 166：699 - 707.

Acosta-Martínez V, Leo Cruz, David Sotomayor-Ramirez, Luis Perez-Alegria. 2007. Enzyme activities as affected by soil properties and land use in a tropical watershed. Applied Soil Ecology, 35：35 - 45.

Acosta-Martínez V, Tabatabai M A. 2000. Enzyme activities of a limed agricultural soil. Biology and Fertility of Soils, 31：85 - 91.

Acosta-Martínez V, Tabatabai, M A. 2001a. Tillage and residue management effects on arylamidase activity in soils. Biology and Fertility of Soils, 34：21 - 24.

Acosta-Martínez V, Tabatabai M A. 2001b. Arylamidase activity in soils：Effect of trace elements and relationships to soil properties and activities of amidohydrolases. Soil Biology & Biochemistry, 33：17 - 23.

Ahamadou B, Huang Q, Chen W, Wen S, Zhang J, Mohamed I, Cai P, Liang W. 2009. Microcalorimetric assessment of microbial activity in long-term fertilization experimental soils of southern China. FEMS Microbial Ecology, 70：186 - 195.

Ahn MY, Dec J, Kim JE, and Bollag JM. 2002. Treatment of 2,4-dichlorophenol polluted soil with free and immobilized laccase. Journal of Environmental Quality, 31：1509 - 1515.

Alef F and Nannipieri P. 1995. Methods in Applied Soil Microbiology and Biochemistry. New York：Academic Press.

Allison S D. 2006. Soil minerals and humic acids alter enzyme stability：Implications for ecosystem processes. Biogeochemistry, 81: 361 – 373.

Allison S D, Gartner T B, Holland K, Weintraub M, and Sinsabaugh R L. 2007. Soil enzymes: Linking proteomics and ecological process. Manual of Environmental Microbiology, 3rd Edition. ASM Press. pp. 704 – 711.

Allison S D and Jastrow J D. 2006. Activities of extracellular enzymes in physically isolated fractions of restored grassland soils. Soil Biology & Biochemistry, 38: 3245 – 3256.

Allison S D, Nielsen C B, and Hughes R F. 2006. Elevated enzyme activities in soils under the invasive nitrogen-fixing tree *Falcataria moluccana*. Soil Biology & Biochemistry, 38: 1537 – 1544.

Allison S D, and Vitousek P M. 2005. Responses of extracellular enzymes to simple and complex nutrient inputs. Soil Biology & Biochemistry, 37: 937 – 944.

Aon M A, Cabello M N, Sarena D E, Colaneri A C, Franco M G, Burgos J L, and Cortassa S. 2001. I. Spatio-temporal patterns of soil microbial and enzymatic activities in an agricultural soil. Applied Soil Ecology, 18: 239 – 254.

Baligar V C, Wright R J and Smedley M D. 1988. Acid phosphatase activity in soils of the Appalachian region. Soil Science Society of America Journal, 52: 1612 – 1616.

Burns R G. 1982. Enzyme activity in soil: Location and a possible role in microbial ecology. Soil Biology & Biochemistry, 14: 423 – 427.

Chander K and Brooks P C. 1991. Is the dehydrogenase assay invalid as a method to estimate microbial activity in copper-contaminated soils? Soil Biology & Biochemistry, 23: 909 – 915.

Dalal R C. 1975. Urease activity in some Trinidad soils. Soil Biology & Biochemistry, 7: 5 – 8.

Darrah P R and Harris P J. 1986. A fluorimetric method for measuring the activity of soil enzymes. Plant and Soil, 92: 81 – 88.

De Cesare F, Garzillo A M V, Buonocore V, and Badalucco L. 2000. Use of sonication for measuring acid phosphatase activity in soil. Soil Biology & Biochemistry, 32: 825 – 832.

Dick W A, Juma N G, Tabatabai M A. 1983. Effects of soils on acid phosphatase and inorganic pyrophosphatase of corn roots. Soil Science, 136: 19 – 25.

Dick W A and Tabatabai M A. 1983. Activation of soil pyrophosphatase by metal ions. Soil Biology & Biochemistry, 15: 359 – 363.

Dick R P. 1997. Soil enzyme activities as integrative indicators of soil health. In: Pankhurst C E, Doube B M, Gupta V V S R(eds.). Biological Indicators of Soil Health. CAB International, pp. 121 – 157.

Dick R P, Rasmussen P E and Kerle E A. 1988. Influence of long-term residue management on soil enzyme activities in relation to soil chemical properties of a wheat-fallow system. Biology and Fertility of Soils, 6: 159 – 164.

Dong S, Brooks D, Jonesa M D and Grayston S J. 2007. A method for linking in situ activities of hydrolytic enzymes to associated organisms in forest soils. Soil Biology & Biochemistry, 39: 2414 – 2419.

Eivazi F and Tabatabai M A. 1990. Factors affecting glucosidase and galactosidase activities in soils. Soil Biology & Biochemistry, 22: 891 – 898.

Farrell R E, Gupta V V S R, Germida J J. 1994. Effects of cultivation on the activity and kinetics of arylsulphatase in Saskatchewan soils. Soil Biology & Biochemistry, 26: 1033 – 1040.

Fierer N, and Jackson R B. 2006. The diversity and biogeography of soil bacterial communities. Proceedings of the National Academy of Sciences of the United States of America, 103: 626 – 631.

Frankenberger W T and Bingham F T. 1982. Influence of salinity on soil enzyme activities. Soil Science Society of America Journal, 46: 1173 – 1177.

Frankenberger W T and Dick W A. 1983. Relation between enzyme activites and microbial growth and activity indices in soil. Soil Science Society of America Journal, 47: 945 – 951.

Frankenberger W T Jr and Tabatabai M A. 1980. Amidase activity in soils. I. Method of assay. Soil Science Society of America Journal, 44: 282 – 287.

Frankenberger W T and Tabatabai M A. 1981. Amidase activity in soils. III. Stability and distribution. Soil Science Society of America Journal, 45: 333 – 338.

Frankenberger W T and Tabatabai M A. 1991. Factors affecting L-glutaminase activity of soils. Soil Biology & Biochemistry, 23: 875 – 879.

Frankenberger W T and Tabatabai M A. 1991b. L-Asparaginase activity of soils. Biol and Fertility of Soils, 11: 6 – 12.

Freeman C, Ostle N, and Kang H. 2001. An enzymic "latch" on a global carbon store. Nature, 409: 149.

Fu M H and Tabatabai M A. 1989. Nitrate reductase activity in soils: Effects of trace elements. Soil Biology & Biochemistry, 21: 943 – 946.

Fusi P. Ristori G G. Calamai L and Stotzky G. 1989. Adsorption and hinding of protein on "clean" (homoionic) and "dirty" (coated with Fe oxyhydroxides) montmorillonite, illite and kaolinite. Soil Biology & Biochemistry, 21: 911 – 920.

German D P, Marcelo K R B, Stone M M and Allison S D. 2012. The Michaelis – Menten kinetics of soil extracellular enzymes in response to temperature: A cross-latitudinal study. Global Change Biology, 18: 1468 – 1479.

Gianfreda L, Bollag J-M. 1996. Influence of natural and anthropogenic factors on enzyme activity in soil. In: Stotsky G, Bollag J-M (eds). Soil Biochemistry. Marcel Dekker, Inc. , New York, pp. 123 – 193.

Gianfreda L, Bollag J-M. 1994. Effect of soils on the behaviour of immobilized enzymes. Soil Science Society of America Journal, 58: 1672 – 1681.

Gianfreda L, De Cristofaro A, Rao M A and Violante A. 1995. Kinetic behavior of synthetic organo- and organo-mineral-urease complexes. Soil Science Society of America Journal, 59: 811 – 815.

Gianfreda L and Rao M A. 2011. The influence of pesticides on soil enzymes. In Soil Enzymology (G Shukla and A Varma ed), Springer-Verlag, Berlin Heidelberg, pp. 293 – 312.

Gianfreda L, Rao M A and Violante A. 1995. Formation and activities of urease-tannate complexes as affected by different species of Al, Fe and Mn. Soil Science Society of America Journal,

59: 805 – 810.

Gianfreda L, Rao M A, Violante A. 1991. Invertase (β-fructosidase): Effects of montmorillonite, Al-hydroxide and Al(OH)$_x$-montmorillonite complex on activity and kinetic properties. Soil Biology & Biochemistry, 23: 581 – 587.

Gianfreda L, Rao M A, Violante A. 1992. Adsorption, activity and kinetic properties of urease on montmorillonite, aluminum hydroxide, and Al(OH)$_x$-montmorillonite complexes. Soil Biology & Biochemistry, 24: 51 – 58.

Gianfreda L, Sannino F, Ortega N and Nannipieri P. 1994. Activity of free and immobilized urease in soil: Effects of pesticides. Soil Biology & Biochemistry, 26: 777 – 784.

Gianfreda L, Sannino F and Violante A. 1995. Pesticide effects on the activity of free, immobilized and soil invertase. Soil Biology & Biochemistry, 27: 1201 – 1208.

Gomah A H M, Nahidh SI Al and Amer H A. 1990. Amidase and urease activity in soil as affected by sludge salinity and wetting and drying cycles. Journal of plant Nutrition and Soil Science, 153: 215 – 218.

Grego S, D'Annibale A, Luna M, Badalucco L and Nannipieri P. 1990. Multiple forms of synthetic pronase-phenolic copolymers. Soil Biology & Biochemistry, 22: 721 – 724.

Gupta V V S R, Germida J J. 1988. Distribution of microbial biomass and its activity in different soil aggregate size classes as affected by cultivation. Soil Biology & Biochemistry, 20: 777 – 786.

Haussling M and Marschner H. 1989. Organic and inorganic phosphate and acid phosphatase activity in the rhizosphere of 80-year-old Norway spruce (*Picea abies* L. Karst) trees. Biology and Fertility of Soils, 8: 128 – 133.

Hayano K and Tubaki K. 1985. Origin and properties of β-glucosidase activity of tomato-field soil. Soil Biology & Biochemistry, 17: 553 – 557.

Haynes R J and Swift R S. 1988. Effect of lime and phosphate addition on changes in enzyme activities, microbial biomass and levels of extractable nitrogen, sulfur and phosphorus in an acid soil. Biology and Fertility of Soils, 6: 153 – 158.

Huang Q Y, Liang W and Cai P. 2005. Adsorption, desorption and activities of acid phosphatase on various colloidal particles from an Ultisol. Colloids and Surfaces B, 45: 209 – 214.

Huang Q Y and Shindo H. 2000a. Effects of copper on the activity and kinetics of free and immobilized acid phosphatase. Soil Biology & Biochemistry, 32: 1885 – 1892.

Huang Q Y and Shindo H. 2000b. Inhibition of free and immobilized acid phosphatase by Zn. Soil Science, 165: 793 – 802.

Huang Q Y and Shindo H. 2001. Comparison of the influence of Cu, Zn and Cd on free and immobilized acid phosphatase. Soil Science and Plant Nutrition, 47: 767 – 772.

Huang Qiaoyun, Zhao Z and Chen W. 2003. Effects of several low-molecular-weight organic and inorganic ligands on the adsorption of acid phosphatase on soil colloids and minerals. Chemosphere, 52(3): 571 – 579.

Huang Q Y, Zhu J, Qiao X Q, Cai P, Liang W and Chen W L. 2009. Conformation, activity and proteolytic stability of acid phosphatase on clay minerals and soil colloids from an Alfisol. Colloid and Surfaces, B, 74: 279 – 283.

Juma N G and Tabatabai M A. 1977. Effects of trace elements on phosphatase activity in soils. Soil Science Society of America Journal, 41: 343 – 346.

Kandeler E, Palli S, Stemmer M, Gerzabek M H. 1999. Tillage changes microbial biomass and enzyme activities in particle-size fractions of a Haplic Chernozem. Soil Biology & Biochemistry, 31: 1253 – 1264.

Kelleher B P, Simpson A J, Willeford K O, Simpson M J, Stout R, Rafferty A, and Kingery W L. 2004. Acid phosphatase interactions with organo-mineral complexes: Influence on catalytic activity. Biogeochemistry, 71: 285 – 297.

Kiss S, Pasca D, Dragan-Bularda M. 1998. Developments in Soil Science 26: Enzymology of Disturbed Soils. Amsterdam: Elsevier.

Klein T M, Koths J S. 1980. Urease, protease and acid phosphatase in soil continuously cropped to corn by conventional or no-tillage methods. Soil Biology & Biochemistry, 12: 293 – 294.

Kshattriya S, Sharma G D and Mishra R R. 1992. Enzyme activities related to litter decomposition in forest of different age and altitude in North East India. Soil Biology & Biochemistry, 24: 265 – 270.

Kumar J D, Sharma G D and Mishra R R. 1992. Soil microbial population number and enzyme activities in relation to altitude and forest degradation. Soil Biology & Biochemistry, 24: 761 – 767.

Lähdesmäki P and Piispapen R. 1992. Soil enzymology: Role of protective colloid system in the preservation of exoenzyme activites in soil. Soil Biology & Biochemistry, 24: 1173 – 1177.

Ladd J N, Butler J H A. 1969. Inhibition and stimulation of proteolytic enzyme activities by soil humic acids. Australian Journal of Soil Research, 7: 253 – 262.

Leprince F and Quiquampoix H. 1996. Extracellular enzyme activity in soil: Effect of pH and ionic strength on the interaction with montmorillonite of two acid phosphatases secreted by the ectomycorrhizal fungus Hebeloma cylindrosporum. European Journal of Soil Science, 47: 511 – 522.

Lethbridge G, Bull At and Burns R G. 1981. Effects of pesticides on 1, 3 – β-glucanase and urease activities in soil in the presence and absence of fertilizers, lime and organic materials. Pesticide Science, 12: 147 – 155.

Lyons J I, Newell S Y, Buchan A, and Moran M A. 2003. Diversity of ascomycete laccase gene sequences in a southeastern US salt marsh. Microbial Ecology, 45: 270 – 281.

Margon A and Fornasier F. 2008. Determining soil enzyme location and related kinetics using rapid fumigation and high-yield extraction. Soil Biology & Biochemistry, 40: 2178 – 2181.

Marx M-C, Kandeler E, Wood M, Wermbter N, Jarvis S C. 2005. Exploring the enzymatic landscape: Distribution and kinetics of hydrolytic enzymes in soil particle-size fractions. Soil Biology & Biochemistry, 37: 35 – 48.

McClaugherty C A, and Linkins A E. 1990. Temperature responses of enzymes in 2 forest soils. Soil Biology & Biochemistry, 22: 29 – 33.

Moorhead D L, and Sinsabaugh R L. 2000. Simulated patterns of litter decay predict patterns of extracellular enzyme activities. Applied Soil Ecology, 14: 71 – 79.

Naidja A, Huang P M and Bollag J M. 1997. Activity of tyrosinase immobilized on hydroxyaluminum-montmorillonite complexes. Journal of Molecular Catalysis A: Chemical, 115: 305 – 316.

Naidja A, Huang P M, Bollag J M. 2000. Enzyme-clay interactions and their impact on transformations of natural and anthropogenic organic compounds in soil. Journal of Environmental Quality, 29: 677 – 691.

Naidja A, Violante A and Huang P M. 1995. Adsorption of tyrosinase onto montmorillonite as influenced by hydroxyaluminum coatings. Clays Clay Miner, 43: 647 – 655.

Nakamura T, Mochida K, Ozoe Y, Ukawa S, Sakai M and Mitsugi S. 1990. Enzymological properties of three soil hydrolases and effects of several pesticides on their activities. Journal of Pesticide Science, 15: 593 – 598.

Nannipieri P, Pedrazzini F, Arcara P G and Piovanelli C. 1979. Changes in amino acids, enzyme activities and biomasses during soil microbial growth. Soil Science, 127: 26 – 34.

Nannipieri P, Sequi P, Fusi P. 1996. Humus and enzyme activity. In: Piccolo A (ed) Humic substances in terrestrial ecosystems. Elsevier Science BV, Amsterdam, pp. 293 – 328.

Olander L P and Vitousek P M. 2000. Regulation of soil phosphatase and chitinase activity by N and P availability. Biogeochemistry, 49: 175 – 190.

Pal S and Chhokar P K. 1981. Urease activity in relation to soil characteristics. Pedobiologia, 21: 152 – 158.

Palma R M and Conti M E. 1990. Urease activity in Argentine soils: Filed studies and influence of sample treatment. Soil Biology & Biochemistry, 22, 105 – 108.

Perucci P. 1992. Enzyme activity and microbial biomass in a field soil amended with municipal refuse. Biology and Fertility of Soils, 14: 54 – 60.

Quiquampoix H, Servagent-Noinville S, Baron M. 2002. Enzyme adsorption on soil mineral surfaces and consequences for the catalytic activity. In: Burns R G, Dick R P (eds.). Enzymes in the environment. Marcel Dekker, New York, pp. 285 – 306.

Ramirez-Martinez J R and McLaren A D. 1966. Some factors influencing the determination of phosphatase activity in native soils and in soils sterilized by irradiation. Enzymologia, 31: 23 – 28.

Rao M A, Violante A, Gianfreda L. 2000. Interaction of acid phosphatase with clays, organic molecules and organo-mineral complexes: Kinetics and stability. Soil Biology & Biochemistry, 32: 1007 – 1014.

Rastin N, Rosenplaenter K and Huttermann A. 1988. Seasonal variation of enzyme activity and their dependence on certain soil factors in a beech forest soil. Soil Biology & Biochemistry, 20: 637 – 642.

Renella G, Landi L, and Nannipieri P. 2002. Hydrolase activities during and after the chloroform fumigation of soil as affected by protease activity. Soil Biology & Biochemistry, 34: 51 – 60.

Renella G, Zornoza R, Landi L, Mench M and Nannipieri. 2011. Arylesterase activity in trace element contaminated soils. European Journal of Soil Science, 62: 590 – 597.

Rojo M J, Gonzales-Carcedo S and Mateos M P. 1990. Distribution and characterization of phosphatase and organic phosphorus in soil fractions. Soil Biology & Biochemistry, 22: 169 – 174.

Ross D J. 1975. Studies on a climosequence of soils in tussock grasslands. 5. Invertase and amylase activities of topsoils and their relationships with other properties. New Zealand Journal of Science, 18: 511 –518.

Ruggiero P, Sarkar J M and Bollag J M. 1989. Detoxification of 2,4 – dichlorophenol by a laccase immobilized on soil and clay. Soil Science. , 147: 361 – 370.

Saiya-Cork K R, Sinsabaugh R L, and Zak D R. 2002. The effects of long term nitrogen deposition on extracellular enzyme activity in an *Acer saccharum* forest soil. Soil Biology & Biochemistry, 34: 1309 – 1315.

Sannino F, Gianfreda L. 2001. Pesticide influence on soil enzymatic activities. Chemosphere, 45: 417 – 425.

Sarkar J M, Leonowicz A, Bollag J-M. 1989. Immobilization of enzymes on clays and soils. Soil Biology & Biochemistry, 21: 223 – 230.

Schaffer A. 1993. Pesticide effects on enzyme activities in the soil ecosystem. In: Bollag J M, Stotzky G(eds.)Soil Biochemistry, Vol 8, Marcel Dekker, New York, pp. 273 – 340.

Schimel J Pand Weintraub M N. 2003. The implications of exoenzyme activity on microbial carbon and nitrogen limitation in soil: A theoretical model. Soil Biology & Biochemistry, 35: 549 – 563.

Shinner F, Bayer H and Mitterer M. 1983. The influence of herbicides on microbial activity in soil materials. Bodenkultur, 34: 22 – 30.

Sing B B and Tabatabai M A. 1978. Factors affecting rhodanese activity in soils. Soil Science, 125: 337 – 342.

Sinsabaugh R L, Gallo M E, Lauber C, Waldrop M P, and Zak D R. 2005. Extracellular enzyme activities and soil organic matter dynamics for northern hardwood forests receiving simulated nitrogen deposition. Biogeochemistry, 75: 201 – 215.

Sinsabaugh R L, Lauber C L, Weintraub M N, Ahmed B, Allison S D, Crenshaw C, Contosta A R, Cusack D, Frey S, Gallo M E, Gartner T B, Hobbie S E, Holland K, Keeler B L, Powers J S, Stursova M, Takacs-Vesbach C, Waldrop M P, Wallenstein M D, Zak D R, and Zeglin L H. 2008. Stoichiometry of soil enzyme activity at global scale. Ecology Letters, 11: 1252 – 1264.

Sinsabaugh R L, Reynolds H, and Long T M. 2000. Rapid assay for amidohydrolase (urease) activity in environmental samples. Soil Biology & Biochemistry, 32: 2095 – 2097.

Skujins J J. 1967. Enzymes in soil. In: MclAren A D and Peterson G A(eds.). Soil Biochemistry. Marcel Dekker, New York, Vol. 1: 371 – 414.

Speir T W. 1984. Urease, phosphatase and sulphatase activities of Cook Island and Tongan soils. New Z ealand Journal of Science, 27: 73 – 79.

Speir T W and Ross D J. 1990. Temporal stability of enzymes in a peatland soil profile. Soil Biology & Biochemistry, 22: 1003 – 1005.

Speir T W and Ross D J. 2002. Hydrolytic enzyme activities to assess soil degradation and recovery. In Enzymes in the Environment: Activity, Ecology and Applications (R G Burns and R P Dick eds), Marcel Dekker, Inc. New York.

Speir T W, Ross D J, Orchard V A. 1984. Spatial variability of biochemical properties in a taxonomically-uniform soil under grazed pasture. Soil Biology & Biochemistry, 16: 153 – 160.

Spiers G A and McGill W B. 1979. Effects of phosphorus addition and energy supply on acid phosphatase production and activity in soils. Soil Biology & Biochemistry, 11: 3 – 8.

Stursova M and Sinsabaugh R L. 2008. Stabilization of oxidative enzymes in desert soil may limit organic matter accumulation. Soil Biology & Biochemistry, 40: 550 – 553.

Tabatabai M A. 1994. Soil Enzymes. In R W Weaver, J S Angel, P S Bottomley eds., Methods of Soil Analysis. Part 2. Microbiological and Biochemical Properties. Soil Science Sociery of America, Madison, W I, pp. 775 – 833.

Tabatabai M A and Dick W A. 2002. Enzymes in soil. In Enzymes in the Environment: Activity, Ecology and Applications (R G Burns and R P Dick eds), Marcel Dekker, Inc. New York.

Tabatabai M A, Garcia-Manzanedo A M and Acosta-Martinez V. 2002. Substrate specificity of arylamidase in soils. Soil Biology & Biochemistry, 34: 103 – 110.

Tarafdar J C and Junk A. 1987. Phosphatase activity in the rhizosphere and its relation to the depletion of soil organic phosphorus. Biology and Fertility of Soils, 3: 199 – 204.

Trasar-Cepeda C and Barballas T. 1991. Liming and the phosphatase activity and mineralization of phosphorus in an acidic soil. Soil Biology & Biochemistry, 23: 209 – 215.

Trasar-Cepeda M C and Gil-Stores F. 1987. Phosphatase activity in acid high organic matter soils from Galicia (NW Spain). Soil Biology & Biochemistry, 19: 281 – 287.

Trasar-Cepeda C, Leirós C, Gil-Sotres F and Seoane S. 1998. Towards a biochemical quality index for soils: An expression relating several biological and biochemical properties. Biology and Fertility of Soils, 26: 100 – 106.

Trasar-Cepeda C, Leirós M C, Gil-Sotres F. 2008. Hydrolytic enzyme activities in agricultural and forest soils. Some implications for their use as indicators of soil quality. Soil Biology & Biochemistry, 40: 2146 – 2155.

Trevors J T. 1984. Effect of substrate concentration, inorganic nitrogen, O_2 concentration, temperature and pH on dehydrogenase activity in soil. Plant Soil, 77: 285 – 293.

Tscherko D, Hammesfahr U, Marx M-C, and Kandeler E. 2004. Shifts in rhizosphere microbial communities and enzyme activity of *Poa alpina* across an alpine chronosequence. Soil Biology & Biochemistry, 36: 1685 – 1698.

Tyler G. 1976. Heavy metal pollution and soil enzyme activity. Plant Soil, 41: 303 – 311.

Vetter Y A, Denning J W, Jumars P A, and Krieger-Brockett B B. 1998. A predictive model of bacterial foraging by means of freely released extracellular enzymes. Microbial Ecology, 36: 75 – 92.

Waldrop M P, Zak D R, Sinsabaugh R L, Gallo M, and Lauber C. 2004. Nitrogen deposition modifies soil carbon storage through changes in microbial enzyme activity. Ecological Applications, 14: 1172 – 1177.

Wallenstein M D and Weintraub M N. 2008. Emerging tools for measuring and modeling the in situ activity of soil extracellular enzymes. Soil Biology & Biochemistry, 40: 2098 – 2106.

Watanabe K and Hayano K. 1995. Seasonal variation of soil protease activities and their relation to proteolytic bacteria and *Bacillus* spp in paddy field soil. Soil Biology & Biochemistry, 27: 197 – 203.

West A W, Sparling G P, Speir T W and Wood J M. 1988. Dynamics of microbial carbon nitrogen-flush and ATP and enzyme activities of gradually dried soils from a climosequence. Australian Journal of Soil Research, 26: 519 – 530.

Wirth S J and Wolf G A. 1992. Micro-plate colorimetric assay for endo-acting cellulose, xylanase, chitinase, 1, 3-glucanase and amylase extracted from forest soil horizons. Soil Biology & Biochemistry, 24: 511 – 519.

Yao H, Bowman D, Rufty T, Shi W. 2009. Interactions between N fertilization, grass clipping addition and pH in turf ecosystems: Implications for soil enzyme activities and organic matter decomposition. Soil Biology & Biochemistry, 41: 1425 – 1432.

Zantua M I, Dumenil L C and Bremner J M. 1977. Relationships between soil urease activity and other soil properties. Soil Science Society of America Journal, 41: 350 – 352.

Zimmerman A R, Chorover J, Goyne K W, and Brantley S L. 2004. Protection of mesopore-adsorbed organic matter from enzymatic degradation. Environmental Science & Technology, 38: 4542 – 4548.

第3章 土壤中的DNA

DNA 是各种生物的基本遗传物质，土壤中的 DNA 包括胞内 DNA 和胞外 DNA 两个部分。胞外 DNA 在土壤环境中的循环过程主要包括 DNA 释放(A)、吸附固定(B)、基因转移(C)和降解(D)四部分内容(图 3 – 1)(Levy-Booth 等，2007)。由图 3 – 1 可见，土壤中的胞外 DNA 主要来源于植物残茬降解、花粉扩散以及植物根系、动物、真菌、细菌的主动分泌和细胞裂解(图 3 – 1i、ii、iii、iv)。DNA 进入土壤后，一部分游离态 DNA 被土壤中的脱氧核糖核酸酶 I (deoxyribonuclease I,DNase I)降解成寡聚核苷酸和一些无机养分，供动植物和微生物吸收利用(图 3 – 1xii、xiii)，而绝大部分 DNA 可被土壤中的腐殖酸、

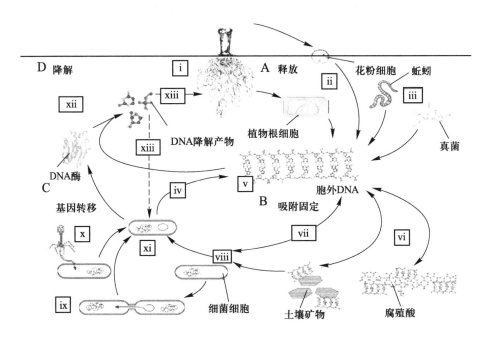

图 3 – 1 土壤中 DNA 的循环过程(Levy-Booth 等,2007)

黏土矿物和砂粒吸附固定(图 3 - 1vi),从而对 DNase I 降解产生抗性,在环境中持久存在,同时土壤中的胞外 DNA 分子可通过转化(图 3 - 1viii)、结合(图 3 - 1ix)和转导(图 3 - 1x)的方式在土壤中发生基因转移。本章围绕胞外 DNA 在土壤中的循环过程展开讨论,重点介绍该领域内的最新研究进展。

3.1 土壤中胞外 DNA 的来源、含量及其环境意义

3.1.1 土壤中胞外 DNA 的来源

1. 微生物

微生物细胞死亡裂解或细胞主动分泌可释放 DNA 分子。早在 20 世纪 60 年代,Takahashi(1962)观察到枯草芽孢杆菌在对数生长期可主动分泌 DNA,且分泌的胞外 DNA 为双链,具有很高的转化活性。有关研究还发现枯草芽孢杆菌在分泌 DNA 之前,先分泌 DNase I,DNase I 的作用是清除环境中的异源 DNA,以排除对非特异性转化 DNA 的竞争作用(Lorenz 等,1991;Dubnau,1999)。Kloose 等(1994)使用可诱导细胞裂解系统,发现由细胞裂解释放的 DNA 与用标准程序提取纯化的 DNA 具有同样的转化活性。Dorward 和 Garon(1990)在革兰氏阴性菌培养物中发现胞外膜泡中含有染色体 DNA 和质粒 DNA,膜泡能保护其内的 DNA 免受胞外 DNase I 的降解。淋病奈瑟氏球菌自然感受态细胞和膜泡混合培养后,膜泡中的质粒 DNA 能被感受态细胞吸收。Yaron 等(2000)进一步证实了大肠杆菌 O157∶H7 的毒素基因能以这种胞外膜泡为介导转化到其他肠道菌群中去。许传东和沈萍(1996)研究表明,大肠杆菌 TG1/PUC18 可将 PUC18 质粒 DNA 分泌到 M9 培养基中,其 DNA 分泌量随培养时间的延长而增加,然后达到一个稳定的水平,大肠杆菌分泌的 PUC18 质粒 DNA 具有转化活性。生长在以醋酸为唯一碳源的绿脓杆菌经过 2 天的延迟期后,细胞迅速生长,到第 4 天时,分泌的 DNA 开始出现在培养基中,DNA 的量在第 7 天达到高峰,其浓度为 7.8 mg · mL^{-1}培养物,而此时胞内 DNA 只有 0.1 mg · mL^{-1}(Hara 和 Ueda,1981)。目前,可主动分泌 DNA 的细菌主要包括浮游细菌、蓝细菌、土壤细菌如枯草芽孢杆菌、醋酸钙不动杆菌、大肠杆菌、微球菌、产碱菌、产黄菌和铜绿假单胞菌等(Lorenz 和 Wackernagel,1994;Nielsen 等,1997)。土壤中的真菌也可释放 DNA,如 Tebbe 等(1993)检测到转基因变种汉逊酵母菌和酿酒酵母菌加入土壤 14 天后死亡率达 99%,细胞死亡裂解后释放出 DNA 分子。Agnelli 等(2004)在森林土壤剖面的各个层次均发现了真菌胞外 DNA。另外,自然条件变化如土壤的冻融、风干土样的混合和研磨、原生动物的捕食及噬菌体的感染等因素均可提高微生物中 DNA

的释放量(Tsai 和 Olsen,1991;Sikorski 等,1998)。

2. 植物

植物根系在生长过程中，根冠表层细胞易受到磨损而脱落，脱落的根冠细胞凋亡后，植物 DNA 可进入土壤根际。研究表明，玉米(*Zea maize* L.)根在早期生长阶段，每个初生根每天大约有 1 000 个细胞脱落，每毫升淋出液中可检测到 10^4 拷贝数模板 DNA(Iijima 等,2000;Gulden 等,2005)。脱落根系细胞中大部分 DNA 在进入根际之前首先被内切核酸酶剪切成小片段，而根系病原菌辣椒斑点病菌定植于辣椒(*Capsicum annuum* L.)根系后，完整的 DNA 分子被释放到土壤根际(Polverari 等,2000)。

由于植物花粉细胞壁被微生物分解后也可将 DNA 释放到土壤中，因此植物花粉扩散也是土壤中 DNA 的主要来源之一。如糖用甜菜(*Beta vulgaris* L.)花粉中含有 13.4 pg DNA/粒，在空气中平均含有花粉颗粒 4 208 个·m^{-3}，因此甜菜花粉 DNA 能进入土壤的潜在量可达到 5.6×10^4 pg DNA·m^{-3} 或 3.6×10^4 全$(2n)$基因组·m^{-3}(Arumuganathan 和 Earle,1991)。植物授粉方式对花粉扩散以及 DNA 迁移的距离有重要影响。对于自花授粉的作物如大豆而言，花粉颗粒及其 DNA 在土壤中的迁移距离几乎可忽略不计，而对于异花授粉作物如糖用甜菜等，它们的花粉颗粒通过环境中的各种媒介可迁移到周边 10 m、200 m 和 1 500 m 处(Timmons 等,1995)。

农作物秸秆和叶片凋落物的分解产物是 DNA 进入土壤的又一路径。Potè 等(2005)发现在 21.5 ℃条件下，新鲜植物组织加入土壤 5 天后，大部分 DNA 在植物体内就被降解，少量的 DNA 被释放到根际。关于植物组织在分解过程中 DNA 释放的研究报道较少，但普遍认为在亚热带和温带气候条件下的农业种植体系中，农作物秸秆 DNA 的释放随着季节和作物生长方式的变化而改变。而在热带气候条件下，植物 DNA 可持续不断地释放到土壤中。

3.1.2　土壤中胞外 DNA 的含量

通过不同的方法，包括从土壤样品中抽提 DNA、比色法、荧光染色法、凝胶电泳法、分子杂交和聚合酶链反应(polymerase chain reaction,RCR)等技术，已经证明自然环境中普遍存在着相对分子质量较高的胞外 DNA 分子，其浓度在 0.03 ~ 200 μg·g^{-1}(Pietramellara 等,2009)，且随着土壤剖面深度的增加而降低。由于淋洗技术操作温和，不破坏土壤体系中的细胞，所以被广泛用于土壤中胞外 DNA 的提取。常用的淋洗液包括水、磷酸盐缓冲液、Tris – HCl 缓冲液等，但各种淋洗液对 DNA 的解吸率大不相同。Blum 等(1997)分别用 0.12 mol·L^{-1}磷酸盐缓冲液(pH 8.0)和 Tris – HCl 缓冲液(0.5 mol·L^{-1} NaCl,pH = 8.8,TN588)淋洗 3 种土壤(砂土、砂壤土和壤土)。在单次淋洗过程中，

TN588 可洗脱 50% ~ 60% 吸附态 DNA，而磷酸盐洗脱率仅为 15% ~ 30%。Picard 等（1992）通过用水直接冲洗土壤，得到了 20 kb 大小的 DNA 片段。Agnelli等（2004）用 0.12 mol·L^{-1}磷酸盐缓冲液（pH 8.0）淋洗森林土壤，胞外 DNA 浓度为 2.2 ~ 41 μg·g^{-1}，占总 DNA 的 10.5% ~ 60%。Niemeyer 和 Gessler（2002）利用 PicoGreen 荧光染色技术，发现供试土壤中游离 DNA 浓度最大可达 1 950 ng·g^{-1}干土，且 DNA 浓度随着土壤剖面由表层向底层变化而显著降低，施入化肥可降低土壤中 DNA 的浓度。

3.1.3　土壤中胞外 DNA 的环境意义

胞外 DNA 不仅是异养微生物 C、N、P 元素的来源，而且在细菌生物膜形成、微生物的生态、生物多样性及遗传进化方面起着重要作用（Cai 等，2005）。DNA 中的 P 可占其质量的 10%，胞外 DNA 在冻土和湿地土壤中分别占可提取态 P 含量的 9% ~ 13% 和 53%（Turner 等，2004；Turner 和 Newman，2005）。Steinberger 等（2002）和 Whitchurch 等（2002）发现胞外 DNA 是细菌生物膜的关键组成部分，在生物膜形成的初级阶段，胞外 DNA 是细胞与载体以及细胞之间的黏附剂（图 3 - 2）。另外，Steinberger 和 Holden（2005）比较了恶臭假单胞菌、铜绿假单胞菌、红平红球菌、争论贪噬菌生物膜中胞外 DNA 与胞内 DNA 的指纹图谱，发现生物膜中的胞外 DNA 系统发育信息不同于总 DNA 和胞内

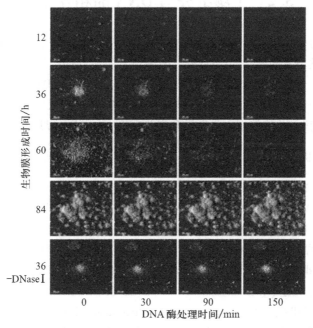

图 3 - 2　胞外 DNA 对铜绿假单胞菌生物膜形成的影响（Whitchurch 等，2002）

DNA,且与细菌种类有关(图 3 - 3),这表明生物膜中胞外 DNA 所形成的网络可能是细菌对环境的一种适应机制,这种网络促使不同的细菌细胞间以及细胞与有机质之间的结合(Bockelmann 等,2006)。

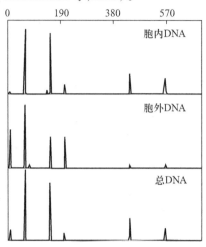

图 3 - 3 铜绿假单胞菌、恶臭假单胞菌、红平红球菌和争论贪噬菌混合菌株生物膜中胞内 DNA(上)、胞外 DNA(中)和总 DNA(下)的末端限制性片段长度多态性分析(Steinberger 和 Holden,2005)

3.2 土壤组分与 DNA 的相互作用

土壤组分和 DNA 的相互作用决定了 DNA 在土壤环境中的稳定性和生物活性。由于土壤环境的复杂性,DNA 与土壤组分的相互作用受许多环境因素的影响,如土壤组分类型、体系的 pH、介质的离子强度以及 DNA 分子构型和性质等,研究并控制这些影响因素,能够监测环境中 DNA 的浓度,有效地控制环境中 DNA 的归宿,并能够进一步发展和完善环境中的 DNA 提取和纯化的方法。

3.2.1 作用机制

双链 DNA 在硅土表面的吸附作用力主要包括范德华力、静电力、氢键和脱水作用等(Melzak 等,1996)。DNA 的磷酸基团是 DNA 与矿物相互作用的主要基团(Franchi 等,2004),其主要通过阴离子交换与黏土矿物表面的 OH⁻作用,或者与黏土矿物表面的正电荷位点发生静电作用而被吸附。Cai 等(2006a,b,c,d)运用吸附解吸等化学方法和现代仪器分析手段如衰减全反射傅里叶变换红外光谱(attenuated total reflectance Fourier transform infrared spectroscopy,ATR - FTIR)、圆二色光谱(circular dichroism,CD)、荧光光谱、微量热分析技术,系统探讨了恒电荷土壤活性颗粒与 DNA 相互作用的机制。结果表明,

DNA 主要通过范德华力和静电力吸附在含有机质黏粒和蒙脱石的表面，吸附为吸热反应，DNA 固定后构型未发生变化，且吸附的 DNA 容易被解吸。对于去有机质黏粒和高岭石，DNA 主要通过配位交换和氢键作用吸附在它们的边缘面，DNA 在去有机质黏粒表面的吸附为放热反应，吸附态 DNA 不易被解吸，DNA 固定后构型由原来的 B 型变为 Z 型（表 3 - 1、图 3 - 4、图 3 - 5 和图 3 - 6）。

表 3 - 1　棕壤胶体和矿物表面吸附态 DNA 依次用 Tris - HCl 缓冲液、NaCl 和磷酸钠缓冲液解吸的解吸率（Cai 等，2006d）

棕壤胶体或矿物	Tris - HCl/%	NaCl/%	$Na_2HPO_4 - NaH_2PO_4/\%$	总解吸率/%
含有机质粗黏粒	34.8	19.1	23.6	77.5
去有机质粗黏粒	5.6	5.1	39.7	50.8
含有机质细黏粒	37.3	27.1	28.8	93.2
去有机质细黏粒	7.2	8.0	42.2	57.4
蒙脱石	46.6	7.1	29.7	83.4
高岭石	7.3	6.4	11.4	25.1

3.2.2　影响 DNA 在土壤颗粒表面吸附的因素

1. 土壤组分的类型

土壤的机械组成显著影响 DNA 在土壤中的固定量。大量研究表明，由于砂粒的比表面积远小于黏粒，如蒙脱石和高岭石的比表面积分别为 812 $m^2 \cdot g^{-1}$ 和 10.97 $m^2 \cdot g^{-1}$，而砂粒比表面积仅为 0.0485 $m^2 \cdot g^{-1}$（Petersen 等，1996；Slater 等，2006），因此黏粒固定 DNA 的量至少是砂粒的 1 000 倍。Blum 等（1997）分别在砂壤土（6.2% 的黏粒）和砂土（0.1% 的黏粒）中加入等量的用 [3]H 标记的 DNA，发现 DNA 加入土壤后 1 h 吸附量达到最大，且砂壤土对 DNA 的吸附量显著高于砂土。

DNA 在土壤中的吸附与土壤黏土矿物的组成紧密相关。蒙脱石（2:1 型膨胀性黏土矿物）的比表面积和阳离子交换量分别是高岭石（1:1 型非膨胀性黏土矿物）的 67 倍和 23 倍（Poly 等，2000），而高岭石的表面电荷密度是蒙脱石的 2.5 倍（Pietramellara 等，2001）。与高岭石相比，蒙脱石对 DNA 在土壤中的吸附起着重要作用。在 pH 5.0 体系中，黏土矿物 Ca - 蒙脱石对小牛胸腺 DNA 的吸附量超过了其自身重量（Greaves 和 Wilson，1969）。Ogram 等（1988）对美国田纳西州 3 种土壤的实验结果显示，在蒙脱石和有机质含量分别为 0.90% 和 2.16% 的 Maury 和 Iberia 土壤中，DNA 全部被吸附；在不含蒙脱石，有机质含量为 1.98% 的 Lily 土壤中，DNA 则不被吸附。Ogram 等（1994）的研究结果表明，在实验的 8 种土壤中，含有蒙脱石的 Kinney A 土壤对 DNA 的吸附量最

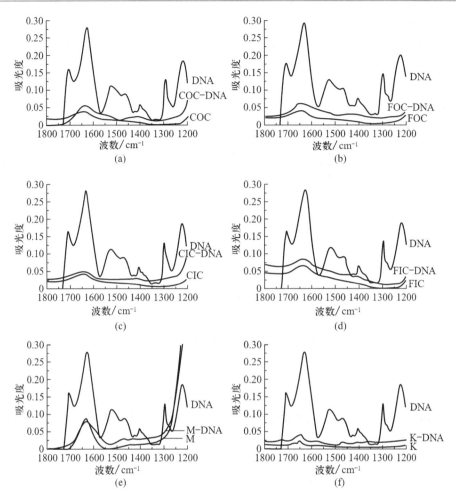

图 3 - 4　DNA、棕壤胶体和矿物及其与 DNA 复合物的 ATR/FTIR 光谱图（COC、FOC、CIC、FIC、M 和 K 分别表示含有机质粗黏粒、含有机质细黏粒、去有机质粗黏粒、去有机质细黏粒、蒙脱石和高岭石）（Cai 等，2006b）

大，其吸附系数 K 值达 300。Khanna 和 Stotzky（1992）认为，Ca - 蒙脱石吸附 DNA 和聚核苷酸的能力比 Ca - 高岭石强。Pietramellara 等（2001）的实验显示，在 pH 6.8 的体系中，Ca - 蒙脱石对枯草芽孢杆菌 BD170 染色体 DNA 的吸附率为 59.4%，而 Ca - 高岭石在 pH 5.8 的体系中，吸附率仅为 31.4%。虽然 DNA 在蒙脱石表面的吸附量远高于在高岭石表面的吸附量，但是 DNA 在 Ca - 高岭石表面的固定量以及形成的化学键数高于 Ca - 蒙脱石，这可能是因为 DNA 分子主要吸附在黏土矿物的边缘（图 3 - 7 和图 3 - 8，Khanna 等，1998），而 Ca - 高岭石的边缘表面与平面的比值要大于 Ca - 蒙脱石（Paget 和 Simonet，1994；Franchi 等，1999），或者是由于 Ca - 高岭石有更高的阴离子交换量（anion

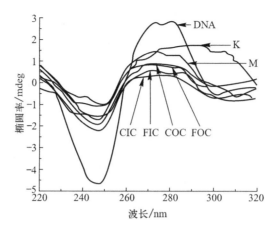

图 3 - 5　游离 DNA 以及棕壤胶体和矿物表面被磷酸钠缓冲液解吸的 DNA 的 CD 谱
（COC、FOC、CIC、FIC、M 和 K 含义同图 3 - 4）（Cai 等，2006b）

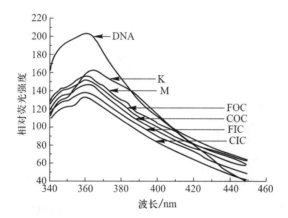

图 3 - 6　游离 DNA 以及棕壤胶体和矿物表面被 Tris - HCl 解吸的 DNA 的荧光光谱（COC、
FOC、CIC、FIC、M 和 K 含义同图 3 - 4）（Cai 等，2006b）

exchange capacity，AEC）、表面电荷密度（surface charge density，SCD）和阴离子
交换量与阳离子交换量（cation exchange capacity，CEC）的比值（AEC∶CEC）
（Stotzky 等，1986）。

　　腐殖质包括胡敏素、胡敏酸和富里酸，它们是脂类、氨基酸、缩氨酸、多
糖等大分子的聚合产物，其中腐殖质的芳香族部分主要来源于木质素类物质
（Baker，1977；Janos，2003）。由于腐殖质抗微生物的降解，有较高程度的空间
异构性，因此土壤中的腐殖质可通过阳离子桥接作用固定 DNA 分子。如从土
壤中提取的腐殖酸对枯草芽孢杆菌染色体 DNA 的固定量为 15 μg · mg^{-1}（Crec-
chio 和 Stotzky，1998），腐殖质表面的酸性功能团如羧基和酚羟基可能是 DNA

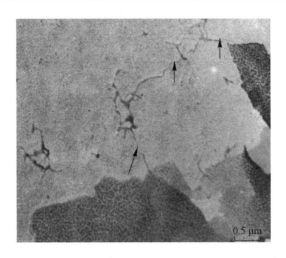

图 3-7　Ca-蒙脱石表面固定态枯草芽孢杆菌 BD1512 DNA 透射电子显微镜图（箭头表示 DNA）（Khanna 等,1998）

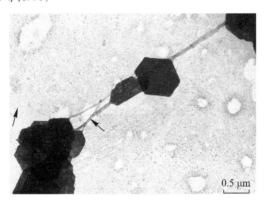

图 3-8　Ca-高岭石表面固定态枯草芽孢杆菌 BD1512 DNA 透射电子显微镜图（箭头表示 DNA）（Khanna 等,1998）

的固定位点。硅土-土壤有机质复合物对 DNA 具有较强的固定能力，其表面吸附态线性和超螺旋质粒 DNA 均不能被水洗脱下来，且线性 DNA 在复合体表面可形成一个厚而松散的吸附层（Nguyen 和 Elimelech,2007b）。Cai 等（2006d）发现棕壤胶体表面的有机质抑制了 DNA 的吸附量和结合力。

黏土矿物、腐殖酸和羟基铁或铝的复合体是土壤组成的主要形式。羟基铝在蒙脱石表面的包被显著降低了蒙脱石对 DNA 的吸附量，但增强了对 DNA 的结合强度，使吸附态 DNA 分子很难解吸（Cai 等,2008）。DNA 在有机矿物复合体表面的吸附量受复合体物质种类的影响，如蒙脱石-腐殖酸-羟基铝复合体对枯草芽孢杆菌染色体 DNA 的吸附量高于蒙脱石-腐殖酸-羟基铁复合体；有机矿物复合体对 DNA 的吸附较牢，吸附在复合体表面的 DNA 用去离子水、

NaCl 和 $Na_4P_2O_7$ 洗涤，未检测到 DNA 被解吸（Crecchio 等，2005）。

2. pH

许多研究表明，随着体系 pH 降低，DNA 在土壤或黏土矿物表面的吸附量通常增加（Khanna 和 Stotzky，1992）。体系 pH 0.1 ~ 4.0，蒙脱石和高岭石对 DNA 的吸附量最大；pH 4.0 ~ 7.0，吸附量则逐渐减少；pH > 8.0 时，DNA 吸附量可忽略不计。Greaves 和 Wilson（1969）用蒙脱石吸附小牛胸腺 DNA 的结果显示，体系 pH 从 5.0 降低到 3.5，DNA 的吸附量从 100 增加到 500 $\mu g \cdot mg^{-1}$；pH > 5.0 时，仅有 70 $\mu g \cdot mg^{-1}$ DNA 被吸附。Khanna 和 Stotzky（1992）的研究表明，在 pH 为 1.0 时，芽孢杆菌 DNA 在蒙脱石上的吸附达到最大值（19.9 $\mu g \cdot mg^{-1}$）；pH 为 9.0 时，吸附量降至最低（10.7 $\mu g \cdot mg^{-1}$）。DNA 在棕壤胶体和矿物表面的吸附量随着 pH 从 2.0 上升到 9.0 而降低。在 pH 2.0，所加入的 DNA 全部被吸附。pH 从 2.0 上升到 5.0，DNA 在含有机质黏粒和蒙脱石表面的吸附量从 20 $\mu g \cdot mg^{-1}$ 降低到 0.51 ~ 2.89 $\mu g \cdot mg^{-1}$，而去有机质黏粒和高岭石表面 DNA 的吸附量仅降低到 5.26 ~ 6.98 $\mu g \cdot mg^{-1}$。对于含有机质黏粒和蒙脱石，在 pH 5.0 ~ 9.0 范围内，仅有很少的 DNA 被吸附，尤其在 pH 9.0，DNA 在土壤胶体表面的吸附量几乎可忽略不计。这可能是由于体系 pH 低于 DNA 的等电点时，腺嘌呤、鸟嘌呤和胞嘧啶上的氨基被质子化而带正电荷，能够与黏土矿物表面的负电荷基团发生静电吸附作用。体系 pH 高于 DNA 的等电点时，DNA 分子的磷酸基团带负电荷，增加了 DNA 和黏土矿物负电荷之间的库仑斥力（图 3 - 9）（Paget 和 Simonet，1994；Khanna 等，1998；Levy-Booth 等，2007）。

Greaves 和 Wilson（1969）报道，体系 pH < 5.0，小牛胸腺 DNA 吸附在蒙脱石的内表面和外表面；体系 pH > 5.0，小牛胸腺 DNA 只吸附在蒙脱石的外表面。测定蒙脱石晶格膨胀的结果显示，在 pH > 6.0 的非缓冲性溶液中，蒙脱石的晶格不膨胀；pH 从 6.0 降低到 3.5，晶格膨胀则增加到 0.76 nm。Aardema 等（1983）认为，pH 较低时，DNA 可能以分子形式存在，能进入某些黏粒矿物的层间；pH 较高时，DNA 以离子形式存在，不能进入矿物层间。Beall 等（2009）通过 XRD 和分子模拟的方法证实了插入蒙脱石层间的寡核苷酸 Pvu4a（序列：AAATGAGTCACCCAGATCTAAATAA）链平行于黏粒表面（图 3 - 10）。Greenland（1965）指出，DNA 在黏土矿物上的吸附过程中，除了 DNA 的带电基团起作用之外，还有氢键和许多物理作用力，如范德华力等，在黏土矿物外表面的吸附可能是物理作用力的结果。Greaves 和 Wilson（1969）实验证明，体系 pH 6.0，小牛胸腺 DNA 16 h 后在蒙脱石上达到最大吸附量，蒙脱石仅在 30 min 后晶格膨胀就达到最大，这说明在很长一段时间内，DNA 是通过物理力与蒙脱石的外表面作用的。

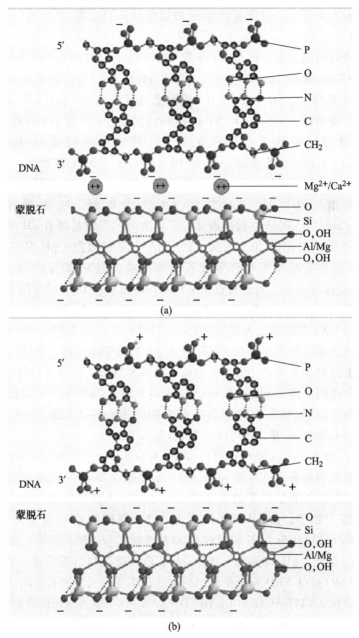

图 3 – 9　pH 对胞外 DNA 在蒙脱石表面吸附机理的影响。（a）pH > 5；（b）pH < 5（Levy-Booth 等，2007）（参见书末彩插）

3. 离子的种类

DNA 分子在黏土矿物的吸附过程中，阳离子可能起到磷酸盐基团与黏粒的负电荷之间的桥接作用（图 3 – 11）。Greaves 和 Wilson（1969）研究结果表明，在 pH 为

5.0 的体系中,不加电解质 KCl,蒙脱石对小牛胸腺 DNA 的吸附量为 $0.11\ mg \cdot mg^{-1}$;加入 $0.02\ mol \cdot L^{-1}$ KCl,吸附量则为 $0.25\ mg \cdot mg^{-1}$。DNA 在黏土矿物上的吸附随着黏土矿物表面补偿电荷阳离子浓度和化合价的增加而增加(Greaves 和 Wilson,1969;Paget 等,1992)。Romanowski 等(1991)报道,质粒 DNA 在砂子中的吸附量为

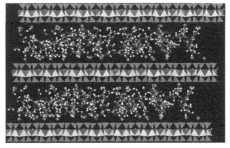

图 3-10　Na-蒙脱石与插入层间的单链 DNA 原子结构图(Beall 等,2009)(参见书末彩插)

最大吸附量的一半时,需要加入 Mg^{2+}、Ca^{2+}、Na^+、K^+ 和 NH_4^+ 的浓度分别为 0.5、0.4、80、30 和 $180\ mmol \cdot L^{-1}$。Cai 等(2006d)发现体系中加入 60 mmol $\cdot L^{-1}$ $MgCl_2$,DNA 全部被棕壤胶体和矿物吸附($20\ \mu g \cdot mg^{-1}$),而加入相同浓度的 NaCl,DNA 的吸附量仅为 $1.43 \sim 8.99\ \mu g \cdot mg^{-1}$,这表明 $MgCl_2$ 比 NaCl 更能促进 DNA 在土壤胶体或矿物表面的吸附,这可能是由于二价离子 Mg^{2+} 在

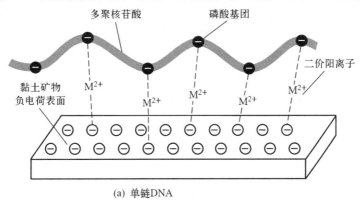

(a) 单链DNA

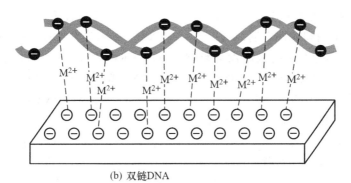

(b) 双链DNA

图 3-11　(a)单链 DNA 和(b)双链 DNA 在黏土矿物表面吸附的"桥接"模式(Franchi 等,1999)

DNA 与土壤胶体或矿物之间提供了更强的静电引力。电解质的这种影响除了静电作用的因素外，还可能是因为 Mg^{2+}、Ca^{2+} 使 DNA 沉淀或在黏土矿物表面形成活性 $CaCO_3$ 和 $MgCO_3$，从而增加了 DNA 在黏土矿物上的吸附。Nguyen 和 Elimelech(2007a)报道，石英微天平分析仪(QCM)显示二价阳离子体系中超螺旋质粒 DNA 吸附层更加紧凑和坚硬，这可能是二价离子使吸附 DNA 发生轻微的水化。

水溶液中的 DNA 类似于聚合电解质，因此 DNA 的吸附适用于 Hesselink 吸附模式。Hesselink 吸附模式是指带有电荷的聚合电解质通过静电作用吸附到带有电荷的吸附剂上，这种吸附不仅限于聚合物和吸附剂带有相反电荷，如果负静电位引起的阻碍能被溶液中的离子强度抵消，即使在聚合电解质和吸附剂表面都是阴离子，吸附仍能发生。聚合电解质的吸附主要受以下 4 个方面的影响：①吸附剂表面电荷密度和表面积。②聚合电解质的聚合和解离程度。③净吸附能。④溶液的离子强度。在一定的 pH 条件下，DNA 的表面电荷密度是一个常数，DNA 的吸附取决于单价阳离子的浓度，当 NaCl 浓度高于 $0.1\ mol \cdot L^{-1}$ 时，盐析作用可额外增加聚合物的吸附。聚合物吸附的理论并不适用于一些二价和多价阳离子，因为这些阳离子对吸附剂的表面电荷密度和聚合物的解离有影响(Hesselink,1983)。

在土壤环境中，特别是在根际附近，较高浓度的配体($>5\ mmol \cdot L^{-1}$)可促进 DNA 在蒙脱石和高岭石表面的吸附，尤其是配体先于 DNA 加入体系，促进效果更加显著。磷酸对 DNA 在土壤胶体表面吸附的抑制作用最强，其次分别是柠檬酸和酒石酸。土壤中的有机质增强了有机和无机配体对 DNA 吸附的抑制作用(Cai 等,2007b)。

4. DNA 分子的构型和性质

Pietramellara 等(2001)报道，在体系 pH > 5.0 的条件下，DNA 在 Ca – 蒙脱石和 Ca – 高岭石上的吸附不受碱基含量(G + C)%(鸟嘌呤和胞嘧啶和的百分比)的影响。用 EcoRI、DraI、BssHII 和 SmaI 处理芽孢杆菌染色体 DNA，使其末端成为平端和黏性末端，结果显示，DNA 分子末端特性对 DNA 在 Ca – 蒙脱石和 Ca – 高岭石上的吸附没有影响。Romanowski 等(1991)实验结果表明，质粒 DNA 在沙子的吸附中，超螺旋结构的 DNA 吸附量比线性和开环结构的 DNA 吸附量小。Gallori 等(1994)认为，超螺旋分子如质粒 DNA 比线性螺旋分子如聚核苷酸优先吸附到黏土矿物中。

DNA 片段大小对吸附有重要的影响。Ogram 等(1994)报道，小牛胸腺的小 DNA 片段比大 DNA 片段优先吸附到土壤上。与染色体 DNA 片段相比，质粒 DNA 片段大约小 7 倍，但后者的吸附量却比前者要大。这可能是因为一些大的片段被团聚体和有机质排除在孔隙之外，从而导致了大片段 DNA 的吸附量降低。吸附动力学受内扩散率和膜扩散率控制(Ogwada 和 Sparks,1986;Pignatello,1989),因此 DNA 片段大小对吸附量的影响还可能与大片段和小片段之间的不同扩散率有关,小片段的扩散率要高于大片段的扩散率。同时,小片段存在于颗粒孔隙内或在颗粒周围吸附的水膜内,促使吸附过程加速,从而导致了小片段比大片段 DNA 更优先吸附在土壤上。Ogram 等(1988)的研究表明,DNA 片段大小与沙子对其吸附量之间呈正相关。这可能是因为沙子是非孔性表面,大片段 DNA 不会被排除在孔隙之外。同时,由于大片段 DNA 可能与更多的吸附位点作用,导致大片段 DNA 的吸附量反而更高。Ogram 等(1994)报道,在 pH 为 6.5、矿物组分为绿泥石和伊利石、有机质含量为 90 g·kg^{-1} 的美国辛辛那提 Quillayute A 土壤中,DNA 片段大小对吸附量没有影响,其原因还不清楚。

Goring 和 Bartholomew(1952)报道,环己六醇磷酸和 DNA 在黏土矿物的固定位点上发生竞争作用,说明 DNA 分子的磷酸基团在 DNA 与黏土矿物的吸附中起着重要的作用。DNA 分子中的磷酸基团主要通过阴离子交换与黏土矿物上的 OH^- 作用,或者与黏土矿物上的正电荷位点发生静电作用而被吸附。Pietramellara 等(2001)研究表明,高相对分子质量的 DNA 在黏土矿物外表面的固定位点要多于低相对分子质量的 DNA,但是低相对分子质量的 DNA,其吸附量反而要大。如 3 种不同相对分子质量的 DNA,其吸附量顺序为质粒 PUC18(1.7×10^6) > 质粒 PHV14(4.81×10^6) > 染色体 BD170(13.2×10^6)。这可能是因为高相对分子质量 DNA 中部分位点不和黏土矿物发生作用,而低相对分子质量的 DNA 则几乎全部发生作用(Paget 和 Simonet,1994)。

Khanna 和 Stotzky(1992)报道,未被吸附的 DNA 对黏土矿物的亲和力较低,即使再加入额外的黏土矿物,这部分 DNA 仍不被吸附。Pietramellara 等(2001)认为,同一 DNA 分子与黏土矿物之间存在着不同的作用方式,如 DNA 分子中一部分吸附和固定到 Ca - 蒙脱石和 Ca - 高岭石上,而另外一部分却不发生作用。这说明在同一个 DNA 分子之间可能存在着某种性质差别影响了 DNA 与黏土矿物的作用。Pietramellara 等(2007)比较了纯 DNA 与不纯 DNA 在 Ca - 蒙脱石和 Ca - 高岭石表面的吸附,发现有机组分(蛋白质、脂类和糖类)和胞内细胞壁残骸促进了染色体 DNA 在黏土矿物表面的吸附,而仅胞内细胞壁残骸增强了 DNA 的固定。

3.3　土壤中 DNA 的降解和稳定性

3.3.1　土壤中 DNA 的降解

土壤中的 DNA 可被土壤微生物分泌的限制性内切酶剪切成大约 400bp 的

双螺旋寡核苷酸片段，DNA 酶切一个重要的结果是遗传信息的丢失。在土壤环境中，主动分泌核酸酶的细菌占异养细菌总数的 90% 以上，DNA 进入土壤后可刺激微生物的生长，增加核酸酶浓度（Greaves 和 Wilson,1970）。如 Blum 等（1997）发现将 50 μg DNA 加入到壤土后 12 h，土壤中活菌数增加了 10 倍，同时有 34 μg 的 DNA 被降解。

DNA 序列的降解动力学性质受温度的影响。如 Gulden 等（2005）测定了土壤沥出液中胞外 DNA 目标序列半衰期，发现随着温度的升高，DNA 半衰期降低，这表明 DNA 的降解是一个酶促反应。Diaz-Raviňa 等（1994）发现在冻土中，DNA 降解速度显著变慢，且微生物 DNA 降解的最低温度与细菌从冻土中可提取胸腺嘧啶核苷的最低温度（ -8.4 ℃）有关。DNA 中（G + C）的含量也会影响 DNA 在冻土中的降解速率。Hofreiter 等（2001）报道了革兰氏阳性菌放线菌释放的 DNA（高 C + C 含量）比棱菌 DNA（低 G + C 含量）在冻土中存在时间更长。

3.3.2　固定态 DNA 抗核酸酶的降解机制

Romanowski 等（1993）将 10 μg PUC8 – ISP 质粒 DNA 分别导入壤砂土、黏土和粉质黏土中，用 4 种不同的方法检测，发现在 3 种土壤中，质粒 DNA 的转化活性至少在 10 天内均能检测到。Gallori 等（1994）报道固定在 Ca – 蒙脱石表面的染色体和质粒 DNA 在土壤中可存在 15 天之久。Paget 和 Simonet（1994）发现在植物收获后，土壤中的植物 DNA 在 1 年后仍可被检测到。England 等（2005）通过聚合酶链反应（PCR）分析了杆状棕色卷蛾病毒的染色体 DNA 加入到森林土壤表层中可存在 3 个月。DeVries 等（2003）观察到转基因马铃薯 DNA 在田间可存在 8 个月，土壤在 4 ℃、湿润和黑暗条件下储存 4 年，DNA 仍有转化活性。

许多实验表明，吸附到土壤颗粒表面的 DNA 抗降解的能力比游离 DNA 提高 100 ~ 1 000 倍。Aardema 等（1983）的研究结果表明，固定在沙子上的芽孢杆菌 DNA，与溶液中游离的 DNA 相比，更能抵制 DNase Ⅰ 的降解，如 DNase Ⅰ 浓度为 10 ng·mL^{-1} 时，游离 DNA 在 2 h 内被降解，而固定在沙子上的 DNA 需要 6 h 才被降解。Paget 等（1992）使用凝胶电泳分析技术发现在加入核酸酶浓度相同的情况下，游离超螺旋质粒 DNA 完全被水解，而固定在黏粒表面的 DNA 显示出松散的线状。土壤组分对 DNA 的保护程度随 DNA 构型和吸附剂类型不同而有所不同。如固定在高岭石表面的超螺旋质粒 DNA 比线性染色体 DNA 更容易被核酸酶降解（Poly 等,2000）。与蒙脱石和高岭石相比，伊利石对 DNA 的保护作用更弱（Demanéche 等,2001b）。Cai 等（2006b,2007a）报道，在供试的土壤胶体和矿物中，高岭石表面的 DNA 最易被降解，而蒙脱石表面的 DNA 较难降解。与去有机质黏粒相比，含有机质黏粒表面的 DNA 更难被核酸酶降解（表 3 – 2,图 3 – 12,图 3 – 13,图 3 – 14）。

表 3 - 2　DNase I 浓度对游离态质粒 DNA 和 Ca²⁺ 浓度为 50 mmol·L⁻¹ 时制备的土壤活性颗粒 - 质粒 DNA 复合物对大肠杆菌 TG1 转化的影响（Cai 等，2007a）

DNase I /ng	转化子数（下降率%）*					
	游离态质粒 DNA	固定态质粒 DNA				
		含有机质粗黏粒	含有机质细黏粒	去有机质粗黏粒	去有机质细黏粒	蒙脱石
0	$(1.60 \pm 0.1) \times 10^6$	$(1.52 \pm 0.2) \times 10^4$	$(1.61 \pm 0.3) \times 10^4$	$(1.28 \pm 0.3) \times 10^4$	$(1.30 \pm 0.2) \times 10^4$	$(3.04 \pm 0.1) \times 10^4$
1	$(5.12 \pm 0.2) \times 10^5$ (68.0)	$(1.50 \pm 0.1) \times 10^4$ (1.32)	$(1.60 \pm 0.1) \times 10^4$ (0.6)	$(9.20 \pm 0.1) \times 10^3$ (28.1)	$(1.00 \pm 0.1) \times 10^4$ (23.1)	$(3.00 \pm 0.1) \times 10^4$ (1.3)
10	$(4.00 \pm 0.1) \times 10^3$ (99.8)	$(1.49 \pm 0.2) \times 10^4$ (2.0)	$(1.58 \pm 0.2) \times 10^4$ (1.9)	$(5.40 \pm 0.1) \times 10^3$ (57.8)	$(6.50 \pm 0.1) \times 10^3$ (50.0)	$(2.89 \pm 0.1) \times 10^4$ (4.9)
100	0 (100.0)	$(9.60 \pm 0.1) \times 10^3$ (36.8)	$(1.38 \pm 0.3) \times 10^4$ (14.3)	$(8.00 \pm 0.2) \times 10^2$ (93.8)	$(1.00 \pm 0.3) \times 10^3$ (92.3)	$(2.16 \pm 0.1) \times 10^4$ (28.9)
1 000	0 (100.0)	$(7.50 \pm 0.1) \times 10^2$ (95.1)	$(1.02 \pm 0.1) \times 10^4$ (36.6)	0 (100.0)	0 (100.0)	$(1.56 \pm 0.1) \times 10^4$ (48.7)
2 000	0 (100.0)	$(4.52 \pm 0.1) \times 10^2$ (97.0)	$(5.8 \pm 0.1) \times 10^3$ (64.0)	0 (100.0)	0 (100.0)	$(6.00 \pm 0.3) \times 10^2$ (98.0)

注：*下降率% = $\dfrac{（\text{不加 DNase I 时的转化子数} - \text{加入 DNase I 时的转化子数}）}{\text{不加 DNase I 时的转化子数}} \times 100$

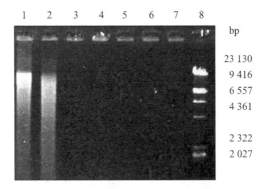

图 3 - 12　不同核酸酶浓度下游离态 DNA 降解的琼脂糖凝胶电泳(栏 1～7 代表核酸酶浓度分别为 0 μg · mL^{-1}、0.4 μg · mL^{-1}、2 μg · mL^{-1}、4 μg · mL^{-1}、20 μg · mL^{-1}、40 μg · mL^{-1}、80 μg · mL^{-1};栏 8:DNA 相对分子质量标记 λDNA/Hind Ⅲ)(Cai 等,2006b)

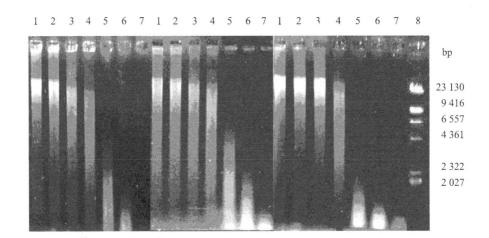

图 3 - 13　不同核酸酶浓度下高岭石、粗无机黏粒和细无机黏粒体系中 DNA 降解的琼脂糖凝胶电泳(栏 1～7 代表核酸酶浓度分别为 0 μg · mL^{-1}、0.4 μg · mL^{-1}、2 μg · mL^{-1}、4 μg · mL^{-1}、20 μg · mL^{-1}、40 μg · mL^{-1}、80 μg · mL^{-1};栏 8:DNA 相对分子质量标记 λDNA/Hind Ⅲ)(Cai 等,2006b)

　　固定态 DNA 能抑制核酸酶降解的原因,目前还不十分清楚。Greaves 和 Wilson(1969)认为,在 pH < 5.0 时,由于小牛胸腺 DNA 固定在黏土矿物的层间,降解过程受到抑制。Lorenz 和 Wackernagel(1990)认为,核酸酶本身也可被吸附在砂粒或黏土矿物表面,核酸酶只能很有限地接近被吸附的 DNA,或者由于酶一旦结合到矿物颗粒表面,其活性位点可能被遮盖或者构型发生变化,使酶的动力学性质受到影响。Franchi 等(1999)通过傅里叶变换红外光谱

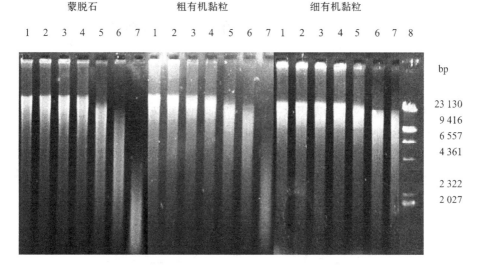

图 3 - 14　不同核酸酶浓度下蒙脱石、粗有机黏粒和细有机黏粒体系中 DNA 降解的琼脂糖凝胶电泳(栏 1～7 代表核酸酶浓度分别为 0 μg·mL^{-1}、0.4 μg·mL^{-1}、2 μg·mL^{-1}、4 μg·mL^{-1}、20 μg·mL^{-1}、40 μg·mL^{-1}、80 μg·mL^{-1};栏 8:DNA 相对分子质量标记 λDNA/*Hind*Ⅲ)(Cai 等,2006b)

(FTIR)观察 DNA – 蒙脱石或高岭石复合体,发现 DNA 分子在固定后,其分子构型和电子分布发生了变化,从而不能被酶识别。Cai 等(2006b)认为 DNA 在土壤胶体或矿物表面的降解与 DNA 的固定强度及 DNA 构型的变化无关,土壤中有机质和 2:1 型矿物(如蒙脱石)的存在以及土壤胶体和矿物对核酸酶的吸附程度可能是固定态染色体 DNA 抗核酸酶降解的主要原因(图 3 – 15)。

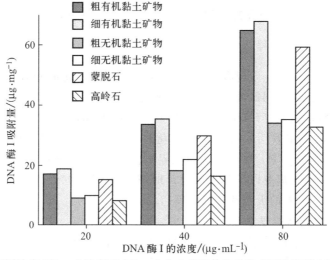

图 3 -15　不同浓度 DNase Ⅰ 浓度下 DNase Ⅰ 在土壤胶体和矿物表面的吸附(Cai 等,2006b)

3.4 土壤中 DNA 的自然遗传转化

自然界中的水平基因转移有多种途径，包括转化、转导和结合（图 3 – 16）（Lorenz 和 Wackernagel,1994）。其中，转化在水平基因转移中具有重大作用，也被认为是真正意义上的基因水平转移（沈萍和彭珍荣,1995）。转化一般是指某一基因型的细胞从周围介质中吸收来自另一基因型细胞游离 DNA 而使受体的基因型和表型发生相应变化的现象。转化就其受体细胞感受态建立的方式而言，可分为自然转化和人工转化，前者感受态的出现是细胞一定生长阶段的生理特性，后者则是通过人为的方法使细胞具有摄取 DNA 的能力。

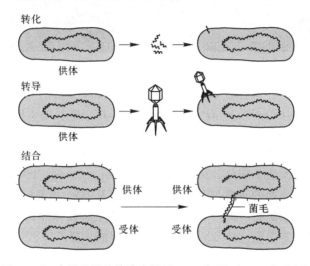

图 3 – 16　水平基因的转移途径（Lorenz 和 Wackernagel,1994）

3.4.1　转化条件和过程

到目前为止，已经发现有 90 余种细菌具有自然转化的能力，如嗜血杆菌属、高温放线菌属、固氮菌属、假单胞菌属、芽孢杆菌属、不动杆菌属、奈瑟氏球菌属和链球菌属等（Mercer 等,1999;de Vries 和 Wackernagel,2004）。近 20 年来的研究进一步表明，通过自然转化进行的基因转移过程已不只是一种"实验室"现象，而是广泛存在于自然界中（陈向东等,1998;李美菊等,2003）。完成自然遗传转化需要以下几步过程，即细胞中 DNA 的释放、细胞感受态的形成、细胞对 DNA 的吸收及基因的表达。

1. 细菌感受态的建立

感受态是指细菌的细胞在一定的生长阶段，自身或通过人为处理而具有摄取外源 DNA 并使其基因型和表型发生相应变化的能力，分为自然感受态和人工感受态，前者是细胞一定生长阶段的生理特征，后者则是利用高剂量的二价阳离子如 Ca^{2+} 或电穿孔等方法处理细胞，使其获得摄取外源 DNA 的能力（沈萍,1995）。

　　在不同的细菌中，感受态的形成机制也有所不同。如枯草芽孢杆菌，自然感受态是对数生长后期在一种二元信号转导系统的调节下形成的，需要一系列相关基因的表达（Dubnau,1991），其感受态的形成机制如图 3 – 17 所示。

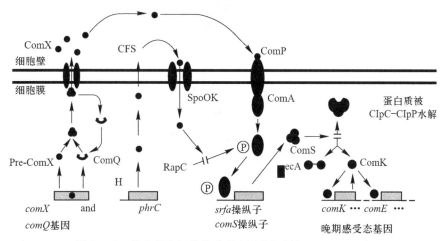

图 3 – 17　枯草芽孢杆菌的感受态调节机制（Dubnau,1991）

　　由图 3 – 17 可知，在枯草芽孢杆菌中有两种与感受态有关的信息素 ComX（感受态因子）和 CFS（感受态刺激因子）。*comX* 基因编码的信息素前体物 Pre – ComX，经过 *comQ* 基因编码产物 ComQ 蛋白的修饰后，产生了由 10 个氨基酸残基组成的活性信息素 ComX。细胞通过自身转运系统将 ComX 分泌到胞外，随后 ComX 与跨膜的信号感应蛋白 ComP 相互作用，使 ComP 发生自磷酸化，ComP 磷酸化的产物 ComA 和 *srfa* 操纵子结合激活该操纵子的转录产生了 ComS 蛋白。枯草芽孢杆菌中的特异结合蛋白 ecA 同 ComS 结合后进一步和蛋白水解复合体 CIpC – CIpP 结合而使 ComK 或 ComS 水解。ecA 和 ComS 的结合使其构型发生改变，从而不能有效地和 ComK 结合，避免了 ComK 的进一步降解。ComK 可以激活自身的转录而大幅度提高其浓度并使晚期感受态基因开始转录（Van Sinderen 等,1995;陈涛等,2004）。

　　大肠杆菌通常被认为不具有自然感受态，其感受态的形成是在外界环境诱导下，膜的结构受到修饰而允许 DNA 片段进入细胞。如关于 Ca^{2+} 诱导大肠杆菌建立感受态的机制，一般认为是细菌在低温 CaCl$_2$ 低渗溶液中，细胞膨胀成球形，DNA 形成羟基 – 钙磷酸复合物黏附于细胞表面，经短时间热击处理，可促进细胞吸收 DNA 复合物。转化是一个化学过程，或认为在低温及二价离子的作用下，诱导细胞膜局部区域发生相变，影响跨外膜通道的形成及其通透性，膜通透性的改变使细胞可以摄取 DNA，转化是一个物理过程（Dubnau，1999）。但近年来有研究表明大肠杆菌也可能存在自然感受态。Baur 等（1996）发现在自然水环境中，大肠杆菌就可发生自然转化。李文化等（2001）也发现大肠杆菌在含极低 Ca^{2+} 的 LB 培养基中能够摄取外源 DNA 并进行表达。大肠杆菌在建立感受态过程中，其生理活性发生改变，其中涉及聚 $-\beta-$ 羟基丁酸（poly $-\beta-$ hydroxybutyrate，PHB）的重新合成及在膜表面的整合。在大肠杆菌感受态细胞膜上的 PHB 复合物中，PHB：多聚磷酸（PolyPi）：Ca^{2+} 大约为 1∶1∶0.5，PHB 的链长为 120～200 个亚单位，PolyPi 为 130～170 个亚单位，形成的柱状螺旋结构构成膜通道摄取 DNA（Reusch 和 Sadoff，1988；李文化等，2002）。因此，大肠杆菌自然感受态的形成可能是个复杂的生理变化而不仅仅是简单的物理化学过程。谢志雄等（2000）利用微量热仪研究感受态的形成和代谢过程，其结果也证实了这一点。另外，细菌细胞感受态的建立也和细菌的生理状态有关，如在假单胞菌、不动杆菌、固氮菌中，感受态主要发生在对数生长期，而枯草芽孢杆菌感受态发生在对数生长后期（Stewart，1989）。

在自然环境中，细菌细胞会面临环境条件不断变化的挑战，其中包括营养限制、pH 和温度等，这些环境的变化对于细胞能否形成感受态及感受态的持续能力具有重要的作用。流感嗜血杆菌在饥饿条件下可得到最大数量的感受态细胞，而补充营养时，部分感受态细胞则失去感受态能力（Macfadyen 等，2001）。生长在最低限度营养条件下的大肠杆菌 DH5α 对质粒 DNA 的转化效率显著增加，当补充营养时，其对质粒 DNA 的转化效率又恢复到原来的水平（Groth，1996）。Dubnau 等（1991）的实验表明，枯草芽孢杆菌在复杂的培养基上基本不出现感受态，而在限制生长培养基上可达到很高的转化频率，这可能和低营养环境激发的特定基因大量表达的蛋白 ComP 有关。在自然环境中，细菌几乎是生活在有限的营养条件下，为了代谢和生存，细菌必然要采取一系列的机制来获得有限的营养，包括从环境中摄取 DNA，这使细菌从环境中获得新的遗传信息的概率大大增加。如果细菌获得合适的基因，它将有可能扩大其所能利用的环境中的营养物质的范围或获得抵抗生长抑制因子（如抗生素等）的能力，从而继续生存繁衍下去（陈向东等，1998）。Lorenz 和 Wackernagel（1992）结果表明，在土壤抽提物培养基中感受态的出现水平类似于实验室中限量培养基上的情况，这进一步证实了土壤环境中具备了发生自然转化的条件。Demanèche 等（2001a）也观察到土壤中荧光假单胞菌的密度为 $2.4 \times 10^8 \pm 9.8 \times 10^7$ 细胞·g^{-1} 土壤时，可发生自然转化。

2. 感受态细胞对 DNA 的固定、吸收及基因表达

转化过程包括细胞对外源 DNA 的吸附、DNA 的断裂、DNA 吸收和重组（或形成独立的复制子）几个步骤。DNA 在感受态细胞表面的吸附是一个非共价结合过程，以枯草芽孢杆菌为例，每个感受态细胞表面大约有 50 个 DNA 吸附位点，这些吸附位点对 DNA 的亲和力大，且没有序列特异性（Dubnau，1999），不动杆菌 BD413 也可吸附不同来源的 DNA，包括植物 DNA（Iwaki 和 Arakawa，2006），而嗜血流感菌和淋病双球菌只对特定 DNA 序列有吸附（Singh 等，1987）。双链外源 T7 噬菌体 DNA 可以在任意位点被核酸酶断裂，断裂后 DNA 片段仍然在细胞表面，其平均长度约为 7 kb（Dubnau，1999）。在断裂发生之后，双链 DNA 的一条链被完全降解成磷酸化的酸溶性产物并被释放到胞外的基质中，另一条链穿过细胞壁和细胞膜后进入胞内。枯草芽孢杆菌对单链 DNA 的吸收没有极性，既可从 5′→3′ 的方向吸收，也可从相反的方向吸收，而肺炎链球菌只能从 3′ 端吸收单链 DNA（Mejean 和 Claverys，1988）。在嗜血流感菌和淋病双球菌等革兰氏阴性菌中，DNA 的吸收是指一条 DNA 单链进入外周胞质的过程。进入细胞后的 DNA 可以和染色体 DNA 发生重组而产生重组子，而对于含有独立复制子的外源 DNA，也可以产生转染子或质粒转化子。

　　Smith 等（1981）在细胞对 DNA 的结合和摄取方面进行了详细的研究，并提出了有关转化的模型。该模型指出虽然染色体 DNA 片段和质粒 DNA 进入细胞的方式相似，但质粒 DNA 被转化的频率极低，在两者等量的情况下，染色体 DNA 的转化频率是质粒 DNA 的 10^4 倍。质粒 DNA 的转化频率较低，主要是由于环状的质粒 DNA 在转化过程中与染色体片段一样，首先被核酸内切酶切段，形成单链，这些单链片段不能复制，且与受体染色体无同源性，不能整合。质粒 DNA 必须以多个复制的协同作用产生具有复制能力的质粒才能在细胞中存留和表达（Saunders 和 Monomer，1981）。目前虽然对受体细胞摄取 DNA（包括质粒 DNA、噬菌体 DNA）的机制有了比较清楚的了解，但仍然有许多尚待解决的问题。例如在有些细菌中，感受态细胞对 DNA 的摄取有序列特异性，也就是在摄取 DNA 时具有识别同源 DNA 的能力，但其识别机制并不清楚。虽然已有许多细菌被鉴定为具有自然遗传转化能力，但只对少数细菌的受体功能进行了研究，而且关于受体功能的信息主要来自医学上具有重要意义的 3 个属的细菌，即链球菌属、芽孢杆菌属和嗜血杆菌属，而对在环境和工农业上具有重要意义的细菌，如假单胞菌属、固氮菌属和弧菌属中的许多细菌的转化机制研究却很少。对这些菌的研究不仅可能发现新的转化系统，而且必将对环境和农业生产具有重要的意义（李文化，2004）。

3.4.2　土壤中细菌自然转化的影响因素

　　大量研究表明，固定在土壤固相组分表面的 DNA 不仅抗 DNase 的降解，而且能被感受态细胞吸收，基因发生表达（Lorenz 和 Wackernagel，1994）。感受态枯草芽孢杆菌可直接从沙子表面吸收固定态染色体 DNA，转化效率是游离

DNA 的 50 倍(Lorenz 等,1988)。在粉质壤土中,不动杆菌 BD413 对染色体和质粒 DNA 的转化频率是其在壤质砂土中的 1 000 倍(Nielsen 等,1997)。醋酸钙不动杆菌对固定在沙子表面的质粒 DNA 转化的频率显著低于游离质粒 DNA,而对于染色体 DNA,固定态和游离态 DNA 的转化频率相同(Chamier 等,1993)。Pietramellara 等(1997)报道,固定在蒙脱石表面染色体 DNA 的转化频率是固定在高岭石表面染色体 DNA 转化频率的 400 倍。对质粒 DNA 的转化频率而言,高岭石 – DNA 复合物转化频率是蒙脱石 – DNA 复合物的 200 倍。他们认为,固定在两种矿物表面的质粒 DNA 转化频率的差异,可能是由于蒙脱石比高岭石提供了更多的微孔,从而使小的质粒 DNA 分子能够进入这些微孔,变得不容易接触到感受态细菌的细胞。用感受态细胞培养基解吸沙子表面的 DNA,发现施氏假单胞菌对解吸的染色体和质粒 DNA 的转化子数不足总转化子数的 10%(Lorenz 和 Wackernagel,1990),醋酸钙不动杆菌对解吸的染色体 DNA 和质粒 DNA 的转化子数分别是总转化子数的 20% 和 8%(Chamier 等,1993),这进一步证明了这 3 种土壤细菌的感受态细胞能够直接从矿物表面吸收 DNA。Cai 等(2007a)使用 $CaCl_2$ 处理的大肠杆菌 TG1 感受态细胞,系统区分了土壤胶体和矿物对固定态质粒 p34S DNA 转化活性的影响,提出质粒 DNA 在土壤胶体和矿物表面的吸附亲和力以及构型的变化可能是影响固定态质粒 DNA 转化效率高低的主要因素(图 3 – 18)。

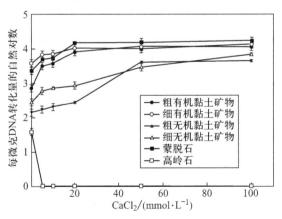

图 3 – 18　不同 Ca^{2+} 浓度下制备的土壤胶体或矿物 – 质粒 DNA 复合物对大肠杆菌 TG1 转化的影响(Cai 等,2007a)

土壤中胞外 DNA 的转化受很多环境因素的影响,如 DNA 分子大小、pH、离子浓度以及土壤含水量等。转化效率和 DNA 分子大小密切相关。在枯草芽孢杆菌转化的过程中,4.5 kb DNA 的转化效率是 28.5 kb DNA 转化效率的 10%,而 2 kb DNA 的转化效率仅为 28.5 kb DNA 转化效率的 0.1%。当 DNA 片段为 1 kb 时,DNA 转化活性丧失(Morrison 和 Guild,1972)。Carlson 等

(1983)报道,假单胞菌对片段大小为 10 kb 和 60 kb 的 DNA 的转化频率一样大,但当 DNA 片段小于 10 kb 时,转化频率下降了约 90%。Khanna 和 Stotzky (1992)在一定梯度的 pH 溶液中制备的蒙脱石 – DNA 复合体,随着 pH 的升高,固定 DNA 的转化频率也升高。在 pH 为 1.0 时,固定 DNA 不发生转化,pH 为 7.0 时,转化频率最大,达 6.4×10^{-6}。Lorenz 和 Wackernagel(1992)和 Romanowski 等(1992)发现在地下水和土壤提取液中,质粒 DNA 转化醋酸钙不动杆菌的转化频率和在标准条件下的转化频率相似(生长培养基或缓冲液)。通过对地下水和土壤提取液的化学分析,表明一定的浓度的二价阳离子(Ca^{2+}、Mg^{2+} 和 Mn^{2+})的存在对转化比较适合。相反,枯草芽孢杆菌在地下水中很难转化(Romanowski 等,1993),这可能是由于地下水中阳离子的浓度和类型并不适合其发生转化。

土壤含水量也可对土壤中微生物的活性和一些胞外分子如蛋白质、DNA 的最终归宿产生深刻的影响。细菌是水生生物,当土壤水张力接近或达到细菌生长的最佳值时,土壤中的基因转移相对也比较高(Stotzky,1989)。Falk 等(1963)的研究结果表明,相对湿度 <65% 时,P—O—C 和 C—O—C 中的氧发生水化;相对湿度为 65% ~ 80% 时,DNA 分子中的 C = O 和碱基的氨基发生水化;相对湿度 >80% 时,DNA 的位点全部发生水化,同时伴随有膨胀发生。这说明在不同的相对湿度下,DNA 分子产生不同的二级结构。Pietramellara 等(1997)用芽孢杆菌染色体 DNA 和质粒 PHV14 DNA 固定在 Ca – 蒙脱石和 Ca – 高岭石上,并对复合物进行干燥湿润循环处理,在每次循环后,测定固定 DNA 的转化能力。固定在 Ca – 蒙脱石上的染色体 DNA 经过 3 次循环之后,仍有转化感受态细胞的能力,固定在 Ca – 高岭石上的染色体 DNA 经过 4 次循环之后,仍具有转化能力。而固定在 Ca – 蒙脱石和 Ca – 高岭石上的质粒 DNA 经过一两次循环之后,就失去了转化能力。这说明固定态 DNA 分子能否转化感受态细胞与其自身的分子结构有关。干燥可能导致 DNA 分子破坏,变成更加紧密的构型而不能接触到感受态细胞,而分子片段更长的染色体 DNA 则有更多的机会接触到感受态细胞,从而能够保持这种转化能力。

3.4.3 细胞间发生的自然遗传转化

目前已有证据表明,不少细菌菌株在一定的培养条件下既可分泌 DNA,同时也能建立感受态。因此,在不加外源 DNA 的条件下,自然转化有可能在具有不同遗传标记的菌株间进行。Stewart 和 Sinigalliano 等(1990)对施氏假单胞菌自然转化的研究表明,在不加外源游离 DNA 的情况下,转化不仅可在完整的供体和受体细胞间直接进行,而且细胞间的接触大大促进了转化的发生。陈琪等(2000)和李美菊等(2003)将两株具有不同遗传标记的枯草芽孢杆菌在

基本培养基中分别培养至对数生长后期，然后进行短时间的混合静置培养，经
选择平板筛选、核酸酶敏感性实验、质粒检测和产蛋白酶活性检测，发现两菌
株之间可通过自然遗传转化进行染色体 DNA 和质粒 DNA 的交换。陈向东等
(2000)观察到在琼脂平板上具有不同遗传标记的枯草芽孢杆菌之间也可进行
细胞间的自然转化。这些结果暗示了转基因微生物释放到环境后，其重组 DNA
有可能通过这种细胞间的自然转化过程在微生物群落中进行扩散。人们在构建
转基因微生物时，为了避免其携带的重组质粒 DNA 转移，一般采用不能自身转
移的非结合型质粒作为载体，以保证在环境中使用的安全性。但自然转化，特
别是细胞间自然转化的进行无疑会使这种努力失去意义(李美菊等,2003)。

3.5   土壤中 DNA 的提取

　　长期以来，研究自然环境中微生物群落的多样性一般是通过传统的纯培养
的方法进行的。据估计，1 g 土壤中含有 10^{10} 以上的微生物，而在营养平板上
能生长的只占其中的 0.001% ~ 15%，且被分离培养的微生物通常并不是分离
者所期望的自然生境中的某些优势种群。近年来，分子生物学的迅速发展，使
研究者可以不再仅仅依赖于微生物的分离培养技术，而是在基因组 DNA 水平
上对复杂的微生物生态系统进行分析研究。用适当的方法从土壤中提取 DNA
并纯化，是从分子生物学角度对土壤微生物进行研究的前提条件，因此 DNA
提取方法备受人们的关注。

3.5.1   土壤中 DNA 的提取方法

　　从土壤中提取 DNA 的方法可分为两类：原位提取法和异位提取法。原位
提取法是在土壤中直接裂解微生物体，然后提取 DNA。异位提取法是先将微
生物菌体与土壤颗粒分离，再从菌体中提取 DNA。分离微生物菌体的方法如
下：在一定量的土壤中加入 0.1% 胆酸钠溶液、Chelex100 树脂和玻璃珠振荡
离心，收集上清液；在沉淀中加 50 mmol·L^{-1} Tris – HCl(pH 7.4)振荡离心；
沉淀最后加无菌去离子水洗涤。收集上述所有步骤的上清液，1 000 r·min^{-1}
离心 30 min，即可得到粗细胞分离物，所有步骤均在 5 ℃下进行(Hopkins 等,
1991;Krsek 和 Wellington,1999)。一些学者对原位法和异位法进行比较后，认
为原位法获得的 DNA 较多，大约是异位法提取 DNA 量的 10 倍，但是原位法
不易去除腐殖质，使 DNA 纯度比异位法分离的 DNA 纯度低。因此，要想获得
大量 DNA，选择原位法较好。当所需 DNA 量不大，而且要排除真核或胞外
DNA 污染时，可用异位法提取。

3.5.2　土壤中 DNA 的提取步骤

从土壤中提取 DNA 包括细胞裂解、DNA 分离纯化两步。

（1）细胞裂解

裂解方法有物理法、化学法和酶解法。物理法破坏土壤结构，可以最大限度地触及整个细菌群落，包括深藏在土壤微孔中的细菌。常见的物理裂解法有玻珠研磨振荡、超声波、乳钵研磨、微波（900 W，1 min×5）、冻融（样品在液氮中冷冻 2 min，然后在 65 ℃水浴 5 min）、煮沸等。化学法也是广泛使用的裂解法，最常用的化学试剂包括表面活性剂十二烷基磺酸钠（SDS）、苯酚、高盐、异硫氰酸胍等。裂解细胞的酶有溶菌酶、链霉蛋白酶、蛋白酶 K、无色肽酶、裂解酶等。

一般来说，不同的处理方法裂解效果不同，单独使用这 3 种细胞裂解方法效果都不好，适当的组合效果更好。Kuske 等（1998）比较了热裂解法、反复冻融法和玻珠研磨匀浆法，发现热裂解法和玻珠研磨匀浆法联用效果较好。Krsek 和 Wellington（1999）用 Crombach 缓冲液（33 mmol·L^{-1} Tris – HCl，1 mmol·L^{-1} EDTA，pH 8.0）、磷酸盐缓冲液和 TNPE 缓冲液（50 mmol·L^{-1} Tris – HCl，10 mmol·L^{-1} EDTA，pH 8.0，100 mmol·L^{-1} NaCl，1% 交联聚乙烯吡咯烷酮（PVPP）），比较了玻珠研磨、裂解酶和 SDS 3 种裂解方法。结果显示，在 Crombach 缓冲溶液中，单独使用玻珠研磨和裂解酶，提取 DNA 的量不高，这可能是因为酶的降解或释放的 DNA 吸附到土壤颗粒上。实验结果还显示，用玻珠研磨/裂解酶/SDS 组合可得到最高产量和纯度的 DNA。如果将玻珠研磨换成超声波产量也很高，但超声波对 DNA 的剪切作用比 Bb 大，使用超声波得到的 DNA 大小一般为 0.6 ~ 2 kb，有的甚至小到 100 bp，而使用玻珠研磨得到的片段则相对较大，一般为 20 ~ 25 kb。脉冲场凝胶电泳（PFGE）分析 DNA 样品显示，在裂解酶和 SDS 裂解后，一般可得到 40 ~ 45 kb 大小的片段。组合处理中含有裂解酶能够提高 DNA 的产量和纯度，减少腐殖酸的影响。蛋白酶 K 在有的实验中提高了 DNA 的得率，但重复性不好（Zhou 等，1996）。有些学者的结果还显示，玻珠研磨与 SDS 联用，提取 DNA 量为 4 ~ 50 μg·g^{-1}干土，但此法获得的 DNA 片段较小，一般小于 10 kb（Porteous 等，1994）。

（2）DNA 分离纯化

细胞裂解后的样品，经一定的转速离心后，收集上清液，用于沉淀和纯化 DNA。有关 DNA 分离和纯化的方法，相关文献报道很多，包括：①苯酚/氯仿提纯；② SephadexG 50 柱脱水和 Chelex100 脱水；③ 在 TE 缓冲液（10 mmol·L^{-1}Tris – HCl，1 mmol·L^{-1} EDTA，pH 8.0）中，用 5 mmol·L^{-1}的精胺 – HCl 沉淀；④加 34%（wt/wt 土壤）的交联聚乙烯吡咯烷酮（PVPP）、酸洗

PVPP 和聚乙烯吡咯烷酮（PVP）；⑤1/5 体积的 8 mol·L^{-1} KAc 冰浴 15 min，13 800 r·min^{-1}，4 ℃离心 20 min；⑥1/2 体积的 50% 的聚乙烯乙二醇（PEG，相对分子质量 6 000）加上 1/10 体积的 5 mol·L^{-1} NaCl，4 ℃过夜沉淀。⑦在 0.3 mol·L^{-1}高盐浓度下，用 2.5 倍体积的乙醇沉淀；⑧在 0.3 mol·L^{-1}高盐浓度下，0.9 倍体积的异丙醇沉淀；⑨加氯仿，异丙醇沉淀，纯化；⑩7.5 mol·L^{-1}醋酸铵沉淀，Spinhind 试剂盒纯化。

Cullen 和 Hirsch（1998）报道，用玻珠研磨和 PEG 沉淀，可以提高 DNA 的纯度，PVPP 和 PVP 处理，对 DNA 的纯度没有影响，相反导致产量下降。Krsek 和 Wellington（1999）认为，缓冲溶液中含有 EDTA 或高浓度的阳离子，有助于提高 DNA 产量，但会降低其纯度，精胺－HCl 处理可以很有效地去除腐殖酸，PEG 代替乙醇来沉淀 DNA 较好，苯酚/氯仿比脱水柱好。目前从土壤中提取 DNA 的方法以 Ogram 法（Ogram 等，1987）、Tsai 法（Tsai 和 Olson，1991）、Jacobsen 法（Jacobsen 和 Rasmussen，1992）和 Kuske 法（Picard 等，1992）最为常用（表 3－3）。通过比较发现，Ogram 法 DNA 断裂较严重，但获得的 DNA 较多；Jacobsen 法获得的 DNA 量少，但纯度高，可用于酶切分析等。

表 3－3 从土壤中提取 DNA4 种常用方法的比较

	Ogram 法	Tsai 法	Jacobsen 法	Kuske 法
细胞裂解法	SDS/玻珠（Bb）研磨匀浆法	溶菌酶/反复冻融法	先从土壤中分离细菌，然后用溶菌酶/链霉蛋白酶法裂解	3 种不同直径玻珠（Bb）振荡匀浆法
DNA 抽提	酚－氯仿	酚－氯仿	不需抽提	玻璃粉吸附
DNA 纯化	CsCl 密度梯度离心	ElutipD 柱离心	CsCl 密度梯度离心	SephadexG200 色谱柱
结果	1 g 土获得 20～50 μg DNA，片段大小为 0.5～10 kb	1 g 土获得 12～38 μg DNA，片段大小为 6.5～23.1 kb	1 g 土获得 1 μg DNA	片段大小为 12～24 kb

从土壤中提取 DNA 方法的好坏主要根据以下几个指标来评价，即细胞的裂解效率、DNA 获得率、DNA 纯度和 DNA 片段大小。细胞裂解效率一般通过显微计算来评价。DNA 纯度主要是看腐殖酸和蛋白质污染程度。可通过计算 A_{260}/A_{230}（腐殖酸污染程度）和 A_{260}/A_{280}（蛋白质污染程度）来评价，两个比值在 1.75～2.10 较好。DNA 产量按纯净 DNA 样品的 A_{260} 值来计算或通过凝胶电泳来测定。DNA 片段大小用 PFGE 或琼脂糖凝胶电泳来检测。

3.5.3 固定态 DNA 的 PCR 扩增

从土壤中提取 DNA 以及 PCR（polymerase chain reaction）扩增是现代土壤微生物生态学研究的重要技术手段。由于转基因微生物重组 DNA 在土壤中的持久存在及其水平基因转移，研究者使用了多种方法来监测释放到自然生态系统中的转基因微生物。PCR 技术可在原位条件下监测在实验室条件下很难培养的微生物和转基因微生物的归宿，以及重组 DNA 向土著微生物的基因转移（Tsai 和 Olson，1991）。固定在黏粒表面的 DNA 可抗核酸酶的降解而在环境中持久存在，因此固定态 DNA 的 PCR 扩增对于研究古生物 DNA 以及重组 DNA 在环境中的迁移有着重要意义。

一些学者在实验室模拟条件下研究了黏土矿物表面固定态染色体 DNA 的 PCR 扩增（Vettori 等，1996；Alvarez 等，1998），取得了一些较好的结果。例如，Vettori 等（1996）的研究结果表明固定在蒙脱石表面的枯草芽孢杆菌染色体 DNA 比固定在高岭石表面的 DNA 更难扩增。Alvarez 等（1998）的研究结果则显示固定在蒙脱石表面的枯草芽孢杆菌和小牛胸腺染色体 DNA 可被 PCR 扩增，而固定在高岭石表面的 DNA 不能扩增，并认为矿物的类型和来源不同是影响固定态 DNA 扩增差异的主要原因。Cai 等（2007b）发现固定态质粒 DNA 的 PCR 扩增和体系中黏土矿物的类型及浓度密切相关。蒙脱石对 PCR 扩增抑制程度最大，针铁矿对 PCR 扩增没有影响（图 3–19）。土壤活性颗粒对 *Taq* DNA 聚合酶活性的影响以及 DNA 与土壤活性颗粒结合的方式可能是影响 PCR 扩增结果的重要因素。

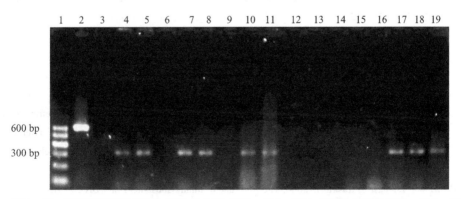

图 3–19 游离态和固定态质粒 DNA 的 PCR 扩增。栏 1：DNA 相对分子质量标记；栏 2：游离态质粒 DNA；栏 3~5：分别为含有机质粗黏粒 – DNA 复合物悬液不稀释、稀释 10 倍、稀释 20 倍；栏 6~8：分别为去有机质粗黏粒 – DNA 复合物悬液不稀释、稀释 10 倍、稀释 20 倍；栏 9~11：分别为高岭石 – DNA 复合物悬液不稀释、稀释 10 倍、稀释 20 倍；栏 12~16：分别为蒙脱石 – DNA 复合物悬液不稀释、稀释 10 倍、稀释 20 倍、稀释 50 倍和稀释 100 倍；栏 17~19：分别为针铁矿 – DNA 复合物悬液不稀释、稀释 10 倍、稀释 20 倍（Cai 等，2007b）

参 考 文 献

陈琪, 陈向东, 谢志雄, 沈萍. 2000. 遗传工程微生物细胞间发生的自然遗传转化. 遗传, 22: 140 – 143.

陈涛, 王靖宇, 班睿, 赵学明. 2004. 枯草芽孢杆菌感受态研究新进展. 生命的化学, 24: 130 – 134.

陈向东, 陈琪, 谢志雄, 沈萍. 1998. 环境中发生的自然遗传转化. 环境科学与技术, 3: 12 – 15.

陈向东, 陈琪, 谢志雄, 沈萍. 2000. 枯草芽孢杆菌在琼脂平板上进行的自然遗传转化. 微生物学报, 40: 95 – 99.

李美菊, 陈向东, 谢志雄, 沈萍. 2003. 通过 DNA 释放及感受态建立进行的枯草杆菌细胞间自然转化. 武汉大学学报(自然科学版), 49: 514 – 518.

李文化. 2004. Ca^{2+} 诱导大肠杆菌摄取外源 DNA 的研究. [博士学位论文]. 武汉: 武汉大学.

李文化, 谢志雄, 陈向东, 沈萍. 2002. 聚 – β – 羟基丁酸(PHB)在细菌建立感受态中的应用. 微生物学杂志, 6: 30 – 33.

李文化, 谢志雄, 郭培懿, 陈向东, 沈萍. 2001. 大肠杆菌在低 Ca^{2+} 条件下对外源 DNA 的摄取. 武汉大学学报(理学版), 47: 247 – 250.

沈萍. 1995. 微生物遗传学. 武汉: 武汉大学出版社, pp. 180 – 188.

沈萍, 彭珍荣. 1995. 自然转化的研究进展. 遗传, 17(增刊): 89 – 91.

谢志雄, 刘义, 陈向东, 沈萍, 屈松生. 2000. 大肠杆菌 HB101 感受态的热化学研究. 化学学报, 58: 153 – 156.

许传东, 沈萍. 大肠杆菌核酸分泌及其转化活性的研究. 1996. 武汉大学学报, 生物工程专刊: 77 – 80.

Aardema B W, Lorenz M G, Krumbein W E. 1983. Protection of sediment-adsorbed transforming DNA against enzymatic inactivation. Applied and Environmental Microbiolog, 46: 417 – 420.

Agnelli A, Ascher J, Corti G, Ceccherini M T, Nannipieri P, Pietramellara G. 2004. Distribution of microbial communities in a forest soil profile investigated by microbial biomass, soil respiration and DGGE of total and extracellular DNA. Soil Biology & Biochemistry, 36: 859 – 868.

Alm E W, Zheng D, Raskin L. 2000. The presence of humic substances and DNA in RNA extracts affects hybridization results. Applied and Environmental Microbiology, 66: 4547 – 4554.

Alvarez A J, Khanna M, Toranzos G A, Stotzky G. 1998. Amplification of DNA bound on clay minerals. Molecular Ecology, 7: 775 – 778.

Arumuganathan K, Earle E D. 1991. Nuclear DNA content of some important species. Plant Molecular Biology Reporter, 9: 211 – 215.

Baker R T. 1977. Humic-acid-associated organic phosphate. New Zealand Journal of Science, 20:

439 - 431.

Baur B, Hanselmann K, Schlimme W, Jenni B. 1996. Genetic transformation in freshwater: *Escherichia coli* is able to develop natural competence. Applied and Environmental Microbiology, 62: 3673 - 3678.

Beall G W, Sowersby D S, Roberts R D, Robson M H, Lewis K. 2009. Analysis of oligonucleotide DNA binding and sedimentation properties of montmorillonite clay using ultraviolet light spectroscopy. Biomacromolecules, 10: 105 - 112.

Blum S A E, Lorenz M G, Wackernagel W. 1997. Mechanism of retarded degradation and prokaryotic origin of DNases in nonsterile soils. Systematic and Applied Microbiology, 20: 513 - 521.

Bockelmann U, Janke A, Lawrence R J, Szewzky U. 2006. Bacterial extracellular DNA forming a defined network like structure. FEMS Microbiology Letter, 262: 31 - 38.

Cai P, Huang Q Y, Chen W L, Zhang D, Wang K Z, Jiang D H, Liang W. 2007a. Soil colloids-bound plasmid DNA: Effect on transformation of *E. coli* and resistance to DNase I degradation. Soil Biology & Biochemistry, 39: 1007 - 1013.

Cai P, Huang Q Y, Jiang D H, Rong X M, Liang W. 2006a. Microcalorimetric studies on the adsorption of DNA by soil colloidal particles. Colloids and Surfaces B: Biointerfaces, 49: 49 - 54.

Cai P, Huang Q Y, Li M, Liang W. 2008. Binding and degradation of DNA on montmorillonite coated by hydroxyl aluminum species. Colloids and Surfaces B: Biointerfaces, 62: 299 - 306.

Cai P, Huang Q Y, Lu Y D, Chen W L, Jiang D H, Liang W. 2007b. Amplification of plasmid DNA bound on soil colloidal particles and clay minerals by the polymerase chain reaction. Journal of Environmental Science, 19: 1326 - 1329.

Cai P, Huang Q Y, Zhang X W. 2006b. Interactions of DNA with clay minerals and soil colloidal particles and protection against degradation by DNase. Environmental Science & Technology, 40: 2971 - 2976.

Cai P, Huang Q Y, Zhang X W. 2006c. Microcalorimetric studies of the effects of MgCl$_2$ concentrations and pH on the adsorption of DNA on montmorillonite, kaolinite and goethite. Applied Clay Science, 32: 147 - 152.

Cai P, Huang Q Y, Zhang X W, Chen H. 2005. Binding and transformation of extracellular DNA in soil. Pedosphere, 15: 16 - 23.

Cai P, Huang Q Y, Zhang X W, Chen H. 2006d. Adsorption of DNA on clay minerals and various colloidal particles from an Alfisol. Soil Biology & Biochemistry, 38: 471 - 476.

Cai P, Huang Q Y, Zhu J, Jiang D H, Zhou X Y, Rong X M, Liang W. 2007b. Effects of low-molecular-weight organic acids and phosphate on DNA adsorption by soil colloids and minerals. Colloids and Surfaces B: Biointerfaces, 54: 53 - 59.

Carlson C A, Pierson L S, Rosen J J, Ingraham J L. 1983. *Pseudomonas stutzeri* and related species undergo natural transformation. Journal of Bacteriology, 153: 93 - 99.

Chamier B, Lorenz M G, Wackernagel W. 1993. Natural transformation of *Acimetobacter catcoace-*

tieus by plasmid DNA adsorbed on sand and groundwater aquifer material. Applied and Environmental Microbiology, 59: 1662 – 1667.

Crecchio C, Ruggiero P, Curci M, Colombo C, Palumb G, Stotzky G. 2005. Binding of DNA from *Bacillus subtilis* on montmorillonite-humic acids-aluminum or iron hydroxypolymers: Effects on transformation and protection against DNase. Soil Science Society of America Journal, 69: 834 – 841.

Crecchio C, Stotzky G. 1998. Binding of DNA on humic acids: Effect on transformation of *Bacillus subtilis* and resistance to DNase. Soil Biology & Biochemistry, 30: 1061 – 1067.

Cullen D W, Hirsch P R. 1998. Simple and rapid methods for direct extraction of microbial DNA from soil for PCR. Soil Biology & Biochemistry, 30: 983 – 993.

de Vries J, Heine M, Harms K, Wackernagel W. 2003. Spread of recombinant DNA by roots and pollen of transgenic potato plants, identified by highly specific biomonitoring using natural transformation of *Acinetobacter* sp. Applied and Environmental Microbiology, 56: 1960 – 1962.

de Vries J, Wackernagel W. 2004. Microbial horizontal gene transfer and the DNA release from transgenic crop plants. Plant and Soil, 266: 91 – 104.

Demanèche S, Jocteur-Monrozier L, Quiquampoix H, Simonet P. 2001b. Evaluation of biological and physical protection against nuclease degradation of clay-bound plasmid DNA. Applied and Environmental Microbiology, 67: 293 – 299.

Demanèche S, Kay E, Gourbière F, Simonet P. 2001a. Natural transformation of *Pseudomonas fluorescens* and *Agrobacterium tumefaciens* in soil. Applied and Environmental Microbiology, 67: 2617 – 2621.

Diaz-Raviňa M, Frostegaard A, Baaaath E. 1994. Thymidine, leucine and acetate incorporation into soil bacterial assemblages at different temperature. FEMS Microbiology Ecology, 14: 221 – 232.

Dorward D W, Garon C F. 1990. DNA is packaged within membrane-derived vesicles of gram-negative but not gram-positive bacteria. Applied and Environmental Microbiology, 56: 1960 – 1962.

Dubnau D. 1991. Genetic competence in *Bacillus subtilis*. Microbiology Reviews, 55: 395 – 424.

Dubnau D. 1999. DNA uptake in bacteria. Annual Review of Microbiology, 53: 217 – 244.

England L S, Pollok J, Vincent M L, Kreutzweiser D, Fick W, Trevors J T, Holmes S B. 2005. Persistence of extracellular baculoviral DNA in aquatic microcosms: Extraction, purification, and amplification by the polymerase chain reaction (PCR) . Molecular Cell Probes, 19: 75 – 80.

Falk M, Hartman K A, Lord R C. 1963. Hydration of deoxyribonucleic acid. Ⅲ. A spectroscopic study of the effect of hydration on the structure of deoxyribonucleic acid. Journal of American Chemical Society, 85: 391 – 394.

Franchi M, Bramanti E, Morassi B L, Orioli P L, Vettori C, Gallori E. 1999. Clay-nucleic acid complexes: Characteristics and implications for the preservation of genetic material in primeval habitats. Origins of Life and Evolution of Biospheres, 29: 297 – 315.

Franchi M, Gallori E. 2004. Origin, persistence and biological activity of genetic material in prebiotic habitats. Origins of Life and Evolution of Biospheres, 34: 133 – 141.

Gallori E, Bazzicalupo M, Canto D L, Fani R, Nannipieri P, Vettori C, Stotzky G. 1994. Transformation of *Bacillus subtilis* by DNA bound on clay in non-sterile soil. FEMS Microbiology Ecology, 15: 119 – 126.

Goring C A I, Bartholomew W V. 1952. Adsorption of mononucleotides, nucleic acids, and nucleoproteins by clays. Soil Science, 74: 149 – 164.

Greaves M P, Wilson M J. 1969. The adsorption of nucleic acids by montmorillonite. Soil Biology & Biochemistry, 1: 317 – 323.

Greaves M P, Wilson M J. 1970. The degradation of nucleic acids and montmorillonite-nucleic acids complexes by soil microorganisms. Soil Biology & Biochemistry, 2: 257 – 268.

Greenland D J. 1965. Interaction between clays and organic compounds in soils. Part I. Mechanisms of interaction between clays and defined organic compounds. Soils and Fertilizer, 28: 415 – 425.

Groth D, Reszka R, Schenk J A. 1996. Polyethylene glycol-mediated transformation of *Escherichia coli* is increased by room temperature incubation. Analytical Biochemistry, 240: 302 – 304.

Gulden R H, Lerat S, Hart M M, Powell J T, Trevors J T, Pauls K P, Klironomos J N, Swanton C J. 2005. Quantitation of transgenic plant DNA in leachate water: Real-time polymerase chain reaction analysis. Journal of Agriculture and Food Chemistry, 53: 5858 – 5865.

Hara T, Ueda S A. 1981. A study on the mechanisms of DNA excretion from *P. acruginosa* KYU-1: Effect of mitomycin C on extracellular DNA production. Agricultural and Biological Chemistry, 45: 2457 – 2461.

Hesselink F T. 1983. Adsorption of polyelectrolytes from dilute solution. In: Parfitt G D, Rochester C H(eds). Adsorption from Solution at the Solid/Liquid Interface. London, Academic Press, pp. 377 – 412.

Hofreiter M, Serre D, Poinar H N, Kuch M, Pääbo S. 2001. Ancient DNA. Nature Reviews Genetics, 2: 353 – 360.

Hopkins D W, MacNaughton S J, Donnell A G A. 1991. Dispersion and different centrifugation technique for representative sampling microorganisms from soil. Soil Biology & Biochemistry, 23: 217 – 225.

Iijima M, Griffiths B, Bengou G. 2000. Sloughing of cap cells and carbon exudation from maize seeding roots in compacted sand. New Phytologist, 145: 477 – 482.

Iwaki M, Arakawa Y. 2006. Transformation of *Acinetobacter* sp. BD413 with DNA from commercially available genetically modified potato and papaya. Letters in Applied Microbiology, 43: 215 – 221.

Jacobsen C S, Rasmussen O F. 1992. Development and application of a new method to extract bacterial DNA from soil based on separation of bacteria from soil with cation-exchange resin. Applied and Environmental Microbiology, 58: 2458 – 2462.

Janos P. 2003. Separation methods in the chemistry of humic substances. Journal of Chromatography

A, 983: 1 – 18.

Khanna M, Stotzky G. 1992. Transformation of *Bacillus subtilis* by DNA bound on montmorillonite and effect of DNase on the transforming ability of bound DNA. Applied and Environmental Microbiology, 58: 1930 – 1939.

Khanna M, Yoder M, Calamai L, Stotzky G. 1998. X-ray diffractometry and electron microscopy of DNA from *Bacillus subtilis* bound on clay mineral. Soil Science, 3: 1 – 12.

Kloose D U, Stratz M, Guttler A, Steffan R J, Timmis K N. 1994. Inducible cell lysis system for the study of natural transformation and environmental fate of DNA released by cell death. Journal of Bacteriology, 176: 7352 – 7361.

Krsek M, Wellington E M H. 1999. Comparison of different methods for the isolation and purification of total community DNA from soil. Journal of Microbiology Methods, 39: 1 – 16.

Kuske C R, Banton K L, Adorada P C, Stark K, Hill K, Jackson P J. 1998. Small-scale DNA sample preparation method for field PCR detection of microbial cells and spores in soil. Applied and Environmental Microbiology, 64: 2463 – 2472.

Levy-Booth D G, Campbell R G, Gulden R H, Hart M M, Powell J R, Klironomos J N, Pauls K P, Swanton C J, Trevors J T, Dunfield K E. 2007. Cycling of extracellular DNA in the soil environment. Soil Biology & Biochemistry, 39: 2977 – 2991.

Lorenz M G, Arderma B W, Wackernagel W. 1988. Highly efficient genetic transformation of *Bacillus subtilis* attached to sand grains. Journal of General Microbiology, 134: 107 – 112.

Lorenz M G, Gerjets D, Wackernagel W. 1991. Release of transforming plasmid and chromosomal DNA from two cultured bacteria. Archives of Microbiology, 156: 319 – 326.

Lorenz M G, Wackernagel W. 1990. Natural genetic transformation of *Pseudomonas stutzeri* by sand-adsorbed DNA. Archives of Microbiology, 154: 380 – 385.

Lorenz M G, Wackernagel W. 1992. Stimulation of natural genetic transformation of *Pseudomonas stutzeri* in extracts of various soils by nitrogen or phosphorus limitation and influence of temperature and pH. Microbial Releases, 1: 173 – 176.

Lorenz M G, Wackernagel W. 1994. Bacterial gene transfer by natural genetic transformation in the environment. Microbiological Reviews, 58: 563 – 602.

Macfadyen L, Chen D, Vo H C, Liao D, Sinotte R, Redfield R J. 2001. Competence development by *Haemophilus influenzae* is regulated by the availability of nucleic acid precursors. Molecular Microbiology, 40: 700 – 707.

Mejean V, Claverys J P. 1988. Strategies for the development of bacterial transformation systems. Biochimie, 70: 503 – 517.

Melzak K A, Sherwood C S, Turner R F B, Haynes C A. 1996. Driving forces for DNA adsorption to silica in perchlorate solutions. Journal of Colloid and Interface Science, 181: 635 – 644.

Mercer D K, Scott K P, Bruce-Johnson W A, Glover I A, Flint H J. 1999. Fate of free DNA and transformation of the oral bacterium *Streptococcus gordonii* DL1 by plasmid DNA in human saliva. Applied and Environmental Microbiology, 65: 6 – 10.

Morrison D A, Guild W R. 1972. Transformation and deoxyribonucleic acid size: Extent of degradation on entry varies with size of donor. Journal of Bacteriology, 112: 1157 – 1168.

Nguyen T H, Elimelech M. 2007a. Plasmid DNA adsorption on silica: Kinetics and conformational changes in monovalent and divalent salts. Biomacromolecules, 8: 24 – 32.

Nguyen T H, Elimelech M. 2007b. Adsorption of plasmid DNA to natural organic matter coated silica surface: Kinetics, conformation, and reversibility. Langmuir, 23: 3272 – 3279.

Nielsen K M, van Wreelet M, Berg T N. 1997. Natural transformation and availability of transforming DNA to *Acinetobacter calcoaceticus* in soil microcosms. Applied and Environmental Microbiology, 63: 1945 – 1952.

Niemeyer J, Gessler F. 2002. Determination of free DNA in soils. Journal of Plant Nutrition and Soil Science, 165: 121 – 124.

Ogram A, Mathot M L, Harsh J, Boyle J, Pettigrew C A. 1994. Effects of DNA polymer length on its adsorption to soils. Applied and Environmental Microbiology, 60: 393 – 396.

Ogram A, Sayler G S, Barkay T. 1987. The extraction and purification of microbial DNA from sediments. Journal of Microbiological Methods, 7: 57 – 66.

Ogram A, Sayler G S, Gustin D, Lewis R J. 1988. DNA adsorption to soils and sediments. Environmental Science & Technology, 22: 982 – 984.

Ogwada R A, Sparks D L. 1986. Kinetics of ion exchange on clay minerals and soil: I. Evaluation of methods. Soil Science Society of America Journal, 50: 1162 – 1166.

Paget E, Monrozier J L, Simonet P. 1992. Adsorption of DNA on clay minerals: Protection against DNase I and influence on gene transfer. FEMS Microbiology Letters, 97: 31 – 40.

Paget E, Simonet P. 1994. On the track of natural transformation in soil. FEMS Microbiology Ecology, 15: 109 – 118.

Peterson L W, Moldrup P, Jacobsen O H, Rolston D E. 1996. Relations between specific surface area and soil physical and chemical properties. Soil Science, 161: 9 – 21.

Picard C H, Ponsonnet C, Paget E, Nesme X, Simonet P. 1992. Detection and enumeration of bacteria in soil by direct DNA extraction and polymerase chain reaction. Applied and Environmental Microbiology, 58: 2717 – 2722.

Pietramellara G, Ascher J, Borgogni F, Ceccherini M T, Guerri G, Nannipieri P. 2009. Extracellular DNA in soil and sediment: Fate and ecological relevance. Biology and Fertility of Soils, 45: 219 – 235.

Pietramellara G, Ascher J, Ceccherini M T, Nannipieri P, Wenderoth D. 2007. Adsorption of pure and dirty bacterial DNA on clay minerals and their transformation frequency. Biology and Fertility of Soils, 43: 731 – 739.

Pietramellara G, Canto L, Vettori C, Gallori E, Nannipieri P. 1997. Effects of air-drying and wetting cycles on the transforming ability of DNA bound on clay minerals. Soil Biology & Biochemistry, 29: 55 – 61.

Pietramellara G, Franchi M, Gallori E, Nannipieri P. 2001. Effect of molecular characteristics of

DNA on its adsorption and binding on homoionic montmorillonite and kaolinite. Biology and Fertility of Soils, 33: 402 – 409.

Pignatello J J. 1989. Sorption dynamics of organic compounds in soils and sediments. In: Sawhney B L, Brown K(eds). Reactions and Movement of Organic Chemicals in Soils. Madison, SSSA Special Publication, pp. 45 – 80.

Polverari A, Buonaurion R, Guiderdone S, Pezatti M, Marte M. 2000. Ultrastructural observations and DNA degradation analysis of pepper leaves undergoing a hypersensitive reaction to *Xanthomonas campestris p. v. vesicatoria*. European Journal of Plant Pathology, 106: 423 – 431.

Poly F, Chenu C, Simonet P, Rouiller J, Monrozier L J. 2000. Differences between linear chromosomal and supercoiled plasmid DNA in their mechanisms and extent of adsorption on clay minerals. Langmuir, 16: 1233 – 1238.

Porteous L A, Armstrong J L, Seidler R J, Watrud L S. 1994. An effective method to extract DNA from environmental samples for polymerase chain reaction amplification and DNA fingerprint analysis. Current Microbiology, 29: 301 – 307.

Potè J, Rossè P, Rosselli W, Van V T, Wildi W. 2005. Kinetics of mass and DNA decomposition in tomato leaves. Chemosphere, 61: 677 – 684.

Reush R N, Sadoff H L. 1988. Putative structure and functions of a poly-beta-hydroxybutyrate/calcium polyphosphate channel in bacterial plasma membranes. Proceedings of the National Academy of Sciences of the United States of America, 85: 4176 – 4180.

Romanowski G, Lorenz M G, Sayler G, Wackernagel W. 1992. Persistence of free plasmid DNA in soil monitored by various methods, including a transformation assay. Applied and Environmental Microbiology, 58: 3012 – 3019.

Romanowski G, Lorenz M G, Wackernagel W. 1991. Adsorption of plasmid DNA to mineral surfaces and protection against DNase I. Applied and Environmental Microbiology, 57: 1057 – 1061.

Romanowski G, Lorenz M G, Wackernagel W. 1993. Use of polymerase chain reaction and electroporation of *Escherichia coli* to monitor the persistence of extracellular plasmid DNA introduced into natural soils. Applied and Environmental Microbiology, 59: 3438 – 3446.

Roose-Amsaleg C L, Garnier-Sillam E, Harry M. 2001. Extraction and purification of microbial DNA from soil and sediment samples. Applied Soil Ecology, 18: 47 – 60.

Saunders C W, Monomer G W R. 1981. Plasmid DNA transforms *Streptococcus pneumoniae*. Molecular & General Genetics, 181: 57.

Sikorski J, Graupner S, Lorenz M G, Wackernagel W. 1998. Natural genetic transformation of *Pseudomonas stutzeri* in a non-sterile soil. Microbiology, 144: 569 – 576.

Singh D T, Nirmala K, Modi R, Katiyar S, Singh H N. 1987. Genetic transfer of herbicide resistance gene(s) from *Gloeocapsa* spp. to *Nostoc muscorum*. Molecular and General Genetics, 208: 436 – 438.

Slater L, Ntarlagiannis D, Wishart D. 2006. On the relationship between induced polarization and surface area in metal-sand and clay-sand mixtures. Geophysics, 71: A1 – A5.

Smith H O, Danner D B, Deich R A. 1981. Genetic transformation. Annual Reviews Biochemistry, 50: 61 – 68.

Steinberge R E, Allen A R, Hansma H G, Holden P A. 2002. Elongation correlates with nutrient deprivation in *Pseudomonas aeruginosa* unsaturated biofilms. Microbiological Ecology, 43: 416 – 423.

Steinberger R E, Holden P A. 2005. Extracellular DNA in single- and multiple-species unsaturated biofilms. Applied and Environmental Microbiology, 71: 5404 – 5410.

Stewart G J. 1989. The mechanism of natural transformation. In: Levy S B, Miller R V(eds). Gene Transfer in the Environment. New York, McGraw-Hill Book Co. , pp. 139 – 164.

Stewart G J, Sinigalliano C D. 1990. Detection of horizontal gene transfer by natural transformation in native and introduced species of bacteria in marine and synthetic sediments. Applied and Environmental Microbiology, 56: 1818 – 1824.

Stotzky G. 1989. Gene transfer among bacteria in soil. In: Levy S B, Miller R V (eds). Gene Transfer in the Environment. New York, McGraw-Hill Book Co. , pp. 165 – 222.

Stotzky G, Babich H. 1986. Survival of, and genetic transfer by, genetically engineered bacteria in natural environments. Advances in Applied Microbiology, 31: 93 – 138.

Takahashi I. 1962. Genetic Transformation of *Bacillus subtilis* by extracellular DNA. Biochemical and Biophysical Research Communications, 7: 467 – 470.

Tebbe C C, Vahjen W. 1993. Interference of humic acids and DNA extracted directly from soil in detection and transformation of recombinant DNA from bacteria and a yeast. Applied and Environmental Microbiology, 59: 2657 – 2665.

Timmons A M, O'Brian E T, Charters Y M, Dubbels S J, Wilkinson M J. 1995. Assessing the risks of wind pollination form fields of genetically modified *Brassica napus* ssp *oleifera*. Euphytica, 85: 417 – 423.

Tsai Y L, Olson B H. 1991. Rapid method for direct extraction of DNA from soil and sediments. Applied and Environmental Microbiology, 57: 1070 – 1074.

Turner B L, Baxter R, Mahieu N, Sjgersten S, Whitton B A. 2004. Phosphorus compounds in subarctic Fennoscandian soils at the mountain birch(*Betula pubescens*)-tundra ecotone. Soil Biology & Biochemistry, 36: 815 – 823.

Turner B L, Newman S. 2005. Phosphorus cycling in wetland soils: The importance of phosphate diesters. Journal of Environmental Quality, 34: 1921 – 1929.

Van Sinderen D, Luttinger A, Kong L, Dubnau D, Venema G, Hamoen L. 1995. ComK encodes the competence transcription factor, the key regulatory protein for competence development in *Bacillus subtilis*. Molecular Microbiology, 15: 455 – 462.

Vettori C, Paffetti D, Pietramellara G, Stotzky G, Gallori E. 1996. Amplification of bacterial DNA bound on clay minerals by the random amplified polymorphic DNA (RAPD) technique. FEMS Microbiology Ecology, 20: 251 – 260.

Whitchurch C B, Tolker-Nielsen T, Ragas P C, Mattick J S. 2002. Extracellular DNA required for bacterial biofilms formation. Science, 295: 1487.

Yaron S, Kolling G L, Simon L, Matthews K R. 2000. Vesicle-mediated transfer of virulence genes from *Escherichia coli* O157: H7 to other enteric bacteria. Applied and Environmental Microbiology, 66: 4414 – 4420.

Zhou J, Bruns M A, Tiedje J M. 1996. DNA recovery from soils of diverse composition. Applied and Environmental Microbiology, 62: 316 – 322.

第4章　土壤碳的生物化学

土壤中的碳包括无机碳与有机碳。

土壤无机碳(soil inorganic carbon, SIC)主要是指土壤中各种负价态的含碳无机化合物，包括土壤溶液中的碳酸根离子(CO_3^{2-}、HCO_3^-)、土壤中的钙镁碳酸盐沉积物以及土壤空气中的 CO_2。除了干旱和半干旱地区的土壤无机碳含量比较高，大多数土壤特别是表层土壤无机碳含量非常低，而且周转期比较长，主要是化学过程，与土壤肥力关系比较小，常被土壤学研究者忽略。

土壤有机碳(soil organic carbon, SOC)是指土壤中各种正价态的含碳有机化合物，是土壤极其重要的组成部分，不仅与土壤肥力密切相关，而且对地球碳循环有巨大的影响，既是温室气体"源"，也是其重要的"汇"。土壤有机碳不仅组成成分和结构十分复杂，而且循环转化过程也复杂多样，目前还没有很清楚地了解，一直是土壤学的研究热点和核心问题。

4.1　土壤有机碳的组分及其特性

自从18世纪80年代发现土壤腐殖质以来，人们就一直致力于研究了解土壤有机碳的组成成分及其存在形态。但是，由于土壤有机碳化合物的复杂性、多样性及易变性，目前对土壤有机碳的组成成分还没有十分清楚的认识，这也是制约土壤有机碳研究，甚至土壤学发展的重要因素。

人们一般都根据研究的需要，将土壤有机碳分为不同的组分，从而研究了解各组分的特性及其与土壤过程、土壤功能等之间的联系。土壤有机碳组分有多种分类方法，大体可分为化学分组、物理分组和生物分组方法。化学分组是基于不同的浸提剂与土壤有机碳化合物的相互作用，从而将其分为不同的组分。物理分组是基于有机碳化合物与矿物质结合状态进行分组的。生物分组是区分活体细胞与死亡细胞，一般用土壤微生物量来表示，参阅第1章。

4.1.1　土壤有机碳的化学分组

根据土壤有机化合物与溶剂的相互作用，将土壤有机碳分为不同的组分，即为土壤有机碳的化学分组。所用浸提剂包括水、酸、碱、盐、有机溶剂等。

1. 水溶性有机碳

水溶性有机碳(water-soluble/extractable organic C,WSOC)是溶解在土壤溶液中且粒径 $<0.45\mu m$ 的各种含碳有机化合物，也称为溶解态有机碳(dissolved organic C,DOC)或水可提取有机碳(water-extractable organic C,WEOC)，也有研究者将 $<0.2\ \mu m$ 的滤液视为真正的溶解态有机碳。滤液中含氮、磷的有机化合物分别称为水溶性有机氮(dissolved organic N,DON)和水溶性有机磷(dissolved organic P,DOP)。

水溶性有机碳可通过收集土壤渗漏液或溶液提取器抽提土壤溶液，进行定量测定。这种方法难度比较大，实验室一般采用去离子水(1:3 或 1:10 土水比)或稀盐溶液(如 $0.5\ mol\cdot L^{-1}\ K_2SO_4$ 1:5 土水比，或 $0.01\ mol\cdot L^{-1}\ CaCl_2$ 1:10 土水比)浸提约 30min，再离心或过滤($<0.45\ \mu m$)，滤液中的有机碳可用碳分析仪器测定，也可用化学容量方法或比色方法测定(Bolan 等,1996)。

土壤 DOC 有多种来源，包括冠层淋洗物、根系分泌物、枯枝落叶分解产物、微生物代谢产物和死亡细胞、有机肥料、腐殖质化作用等，本质上都源自植物的光合产物。不同的生态系统土壤 DOC 的来源存在很大的差异，对于大多数耕作土壤，其 DOC 可能主要来自作物根系残茬、秸秆还田、有机肥料等。对于林地土壤，DOC 主要来自枯枝落叶和原有的腐殖质。田间和室内模拟实验研究结果显示，5% ~25% 的枯枝落叶，相当于 5% ~15% 的碳，可转化为溶解态有机碳。据估计，在森林生态系统中，1% ~19% 的枯枝落叶中的碳，相当于 1% ~5% 的净光合产物，可转化为 DOC。

土壤 DOC 的组成和含量受施肥、耕作、温度、水分等多种因素影响，变化非常大，组成成分十分复杂(表 4-1)，一般根据其溶解度、分子大小和吸附特性进行分离测定，常用的方法有非离子交换树脂法和离子交换树脂法。按照分子大小分为大分子 DOC 和小分子 DOC，按照降解难易程度分为易降解(labile)和难降解(recalcitrant)有机碳。前者主要是一些小分子的有机酸、单糖、氨基酸、蛋白质、富里酸(fulvicacid,FA)等，特别是富里酸，可能是一些土壤 DOC 的主要成分。后者是一些大分子的有机物质，包括分解的纤维素、半纤维素碎片、微生物代谢产物、植物分解碎片等。一些研究者报道，水溶性有机碳中的己糖(hexose)与戊糖(pentose)的比值，可以表征水溶性有机碳的来源，即主要是源自微生物还是植物。农业土壤水溶性有机质浓度为 $0\sim70mg\cdot L^{-1}$，一般占总有机质的 0.05% ~0.4%；草地和林地土壤高一些，特别是林地土壤，水溶性有机质浓度可达 $5\sim440\ mg\cdot L^{-1}$，占土壤有机质的 0.25% ~2%(Haynes,2005)。

表 4 - 1　土壤水溶性有机碳的组成成分*

酸碱性	化合物	相对含量/ %
	疏水性化合物	
酸性	5 ~ 9 个碳原子的脂肪酸，1 ~ 2 个环的芳香酸，1 ~ 2 个环的酚、棕黄酸、腐殖酸，与腐殖质键合的氨基酸、肽和糖	30 ~ 70
中性	>5 个碳原子的脂肪醇、胺、酯、酮和醛，>9 个碳原子的脂肪酸、脂肪胺、≥3 个环的芳香酸、芳香胺	15
碱性	除嘧啶以外的 1 ~ 2 个环的芳香胺、酯和醌	< 1
	亲水性化合物	
酸性	≤5 个碳原子的脂肪酸、多官能团酸	30 ~ 50
中性	≤5 个碳原子的脂肪醇、胺、酯、酮和醛，>9 个碳原子的脂肪酸、脂肪胺、多官能团醇、糖	
碱性	≤9 个碳原子的脂肪胺、氨基酸、两性蛋白质、嘧啶	5 ~ 10

* 修改自赵劲松等(2003)。

　　水溶性有机碳是土壤中活性最高的有机碳组分，极容易矿化。据估计，有 11% ~ 44% 的 DOC 能够被微生物快速分解，特别是小分子的 DOC，其周转期仅 1 ~ 10 h，是土壤 CO_2 的重要来源，与土壤 C、N、P 循环转化及有效供给有密切联系。小分子的氨基酸可被植物吸收利用，一些对微生物孢子萌发具有刺激作用（Haynes,2005）。C_3/C_4 植物轮作的土壤中，70% 的 DOC 来自比较老的有机碳，即腐殖质组分，说明 DOC 比较稳定，不容易降解，周转期长达几十年，在加入生物质炭的土壤，甚至长达 860 ~ 1600 年（Kaiser 和 Ellerbrock,2005）。DOC 参与许多生物化学过程，如反硝化作用，导致 N_2O、NO 等温室气体的形成。DOC 还对一些成土过程产生巨大的影响，如土壤灰化过程（podzolization）的驱动力就是水溶性有机碳，其中富里酸可能起主要作用，其络合作用导致 Fe、Al 等有色金属离子淋失，致使土壤颜色变浅。

　　DOC 在土壤中的移动性很强，随径流和淋溶进入水体，导致 C、N、P 等的流失，但吸附态 DOC 的移动性降低，生物可降解性也将下降。DOC 是一些重金属良好的配位体，形成水溶性重金属络合物，重金属移动性大幅度提高，因此，DOC 被认为是土壤重金属的"运输车"。对重金属毒性和生物有效性的影响，则依赖重金属本身，可能提高也可能降低重金属的生物有效性。DOC 通过甲基化作用，对 As、Pb、Hg 和 Se 的挥发损失起决定性作用。DOC 也是 PAH、农药等有机污染物的络合剂，还产生共吸附和累积吸附作用，增强有机污染物的移动性（Williams 等,2000）。可见，DOC 的流失可能导致 N、P 的流失，而且携带重金属、农药等流出土体，对水体环境和安全构成威胁（Marschner 和 Kalbitz,2003）。因此，溶解态有机碳是极其重要的环境指标，特别是饮用水的质量指标，与水体的化学和生物耗氧量密切相关。

水溶性有机碳是陆地生态系统、水生生态系统等许多生态系统联系的纽带，同时也是系统之间和系统内部过程的瓶颈，以及生态过程转换的敏感指标。据估计，每年流入海洋的水溶性有机碳达 2.1 亿吨，而流入的颗粒状有机碳仅 1.7 亿吨。可见，土壤水溶性有机碳是地球三大碳库之一，是海洋碳库（与陆地植被碳库相当）的重要来源之一。

2. 酸碱溶性有机碳

（1）分组方法

传统的土壤有机碳分组方法是基于在碱、酸溶液中溶解度的差异，将溶于碱（如 $0.1\ mol \cdot L^{-1}\ NaOH + 0.1\ mol \cdot L^{-1}\ Na_4P_2O_7$）和酸（如 HCl）溶液的组分定义为富里酸；溶于碱溶液，但不溶于酸溶液组分为胡敏酸（humic acids，HA）；不溶于酸和碱溶液的组分为胡敏素（humin，HM）。基本原理是有机碳中的 H^+ 被 Na^+ 取代，溶解度提高；OH^- 代换带负电的基团，促使有机碳化合物解吸；$P_2O_7^{4-}$ 能够破坏有机物与多价阳离子结合键，使有机物与矿物质分离。因此，一般将 $0.1\ mol \cdot L^{-1}\ NaOH + 0.1\ mol \cdot L^{-1}\ Na_4P_2O_7$ 作为浸提剂，可以提取更多的有机碳。酸碱提取的组分还可以进一步分离，如根据在酒精、盐溶液中的溶解性，还可将胡敏酸分为灰色胡敏酸和褐色胡敏酸；根据褐色胡敏酸的光学性质将其分为 A 型、B 型、Rp 型胡敏酸。

（2）基本特性

腐殖酸分子主要含有碳、氢、氧、氮、硫等元素，此外还有一些灰分元素，如磷、钾、钙、镁、铁、硅等（表 4 – 2）。其中富里酸也称为富非酸、富啡酸或黄腐酸，相对分子质量为 1 000 ~ 3 000，一价、二价盐易溶于水，三价盐在碱性条件下溶解度较低。胡敏酸又称为褐腐酸，相对分子质量为 10 000 ~ 100 000，仅一价盐溶于水。

HA/FA 比值能够反映腐殖质形成条件和相对分子质量的复杂程度，HA/FA比值越大，说明胡敏酸的含量越多，且胡敏酸结构越复杂；相反，富里酸越少，结构越简单。我国北方大多数土壤的腐殖酸以胡敏酸为主，HA/FA >1；而南方土壤的腐殖酸主要是富里酸，HA/FA 值小于 1。

表 4 – 2　我国主要土壤表土中腐殖质的元素组成（无灰干基）

腐殖质	胡敏酸/%		富里酸/%	
	范围	平均	范围	平均
C	43.9 ~ 59.6	54.7	43.4 ~ 52.6	46.5
H	3.1 ~ 7.0	4.8	4.0 ~ 5.8	4.8
O	31.3 ~ 41.8	36.1	40.1 ~ 49.8	45.9
N	2.8 ~ 5.9	4.2	1.6 ~ 4.3	2.8
C/N	7.2 ~ 19.2	11.6	8.0 ~ 12.6	9.8

腐殖酸分子有多种官能团（表 4 − 3），主要是含氧官能团，如羧基（R—COOH）、酚羟基 HO—、羰基（＞C—O）、醌基和醇羟基（—OH）、甲氧基（—OCH₃）等。羟基和酚羟基可解离出 H⁺，是酸度的主要来源，羟基和酚羟基的总量称为腐殖酸总酸度，富里酸比胡敏酸大。但在酸性介质中，一些基团如氨基可吸附 H⁺，使腐殖酸带正电荷。显然，腐殖酸为两性物质，其带电量和电性随介质的酸碱度而变化，为 pH 依变电荷或可变电荷，酸性介质中带更多的正电荷，碱性介质中带比较多的负电荷。

腐殖酸是非晶质、多相的、带电的胶体物质，呈无规则线团状，具有巨大的内外表面，能够吸持大量的水分、离子、极性和非极性有机物质，因此，与土壤水分及养分利用、有机污染物分解及迁移等有密切联系，有关研究进展参阅第 7 章。

表 4 − 3　我国土壤腐殖酸的含氧官能团[cmol(p⁺)/kg]

含氧官能团	胡敏酸	富里酸
羧基	275 ~ 481	639 ~ 845
酚羟基	221 ~ 347	143 ~ 257
醇羟基	224 ~ 426	515 ~ 581
醌基	90 ~ 181	54 ~ 58
酮基	32 ~ 206	143 ~ 254
甲氧基	32 ~ 95	39

腐殖酸还具有光谱特性，一般在可见光区的光谱所揭示的结构信息很差，而红外光谱、核磁共振谱、质谱等可以较好地揭示腐殖质的结构信息。有关腐殖酸的光谱特性参阅 4.4 节。

腐殖酸的化学稳定性高，抗微生物分解的能力较强，因此分解速率非常缓慢，年矿化速率平均在 1% ~ 2%，但年龄不同的腐殖酸分解的速度有很大的差异。在温带条件下，一般植物残体的半分解期不到 3 个月，而新形成的腐殖质的半分解期为 4.7 ~ 9 年。较老的胡敏酸的平均停留时间可达 780 ~ 3 000 年，富里酸的平均停留时间为 200 ~ 630 年。

（3）分子结构假设

腐殖酸的分子结构极其复杂多样，完全了解其分子结构式几乎是不可能的，也没有这个必要。迄今为止，已经知道腐殖酸的结构单体主要是芳环结构化合物和含氮化合物。20 世纪 30 年代，Fuchs 就提出了胡敏酸的分子结构模型（图 4 − 1）。他的模型反映了胡敏酸的芳香环核心以及芳香环上链接的羧基、酚羟基和甲氧基等官能团，其结构模型的芳香化缩合程度很高，更接近煤中提纯的胡敏酸的结构特征。1982 年，Stevenson 提出的土壤胡敏酸的结构模型相

当有代表性(图4-2)。模型反映出
胡敏酸的大分子结构,是由芳香的结
构单元、酚的结构单元、醌的结构单
元和杂环的结构单元,无规则缩合或
通过脂肪族、氧、氮和硫桥连接。这
种大分子具有脂肪族、多糖、氨基酸
和脂质的表面链,以及具有各种性质
的化学活性官能团(主要为羧酸、酚酸
和醇羟基、羰基等),从而使胡敏酸高
分子呈酸性。这个模型具有亲水性和
疏水性部位以及高度的聚电解质特
性,模型中存在一些与金属离子、矿
物表面和其他有机化合物结合的作用
部位与官能团。

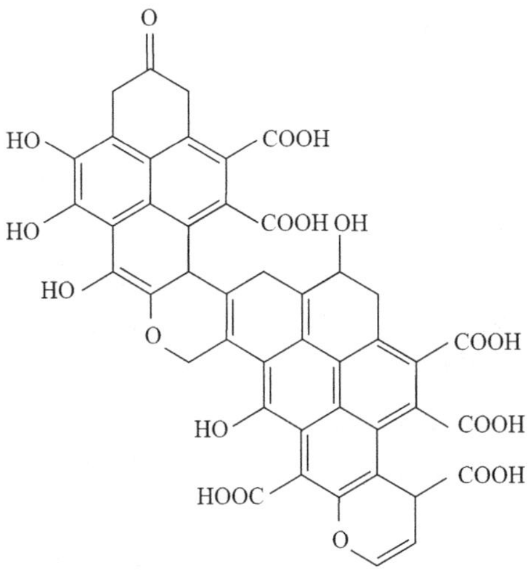

图4-1　Fuchs提出的胡敏酸分子结构模型
(Stevenson,1982)

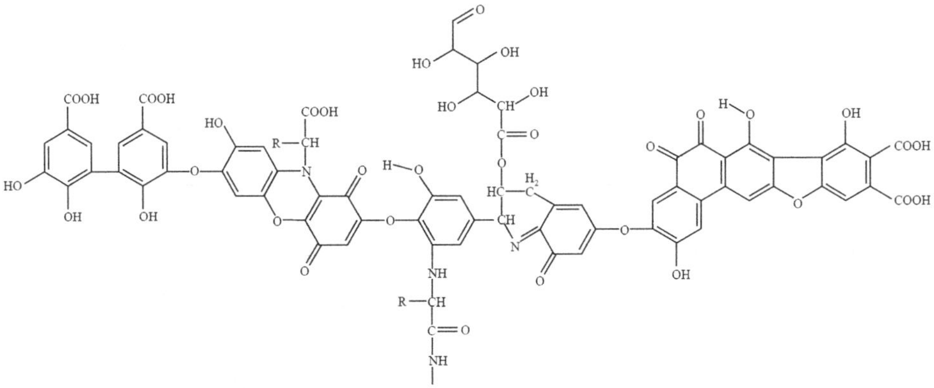

图4-2　土壤腐殖质分子的典型模型(Stevenson,1982)

3. 有机溶剂提取态有机碳

土壤有机碳大部分是亲水性的,但也有少量疏水性物质,如树脂、油脂、
蜡质、单宁等,这些物质溶于正己烷(n-hexane)、氯仿(chloroform)等醇、醚
及苯类有机溶剂,目前都采用Wiesenberg等(2004)方法浸提测定。这部分有
机碳占土壤有机碳总量的2%~6%,抗化学与生物分解能力较强,有些对植
物生长具有抑制作用,而有些则具有激素作用。由于其疏水性,对土壤水分保
持极为不利。一般说来,脂类化合物含量过高,会破坏土壤结构,阻碍植物正
常生长。

4. 易水解态有机碳

易水解态有机碳分为热水水解态和酸水解态有机碳,前者一般用80℃热

水浸提，也称为热水浸提态有机碳（hot water-soluble organic C，HWSOC），占有机碳总量的 1% ~5%，比水溶性有机碳高得多（Haynes，2005）。^{13}C – NMR 分析结果显示，热水水解态有机碳主要是糖类和含氮有机化合物，特别是氨基酸和胺类化合物，可能主要来自死亡的微生物细胞，溶于土壤溶液中，或附着在矿物或有机大分子表面。与水溶性有机碳一样，热水水解态有机碳也是不均一的，但更容易分解，分解曲线为双指数型，可作为土壤易变化的有机碳指标（Gregorich 等，2003）。

酸水解态有机碳一般用 6 mol·L^{-1} HCl 或用冷硫酸 – 热硫酸连续浸提测定，余下的为酸难水解态有机碳（Rovira 和 Vallejo，2007）。前者浸提 30% ~87% 的有机碳，后者浸提 5% ~45% 的有机碳。一般说来，酸水解态有机碳的 ^{14}C 年龄差异很大，但远比酸难水解态有机碳年轻，差异达 1 500 年，后者是土壤非活性有机碳组分。

5. 易氧化态有机碳

土壤易氧化态有机碳（readily-oxidable organic C，ROOC）是指土壤中容易被化学氧化剂氧化分解的含碳有机化合物，常用的氧化剂有紫外光、$KMnO_4$、H_2O_2、$Na_2S_2O_8$、NaClO 等。由于氧化能力的差异，所测得的有机碳组分也不同，相应的表征意义也不一样。

Skjemstad 等（1993）发现高能量紫外光能够氧化团聚体表面的有机碳，即紫外光氧化态有机碳。其基本原理是在高能量的紫外光辐射下，产生自由基和纯态氧，由于纯态氧的寿命只有 2 μs，因此，两者的氧化反应只能在表面进行。研究表明，蛋白质、木质素、腐殖酸、烷烃等均能够被光氧化，但由于团聚体的包被作用，约有 30% 的土壤有机碳不能被光氧化（图 4 – 3）。可见，< 20 μm 的微团聚体中的有机碳、与 2∶1 黏土矿物结合的有机碳，以及黑炭等都抗光氧化作用，可视为土壤中等活性甚至惰性有机碳。

高锰酸钾（potassium permanganate，$KMnO_4$）是一种弱氧化剂，常用浓度为 33 mmol·L^{-1}或 333 mmol·L^{-1}，是模拟酶促反应原理，用以测定土壤易矿化态有机碳。一些研究结果显示，有 23% ~28% 的有机碳能够被高锰酸钾氧化，糖、氨基酸、有机酸等的氧化比较缓慢，而醇类氧化比较快，不能氧化纤维素，但可氧化芳香结构的有机碳，如木质素（Tirol-Padre 和 Ladha，2004）。不少研究者认为，高锰酸钾可氧化态有机碳是土壤中的活性有机碳，对土壤耕作、管理等扰动比较敏感，与微生物量碳和颗粒状有机碳有良好的相关性，但也有报道不存在显著的相关性，可能与能够氧化芳香结构的物质有关，这些物质一般为惰性有机碳（Tirol-Padre 和 Ladha，2004）。

过氧化氢（hydrogen peroxide，H_2O_2）也常用作氧化剂，比起 $Na_2S_2O_8$、NaClO，其扩散能力比较弱，很难进入微团聚体内。因此，对微团聚体多的土

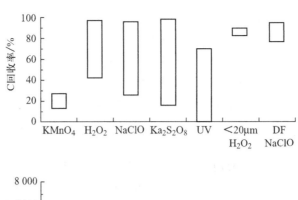

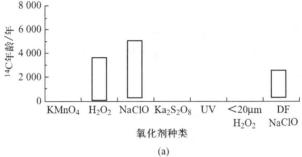

(a)

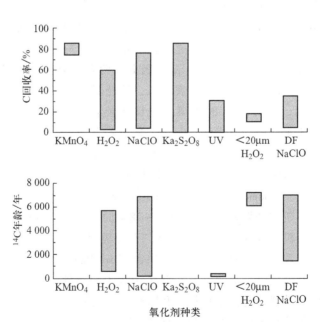

(b)

图 4-3 （a）能被不同氧气剂氧化的有机碳比例及^{14}C 年龄和（b）不能被不同氧化剂氧化的有机碳比例及^{14}C 年龄（<20 μm 为粒径 <20 μm 的组分，DF 为密度 >2 g·cm^{-3}的组分）（Van Lützow 等，2007）

壤，H_2O_2 氧化态有机碳比较少。H_2O_2 氧化态有机碳被视为活性有机碳，能够被胞外酶降解（Mikutta 等，2005）。不能被 H_2O_2 氧化的有机碳为惰性有机碳，极有可能是与矿物质结合的有机碳，在温带林地酸性土壤的 ^{14}C 年龄比前者长 500～3 000 年，主要是一些聚亚甲基类物质（polymethylenic type），可能是蜡质的降解产物，含氮丰富的有机物也很难被 H_2O_2 氧化。一般说来，有机碳的抗氧化能力顺序为：芳香类物质 > —CH_2 > —CO > —COOH。

过硫酸钠（disodium peroxodisulfate，$Na_2S_2O_8$）是一种比较高效的氧化剂，但不破坏黏土矿物和铁氧化物，能够氧化 16%～99% 的有机碳。抗 $Na_2S_2O_8$ 氧化的主要是一些与矿物结合在一起的有机碳，包括长链脂肪族化合物，多是一些比较老的有机碳，因此，可用于研究与矿物结合态有机碳的性质（Eusterhues 等，2003）。

次氯酸钠（sodium hypochlorite，NaClO）是常用的漂白剂，用以去除水中的腐殖物质。次氯酸钠能够氧化去除 26%～96% 的土壤有机碳，残留的有机碳多与 Fe、Al 氧化物和结晶比较差的矿物质结合在一起（Siregar 等，2005），黑炭也不能被次氯酸钠氧化，因此，可用此方法测定土壤黑炭含量（Simpson 和 Hatcher，2004）。次氯酸钠氧化态有机碳的稳定性差异很大，^{14}C 年龄周转期为几天至 2 500 年，而抗次氯酸钠氧化的有机碳年龄为 1 700～7 000 年（Kleber 等，2005）。

6. 矿物结合态有机碳

土壤有机碳大多与矿物质结合在一起，一方面避免被降解，更重要的是形成有机无机复合体，提高土壤肥力。因此，研究了解矿物结合态有机碳十分重要。氢氟酸（hydrofluoric acid，HF）是常用的分解硅酸盐矿物试剂，能够将高达 80% 的有机碳分离出来，因此，可用于分离矿物结合态与非结合态有机碳（Goncalves 等，2003），但有机碳损失量高达 30%，厚厚地覆盖在黏土矿物表面的有机碳，使 HF 很难接触到矿物。一些研究者认为，HF 溶解态有机碳本质上是亲水性，能够溶于水，由于被矿物质颗粒吸附而难以分解，^{14}C 分析结果显示，其年龄从几十天到 3 500 年，比 HF 不溶性有机碳要长上百至几千年（Eusterhues 等，2007）。

连二亚硫酸盐（dithionite）和草酸盐（oxalate）常用作去除 Fe、Al 氧化物，后者不能去除晶质 Fe、Al 氧化物，因此，可测定出 Fe、Al 氧化物结合态有机碳。但是，由于浸提剂含有碳，本方法只能定性地了解 Fe、Al 氧化物结合态有机碳。

4.1.2 土壤有机碳的物理分组

土壤有机碳循环转化不仅取决于有机碳本身的化学结构与特性，而且与其在土壤中的分布及存在状态密切相关。即使是很容易降解的有机化合物,一旦与土壤矿物质结合在一起就很难分解。化学分组方法不仅不可避免地改变有机碳的结构甚至化学性质,而且常常很难与有机碳转化偶联起来。物理分组方法是基于有机碳与矿物质颗粒之间的结合状态,采用各种物理分散的方法,获得不同的有机碳组分,其优点显而易见,主要表现在两个方面:一是几乎不影响有机碳的化学结构、成分与性质,二是与有机碳转化密切相关。

常用的物理分组方法有团聚体分组法、颗粒大小分组法和密度梯度离心分组法。

1. 团聚体分组法

土壤颗粒大多以团聚体(aggregates)的形态存在,有机物质是大多数土壤团聚体重要的胶结物质,研究了解不同团聚体中的有机碳组分及其含量,对于培育良好的团粒结构及土壤有机碳碳库管理都十分重要。土壤有机碳团聚体分组法的目的就在于分离自由状态与矿物质结合状态的有机碳,一般用湿筛或崩解方法(slaking),将团聚体分为大团聚体(macro-aggregates,> 1 000 μm 或 1 000 ~ 630 μm)、中等团聚体(medium aggregates,630 ~ 250 μm)和小团聚体(small aggregates,250 ~ 100 μm,100 ~ 63 μm,< 63 μm)等不同粒级的水稳定性团聚体,再分析其 C、N 等成分,研究其特性。也有采用干筛方法获得干团聚体,但由于其胶结物并非都是有机物质,与有机碳关系不是特别紧密(文倩等,2004)。

不少研究结果显示,表层土壤接近 90% 的有机碳分布在各级团聚体中,其中 20% ~ 40% 存在于微团聚体内,自由态不到 10%。在湿润地区,> 250 μm 的大团聚体有机碳含量高于 < 250 μm 的小团聚体,主要是因为大团聚体含有将小团聚体胶结在一起的有机物质。但在热带地区,由于团聚体胶结物可能主要是 Fe、Al 氧化物,大团聚体有机碳含量并不一定比微团聚体高(Zotarelli 等,2005)。一般说来,随着团聚体减小,有机物质分解程度即腐殖化程度越高,C/N 比值也逐渐降低。^{13}C 从大团聚体向小团聚体再分配的结果表明,有机碳首先被大团聚体封闭,再逐渐经过转化,最终成为小团聚体胶结物而稳定下来。因此,小团聚体中的有机物比大团聚体更老,前者的周转期为 100 ~ 300 年,而大团聚体则只有 15 ~ 50 年(Yamashita 等,2006)。显然,团聚体越小,其中的有机碳越稳定,周转期越长。一些研究者认为,这是由于不同的团聚体形成过程与机理存在差异,大团聚体是通过生物黏结作用形成的,而小团聚体是通过黏粒絮凝的化学机理形成的。显然,生物胶结作用是一个相对比较短暂的过程,比较容易受土壤耕作管理等因素的影响(图 4 - 4)。因此,大团聚体中的有机碳是比较活跃的或中等活跃的有机碳组分。

2. 颗粒大小分组法

有机碳的稳定性主要取决于土壤比较小的团聚体,这些团聚体的形成与土

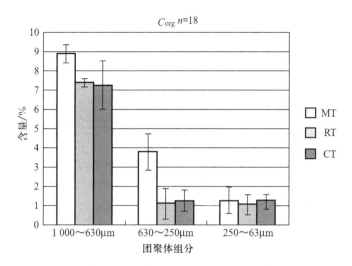

图 4-4　3 种耕作方式土壤不同团聚体有机碳含量的差异（MT:最小耕作,RT:减小耕作,CT:常规耕作）(Kasper 等,2009)

壤黏土矿物有关。层状硅酸盐黏土矿物、Fe、Al 水化氧化物等不仅具有巨大的表面积，而且有许多反应位点，通过配位体吸附和高价离子桥与有机物质结合在一起，形成微团聚体，从而永久性地保存有机物质。一般用一定能量的超声波(300 ~ 500 J/lm)分散土壤，再通过筛分和沉降结合的方法，分离出 2 000 ~ 200 μm，200 ~ 50 μm，50 ~ 20 μm，20 ~ 2 μm，< 2 μm 等组分，测定各组分碳、氮等含量与特性。

　　大量研究结果显示（图 4-5），在温带土壤，50% ~ 75% 的有机碳分布在 < 2 μm 的黏粒中，20% ~ 40% 分布在 2 ~ 63 μm 的粉粒中，< 10% 分布在 > 63 μm 的砂粒中(Christensen,2001)。[13]C 分析结果表明，砂粒中的有机碳周转期为 0.5 ~ 374 年，粉粒为 115 ~ 676 年，而黏粒为 76 ~ 190 年。但在 < 2 μm 的黏粒中，粗黏粒(0.2 ~ 2 μm)比细黏粒含有更多的碳，且周转期更长。一般说来，颗粒越小，芳香碳（aromatic C）、羧基碳（carboxylic C）及烷氧基碳（O-alkyl C）减少，导致 C/N 降低，但烷基碳与之相反，随着颗粒的减小而增加。微生物主要定殖在大颗粒上，特别是真菌，只有个体比较小的大肠杆菌（*Escherischia coli*）可能定殖在 < 1 μm 的颗粒上。己糖/戊糖的比值也显示，大颗粒中的有机物质主要来自植物，而黏粒等小颗粒中的有机物主要来自微生物代谢产物。显然，微生物活性与有机碳周转之间并没有对应的关系，说明微生物与有机物不在同一个空间，反映出物理阻隔对有机碳的保护作用。

　　现有研究结果表明，根据颗粒大小将土壤有机碳分成不同的组分，能够区分活性碳库、中等活性碳库和惰性碳库。同时，也可揭示有机物质与矿物质的结合机理以及空间阻隔等对土壤有机碳的保护作用。

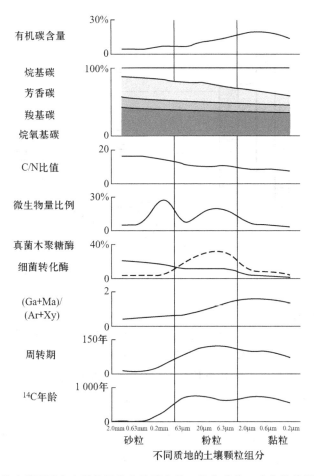

图 4-5　温带土壤不同大小颗粒组分有机碳含量、组分成分、动力学特征及其与微生物参数的关系（Ga:半乳糖（galactose），Ma：甘露糖（mannose），Ar：阿拉伯糖（arabiose），Xy：木糖（xylose），其含量比例可指示土壤有机碳来自微生物代谢活动）（Van Lützow 等,2007）

3. 密度梯度离心分组法

组成成分及结构比较稳定的任何物质都有特定的密度，因此，采用密度梯度离心的方法可以将其分离开来。有机物质与矿物质结合后，其密度发生变化，大多为 $1.6 \sim 2.0$ g·cm^{-3}，称为重组有机碳（heavy organic C,HOC）。而密度比较小的组分，称为轻组有机碳（light organic C,LOC），其中大部分为自由态轻组有机碳（free light organic C,FLOC），少部分与矿物结合，为包被态轻组有机碳（occluded light organic C,OLOC）。轻组有机碳与颗粒状有机碳（particulate organic C,POC）十分相似，但在 C、N 及烷氧碳含量方面有差异，黑炭可能是 FLOC，也可能是 OLOC 的主要组成成分。

密度梯度离心分组法的基本操作步骤是：将一定量的土壤与一定密度的溶

液混合均匀后离心,上清液即为轻组有机碳,沉降物为重组有机碳。前者再经过超声波处理后离心,上清液为自由态轻组有机碳,沉降物则为包被态轻组有机碳。重组有机碳还可采用颗粒分组方法分为不同的粒级(Kölbl 和 Kögel-Knabner,2004)。最初用的密度液是卤代烃,如四溴乙烷(tetrabromoethane,$C_2H_2Br_4$,2.96 g·cm^{-3})、三溴甲烷(bromoform,$CHBr_3$,2.88 g·cm^{-3})、四氯化碳(tetrachlromethane,CCl_4,1.59 g·cm^{-3})等有机溶剂,但由于其具有毒性,所以无机密度液越来越受欢迎,常见的有 Mg_2SO_4、$ZnBr_2$、NaI、稳定的硅悬浮液 Ludox TM 和聚钨酸钠(sodium polytungstate,$Na_6(H_2W_{12}O_{40})$,SPT)等,目前主要用聚钨酸钠溶液,其密度调节范围更宽,具有强烈抑制微生物繁殖的作用。

　　轻组有机碳主要是未分解的动植物残体、微生物细胞核菌丝体及孢子以及降解产物,含有较多的氨基酸和较少的糖类。温带土壤轻组有机碳一般占土壤总有机碳的 10% ~ 70%,比起耕作土壤,林地土壤轻组有机碳占的比例高一些。郑海霞等(2007)报道,温带典型草原土壤颗粒状有机碳占土壤有机碳的18% ~ 30%,其中游离态占 10% ~ 18%,而包被态占 8% ~ 12%。施用氮肥对其没有显著的影响,但施用羊粪可显著提高这一比例。与此相似,颗粒状有机氮占土壤全氮的比例为 12% ~ 23%,施用羊粪显著地提高了游离态颗粒状有机氮占土壤全氮的比例(图 4 - 6)。

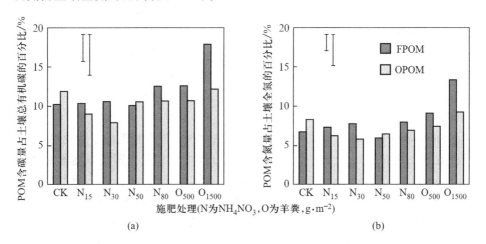

图 4 - 6　颗粒状有机碳、氮占土壤总有机碳(a)氮(b)的比例(竖线表示最小显著差异$LSD_{0.05}$)(郑海霞等,2007)

　　轻组有机碳具有较高的 C/N 比值,周转较快,一般只有几周到几十年(Poirier 等,2005)。严格地讲,轻组有机碳并不属于土壤腐殖物质,是介于动植物残体与腐殖质物质之间的有机物质,常被视为土壤易分解有机碳,生物活性较高，其含量与土壤呼吸速率、土壤矿化、微生物量碳氮等有显著的正相关，与 C、N、P、S 等转化与供给密切相关，对耕作、施肥等土壤扰动比较敏感，可用于指示土壤有机碳的早期变化。

重组有机碳一般占总有机碳含量的 30% ~ 90%，主要成分是腐殖质，且与矿物质尤其是黏土矿物结合在一起，形成各种有机 - 无机复合体。重组有机碳一般很难被微生物利用，对土壤管理和耕作栽培等土壤扰动不敏感，对维持土壤结构具有非常重要的作用，是土壤的稳定碳库。但也有一些研究结果显示，重组有机碳组分易溶于盐溶液，对气候、植被类型、施肥和耕作反应非常敏感。

4.1.3　土壤有机碳的生物分组

土壤有机碳的生物分组有两种含义。一是根据有机碳的载体，分为土壤微生物量碳、根生物量碳和土壤有机质。实际上，根生物量碳并不属于土壤有机碳，而是植物生物量的一部分。二是基于土壤有机质的生物化学质量，即有机质的生物可降解性，将其分为易降解有机碳(labile organic C)、难降解有机碳(recalcitrant organic C)和惰性有机碳(Inert organic C)3 种有机质。

1. 可矿化有机碳

目前还没有广泛认可的方法量化土壤有机碳的生物化学质量，仅依据其有机化合物的化学结构，显然十分容易判别其生物可降解性。但由于土壤有机碳大多与矿物质、金属离子等结合在一起，被物理、化学、甚至生物学的壁垒保护起来，即使是生物化学上极容易分解的单糖，在土壤中可能也很难降解。可见，土壤有机碳的生物化学质量具有时间和空间双重特性，即在一定的时期内，一定的生态环境条件下是生物可降解的，但在另一时间和空间条件下，则很难被土壤微生物分解。

Stout 等(1981)首次尝试采用酸水解方法评价土壤有机碳的生物化学质量，研究发现土壤有机碳的生物化学质量与其可降解性相反，即质量越高越难分解。Rovira 和 Vallejo (2007)尝试用抗降解指数(recalcitrrant index)和特定有机物组成比例，量化土壤易分解有机碳、难分解有机碳和惰性有机碳及其随土层深度的变化。抗降解指数为酸水解后的残留有机碳，即酸难水解有机碳与土壤有机碳总量的比例。后者是指多酚、纤维素、糖类等物质的比例关系，表征生物化学意义上分解难易程度不同的物质的含量的比例关系。

尽管化学方法能够间接地了解土壤有机碳的可降解性，但与实际情况并不完全吻合，即不能够完全反映土壤有机碳的生物可降解性，极少报道两者之间存在某种定量关系。显然，直接用生物化学方法更能真实地反映土壤有机碳的生物可降解性。

土壤可矿化有机碳（mineralizable organic C）也称为潜在可矿化有机碳（potentially-mineralized organic carbon，PMOC），是土壤易分解有机碳最直接的指标，一般定义为，在一定的条件和一定的时期内，土壤中能够被微生物分解的各种含碳有机化合物。一般用室内培养法测定，即一定的温度（25 ℃）下，土壤经一定的时间培养后 O_2 的消耗量或速率，或 $CO_2 - C$ 释放量或速率，常与土壤基础呼吸量、氮磷硫矿化势等密切相关，既指示土壤中可矿化有机碳的数量，也可指示土壤微生物活性，对氮磷供给有重要的影响，甚至用于土壤氮素诊断与氮肥施用。

2. 黑炭

黑炭（black carbon）常被认为是土壤中最难分解的有机碳或惰性有机碳的主要组分（Poirier 等，2000），是土壤中所有的炭化有机物的总称，包括生物质炭（biochar）、焦（char）、木炭（charcoal）、烟灰（soot）、石墨（graphite）等，实际上是土壤中有机物质缺氧燃烧的残留物，或称之为高温裂解残留物。近几年来，生物质炭成为国内外研究的热点。根据国际生物质炭促进会（International Biochar Initiative，IBI）顾问委员会定义，生物质炭是高碳含量、抗分解、颗粒细小的木炭，是植物生物质和有机废弃物高温裂解的产物，施用于土壤，可增强土壤保持养分的能力，不仅能够减少化肥用量，而且可降低耕作对气候和环境的影响。施入土壤的生物质炭将成为土壤极难分解碳库的一部分，从而起到碳封存作用，达到降低大气 CO_2 浓度的目的。

目前还没有统一的方法定量测定土壤黑炭含量，现有的方法可分为以下几类：光学方法（optical techniques）、氧化方法（oxidation and decomposition techniques）、分子标记方法（biomarker techniques）、光谱方法（spectroscopic methods）和热解分析（thermal analysis）。光学方法是基于黑炭与土壤矿物质和其他有机物质可视性的差异，利用显微镜计数测定，包括微形态切片方法（micromorphological observation）（Kall 和 Van Mourik，2008）、显微镜检方法（Quénéa 等，2006）、热解 - 激光投射与反射方法（thermal/optical laser transmittance and reflectance）等。氧化方法分为化学 - 热解氧化（chemo-thermal oxidation）（Elmquist 等，2004）、紫外光氧化（ultraviolet photo oxidation）（Skjemstad 等，1993）和氧化剂氧化（chemical oxidation）。氧化剂氧化方法最常用，所用的氧化剂主要有重铬酸钾（dichromate）、次氯酸钠（sodium hypochlorite）和硝酸（nitric acid）（Knicker 等，2007）。分子标记方法是基于黑炭的特异组分多甲苯羧酸（benzene polycarboxylic acids，BCPs）或左旋葡聚糖（levoglucosan），通过测定水解产物中这些特异成分的含量，间接地计算黑炭含量，这是目前大多数研究者认为能够比较正确地测定土壤黑炭的方法（Brodowski 等，2005）。光谱方法是基于黑炭的红外光谱和中红外光谱特性而进行的定量分析（Bornemann 等，2008）。

热解分析是基于物质的抗热解特性，根据不同的温度热解时的质量损失或能量变化而测定土壤中的黑炭含量(Nguyen 等,2004)。

自然土壤的黑炭主要来自野火或开垦时的烧荒，而耕作土壤的黑炭则有很大一部分来自人类的活动，如炊事、取暖、焚烧等。占土壤有机碳的比例差异很大，如亚马孙地区肥沃的黑土(the rich Terra Preta) 0~40 cm 表层土壤黑炭含量为 5~11 g·kg^{-1}，占有机碳达 20%，而周边土壤的黑炭含量不到 3 g·kg^{-1}，占有机碳不到 10%。Terra Preta 黑土中的黑土可能是由于古印第安人长期实行烧荒耕作，未完全燃烧的残留物即黑炭累积在土壤中。近期研究结果显示，黑炭是 Terra Preta 黑土长期维持比较高的生产力的主要原因，甚至将其视为现代农业可持续发展的模式与样板(Glaser 等,2001;Hayes 2006;Woods 等,2006)。德国的栗钙土中黑炭占有机碳的比例最高达 45%(Schmidt 等,1999)，加拿大则高达 80%(Ponomarenko 和 Anderson,2001)，美国耕作土壤最高为 35%(Skjemstad 等,2002)，而西班牙的石灰性土壤最多只有 5%(Rovira 和 Vallejo,2007)。我国南京的城市土壤黑炭含量占有机碳的12%~48%，主要来自矿物燃料燃烧，其中表层土壤主要来自车辆的排放，而底层土壤可能与燃烧用煤历史有关(何跃等,2007)。

黑炭的组成成分、结构和性质主要取决于缺氧燃烧的温度和原材料。因此，不同来源、不同土壤的黑炭存在差异，但也存在共同特征。主要表现在：高度芳构化，多孔结构，比较大的表面积，表面带有正负电荷，具有很强的吸持水分、阴离子、阳离子、有机污染物等能力(Mishra 和 Patel,2009)，高度抗化学和生物学分解能力，半衰期一般都在千年以上，是碳素封存的重要手段(Liang 等,2008)。

近期不少研究结果显示，向土壤加入木炭或生物质炭，能够显著地影响土壤物理、化学及生物学过程与性状，其效果取决于生物质炭种类、施用量及施用方法、土壤类型、作物种类等因素，尽管有一些无效甚至出现负面效果的报道，但大部分研究结果显示，生物质炭一般能够显著地提高土壤肥力与作物产量，有利于维持土壤比较高的肥力(Steiner 等,2007;Kimetu 等,2008)，Marris (2006)在 *Nature* 上撰文阐述道：生物质炭将有力地推动第二次"绿色革命"，"绿色生物质炭革命"姗姗而来。

3. 根生物量

根分泌物及残体是土壤有机碳的重要来源之一，特别是草原自然生态系统，根系是土壤有机碳的主要来源，根系呼吸释放的 CO_2 占土壤 CO_2 很大的比重。因此，测定根系生物量和呼吸量，不仅关系到地上植被，而且还关系到准确把握土壤碳循环转化速率与特征。由于根系大小不一，分布杂乱，所以很难区分活根与死根。准备测定根系生物量十分困难，现行的方法不少，最常用的仍然是根钻取土法。由于很难将根系呼吸与微生物呼吸区分开来，所以一般采用差减法，即有无植物时土壤呼吸量的差值，间接地计算出根系呼吸量（Koerber等,2010）。

4.2 土壤有机碳的矿化与腐殖质化过程

进入土壤的各种有机物质，都不可能在土壤中原封不动地存在，即使在极其干燥、寒冷的极端环境，土壤有机物质都进行或快或极其缓慢的转化。矿化与腐殖质化是土壤有机物质转化最常见的两个对立统一的过程，两者的转化速率与平衡关系，直接决定土壤养分供给与固持的平衡，以及土壤有机碳累积与消耗的平衡。

4.2.1 土壤有机碳的矿化过程

土壤中含碳的有机物质转化为 CO_2、H_2O 和无机盐的过程，就是土壤有机碳的矿化过程。其本质是土壤有机物质的酶促反应，即在各种酶催化作用下，大分子的有机物质逐渐转化为小分子有机物质，最终分解为 CO_2、H_2O 和无机盐。因此，纯化学或光化学反应在土壤有机物质矿化中的作用非常微弱。土壤有机物质矿化实质是一系列复杂的生物化学反应的结果，自然界中的大部分酶促反应在土壤有机物质矿化过程中都存在。

根据矿化速率，可将土壤有机碳矿化分为快速和慢速两个阶段。快速阶段主要是活性有机碳分解，矿化速率取决于温度和水分。慢速阶段主要是纤维素、木质素等难分解的有机物质分解，矿化速率取决于有机物质本身。根据对氧气的需要，分为好氧分解过程和厌氧分解过程。总体来看，好氧分解比厌氧分解要快一些，但一些物质如黑炭的好氧分解也十分缓慢。

1. 有机碳好氧分解过程及其影响因素

（1）分解过程

好氧环境是地球数亿年演变与进化的结果，土壤有机碳的好氧分解既是土壤微生物适应好氧环境的表现，也是土壤有机物质矿化的主要过程。基本反应过程是：在土壤通气状况良好，即氧气供应充足的条件下，好氧微生物将土壤有机碳分解为 CO_2、H_2O 和无机盐，但不同的有机化合物，其分解过程及产物存在巨大的差异。

糖类种类繁多，数量巨大，是土壤有机碳的主要来源。根据其单糖数量，一般将糖类分为单糖、低聚糖或寡聚糖和多糖。在自然条件下，土壤单糖含量很少，主要是纤维素、半纤维素等多糖。纤维素是地球上最丰富的可再生的生物质（biomass）资源，全球每年光合作用产生的植物干质量约 220 亿吨，其中纤维素和半纤维素占 35% ~ 50%。可见，纤维素和半纤维素是地球上分布最广、含量最丰富的糖类。纤维素降解是自然界碳素循环的中心环节，与能源危机、粮食短缺、环境污染等诸多重大问题密切相关。

纤维素是由约 14 000 个以上的吡喃葡萄糖，以 $\beta-1,4$ 糖苷键连接成的线性大分子多聚物，纤维二糖是其基本单元。纤维素分子十分容易形成氢键，使这种带状、刚性的分子聚集在一起，成为结晶性的原纤维结构。因此，纤维素主要由结晶区（crystalline）和非结晶区两部分组成，前者结构稳定，微生物降解十分困难。后者结构比较疏松，很容易被微生物降解。

纤维素降解是在纤维素酶（cellulase）作用下进行的。纤维素酶不是单一的蛋白质，而是由 3 种酶组成，即葡聚糖内切酶（endo $-1,4-\beta-D-$ glucanase，EC 3.2.1.4）、葡聚糖外切酶（exo $-1-4-\beta-D-$ glucanase，EC 3.2.1.91）和 $\beta-$ 葡糖苷酶（$\beta-1,4-$ glucosidase，EC 3.2.1.21）。葡聚糖内切酶的相对分子质量为 $(23 \sim 146) \times 10^3$，作用于纤维素内部的非结晶区，随机水解 $\beta-1,4$ 糖苷键，将长链纤维素分子截短，产生大量带非还原性末端的小分子纤维素。葡聚糖外切酶的相对分子质量为 $(38 \sim 118) \times 10^3$，作用于纤维素线状分子末端，水解 $1,4-\beta-D$ 糖苷键，每次切下 1 个纤维二糖分子，故又称为纤维二糖水解酶（cellobiohydrolase）。$\beta-$ 葡糖苷酶的相对分子质量约为 76×10^3，其作用是将纤维二糖和短链低聚糖分解成葡萄糖。实际上，纤维素降解过程十分复杂。首先，纤维素被葡聚糖外切酶的吸附结构域（CBD）吸附到不溶性纤维素表面，使结晶区的纤维素长分子链开裂解聚，长链分子末端部分发生游离。其次，葡聚糖内切酶作用于经外切活化的纤维素，分解 $\beta-1,4$ 糖苷键，产生纤维二糖、三糖等短链低聚糖。最后，$\beta-$ 葡糖苷酶水解纤维二糖、三糖等为单糖。

纤维素酶有许多种同工酶，取决于分泌纤维素酶的生命体。尽管不同来源的纤维素酶的相对分子质量差别很大，但其催化区的大小却基本一致，活性位点的三级结构都是保守的。研究发现，纤维素酶由约 56 kDa 球状的催化结构域（CD 或 CP）、连接区和没有催化作用的吸附结构域（CBD）三部分组成。CBD 含有 6 个半胱氨酸残基，但只有两对二硫键，呈一面亲水另一面疏水的楔形结构，能插入和分开纤维素的结晶区，具有疏解纤维素链的作用，能提高底物表面酶的有效浓度，促进纤维素表面单个葡聚糖链的增溶溶解。多数纤维素酶的 CBD 位于酶蛋白分子的 NH_2 或 COOH 端，少数位于中间、C - 末端或 N - 末端。由于 CBD 区氨基酸序列较为保守，因此可根据 CBD 的不同对纤维素酶进行分类。连接纤维素酶头部和尾部的是长约 5 nm 的柔性连接区，是一段相当长、高度糖基化的连接肽，大多富含脯氨酸和羟脯氨酸。不同纤维素酶连接区的糖基化程度和糖链也不同，连接区的作用可能是保持 CD 和 CBD 之间的距离，有助于不同酶分子间形成较为稳定的聚集体。

随着对纤维素酶的研究和认识越来越深入，以及分子生物学的发展，人们试图利用基因工程，克隆、表达特定纤维素酶基因，提高微生物分解纤维素活性，加快纤维素糖化。目前有 100 多个纤维素酶基因可在大肠杆菌中克隆和表达，主要是内切葡聚糖酶和 β - 葡聚糖苷酶。利用纤维素酶基因工程菌，资源化利用丰富的纤维素资源，具有极其诱人的前景和巨大的潜力，也是目前国内外的研究热点。

（2）影响因素

微生物是有机碳好氧分解的主要动力，真菌、细菌、放线菌都可分泌纤维素酶，微生物分解纤维素可能有 2 种方式，一种是由外向内水解，另一种是由内向外水解。如木霉属的 *Trichoderma reesei*、*T. viride*、*T. koningii* 和 *T. pseudokoningii* 等，在降解纤维素时，菌丝横穿次生壁进入胞腔，并不断地生长，由内而外降解纤维素。细菌则是黏附在纤维素纤维上，从纤维表面向内生长，在接触点处纤维素被降解，使纤维表面呈锯齿蚀痕。因此，影响微生物群落及其活性的因素，均会影响土壤有机碳的好氧分解，归结起来主要包括有机物质本性及外界环境条件。

① 有机物质特性。有机物质的组成成分、结构及物理状况等都与其分解密切相关。一般而言，简单的有机物如单糖、氨基酸、大部分蛋白质以及一些多糖，都容易被微生物分解，而复杂的有机物如木质素、脂肪、蜡、多酚等很难被微生物分解，尤其是多酚类物质（polyphenols），对微生物生长繁殖具有抑制作用。一些研究者认为木质素或木质素与氮素含量的比值，在一定的程度上控制着有机物质的矿化速率。新鲜的动植物残体更容易分解；含氮比较丰富即 C/N 比较低的有机物质，容易被微生物分解。对于极度缺磷环境，C/P 比较低的有机物质更容易分解。颗粒细小的有机物质与微生物的接触面积比较大，更容易分解。含有抑制微生物生长繁殖的有毒有害成分，也可以降低其分解速率，这种现象称为"负激发作用"。

② 土壤温度。土壤温度直接决定微生物活性，尽管不同的微生物类群最适温度有差异，但一般说来，在 0～35 ℃范围内，随着土壤温度升高，微生物活性增强，有机物质分解速率加快。温度每升高 10 ℃，土壤有机碳的分解速率会加快 2～3 倍，温度在 30 ℃时每升高 1 ℃，土壤有机碳将损失 3%。土壤温度高于 36 ℃，微生物活性会逐渐降低，有机物质分解速率也降低（陈怀满，2005）。据估计，温度年升高 0.03 ℃，由于矿化作用加强，土壤 C 损失年增加 10^{15} g。

③ 土壤湿度。在淹水和缺水条件下，土壤有机物质分解都比较慢，而在 30%～90% 田间持水量时，有机碳分解比较快。土壤湿度与土壤温度密切相关，是控制土壤有机物质分解的两个重要因素。

④ 土壤质地。土壤质地越细或越黏重，有机物质分解越慢。相反，土壤质地越粗或越轻，有机物质分解越快。因此，砂土和沙壤质土壤有机碳含量一

般都低于黏质土壤。究其原因，主要有 4 个方面。一是有机物质与黏粒、高价金属离子等通过化学和物理化学键结合，增强其抗分解能力。二是有机物质物理性镶嵌入黏土矿物晶体结构中，"躲避"了微生物分解。三是与土壤通气状况有关，黏重土壤的通气状况相对较差，好氧微生物的活性比较低，导致有机物质分解比较缓慢。四是与土壤温度有关，黏重土壤湿度比较高，土壤温度比较低，导致微生物活性比较低，致使有机物质分解速率下降。

⑤ 土壤酸碱度。土壤酸碱度不仅影响有机物质溶解、土壤养分以及氧化还原状况，而且也影响到微生物群落结构与活性。一般说来，pH < 5.5 或 pH > 8.0 时，土壤微生物的活性都下降，有机物质分解比较缓慢。中性条件下，土壤微生物活性最高，有机物质分解速率最快（尹云锋和蔡祖聪,2007）。

2. 有机碳厌氧分解及其影响因素

（1）分解过程

以厌氧微生物主导的有机碳矿化过程，就是土壤有机碳的厌氧分解过程，一般包括 4 个阶段（图 4 - 7）。第一个阶段是水解阶段，在微生物分泌的胞外酶作用下，纤维素、半纤维素等大分了有机物质水解为单糖。第二个阶段为发酵阶段，也就是糖酵解过程（glycolytic pathway），即单糖转化为丙酮酸（pyruvic acid）和醇类（alcohols）等小分子有机物。第三个阶段为产乙酸阶段，在产氢产乙酸菌、耗氢产乙酸菌作用下，将丙酮酸、甲醇等转化为乙酸。第四个阶段为产气阶段，即甲烷菌（methanogen）将所产生的氢气、二氧化碳以及甲酸、乙酸、甲醇和甲胺类等转化为以甲烷为主的沼气，其中甲烷含量 50% ~ 80% ，其次是 CO_2（20% ~ 40% ）、N_2（0 ~ 5% ）、H_2（< 1% ）、O_2（< 0.4% ）和 H_2S（0.1% ~ 0.3% ）等。

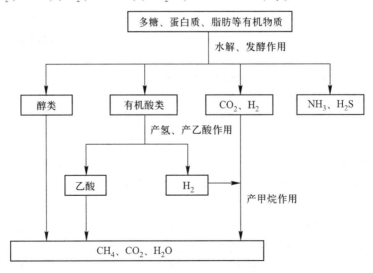

图 4 - 7　有机物质的厌氧发酵过程

生物合成过程十分复杂，目前还没有很清楚地了解，大概有 3 种途径。第一种途径是以乙酸为原料合成甲烷。第二种途径是以 H_2 和 CO_2 为原料合成甲烷。第三种途径是以甲醇、甲基胺、甲基硫等甲基化合物为原料合成甲烷。在自然条件下，乙酸途径合成甲烷占 60% 以上，以 H_2 和 CO_2 为底物的甲烷合成约占 30%，以甲基化合物为原料的不足 10%。

（2）影响因素

有机碳的厌氧分解整个过程俗称为沼气发酵过程。参与沼气发酵过程的微生物种类繁多，主要包括发酵性细菌、产氢产乙酸菌、耗氢产乙酸菌、食氢产甲烷菌、食乙酸产甲烷菌 5 个类群。前 3 个类群微生物将有机物质转化为有机酸，统称为不产甲烷菌。后 2 个类群细菌的活动可使各种有机酸转化成甲烷，因此，将其统称为产甲烷菌。

甲烷菌广泛分布在海底沉积物、河湖淤泥、沼泽地、水稻田以及人和动物的肠道与反刍动物瘤胃之中，甚至植物体内也有甲烷细菌存在。目前对甲烷菌的了解很有限，也缺乏统一的分类系统。按照对温度的敏感性，甲烷菌分为嗜冷（<25 ℃）、嗜温（35 ℃左右）、嗜热（55 ℃左右）和极端嗜热（>80 ℃）4 个类群。从系统发育来看，甲烷菌属于广古菌门（Euryarchaeota），分成 3 个纲 6 个目，分别为甲烷杆菌目（Methanobacteriales）、甲烷球菌目（Methanococcales）、甲烷八叠球菌目（Methanosarcinales）、甲烷微菌目（Methanomicrobiales）、甲烷超高温菌目（Methanopyrales）和甲烷胞菌目（Methanocellales），已经分离鉴定出 200 多种。

甲烷菌为专性严格厌氧，因此，土壤氧化还原状况是影响甲烷产生最重要的因素，有机物质特性、温度、酸碱度、土壤质地等对甲烷排放也产生一定的影响。如图 4-8 所示，当土壤 Eh 值低于 -150 mV 时，稻田才有 CH_4 产生，且在 -250 ～ -150 mV 时，稻田 CH_4 释放速率呈指数增加。沼气发酵正常 Eh 值一般不低于 -300 mV。

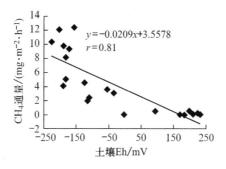

图 4-8　稻田 CH_4 排放通量与土壤 Eh 的关系（徐华和蔡祖聪，1999）

4 ℃以上就有沼气产生，但释放高峰有 2 个，一个在 30 ~ 40 ℃，另一个在 50 ~ 60 ℃。前者称为中温沼气发酵，后者为高温沼气发酵，显然是由于不同类群甲烷菌作用的结果。酸碱度不仅影响土壤 Eh 值，而且影响微生物活性。甲烷菌适宜的 pH 为 6.0 ~ 8.0，pH < 6.4 和 pH > 7.6 都会降低甲烷菌的活性。pH < 5.5 甲烷菌的活性完全被抑制（陈怀满，2005）。

4.2.2 土壤有机碳的腐殖质化过程

进入土壤的各种有机物质并不能够完全矿化为 CO_2、水和无机盐，少部分转化为更为复杂的、稳定的有机物质，即腐殖物质或腐殖质（humus），这就是土壤有机碳的腐殖质化过程，或土壤腐殖质形成过程。自 Wallerius（1761）在世界上第一部农业专著中提到植物分解可形成腐殖质，并将其视为植物养分以来，土壤腐殖质一直是土壤学研究的核心和热点。但令人遗憾的是，土壤腐殖质化过程仍然是一个谜。

1. 土壤腐殖质形成过程理论

迄今为止至少有 7 种以上的学说，诠释腐殖质形成过程，如糖 - 胺缩合学说、煤化学说、木质素学说、木质素多酚学说、微生物多酚学说、微生物合成学说、细胞自溶学说（包括植物和微生物）和厌氧发酵学说等。这些学说争论的焦点有 2 个，一是微生物是否"参与"或在哪个环节"参与"腐殖质形成，即微生物是否直接"合成"腐殖质或其前体成分？微生物合成学说、微生物多酚学说、厌氧发酵学说强调微生物的作用。木质素学说强调植物的作用，完全否定微生物的作用。木质素多酚学说和细胞自溶学说同时承认微生物和植物的作用。煤化学说和糖 - 胺缩合学说则强调纯化学反应的作用。二是 HA 与 FA 形成的先后顺序，木质素 - 蛋白质学说认为先形成胡敏酸，胡敏酸裂解形成富里酸。而多酚学说则相反，认为先形成富里酸，再聚合成胡敏酸。

一般认为，土壤腐殖质的形成可分为 3 个阶段 4 种途径。第一个阶段是动植物残体分解形成简单的有机化合物，即腐殖质基本结构单元产生阶段。第二个阶段是通过微生物代谢作用，形成微生物体和代谢产物。第三个阶段是这些代谢和分解或改性的有机物质，如多酚、醌、类木质素等，聚合形成高分子多聚物，即腐殖质。

土壤腐殖质形成的 4 种途径，分别为糖胺缩合途径（途径①）、多酚/醌微生物途径（途径②）、多酚/醌植物途径（途径③）和木质素途径（途径④）（图 4 - 9）。相应的 5 种形成机理分别为糖 - 胺缩合学说、多酚学说、细胞自溶学说、微生物合成学说和木质素 - 蛋白质学说。

（1）糖 - 胺缩合学说与细胞自溶学说

这两种学说都是解释腐殖质形成的糖 - 胺途径（途径 1），即微生物代谢所产生的还原糖和氨基酸，经过纯化学的聚合作用，形成含氮的棕色腐殖质，这就是糖 - 胺缩合学说。而细胞自溶学说认为，植物、微生物细胞死亡后释放出

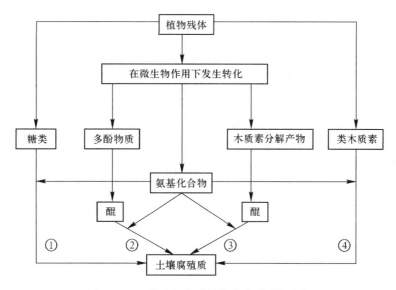

图 4 - 9　土壤有机物质转化为腐殖质的途径

自溶物，如糖、氨基酸、酚和其他芳香族化合物等，这些物质通过自由基进行缩合和聚合等化学反应，形成土壤腐殖质。

（2）多酚学说

多酚学说是现在比较盛行的腐殖质形成理论，在微生物酶促作用下，多酚和醌化合物与氨基酸、甚至蛋白质结合，先形成富里酸，再缩合和聚合形成胡敏酸。多酚和醌可能直接来自于木质素，也可能是微生物的代谢产物（图 4 - 10）。

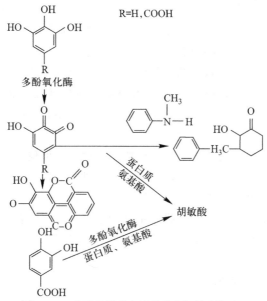

图 4 - 10　多酚学说从多元酚形成胡敏酸的过程

（3）微生物合成学说

微生物合成学说认为，微生物利用植物残体在细胞内合成腐殖质，微生物死后释放到土壤中，在细胞外降解为胡敏酸和黄腐酸。早在20世纪初，就观察到固氮菌 *Azotobacter chroococum* 和白腐菌等合成并分泌腐殖质或类似腐殖质。20世纪70年代，苏联著名的土壤学家科诺诺娃就提出土壤腐殖质是由微生物合成的，而且强调特定阶段某些微生物的重要作用。美国的麦克拉伦甚至研究了十几种单一微生物在土壤腐殖质形成中的作用。Rubinsztain 等（1984）提出微生物体内的黑色素可转化为腐殖质，且在很大程度上取决于起始原料的氨基酸和碳元素的比例。来航线等（1997）将 C/N 比不同的植物秸秆加入到灭菌的土壤中，发现接种木霉的土壤 HA 含量较高，HA/FA 比值最大。而接种链霉菌灰褐类群的土壤，FA 含量比较高，球孢类群土壤 HA 的相对分子质量最大，芳构化程度最高。这些研究结果都说明土壤中存在一些微生物，在有机物质腐殖质化过程中起着极其重要的作用。

根据微生物合成腐殖质的原理，一些研究者研制出生化腐殖酸生产工艺，即在工业化发酵条件下，微生物将有机物质转化为富里酸或称之为黄腐酸类的物质，其化学结构和生物活性与从风化煤中提取的黄腐酸很相似，可用作抗蒸腾剂、植物生长调节剂，对一些病原菌具有抑制作用（边文骅和边志立,1999）。

（4）木质素-蛋白质学说

木质素-蛋白质学说认为腐殖质是木质素与氨基酸的结合物，木质素在真菌和菌丝状细菌的作用下，松柏醇、香豆醇和介子醇等脱甲氧基生成邻羟基酸，侧链则氧化为羧基，这个过程形成的类木质素是腐殖质形成的基本单元。类木质素与蛋白质水解产物氨基化合物反应，先形成胡敏酸，再裂解形成富里酸。但也有反对意见，一些研究者认为，木质素虽与腐殖质在结构上相似，但不是同一种物质，更不应该将两者等同起来。木质素水溶液与蛋白质在常态情况下不发生反应，Waksman 所制取的木质素-蛋白质复合体，是将木质素与酪素的碱液在120 ℃下加热5 h 形成的。在自然条件下，植物残体转化为腐殖质时，其中的木质素并未发生变化。

综上所述，尽管已有不少腐殖质形成过程理论，但仅能诠释腐殖质形成过程的某些环节或某些阶段，并不能够解释全部过程。这反映出土壤腐殖质化过程的多样性与复杂性，极有可能在不同的环境条件下，腐殖质形成过程差异很大，具有不同的形成机理。如在排水不良的土壤和潮湿沉积物中，木质素途径可能占主要地位，而在某些森林土壤中，多酚途径可能对腐殖质的合成更为重要一些。

2. 影响土壤腐殖质形成的因素

土壤有机物质矿化过程实际上是酶促反应过程，而土壤腐殖质化过程不完全是生物过程，纯化学反应可能也起重要的作用。在某些特殊的条件下，如严酷的大陆性气候下，土壤温度、湿度的急剧变化，糖－胺纯化学缩合反应可能在腐殖质化过程中起主导作用。因此，影响土壤腐殖物质形成与转化的因素更多，最直接、最重要的影响因素包括土壤微生物学特性和进入土壤的有机物质，其他因素如土壤黏土矿物、湿度、酸碱度、氧化还原电位等物理与化学特性等，也对腐殖质化过程产生或多或少的影响。土壤腐殖质组成成分、含量及其特性等，均呈现出明显的地带性分布规律。如我国从东北的黑土往南，分别为棕壤、黄棕壤、红壤、砖红壤等，土壤腐殖质的胡敏酸/富里酸比值逐渐减小，胡敏酸的芳化度和相对分子质量也有降低的趋势，腐殖质分布的地带性充分地反映出土壤腐殖质化过程受多种因素的影响，土壤腐殖质是多种因素综合作用的结果。

（1）微生物

微生物在土壤腐殖质化过程中的作用已有一些研究，发现参与土壤腐殖质化过程的微生物类群很多，其作用差异很大。如 Kupryszewski 等（2001）从海洋和湖泊底泥中得到的 11 株厌氧菌、8 株好氧菌、2 株酵母菌等都具有促进 HA和 FA 形成的作用。在厌氧条件下，奎宁氧化菌使奎宁类物质进入 HS（Cervan-tes 等,2003）。放线菌黑色素可能对 HS 形成有一定的作用（Coelho 和 Linhares,1993）。真菌和螨类均可形成腐殖质，但通常真菌形成溶解性腐殖质（ FA ），而螨类形成固化腐殖质颗粒（ HA 和 HM）（Chertov 和 Komarov,1997）。聚多曲霉能利用葡萄糖形成 40 种以上的酚类，合成类似腐殖质的多聚物，嗜热真菌产生的虫漆酶（laccase），在堆腐环境中可以使酚类氧化，最终生成 HS 大分子。赭绿青霉（*Penicillium ochrochloron*）可使木质素转化为腐殖质（Harry,2005）。

（2）有机物质

理论上，任何碳源只要能被微生物转化为酚类化合物，都可能转化为腐殖质。显然，木质素是腐殖质形成的主体，土壤腐殖质主要是由维管植物木质素分解转化而来，但并不是必要的条件，在 HS 的聚合过程中小分子的作用更大（Piccolo 等,2004）。纤维素可以形成腐殖质，其机理还不很清楚（Peña-Méndez等,2005），一些专性微生物能够将葡萄糖转化为腐殖质（Gonzalez 和 Laird,2003）。

（3）其他因素

土壤温度、湿度、酸碱度、通气状况等对腐殖质化过程均产生一定的影响。土壤温度可能主要影响腐殖质化反应进程以及腐殖质化产物等方面，高温或常年低温既不利于 HA 的积累也不利于 HA 芳化度增大，热带土壤比温带土壤的腐殖化程度（HA/FA）更高（Grisi 等,1998）。土壤湿度对腐殖质形成的影响研究结果不尽一致，一些研究者发现干旱条件有利于 FA 的形成，而渍水条件则有利于 HA 的积累(Martin 等,1998)。但也有人认为适度的水分条件有利于 HA 形成，而过多的水分则有利于 FA 的形成(窦森等,1995)。Fujitake 和 Kusumoto(1999)报道，随着土壤 pH (5 ~ 13) 的提高，HA 的 C/H 和 O/H 比值下降。关于土壤通气状况或 O_2 和 CO_2 浓度对腐殖质形成的影响研究相对较少。一些研究者报道，环境中的自由氧浓度影响腐殖质的形成数量和速度，高浓度 CO_2 有利于 HA 结构的简单化、年轻化，HA/FA 比值随着 O_2 和 CO_2 浓度的升高而提高(李凯,2006)。

4.2.3 土壤有机碳转化的环境效应

土壤有机碳矿化与腐殖质化的农学效应，亦即对土壤物理、化学和生物肥力的影响，尤其是在土壤物理结构改良和养分供给中的作用，早已有大量的研究和比较清楚的了解。随着全球气候变化的加剧和生态环境的恶化，土壤有机碳转化的环境效应受到越来越多的关注，业已成为土壤学研究的热点和重点。土壤有机碳转化的环境效应主要体现在对土壤碳库的影响、土壤温室气体释放两个方面。

1. 土壤碳库

自 20 世纪 50 年代以来，人们就开始对全球土壤有机碳库储量进行估算，由于土壤有机碳主要分布在 0 ~ 1 m 土层，因此一般都根据某类型土壤 1 m 土层有机碳含量或密度与面积的乘积计算土壤碳储量。常用的方法包括植被类型法、土壤类型法、生命带法、相关关系法、模型计算法及 3S (remote sensing(RS)、geographic information system(GIS)、global positioning system (GPS))方法等，其中土壤类型法、生命带法和模型计算法使用比较广泛(田娜等,2010)。

由于土壤分类系统的不统一，缺乏土壤有机碳含量、土壤容重及砾石的数据，土壤碳密度的空间变异性，土壤容重受湿度、松紧度等因素的影响，不同土壤和植被类型的面积计算不准确，植被与土地利用的变化，统计样本偏小等，土壤碳储量估算差异大。如 1951 年 Rubey 根据美国 9 个土壤剖面的有机碳含量，推算全球土壤有机碳库存量为 710 Pg(1 Pg = 10^{15} g)。1976 年，Bohn 利用土壤分布图及相关土组的有机碳含量，估计全球土壤碳库为 2 949 Pg。1982 年，根据相对较完整的 FAO 土壤图的 187 个剖面土壤碳密度值，重新估计的全球土层碳库为 2 200 Pg。20 世纪 90 年代以来的研究结果相对较为接近，全球总碳量约 45 520 Pg，其中海洋 38 000 Pg，化石燃料 4 000 Pg，陆地植被 550 Pg，大气 750 Pg，土壤无机碳 695 ~ 748 Pg，土壤有机碳 1 462 ~ 1 548 Pg (图 4-11)。我国直到 90 年代末才开展土壤碳储量研究，大都是根据第二次全国土壤普查数据进行计算，估算值差异很大，土壤有机碳储量最高达185Pg，最低只有50Pg，无机碳储量约60Pg，总碳库100～185 Pg，平均碳密度为 10.83 kg·m^{-3}（潘根兴,1999;李克让等,2003;解宪丽等,2004）。

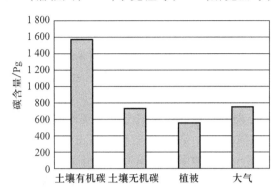

图 4-11　地球陆地表面主要碳库组分容量（修改自 Shimel,1995）

　　显然，土壤是地球陆地表面最重要的碳库，其库容量是大气碳容量的2倍，是陆地植被碳库的 2～3 倍。土壤有机碳库较小的变化，将导致大气CO_2浓度较大的波动。据估测，如果全球土壤有机质下降1%、2%和3%，将导致大气 CO_2浓度分别提高5 ppm、12.5 ppm 和 20 ppm。过去的 150 年，由于土壤有机碳下降已导致了大气 CO_2浓度升高了 80 ppm，这体现了种植业对全球气候变化作出的显著贡献。20 世纪 100 年间，全球气温已上升了0.4～0.8 ℃，预计到 21 世纪末，全球气温将升高 1.1～6.4 ℃，海平面上升幅度达 0.18～0.59 m，干旱、洪涝、台风等自然灾害将更加严重，持续时间也会延长，中纬度地区将过渡为热带雨林，疾病的传播也会加剧，气温的升高还会加剧土壤有机碳的分解，形成陆地圈与大气圈的恶性碳循环。可见，研究土壤有机碳循环转化特征与规律，扩蓄增容土壤碳库，不仅对于改良培肥土壤，提高土壤质量，而且对于控制碳排放，应对全球气候变化等，都具有极其重大的理论和实践意义（IPCC,2007）。

2. 土壤 CO_2 释放量

　　CO_2、CH_4 和 N_2O 是大气温室效应的主要贡献者，其贡献率占近80%，其中 CO_2约占 56%，是最重要的温室气体，其次是 CH_4，其温室效应潜能约是CO_2的 23 倍，对温室效应的贡献率约占 15%，N_2O 尽管温室效应比较高，是CO_2的近 300 倍，但由于浓度低，对温室效应的贡献率约9%。土壤既是陆地表面极其重要的碳库，同时也是 CO_2、CH_4、N_2O 等温室气体非常重要的来源。据估计，土壤每年向大气排放的 CO_2占全球排放总量的 5% ～ 20%，是化石燃料燃烧贡献量的 10 倍，致使大气中 CO_2浓度提高了近 140 μL·L^{-1}（Schlesinger 和 Andrews,2000）。

　　土壤 CO_2 排放主要是通过土壤呼吸(soil respiration)作用实现的,主要包括 3 个生物学过程和 1 个非生物学过程。3 个土壤生物呼吸过程为植物根系呼吸、土壤微生物呼吸以及土壤动物呼吸。非生物学过程是指土壤有机物的化学氧化、光氧化、无机碳溶解等过程释放的 CO_2。土壤动物呼吸和非生物学过程所释放的 CO_2 一般很少,微生物呼吸和植物根系呼吸是土壤 CO_2 排放的主要来源。区分并准确地测定土壤微生物呼吸和根系呼吸非常困难,目前常用的主要有 4 种方法,即成分综合法、生物量外推法、根去除法和同位素标记法等(程慎玉和张宪洲,2003)。

　　成分综合法是分别测定不同组成成分的土壤呼吸,如根、无根土壤和凋落物等各部分释放的 CO_2 量,各成分之和就是土壤呼吸所释放的 CO_2 总量。生物量外推法是根据根系生物量与土壤呼吸总量之间的关系,外推到根系生物量为零时的土壤呼吸量,即为土壤微生物呼吸量。根去除法是一种间接的测定根系呼吸的方法,通过测定有根和无根情况下的土壤呼吸,从而获得根系呼吸和微生物呼吸,包括根移除法、挖沟隔离法和林隙法。同位素标记法是利用 ^{13}C 或 ^{14}C 在植物体内和土壤有机物中的差别,对根系呼吸和土壤有机物分解进行区分的方法,根据同位素的标记时间,分为脉冲标记法和连续标记法。

　　具体测定方法有多种,分为直接和间接两类。前者包括静态气室法(包括静态碱液吸收法和密闭气室法)、动态气室法(包括动态密闭气室法和开放气流红外 CO_2 分析法),以及依据微气象学原理测定地表气体排放通量的微气象学方法。后者是测定其他相关指标如通过某些环境参数或模拟计算,间接地计算土壤 CO_2 排放量,一般只适用于特定的群落或生态系统,具体方法包括能量平衡法、ATP 法、温度与湿度方程法以及气体交换与扩散法等(时秀焕等,2010;盛浩等,2012)。

　　土壤呼吸是一种复杂的生物化学过程,不仅受到土壤温度、湿度、土壤有机质组成及含量、土壤氮磷等矿质养分含量以及太阳辐射、大气压强等气象条件的影响,而且还与植被、植物生长以及人类活动等密切相关。一般都随降水和太阳辐射的变化,呈现出日变化、季节变化的特点。在特定的生态系统,温度和湿度可能是土壤 CO_2 排放量最重要的影响因素。大多数研究者认为,温度是土壤 CO_2 通量最重要的影响因子,在一定的土壤温度范围内(0~35 ℃),由于土壤微生物活性及植物根呼吸、酶活性随温度升高而升高,因此土壤呼吸也随温度的升高而增强。但也有研究者认为,生态系统 CO_2 排放与温度的相关关系较弱,主要受光照辐射条件的影响。土壤水分主要通过影响微生物和根系呼吸活性,从而影响 CO_2 产生与排放,显然土壤水分过多或过少,都会降低 CO_2 的产生与排放(刘祥超等,2012)。

3. 土壤 CH₄ 释放量

CH₄是仅次于 CO₂ 十分重要的温室气体，全球每年 CH₄ 排放量超过 3 亿吨，其中 15% ~30% 来源于土壤，主要是渍水的水稻土和沼泽地。我国 CH₄ 排放量约 4 100 万吨，其中稻田 CH₄ 排放量约占总排放量的 17%。甲烷是在甲烷菌分解转化有机物质时产生的，是一个生物学过程。因此，影响甲烷菌群落与活性的因素，都将影响到土壤甲烷的产生与排放，既包括土壤因素也包括气象因素，存在明显的日变化和季节变化，特别是土壤温度和湿度。研究发现，在一定的土壤温度范围内，每升高 10 ℃，土壤甲烷的产生量提高 3 倍。甲烷产生所需要的厌氧环境在很大程度上取决于土壤湿度，不同的渍水程度直接影响有氧和无氧区域的相对大小，从而影响甲烷的产生与氧化，深水灌溉、干湿间歇灌溉和常湿稻田以及控水晒田等，都能减少稻田甲烷的排放（韩广轩等,2003）。

4.3　土壤无机碳及其转化过程

土壤无机碳（SIC）是近地表环境中的主要碳库之一，形态上包括土壤中固态的碳酸盐矿物、气态的二氧化碳和液态的二氧化碳、碳酸、重碳酸根离子以及碳酸根离子，一般情况下专指土壤碳酸盐矿物中的碳。

全球土壤无机碳库规模为 941 Pg，占土壤总碳库 2 467 Pg 的 38.1%，主要分布在温带地区（表 4 – 4）。温带地区土壤无机碳约占无机碳总储量的 55%，占土壤总碳库的 21%。

土壤无机碳的更新极为缓慢，对大气 CO₂ 的响应和调节存在时间滞后性，但对于地质历史时期大气圈 CO₂ 浓度的控制有着重要的意义，其重要性在于作为大气 CO₂ 长期的源和库对大气 CO₂ 浓度有较大的影响。

表 4 – 4　不同的生态区土壤无机碳（SIC）和总碳（TC）储量（Eswaran 等,1999）

生态区	SIC/Pg	百分比/%	TC/Pg	百分比/%	SIC/土壤 TC/%	SIC/全球 TC/%
苔原	18	1.9	405	16.4	4.4	0.7
北方针叶林	256	27.2	632	25.6	40.5	10.4
温带	518	55.1	873	35.4	59.3	21
热带	149	15.8	557	22.6	26.7	6
总计	941	100	2 467	100		38.1

4.3.1　土壤碳酸盐的来源与形态

1. 来源

土壤碳酸盐主要有两个来源，一是继承性来源，二是发生性来源。继承性来源包括母质遗留下来的碳酸盐和气载尘埃中的碳酸盐。前者又分为两种情形。一是岩生性碳酸盐(lithogenic carbonate),也称为原生(primary)或继承性(inherited)碳酸盐,指来源于母岩未经风化成土作用而保存下来的碳酸盐。二是冲积母质中的碳酸盐,由于经过长途搬运其发生性很难判断。气载尘埃中碳酸盐的发生性很难判断,如黄土母质中的碳酸盐。

发生性来源又称为次生(secondary)或自生(authigenic)碳酸盐,是指在风化成土过程中形成的碳酸盐,多发生在相对干旱的草原或者草灌植被土壤,土壤pH一般大于7,年均降水量小于800 mm的地区。在土壤形成过程中由于生物作用形成的碳酸盐,称为生物源碳酸盐,主要包括根鞘岩、钙化菌丝、针状纤维方解石晶体、泡状碳酸盐、球状碳酸盐等。

土壤发生性碳酸盐聚集层一般平行于土壤表层,上部的边界距土壤表层从几厘米到约60 cm,具有显著不同于上下层的形态,显示出横向的连续性。或发生在含有少量或没有碳酸盐层之间,或发生在不同组成和质地沉积物的交叉处。形成一个与时间有关的发育系列。碳酸盐聚集层深度与海拔有关,随降雨量增加,碳酸盐向山的上部边界变深。与具有稳定地形的土壤相比,具有径流的地方碳酸盐聚集层更浅。

2. 种类

土壤碳酸盐种类很多,有60多种,如文石($CaCO_3$)、菱铁矿($FeCO_3$)、菱镁矿($MgCO_3$)、菱锰矿($MnCO_3$)、菱铅矿($PbCO_3$)、孔雀石($CuCO_3Cu(OH)_2$)等,但主要是钙碳酸盐(方解石,$CaCO_3$)和钙镁碳酸盐(白云石,$CaMg(CO_3)_2$)。

3. 形态

发生性碳酸盐有许多种形态,如沉积在母质空隙的细丝状,卵石周围纯化的薄层碳酸盐包膜(也称作碳酸盐悬膜)等。发生性碳酸盐可以通过碳酸盐母质溶解与沉淀过程形成,在此过程中土壤无机碳含量不变。也可通过含钙、镁的硅酸盐风化形成,导致碳的固存,形成发生性碳酸盐。发生性来源的单个碳酸盐晶体比较小,肉眼很难辨认,但聚集在一起形成白色聚合体,呈现出碳酸盐细状体(也称为菌丝体、假菌丝体和丝状体)、悬膜、胶膜、软似球状分离体(白色眼状物)、结核、凝团以及脉状物等,是肉眼辨别发生性碳酸盐的重要参数,以区别于岩生性碳酸盐。也可依据[13]C分馏原理,区分土壤中的岩生性碳酸盐和发生性碳酸盐。

4.3.2 土壤碳酸盐的转化过程及其影响因素

土壤中碳酸盐的转化本质上是化学的沉淀与溶解过程,土壤生物的作用在于影响这种化学过程的平衡,具体影响的途径如图4-12所示。

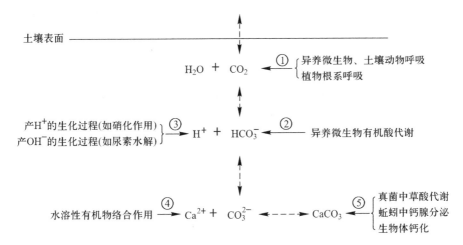

图 4 - 12　土壤生物化学过程对碳酸盐转化的影响途径(虚线箭头表示碳酸盐转化的化学过程,实线箭头表示生化过程的影响途径)

1. 呼吸作用

由于土壤介质和孔隙曲度的物理阻隔作用,土壤空气与近地面大气的交换过程比较缓慢,所以两者的 CO_2 浓度存在梯度差,土壤空气中 CO_2 的浓度往往高于近地面大气 CO_2 浓度的 10 倍以上。因此,土壤中存在的碳酸盐反应体系与常规大气压下的水体系完全不同,土壤 $CaCO_3$ 处于较高的溶解度水平,溶液中的 Ca^{2+} 浓度大于水体系中的 Ca^{2+} 浓度。CO_2 分压(p_{CO_2})与 $CaCO_3$ 溶解性(αCO_3^{2-})的关系可表述为

$$\lg \alpha CO_3^{2-} = \lg K^{**} + \lg p_{CO_2} + 2pH$$

式中:K^{**} 为 CO_2 在水中一级和二级解离常数的乘积。

土壤 CO_2 的主要来源包括异养微生物、土壤动物、植物根系等的呼吸作用,因此土壤 CO_2 浓度具有明显的季节性变化,高温、多雨季节的 CO_2 浓度明显高于低温、干旱季节,土壤碳酸盐的溶解和沉淀过程因此也具有季节性变化特征。另外,主要是由于 CO_2 交换作用受阻,底层土壤的 CO_2 浓度一般高于表层土壤。

向土壤中加入易分解的有机物质,由于土壤微生物呼吸作用增强,从而加速了碳酸盐的淋洗。室内土柱实验结果表明,向土壤加入水稻秸秆,可加速土壤可交换态 Ca^{2+} 的淋洗,淋洗量是不施用秸秆土壤的 2 倍以上,同时也提高了可溶性无机碳(DIC)的淋洗量 (Katoh 等,2005)。FACE 实验结果也显示,增加大气 CO_2 浓度,土壤空气中 CO_2 分压(p_{CO_2})提高 14%,土壤溶液 DIC 浓度相应提高 22%,其中 HCO_3^- 浓度增加了 78%,CO_3^{2-} 浓度增加了 294%(Karberg等,2005)。甚至 15cm 深处土壤溶解性 CO_2 的含量也显著提高,土壤

溶液中 Ca^{2+} 和 Mg^{2+} 的含量分别增加 16% ~37% 和 14% ~44%（Cheng 等,2010）。

2. 异养微生物代谢

当异养细菌以柠檬酸或草酸为底物进行好氧代谢时，将产生 CO_2 和（或）HCO_3^-，从而影响碳酸盐的转化。在厌氧环境中，细菌对硫酸盐（石膏）的异化还原作用，可以形成碳酸盐沉淀（图 4-13），具体分步过程如下：

$$CaSO_4 \cdot 2H_2O \longrightarrow Ca^{2+} + SO_4^{2-} + 2H_2O$$
$$SO_4^{2-} + 2[CH_2O] \longrightarrow 2HCO_3^- + HS^- + H^+$$
$$HCO_3^- + OH^- \longrightarrow CO_3^{2-} + H_2O$$
$$Ca + CO_3^{2-} \longrightarrow CaCO_3$$

综合起来，反应过程为

$$2CH_2O + SO_4^{2-} + Ca^{2+} \longrightarrow CaCO_3 + CO_2 + HS^- + H^+ + H_2O$$

$[CH_2O]$ 表示有机碳化合物，如糖类、氨基酸、脂肪等。氨基酸降解产生 NH_3，NH_3 在水中水化形成 NH_4^+，从而产生 OH^-，环境碱度升高。反应生成的 HS^- 或移出体系，或与 Fe 生成 FeS，CO_2 扩散至别处，进而反应可持续进行。可见，硫酸盐还原和亚硫酸盐氧化在空间和时间上的耦合，对于 $CaCO_3$ 沉淀十分重要。

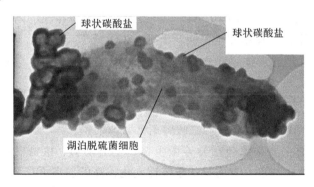

图 4-13　脱硫细菌分泌碳酸盐的透射电镜影像（TEM）：菌体极性端分泌较大的碳酸盐颗粒（Aloisi 等,2006）

碳酸盐体系的沉淀与溶解的平衡。硝化细菌在将 NH_4^+ 氧化为 NO_3^- 的过程中释放出 H^+，导致土壤微环境变酸，改变土壤中 $H_2O-CO_2-CaCO_3$ 体系的平衡，从而促进 $CaCO_3$ 的溶解。

$$NH_4^+ + 2O_2 \xrightarrow{\text{氨氧化酶}} NO_3^- + 2H^+ + H_2O$$
$$\downarrow$$
$$Ca^{2+} + CO_2(g) + H_2O \longrightarrow CaCO_3 + 2H^+$$

尿素在脲酶的催化作用下发生水解，生成的 CO_3^{2-} 直接进入 H_2O-CO_2-

$CaCO_3$ 体系，促进 $CaCO_3$ 的沉淀。另一方面，NH_3 导致水的 pH 升高，间接影响该体系的平衡，也促进 $CaCO_3$ 的沉淀。

$$(NH_2)_2CO + H_2O \longrightarrow CO_3^{2-} + NH_3$$

$$Ca^{2+} + CO_3^{2-} \longrightarrow CaCO_3$$

$$NH_3 + H_2O \longrightarrow NH_4^+ + OH^-$$

$$Ca^{2+} + CO_2(g) + H_2O \longrightarrow CaCO_3 + 2H^+$$

　　脲酶催化的尿素水解过程是细菌诱导碳酸盐沉淀的主要途径之一。在具有脲酶产生能力的细菌体周围，可以形成碳酸盐的沉积圈（图 4 – 14 和图 4 – 15）。

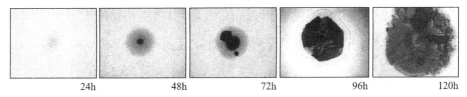

| 24h | 48h | 72h | 96h | 120h |

图 4 – 14　微生物诱导碳酸盐沉淀的典型过程：从无定形碳酸盐开始，逐渐形成晶形碳酸盐（Hammes 等，2003）

3. 水溶性有机物络合作用

　　蛋白质、氨基酸、有机酸等有机物质，能够与金属离子络合或螯合，导致矿物结构发生变化，既显著地影响碳酸盐的微观或宏观形态特征和矿物组成，又影响着碳酸盐的饱和状态与沉淀的速率。一些研究结果表明，25 ℃ 条件下，可溶性有机碳（DOC）浓度为 0.02 mmol·L^{-1} 时，方解石晶体大于 100 μm，而 DOC 浓度增加到 0.15 mmol·L^{-1} 时，方解石晶体缩小至不到 2 μm（Lebron 和 Suarez，1996）。相反，天门冬氨酸的存在增加了晶体生长的活性位点，有利于碳酸盐晶体在过饱和溶液中的稳定（图 4 – 16）（Malkaj 和 Dalas，2004）。

　　Ca^{2+} 可在真菌菌体中积累，尤其在细胞膜内和表面上，以一水草酸钙石（$CaC_2O_4 \cdot H_2O$）或二水草酸钙石（$CaC_2O_4 \cdot 2H_2O$）以及 $CaCO_3$ 形式存在（图 4 – 17）。丝状真菌能够积累、分泌大量有机酸，尤其是草酸，可以溶解 $CaCO_3$，并将 Ca^{2+} 以草酸盐晶体形态固定下来。其反应机理如图 4 – 18 所示。常见的碳酸钙向草酸钙的转化反应式为

$$C_6H_{12}O_6 + 3CaCO_3 + O_2 \longrightarrow 2C_2O_4^{2-} + 2CH_3COO^- + 3Ca^{2+} + 3H_2O + CO_2$$

$$C_2O_4^{2-} + Ca^{2+} \longrightarrow CaC_2O_4$$

　　草酸钙可被生物氧化转变为碳酸钙，反应式为

$$2CaC_2O_4 + O_2 \longrightarrow 2Ca^{2+} + 2CO_3^{2-} + 2CO_2$$

$$CO_3^{2-} + Ca^{2+} \longrightarrow CaCO_3$$

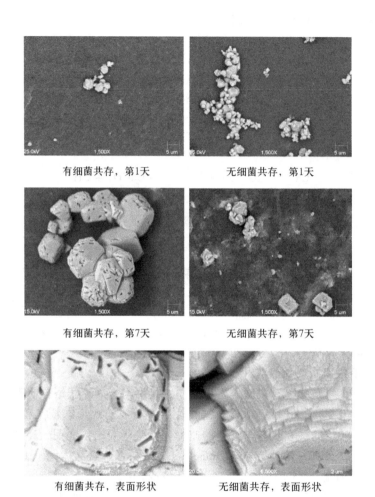

有细菌共存，第1天　　　　　　无细菌共存，第1天

有细菌共存，第7天　　　　　　无细菌共存，第7天

有细菌共存，表面形状　　　　　无细菌共存，表面形状

图 4-15　尿素水解细菌沉淀的方解石的 SEM 图像(Mitchell 和 Ferris,2006)

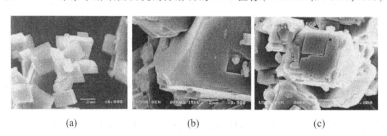

(a)　　　　　　　　(b)　　　　　　　　(c)

图 4-16　不同组成溶液中方解石晶体的生长情况。(a)非反应性核心存在时，方解石晶体具有直线边缘和光滑表面；(b)反应性核心但不加入有机酸时，方解石晶体的横向生长情况良好；(c)含有 0.5 mg·L^{-1}疏水性有机酸时，生长速度与(b)相比降低 50%，横向生长不连续(Hoch 等,2000)

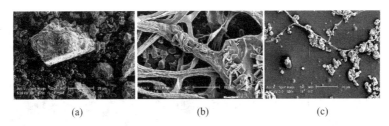

图 4-17　真菌菌丝沉淀草酸钙和碳酸钙的 ESEM 影像。（a）原始石灰石；（b）菌丝表面沉淀草酸钙晶体；（c）菌丝表面沉淀碳酸钙晶体（Burford 等,2006）

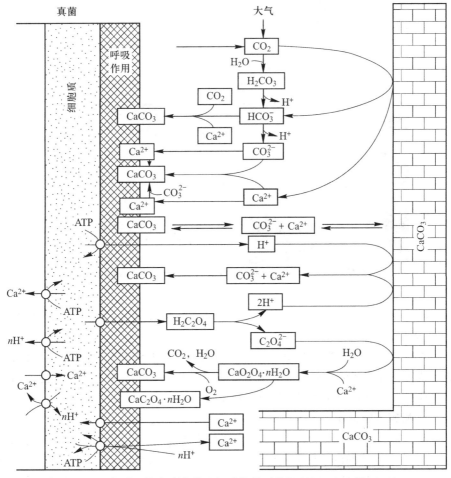

图 4-18　钙质环境中真菌菌丝钙质化的可能机理（Burford 等,2006）

4. 细菌细胞钙化

细菌诱导碳酸盐沉淀分为被动成核和主动成核两种情况（图 4-19,图 4-20），被动成核是菌体周围溶液或微环境的化学条件因代谢活动而发生改变，导致无机离子饱和度增加而产生的碳酸盐沉积现象。被动成核主要是细菌所处微环境 pH 升高的结果，包括细菌氨化作用产生 CO_3^{2-} 或 HCO_3^-，厌氧环境中 SO_4^{2-} 被还原（Van Lith 等，2003），以及蓝藻光合作用时消耗 HCO_3^- 并产生 OH^- 等 3 种情形。相反，由于细菌细胞表面生物大分子的化学异质性，产生的净负电位吸附了阳离子（如 Ca^{2+}），从而与 CO_3^{2-} 或 HCO_3^- 结合形成碳酸盐，即细菌细胞表面被用作成核底物的行

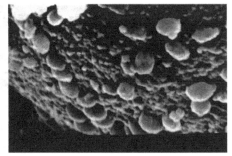

图 4 – 19　钙化细菌体吸附在生物岩上（Rivadeneyra 等，2000）

为，称为主动成核（Bosak 和 Newman，2003）。其反应式如下：

$$Ca^{2+} + Cell \longrightarrow Cell - Ca^{2+}$$

$$Cell - Ca^{2+} + CO_3^{2-} \longrightarrow Cell - CaCO_3$$

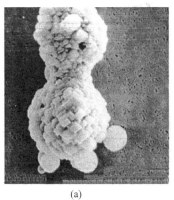 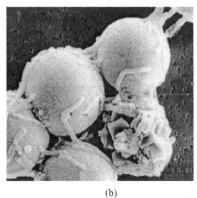

| (a) | (b) |

图 4 – 20　细菌表面碳酸钙的沉积情况：（a）菱形晶体和球状碳酸盐沉淀在细菌体表面；（b）菌体表面直接沉积碳酸钙（Warren 等，2001）

　　大多数革兰氏阳性菌和革兰氏阴性菌细胞表面的羧基（—COOH）具有与方解石晶格十分相似的空间构象，几何形状与 CO_3^{2-} 十分相像，在碳酸盐主动成核中具有十分重要的作用（Braissant 等，2003）。

5. 蚯蚓钙腺分泌

　　达尔文于 1881 年就发现了蚯蚓排泄碳酸盐结核的事实，并提出蚯蚓钙腺结构（图 4 –21）。最新的许多研究结果表明，蚯蚓确实可以通过其钙腺分泌碳酸盐结核（图 4 –22 和图 4 –23）（Briones 等 2008a,b；Gago-Duport 等，2008；Lee 等，2008）。

　　蚯蚓分泌碳酸盐结核的机理和过程尚不十分明确，可能与蚯蚓体内碳酸酐酶催化 CO_2 水化的反应有关。一般包括两个阶段，第一个阶段是溶解态 CO_2 形成 HCO_3^-，再形成 CO_3^{2-}，然后形成无定形碳酸盐。第二个阶段是无定形碳酸盐依据蚯蚓对 Ca^{2+} 的需求情况形成球文石和方解石，形成方解石晶球是最终形式。

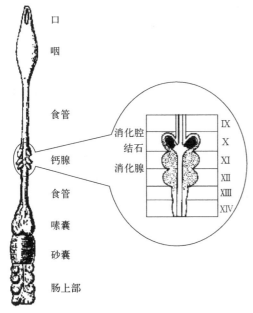

图 4 – 21　蚯蚓钙腺结构

口

咽

食管

钙腺

食管

嗉囊

砂囊

肠上部

消化腔
结石
消化腺

IX
X
XI
XII
XIII
XIV

图 4 – 22　钙腺边缘的碳酸盐晶体（白色框内）（Lee 等，2008）

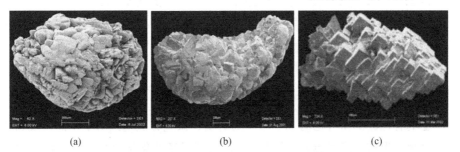

(a)　　　　　　　　　　(b)　　　　　　　　　　(c)

图 4 – 23　不同蚯蚓品种排泄出的碳酸盐结核形状。(a)陆地正蚓；(b)红蚯蚓；(c)八毛蚓（Canti 等，2003）

碳酸酐酶（EC 4.2.1.1）（carbonate hydrolyase，CA）是一个含 Zn 元素的酶，在生物体内催化 CO_2 的水化反应为

$$CO_2 + H_2O \longleftrightarrow HCO_3^- + H^+$$

催化的具体过程是：①被金属激活的 OH^- 对 CO_2 分子做亲核攻击；②产物 HCO_3^- 和 H_2O 进行配位基团交换；③酶的 $Zn - OH^-$ 再生。

$$E - Zn^{2+} - OH^- + CO_2 \underset{①}{\longleftrightarrow} E - Zn^{2+} - HCO_3^- \underset{②}{\overset{H_2O \quad HCO_3^-}{\longleftrightarrow}} E - Zn^{2+} - H_2O$$

$$\underset{③}{\longleftrightarrow} E - Zn^{2+} - OH^- + H^+$$

自 1933 年在牛红血球中发现碳酸酐酶以来，在所有哺乳动物组织和细胞中都发现有许多同工酶，在植物和单细胞绿藻中也很丰富，但在原核生物中，直到 1963 年才在干燥奈瑟氏球菌（*Neisseria sicca*）中发现有碳酸酐酶。

碳酸酐酶可分为 α、β、γ 3 组（图 4 – 24），哺乳动物和单细胞绿藻中的碳酸酐酶属于 α 组，单子叶植物和双子叶植物中的碳酸酐酶属于 β 组，细菌和古细菌中的碳酸酐酶绝大多数属于 β 或 γ 组（Smith 等，1999）。嗜热甲烷八叠球菌（*Methanosarcina thermophila*）中的碳酸酐酶是第一个被发现的 γ 组碳酸酐酶。一些土壤细菌可以分泌胞外 CA（余龙江等，2004）。胞外 CA 具有良好的热稳定性，更适合碱性土壤环境。CA 酶活性在一定的程度上受 Ca^{2+}、Mg^{2+}、Zn^{2+}、Co^{2+} 等金属离子和 SO_4^{2-}、HPO_3^{2-}、NO_3^-、Cl^- 等阴离子的影响。

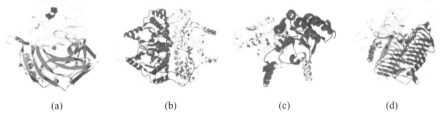

(a)　　　　　　(b)　　　　　　(c)　　　　　　(d)

图 4 – 24　α、β、γ 组碳酸酐酶晶体结构的条带图。红色球状表示 Zn^{2+} 所在的活性中心，不同颜色表示 β、γ 组中的不同亚单元单体。(a) α 组，人类 CA；(b) β 组，红藻 CA；(c) β 组，大肠杆菌 CA；(d) γ 组，嗜热甲烷八叠球菌 CA（Tripp 等，2001）（参见书末彩插）

4.4　土壤有机碳的研究方法

土壤有机碳的研究已有 200 多年的历史，研究方法也经历了不断发展与进步的过程，形成了多种方法（表 4 – 5），经历了经典化学分析方法、电子显微观察技术、现代化光谱和质谱分析技术、分子空间模拟技术等几个阶段，下面仅介绍目前盛行的研究方法与现代分析技术。

表 4 – 5　腐殖酸研究中常用的化学分析方法

项目	测定方法
测定相对分子质量	黏度法、渗透压测量法、超离心法、凝胶过滤法、激光散射法、场解吸质谱法
鉴定官能团	傅里叶变换红外光谱法、核磁共振波谱法、电子自旋共振波谱法、热解 – 气相色谱法、热解质谱法、热解气相色谱 – 质谱法、热解 – 傅里叶变换红外光谱法、滴定法
测定键位关系	阳离子交换法、荧光法、光声光谱法、渗析法、电位滴定法

4.4.1　同位素分析技术

同位素是同一元素的不同原子，其原子具有相同数目的质子，但中子数目却不同，具有相同的原子序数，在元素周期表上占有同一位置，化学性质几乎相同，但原子质量或质量数不同，因而其质谱性质、放射性转变和物理性质存在差异，如果具有放射性，就称为放射性同位素。所谓的同位素分析技术就是将同位素（示踪原子）或它的标记化合物，用物理的、化学的或生物的方法，掺入到所研究的生物对象之中，再利用各种手段检测其在生物体内的踪迹、滞留的位置或含量的技术。一般不需经过提取、分离、纯化等步骤，具有快速、灵敏、简便、巧妙、准确、可定位等优点，已经成为生物物质代谢、遗传工程、蛋白质合成和生物工程等研究不可缺少的技术手段之一。

常用的放射性同位素有 ^{3}H、^{14}C、^{32}P、^{35}S、^{45}Ca、^{51}Cr、^{59}Fe、^{125}I、^{131}I 等，根据其不断地放出特征射线的核物理性质，用核探测器随时追踪其在生物体内或体外的位置、数量及其转变。常用的稳定性同位素有 ^{2}H、^{13}C、^{15}N、^{18}O 等，虽然不释放射线，但可以利用它与普通相应同位素的质量之差，通过质谱仪、气相层析仪、核磁共振等质量分析仪器来测定。放射性和稳定性同位素都可作为示踪剂（tracer），但稳定性同位素灵敏度较低，可获得的种类少，价格较昂贵，应用范围受到限制；而用放射性同位素作为示踪剂不仅灵敏度高，可检测到 10^{-18} ～ 10^{-14}g 水平，即可以从 10^{15} 个非放射性原子中检出一个放射性原子，且简便易行，能准确地定量和定位，也能够满足所研究对象的生理条件。

碳有 15 种同位素（$^{8～22}$C），自然界中主要以 ^{12}C、^{13}C、^{14}C 3 种同位素的形式存在，其余的同位素半衰期很短，如 ^{11}C 约为 20 min，其他均小于 20s。^{12}C、^{13}C 相对丰度分别为 98.89% 和 1.11%，^{14}C 只有极微量且具放射性，半衰期为 5 730年。天然物质的碳同位素组成由 ^{13}C/^{12}C 比值确定的 δ^{13}C 表示，以美国南卡罗莱纳州白垩系 Pee Dee 组拟箭石化石（简称 PDB）作为标准品，取值 0.011 237 2。20 世纪 50 年代以来，随着浓缩和分析技术的突破，^{13}C 和 ^{14}C 同位素分析技术广泛用于地球科学、生命科学、医学、化学等多个学科，已经成为生态系统碳循环转化过程与机理、植被变化历史、土壤有机碳组分及其来源、有机物分解转化过程与机理、激发效应、温室气体排放等方面极其重要的研究手段之一。

$$\delta^{13}C = \left(\frac{\left(\frac{^{13}C}{^{12}C}\right)_{样品}}{\left(\frac{^{13}C}{^{12}C}\right)_{标样}} - 1 \right) \times 1\,000‰$$

1. 有机碳组分来源

土壤有机碳组成成分十分复杂且来源广泛，根据腐殖化程度，可分为非腐殖质和腐殖质。前者种类繁多，包括许多单糖、纤维素、半纤维素、木质素、蛋白质、氨基酸、氨基糖、脂肪、蜡、树脂等，占 20% ~ 30%。后者主要是胡敏酸、富里酸和胡敏素，占 70% ~ 80%。土壤有机碳主要来自于植物，一些有机碳可能来自于微生物，甚至土壤动物。研究了解不同有机碳化合物的来源，对于有机碳库管理，土壤培肥改良及定向培育，水肥高效管理，生态环境保护等均具有重要的意义，是土壤学重大的、基础性的研究课题，也是前沿性的研究课题。

长期以来，由于土壤有机碳组分成分十分复杂且多变，对不同有机碳组分来源的研究和了解还很少。一些研究者根据不同的有机体特异性化合物含量的差异，如根据葡萄糖和木糖含量的差异，判断土壤糖类的来源。近几年来，随着 $\delta^{13}C$ 质谱分析技术的引入，对土壤有机碳组分的来源有了越来越多的研究与了解（Lichtfouse 等，1995）。

大量研究结果显示，由于同位素分馏现象，不同有机体甚至不同有机碳化合物，其 $\delta^{13}C$ 值有明显的差异。大气 CO_2 的 $\delta^{13}C$ 为 $-7.5‰$，植物体中 ^{13}C 的相对含量显著低于大气 CO_2，其中小麦、大豆、水稻等 C_3 植物，即卡尔文循环光合作用代谢植物，其 $\delta^{13}C$ 值为 $-35‰ ~ -20‰$，平均为 $-27‰ ± 6‰$。而玉米、高粱、甘蔗等 C_4 植物，即 Hatch – Slack 循环光合作用代谢植物，由于利用质量重的 ^{13}C 同位素能力更强，导致其 $\delta^{13}C$ 值提高至 $-17‰ ~ -9‰$，平均为 $-13‰ ± 2‰$。许多茎叶肥厚的沙漠植物，采用景天酸代谢光合作用，其 $\delta^{13}C$ 值介于 C_3 和 C_4 植物之间，为 $-19‰ ~ -9‰$，平均为 $-17‰$。因此，如果地表植物组成保持稳定，可根据土壤有机碳组分的 $\delta^{13}C$ 值，判别相应的地上植被（沈承德等，2000）。

一般说来，土壤有机碳组分 $\delta^{13}C$ 值与相应的植物组分十分接近，变化幅度一般在 $0.5‰ ~ 1.5‰$ 范围内。如土壤纤维素和半纤维素的 $\delta^{13}C$ 值比植物体高出 $1‰ ~ 2‰$，木质素则低至 $2‰ ~ 6‰$，脂类也降低了 $3‰ ~ 7‰$。腐殖质 3 个组分 $\delta^{13}C$ 值的顺序为：胡敏素 > 胡敏酸 > 富里酸，其中富里酸（FA）的 $\delta^{13}C$ 值更接近植物体，可能与 FA 含有较多的羧基和糖类，而 HA 含有较多的脂类有关（Ballentine 等，1996）。随着土壤团聚体的减小，其有机碳组分 $\delta^{13}C$ 值逐渐提高，可能是因为较细的矿物质颗粒吸附比较多的微生物代谢产物，这些代谢产物通常具有较高的 $\delta^{13}C$ 值。研究发现，森林土壤轻组有机碳（密度 $< 1.7 g \cdot cm^{-3}$）的 $\delta^{13}C$ 值高于重组有机碳（密度 $> 1.7 g \cdot cm^{-3}$），自由态轻组有机碳较包被态轻组有机碳的 $\delta^{13}C$ 值要高，而热带高草草原氧化土则相反，轻组有机碳 $\delta^{13}C$ 值低于重组有机碳，后者更接近植物体，可能与微生物对植物残体的分解程度有关，热带高草草原氧化土重组有机碳的分解程度更高一些（Golchin 等,1995）。

2. 有机碳分解与转化动力学

有机碳分解与转化动力学一直是土壤有机质研究的热点和重点，传统的方法如袋装法、砂滤管法等，很难定量地描述有机碳的分解转化过程。同位素示踪法包括放射性同位素标记示踪法和天然同位素标记示踪法，已经成为有机碳分解与转化动力学研究不可缺少的方法，广泛用于动植物不同器官组织的分解与转化动力学过程。

同位素标记物可以从市场购买，也可以自己生产。由于 ^{14}C 灵敏度比较高，分析费用比较低，大多采用放射性同位素 ^{14}C 示踪技术。标记物包括水稻、玉米等各种作物秸秆，苜蓿、黑麦草等牧草植株，以及葡萄糖等有机碳化合物，用于研究这些有机物在土壤中的分解转化过程、产物及其分布，以及土壤水分、温度、气候条件、耕作栽培措施、施肥、土地利用等对有机物分解与转化的影响（肖和艾等,2007）。随着质谱分析技术的引入与普及，越来越多的研究者根据不同有机物 δ^{13}C 值的差异，研究其分解与转化特征（Katoh 等,2005;刘微等,2008）。

作为土壤有机碳最活跃的组分，土壤微生物量碳及其周转一直是土壤学的研究热点，同位素标记技术，主要是 ^{14}C 示踪技术，广泛地应用于土壤微生物量碳及其周转研究之中，详细内容参见第 1 章有关内容。

3. 激发效应

激发效应是土壤有机质分解过程中常见的现象，广义的激发效应是指加入有机物料对土壤有机质矿化速率的影响。如果是提高了土壤有机质矿化速率，就是正激发效应，即 Bingemann 等在 1953 年提出的狭义的激发效应概念。如果是降低了土壤有机质矿化速率，就是负激发效应（Kuzyakov 等,2000）。有关土壤激发效应的研究很多，大多采用 ^{14}C 标记技术，研究不同 ^{14}C 标记物，如葡萄糖、淀粉等，对土壤不同有机碳组分尤其是土壤腐殖质的激发效应（Shen 和 Bartha,1997）。一般认为，只有活性比较高、容易被微生物分解的有机物质，才会产生明显的激发效应，而活性很低微生物很难分解的生物质炭，不能加速土壤有机质的分解，即没有显著的正激发效应（Major 等,2010），甚至出现负激发效应，如将生物质炭加入 Anthrosol 土壤（Liang 等,2010）和黄土（Kuzyakov 等,2009）后，就得到负激发效应的结果。负激发效应主要是由于生物质炭吸附土壤中的有机质和养分，导致土壤中的微生物活性降低，从而降低了土壤有机质的矿化速率。Wardle 等（2008）第一次提出向土壤加入生物质炭，会加速土壤有机质分解，即产生正激发效应。Luo 等（2011）等利用 δ^{13}C 分析技术原理，研究发现芒草生物质炭有显著的激发效应，且因生物质炭和土壤酸度而异，低温下制造的生物质炭有比较高的激发效应（图 4 – 25）。

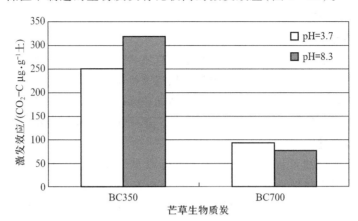

图 4 – 25　低温和高温芒草生物质炭加入酸性和碱性土壤 25 ℃ 培养 87 天的激发效应（Luo 等,2011）

4. 温室气体排放

CH_4 和 CO_2 是温室气体的重要组成部分，减少温室气体排放迫在眉睫。土壤是 CH_4 和 CO_2 产生与排放的重要场所，因此，研究了解土壤 CH_4 和 CO_2 产生与排放的过程及机理，是当前的热点研究课题。同位素示踪技术的应用，极大地促进了定量化研究和了解土壤温室气体产生的过程与原理以及影响因素。例如，应用 [14]C 标记示踪技术，研究不同作物的秸秆，不同动植物的器官与组织，甚至不同有机碳化合物等转化为温室气体的过程与机理，以及土壤物理、化学和生物学特性与温室气体排放之间的关系，生态环境及气候条件对温室气体排放的影响（Chidthaisong 和 Conrad,2000）。近年来，[13]C 分析技术格外令人注目，并与分子生物学技术结合，成为研究和了解 CH_4 产生生物学机理的重要技术手段（Radajewski 等,2000 ）。

4.4.2　光谱分析技术

所有的物质都具有特殊的结构和特征光谱，光谱分析法就是利用物质的特征光谱来鉴别物质，确定其组成成分和相对含量的方法。根据分析原理，光谱分析可分为发射光谱分析（emmision spectroscopic analysis）与吸收光谱分析（absorptionspectroscopic analysis）。前者是根据被测原子或分子在激发状态下，发射出的特征光谱来鉴别物质种类与结构，也可根据特征光谱的强度计算其含量。后者是根据待测元素的基态原子吸收特征光谱来鉴别原子种类，并根据特征光谱的强度计算其含量。根据被测成分的形态，光谱分析分为原子光谱分析（atomic spectroscopic analysis）与分子光谱分析（molecular spectroscopic analysis），前者的被测成分是原子，后者的被测成分则是分子。

　　土壤有机碳的主要成分是腐殖质，包括富里酸、胡敏酸和胡敏素 3 个组分，这些腐殖质是动植物残体在微生物作用下分解并再合成的一类深色、难分解、大分子有机化合物，结构复杂且含有大量苯环、羧基、羰基等发色团，具有特异的光谱特征。光谱分析广泛应用于土壤有机碳结构与特性等研究中，主要包括可见光谱分析（波长 400 ~ 780 nm）、紫外光谱分析（波长 100 ~ 400 nm）、荧光光谱分析（波长一般与可见光相同）、红外光谱分析和核磁共振光谱分析等（图 4 – 26）。

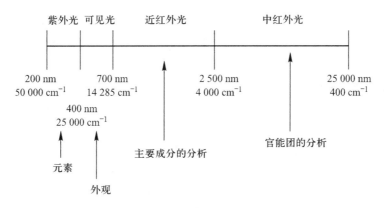

图 4 – 26　光谱波长的范围及其特点

1. 可见 – 紫外光谱分析

　　土壤腐殖质对可见光和紫外光都有明显的吸收，但大多无明显的特征光谱，常用色值、色调系数、相对色度、E_{265}、E_{265}/E_{325} 等指标来表征。色值（color absorbance）是指腐殖质在 465 nm 处的吸光值，用 E_{465} 表示。不少研究结果显示，E_{465} 能够反映腐殖质的芳构化程度、分子复杂程度和相对分子质量。一般说来，E_{465} 值越小，腐殖质的芳构化程度越低，结构越简单，相对分子质量越小。

　　E_{465}/E_{665} 和 $\Delta\lg K$ 均用以反映腐殖质的腐殖化程度，前者是腐殖质在465 nm 与 665 nm 处吸光度的比值，后者是腐殖质在 400 nm 和 600 nm 处吸光度对数值之差，也称为色调系数。相对色度（RF）与 $\Delta\lg K$ 成反比，计算方法是胡敏酸在 600 nm 处或富里酸在 400 nm 处的吸光度，除以 30 mL 该溶液所消耗的 0.02 mol·L^{-1} KMnO$_4$ 的体积，再乘以 1 000。一般说来，E_{465}/E_{665} 和 $\Delta\lg K$ 的数值越大，反映出腐殖质的分子结构越简单，但与腐殖质的芳构化程度没有直接的关联（表 4 – 6）。与之相反，RF 值越大，表征腐殖质的缩合程度越高，结构越复杂。一些研究者甚至根据 $\Delta\lg K$ 和 RF 值，将胡敏酸分为 A、B、P、Rp 4 种类型，从 Rp 到 B，或从 P 到 A，或从 B 到 A，胡敏酸的腐殖化程度增强，

C/H 比值提高，分子结构更为复杂。也有一些研究结果显示，E_{265} 和 E_{265}/E_{325} 可反映腐殖质分子的复杂程度，E_{265}/E_{325} 可能与腐殖质的年轻程度存在一定的关联。

表 4 – 6   不同土壤腐殖酸 E_{465}/E_{665} 比值的差异

土壤名称	腐殖酸	E_{465}/E_{665}
老成土	胡敏酸，相对分子质量 > 30 000	4.32
	胡敏酸，相对分子质量 = 15 000	5.49
灰土	胡敏酸	5.0
淋溶土	胡敏酸	3.5
软土	胡敏酸	3.3
旱成土	胡敏酸	4.3
老成土	富里酸	8.0

2. 荧光光谱分析

荧光也称为萤光，是指一种光致发光的冷发光现象。当某种常温物质经某种波长光(通常是紫外线或 X 射线)照射后进入激发态，但立即退激发并发射出比照射光波长更长的光(波长通常在可见光波段)，光照一旦停止，发光现象也随之消失。荧光光谱分为荧光激发光谱(E_x)和荧光发射光谱(E_m)。前者是以激发光波长为横坐标，以荧光强度为纵坐标作图所获得的光谱图。后者是激发光波长不变，以荧光发射波长为横坐标，以荧光强度为纵坐标作图所获得的光谱图，即为荧光发射光谱，或称为荧光光谱。

一些研究结果显示，土壤腐殖质荧光光谱最大吸收波长(λ_{ex})处的吸光度(E_{xmax})和发射光谱最大吸收波长(λ_{em})处的吸光度(E_{mmax})，不但与其结构(有色官能团和非饱和键)有关，而且还与其来源、相对分子质量、浓度、pH、离子强度、温度和氧化还原电位等因素有关。FA 的 λ_{ex} 和 λ_{em} 分别为 347 ~ 375 nm 和 477 nm，比 HA 分别低约 100 nm 和 170 nm。峰较宽且强度小的荧光光谱，指示腐殖质的芳构化程度较高，不饱和键较多，可能带有较多的羰基、羧基等亲电子官能团，相对分子质量一般较大。而峰较窄并且强度大的荧光光谱，说明腐殖质结构简单、相对分子质量小、芳构化程度低、生色团少，带有较多的羟基、甲氧基、氨基等给电子官能团。荧光光谱还可反映土壤矿物与腐殖质复合体之间的键合关系，也可作为鉴定胡敏酸和富里酸是否同一来源的标准方法(Senesi 等,1991)。尽管荧光光谱分析比较灵敏，且不破坏样品，相对比较简单，但目前主要多用于定量分析，所揭示的腐殖质结构信息很有限，国内外相关研究并不多。

3. 红外光谱分析

红外吸收光谱是由分子振动和转动产生的。分子振动是指分子中各原子在平衡位置附近做相对运动，多原子分子可组成多种振动图形。当照射分子的光能刚好等于基态与第一振动能级的差值时，分子就吸收光能，并产生跃迁，发生偶极矩的改变，由于分子振动所需要的能量正好在红外区（330 ~ 5 000 cm^{-1}），所以就显现出红外吸收光谱。分子的振动和转动的能量不是连续的，而是量子化的，分子振动跃迁过程中也常常伴随转动跃迁，使分子红外光谱呈带状，为带状光谱，分子越大，红外谱带也越多。

自 20 世纪 50 年代中期，红外光谱分析就开始引入土壤有机碳研究。但由于土壤有机质的复杂性，以及色散型仪器分辨率、信噪比和灵敏度等方面的限制，红外光谱分析并未大力推动土壤有机质研究。70 年代后出现的傅里叶变换红外光谱（Fourier transform infrared spectroscopy，FTIR），具有样品需要量小、灵敏度高、信噪比高、分辨率高、速度快、检测限低等特点，可累积多次扫描后进行记录，并可以与气相色谱联用，使红外光谱分析成为土壤有机碳、有机化学和材料学等不可或缺的工具。

FTIR 分析主要用于定性地研究土壤有机碳的官能团组成与结构特征（表 4 - 7），可以提供含氧官能团的本性、反应性和结构排列等信息，确认腐殖质中蛋白质、糖类、矿物质、金属离子等"杂质"的存在，还能够反映土壤腐殖质与农药等其他有机物质的相互作用，也可用于描述金属离子络合或螯合物特征等（Shirshova 等，2006）。FTIR 不适合用于土壤腐殖质的定量分析研究，一是由于样品定量化比较困难，二是红外光谱的分峰技术十分复杂。

表 4 - 7　红外光谱吸收峰的属性

波数/cm^{-1}	化学键与官能团归属
3 400	O—H（N—H）伸展或氢键缔合
3 060 ~ 3 080	芳香环 C—H 伸展
2 920 ~ 2 930	脂族 CH_2 伸展（—CH_2—，不对称）
2 853 ~ 2 860	脂族 C—H 伸展（—CH_2—，对称，末端甲基）
1 710 ~ 1 722	羧基所在的 C＝O 伸展
1 648 ~ 1 658	酰胺 C＝O 伸展等
1 600 ~ 1 630	芳香 C＝C 伸展，羧酸盐（—COO^-，不对称）
1 510 ~ 1 560	芳香 C＝C 伸展（对位、邻位取代），酰胺化合物及氨基酸 N—H 面内变形等
1 450 ~ 1 460	脂族 C—H 变形（—CH_2—，—CH_2）
1 400 ~ 1 425	脂族 C—H 变形，邻位取代芳香环伸展
1 220 ~ 1 240	羧基中的 C—O 伸展和 OH 变形
1 122 ~ 1 127	醚或酯中的 C—O 伸展
1 030 ~ 1 040	伯醇、芳香醚或芳香酯中的 C—O 伸展
1 050	硅酸盐的 Si—O
830 ~ 840	对位取代芳香环 C—H 摇摆或氨基酸中的 N—H 摇摆

4.4.3　核磁共振波谱分析

核磁共振（nuclear magnetic resonance, NMR）是自旋产生磁矩的原子核，在高强度交变电磁场作用下，吸收特定频率的电磁波，从较低的能级跃迁到较高的能级，从而形成核磁共振波谱。只有自旋量子数等于 $1/2$ 的原子核，如 ^1H、^3H、^{13}C、^{15}N、^{19}F、^{31}P 等原子核，才具有非零自旋而产生磁矩，从而显现出核磁共振现象。原子核处于不同的化学环境，将会有不同的核磁共振波谱，记录这种波谱即可判断该原子在分子中所处的位置及相对数目，从而获得其分子结构。

核磁共振波谱分析分为连续波（CN）及脉冲傅里叶（PFT）变换两种形式，其中连续波核磁共振波谱分析主要由磁铁、射频发射器、检测器和放大器、记录仪等组成，以四甲基硅烷（TMS）为基准物（内标），定为 0，测定样品的化学位移（δ）。由于化学位移很小，常用 ppm 表示，^1H 为 $0 \sim 10$ ppm，^{13}C 为 $0 \sim 250$ ppm。

目前研究与应用较多的是 ^1H 和 ^{13}C 核磁共振波谱分析技术，^1H 核磁共振波谱分析也称为质磁共振波谱分析（proton magnetic resonance, PMR），一般表示为 ^1H-NMR，其核磁共振波谱图直观性较差，分辨率较低，只能测定液体样品。另外，样品残留水会严重干扰测定。^{13}C 核磁共振波谱分析技术分为液相（liquid $^{13}C-NMR$）和固相 ^{13}C 核磁共振波谱分析技术（solid $^{13}C-NMR$）。前者只能测定液体样品，灵敏度不高，由于土壤腐殖质不是完全可溶的，因此实验结果的可靠性存在很大的问题，应用受限。后者采用固体参差极化魔角样品自旋核磁共振波谱分析技术（cross polarization magic angle spinning NMR, $CP-MAS^{13}C-NMR$），能直接测定不同的样品，灵敏度较高，反映真实的分子结构特征。

核磁共振波谱分析技术引入土壤学研究已有 50 年的历史，但近 20 年才广泛应用于土壤有机碳的各项研究中，主要包括腐殖质组成成分与结构，官能团构成与特性，腐殖质各组分来源与地球化学特征，腐殖质网状结构，以及腐殖质与农药等有机污染的相互作用等。如图 4 - 27 所示，$0 \sim 50$ ppm 为 R—C，$51 \sim 105$ ppm

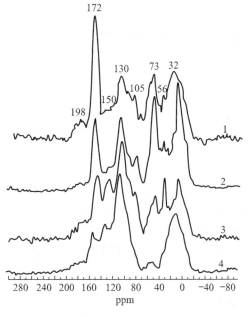

图 4 - 27　不同来源腐殖质的 ^{13}C 核磁共振谱
1. 沼泽水；2. 土壤；3. 泥炭；4. 褐煤（Lu 等，2000）

为 RO—C，106～160 ppm 为 Ar—C（芳香碳），161～200 ppm 为 C＝O，根据峰面积，可以计算各类碳的相对含量。目前，核磁共振波谱分析技术已成为土壤有机碳研究的主要分析手段之一。

4.4.4　质谱分析技术

质谱法（mass spectrometry，MS）是用电场和磁场将运动的离子，包括带电荷的原子、分子或分子碎片，有分子离子、同位素离子、碎片离子、重排离子、多电荷离子、亚稳离子、负离子和离子－分子相互作用产生的离子等，按其质荷比分离后进行检测的方法，根据离子质量确定化合物的分子质量、化学结构、裂解规律，以及由单分子分解形成的某些离子间存在的某种相互关系等信息。

质谱仪种类繁多，随着科技的发展，质谱分析常与其他分析方法结合在一起，如热解法与质谱联用（pyrolysis－mass spectrometry，Py－MS），气相色谱与质谱联用（gas chromatography－mass spectrometry，GC－MS），高效液相色谱与质谱联用（high performance liquid chromatography－mass spectrometry，HPLC－MS）等，也可以与其他质谱联机（MS/MS）。仪器联机在弥补单一分析方法的不足之余，还能产生一些新的分析测试功能，大大拓展了质谱仪的应用范围。热解－场离子质谱（Py－FIMS）的使用对研究土壤有机碳分子结构起重要作用，提供了腐殖质分子的基本结构信息，各种热解产物在谱图上有特定的分子离子峰，目前已有 332 种热解产物被确定（图 4－28）。联用技术的应用起到了一种特殊的作用，满足了灵敏度高、鉴别能力强、分析速度快和分析范围广的要求，是现代有机碳研究中最重要的一种分析技术。

4.4.5　分子空间模拟技术

计算机分子模拟在生物大分子领域的应用，从 20 世纪 70 年代至今，已发展到了一个崭新的阶段，主要基于分子力场、模拟分子体系算法和计算机硬件软件这 3 个方面的发展（Roe，1991）。计算机模拟方法是利用分子力学、分子动力学和量子力学理论等一定的理论机制，直接计算或者借助实验数据确定分子构象或者相关的分子与分子、分子与体系、分子与原子的相互作用或动态行为，并通过计算机图形可视化技术模型显示这种空间模型或相互作用，是不同于试验和理论方法的第三种科学研究的方法。目前，分子模拟的方法主要有量子力学法（包括从头计算、密度泛函、半经验方法）、蒙特－卡罗算法、分子力学方法和分子动力学方法等。

Schulten 等（2001）利用分子空间模拟技术得到几何学上最优化以及能量最小化的二维 HA 模型的三维结构（图 4－29），其主要操作如下。①手工绘制 C—C 骨架并添加 O 和 N 原子。②按照准确的键长和键角添加上 H 原子，且在

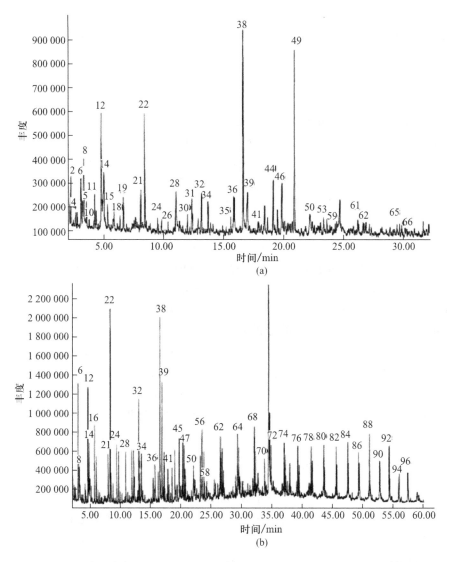

图4-28 不同来源腐殖质的 Py - GC/MS 谱图。(a) 沼泽水；(b) 泥炭(Lu 等,2000)

二维分子模型的基础上增加了 7 个 H 原子使之成为完整的化合物，分子式为 $C_{308}H_{328}O_{90}N_5$。③按照一定的键长、键角、扭转角、范德华力、氢键建构成三维的 HA 结构模型。④对模型进行能量计算和结构优化，获得胡敏酸三维分子模型。在 HA 分子模型的基础上，Schulten 又建立了土壤有机质(SOM)模型，可溶性有机质(DOM)分子模型，SOM 和矿物的复合分子模型(图 4 - 30)，甚至整个土壤的分子模型。Kubicki 和 Apitz (1999)建立了 69 个碳原子的 ($C_{69}H_{44}O_{29}N_4$)低相对分子质量的自然有机质模型，并分析该有机质分子对有机污染物萘、酚类小分子的吸附行为。一些研究者利用 CD 光谱和核磁共振分析资料，通过补充实验和分子模拟的计算化学工具，也建立了一个腐殖酸的一级和二级结构，但只有 70 多个碳原子，比 Schulten 建立的 HA 分子模型也小得多(Jansen等,1996)。总体来说，现有的分子模型都是一个腐殖质的总体概念，腐殖质结构研究的必然趋势是更细化的分类，提纯出结构相似性更高的子类。一个统一的分子模型肯定不能满足腐殖质机理分析研究的需要，腐殖酸分子模型的建立也自然会更为细化。

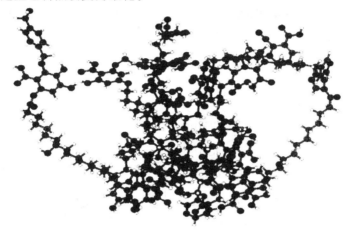

图 4 - 29　Schulten 模拟的腐殖酸三维分子模型(Schulten 和 Schnitzer,1992)

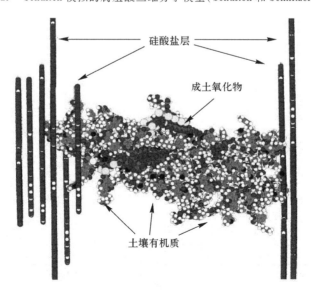

图 4 - 30　Schulten 模拟的土壤有机质、成土氧化物、硅酸盐层复合分子模型(Schulten 和 Schnitzer,1997)

　　随着质谱分析技术和计算化学的成熟，将高分子计算化学和计算机可视化技术应用到土壤有机碳结构的解析，对土壤有机碳结构进行分子模拟已经成为可能。国际土壤学联合会前主席 Donald Sparks 曾撰文指出"分子尺度的研究"将成为土壤化学新的前沿。分子模拟技术已经成为分子结构理论研究的前沿阵地，然而将分子模拟技术应用到土壤学科，进而应用于土壤有机碳的研究却还是刚刚起步阶段。

　　利用高分子设计与计算软件可对土壤有机碳分子进行结构建模，然后根据分子力场的算法，对分子结构进行结构优化，从而得到有机碳高分子化合物的 2D、3D 的可视化结构。Fuchs 和 Stevenson 均通过计算机模拟和谱分析技术对胡敏酸分子进行了建模（图 4 - 31 和图 4 - 32），但由于被提出的胡敏酸分子模

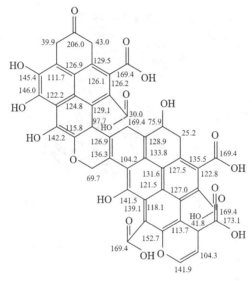

(a)

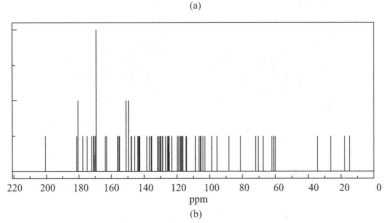

(b)

图 4 - 31　Fuchs 的 HA 模型 ^{13}C - NMR 谱模拟。（a）模型结构上各 C 的化学位移；（b）模拟 NMR 谱图

型仅仅是胡敏酸混合物的典型结构代表，真实胡敏酸样本中存在一系列的近似结构片段而使核磁谱呈现连续的光谱曲线。

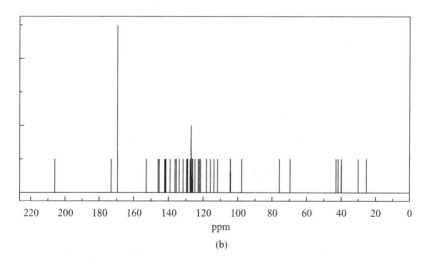

(a)

(b)

图 4 - 32　Stevenson 的 HA 模型[13]C – NMR 谱模拟。（a）模型结构上各 C 的化学位移；（b）模拟 NMR 谱图

参 考 文 献

边文骅，边志立 . 1997. 发酵黄腐酸对植物气孔开张度的影响 . 河北师范大学学报（自然科学版），21（3）：311 – 313.

边文骅，边志立 . 1999. 腐殖酸类液肥的生物活性检验方法初探 . 河北师范大学学报（自然科学版），23（4）：551 – 553.

陈怀满 . 2005. 环境土壤学 . 北京：科学出版社 .

程慎玉，张宪洲.2003. 土壤呼吸中根系与微生物呼吸的区分方法与应用. 地球科学进展，18(4)：597 – 602.

窦森.2010. 土壤有机质. 北京：科学出版社.

窦森，陈恩凤，须湘成，等.1995. 施用有机肥料对土壤胡敏酸结构特征的影响－胡敏酸的光学性质. 土壤学报，32(1)：41 – 49.

韩广轩，朱波，高美荣，张中杰.2003. 中国稻田甲烷排放研究进展. 西南农业学报. 16（增）：49 – 54.

何跃，张甘霖，杨金玲，等.2007. 城市化过程中黑炭的土壤记录及其环境指示意义. 环境科学，28(10)：2369 –2375.

来航线，程丽娟，王中科.1997. 几种微生物对土壤腐殖质形成的作用. 西北农业大学学报，25(6)：79 – 82.

李凯.2006. 土壤胡敏素组成及其对不同氧气和二氧化碳浓度的响应. 长春：吉林农业大学硕士学位论文.

李克让，王绍强，曹明奎.2003. 中国植被和土壤碳贮量. 中国科学，33 (1)：72 – 80.

刘微，吕豪豪，陈英旭，等.2008. 稳定碳同位素技术在土壤－植物系统碳循环中的应用. 应用生态学，19 (3)：674 – 680.

刘祥超，王凤新，顾小小.2012. 水、热对土壤 CO_2 排放影响的研究. 中国农学通报，28(2)：290 – 295.

潘根兴.1999. 中国土壤有机碳、无机碳库量研究. 科技通报，15 (5)：330 – 332.

沈承德，易惟熙，孙彦敏，等.2000. 鼎湖山森林土壤 ^{14} C 表观年龄及 δ^{13} C 分布特征. 第四纪研究，20 (4)：335 – 344.

盛浩，罗莎，周萍，等.2012. 土壤 CO_2 浓度的动态观测、模拟和应用. 应用生态学报，23(10)：2916 –2922.

时秀焕，张晓平，梁爱珍，等.2010. 土壤 CO_2 排放主要影响因素的研究进展. 土壤通报，41(3)：761 – 768.

田娜，王义祥，翁伯琦.2010. 土壤碳储量估算研究进展. 亚热带农业研究，6(3)：193 – 198.

文倩，赵小蓉，陈焕伟，等.2004. 半干旱地区不同土壤团聚体中微生物量碳的分布特征. 中国农业科学，37(10)：1504 –1509.

夏荣基.1994. 腐殖质化学. 北京：北京农业大学出版社.

肖和艾，吴金水，李玲，等.2007. 采用 ^{14} C 同位素标记植物的装置与方法. 核农学报，21(6)：630 – 632.

解宪丽，孙波，周慧珍，等.2004. 中国土壤有机碳密度和储量的估算与空间分布分析. 土壤学报，41(1)：35 – 43.

徐华，蔡祖聪.1999. 土壤 Eh 和温度对稻田甲烷排放季节变化的影响. 农业环境保护，18(4)：145 – 149.

尹云锋，蔡祖聪.2007. 不同类型土壤有机碳分解速率的比较. 应用生态学报，18(10)：2251 –2255.

余龙江，吴云，李为，曾宪东. 2004. 西南岩溶区土壤细菌胞外碳酸酐酶的稳定性研究. 生命科学研究，8(4)：365 – 370.

赵劲松，张旭东，袁星，等. 2003. 土壤溶解性有机质的特性与环境意义. 应用生态学报，14(1)：126 – 130.

郑海霞，齐莎，赵小蓉，等. 2008. 连续 5 年施用氮肥和羊粪的内蒙古羊草(*Leymus chinensis*)草原土壤颗粒状有机质特征. 中国农业科学，41(4)：1083 – 1088.

Aloisi G，Gloter A，Krüger M，et al. 2006. Nucleation of calcium carbonate on bacterial nanoglobules. Geology，34：1017 – 1020.

Ballentine D C，Macko S A，Turekian V C. 1996. Chemical and isotopic characterization of aerosols collected during sugar cane burning in South Africa. In：Joel Levine eds. Biomass Burning and Global Change. Volume I. Cambridge，MA：MIT Press，1996. pp. 460 – 465.

Bolan N S，Baskaran S，Thiagarajan S. 1996. An evaluation of the measure methods for dissolved organic carbon in soils，manures，sludges and stream water. Communication in Soil Science and Plant Analysis，27：2732 – 2737.

Bornemann L，Welp G，Brodowski S，et al. 2008. Rapid assessment of black carbon in soil organic matter using mid-infrared spectroscopy. Organic Geochemistry，39：1537 – 1544.

Bosak T，Newman D K. 2003. Microbial nucleation of calcium carbonate in the Precambrian. Geology，31：577 – 580.

Braissant O，Cailleau G，Dupraz C，et al. 2003. Bacterially induced mineralization of calcium carbonate in terrestrial environments：The role of exopolysaccharides and amino acids. Journal of Sediment Research，73：485 – 490.

Briones M J I，Lopez E，Mendez J et al. 2008a. Biological control over the formation and storage of amorphous calcium carbonate by earthworms. Mineralogical Magazine，72：227 – 231.

Briones M J I，Ostle N，Piearce T G. 2008b. Stable isotopes reveal that the calciferous gland of earthworms is a CO_2 fixing organ. Soil Biology and Biochemistry，40：554 – 557.

Brodowski S，Rodionov A，Haumaier L，et al. 2005. Revised black carbon assessment using benzene polycarboxylic acids. Organic Geochemistry，36：1299 – 1310.

Burford E P，Stephen H，Geoffrey G M. 2006. Biomineralization offungal hyphae with calcite ($CaCO_3$) and calcium oxalate mono- and dihydrate in carboniferous Limestone Microcosms. Geomicrobiology Journal，23：599 – 611.

Canti M G，Piearce T G. 2003. Morphology and dynamics of calcium carbonate granules produced by different earthworm species. Pedobiologia，47：511 – 521.

Cervantes F J，Duong-Dac T，Akkermans A D L. 2003. Richment and immobilization of quinone respiring bacteria in anaerobic granular sludge. Water Science and Technology，48：9 – 16.

Cheng L，Zhu J，Chen G，et al. 2010. Atmospheric CO_2 enrichment facilitates cation release from soil. Ecology Letters，13：284 – 291.

Chertov O G，Komarov A S. 1997. SOM—A model of soil organic matter dynamics. Ecological Modelling，94：177 – 189.

Chidthaisong A, Conrad R. 2000. Pattern of non-methanogenic and methanogenic degradation of cellulose in anoxic rice field soil. FEMS Microbiological Ecology, 31: 87 – 94.

Christensen B T. 2001. Physical fractionation of soil and structural and functional complexity in organic matter turnover. European Journal of Soil Science, 52: 345 – 353.

Coelho R R R, Linhares L F. 1993. Melanogenic actinomycetes (*Streptomyces* spp.) from Brazilian soils. Biology and Fertility of Soils, 15: 220 – 224.

Elmquist M, Gustafsson O, Anderson P. 2004. Quantification of sedimentary black carbon using the chemothermal oxidation method: An evaluation of ex situ pretreatments and standard additions approaches. Limnology and Oceanography: Methods, 2: 417 – 427.

Eswaran H, Reich F, Kimble J M. 1999. Global soil carbon stocks. In: Lal R, Eswaran H (eds). Global Climate Change and Pedogenic Carbonates. USA: Lewis Publishers.

Eusterhues K, Rumpel C, Kleber M, et al. 2003. Stabilization of soil organic matter by interactions with minerals as revealed by mineral dissolution and oxidative degradation. Organic Geochemistry, 34: 1591 – 1600.

Eusterhues K, Rumpel C, Kögel-Knabner I. 2005. Stabilization of soil organic matter isolated via oxidative degradation. Organic Geochemistry, 36: 1567 – 1575.

Fujitake N, Kusumoto A. 1999. Properties of soil humic substances in fractions obtained by sequential extraction with pyrophosphate solutions at different pHs. II. Elemental composition and UV-VIS spectra of humic acids. Soil Science and Plant Nutrition, 45: 349 – 358.

Gago-Duport L, Briones M J I, Rodriguez J B, et al. 2008. Amorphous calcium carbonate biomineralization in the earthworm's calciferous glands: Pathways to the formation of crystalline phases. Journal of Structural Biology, 162: 422 – 435.

Glaser B, Ludwig H, Guggenberger G, et al. 2001. The "Terra Preta" phenomenon: A model for sustainable agriculture in the humid tropics. Naturwissenschaften, 88: 37 – 41.

Golchin A, Oades J M, Skjemstad J O. 1995. Structural and dynamic properties of soil organic matter as reflected by ^{13}C natural abundance, pyrolysis mass spectrometry and solid state ^{13}C NMR spectroscopy in density fractions of an oxisol under forest and pasture. Australian Journal of Soil Science, 33: 59 – 76.

Goncalves C, Dalmolin R, Dick D et al. 2003. The effect of 10% HF treatment on the resolution of CPMAS ^{13}C – NMR spectra and on the quality of organic matter in ferralsols. Geoderma, 116: 373 – 392.

Gonzalez J M, Laird D A. 2003. Carbon sequestration in clay mineral fractions from ^{14}C-labeled plant residues. Soil Science Society of America Journal, 67: 1715 – 1720.

Gregorich E G, Beare M H, Stoklas U, et al. 2003. Biodegradability of soluble organic matter in maize-cropped soils. Geoderma, 113: 237 – 252.

Grisi B, Grace C, Brookes P C, et al. 1998. Temperature effects on organic matter and microbial biomass dynamics in temperate and tropical soils. Soil Biology & Biochemistry, 30: 1309 – 1315.

Hammes F, Boon N, de Villiers J, et al. 2003. Strain-specific ureolytic microbial calcium carbonate precipitation. Applied and Environmental Microbiology, 69: 4901 – 4909.

Harry H J. 2005. The relationship of brown humus to lignin. Plant and Soil, 21: 189 – 194.

Hayes M H B. 2006. Biochar and biofuels for a brighter future. Nature, 443: 144.

Haynes R J. 2005. Labile organic matter fractions as central components of the quality of agricultural soils: An overview. Advances in Agronomy, 85: 221 – 268.

Hoch A R, Reddy M M, Aiken G R. 2000. Calcite crystal growth inhibition by humic substances with emphasis on hydrophobic acids from the Florida Everglades. Geochimica et Cosmochimica Acta, 64: 61 – 72.

IPCC. 2007. Climate Change 2007: The Physical Science Basis, Summery for Policymaker, formally approved at the 10th Session of Working Group I for IPCC, Paris.

Jansen S A, Malaty M Nwabara S, et al. 1996. Structural modeling in humic acids. Materials Science and Engineering C, 4: 175 – 179.

Kaiser M, Ellerbrock R H. 2005. Functional characterization of soil organic matter fractions different in solubility originating from a long-term field experiment. Geoderma, 127: 196 – 206.

Kall J, Van Mourik J M. 2008. Micromorphological evidence of black carbon in colluvial soils from NW Spain. European Journal of Soil Science, 59: 1133 – 1140.

Karberg N J, Pregitzer K S, King J S, et al. 2005. Soil carbon dioxide partial pressure and dissolved inorganic carbonate chemistry under elevated carbon dioxide and ozone. Oecologia, 142: 296 – 306.

Kasper M, Buchan G D, Mentler A. 2009. Influence of soil tillage systems on aggregate stability and the distribution of C and N in different aggregate fractions. Soil & Tillage Research, 105: 192 – 199.

Katoh M, Murase J, Sugimoto A, Kimura M. 2005. Effect of rice straw amendment on dissolved organic and inorganic carbon and cationic nutrients in percolating water from a flooded paddy soil: A microcosm experiment using ^{13}C-enriched rice straw. Organic Geochemistry, 36: 803 – 811.

Kimetu J M, Lehmann J, Ngoze S O. 2008. Reversibility of soil productivity decline with organic matter of differing quality along a degradation gradient. Ecosystems, 11: 726 – 739.

Kleber M, Mikutta R, Torn M S, et al. 2005. Poorly crystalline mineral phases protect organic matter in acid subsoil horizons. European Journal of Soil Science, 56: 717 – 725.

Knicker H, Müller P, Hilscher A. 2007. How useful is chemical oxidation with dichromate for the determination of "Black Carbon" in fire-affected soils? Geoderma, 142: 178 – 196.

Koerber G R, Hill P W, Edwards-Jones G, et al. 2010. Estimating the component of soil respiration not dependent on living plant roots: Comparison of the indirectly-intercept regression approach and direct bare plot approach. Soil Biology & Biochemistry, 42: 1835 – 1841.

Kölbl A, Kögel-Knabner I. 2004. Content and composition of free and occluded particulate organic matter in a differently textured arable cambisol as revealed by solid-state ^{13}C NMR spectroscopy. Journal of Plant Nutrition and Soil Science, 167: 45 – 53.

Kubicki J D, Apitz S E. 1999. Models of natural organic matter and interactions with organic contaminants. Organic Geochemistry, 30: 911 – 927.

Kupryszewski G D, Pempkowlak J, Kedzia A. 2001. The effect of humicsubstances isolated from a variety of marine and lacustrine environments on different microorganisms. Oceanologla, 43: 257 – 261.

Kuzyakov Y, Friedel J K, Stahr K. 2000. Review of mechanisms and quantification of priming effects. Soil Biology & Biochemistry, 22 : 1485 – 1498.

Kuzyakov Y, Subbotina I, Chen H, et al. 2009. Black carbon decomposition and incorporation into soil microbial biomass estimated by ^{14}C labeling. Soil Biology & Biochemistry, 41: 210 – 219.

Lebron I, Suarez D L. 1996. Calcite nucleation and precipitation kinetics as affected by dissolved organic matter at 25 ℃ and pH > 7. 5. Geochimica et Cosmochimica Acta, 60: 2765 – 2776.

Lee M R, Hodson M E, Langworthy G N. 2008. Crystallization of calcite from amorphous calcium carbonate: Earthworms show the way. Mineralogical Magazine, 72: 257 – 261.

Liang B, Lehmann J, Solomon D, et al. 2008. Stability of biomass-derived black carbon in soils. Geochimica et Cosmochimica Acta, 72: 6069 – 6078.

Liang B Q, Lehmann J, Sohi S P, et al. 2010. Black carbon affects the cycling of non-black carbon in soil. Organic Geochemistry, 41: 206 – 213.

Lichtfouse E, Berthier G, Houot S. 1995. Stable carbon isotope evidence for the microbial origin of C14—C18 n-alkanoic acids in soils. Organic Geochemistry, 23: 849 – 852.

Lu X Q, Hanna J V, Johnson W D. 2000. Source indicators of humic substances: An elemental composition, solid state ^{13}C CP/MAS NMR and Py-GC/MS Study. Applied Geochemistry, 15: 1019 – 1033.

Luo Y, Durenkamp M, De Nobili M et al. 2011. Short term soil priming effects and the mineralization of biochar following its incorporation to soils of different pH. Soil Biology & Biochemistry, 43: 2304 – 2314.

Major J, Lehmann J, Rondon M, et al. 2010. Fate of soil-applied black carbon: Downward migration, leaching and soil respiration. Global Change Biology, 16: 1366 – 1379.

Malkaj P, Dalas E. 2004. Calcium carbonate crystallization in the presence of aspartic acid. Crystal Growth & Design, 4: 721 – 723.

Marris E. 2006. Black is the new green. Nature, 442: 624 – 626.

Marschner B, Kalbitz K. 2003. Controls of bioavailability and biodegradability of dissolved organic matter in soils. Geoderma, 113: 211 – 235.

Martin N L, Rosell R, Sposito G. 1998. Correlation of spectroscopic indicators of humification with mean annual rainfall along a temperate grassland climosequence. Geoderma, 81: 305 – 311.

Mikutta R, Kleber M, Kaiser K, et al. 2005. Review: Organic matter removal from soils using hydrogen peroxide, sodium hypochlorite and disodium peroxodisulfate. Soil Science Society of America Journal, 69: 120 – 135.

Mishra P C, Patel R K. 2009. Use of agricultural waste for the removal of nitrate-nitrogen from aqueous medium. Journal of Environmental Management, 90: 519 – 522.

Mitchell A C, Ferris F G. 2006. The influence of Bacillus pasteurii on the nucleation and growth of calcium carbonate. Geomicrobiology Journal, 23: 213 – 226.

Nguyen T H, Brown R A, Ball W P. 2004. An evaluation of thermal resistance as a measure of black carbon content in diesel soot, wood char, and sediment. Organic Geochemistry, 35: 217 – 234.

Peña-Méndez E M, Havel J, Jiř íPatŏcka J. 2005. Biomed, compounds of still unknown structure: Applications in agriculture industry environment and biomedicine. Humic Substances, 3: 13 – 24.

Piccolo A, Cozzolino A, Conte P, et al. 2004. Polymerization of humic substances by an enzyme catalyzed oxidative coupling. Naturwissenschaften, 87: 391 – 394.

Poirier N, Derenne S, Rouzaud J N, et al. 2000. Chemical structure and sources of macromolecular, resistant, organic fraction isolated from a forest soil (Lacadée,south-west France). Organic Geochemistry, 31: 813 – 827.

Poirier N, Sohi S P, John L, et al. 2005. The chemical composition of measurable soil organic matter pools. Organic Geochemistry, 36: 1174 – 1189.

Ponomarenko E V, Anderson D W. 2001. Importance of charred organic matter in Black Chernozem soils of Saskatchewan. Canadian Journal of Soil Science, 81: 285 – 297.

Quénéa K, Derenne S, Rumpel C, et al. 2006. Black carbon yields and types in forest and cultivated sandy soils (Landes de Gascogne,France) as determined with different methods: Influence of change in land use. Organic Geochemistry, 37: 1185 – 1189.

Radajewski S, Ineson P, Nisha R, et al. 2000. Stable-isotope probing as a tool in microbial ecology. Nature, 403: 646 – 649.

Rivadeneyra M A, Delgado G, Soriano M, et al. 2000. Precipitation of carbonates by Nesterenkonia halobia in liquid media. Chemosphere, 41: 617 – 624.

Rovira P, Vallejo V R. 2007. Labile, recalcitrant, and inert organic matter in Mediterranean forest soils . Soil Biology & Biochemistry, 39: 202 – 215.

Rubinsztain Y, Ioselis P, Ikan R, et al. 1984. Investigations on the structural units of melanoidins. Organic Geochemistry, 6: 791 – 804.

Schlesinger W H, Andrews J A. 2000. Soil respiration and the global carbon cycle. Biogeochemistry, 48: 7 – 20.

Schmidt M W I, Skjemstad J O, Gehrt E, et al. 1999. Charred organic carbon in German chernozemic soils. European Journal of Soil Science, 50: 351 – 365.

Schulten H R, Schnitzer M. 1992. Structural studies on soil humic acids by Curie-point pyrolysis-gas chromatography/mass spectrometry. Soil Science, 153: 205 – 224.

Schulten H R, Schnitzer M. 1997. Chemical model structures for soil organic matter and soils. Soil Science, 162: 115 – 130.

Schulten H R, Thomsen M, Carlsen L. 2001. Humic complexes of diethyl phthalate: Molecular modelling of the sorption process. Chemosphere, 45: 357 – 369.

Senesi N, Miano T M, Rrovenzano M R, et al. 1991. Characterization, differentiation and classification of humic substances by fluorescence spectroscopy. Soil Science, 152: 259 – 271.

Shen J, Bartha R. 1997. Priming effect of glucose polymers in soil-based biodegradation tests. Soil Biology & Biochemistry, 29 : 1195 – 1198.

Shimel D S. 1995. Terrestrial ecosystem and the carbon cycle. Global Change Biology, 1: 77 – 91.

Shirshova L T, Ghabbour E A, Davies G. 2006. Spectroscopic characterization of humic acid fractions isolated from soil using different extraction procedures. Geoderma, 133: 204 – 216.

Simpson M J, Hatcher P G. 2004. Determination of black carbon in natural organic matter by chemical and solid-state ^{13}C nuclear magnetic resonance spectroscopy. Organic Geochemistry, 35: 923 – 935.

Siregar A, Kleber M, Mikutta R, et al. 2005. Sodium hypochlorite oxidation reduces soil organic matter concentrations without affecting inorganic soil constituents. European Journal of Soil Science, 56: 481 – 490.

Skjemstad J O, Janik L J, Head M J, et al. 1993. High energy ultraviolet photo-oxidation: A novel technique for studying physically protected organic matter in clay- and silt sized aggregates. Journal of Soil Science, 44: 485 – 499.

Skjemstad J O, Reicosky D C, Wilts A R, et al. 2002. Charcoal carbon in US agricultural soils. Soil Science Society of America Journal, 66: 1249 – 1255.

Smith K S, Jakubzick C, Whittam T S, Ferry J G. 1999. Carbonic anhydrase is an ancient enzyme widespread in prokaryotes. PNAS, 96: 15184 – 15189.

Steiner C, Teixeira W G, Lehmann J, et al. 2007. Long term effects of manure, charcoal and mineral fertilization on crop production and fertility on a highly weathered Central Amazonian upland soil. Plant Soil, 291: 275 – 290.

Stevenson F J. 1982. Humus Chemistry: Genesis, Composition, Reactions. New York: John Wiley and Sons.

Stevenson F J. 1994. Humus Chemistry. 2nd edition. New York: John Wiley & Sons, Inc.

Stout J D, Goh K M, Rafter T A. 1981. Chemistry and turnover of naturally occurring resistant organic compounds in soil. In: Paul EA, Ladd JN. (eds.) Soil Biochemistry, vol. 5. Marcel Dekker, New York, pp 1 – 73.

Tirol-Padre A, Ladha J K. 2004. Assessing the reliability of permanganate oxidizable carbon as an index of soil labile carbon. Soil Science Society of America Journal, 68: 696 – 978.

Tripp B C, Smith K, Ferry J G. 2001. Carbonic anhydrase: New insights for an ancient enzyme. Journal of Biological Chemistry, 276: 48615 – 48618.

Van Lith Y, Warthmann R, Vasconcelos C, et al. 2003. Microbial fossilization in carbonate sediments: A result of the bacterial surface involvement in dolomite precipitation. Sedimentology, 50: 237 – 245.

Van Lützow M, Kögel-Knabner I, Ekschmitt K, et al. 2007. SOM fractionation methods: Relevance to functional pools and to stabilization mechanisms. Soil Biology & Biochemistry, 39: 2183 – 2207.

Wardle D A, Nilsson M C, Zackrisson O. 2008. Fire-derived charcoal causes loss of forest humus. Science, 320: 629.

Warren L A, Maorice P A, Armar N, et al. 2001. Microbially mediated calcium carbonate precipitation: Implications for interpreting calcite precipitation and for solid-phase capture of inorganic contaminants. Geomicrobiology Journal, 18: 93 – 115.

Wiesenberg G L B, Schwark L, Schmidt M W I. 2004. Improved automated extraction and separation procedure for soil lipid analyses. European Journal of Soil Science, 55: 349 – 356.

Williams C F, Agassi M, Letey J, et al. 2000. Facilitated transport of napropamide by dissolved organic matter through soil columns. Soil Science Society of America Journal, 64: 590 – 594.

Woods W I, Falcão N P S, Teixeira W G. 2006. Biochar trials aim to enrich soil for smallholders. Nature, 443: 144.

Yamashita T, Flessa H, John B, et al. 2006. Organic matter in density fractions of water-stable aggregates in silty soils: Effect of land use. Soil Biology & Biochemistry, 38: 3222 – 3234.

Zotarelli L, Alves B J R, Urquiaga S, et al. 2005. Impact of tillage and crop rotation on aggregate-associated carbon in two Oxisols. Soil Science Society of America Journal, 69: 482 – 491.

第5章　土壤氮的生物化学

全球土壤圈中的氮素(N)储量约为 1 000 亿吨，是全球氮循环中的重要周转库。土壤中氮的形态包括无机和有机形态，以有机态为主。土壤中氮的转化过程主要是生物化学过程，包括以下几方面。①生物固氮作用。大气中的氮气(N_2)被土壤中特定种类的微生物转化为生物形态氮的过程，是自然界中的 N_2 被生物直接利用的唯一途径。②有机氮氨化作用。无生命的有机形态氮在胞外酶作用下水解形成铵离子(NH_4^+)的过程，是有机态氮转化为无机态氮的过程。③微生物氮固持作用。土壤中的微生物吸收体外氮素转化为细胞物质的过程，是无机环境中氮素进入生物体的过程。④硝化作用。NH_4^+、胺、酰胺等在微生物作用下被氧化为硝酸根离子(NO_3^-)的生物化学过程。⑤反硝化作用。土壤中的 NO_3^- 在微生物作用下转化为 NO、N_2O 或 N_2 的过程，是生物有效态氮返回大气的过程。

土壤中氮的生物转化过程是全球氮素循环的重要组成部分。在土壤环境中，通过一系列生物化学作用，大气中的 N_2 转化为活生物体中的氮，死亡生物体中的有机氮转化为无机氮(NH_4^+)，NH_4^+ 进一步转化为 NO_3^-，最后 NO_3^- 又以气体形式返回到大气中。可见，通过土壤中的一系列生物化学过程，氮素得以在各个形态间反复循环。

5.1　生　物　固　氮

生物固氮作用(biological N_2 fixation)是全球氮循环中的重要环节，是自然环境中的氮素进入生命圈的唯一途径，对于研究生命进化具有重要的指示意义。生物固氮作用是少数特定微生物的特殊功能，主要包括自生固氮、共生固氮和联合固氮 3 种类型，其功能的发挥受到多种环境条件的限制，在自然生态系统氮循环中发挥重要作用，同时也是生态农业中氮转化过程的重要补充。

5.1.1　土壤微生物固氮的过程

生物固氮作用是固氮微生物特有的生理功能，是在常温常压条件下固氮微

生物通过固氮酶的作用在细胞体内将 N_2 还原为氨(NH_3)的过程，总体反应可概括为

$$N_2 + 8e^- + nATP + 8H^+ \xrightarrow[Mg]{固氮酶} 2NH_3 + H_2 + nADP + nPi$$

此时，还原 1 分子 N_2 生成 2 分子 NH_3 的过程需要 8 个电子(e^-)和 8 个质子(H^+)。

1. 固氮酶

固氮酶是生物体内进行 N_2 还原作用的生物催化剂，不同的固氮微生物体内的固氮酶结构和性质基本相同，都是含有钼铁蛋白和铁蛋白组分的蛋白质，且只有这两个组分同时存在时才能表现出固氮功能，称为钼固氮酶，是最普遍存在的固氮酶。其中，铁蛋白可与 ATP 结合，ATP 水解释放能量，使电子获得高能量，因此是活化电子的中心。固氮酶具有以下特点。①对 O_2 敏感。固氮酶在 O_2 作用下被钝化而失去活性，只有在低 Eh 下或具有防 O_2 保护机制时才能进行催化 N_2 的还原反应。不同来源的固氮酶对 O_2 的敏感性不同。②冷不稳定性。固氮酶的铁蛋白对低温敏感，在低温条件下容易失活。③底物多样性。固氮酶的底物专一性较低，是多功能催化剂，还可以将 C_2H_2 催化还原为 C_2H_4，将 N_2O 催化还原为 N_2 等。④必须有钼(Mo)、铁(Fe)和镁(Mg)元素，向缺钼的土壤中施用钼肥可增强固氮作用。

固氮酶是原核生物(prokaryotes)特有的酶，可独立发挥固氮作用，而真核生物中即使存在固氮酶，也需要与其他生物共生才能进行固氮作用。除了钼固氮酶，还发现有钒固氮酶和铁固氮酶，即金属钒和铁分别取代了钼铁蛋白中的钼，再与铁蛋白组成固氮酶。

2. 能量消耗

固氮作用消耗的 ATP 是葡萄糖进行氧化磷酸化时产生的，1 分子葡萄糖产生 38 分子 ATP。在 1 分子 N_2 还原和 1 分子 H_2 产生过程中，共需要消耗 28 分子 ATP，约相当于 0.74 分子葡萄糖，相当于每固定 1 g 分子 N_2 需要消耗约 53 g 分子 C(或 133 g 分子葡萄糖)。

$$N_2 + 6e^- + 12ATP + 6H^+ \longrightarrow 2NH_3 + 12ADP + 12Pi$$
$$2H^+ + 2e^- + 4ATP \longrightarrow H_2 + 4ADP + 4Pi$$

3. 氢的作用

H_2 与 N_2 均是固氮酶的作用底物，因此 H_2 的存在显著抑制 N_2 的还原。同时，H_2 又是 N_2 固定过程的代谢产物，消耗产 H_2 的能量约占固氮作用总能耗的 30%。因此，及时排除 H_2 的竞争作用是固氮作用持续进行的前提条件。固氮微生物体内的吸氢酶(H_2-uptake hydrogenase)可以有效地氧化 H_2，释放电子，一方面解除了 H_2 的竞争作用，同时也为固氮过程提供了电子，可提高固氮效率。另一方

面，H_2 的氧化消耗了 O_2，保护了固氮酶的活性。因此，水稻土中的还原条件对固氮作用而言是相对的，一方面产生厌氧条件有利于固氮酶活性的保护，另一方面又不利于固氮过程中产生的 H_2 的氧化，从而影响固氮作用的持续进行。

5.1.2 固氮作用的类型

根据固氮微生物与高等植物和其他生物的关系，固氮作用一般可分为共生固氮、自生固氮和联合固氮三大类（图 5－1）。

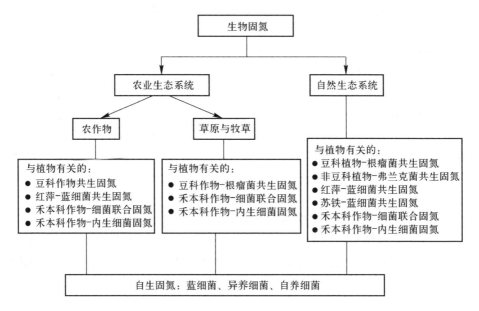

图 5－1   生物固氮的种类与作用（根据 Herridge 等，2008 修改）

1. 共生固氮

共生固氮是固氮微生物与其他生物一起生活时进行的固氮作用，如根瘤菌与豆科植物、弗氏固氮放线菌与非豆科植物、蓝细菌与某些植物、蓝细菌与真菌等的共生。

2. 自生固氮

自生固氮是固氮微生物在土壤中独立生活时的固氮作用，能进行自生固氮的微生物主要包括好氧自生固氮菌、厌氧自生固氮菌、兼性厌氧固氮菌和光合固氮菌。自生固氮微生物只有在菌体生长过程中才有固氮作用，因此对于异养型自生固氮菌而言，必须提供大量碳氮比高的有机物质为其提供碳源和能源，才能有较高的固氮作用。

3. 联合固氮

固氮微生物生活在具有一定特异性联系的某些植物根黏质鞘套或皮层细胞

之间时进行的固氮作用，是介于共生固氮和自生固氮之间的类型。主要的联合固氮包括固氮螺菌(*Azospirillum*)在百喜草(*Paspalum notatum*，一种禾本科巴西牧草)和俯仰马唐(一种热带牧草)根际的固氮作用。

5.1.3　固氮作用的环境条件

1. 无氧条件

O_2 对固氮酶具有钝化作用，因而土壤 O_2 含量高时不利于固氮作用的进行。固氮菌属、根瘤菌属等好氧微生物，则通过细胞内固氮复合体与膜的结合这种特殊机制保护固氮酶不受 O_2 的钝化。另外，细胞产生的黏液也可降低 O_2 向固氮酶的扩散速率，因而具有保护作用。

2. 化合态氮

化合态氮既抑制固氮酶的活性，也阻遏固氮酶的合成。因此，当土壤环境中有足够的 NH_3 存在时，则固氮作用停止。有研究表明，当稻田水层中 NH_3 的浓度为 10 mg·L^{-1} 时，固氮蓝细菌的固氮活性(乙炔还原活性)下降90%，有的藻类甚至在 NH_3 的浓度为 1 mg·L^{-1} 时，固氮活性下降67%。NH_3 这种对固氮酶活性的抑制作用是可逆的，但环境中 NH_3 的浓度降至足够低时，固氮酶的活性可恢复。NH_3 对固氮酶活性的抑制作用是生理性的，它损坏细胞膜，阻碍电子向固氮酶的转移，因此 NH_3 并不破坏固氮酶本身。

由于 NH_3 的抑制作用，固氮作用要持续进行，必须将 NH_3 及时转化为氨基酸进而合成蛋白质。所以自生固氮细菌仅在生长繁殖过程中进行固氮作用，它们具备一套酶系统，可高效地同化 NH_3。

土壤中的 NO_3^- 也抑制固氮作用的进行。由于 NO_3^- 的同化途径需要碳，所以将与固氮作用竞争碳源。另外，NO_3^- 能与根瘤菌中的豆血红蛋白进行复合，因此破坏了其对 O_2 的防护作用，进而抑制固氮酶活性的表达。

3. 土壤 C/N 比

能量和养分是固氮微生物生长繁殖的物质基础，化能有机营养固氮细菌则以有机碳为碳源和能源，故土壤中可利用的有机碳的数量和性质会影响其固氮作用。据估计(表 5 - 1)，对于异养自生固氮细菌而言，如要固氮100 kg·hm^{-2}，则需要消耗有机碳约 10 000 kg。对于共生固氮，每固定 1 g 氮的能量代价是6.5 g 碳(Kennedy，1997)。土壤中有机物质的 C/N 比值较大时，固氮作用较明显，而 C/N 比值小则不利于固氮作用的进行，原因是化合态氮抑制了固氮作用的进行。

4. 植物光合作用

对于与绿色植物根系共生的固氮细菌及生活在植物根黏质鞘套内的联合固氮细菌而言，植物光合产物是它们进行固氮作用的能量来源。因此，影响植物光合作用强度的因素(如光强、叶面积、冠层 p_{CO_2}、土壤水分)以及影响光合产物分配的因素(如不同库间的竞争和光合产物的运输),均与这类固氮作用的进行密切相关。

表 5 – 1　豆科植物 – 根瘤菌固氮作用中的能量消耗(**Atkins 和 Rainbird ,1982**)

耗能环节	摩尔葡萄糖/固定每摩尔氮	g 碳/固定每克氮
固氮酶 – 氢化酶	0.66 ~ 1.38	1.7 ~ 3.5
氨同化和相关碳代谢	0.14 ~ 0.16	0.36 ~ 0.41
固氮产物运输	0.13	0.33
根瘤生长和维持	0.2 ~ 0.7	0.5 ~ 1.8
总计	1.13 ~ 2.37	2.9 ~ 6.1

5.1.4　生物固氮的规模

据估计,每年全球范围内的氮循环量约为 3×10^9 t(Postgate,1982),生物固氮规模在 $(1.00 \sim 1.22) \times 10^8$ t(Delwiche,1970;Burns 和 Hardy,1975;Burris,1980),而耕种土壤的生物固氮规模在 $(0.33 \sim 0.43) \times 10^8$ t(Smil,1999;Galloway 等,1995)。热带土壤的生物固氮作用显著高于其他气候带土壤中的生物固氮作用。对于自然生态系统(天然草原、自然林、沙漠、湿地等),生物固氮是系统氮输入的重要途径。在干旱地区中,生物固氮主要通过自生异养细菌、联合固氮细菌、蓝绿藻、固氮植物(包括豆科植物和非豆科植物)等来完成。其中,自生异养细菌的固氮能力很小,而 C_4 禾本科牧草与一些细菌的联合固氮作用可能是最重要的固氮途径(表 5 – 2)。发展耐干旱、耐盐碱固氮植物,特别是干旱地区豆科植物的固氮能力,是提高干旱地区生物固氮最重要的手段。

大气 CO_2 浓度的不断增加,会对土壤中的生物固氮作用产生影响。在 7 年的大气 CO_2 浓度增加实验中,豆科蔓生植物湿地松(*Galactia elliottii*)的生物固氮的数量在第 1 年增加了 1 倍,但随后呈指数降低,到第 7 年时只为对照的 60%,因为叶片中的 Fe、Mo 含量分别下降了 30% 和 55%(Hungate 等,2004)。在控制条件下的水稻实验中,大气 CO_2 的浓度倍增只在移栽后 41 天内显著提高了表层土壤的生物固氮水平(乙炔还原法),而在生长后期(移栽后 63 ~ 112 天内)显著增加了底层土壤的生物固氮水平(Cheng 等,2001)。

表 5 - 2 生物固氮的形式及固氮能力

生物或生态系统	固定氮/($kg \cdot hm^{-2}$)	参考文献
豆科植物		
紫花苜蓿(*Medicago sativa*)	148 ~ 290	LaRue 和 Patterson, 1981
	90 ~ 386	Brockwell 等, 1995
白三叶草(*Trifolium repens*)	128 ~ 268	LaRue 和 Patterson, 1981
	227 ~ 283	Boller 和 Nosberger, 1987
	104 ~ 160	Evans 和 Barber, 1977
	13 ~ 280	Ledgard 和 Steel, 1992
	165 ~ 189	LaRue 和 Patterson, 1981
红三叶草((*Trifolium pratense*)	69 ~ 373	Heichel 等, 1985
	165 ~ 373	Boller 和 Nosberger, 1987
埃及三叶草 (*Trifolium alexandrinum*)	62 ~ 235	LaRue 和 Patterson, 1981
鸟腿三叶草(*Lotus cornicuatus*)	49 ~ 109	Heichel 等, 1985
野豌豆(*Vicia villosa*)	184	LaRue 和 Patterson, 1981
豌豆(*Pisum sativum*)	17 ~ 244	Jensen, 1987
羽扇豆(*Lupinus polyphyllus*)	121 ~ 157	LaRue 和 Patterson, 1981
	150 ~ 169	Evans 和 Barber, 1977
	36 ~ 181	Unkovich, 1991
	32 ~ 288	Evans 等, 1989
鹰嘴豆(*Cicer arietinum*)	67 ~ 141	LaRue 和 Patterson, 1981
鸽嘴豆(*Cajanus cajan*)	7 ~ 235	Ladha 等, 1996
小扁豆 (*Lens culinaris* Medik)	62 ~ 103	LaRue 和 Patterson, 1981
暖季云扁豆(*Phaseolus vulgaris*)	0 ~ 125	Hardarson 等, 1993
大豆(*Glycine max*)	15 ~ 200	LaRue 和 Patterson, 1981
	57 ~ 94	Evans 和 Barber, 1977
	0 ~ 237	Keyser 和 Li, 1992
	44 ~ 250	Peoples 等, 1995b
蚕豆(*Vicia faba*)	53 ~ 330	Evans 等, 1989
大翼豆(*Macroptilium atropurpureum*)	15 ~ 167	Ladha 等, 1996
自生固氮菌(*Abiogenous azotobacter*)	15	Elkan, 1992
	36	Elkan, 1992
弗兰克氏菌(*Frankiaceae*)	2 ~ 362	Elkan, 1992

续表

生物或生态系统	固定氮/(kg·hm⁻²)	参考文献
植物蓝细菌联合体		
水稻-蓝细菌(*Oryza sativa* Linn. –	10 ~ 80	Loger 和 Ladha，1992
Cyanobacteria)	10 ~ 30	Loger 和 Ladha，1992
	20 ~ 160	Urquiaga 等，1989
根乃拉属(*Gunnera*)	12 ~ 21	Evans 和 Barber，1977
红萍(*Azolla*)		
	45 ~ 450	Elkan，1992
水稻–红萍(*Oryza sativa* Linn. –	20 ~ 100	Loger 和 Ladha，1992
Azolla)		
地衣(*Lichens*)	39 ~ 84	Evans 和 Barber，1977
结瘤的非豆科植物		
赤杨(*Alnus japonica*(Thunb.)		
steud.)	40 ~ 300	Evans 和 Barber，1977
沙棘(*Hippophae rhamnoides*		
Linn.)	2 ~ 179	Evans 和 Barber，1977
美洲茶(*Ceanothus americanus*)	60	Evans 和 Barber，1977
马桑(*Coriaria nepalensis* Wall.)	150	Evans 和 Barber，1977

5.1.5 生物固氮的研究方法

1. 全氮差减法(total nitrogen difference，TND)

利用固氮植物与不固氮植物之间植株全氮量的差值来估算生物固氮的方法，是利用最早和最简单的方法，很多固氮数量就是利用该方法得到的。该方法的基本假设是固氮植物与不固氮植物吸收同样数量的土壤氮，因此要求两种植物的根系形状和生理特点要尽可能相同，以保证它们在相同的土壤层次吸收氮，实现吸收土壤氮的数量相同的目的。在满足上述假设的前提下，全氮差减法可以比较可靠地估算出生物固氮的数量。另外，在土壤的供氮能力较弱时，如沙丘系统、植被初始定植系统及自然状态下的干旱系统，该方法也具有一定的可行性。

2. ^{15}N 标记法(^{15}N labelling，^{15}NL)

^{15}N 标记法可分为^{15}N$_2$标记法、^{15}N 同位素稀释法和 A 值法，3 种方法的原理相同。首先是固氮植物生长在^{15}N 丰度明显高于背景丰度(0.366 3%)的土壤或大气中，然后测定植物组织中的^{15}N 丰度，通过与背景值比较，计算出固氮的数量。在^{15}N$_2$标记法中，将测试植物放在密闭箱中生长，喂饲^{15}N 标记的 N$_2$，测试期结束时测定植物体内的^{15}N 丰度，该丰度高于背景值，表明有 N$_2$被固定。在^{15}N 同位素稀释法中，将相同数量的^{15}N 标记肥料施给固氮植物和非固氮植物(参照植物)，测定植物中^{15}N 的丰度，依据公式(1)计算生物固氮的比例 P_{atm}：

$$P_{atm} = 1 - [固氮植物^{15}N 的原子百分超(\%)/参照植物^{15}N 的原子百分超(\%)]$$

$$(5-1)$$

在 A 值法中，给参照植物施用^{15}N 标记肥料的数量多于给固氮植物的，但假设这种差别不改变两种植物对土壤来源氮的吸收，故测试植物吸收土壤氮的比例可通过参照植物对土壤氮的吸收来获得，再结合固氮植物的^{15}N 丰度值，依据公式(5-2)~(5-5)可计算出生物固氮的贡献率 P_{atm}：

$$A_固 = B_固(1 - P_{f固})P_{f固} \qquad (5-2)$$

$$A_参 = B_参(1 - P_{f参})P_{f参} \qquad (5-3)$$

$$P_{f固} = LN_p/(LN_p + UN_p) \qquad (5-4)$$

$$P_{atm} = (A_固 - A_参)P_{f固}/B_固 \qquad (5-5)$$

式中：$P_{f固}$和 $P_{f参}$分别为固氮植物和参照植物中来自标记氮肥的比例；LN_p和 UN_p分别为植物中来自标记氮肥和土壤氮的数量；$A_固$和 $A_参$分别为固氮植物和参照植物的 A 值；$B_固$和 $B_参$分别为固氮植物和参照植物的施氮量。

同位素标记法有以下优点。①可以对自然生长的植物整个生长季或特定时段内的实际固氮量进行综合估算。②可以直接在田间应用。③可以同时区分开生物固氮、土壤氮和肥料氮对植物氮的贡献。④可以简单地利用^{15}N 丰度评价相同条件下固氮植物的固氮能力。

同位素标记法也存在以下不足：^{15}N$_2$标记法是测定生物固氮的直接方法，但存在一些操作和田间应用方面的缺陷，因为植物只能短时间生活在气密性容器内，这与田间条件存在明显的差别。同时，将大体积空气替换为^{15}N 标记的 N$_2$的操作性也具有一定的困难。因此，该方法主要适用于实验室条件下研究植物的固氮潜力。^{15}N 同位素稀释法和 A 值法的最大问题是如何准确地测定整株植物中土壤来源的^{15}N 丰度，因为在^{15}N 标记的土壤中，^{15}N 丰度是随时间变化的。同时，植物对标记氮的吸收也随植物发育阶段的不同而发生明显的变化。对于 A 值法，由于参照植物的施肥量不同于固氮植物，因此产量问题需要考虑。

3. 乙炔还原法(acetylene reduction assay，ARA)

在固氮酶作用下，乙炔被还原为乙烯，利用气相色谱测定生成的乙烯，既可比较不同的生物类型活动体系下固氮酶的活性，也可以比较生物固氮作用的强度。基本步骤是：在含有 0.03% ~ 0.1%(V/V)乙炔的气密容器中将样品(如离体的根瘤)培养几分钟至几小时，然后从容器中采集气体样品，在气相色谱上测定乙烯产生量，利用单位时间、单位质量的样品产生的乙烯数量来表示样品的固氮酶活性，也可将乙烯产生数量乘以 3 来转化为固氮数量，因为

$$N_2 + 8H^+ + 12ATP + 6e^- \longrightarrow 2NH_4^+ + 12ADP + 12Pi$$

$$C_2H_2 + 2H^+ + xATP + 2e^- \longrightarrow C_2H_4 + ADP + xPi$$

ARA 方法是间接测定生物固氮的方法，因为它直接测定的是通过固氮酶转移的电子数，而非氮原子数。在 ARA 方法中，还原过程只有乙烯一种产物，且稳定、可储存，便于气体分析，因此 ARA 方法可靠性强。

但是，ARA 方法只适用于短期样品的培养，其结果往往不能说明自然条件下植物的长期固氮数量，因此只适用于实验室机理研究和样品间的横向比较。在田间应用时，ARA 方法不可避免地要扰动植物，特别是对根区 O_2 浓度的扰动，会显著改变植物在自然状况下的固氮作用。另外，固氮数量与乙烯产生量之间的转化系数 3 也是理论值，实际情况下的转换关系要复杂得多。

5.2 土壤有机氮的氨化

5.2.1 土壤中有机氮的形态

土壤中与还原态碳结合的含氮物质，称为土壤有机态氮，其数量一般可占土壤全氮量的95%以上。土壤有机氮的来源是植物、动物和微生物的有机残体，是生命形式的有机含氮化合物在土壤中的残留部分。迄今为止，Swoden等(1977)的研究工作仍然是关于土壤有机氮化学形态最全面、最权威的研究。通过对采自北极带、亚北极带、冷温带、亚热带和热带地区土壤样品利用相同方法进行的水解分析，第一次得到了全球范围内土壤有机氮的形态分布状况。研究发现，全球土壤全氮含量在 0.01% ~ 1.61% 的范围内，6 mol·L^{-1} 热 HCl可水解态氮的比例为 84.2% ~ 88.9%。其中，氨基酸态氮为 4.5% ~ 7.4%，氨基糖态氮为 33.1% ~ 41.7%，铵态氮为 18.0% ~ 32.0%，未知态氮为16.5% ~ 17.8%。因此，至今约有 30% 的土壤氮是未知形态的，其中可用6 mol·L^{-1} 热 HCl 水解的和不能用其水解的约各占一半。总之，土壤有机氮中的蛋白质态氮约为 40%，60% 的氮为非蛋白质态氮。表 5 – 3 列举了部分代表

性土壤有机氮的形态组成。

表 5 - 3　土壤有机氮的组成

气候带/土壤类型/实验地点	$NH_3 - N/\%$	$NH_3 - N + 水$ 解性未知态氮/%	非水解性氮/%	文献来源
红沙土（Arenosol）	19.2	43.3	37.5	Sulce 等，1996
雏形土（Cambisol）	28.6	37.0	34.5	
变性土（Vertisol）	33.3	47.9	18.8	
钙积土（Calcisol）	25.8	57.5	16.7	
冲积土（Fluvisol）	26.6	53.8	19.6	
软土（Mollisol）	24.5	44.2	31.2	Sharpley 和 Smith，1995
老成土（Ultisol）	19.7	48.5	34.8	
淋溶土（Alfisol）	20.6	48.7	30.4	
美国伊利诺伊州	16.6	51.0	20.3	Stevenson，1986
美国艾奥瓦州	23.5	30.2	24.7	
美国内布拉斯加州	22.1	47.3	20.1	
比利时 Gembloux	22.6 ~ 24.2	42.2 ~ 46.7	30.4 ~ 33.8	Hersemann，1987
荷兰 No-Polder	23.7 ~ 25.4	44.2 ~ 46.0	24.3 ~ 31.2	
英国 Barnfield	20.4 ~ 23.9	39.4 ~ 46.8	32.5 ~ 38.1	
英国 Broadbalk	18.0 ~ 33.9	33.7 ~ 57.2	24.2 ~ 32.4	
德国 Thyrow	21.2 ~ 26.0	40.7 ~ 52.8	8.4 ~ 13.3	Leinweber 和 Schulten，1997
德国 Halle	30.9 ~ 31.0	47.7 ~ 51.3	21.3 ~ 27.4	
德国 Lauterbach	26.1 ~ 29.2	50.7 ~ 54.1	12.6 ~ 17.2	

　　由于只有土壤经过热酸水解后才能得到氨基酸和氨基糖，因此可推断土壤中的氨基酸是以蛋白质和多肽形态存在的，氨基糖也不是以自由态形式存在的。据研究，土壤多肽的相对分子质量为 675 ~ 99 370，包含 16 种氨基酸，且它们与腐殖质、黏土矿物和 Fe/Al 氧化物紧密结合。

1. 化学形态

（1）氨基酸

世界范围内土壤酸水解产物中氨基酸的组成十分相似，尤其是中性和含硫氨基酸的含量，所有土壤几乎相同。另外，热带土壤中酸性氨基酸的含量较高，碱性氨基酸的含量较低，而极地土壤的酸性氨基酸含量较低。与真菌、藻类和酵母菌相比，土壤氨基酸的种类组成更接近细菌体，因此，土壤中的蛋白质、多肽、氨基酸等来自细菌的比例远高于来自植物和动物残体的比例。

土壤中存在的 α 氨基酸种类主要包括：中性氨基酸（如乙氨酸、丙氨酸、亮氨酸、异亮氨酸、缬氨酸、丝氨酸和苏氨酸等），次级氨基酸（如脯氨酸、羟基脯氨酸），芳香族氨基酸（苯基丙氨酸、酪氨酸和色氨酸），酸性氨基酸（天冬氨酸和谷氨酸）和碱性氨基酸（精氨酸、赖氨酸、组氨酸）。其他非常见蛋白质氨基酸如 α - 氨基 - η - 丁酸、α，ε - 二氨基 - 环己酸、β - 丙氨酸、γ - 氨基 - 丁酸、鸟氨酸、3，4 - 二羟（基）苯丙氨酸，也可以在土壤中被检测到。

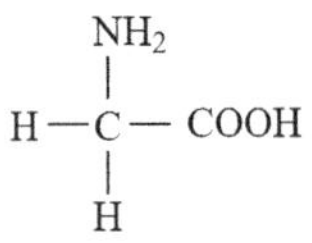

中性(乙氨酸) 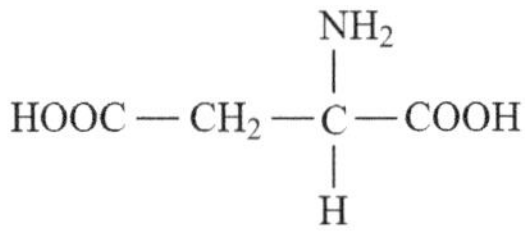　　　　酸性(天冬氨酸) 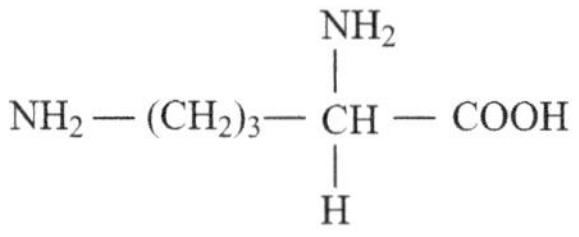　　　　碱性(赖氨酸)

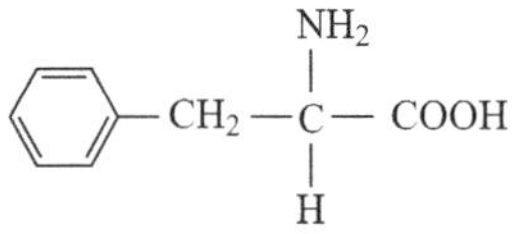

芳香族(苯基丙氨酸) 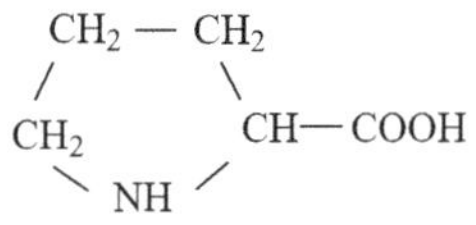　　　　次级(脯氨酸)

（2）氨基糖

土壤中的氨基糖大多数以多聚体形式存在，称为氨基多糖，主要来自微生物和动物残体，如几丁质（chitin）、肽葡聚糖（peptidoglycans）和胞壁酸（teichoic acid）。重要的氨基糖单位是 D - 葡萄糖胺、O - 半乳糖胺和胞壁酸，尤以 D - 葡萄糖胺含量最高。另外，D - 甘露糖胺、N - 乙酰氨基葡萄糖、D - 岩藻聚糖胺等在土壤中也有痕量存在。

β-D-葡萄糖胺　　　　β-O-半乳糖胺　　　　β-胞壁酸

几丁质是由 N - 乙酰葡萄糖胺为单位组成的长链，呈直线排列，实验式为 $(C_6H_9O_4 \text{、} NHCOCH_3)_n$，含氮量为 6.9%。肽葡聚糖是绝大多数细菌细胞壁的组分之一，由短肽交联的聚糖链构成，聚糖链又由 N - 乙酰葡萄糖胺和 N - 乙酰胞壁酸经 β - 1，4 连接单元组成。

（3）核酸

生物组织中的腺嘌呤、鸟嘌呤、胞嘧啶、胸腺嘧啶和尿嘧啶在土壤腐殖质的酸水解液中也能被检测到，嘌呤 + 嘧啶的含量在 20.9 ～137.7 mg·kg^{-1} 干土。土壤中含量的顺序一般是：鸟嘌呤 > 胞嘧啶 > 腺嘌呤 > 胸腺嘧啶 > 尿嘧啶。土壤胡敏酸中腺嘌呤、鸟嘌呤的含量高于富里酸中的含量，而胞嘧啶、胸腺嘧啶和尿嘧啶含量则低于富里酸中的含量。在土壤或腐殖质中，鸟嘌呤与胞嘧啶数量的和是腺嘌呤与胸腺嘧啶数量和的 2 倍以上。土壤中的甲基胞嘧啶数量很低，说明土壤中的核酸基本来自微生物 DNA。

（4）杂环氮化合物

在可水解的有机氮组分和不可水解的有机氮组分中，主要是各种类型的杂环氮化合物（表 5 - 4）。

值得注意的是，苯胺和苯腈类物质在植物和微生物组织中并不存在，但可在土壤、腐殖质组分和水解残余物中检测到，因此它们是土壤的特殊物质。

表 5 - 4　土壤有机氮中的杂环氮化合物

物质的类型	具体物质的名称
吡唑	吡唑（pyrazole）、甲基吡唑（methylpyrazole）、4，5 - 二氢 - 3 - 甲基吡唑（4，5 - dihydro - 3 - methyl - pyrazole）、二甲基吡唑（dimethyl-pyrazole）、1，3，5 - 三甲基吡唑（1，3，5 - trimethylpyrazole）、丁基吡唑（butylpyrazole）、1 - 乙烷基 - 3，5 - 甲基吡唑（1 - ethyl - 3,5 - dimethyl-pyrazole）
咪唑类	咪唑（imidazole）、苯甲基咪唑（methylbenzimidazole）、1 - 苯乙基 - 咪唑（1 - ethylbenzimidazole）、2，4 - 二甲基咪唑（2,4 - dimethylimida-zole）、2 - 乙烷基 - 1 - 氢 - 咪唑（2 - ethyl - 1 - H - imidazole）、4 - 甲醇 - 咪唑（imidazole，4 - methanol）、4，5 - 二氢 - 2，4 - 二甲基 - 1 - 氢咪唑（4,5 - dihydro - 2,4 - dimethyl - 1 - H - imidazole）、2 - 乙烷基 - 4，5 - 二羟基咪唑（2 - ethyl - 4,5 - dihydroxyimidazole）
烷基腈类	十二烷基乙腈（dodecanenitrile）、十四烷基乙腈（tetradecanenitrile）、十五烷基乙腈（pentadecanenitrile）、十六烷基乙腈（hexadecanenitrile）、丙烷腈（propanenitrile）、丙烯腈（propenenitrile）
芳香腈类	苯腈（benzonitrile）、甲基苯腈（methylbenzonitrile）、苯乙腈（benzeneace-tonitrile）、4 - 羟基 - 苯腈（4 - hydroxybenzonitrile）、苯丙腈（benze-nepropanenitrile）、羟甲氧基苯腈（hydroxymethoxybenzonitrile）、二甲氧基苯腈（dimethoxy - benzonitrile）

续表

物质的类型	具体物质的名称
嘧啶类	嘧啶(pyridine)、甲基嘧啶(methylpyridine)、氨基嘧啶(aminopyridine)、3－羟基嘧啶(3－hydroxypyridine)、3－腈嘧啶(pyridine,3－nitrile)、2－甲基嘧啶(dimethylpyridine)、2－乙烷基嘧啶(2－ethylpyridine)、2－羟基嘧啶(dihydroxypyridine)、2－乙烷基－4,6－二甲基嘧啶(pyridine,2－ethyl－4,6－dimethyl)、羟基－乙酰嘧啶(hydroxy－acetoxy－pyridine)
吡咯类	吡咯(pyrrole)、甲基吡咯(methylpyrrole)、N－甲基吡咯(N－methylpyrrole)、羟基吡咯(hydroxypyrrole)、二甲基吡咯(dimethylpyrrole)、2－甲酸基吡咯(2－formylpyrrole)、2,3,5－三甲酸基吡咯(2,3,5－trimethylpyrrole)、2－乙酰基吡咯(2－acetylpyrrole)
噻唑类	苯并噻唑(benzothiazole)、甲基噻唑(benzothiazole)
吲哚类	吲哚(indole)、3－甲基－吲哚(3－methylindole)、5－甲基－吲哚(5－methylindole)、2,6－二甲基－吲哚(2,6－dimethylindole)、乙烷基吲哚(ethylindole)、1,2,3－三甲基吲哚(1,2,3－trimethylindole)、吲哚乙醇(indoleethanol)、甲基－乙酰基吲哚(methyl－acetyl－indole)、吲哚乙酸(indole－acetic acid)、甲基－吲哚甲酸(methyl－indole－carboxylic acid)
吲唑	甲基－吲唑(methylindazole)
苯胺类	苯胺(benzeneamine)、二甲基甲胺(N,N－dimethyl－methanamine)、1－氨基－3－甲基苯(1－amino－3－methylbenzene)、2,5－二甲基苯胺(benzenamine,2,5－dimethyl)、甲氨基苯甲醛(methyl－amino－benzaldehyde)、氨基苯乙醇(amino－benzene－ethanol)、二甲基－氨基苯甲醛(dimethyl－aminobenzaldehyde)、三硝基－1,2－邻苯甲酸(3－nitro－1,2－phthalic acid)
喹啉类	异喹啉(isoquinoline,1,2,3,4－tetrahydro isoquinoline)、乙烷喹啉(ethylquinoline)、丙烷喹啉(propylquinoline)
哌嗪	哌嗪(piperazine)、1－乙氨基哌嗪(1－piperazineethanamine)
吡嗪	吡嗪(pyrazine)、2－甲氧基－3－甲基吡嗪(2－methoxy－3－methylpyrazine)、甲氧基－丙烷－吡嗪(methoxy－propyl－pyrazine)

① 吡咯。据报道，脯氨酸、羟基脯氨酸、蛋白质、植物组织、土壤腐殖质的高温裂解过程均可形成吡咯和吡咯烷，多聚谷氨酸的高温裂解过程也可形成吡咯烷。同时，谷氨酸盐、天门冬酸盐、卟啉的高温降解则可产生吡咯的衍生物，而卟啉是陆地植物叶绿素分子的重要成分。

② 咪唑。组氨酸、草本植物、土壤微生物体的高温裂解可形成咪唑。

③ 吡唑。草本植物、土壤微生物体的高温裂解可形成吡唑。

④ 嘧啶。α – 和 β – 丙氨酸、多肽、几丁质的高温裂解可形成嘧啶和烷基嘧啶。也有报道认为，土壤微生物在氨存在时对植物木质素等酚类物质降解可形成嘧啶及其衍生物。

⑤ 吡嗪。羟基氨基酸、丙氨酰丝氨酸、甘氨酰丝氨酸和多肽的高温裂解可形成吡嗪及烷基吡嗪，单肽则可形成二酮吡嗪。

⑥ 吲唑。色氨酸的高温裂解可形成吲唑和 3 – 甲基吲唑。

⑦ 含氮的苯衍生物。芳香胺、芳香腈、苯并噻唑等是主要的含氮的苯衍生物，苯基丙氨酸的高温裂解可形成苯乙腈。

⑧ 烷基腈。胺、氨基化合物的高温裂解可形成烷基腈。

土壤有机氮中的杂环氮化合物——吡咯类如下：

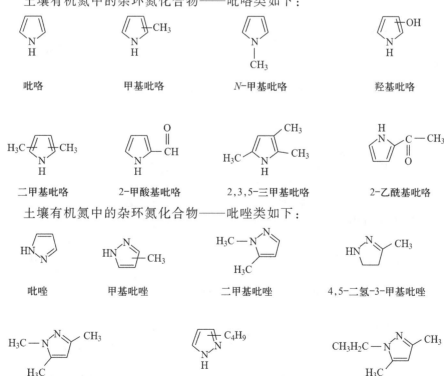

吡咯　　　　　　甲基吡咯　　　　　N-甲基吡咯　　　　　羟基吡咯

二甲基吡咯　　　2-甲酸基吡咯　　　2,3,5-三甲基吡咯　　　2-乙酰基吡咯

土壤有机氮中的杂环氮化合物——吡唑类如下：

吡唑　　　　　　甲基吡唑　　　　　二甲基吡唑　　　　4,5-二氢-3-甲基吡唑

1,3,5-三甲基吡唑　　　　丁基吡唑　　　　　1-乙烷基-3,5-甲基吡唑

土壤有机氮中的杂环氮化合物——咪唑类如下：

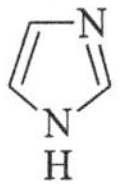

咪唑 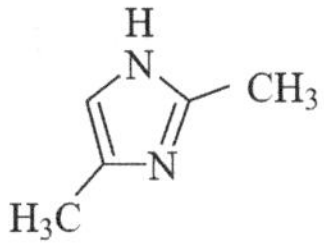　　　　2,4-二甲基咪唑 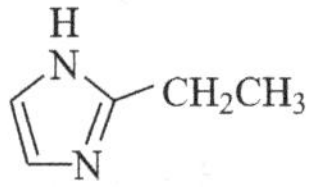　　　　2-乙烷基咪唑 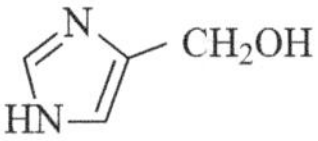　　　　4-甲醇咪唑

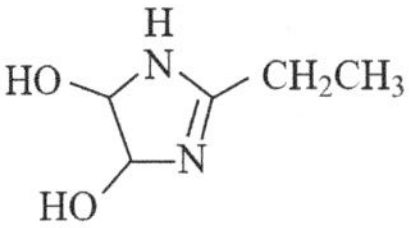

2-乙烷基-4,5-二羟基咪唑 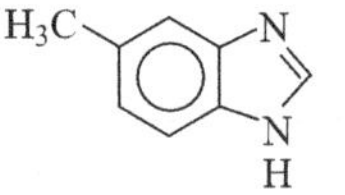　　　　苯甲基咪唑 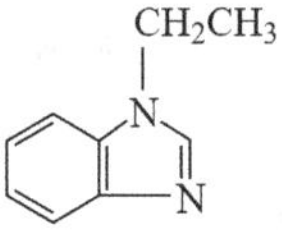　　　　1-苯乙基咪唑

土壤有机氮中的杂环氮化合物——嘧啶类如下：

嘧啶 　　　　甲基嘧啶 　　　　氨基嘧啶 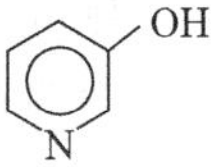　　　　3-羟基嘧啶

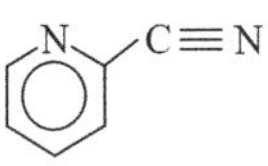

3-腈嘧啶 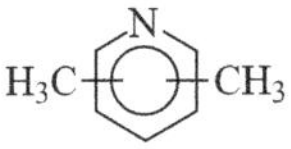　　　　2-甲基嘧啶 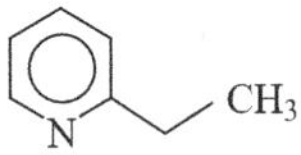　　　　2-乙烷基嘧啶 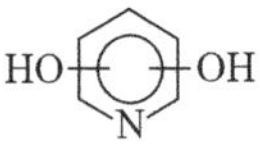　　　　2-羟基嘧啶

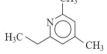

2-乙烷基-4,6-二甲基嘧啶 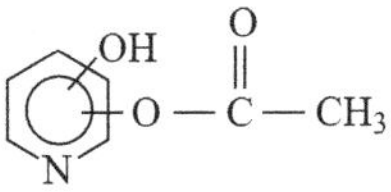　　　　羟基-乙酰嘧啶

土壤有机氮中的杂环氮化合物——吲哚类如下：

吲哚　　　3-甲基吲哚　　　5-甲基吲哚　　　2,6-二甲基吲哚

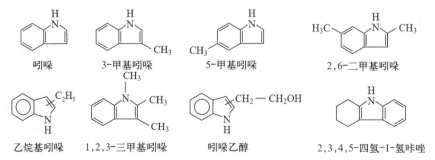

乙烷基吲哚　　　1,2,3-三甲基吲哚　　　吲哚乙醇　　　2,3,4,5-四氢-1-氢咔唑

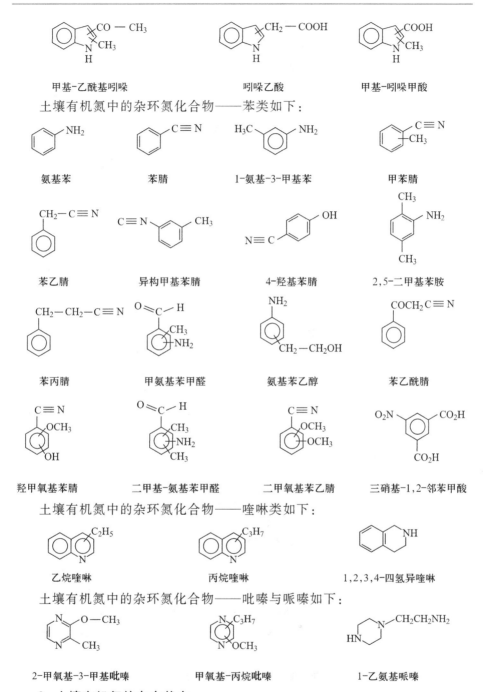

甲基-乙酰基吲哚　　　　　吲哚乙酸　　　　　甲基-吲哚甲酸

土壤有机氮中的杂环氮化合物——苯类如下：

氨基苯　　　　　苯腈　　　　　1-氨基-3-甲基苯　　　　　甲苯腈

苯乙腈　　　　异构甲基苯腈　　　　4-羟基苯腈　　　　2,5-二甲基苯胺

苯丙腈　　　甲氨基苯甲醛　　　氨基苯乙醇　　　苯乙酰腈

羟甲氧基苯腈　　二甲基-氨基苯甲醛　　二甲氧基苯乙腈　　三硝基-1,2-邻苯甲酸

土壤有机氮中的杂环氮化合物——喹啉类如下：

乙烷喹啉　　　　　丙烷喹啉　　　　　1,2,3,4-四氢异喹啉

土壤有机氮中的杂环氮化合物——吡嗪与哌嗪如下：

2-甲氧基-3-甲基吡嗪　　　甲氧基-丙烷吡嗪　　　1-乙氨基哌嗪

2. 土壤有机氮的存在状态

土壤中有机态氮的存在状态是指含氮的有机分子化合物与土壤其他组分的关系，主要分为以下几方面。①游离态。主要是一些简单的氨基酸、铵盐及酰

胺类等化合物，在土壤中数量很少，不超过全氮的5%。它们分散在土壤溶液中，很容易水解，迅速释放出铵离子，成为植物的有效性氮源。②与土壤其他有机质组分（如木质素、单宁、醌类等）相结合（图5-2）。③与黏土矿物相结合。④与多价阳离子形成复合体。

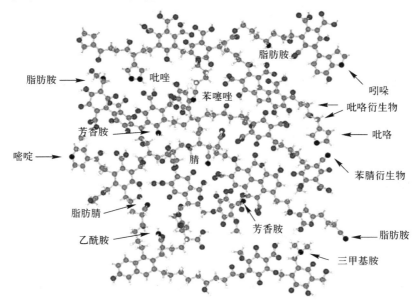

图5-2　土壤腐殖质结构模拟图及含氮化合物（Schulten和Schnitzer，1997）（参见书末彩插）

喹啉-蛋白质复合物

有机氮化合物与土壤有机质结合

5.2.2　土壤有机氮的分解

占土壤全氮量95%以上的有机氮，必须经微生物的矿化作用，才能转化为无机氮（NH_4^+ 和 NO_3^-）。从有机态氮转化为无机态氮的过程，称为有机氮的矿化作用，是氮素形态转化中最基本的环节。一般情况下，矿化过程中最先产生的无机氮是氨（NH_3），因此也将矿化作用称为氨化作用。

有机氮的矿化是在多种微生物作用下完成的，包括细菌、真菌和放线菌等，它们都以有机质中的碳素作为能源，可以在好氧或厌氧条件下进行。在通气良好，温度、湿度和酸碱度适中的砂质土壤里，矿化速率较大，且积累的中间产物有机酸较少。而在通气较差的黏质土壤里，矿化速率较小，中间产物有机酸的积累较多。对多数矿质土壤而言，有机氮的年矿化率一般为 1% ~ 3%。假如某土壤的有机质含量为 4%，有机质的含氮量为 5%，若以矿化率为 1.5% 计算，则每年每公顷从土壤有机质中释放的氮约 70 kg。

土壤中有机氮的分解一般分为两个步骤：大分子化合物的解聚作用和小分子化合物的分解作用。解聚作用是在微生物体外发生的，靠胞外酶的水解作用将大分子化合物逐步降解为小分子物质。小分子物质（如氨基酸）的分解作用是在微生物体内进行的，通过特定的酶进行脱氨基作用。

目前，人们对土壤有机氮中的蛋白质、氨基糖和核酸的分解过程已了解得很透彻，而对于杂环氮化合物分解的了解还很缺乏。

1. 蛋白质、肽、酰胺与氨基酸

蛋白质在土壤中的水解过程是逐步进行的，首先经过一系列胞外蛋白酶的水解，将结构复杂、相对分子质量较大的蛋白质分子水解为相对分子质量较小的多肽，多肽再降解为氨基酸，最后在脱氨酶作用下形成 NH_3。其中，脱氨过程是在微生物细胞内进行的。

$$\text{蛋白质} \xrightarrow{\text{蛋白酶}} \text{多肽} \xrightarrow{\text{肽酶}} \text{氨基酸} \xrightarrow{\text{脱氨酶}} NH_3 + CO_2 + \text{中间产物} + \text{能量}$$

$$\underbrace{\phantom{\text{蛋白质} \xrightarrow{\text{蛋白酶}} \text{多肽}}}_{\text{微生物体外}} \quad \underbrace{\phantom{\text{氨基酸} \xrightarrow{\text{脱氨酶}} NH_3 + CO_2 + \text{中间产物} + \text{能量}}}_{\text{微生物体内}}$$

依据环境条件的不同，在微生物体内进行不同的氨基酸脱氨过程。

（1）在充分通气的条件下

$$RCHNH_2COOH + O_2 \xrightarrow{\text{脱氨酶}} RCOOH + NH_3 + CO_2 + \text{能量}$$

（2）在厌氧条件下

$$RCHNH_2COOH + 2H \xrightarrow{\text{脱氨酶}} RCH_2COOH + NH_3 + \text{能量}$$

或

$$RCHNH_2COOH + 2H \xrightarrow{\text{脱氨酶}} RCH_3 + CO_2 + NH_3 + \text{能量}$$

（3）一般水解作用

$$RCHNH_2COOH + H_2O \xrightarrow{\text{水解酶}} RCH_2OH + NH_3 + CO_2 + \text{能量}$$

或

$$RCHNH_2COOH + H_2O \xrightarrow{\text{水解酶}} RCHOHCOOH + NH_3 + 能量$$

酰胺形成氨基酸则需要酰氨基水解酶和脒基水解酶催化完成。如两种酰胺水解酶－天冬酰胺酶（EC3.5.1.1）和谷氨酰胺酶（EC3.5.3）都分别能断裂天冬酰胺和谷氨酰胺的 C—N 键，而释放 NH_4^+ 和氨基酸，即天冬氨酸和谷氨酸。

氨基酸的脱氨过程主要由氨基酸脱氢酶（EC1.4.1）、氨基酸氧化酶（EC1.4.3）或 C—N 裂解酶催化完成，产生 α－氧代酸并释放出 NH_4^+，催化反应可由下式表示。两个反应都包括氨基酸的初始氧化和中间产物亚氨基酸的形

氨基酸脱氢酶

$$R-\underset{\underset{NH_2}{|}}{CH}-COOH + NAD^+ \xrightarrow{NADH+H^+} R-\underset{\underset{NH}{||}}{C}-COOH \xrightarrow{H_2O} R-\underset{\underset{O}{||}}{C}-COOH + NH_3$$

氨基酸氧化酶

$$R-\underset{\underset{NH_2}{|}}{CH}-COOH + O_2 \xrightarrow{H_2O_2} R-\underset{\underset{NH}{||}}{C}-COOH \xrightarrow{H_2O} R-\underset{\underset{O}{||}}{C}-COOH + NH_3$$

成，其中，脱氢酶利用烟酰胺－腺嘌呤双核苷酸（NAD^+）作为接受 H 的辅酶，而氧化酶则是黄素蛋白，由黄素－腺嘌呤双核苷酸（FAD）初始时被还原，然后被 O_2 氧化并形成 H_2O_2。在两种脱氨酶中，脱氢酶是比较特殊而少见的，而氧化酶则普遍存在。

2. 氨基糖

关于氨基多糖水解为氨基糖的研究和氨基多糖水解酶的研究都较少。氨基多糖水解酶可能因吸附在土壤成分上而可长期稳定存在，但这同时也降低了其与相对分子质量大、溶解度低的底物（几丁质和肽葡聚糖）的接触能力，从而表现出较低的催化活性。纯几丁质在土壤中可快速分解，但自然状况下几丁质的分解很慢，因为天然物质中的几丁质往往和蛋白质、脂类、其他多糖等共同存在，因此其分解的同时需要其他酶（蛋白酶、聚糖酶）的共同作用才行。

氨基糖的水解是由一系列酶的催化作用完成的。第一步是形成葡萄糖胺－6－磷酸，这对于葡萄糖胺而言，只需在葡萄糖胺激酶（EC2.7.1.8）催化下就可形成，但对于 N－乙酰葡萄糖胺而言，需要首先在 N－乙酰葡萄糖胺激酶催化下形成 N－乙酰葡萄糖胺－6－磷酸，然后 N－乙酰葡萄糖胺－6－磷酸在 6－磷酸－N－乙酰葡萄糖胺脱乙酰基酶（EC3.5.1.25）的作用下形成葡萄糖胺－6－磷酸。当然，N－乙酰葡萄糖胺也可在 N－乙酰葡萄糖胺脱乙酰基酶作用下形成

葡萄糖胺，然后在葡萄糖胺激酶作用下形成葡萄糖胺 – 6 – 磷酸。第二步是葡萄糖胺 – 6 – 磷酸的脱氨基作用，是在葡萄糖胺 – 6 – 磷酸脱氨基酶的催化下完成的，最终形成 NH_3 和果糖磷酸，后者进入糖酵解过程（图 5 – 3）。

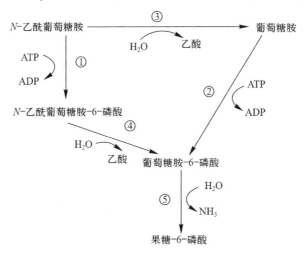

图 5 – 3　氨基糖的氨化过程。涉及的酶包括 N – 乙酰葡萄糖胺激酶、葡萄糖胺激酶、N – 乙酰葡萄糖胺脱乙酰基酶、6 – 磷酸 – N – 乙酰葡萄糖胺脱乙酰基酶、葡萄糖胺 – 6 – 磷酸脱氨基酶

对于 N – 乙酰基半乳糖胺和 N – 乙酰基胞壁酸的氨化作用研究得很少。

3. 核酸

（1）核酸的裂解

土壤中的核酸氨化产 NH_3 的过程是大量酶协同作用的结果。首先，在核酸酶（EC3.1.4）（主要是 DNA 酶和 RNA 酶）作用下核酸被水解成单核苷酸，在核苷酸酶（EC3.1.3）的作用下脱磷变为核苷，核苷酶（EC3.2.2）再将核苷水解为嘌呤、嘧啶和戊糖。其中嘌呤和嘧啶中的氮是 NH_4^+ 的主要来源，由酰胺水解酶和脒基水解酶催化完成。

（2）嘌呤的降解

在腺嘌呤脱氨基酶（EC3.5.4.2）的作用下，腺嘌呤被水解为次黄嘌呤和 NH_4^+（图 5 – 4 中的反应①）。在鸟嘌呤脱氨基酶（EC3.5.4.3）的作用下，鸟嘌呤被水解为黄嘌呤和 NH_4^+（图 5 – 4 中的反应③）。次黄嘌呤和黄嘌呤继续在次黄嘌呤脱氢酶（EC1.2.1.37）和黄嘌呤氧化酶（EC1.2.3.2）的催化下最终形成尿酸（图 5 – 4 中的反应②）。

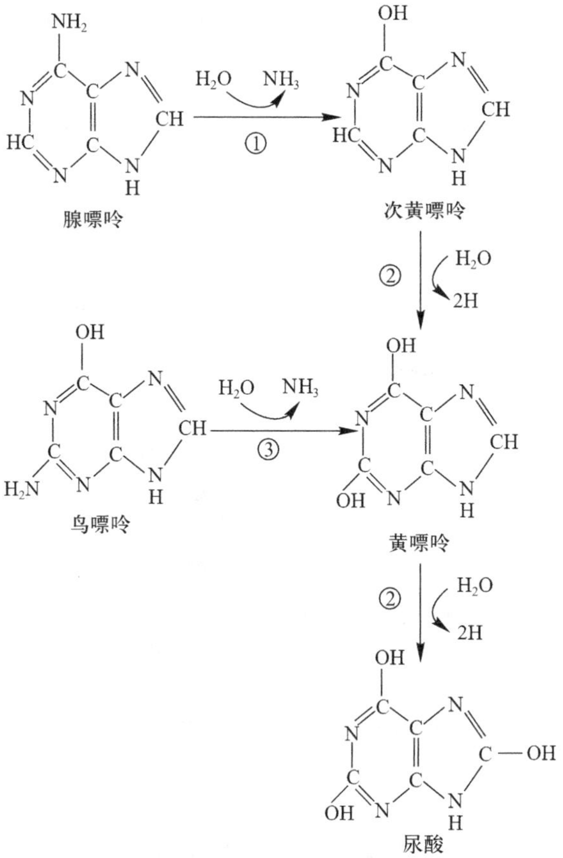

图 5-4　核酸的分解过程。涉及的酶包括腺嘌呤脱氨基酶、黄嘌呤脱氢酶、鸟嘌呤脱氨基酶

（3）尿酸的降解

通过尿酸氧化酶（EC1.7.3.3）、尿囊素酶（EC3.5.2.5）、尿酸脒基水解酶（EC3.5.3.4）、尿囊酸脱亚胺酶（EC3.5.3.9）和脲羟基乙酸裂合酶（EC4.3.2.3）的系列作用，尿酸最终降解为乙醛酸和尿素（图 5-5）。这样，每个嘌呤环和每个尿囊素分子都能形成 2 分子尿素或 1 分子尿素及 2 分子 NH_4^+。

4. 尿素

尿素在土壤中脲酶的作用下分解为 CO_2 和 NH_3。

$$O=C(NH_2)_2 + 2H_2O == CO_2 + 2NH_3$$

5. 嘧啶

嘧啶可分别通过氧化途径和还原途径产生 NH_3、尿素、丙二酸和 β-丙氨酸，而 β-丙氨酸可继续产生 NH_3（图 5-6）。

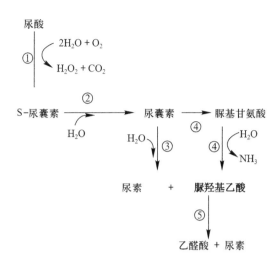

图 5-5　尿酸的分解过程。涉及的酶包括尿酸氧化酶、尿囊素酶、尿酸脒基水解酶、尿囊酸脱亚胺酶和脲羟基乙酸裂合酶

6. 其他有机氮化合物

土壤中发现的胆碱 [$(CH_3)_3N—CH_2—CH_2OH$] 可被微生物降解为甘氨酸，其反应顺序包括两个连续的氧化作用，以及随后三个连续的脱甲基反应，而甘氨酸则通过氨基酸氧化酶和脱氢酶的催化作用产生 NH_3。

乙醇胺 [$H_2N—CH_2—CH_2OH$] 通过三个途径形成 NH_3。①通过乙醇胺 – 氨裂合酶（EC4.3.7.7）将其转化为 NH_3 和乙醛。②通过乙醇氧化酶（EC1.4.3.8）催化而氧化为 NH_3 和羟基乙醛。③由氨基酸乙醇 – ATP 磷酸转移酶催化 ATP 的 PO_4^{3-} 转移，使乙醇胺发生磷酸化作用，而形成的 O – 磷酸乙醇胺被磷酸化酶（EC4.2.99.7）水解产生 NH_3。

土壤中存在的许多人为引入的有机形态氮，其降解性往往较低，只有在人为干预下才能进行降解。比如 N – 磷甲基 – 氨基乙酸，俗称草甘膦，在实验室条件下也可被锰过氧化物酶、虫漆酶和 $MnSO_4$ 所降解，其降解产物氨甲基膦酸可被检测出（Pizzul 等，2009）。

5.2.3　土壤有机氮分解的影响因素

土壤中的有机氮分解的本质是生物化学过程，即在各种酶催化作用下进行的有机化合物的降解和脱氨基过程。该过程是一种非常广泛的过程，即几乎所有土壤中的微生物均可参与的过程，对微生物多样性不敏感。因此，影响该过程的因素可分为 3 类，即有机氮化合物本身的特性、影响酶产生的因素和影响酶活性发挥的因素。耕作、灌溉、施肥、施用农药、轮作等人为措施通过上述

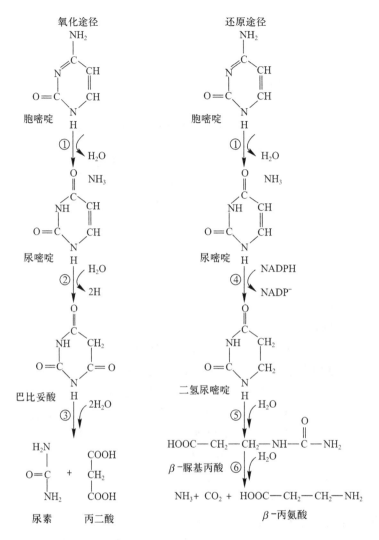

图 5-6 嘧啶分解过程。涉及的酶包括胞嘧啶脱氨基酶、尿嘧啶脱氢酶、巴比妥酶、二氢尿嘧啶酶、二氢嘧啶酶和 β-脲基丙酸酶

3 种途径影响土壤中有机氮的分解。

1. 土壤中有机氮化合物本身的特性

有机化合物本身各种原子间的结合方式是决定其分子稳定性和抗分解能力的关键所在，因此，氨基酸和蛋白质类化合物最容易分解，而芳香族含氮化合物的稳定性强，不容易分解。对于秸秆、树木的枯枝落叶等天然材料来讲，还应考虑不同化合物之间的空间存在关系，如包含在木质素等难降解材料内部的蛋白质也不易降解，但这与蛋白质本身的降解难易无关。一般而言，植物残体中的有机氮组分的分布如下：可溶性氨基化合物（氨基酸类和胺类）5%，蛋白

质和核酸 90% ~ 95% 。土壤有机质中存在的有机氮化合物，多与木质素、丹宁等生物大分子或无机矿物结合而分解性大大降低。

2. 影响酶产生的因素

土壤中酶的主要来源是微生物，因此影响土壤微生物生存和活动的一切因素均可影响土壤中有机氮的分解，如温度、水分、O_2、pH、C/N 比值、矿质营养等。另外，不同的生态类群、生物种类、生理状态以及生产酶的种类和能力不同，也会影响土壤中有机氮的分解过程。重金属等污染物通过抑制微生物的生长，也可影响酶的产生。

3. 影响酶活性发挥的因素

许多影响酶产生的因素同时也影响酶的活性，如温度、水分和 pH，但对整个土壤有机氮分解过程的影响的机理是不同的。对于酶促反应，反应温度当然是重要的，它从微观上决定了底物分子和酶分子发生碰撞机会和强度的大小，因此影响反应的进行。水分的溶解功能是保证大量底物分子与酶分子接触的基础，而 pH 则会影响底物分子和酶分子的电荷与空间结构，进而影响催化反应的进行。土壤中重金属的存在，往往是与胞外酶结合，改变了酶分子的空间结构，进而使酶失去催化活性。

5.2.4　土壤有机氮氨化的研究方法

关于土壤中有机氮分解的研究多集中在生长季内分解数量的预测方面，主要包括化学浸提法和原位培养法，对于分解过程中物质转化的生物化学过程的研究，^{15}N 同位素技术是最有利的手段。

1. 化学浸提法

通过建立特定的浸提剂浸提出的土壤有机氮量与作物吸氮量之间的相关关系来预测生长期内的土壤供氮量，其优点在于简便、快速。化学浸提法源于这样的概念：土壤有机质由一系列分解性质不同的组分构成，其中一部分易于分解，是土壤无机氮的主要来源，将其浸提出来就可定量化土壤的供氮量。总地来看，浸提法预测土壤供氮能力的效果并不理想，因为其忽视了土壤有机氮矿化的复杂性，如条件改变时分解性的改变。

2. ^{15}N 标记技术

^{15}N 技术分为 3 类。①^{15}N 示踪技术，通过监测 ^{15}N 在系统中的运移，来揭示标记物的运移规律。②^{15}N 同位素稀释技术，将土壤中某一氮库用 ^{15}N 标记，通过监测该库变化速率及 ^{15}N 的丰度被 ^{14}N 稀释的比例，计算该库的转化过程。③^{15}N 自然丰度技术，利用由于生物过程的长期排斥而使土壤不同氮库的 ^{15}N 丰度略显差异的现象，揭示长期的库源关系。

用 ^{15}N 标记无机氮肥，可以使人们区别开肥料氮和土壤矿化产生的氮，进而定量化土壤矿化作用和肥料利用率。当 ^{15}N 标记技术与土壤微生物量测定技术同时使用时，就可进一步揭示不同来源的氮在微生物相、有机易利用相和土壤稳定相之间的转化过程，也可以进行总矿化速率和土壤微生物量周转速率的测定。

5.3 硝 化 作 用

硝化作用是氮素的氧化还原过程，是氮素生物地球化学循环中的重要环节，从铵离子到硝酸根离子的转化与土壤风化、温室气体形成和地表水富营养化等过程的关系十分密切。

5.3.1 硝化作用的生物化学反应过程

硝化作用是指土壤中的氨、胺、酰胺等在特定的微生物作用下经系列氧化作用转化为硝酸根（NO_3^-）的生物化学过程，包括自养硝化作用和异养硝化作用。硝化作用广泛存在于土壤、水域和沉积物的生态系统中，这个过程与作物生产、氮素循环、废水处理和环境保护均有密切的关系。

1. 自养硝化作用

在自养硝化作用中，第一步由氨氧化细菌将 NH_3 经 NH_2OH 氧化成 NO_2^-（图 5-7），涉及的酶包括氨单氧化物酶（ammonia monoxygenase，AMO）、羟胺氧化还原酶（hydroxylamine oxidoreductase，HAO）和终端细胞色素氧化酶（terminal cytochrome oxidase，TCO）。因为 AMO 是一氧化物酶，只能将 O_2 中的一个 O 原子插入 NH_3 分子中，故需要另外的还原力将另一个 O 原子还原为 H_2O。对于自养硝化细菌而言，这个还原力来自于 AMO 氧化产物 NH_2OH 的氧化过程。在这些步骤中，每分子羟胺氧化时产生的 4 个电子是能量产生和生物合成所需还原力的唯一来源。在 4 个电子中，2 个电子被循环利用于 AMO 催化的 O_2 还原为 H_2O 的过程。

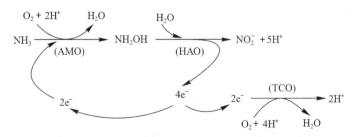

图 5-7 氨氧化为亚硝酸的过程

亚硝酸产生过程的方程式如下：

$$NH_3 + O_2 + 2H^+ + 2e^- \xrightarrow{AMO} NH_2OH + H_2O$$

$$NH_2OH + H_2O \xrightarrow{HAO} NO_2^- + 5H^+ + 4e^-$$

AMO 是膜结合酶，存在于细胞内膜上，催化羟胺的生成。AMO 还没有从自养生物中得到具有活性的纯化形态，因此目前关于 AMO 功能的信息均来自原位细胞的研究。除了以 NH_3 为底物外，AMO 还可以催化很多非极性分子的氧化反应，这与水溶性甲烷单氧化物酶（SMMO）很相像。但是，当 AMO 催化除 NH_3 以外的底物时，并不产生能量，只是在催化氧化甲烷（或羟基甲烷或 CO）时产生碳源供胞内物质合成，或产生 CO_2 供细胞固定。底物的非极性特点表明 AMO 的活性位点是疏水性的，这也解释了土壤酸度对自养硝化作用影响的机理，因为酸性土壤中 NH_3 的浓度很低，而 NH_4^+ 的浓度很高。

AMO 蛋白至少由 AmoA 和 AmoB2 个亚单元组成，编码这 2 个亚单元的基因 *amoA* 和 *amoB* 的氨基酸序列已经测定出来。2 个亚单元都具有膜生片段和大环状结构，可以扩展到细胞周质中去。AMO 蛋白在组成、功能和发育上都很像颗粒状甲烷一氧化物酶（pMMO）。

AMO 蛋白含有多至 3 个 Cu 离子和 1 个（或多个）Fe 离子。Cu 作为 AMO 的活性中心已得到普遍认可，Cu 可稳定无细胞培养液中 AMO 的活性，而细胞解体时 AMO 活性的丧失可能与 AMO 中 Cu 的解离有关。

AMO 是对光敏感的酶，<430nm 的紫外光可显著抑制亚硝化单胞菌中氨的氧化作用。

HAO 不是膜结合酶，为水溶性酶，存在于细胞内膜和外膜之间的细胞周质中。AMO 释放出的羟胺进入细胞周质后，被 HAO 分两步还原：

$$NH_2OH \longrightarrow NOH（或 NO^-） + (2 或 3)H^+ + 2e^-$$

$$NOH（或 NO^-） + H_2O \longrightarrow NO_2 + (3 或 2)H^+ + 2e^-$$

如果 O_2 浓度降低，延缓了电子从 HAO 活性中心的转移，那么将形成大量的 N_2O：

$$2NH_2OH \longrightarrow N_2O + H_2O + 4H^+ + 4e^-$$

HAO 的基因 *hao* 已经被测序，通过 X 射线技术 HAO 的结晶结构已经被确立。纯化的 HAO 是一个三联体分子，每个亚单元有 8 个共价结合的 C 状亚铁血红素，其中称为 P460 的亚铁血红素负责与羟胺的结合。

自养硝化作用中的第二步是把亚硝态氮转化成为硝态氮，通过亚硝酸盐氧化还原酶（nitrite oxidoreductase，NIO）催化完成：

$$NO_2 + H_2O \xrightarrow{NIO} NO_3^- + 2H^+ + 2e^-$$

此步骤是硝化作用中主要的产能过程，由 NIO 把 H_2O 中的一个 O 原子加到 NO_2^- 中去。释放出的电子对被运送到含 Cu 的细胞色素 C 氧化酶，O_2 作为最终电子受体被还原为 H_2O。

NIO 也是膜结合酶，存在于细胞膜靠近细胞质一侧，目前还没有得到结晶体，可确定的是 NIO 含有 Mo 亚单元和 Fe – S 亚单元，其中 Mo 中心结合并氧化 NO_2^-。

自养硝化作用中能量的应用：通过细胞色素电子转移系统，硝化作用产生的电子可用于能量 ATP 的生成，ATP 进而用于 CO_2 的固定：

$$2［载体(2e^-)］+ O_2 + 2ADP + 2Pi \longrightarrow 2［载体(氧化态)］+ 2H_2O + 2ATP$$

$$3CO_2 + 6ATP + 6NADPH \longrightarrow 3 - P - 甘油醛 + 6ADP + 6PO_4^{3-} + 6NADP^+$$

为了产生固定 CO_2 所需的能量，每产生 1 mol ATP 和 NADPH 必须有 1 mol NH_3 被氧化，即氧化 9 mol NH_3(153 g)，用于 3 mol(36 g)CO_2 – C 的固定。

在硝化作用中，N_2O 也是一种重要的 NH_3 氧化过程的副产物，具体过程如下：

$$NH_4^+ \xrightarrow{-2e^-} NH_2OH \xrightarrow{-2e^-} [NOH] \xrightarrow{-2e^-} NO_2^-$$

化学歧化　　　　　　反硝化亚硝酸还原酶

$$N_2O$$

2. 异养硝化作用

异养硝化作用是指微生物利用有机碳作为能源时对含氮物质的氧化过程。底物以有机氮(胺类)为主，很少利用 NH_3。大多数情况下，参与异养硝化作用的酶类不同于自养硝化作用，如从泛养硫球菌属(*Thiosphaera pantotropha*)(异养微生物)中分离到的 HAO 与从欧洲硝化杆菌(*Nitrobacter europaea*)中分离到的 HAO 有以下不同。①蛋白相对分子质量小，只有 18×10^3。②不含亚铁血红素，只含有 Fe 离子。③从每个羟胺中只吸收 2 个电子。为了形成 NO_2^-，中间产物 NOH 与 O_2 反应而不是与 H_2O 反应。

$$NH_2OH \longrightarrow NOH + 2H^+ + 2e^-$$

$$NOH + O_2 \longrightarrow NO_2^-$$

在典型的异养硝化作用中，羟胺氧化并不伴随着 ATP 的合成和生物的生长，因此，羟胺吸收的 2 个电子足以满足 AMO 的需要。同时，这两个电子也可以通过亚硝酸还原酶将生成的 NO_2^- 还原，形成硝化 – 反硝化耦合作用。

相比自养硝化作用而言，异养硝化作用的重要性较小，一般只发生在酸性针叶林土壤中。

与异养硝化作用相似的是在污水处理中发现的氨厌氧氧化现象，即在厌氧条件下，污水中的氨消失是伴随了 NO_3^- 的消耗和气体的产生。此时，氨被特定微生物群落氧化，电子受体是 NO_3^- 或 NO_2^-。氨厌氧氧化过程本质上是自养过程，因为释放出来的电子被用于 CO_2 的固定。可能的步骤是：①NO_3^- 或

NO_2^- 的还原和 NO 的产生。②在似 AMO 酶催化下，NO 与 NH_3 反应生成肼。③HAO 催化肼的氧化生成 N_2。

$$NO + NH_3 + 3H^+ + 3e^- \longrightarrow N_2H_4 + H_2O$$

$$N_2H_4 \longrightarrow N_2 + 4H^+ + 4e^-$$

相似地，在 Mn 含量高的水稻土或海底沉积物中，NH_3 也可发生以下的氧化反应（图 5-8）。

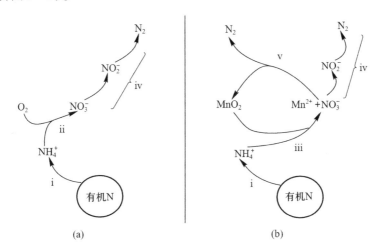

(a)   (b)

图 5-8 海底沉积物的(a)典型氮循环与(b)厌氧硝化循环。i 为有机物的异养代谢产氨基酸过程(氨化作用)；ii 为好氧硝化作用；iii 为 Mn 还原耦合厌氧硝化作用；iv 为典型的反硝化作用；v 为 Mn 氧化耦合反硝化作用(引自 Bartlett 等，2008)

$$2NH_3 + 3MnO_2 + 6H^+ \longrightarrow 3Mn^{2+} + N_2 + 6H_2O$$

$$8MnO_2 + 2NH_4^+ + 12H^+ \longrightarrow 8Mn^{2+} + 2NO_3^- + 10H_2O$$

$$5Mn^{2+} + 2NO_3^- + 4H_2O \longrightarrow 5MnO_2 + N_2 + 8H^+$$

3. 自养硝化与异养硝化的区别

（1）选择抑制剂法

氯甲基吡啶可以抑制自养硝化作用，土壤施用氯甲基吡啶后产生的 NO_3^- 便是异养硝化作用的结果。氯甲基吡啶不适用于有机质丰富的酸性土壤，因为此时的吸附和挥发现象较明显。乙炔也可抑制自养硝化作用，在低浓度下一般不抑制异养硝化作用（表 5-5）。

（2）^{15}N 稀释法

由于总硝化作用（自养＋异养）NO_3^- 的产生，使土壤中 NO_3^- 库中的 ^{15}N 丰度被稀释，而加入 ^{15}N 标记铵的土壤 NO_3^- 库中的 ^{15}N 丰度只与自养硝化作用有关，通过二者的比较可分别估算出自养硝化和异养硝化的强度。这种方法没有考虑异养硝化中氨被直接氧化为 NO_3^- 的过程，因此往往低估了异养硝化作用。而对于酸敏感的硝化细菌，由于其与氨化细菌伴生，因而更易利用来自土壤有机氮中未被标记的 NH_4^+，所以也往往低估了自养硝化作用。

表 5-5　乙炔对自养硝化和异养硝化的抑制作用（改编自 de Boer 和 Kowalchuk，2001）

硝化作用者	底物	乙炔抑制效果	参考文献
异养硝化真菌			
黄曲霉 （*Aspergillus flavus*）	NH_4^+ 和蛋白胨	5 kPa 时无效果	Schimel 等，1984
黑青霉 （*Penicillium nigricans*）	NH_4^+	5 kPa 时无效果	Stams 等，1990
异养硝化细菌			
节杆菌属 （*Arthrobacter* sp.）	NH_4^+	10 kPa 时无效果	Hynes 和 Knowles，1982
泛养硫球菌 （*Thiosphaera pantotropha*）	NH_4^+	10 kPa 时无效果	Dalsgaard 等，1995
反硝化副球菌 （*Paracoccus denitrificans*）	NH_4^+	2.5 kPa 时无效果	Moir 等，1996
恶臭假单胞菌 （*Pseudomonas putida*）	γ-氨基丁酸	10 Pa 时无效果 5 kPa 时完全抑制	Daum 等，1998
自养硝化细菌			
欧洲亚硝化单胞菌 （*Nitrosomonus europaea*）	NH_4^+	10 Pa 时完全抑制	Hynes 和 Knowles，1982
耐酸型亚硝化螺旋菌 （*Nitrosospira* sp.）	NH_4^+	10 Pa 时完全抑制	de Boer 等，1991

（3）生理过程方法

基于自养和异养微生物的生理代谢特点来区分自养硝化和异养硝化的方法，如自养氨氧化细菌（ammonia oxidizing bacteria，AOB）以 CO_2 为碳源，而异养硝化菌则利用有机物质为碳源，因此通过停止供应 CO_2 的方法来区分两者。向土壤中供应有机氮化合物促进 NO_3^- 的产生则可间接证明异养硝化作用的存在。

5.3.2　硝化作用的生物类群

1. 自养硝化细菌与异养硝化细菌

土壤中的化能自养硝化细菌（chemolitho-autotrophic nitrifying bacteria）和异

养菌(细菌、放线菌和真菌)都可进行硝化作用,但两类微生物利用的酶系不同。通过硝化作用,自养硝化细菌获得开尔文循环固定 CO_2 时所需的能量,异养硝化生物从化合态氮(主要是氨基氮)中获得生长所需的碳而非能量。

化能自养硝化细菌包括两类细菌,即氨氧化细菌(AOB)(表 5-6)和亚硝酸盐氧化细菌(nitrite oxidizing bacteria,NOB)(表 5-7)。陆地生态系统中的 AOB 在分类上是单源性很强的细菌,属于变形菌纲(proteobactria)中的 β 亚纲,目前在生物学分类上普遍接受的属是亚硝化螺旋菌(*Nitrosospira*)和亚硝化单胞菌(*Nitrosomonas*)。亚硝化球菌(*Nitrosococcus*)是变形菌纲 γ 亚纲中的细菌,目前发现只存在于海洋环境中。NOB 的代表细菌则属于多个系统分类上的亚纲,如硝化杆菌(*Nitrobacter*)属于变形菌纲中的 α 亚纲,硝化球菌(*Nitrococcus*)属于变形菌纲中的 γ 亚纲,硝化刺菌(*Nitrospina*)属于变形菌纲中的 δ 亚纲,而硝化螺旋菌(*Nitrospira*)则属于细菌门中的特殊分类单元。在上述 NOB 中,只有硝化细菌在土壤中被发现,其余 NOB 的自然分布状况尚需要探索。在自养硝化作用中,一般认为 AOB 活性是关键步骤,控制着整个硝化作用的速率,因此,AOB 是目前研究的热点。

分类范围广泛的细菌和真菌都具有异养硝化作用的功能,底物包括有机氮和无机氮化合物。与 AOB 相反,异养硝化作用对 NH_3 的氧化并不伴随着细胞的生长。异养硝化作用中的氨氧化有两种途径,第一种是反硝化副球菌(*Paracoccus denitrificans*)、泛养硫球菌(*Thiosphaera pantotropha*)、恶臭假单胞菌(*Pseudomonas putida*)和粪产碱菌(*Alcaligenes faecalis*)等菌种采用的途径,其中的氨氧化酶和羟胺氧化酶在很大程度上与自养硝化作用中的酶相同。第二种途径称为真菌硝化作用,即氮化合物与过氧化氢和过氧化物同时存在时产生的羟基反应导致的氧化作用,形成羟基的条件主要是氧化酶和过氧化酶向环境释放过程中的细胞解体和木质素降解。

表 5-6　氨氧化细菌各属的特征(改编自 Koops 等,2006)

	亚硝化球菌 (*Nitrosococcus*)	亚硝化叶菌 (*Nitrosolobus*)	亚硝化单胞菌 (*Nitrosomonas*)	亚硝化螺旋菌 (*Nitrosospira*)	亚硝化弧菌 (*Nitrosovibrio*)
细胞形状	球形或椭圆形	多叶形	直棒形	紧卷状螺旋	弯曲细棒
细胞大小/μm	$(1.5 \sim 1.8) \times (1.7 \sim 2.5)$	$(1.0 \sim 1.5) \times (1.0 \sim 2.5)$	$(0.7 \sim 1.5) \times (1.0 \sim 2.4)$	$(0.3 \sim 0.8) \times (1.0 \sim 8.0)$	$(0.3 \sim 0.4) \times (1.1 \sim 3.0)$
鞭毛	丛生	周生	(亚)端生	周生	(亚)端生
细胞内膜的排列方式	小泡中央堆砌	膜分隔	平坦小泡在外	内陷	内陷

表 5 - 7   亚硝酸盐氧化细菌各属的特征(改编自 Spieck 和 Bock,2006)

	硝化杆菌 (*Nitrobacter*)	硝化球菌 (*Nitrococcus*)	硝化刺菌 (*Nitrospina*)	硝化螺旋菌 (*Nitrospira*)
系统进化地位	α 变形菌亚纲	γ 变形菌亚纲	δ 变形菌亚纲	硝化螺旋菌门
细胞形状	多边形短杆	球形	直棒形	弯棒或螺旋状
细胞大小/μm	$(0.5 \sim 0.9) \times (1.0 \sim 2.0)$	$1.5 \sim 1.8$	$(0.3 \sim 0.5) \times (1.7 \sim 6.6)$	$(0.2 \sim 0.4) \times (0.9 \sim 2.2)$
细胞内膜的排列方式	极帽	管状	无	无
移动性	+	+	−	−
繁殖方式	芽生或二分裂	二分裂	二分裂	二分裂
主要细胞色素的类型	a, c	a, c	c	b, c
亚硝酸化氧化系统在膜上的位置	细胞质	细胞质	外周胞质	外周胞质
单克隆抗体亚基/kDa	130, 65	65	48	48
膜结合颗粒的结晶结构	二聚粒行状	聚粒行状	六角状	六角状

2. 硝化微生物的分离

化能自养硝化细菌的分离主要采用最大似然计数法。将制成的土壤悬浮液制成一系列浓度梯度的稀释液,加入到只含有 NH_3 或 NO_2^- 为唯一能源的培养基中进行培养,数周或更长的时间后(酸性土壤)检测出现的菌落。对于酸性土、中性土和碱性土而言,AOB 的范围一般在 $10^2 \sim 10^4/g$ 土,NOB 的范围一般在 $10^2 \sim 10^5/g$ 土,并无数量级上的差异。

对于异养硝化生物而言,硝化作用与多种多样的代谢活性相耦合,这导致了对异养硝化生物计数的困难,一般用对特定化合物的代谢来指示异养硝化生物的存在。如用肟降解产生 NO_3^- 的过程来表示异养硝化作用。另一方面,潜在异养硝化作用者与可培养异养微生物总数的比例可用来表示异养硝化作用的重要性。据报道,酸性山毛榉林土壤中,在可分离的 350 种细菌和真菌中,约有 25% 的菌种在含蛋白胨的培养基中可产生 NO_2^- 或 NO_3^-。

3. 硝化微生物的群落结构分析

（1）免疫荧光（immuno fluorescence, IF）技术

在土壤中，荧光抗体（fluorescent antibody, FA）技术可直接对 AOB 进行计数，效果取决于纯培养的有效性，同一土壤样品中的分离菌群可具有显著的血清多样性。利用选择性 FA 计数法可以对吸附态或悬浮态亚硝化单胞菌的不同种进行计数。相对于 MPN 法，FA 方法可在数小时内得到具有较高的分辨率和灵敏度的结果。

（2）系统发生学方法

① PCR *16S rRNA* 基因序列与 AOB 检测。土壤中 AOB 的单源性非常有利于建立非培养性的检测手段，如采用 PCR 手段从土壤中对 *16S rRNA* 基因序列的直接扩增技术（图 5-9）。目前，从多种环境样本中得到的 AOB 型 *16S rDNA* 序列表明，硝化作用者的变异程度比用培养法得到的结果要大得多。通过对 AOB 型 *16S rDNA* 序列的对比，已经在亚硝化螺旋菌和亚硝化单胞菌中各发现至少 4 个不同的世系（称为序列集）。PCR 技术与变性梯度凝胶电泳（denaturing gradient gel electrophoresis, DGGE）技术和寡核苷酸探针（oligonucleotide probe）相结合，可以探测特定的 AOB 序列集，进而分析土壤中 AOB 群落的结构组成。利用上述手段的研究表明，酸性土壤中的 AOB 以亚硝化螺旋菌为主。

② *amoA* 基因与 AOB 检测。*amoA* 是编码氨单氧化酶中包含活性位点亚单元的基因，可作为分子标记物用于分析 AOB 群落的组成。该基因的序列变异比 *16S rRNA* 序列的变异多，因此可用于更精细的区分。

③ 荧光原位杂交技术。利用荧光原位杂交（fluorescence in situ hybridization, FISH）技术不仅可以区分微生物种群的组成，而且可以确定各种群的数量。FISH 技术在测定生物膜和污水中的硝化作用比较成功，而在酸性土壤中由于 AOB 相对数量较小而存在一定的问题。目前，用于检测 β 变形菌亚纲中 AOB 的寡核苷酸探针已经被发明出了几种，但用于检测自然环境中的硝化细菌的应用较少。NEU 是专门用来检测亚硝化单胞菌的探针，NSO190 和 NSO1225 具有广泛的专一性，可用于自然环境中硝化细菌的检测。

④ NOB 的分子检测。目前，关于酸性土壤中 NOB 的分子检测多集中在硝化细菌属方面，因为多数的 NOB 启动子是基于硝化细菌属的序列。同时，将 MPN 和 PCR 相结合，可以定量分析自养的 NOB 数量。对于其他 NOB，应用 FISH 技术，可在生物反应器中成功检测到硝化螺旋菌，而生物反应器中多认为是以硝化细菌属为主的环境。

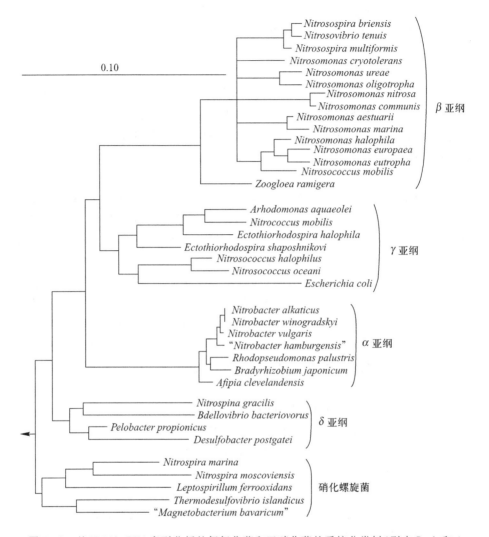

图 5-9   基于 *16S rRNA* 序列分析的氨氧化菌和亚硝化菌的系统分类树(引自 Bock 和 Ag-
ner,2006)

　　⑤ 异养硝化菌的分子检测。异养硝化菌因为分类上的多源性,其分子检
测技术还没有建立起来。虽然用分子标靶去检测异养硝化菌中的特定类群是可
能的,但采用单一的分子标靶去检测范围和变异很大的异养硝化菌类群还是相
当困难的。同时,异养硝化菌的代谢多样性比自养硝化菌的代谢多样性要大很
多,因此即使检测到了异养硝化菌,也无法说明其在土壤环境的氮转化过程中
发挥作用。

5.3.3　酸性土壤中的硝化作用

1. 自养硝化作用

（1）酸敏感的菌体

如酸性土壤中分离出的亚硝化螺旋菌和亚硝化单胞菌，当接种到 pH <
5.5 的液体培养基时，均不能进行氨氧化反应。这是由 AMO 酶对底物 NH_3
的亲和性决定的。随着 pH 的降低，土壤溶液中 NH_3 的浓度呈指数倍数地下
降。因此，一般认为酸性土壤中硝化作用的发生存在两种机制（图 5 - 10）：
中（碱）性微区机制和细胞内尿素水解机制。①普遍认为，酸性土壤中存在
局部的 pH 中性或碱性微区，如土壤上层接受冠层淋洗液的部位、氨化作用
强烈的部位等，硝化作用就发生在这些微区内。在酸性土壤中，硝化作用往
往和氨化作用同时发生，而与 NH_4^+ 有效性的相关性很小。②在酸性土壤中，
尿素在细胞内先水解，水解产生的 NH_3 再进行硝化作用。如亚硝化螺旋菌中
的 AHB1 菌株，一旦被尿素分子激活，就可在 pH < 5.0 且只含有 NH_4^+ 的环
境中持续进行硝化作用达数天时间。

（2）酸耐性的菌体

酸性条件下的酸耐性硝化作用者可不通过特定的 NH_3 产生机制（如中碱性
微区或尿素水解）来保持硝化作用活性，尤其在氮饱和森林土壤的有机层下
部，其重要性大于酸敏感硝化作用者。酸耐性硝化作用者很可能是酸敏感型菌
种对酸性环境适应后的生态种，因为很多研究发现，酸敏感型菌种聚集生存时
（如生物膜）可耐受较低的 pH，且进行正常的硝化作用。当然，聚集生存促进
酸性环境中硝化作用的机制尚不清楚，尤其是这些细胞群保证 NH_3 供应使
AMO 酶正常进行催化作用的机制，是其中的关键问题。有推测认为，这些细
胞存在高效的 NH_3 运移机制和保持细胞质高 pH 以维持 NH_3 产生的机制（de
Boer 等，1991）。

2. 异养硝化作用

异养硝化细菌中的 AMO 酶与 AOB 中的酶极其相似，因此在酸性土壤中存
在与 AOB 相同的问题。目前，尚未在酸性土壤中发现异养硝化细菌。而泛养
硫球菌（*Thiosphaera pantotropha*）中的异养硝化作用在土壤中基本不会发生，因
为这种硝化作用需要的充足能量在土壤环境中很难得到满足。目前，普遍认为
酸性环境中的真菌硝化作用是异养硝化作用的主要形式。酸性森林土壤中丰富
的含木质素的枯枝落叶，在真菌的降解中形成过氧化物，进而有利于真菌硝化
作用的进行。

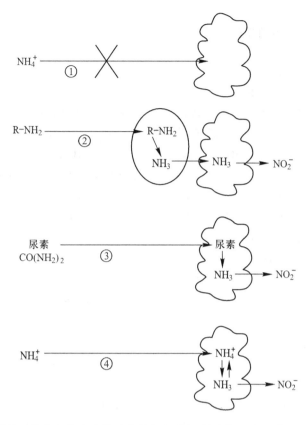

图 5 – 10　酸性环境中自养硝化作用者的氨氧化机制。①NH_4^+ 不能被酸敏感菌种所氧化。②酸敏感菌种与氨化作用者紧邻存在，NH_3 直接从氨化作用者细胞扩散到酸敏感菌细胞，氨氧化顺利进行。③尿素扩散进入酸敏感菌细胞，被胞内脲酶水解产生 NH_3。④在适应期间，酸敏感菌体有足够的能量保证 NH_4^+ 扩散进入细胞，细胞质的 pH 较高，保证 NH_3 的形成。长期适应的结果，使酸敏感菌转变为酸耐受菌，可无限期在酸性环境中进行硝化作用（改编自 de Boer 和 Kowalchuk，2001）

5.3.4　硝化作用的抑制

1. AMO 的多底物特性

　　单氧化物酶的共同特点之一是其底物的多样性，AMO 有 40 种以上的底物（表 5 – 8）。当其他底物存在时，就会抑制 NH_3 的氧化。这种抑制作用是复杂的，因为当替代底物氧化时还需要 NH_3 的共氧化，只有这样才能产生维持 AMO 活性的还原力，即羟胺氧化时产生的电子转移给 AMO。同时，这种共氧化可由 N_2H_4 作为替代物以产生还原力。

表 5-8　AMO 酶的多种底物和产物(根据 McCarty,1999 改编)

底物	产物	底物	产物
简单化合物		1,1-二氯乙烷	乙酸
NH₃	羟胺	1,2-二氯乙烷	一氯乙醛
CH₄	甲醇	1,1,1-三氯乙烷	2,2,2-三氯乙醇
CO	CO₂	1,1,2-三氯乙烷	三氯乙醛
碳氢化合物		氯丙烷	三氯-1-乙醇
CH₂=CH₂	氧化乙烯(乙撑氧)	芳香族化合物	
甲醇	甲醛	苯	苯酚
甲醛	甲酸	甲苯	苯甲醇和苯甲醛
二甲醚	甲醛和甲醇	乙苯	乙苯乙醇
烷烃(多至 C₈)	乙醇	p-二甲苯	4-甲基苯乙醇
烯烃(多至 C₅)	环氧化物和乙醇	苯乙烯	苯甲酰甲醛
环己胺	环己醇	氯苯	4-氯酚
含 S 有机化合物		溴苯	4-溴酚
甲基硫	甲基亚砜	1,2-二氯苯	3,4 二氯酚
乙基硫	乙基亚砜	苯胺	硝基苯
四氢噻吩	四氢噻吩亚砜	硝基苯	3-硝基酚
卤代烃类		苯乙醇	苯甲醛
溴乙烷	乙醛	苯酚	对苯二酚
氟代甲烷	甲醛	p-甲基苄基醇	1,4-苯二甲醇
氯代甲烷	甲醛	氯甲基吡啶(好氧)	6-氯甲基吡啶酸
二氯甲烷	CO	氯甲基吡啶(厌氧)	2-氯-6-二氯甲基嘧啶

共同底物对 NH₃ 氧化的抑制作用有 3 种机制。①与 AMO 直接结合并发生反应。②干扰 AMO 活性发挥所需还原力的供应。③底物的氧化产物活性很强,抑制了 AMO 和(或)其他酶的活性。如烃和氯代烃对 AMO 的竞争性结合,就抑制了 NH₃ 的氧化,这种结合可发生在 AMO 的 2 个位点上。作为竞争性结合底物,这种结合和氧化可发生在本来是 NH₃ 氧化的活性位点上,而非竞争性结合则发生在非 NH₃ 氧化的活性位点上。在 C₁ 到 C₄ 的烃类氧化中,竞争性结合逐渐减弱,而非竞争性结合逐渐增强。在单卤代乙烷的氧化中,最大氧化速率随着卤素相对原子质量的增加而降低,底物氧化最佳浓度则随卤素相对原子质量的降低而增加。

氯代烃类的 AMO 氧化可分为两类。①可被欧洲亚硝化单胞菌共氧化,但对生物本身没有毒性或毒性很小。②与 NH₃ 发生共氧化但产生对 NH₃ 氧化的抑制作用。在②中，如 1，1，1 - 三氯乙烯（TCE）氧化时，TCE 中的碳原子与多种蛋白质结合，使 AMO 失去氧化 NH_3 的活性。

2. AMO 的机制性抑制

生化酶的机制性抑制剂是指那些在酶促反应中能产生抑制酶活性产物的化合物。因产物与蛋白质的共价结合，这种抑制往往是不可逆转的，因此也称为自杀性抑制和自杀性抑制剂。AMO 的自杀性抑制首先是在乙炔（C_2H_2）上发现的，在 ^{14}C - C_2H_2 加入后，在 AMO 的循环性催化过程中，某些蛋白质中的一些 C 被 ^{14}C 取代了，而 AMO 不再具有 NH_3 的氧化能力，进而推测这些蛋白是 AMO 的组成部分。乙炔被 AMO 氧化的产物是一种高活性的非饱和环氧化物，只在氧化过程中以共价结合形式与催化蛋白一起存在。

氯甲基吡啶是 AMO 的一种底物，但其对 AMO 的机制性抑制作用不明显，因为其抑制的方式是其氧化产物无选择性地与膜蛋白结合，进而对 AMO 活性产生影响。氯甲基吡啶的好氧分解产物是 6 - 氯甲基吡啶酸，而厌氧条件下发生还原和脱氯反应，生成二氯甲基嘧啶。据分析，氯甲基吡啶中的三氯甲基是与 AMO 活性位点结合的部位。

3. 含硫有机化合物

一系列含硫有机化合物可以抑制硝化作用，如硫代硫酸盐（或酯）、硫代氨基甲酸盐（或酯）、磺酸盐、含硫氨基酸以及一些杀虫剂和杀真菌剂，具体的化合物如二硫化碳（CS_2）、硫脲、烯丙基硫脲、胍基硫脲、二巯基苯硫脲、硫代乙酰胺等。含硫有机化合物抑制硝化作用的机理与挥发性含硫化合物有关，如 CS_2、二甲基二硫醚、甲硫醇和 H_2S 等，其中 CS_2 是通过与亲核氨基酸反应形成了可螯合 Cu^{2+} 的复合物。同时，含有 C＝S 键的化合物基本均具有抑制 AMO 活性的作用，而 C＝S 键在分子内不同的位置会影响螯合 Cu^{2+} 的类型，内部 C＝S 键与 Cu^{2+} 形成单齿螯合，而终端 C＝S 键与 Cu^{2+} 形成双齿螯合。

4. 炔类化合物

土壤中 0.1 Pa 的 C_2H_2 便可显著抑制硝化作用，而 10 Pa 的 C_2H_2 可完全抑制硝化作用。乙炔抑制 AMO 活性的机理是其对一个相对分子质量为 28×10^3 的多肽产生的共价修饰作用改变了分子的空间构型，进而导致 AMO 活性的丧失。同时，炔类化合物的衍生物，如 2 - 乙炔基嘧啶和苯乙炔也具有抑制硝化作用的效果，但有羧基取代基的炔类化合物（如乙炔一羧酸）则不具有抑制作用，原因在于其分子具有电荷，而这影响分子与 AMO 活性中心的亲和。

5. 杂环氮化合物

据研究，具有 2 个相邻氮原子的环状化合物，如吡唑、1，2，4 - 三氮杂茂、三甲基吡唑和 3，4 - 二氯 - 1，2，5 - 噻重氮，可以显著抑制硝化作用（McCarty 和 Bremner，1989），而具有 2 个非相邻环氮（如嘧啶、咪唑）或只有 1

个环氮的化合物（如吡咯）则不会抑制 AMO 的活性。另外，具有与环氮原子相邻的 C 上的 Cl 或 CCl_3 基团结构的杂环氮化合物也可抑制硝化作用，如 2 - 氯吡啶、2，6 - 二氯吡啶、6 - 氯 - 2 - 甲基吡啶等。

5.4　反硝化作用

自 Gayon 和 Dupetit 于 1886 年首次分离反硝化细菌以来，反硝化作用研究已有 120 余年的历史了。反硝化作用最初是用来描述发酵微生物群落中的固定态氮平衡中氮损失这一现象的，后来这个术语被 Kluyver 保留下来，用于阐明其细胞生物学统一概念中的细菌厌氧呼吸作用（Kluyver 和 Donker，1926）。

5.4.1　反硝化作用的生物化学反应过程

微生物进行硝酸盐还原的目的（图 5 - 11）包括：①吸收氮进入生物分子（同化性氨化）。②为细胞发挥功能提供能量（呼吸、反硝化作用）。③排除细胞代谢产生的过多能量（异化性氨化）。

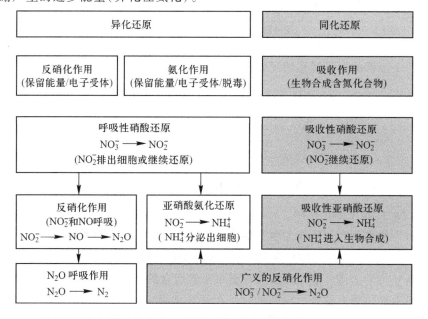

图 5 - 11　原核微生物氮循环中硝酸还原中的异化还原和同化还原途径（改编自 Zumft，1997）

反硝化作用是指在供氧不足的条件下土壤中的某些微生物用 O_2 代替氧化态氮化合物作为最终电子受体进行呼吸代谢而从中获取能量的过程，反硝化作用的结果是硝酸盐转化为气态氮化合物（N_2O、NO 和 N_2）返回大气中。该呼吸过程中氧化态氮化合物被还原，而电子供体（如有机质）被氧化，其中接受电子的难易程度为 $NO_3^- > NO_2^- > NO > N_2O$。反硝化作用的总反应式如下：

$$5C_6H_{12}O_6 + 24NO_3^- + 24H^+ \longrightarrow 12N_2 + 30CO_2 + 42H_2O$$

$$C_6H_{12}O_6 + 6NO_3^- + 6H^+ \longrightarrow 3N_2O + 6CO_2 + 9H_2O$$

反硝化作用的实质是硝酸的异化还原，即 NO_3^- 或 NO_2^- 被还原成 N_2O 或 N_2，其间伴随着能量的保持，这与 NO_3^- 的同化还原作用（产物是 NH_4^+）的生物合成目的是不同的。异化还原同时包括反硝化作用和氨化作用（硝酸还原为 NH_4^+ 的过程），两者都从 NO_3^- 的呼吸还原开始。氨化过程不产生电子，可使 NO_2^- 脱去对细胞的毒害作用，并且保存能量。

1. 反硝化作用过程

（1）典型的反硝化作用

反硝化作用是一个典型的氧化还原反应，只从 NO_3^- 的变化看，其反应式如下：

$$2NO_3^- + 10e^- + 12H^+ \longrightarrow N_2 + 6H_2O$$

该过程是通过以下 4 个步骤、在 4 种酶的催化下完成的：

$$NO_3^- \xrightarrow{\text{硝酸盐还原酶}} NO_2^- \xrightarrow{\text{亚硝酸盐还原酶}} NO \xrightarrow{\text{氧化氮还原酶}} N_2O \xrightarrow{\text{氧化亚氮还原酶}} N_2$$

每个步骤的电子转移情况如下：

$$NO_3^- + 2e^- + 2H^+ \longrightarrow NO_2^- + H_2O$$

$$NO_2^- + e^- + 2H^+ \longrightarrow NO + H_2O$$

$$2NO + 2e^- + 2H^+ \longrightarrow N_2O + H_2O$$

$$N_2O + 2e^- + 2H^+ \longrightarrow N_2 + H_2O$$

（2）自养反硝化作用

自养微生物利用氢作为电子供体将 NO_3^- 还原为 N_2 的过程。

$$2NO_3^- + 5H_2 \longrightarrow N_2 + 4H_2O + 2OH^-$$

从热力学上讲，氢是硝酸盐呼吸中比较适合的电子供体，其在生物膜中较高的扩散能力更有益于反应的进行。在淹水土壤中，单质铁 Fe 的氧化将伴随 H_2 的产生，进而促进自养反硝化作用的进行。

$$Fe + 2H_2O \longrightarrow H_2 + Fe^{2+} + 2OH^-$$

$$10Fe^{2+} + 2NO_3^- + 24H_2O \longrightarrow N_2 + 10Fe(OH)_3 + 18H^+$$

$$5FeS_2 + 14NO_3^- + 4H^+ \longrightarrow 7N_2 + 10SO_4^{2-} + 5Fe^{2+} + 2H_2O$$

（3）真菌反硝化作用

自 20 世纪 70 年代以来，真菌的反硝化作用逐渐被人们所认识。底物诱导呼吸法（SIR）结合真菌（细菌）选择性抑制剂可区分出真菌的反硝化作用。最新的研究表明，在厌氧/好氧过渡区（Eh > 250 mV），真菌的反硝化作用占主导地位，而厌氧条件（Eh < -100 mV）下细菌反硝化作用占主导地位（Seo 和 DeLaune，2010）。

（4）化学反硝化作用

化学反硝化作用是指在好氧条件下 NO_2^- 与土壤中的胺或无定形铁化合物的反应生成终产物 NO 及中间产物 N_2O 的过程，是一个非生物化学过程。由于 NO_2^- 是硝化作用和反硝化作用的中间产物，所以以化学反硝化作用的重要性很难确定。该过程主要发生在 pH 3 ~ 4 且溶液中存在大量 Fe^{2+} 的土壤中，主要产物是 NO 和 N_2O。

$$RNH_2 + HNO_2 \longrightarrow ROH + H_2O + N_2$$

（5）硝化反硝化作用

硝化反硝化作用是指土壤中由自养氨氧化细菌的一种微生物完成的 NH_3 到 NO_2^- 的氧化及 NO_2^- 被还原为 N_2O 和 N_2 的过程。该过程与硝化作用和反硝化作用的关系如图 5 - 12 所示。

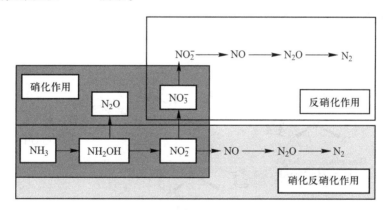

图 5 - 12　硝化反硝化作用与硝化作用和反硝化作用的关系（改编自 Wrage 等，2001）

硝化反硝化作用研究的经典实验是 1972 年 Ritchie 和 Nicolas 完成的 [15]N 标记实验。他们把 [15]N 标记的 NH_4^+、NO_3^- 和 NH_2OH 加入到欧洲亚硝化单胞菌细胞和无细胞培养液中，发现欧洲亚硝化单胞菌能在好氧或厌氧条件下利用 NH_2OH 做电子供体将 NO_2^- 还原成 N_2O。Poth 和 Focht 在 1985 年的实验中发现，欧洲亚硝化单胞菌只在有 O_2 胁迫时通过硝化反硝化作用产生 N_2O，N_2O 中 [15]N 的动态与反硝化作用动态极其吻合，表明硝化反硝化作用中的 N_2O 产生与纯反硝化作用中的 N_2O 产生是一样的。Muller 等 1995 年的实验确证了硝化反硝化作用是污水处理过程循环容器中 N_2 产生的根本原因。

2. 反硝化作用中的酶

（1）呼吸性硝酸还原酶（Nar）

Nar 是一个含 Mo 的酶，存在于细胞膜或周质中，脱氮副球菌中的酶研究得比较清楚。该酶与呼吸性硝酸还原酶有很多相似之处，包括由 3 个不同类型的多肽链（NarG、NarH、NarI）组成，分别称为 α 亚基、β 亚基、γ 亚基。NarG 是酶活性中心所在的亚基，而 NarH、NarI 负责传递电子。NarG 与 NarH 的复合体（NarGH）存在于细胞质中，通过 NarI 亚基与细胞质内膜相连。NarI 亚基是一个膜结合多肽，内含 2 个 b 型血红素，可以从还原型辅酶中接受电子并传递给 β 亚基中的 Fe－S 中心，再传递给 α 亚基活性中心的 Mo。这表明 α 亚基、β 亚基是球形多肽，而 γ 亚基是一个跨膜多肽，含 4 个螺旋结构和足够的组氨酸残基，可以为两个 b 型血红素提供足够的配体。

根据不同的分类标准（细胞中的存在位置、蛋白结构、催化中心的分子特征、代谢途径等），硝酸还原酶（NR）可分为 4 类，即真核微生物硝酸还原酶（Euk－NR）、同化硝酸还原酶（Nas）、呼吸性硝酸还原酶（Nar）和细胞周质硝酸还原酶（Nap）。在这 4 类酶中，Euk－NR 具有亚硫酸盐氧化酶（SO）的结构，而其他 3 种酶具有二甲基亚砜（DMSO）族酶的活性中心结构（图 5－13）。呼吸性硝酸还原酶的基本性质如表 5－9 所示。

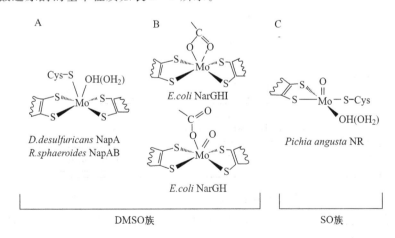

图 5－13 不同类型硝酸还原酶的活性中心结构。A 是 Nap 和 Nas，B 是 Nar，C 是 Euk－NR。图中 *D. desulfuricans* NapA 等指酶来源的微生物种和酶的基团

（2）亚硝酸盐还原酶（Nir）

Nir 是反硝化作用 4 种酶中的关键酶，因为土壤反硝化作用中有大量 NO 产物从土壤中损失。反硝化细菌中的 Nir 存在于细胞周质中，有 2 种完全不同

的类型。一种是二聚体蛋白(图 5 – 14),含有 c 和 d_1 型血红素。c 型血红素从适当的供体蛋白中(如 c 型细胞色素)接受电子,而 d_1 型血红素负责亚硝酸盐还原为 NO 的反应。另一种是三聚体蛋白,含有 2 个类型的 Cu 中心。两种 Nir 是互斥的,不能同时存在于一个细胞中。含 Cu 的 Nir 活性易被 Cu 螯合剂(DDC)、氰化物和 CO 所抑制,而含血红素的 Nir 活性可被氰化物抑制,但不被 CO 抑制。两种 Nir 酶的基本性质如表 5 – 10 所示。

(3) NO 还原酶(NOR)

NOR 存在于细胞膜上,1989 年首次从施氏假单胞菌中分离出纯品。含有 b 和 c 型血红素,其中 c 型血红素连接一个小的、含有 2 个不同组分的多肽。从细菌中已经分离出 3 种 NOR,即 cNOR、qNOR 和 qCuNOR,它们的活性位点的结构完全相同,主要区别是电子供体和电子传递中心的数目与类型不同。NO 还原酶的基本性质如表 5 – 11 所示。

cNOR 以可溶性细胞色素 c 为电子供体,包含 2 个亚基 NorB 和 NorC。NorB 较大,相对分子质量为 56×10^3,含 2 个 b 型血红素和一个非血红素 Fe。NorC 较小,相对分子质量为 17×10^3,含 1 个 c 型血红素。目前,分离出 cNOR 的细菌主要有施氏假单胞菌、脱氮副球菌、嗜盐脱氮嗜盐单胞菌属、铜绿假单胞菌和诺蒂卡假单胞菌。

(4) N_2O 还原酶(N_2OR)

N_2OR 是一个存在于细胞周质中、可溶的、同型二聚体蛋白质,相对分子质量为 67 000,大多数 N_2OR 只含有 Cu 氧化还原中心,1985 年首次得到证实。含有 2 个相对分子质量同为 65×10^3 的亚基,形成双核的 Cu 中心。N_2O 还原酶的基本性质如表 5 – 12 所示。

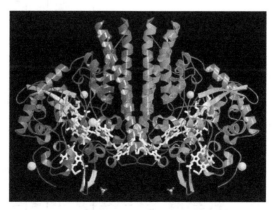

图 5 – 14 细胞色素 c 亚硝酸还原酶 NrfA(二聚型)的结构全貌。分离自产琥珀酸沃廉菌,红色和蓝色部分表示 2 个单体,白色部分表示亚铁血红素(紫色球是其中心离子)。活性中心被 SO_4^{2-} 占据,灰色球是 Ca^{2+}。粉红色球是结晶缓冲液中的 Y^{3+}(参见书末彩插)

表 5－9　呼吸性硝酸还原酶（EC 1.7.99.4）的基本性质（改编自 Zumft，1997）

酶的性质	铜绿假单胞菌	施氏假单胞菌	脱氮假单胞菌	盐脱氮芽孢杆菌	脱氮副球菌
相对分子质量/（$\times 10^3$）	176(260)	140(132)	220(230)		160
亚基相对分子质量/（$\times 10^3$）	118, 64	112, 60(45)	136, 55, 19	145, 58, 23	127, 61, 21
Fe/Mr		13/172	13/220	5～9/226	5～7/160
Mo/Mr		0.5～0.8/172	0.74/220	0.4～1.1/226	0.3/160
最大吸收峰/nm					
离体蛋白	280, 315, 415	280, 410	410	411, 520	280
还原态蛋白	415		435, 535, 558	424.6, 527, 557	420, 525, 557
K_m（NO_3^-）/（$mmol \cdot L^{-1}$）	0.3	3.8	0.7	2.7	0.3
最适 pH	6～7	7.2	8.0	8～8.2	7.5
电子供体（生理态）		细胞色素 b	细胞色素 b	细胞色素 b_{557}	

表 5－10a　含 Cu 的亚硝酸还原酶（EC 1.7.2.1）的基本性质（改编自 Zumft，1997）

酶的性质	致金色假单胞菌	木糖氧化产碱菌	红假单胞菌	盐脱氮芽孢杆菌	欧洲亚硝化单胞菌
相对分子质量/（$\times 10^3$）	85	103	80	82	127.5
亚基相对分子质量/（$\times 10^3$）	36.9	36.5	37.5	40	40.1
离体蛋白最大吸收峰/nm	474, 595, 780	460, 593, 770	463, 585, 740, 840	454, 595, 710, 800	607
全酶 Cu 原子数	1.96	3.5	2	1.56	3.7
K_m（NO_2^-）/（$\mu mol \cdot L^{-1}$）		230		30～50	
抑制剂	DDC，CN^-		DDC，CN^-、CO	DDC，CN^-、EDTA	

表 5 – 10b　含细胞色素 cd_1 的亚硝酸还原酶（EC 1.9.3.2）的基本性质（改编自 Zumft,1997）

酶的性质	铜绿假单胞菌	施氏假单胞菌	脱氮副球菌	脱氮硫杆菌
相对分子质量/($\times 10^3$)	119~121	119~134	120	118
SDS 电泳法分子大小/($\times 10^3$)	63	60~65	61.2	65~67
序列测定法分子大小/($\times 10^3$)	60 204	59 532	63 144	
还原态蛋白最大吸收峰/nm	280, 418, 460, 521, 549, 554, 625~655	278, 417, 460, 522, 548, 554, 625~655	280, 418, 460, 521, 547, 553, 625~655	280, 418, 460, 523, 549, 553, 562, 650
电子供体	细胞色素 c_{551}, 天青蛋白	细胞色素 c_{551}	细胞色素 c_{550}, 假天青蛋白	
K_m(NO_2^-)/($\mu mol \cdot L^{-1}$)	53		6	
K_m(O_2)/($\mu mol \cdot L^{-1}$)	28		80	
NO_2^- 活性 /($\mu mol \cdot min^{-1} \cdot mg^{-1}$)	3.78	4.15	4.0	

表 5 – 11　NO 还原酶(EC 1.7.99.7)的基本性质(改编自 Zumft,1997)

酶的性质	施氏假单胞菌	脱氮副球菌	裂环无色杆菌
相对分子质量/(×10³)	180	160~170	
亚基相对分子质量/(×10³)	17,38	17.5,38	17.5,38
辅基	亚铁血红素 c、b，非亚铁血红素 Fe	亚铁血红素 c、b，非亚铁血红素 Fe	亚铁血红素 c、b
最大吸收峰/nm			
离体蛋白	411.5,537	276~277,411,525,556.5	412,525,551
还原态蛋白	420.5,522.5,552.5	420,522.5,551.5	420,523,551,600
最适 pH	4.8	5	5.5
电子供体	PMS – asc	TMPD – asc，细胞色素 c	PMS – asc
K_m(NO)/(nmol·L⁻¹)	1.2~2.4	250	
K_m(PMS)/(μmol·L⁻¹)	2		
K_m(O₂)/(μmol·L⁻¹)	无	8.4	无

表 5 – 12　N_2O 还原酶（EC 1. 7. 99. 6）的基本性质（改编自 Zumft, 1997）

酶的性质	施氏假单胞菌	铜绿假单胞菌	木糖氧化产碱菌	脱氮副球菌
相对分子质量/($\times10^3$)	120	120	120	143
亚基个数及相对分子质量/($\times10^3$)	2, 65. 8	2, 65. 9		2, 66. 3
最大吸收峰/nm				
离体蛋白	350, 540, 780	550	545	350, 550
还原态蛋白	650	670	650	660
全酶金属原子数	8Cu	8Cu	5Cu	8Cu
K_m (N_2O)/($\mu mol \cdot L^{-1}$)		2		5 ~ 7
抑制剂	CN^- 、 N_3^- 、 $S_2O_4^-$ 、 C_2H_2	NO、 C_2H_2	CN^- 、 N_3^- 、DNP、 Cu^{2+}	CN^- 、 N_3^- 、CO、 C_2H_2

3. 反硝化作用酶的基因

在反硝化作用中，一系列酶参与了 NO_3^- 到 N_2 的还原过程，因此有一系列的基因编码了这些酶蛋白(表 5 - 13)。目前发现的基因主要有编码氧化亚氮还原酶的基因 nos、编码一氧化氮还原酶的基因 nor、编码亚硝酸还原酶的基因 nir 和编码硝酸还原酶的基因 nar。

（1）nar 基因

在铜绿假单胞菌和施氏假单胞菌中，控制呼吸性硝酸盐还原的 nar 基因与反硝化作用基因并没有联系。narGHJI 是硝酸盐呼吸的 E. coli 和枯草芽孢杆菌中的编码硝酸还原酶复合物的结构基因，已经测序。

（2）nir 基因

nirS 基因是编码亚硝酸还原酶细胞色素 cd_1 的基因，最早是在铜绿假单胞菌通过寡核苷酸探针被发现的。在假单胞菌中，nirQ 是在 nirS 上游的基因，负责反硝化作用中酶的成熟和功能的编码，nirQ 和 norQ 的突变体将影响 NO 和 NO_2^- 的还原。

（3）nor 基因

norCB 基因编码 NO 还原酶复合物。

（4）nos 基因

nosZ 是该酶的结构基因，也是第一个已知结构的反硝化作用基因。由施氏假单胞菌构建的 nosZ 探针可与铜绿假单胞菌、真氧产碱杆菌、脱氮副球菌和苜蓿根瘤菌中的基因很好地杂交，表明 nosZ 是一个非常保守的基因。nosX 是苜蓿根瘤菌还原 N_2O 时的必需的基因，也是 nos 的一部分。

表 5 - 13　反硝化作用中关键基因的基本性质(改编自 Zumft, 1997)

步骤	基因名称	基因大小 /kDa	基因编码产物，功能或现象	文献
硝酸呼吸				
	narD		质粒中生成，呼吸性硝酸还原	Warnecke-Eberz 和 Friedrich，1993
	narG	139	大的或硝酸还原酶的 α 基团	Philippot 等，1997
	narH	57.3	小的或硝酸还原酶的 β 基团，与 Fe - S 基团结合	Berks 等，1995
	narI	26.1	硝酸还原酶的细胞色素 β 基团	Berks 等，1995

步骤	基因名称	基因大小 /kDa	基因编码产物, 功能或现象	文献
硝酸呼吸				
	narJ	25	硝酸还原酶集中的必需蛋白质	Berks 等, 1995 Blasco 等, 1992
亚硝酸呼吸				
	nirB	30.4	细胞色素 c552	Jüngst 等, 1991
	nirC	11.9	细胞色素 c 的单亚基, 与 nirS 的成熟有关	Jüngst 等, 1991 Ye 等, 1992
	nirK, nirU	36.9 ~ 41	含 Cu 的亚硝酸还原酶	Chen 等, 1996; Glockner 等, 1993; Nishiyama 等, 1993
	nirN, orf507	55.5	影响厌氧生长和亚硝酸还原	Glockner 和 Zumft, 1996; Kawasaki 等, 1997
	nirQ	29.2	影响 nirS 和 norC、B 催化功能	Jüngst 和 Zumft, 1992 Arai 等, 1994
	nirS(denA)	62	亚硝酸还原酶细胞色素 cd_1	de Boer 等, 1994; Jüngst 等, 1991; Ohshima 等, 1993
NO 呼吸				
	norB	52 ~ 53.1	NO 还原酶细胞色素 b	Arai 等, 1995; Bartnikas 等, 1997; de Boer 等, 1996
	norC	16 ~ 17	NO 还原酶细胞色素 c	Arai 等, 1995; Bartnikas 等, 1997; de Boer 等, 1996
	norD, orf6	69.7	影响反硝化作用条件下生物的生存	Arai 等, 1995; Bartnikas 等, 1997; de Boer 等, 1996

续表

步骤	基因名称	基因大小 /kDa	基因编码产物，功能或现象	文献
NO 呼吸				
	norE, orf2, orf175	17.7 ~ 19.5	膜蛋白	Jüngst 和 Zumft，1992；de Boer 等，1996
	norF	8.2	影响 NO 和 NO_2^- 的还原	de Boer 等，1996
N_2O 呼吸				
	nosA, oprC	74.9 ~ 79.2	与通道形成有关的外膜蛋白，影响 Cu 在 nosZ 中的活性	Lee 等，1991；Yoneyama 和 Nakae，1996
	nosD	48.2	细胞周质蛋白，与 Cu 插入 nosZ 有关	Hoeren 等，1993；Holloway 等，1996；Zumft 等，1990
	nosF	33.8	ATP/GTP 结合蛋白，与 Cu 插入 nosZ 有关	Holloway 等，1996；Zumft 等，1990
	nosX	34.1	在苜蓿根瘤菌影响 N_2O 的还原	Chan 等，1997
	nosY	29.4	含 Cu 内膜蛋白，与 nosZ 有关	Holloway 等，1996；Zumft 等，1990
	nosZ	70.8	N_2O 还原酶	Hoeren 等，1993；Chang 等，1997；Holloway 等，1996

5.4.2 反硝化作用的生物类群

1. 参与反硝化作用的微生物

可进行反硝化作用的微生物可分为特定异养细菌、自养硝化菌和真菌 3 类，其中特定异养细菌进行的反硝化作用是主要形式，包括古细菌和细菌中的很多属（表 5 – 14）。

真菌中具有反硝化能力的种类主要有镰刀菌属（*Fusarium*）、木霉属（*Trichoderma*）、柱孢属（*Cylindrocarpon*）、毛壳属（*Chaetonium*）、水稻恶苗病属（*Giberella*）、青霉属（*Penicillium*）、曲霉属（*Aspergillus*）及其他半知菌类、丝状真菌、酵母菌等。

表 5 – 14　参与反硝化作用的微生物种类

古生菌（**Archaea**）	固氮螺菌属（*Azospirillum*）	硫杆菌属（*Thiobacillus*）
盐盒菌属（*Haloarcula*）	芽生杆菌属（*Blastobacter*）	β 亚组
盐杆菌属（*Halobacterium*）	短根瘤菌属	无色菌属（*Achromobacter*）
富盐菌属（*Haloferax*）	（*Bradyrhizobium*）	食酸菌属（*Acidovorax*）
铁球菌属（*Ferroglobus*）	葡糖杆菌属	产碱杆菌属（*Alcaligenes*）
热棒菌属（*Pyrobaculum*）	（*Gluconobacter*）	固氮弧菌属（*Azoarcus*）
	生丝微菌属	短单胞菌属（*Brachymonas*）
细菌（**Bacteria**）	（*Hyphomicrobium*）	伯克氏菌属（*Burkholderia*）
革兰氏阴性菌	磁螺旋菌属	色杆菌属（*Chromobacterium*）
产水菌属（*Aquifex*）	（*Magnetospirillum*）	丛毛单胞菌属（*Comamonas*）
屈挠杆菌属（*Flexibacter*）	硝化杆菌属（*Nitrobacter*）	埃肯菌属（*Eikenella*）
短稳杆菌（*Empedobacter*）	副球菌属（*Paracoccus*）	噬氢菌属（*Hydrogenophage*）
黄杆菌属（*Flavobacterium*）	假单胞菌属	詹森菌属（*Janthinobacterium*）
鞘氨醇杆菌属	（*Pseudomonas*（G – 179））	金氏杆菌属（*Kingella*）
（*Sphingobacterium*）	根瘤菌属（*Rhizobium*）	微轴菌属（*Microvirgula*）
集胞藻属	红细菌属（*Rhodobacter*）	奈瑟氏菌属（*Neisseria*）
（*Synechocystis* sp. PCC 6803）	红游动菌属（*Rhodoplanes*）	亚硝化单胞菌（*Nitrosomonas*）
	红假单胞菌属	苍白杆菌属（*Ochrobactrum*）
紫细菌（**Purple Bacteria**）	（*Rhodopseudomonas*）	寡源杆菌（*Oligella*）
α 亚组	玫瑰杆菌属（*Roseobacter*）	劳尔氏菌属（*Ralstonia*）
土壤杆菌属（*Agrobacterium*）	中华根瘤菌属	长命菌属（*Rubrivivax*）
水螺菌属（*Aquaspirillum*）	（*Sinorhizobium*）	陶厄氏菌属（*Thauera*）

续表

高温毛发菌属 (*Thermothrix*)	假单胞菌属 (*Pseudomonas*)	潜蚤属 (*Dermatophilus*)
硫杆菌属 (*Thiobacillus*)	罗格单胞菌属 (*Rugamonas*)	孪生菌属 (*Gemella*)
福格斯菌属 (*Vogesella*)	希瓦氏菌属 (*Shewanella*)	琼斯氏菌 (*Jonesia*)
动胶菌属 (*Zoogloea*)	硫鲜菌属 (*Thiopioca*)	动孢囊菌属 (*Kineosporia*)
γ 亚组	硫珠菌属 (*Thiomargarita*)	小单孢子菌属 (*Micromonospora*)
不动细菌属 (*Acinetobacter*)	黄单胞菌属 (*Xanthomonas*)	小四孢菌属 (*Microtetraspora*)
交替单胞菌属 (*Alteromonas*)	δ 亚组	诺卡氏菌属 (*Nocardia*)
氮单胞菌属 (*Azomonas*)	ε 亚组	水生角质菌属 (*Pilimelia*)
贝氏硫菌属 (*Beggiatoa*)	沃廉菌属 (*Wolinella*)	内酸杆菌属 (*Propionibacterium*)
德莱氏菌属 (*Deleya*)	弯曲杆菌属 (*Campylobacter*)	糖单孢菌属 (*Saccharomonospora*)
嗜盐单胞菌属 (*Halomonas*)	硫小螺菌属 (*Thiomicrospira*)	
海杆菌属 (*Marinobacter*)	**其他**	糖丝菌属 (*Saccharothrix*)
莫拉菌属 (*Moraxella*)	革兰氏阳性菌	螺孢菌属 (*Spirrilospora*)
假交替单胞菌属 (*Pseudoalteromonas*)	芽孢杆菌属 (*Bacillus*)	链霉菌属 (*Streptomyces*)
	棒杆菌属 (*Corynebacterium*)	孢囊链霉菌属 (*Streptosporangium*)
	弗兰克氏菌属 (*Frankia*)	
	指孢囊菌属 (*Dactylosporangium*)	

2. 反硝化作用生物的分子生物学检测

目前，用于反硝化细菌生态研究的分子生物学手段主要有两种，PCR 扩增法和 DNA – DNA 杂交法。PCR 扩增法一般以 15～25 个寡核苷酸单位的序列为启动子，可以扩增 *NirS* 和 *NirK* 基因片段，产物一般具有合适的相对分子质量和 DNA 序列。

DNA – DNA 杂交法一般以检测亚硝酸盐还原基因为目标，采用 0.4～1.0 kb的探针。但当 DNA 模板没有完全从干扰物中脱离时，该方法就会失败。一般情况下，DNA – DNA 杂交法的成功率要大于 PCR 扩增法，其结果与酶活性法的相关性较高。

从原理上讲，探测土壤中的 DNA 可以揭示土壤中目标基因的丰度信息。然而，信号强度却因每种细菌的基因序列变更而不同，因此这种丰度信息不能直接等同于细胞的个数信息，这一点同样适用于 rRNA 的斑点杂交技术。另外，条带信号强度的比较只有在给定的扩展膜上有意义，不同的扩展膜上的条带信号强度是无法比较的。对于 DNA – DNA 杂交技术而言，很多因素影响其有效性，如杂交的严格程度、扩展膜的均匀程度、探针被标记的强度等。因此，DNA 探测和杂交应尽可能使用相同的扩展膜。

应用分子生物学手段的研究表明，土壤细菌总数中约 5% 具有反硝化作用基因，反硝化细菌在植物根际土壤的分布强度要高于非根际土壤，深层（25cm）土壤中的反硝化细菌数量并不高于表层土壤，尽管深层土壤中的 NO_3^- 的数量并不影响细菌生长，但 O_2 浓度却很低（Mergel 等，2000）。

5.4.3　反硝化作用的影响因素

影响反硝化作用的因素主要有以下几方面。

1. 土壤中碳的有效性

在反硝化作用中，有机碳作为电子供体直接参与生化反应过程，因此对土壤孔隙水中活性炭的依赖性很大。不同种类的有机碳对于反硝化作用产物中 N_2O 的比例影响不同，说明有机碳对于不同酶活性的影响不同。另外，丰富的有机碳及严格的缺氧条件将导致 NO_3^- 的呼吸性亚硝酸盐氨化作用，产生 NH_4^+ 而不是 N_xO。

另外，植物根系分泌物以及根呼吸消耗土壤中的氧，可激发反硝化作用进行。Smith 等（1979）发现，玉米近根处的反硝化强度比远根区大得多。有人比较了休闲地和大麦地的反硝化损失的氮量，发现大麦地损失的氮素超过了大麦吸收的氮量。大麦地泡水 24 h 后，90% 的 NO_3^- 因反硝化而损失。

2. 氧气含量

氧的存在对反硝化作用中的 Nar 酶和 Nir 酶的合成具有抑制作用，尤其是 Nar 酶，作为反硝化作用中的第一个酶，受到氧存在的抑制作用，进而影响整个反硝化作用的进行。因此，反硝化作用与土壤中氧的含量呈负相关。当然，抑制反硝化作用酶合成的氧浓度下限的变化很大，与微生物种类、培养条件等密切相关。一般地说，反硝化作用系列酶中，越在后面环节出现的酶对氧的敏感性越强，即 $N_2OR > NOR > Nir > Nar$。

在通气良好的土壤条件下，常用无氧微区来解释土壤中发生的厌氧过程。当充气孔隙 >10% 或没有大于 9 mm 的水饱和团粒的土壤，不会存在无氧微区。很多研究者认为土壤的无氧微区存在于那些高呼吸活性的部位，即在根际和植物残体分解旺盛的部位。

3. NO$_3^-$的浓度

NO$_3^-$是诱导微生物产生 Nar 酶的底物，同时也是反硝化作用的反应底物，其浓度对于反硝化作用极其重要。但反硝化作用的速率并不依赖于 NO$_3^-$的浓度，只有当 NO$_3^-$的浓度 < 40 mgN $\cdot$ L^{-1}时，反硝化速率才表现为一级动力学特征，与浓度有关。NO$_3^-$的浓度超过该数值，反硝化作用速率则与 NO$_3^-$的浓度无关。

4. 温度效应

反硝化作用能在较广的温度范围内进行，低温零上几度，高温可达 75℃。温带土壤和热带土壤的温度差异较大，一般认为适应高温可能是因为存在嗜热芽孢杆菌的结果。在 50~67℃的温度范围内，嗜热杆菌迅速使 NO$_3^-$还原为 NO$_2^-$，最后 NO$_2^-$与有机化合物上的氧化氮官能团作用形成 N$_2$ 而损失。

5. pH

反硝化作用与土壤酸碱度密切相关。一般而言，酸性土壤中的气态氮损失（NO、N$_2$O、N$_2$）小于中性和弱碱性土壤，但混合产物中 N$_2$O 的比例较高。反硝化作用的最适 pH 范围为 7~8，pH 低于 5 或高于 9 时反硝化作用显著下降。但是，反硝化作用也存在对低土壤 pH 的适应能力，因此在酸性土壤中也具有反硝化作用。土壤 pH 对反硝化作用的抑制作用，也可能是间接的，即土壤酸度通过对有机氮矿化、微生物活性等的负面影响而降低反硝化作用的强度。

6. 反硝化作用抑制剂

目前，发现抑制反硝化作用的物质及其抑制的过程如表 5-15 所示。

表 5-15 反硝化作用的抑制剂与抑制机理（改编自 Knowles,1982）

抑制剂及浓度	抑制的步骤
乙炔(0.001 个大气压)	N$_2$O 向 N$_2$ 的还原
叠氮化物、氰化物、二硝基苯酚 (0.000 1 mol $\cdot$ L^{-1})	NO$_3^-$ 向 N$_2$ 的还原；N$_2$O 向 N$_2$ 的还原
氯甲基吡啶(硝化抑制剂)	NO$_3^-$ 向 N$_2$ 的还原
农药	
威百亩(土壤, 20 mg $\cdot$ kg^{-1})	NO$_3^-$ 向 N$_2$ 的还原
茅草枯(土壤, 40 mg $\cdot$ kg^{-1})	NO$_3^-$ 向 N$_2$ 的还原
甲苯胺衍生物	NO$_3^-$ 或 N$_2$O 向 N$_2$ 的还原

5.4.4　土壤反硝化作用的测定

1. 反硝化作用潜势的测定

土壤反硝化作用潜势是指土壤处于最佳反硝化作用条件时的作用强度，一般用单位时间和质量的 N_2O 产生数量表示。通常的做法是向水分条件适中的土壤中添加足够数量的易利用碳源（一般为葡萄糖）和 NO_3^-，在厌氧及乙炔存在的条件下培养 1 h，测定 N_2O 的产生量。在这种情况下，反硝化作用是由土壤中已经存在的反硝化作用酶的活性及培养过程中新合成的反硝化作用酶的活性的总和。也有研究认为应加入氯霉素等试剂抑制反硝化作用酶的合成，此时才能得到更接近实际情况的反硝化作用潜势。反硝化作用潜势一般在实验室中测定，这与田间条件相差悬殊，因此只反映土壤的最大反硝化作用强度，但一般认为反硝化作用潜势与田间实际反硝化作用间的相关性很高。

2. 乙炔抑制法测定原状土壤反硝化作用强度

土壤反硝化作用的产物有 NO、N_2O 和 N_2，通过产物测定反硝化作用很困难。利用乙炔对 N_2O 还原酶活性的抑制作用，使反硝化作用的产物只是单一的 N_2O，进而进行反硝化作用的测定。通过向原状土壤中加入 1~10 kPa 乙炔，测定密闭环境中 N_2O 的方法，可测定土壤反硝化作用的强度。该方法中土壤湿度、温度和结构状况更接近自然存在情况，因此可反映土壤的实际反硝化作用强度。但需注意培养时间不可过长，以免显著改变土壤中氧的状况。

3. 微电极法测定原状微域土壤反硝化作用强度

利用电化学原理制造的 O_2 和 N_2O 微电极，可用于测定原状土壤不同微域中的反硝化作用强度。其基本原理是，在电极开口一端（直径可小到 20 μm），硅树脂橡胶做成的透气性膜后面有两个镀金和镀银的阴极，通电后，扩散进探头 O_2 在金阴极被还原，N_2O 在银阴极被还原，与阳极产生电位差，该电位差与 O_2 和 N_2O 的浓度成正比。微电极法的优点是可测定微区域内反硝化作用的差别，同时可在时间上连续测定。

5.5　无机氮的微生物固持

5.5.1　微生物固持的概念与意义

微生物对氮素的固持是指土壤微生物在氧化含碳底物获取能量而生长的过程中，从土壤环境中吸收 NH_4^+、NO_3^- 或简单的有机含氮化合物，作为构成细胞物质的材料，将其同化为细胞内生物大分子的过程。微生物对氮的固持作用取决于微生物的生长，因此与基质碳的有效性紧密相关。

5.5.2 铵的生物固持

土壤微生物可以直接吸收简单的有机小分子(如氨基酸),在细胞内脱氨,多余的氨排出细胞外,进入土壤 NH_4^+ 库,即通过直接途径吸收氮营养(图5-15)。但大多数情况下,有机态氮在细胞外各种酶的作用下水解脱氨,形成 NH_4^+ 进入土壤环境,微生物根据生长需要从外部环境中吸收无机氮,即间接途径,也称为 MIT 途径(图5-16)。

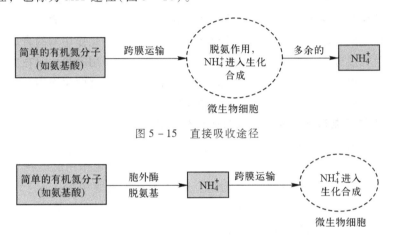

图 5 - 15　直接吸收途径

图 5 - 16　MIT 途径

铵离子进入微生物体后的转化途径有两种。一种是谷氨酸脱氢酶途径(图5-17),即通过谷氨酸脱氢酶把 NH_4^+ 直接加入 α 酮戊酰胺酸以形成谷氨酸。这条途径只有在土壤 NH_4^+ 相对较多时才发生(土壤溶液中 NH_4^+ 的浓度 > 1 mmol·L^{-1} 或 >0.5 mg·kg^{-1} 土)。另一种途径是谷氨酰胺合成酶 - 谷氨酸合成酶途径(图5-18),即由一个谷氨酸、NH_4^+ 和 α - 酮戊二酸盐形成两个谷氨酸。该途径在土壤 NH_4^+ 浓度较低时发生(土壤溶液中 NH_4^+ 的浓度 < 1 mmol·L^{-1} 或 <0.1 mg·kg^{-1} 土)。

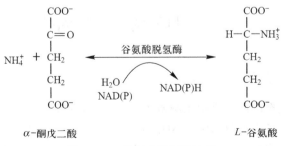

图 5 - 17　谷氨酸脱氢酶途径

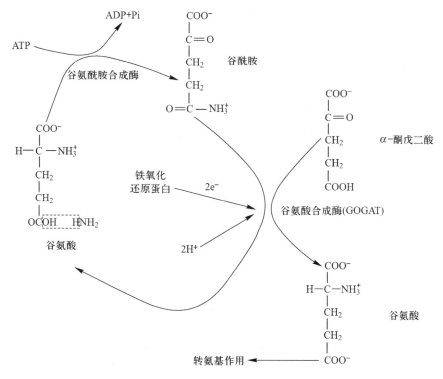

图 5 - 18　谷氨酰胺合成酶 - 谷氨酸合成酶途径

5.5.3　硝酸盐的生物固持

　　微生物也可以吸收土壤中的 NO_3^-。但由于 NO_3^- 中的氮是氧化态的，在进入细胞后需经还原作用变成 NH_4^+，才能进一步参与有机分子的合成反应。因此，微生物利用 NO_3^- 时需要的能量要比 NH_4^+ 多，进而微生物对 NH_4^+ 的吸收更"偏爱"一些。NH_4^+ 的存在会抑制 NO_3^- 的吸收。

　　进入微生物体后，NO_3^- 首先在 Nar 酶的作用下还原为 NO_2^-，然后再进行呼吸性亚硝酸盐氨化作用形成 NH_4^+，进入生物化学合成过程。呼吸性亚硝酸盐氨化（respiratory nitrite ammonification）作用是指在无氧和细胞色素 c 亚硝酸还原酶 NrfA 的催化作用下，在特定的微生物细胞内 NO_2^- 被还原为 NH_4^+ 的过程。在此过程中，非发酵性底物（主要是甲酸盐和 H_2）提供电子被氧化，电子通过醌类物质被转移到 NrfA 蛋白上，再传递给 NO_2^-。NrfA 蛋白有 5 个亚铁靴红素 c 基团，已从多种微生物体内分离出来，如大肠杆菌（*Escherichia coli*）、脱硫脱硫弧菌（*Desulfovibrio desulfuricans*）、产琥珀酸沃廉菌（*Wolinella succinogenes*）和费氏弧菌（*Vibrio fischeri*）。

pH 为 7 时 NO_2^-/NH_4^+ 的标准氧化还原电位 ($E_0{}'$) 是 0.34V，这使 NO_2^- 可以成为厌氧条件下良好的电子受体。

$$NO_2^- + 6 [H] + \longrightarrow 2H^+ + NH_4^+ + 2H_2O$$

该过程中的其他反应如下：

$$3HCO_3^- + NO_2^- + 5H^+ \longrightarrow 3CO_2 + NH_4^+ + 2H_2O$$

$$\Delta G'_0 = -149 \text{ kJ/mol 甲酸}, \quad E'_0(HCO_2^-/CO_2) = -0.42 \text{ V}$$

$$3H_2 + NO_2^- + 2H^+ \longrightarrow NH_4^+ + 2H_2O$$

$$\Delta G'_0 = -149 \text{ kJ/mol H}_2, \quad E'_0(H_2/H^+) = -0.42 \text{ V}$$

$$3HS^- + NO_2^- + 5H^+ \longrightarrow 3S^0 + NH_4^+ + 2H_2O$$

$$\Delta G'_0 = -133 \text{ kJ/mol HS}, \quad E'_0(HS^-/S) = -0.27 \text{ V}$$

5.5.4 C/N 比值与无机氮微生物的固持作用

土壤微生物组成自身细胞时对碳和氮的需求具有一定的比例关系，即每形成 1 份的生物组织形态的有机碳，同时需要一定数量的氮进入细胞内，用以合成生物组织的化合物。当细胞外的有机化合物进入细胞时，需要能量。这种能量同样来自这些有机化合物中的 C—H 键氧化为 CO_2 的过程。据测算，细胞每进入 1 份碳，需要大约 4 份 C—H 键氧化为 CO_2 的过程释放的能量。因此，在整个过程中，每形成 1 份细胞时，就需要 20～25 份碳和 1 份氮，即 C/N 比值为 (20～25):1 的有机残体提供的能量和氮最适合。

当有机残体的 C/N 比值大于 (20～25):1 时，有机残体中可供微生物活动的能量物质相对过剩而氮相对不足，微生物只能根据氮的数量来形成细胞物质。此时，从氮的供应看，微生物数量达不到最高值，有机残体的分解也受到影响。如果向土壤中额外加入无机氮以补偿氮的不足，则微生物数量和有机残体的分解均可增加。

当有机残体的 C/N，比值小于 (20～25):1 时，有机残体中可供微生物活动的能量物质相对不足而氮相对过剩，微生物只能根据碳的数量来形成细胞物质。此时，从碳的供应看，微生物数量达不到最高值，但有机残体的分解则达到最大，同时有多余的氮释放到土壤中，表现为氮的净矿化作用。如果向土壤中额外加入易分解的有机碳化合物以补偿能量的不足，则微生物数量可增加。

5.5.5 土壤无机氮微生物固持的意义

无机氮固持作用总体上降低了土壤无机氮库的规模，这一方面加剧了微生物与作物根系竞争无机氮的局面，不利于作物对氮的吸收，另一方面则有利于降低土壤氨挥发、反硝化作用和 NO_3^- 淋洗引起的氮损失。

秸秆还田和有机肥施用中微生物对无机氮的固持作用可显著影响土壤无机

氮库的规模和有效性。在土壤中可利用碳源丰富的情况下(如新鲜秸秆还田时),土壤中无机氮或施入的无机氮肥,将很快被土壤微生物固持,成为土壤微生物量氮,迅速降低土壤中的无机氮库的规模。此时,按照碳氮比概念定量补充无机氮肥,保证微生物生活底物中碳和氮的适当比例,利于微生物活动,可使秸秆分解顺利进行。另一方面,免耕秸秆还田中,表层土壤($0 \sim 5\,cm$)聚积大量的有机物质,微生物活动旺盛,可进行显著的固持作用,特别是丝状真菌,可穿插于有机残体之间,在低水分条件下活性也较高,是无机氮固持作用中的主要贡献者。丝状菌丝深入到下层土壤,可将下层土壤中的无机氮吸收、运输到表层,加剧了氮素的表聚现象。

在水田中,淹水使土壤处于还原条件,有机物质分解不彻底,能量产生少,不利于微生物的生长,因此水稻田中的微生物对无机氮的固持作用比较弱。另外,还原条件不利于硝化作用的进行,土壤无机氮以 NH_4^+ 为主,这有利于微生物以较少的能量代价进行有机氮化合物的生物合成。当水田进行烤田时,水分被排出,土壤处于氧化条件下,丰富的水溶性有机碳成为土壤微生物最易利用的碳源。此时如进行施肥,将发生显著的无机氮固持作用,土壤微生物量氮显著增加,减少了无机氮库规模,同时为后续作物提供了有效的氮储备。

在森林土壤中,地表大量的枯枝落叶为微生物活动提供了有机碳源,因为无人工施肥,土壤氮营养长期处于低水平状态,所以微生物对氮的转化是维持森林生态系统氮转化动态平衡的关键。在酸性森林土壤中,相对而言,土壤真菌的生物量和活性远远高于土壤细菌,在无机氮固持中同样以真菌的作用为主。土壤真菌菌丝生长特性和氮的高效利用(氮可在菌丝不同的部位间转移),使真菌具有主动寻求氮资源的能力,成为森林生态系统中重要的生物态氮库之一。

5.5.6　微生物氮固持作用的研究方法

1. 无机氮表观差值法

在田间秸秆还田条件下,秸秆还田约 1 个月后,测定表层土壤无机氮的数量,与秸秆还田前的无机氮数量相比,可粗略估算土壤微生物固持作用的数量。该方法的假设是秸秆还田 1 个月内土壤无机氮数量的变化主要由微生物固持作用引起,而植物根系对无机氮的吸收、无机氮的损失以及土壤有机质矿化出的氮均不考虑。该方法的优点是简便,对于田间生产也具有一定的指导意义,但同时也具有较大的局限性,对微生物氮固持作用的估计只是表观估计量,可靠性较差。

2. 微生物量氮差值法

比较秸秆还田前后土壤表层微生物量氮的变化量,可确定该时段内微生物对氮的固持量。由于该方法测定了土壤微生物量氮的数量，直接反映了氮固持量，所以是比较可靠的方法。其中存在的问题是，微生物量氮的来源不完全来自于肥料氮，土壤有机氮矿化出来的无机氮也是来源之一。

3. ^{15}N 标记法

将氮肥、有机肥、秸秆等当中的氮用 ^{15}N 标记后施入土壤，再测定一段时间后的微生物量氮及 ^{15}N 丰度，通过同位素稀释公式计算标记材料中氮进入微生物量氮的比例，可直接得到微生物对材料中氮的固持数量。由于采用了 ^{15}N 标记，所以该方法得到的结果最直接和准确，而保证同位素标记的均匀性是方法的关键。

参 考 文 献

Bartlett R, Mortimer R J G, Morris K. 2008. Anoxic nitrification: Evidence from Humber Estuary sediments (UK). Chemical Geology, 250: 29 – 39.

Bock E, Wagner M. 2006. Oxidation of Inorganic Nitrogen Compounds as an Energy Source. Prokaryotes, 2: 457 – 495.

Boiler B C, Nosberger J. 1987. Symbiotically fixed nitrogen from field grown white and red clover mixed with rye-grasses at low levels of N-fertilization. Plant and Soil, 104: 219 – 226.

Bothe H, Jost G, Schloter M, Ward B B, Witzel K P. 2000. Molecular analysis of ammonia oxidation and denitrification in natural environments. FEMS Microbiology Reviews, 24: 673 – 690.

Brockwell J, Gault R R, Peoples M B, Turner G L, Lilley D M, Bergersen F J. 1995. Nitrogen fixation in irrigated lucerne grown for hay. Soil Biology & Biochemistry, 27: 589 – 594.

Cabrera M L, Kissel D E, Vigil M F. 2005. Nitrogen mineralization from organic residues: Research opportunities. Journal of Environmental Quality, 34: 75 – 79.

Chalk P M. 1985. Estimation of N_2 fixation by isotope dilution: An appraisal of techniques involving ^{15}N enrichment and their application. Soil Biology & Biochemistry, 7: 389 – 410.

Chalk P M. 1996. Estimation of N_2 fixation by ^{15}N isotope dilution—The A – value approach. Soil Biology & Biochemistry, 28: 1123 – 1130.

Cheng W G, Inubushi K, Yagi K, Sakai H, Kobayashi K. 2001. Effects of elevated carbon dioxide concentration on biological nitrogen fixation, nitrogen mineralization and carbon decomposition in submerged rice soil. Biology and Fertility of Soils, 34: 7 – 13.

Danso S K A. 1985. Methods of estimating biological nitrogen fixation. In: Ssali H, Keya S O (eds). Biological Nitrogen Fixation in Africa. MIRCEN, Nairobi, pp. 213 – 244.

Danso S K A. 1988. The use of ^{15}N enriched fertilizers for estimating nitrogen fixation in grain and pasture legumes. In: Beck D P and Materon L A (eds). Nitrogen Fixation by Legumes in Mediterranean Agriculture. Dordrecht, the Netherlands: Martinus Nijhoff Publishers, pp. 345 – 357.

de Boer W, Kowalchuk G A. 2001. Nitrification in acid soils: Micro-organisms and mechanisms. Soil Biology & Biochemistry, 33: 853 – 866.

Elkan G H. 1992. Biological nitrogen fixation systems in tropical ecosystems: An overview. In: Mulongoy K, Gueye M, Spencer D S C (eds). Biological Nitrogen Fixation and Sustainability of Tropical Agriculture. John Wiley and Sons, Chichester, UK, pp. 27 – 40.

Evans J, O' Connor G E, Turner G L, Coventry D R, Fettell N, Mahoney J, Armstrong E L, Walsgott D N. 1989. N$_2$ fixation and its value to soil N increase in lupin, field pea and other legumes in south-eastern Australia. Australian Journal of Agricultural Research, 40: 791 – 805.

Giller K E, Witter E, McGrath S P. 1998. Toxicity of heavy metals to microorganisms and microbial processes in agricultural soils—A review. Soil Biology & Biochemistry, 30: 1 389 – 1 414.

Hardarson G, Bliss F A, Cigales-Rivero M R, Henson R A, Kipe Nolt J A, Longeri L, Manrique A, Pena-Cabriales J J, Pereira P A A, Sanabria C A, Tsai S M. 1993. Genotypic variation in biological nitrogen fixation by common bean. Plant and Soil, 152: 59 – 70.

Heichel G H, Vance C P, Barnes D K, Henjum K. 1985. Dinitrogen fixation and dry matter distribution during 4 year stands of birdsfoot trefoil and red clover. Crop Science, 25: 101 – 105.

Herridge D F, Peoples M B, Boddey R M. 2008. Global inputs of biological nitrogen fixation in agricultural systems. Plant Soil, 311: 1 – 18.

Hungate B A, Stiling P D, Kstra P D, Johnson D W, Ketterer M E, Hymus G J, Hinkle C R, Drake B G. 2004. CO$_2$ Elicits long-term decline in nitrogen fixation. Science, 304: 1291.

Jensen E S. 1987. Seasonal patterns of growth and nitrogen fixation in field-grown pea. Plant and Soil, 101: 29 – 37.

Kelley K R, Stevenson E J. 1995. Forms and nature of organic N in soil. Fertilizer Research, 42: 1 – 11.

Kennedy I R. 1997. BNF: An energy costly process? In: BNF: The Global Challenge and Future Needs. A position paper discussed at the Rockefeller Foundation Bellagio Conference Center, Lake Como, Italy, April 8 – 12, 1997.

Keyser H H, Li F. 1992. Potential for increasing biological nitrogen fixation in soybean. Plant and Soil, 141: 119 – 135.

Koops H P, Purkhold U, Pommerening-Röser A, Timmermann G, Wagner M. 2006. The lithoautotrophic ammonia-oxidizing bacteria. Prokaryotes, 5: 778 – 811.

Kowalchuk G A, Stephen J R. 2001. Ammonia-oxidizing bacteria: A model for molecular microbial ecology. Annual Review of Microbiology, 55: 485 – 529.

Ladha J K, Kundu D K, Angelo-Van Coppenolle M G, Peoples M B, Carangal V R, Dart P J. 1996. Legume productivity and soil nitrogen dynamics in lowland rice-based cropping systems. Soil Science Society of America Journal, 60: 183 – 192.

Ladha J K, Pareek R P, So R, Becker M. 1990. Stem nodule symbiosis and its unusual properties. In: Gresshoff P M, Roth L E, Stacey G, Newton W L (eds) Nitrogen Fixation: Achievements and Objectives. Chapman and Hall, New York, London, pp. 633 – 640.

LaRue T A, Patterson T G. 1981. How much nitrogen do legumes fix? Advances in Agronomy, 34:

15 - 38.

Ledgard S F, Steele K W. 1992. Biological nitrogen fixation in mixed legume/grass pastures. Plant and Soil, 141: 137 - 153.

Leinweber P, Schulten H. 2000. Nonhydrolyzable forms of soil organic nitrogen: Extractability and composition. Journal of Plant Nutrition and Soil Science, 163: 433 - 439.

McCarty G W. 1999. Modes of action of nitrification inhibitors. Biology and Fertility of Soils, 29: 1 - 9.

McCarty G W, Bremner J M. 1989. Inhibition of nitrification in soil by heterocyclic nitrogen compounds. Biology and Fertility of Soils, 8: 204 - 211.

Peoples M B, Gault R R, Brockwell J, Lean B, Sykes J D. 1995. Nitrogen fixation by soybean in commercial irrigated crops of central and southern New South Wales. Soil Biology & Biochemistry, 27: 553 - 561.

Peoples M B, Ladha J K, Herridge D F. 1995. Enhancing legume N_2 fixation through plant and soil management. Plant and Soil, 174: 83 - 101.

Pizzul L, Castillo MdP, Stenström J. 2009. Degradation of glyphosate and other pesticides by ligninolytic enzymes. Biodegradation, 20: 751 - 759.

Postgate J R. 1982. The fundamentals of nitrogen fixation. Cambridge University Press, Cambridge, United Kingdom.

Roger P A, Ladha J K. 1992. Biological N_2 fixation in wetland rice fields: Estimation and contribution to nitrogen balance. Plant and Soil, 141: 41 - 55.

Schulten H R, Schnitzer M. 1998. The chemistry of soil organic nitrogen: A review. Biology and Fertility of Soils, 26: 1 - 15.

Seo D C, DeLaune R D. 2010. Fungal and bacterial mediated denitrification in wetlands: Influence of sediment redox condition. Water Research, 44: 2441 - 2450.

Shapleigh J P. 2006. The Denitrifying Prokaryotes. Prokaryotes, 2: 769 - 792.

Šimek M, Cooper J E. 2002. The influence of soil pH on denitrification-progress towards the understanding of this interaction over the last 50 years. European Journal of Soil Science, 53: 345 - 354.

Simon J. 2002. Enzymology and bioenergetics of respiratory nitrite ammonification. FEMS Microbiology Reviews, 26: 285 - 309.

Spieck E, Bock E. 2006. The lithoautotrophic nitrite-oxidizing bacteria. Prokaryotes, 5: 149 - 153.

Tavares P, Pereira A S, Moura J J G, Moura I. 2006. Metalloenzymes of the denitrification pathway. Journal of Inorganic Biochemistry, 100: 2087 - 2100.

Urquiaga S, Botteon P B L, Boddey R M. 1989. Selection of sugarcane cultivars for associated biological nitrogen fixation using tSN labelled soil. In: Skinner F A, Boddey R M, Fendrik I (eds). Nitrogen Fixation with Non-Legumes. Kluwer Academic Publisher, Dordrecht, the Netherlands, pp. 311 - 319.

Wrage N, Velthof G L, van Beusichem M L, Oenema O. 2001. Role of nitrifier denitrification in the production of nitrous oxide. Soil Biology & Biochemistry, 33: 1723 – 1732.

Zumft W G. 1997. Cell biology and molecular basis of denitrification. Microbiology and Molecular Biology Reviews, 61: 533 – 616.

第6章 土壤磷和硫的生物化学

6.1 土壤磷的生物化学

磷(phosphorus)是一切生物体的重要组成成分,以广泛多样的形式参与有机体的生命代谢过程,是植物必需的大量营养元素之一。磷是构成许多生物大分子如脱氧核糖核酸(DNA)、核糖核酸(RNA)、二磷酸腺苷(ADP)、三磷酸腺苷(ATP)和磷脂(phospholipid)的关键元素,其中 DNA 是遗传信息的载体;RNA 参与生物体内蛋白质的合成;磷脂是细胞膜的重要组成成分,在细胞膜功能中起着极其关键的作用;ATP 是能量的载体,推动细胞体内绝大多数重要的生物化学反应过程。磷也是光合作用、呼吸作用等重要生命过程的参与者,在能量贮存、迁移和转化过程中起着关键作用。

在许多自然生态系统中,土壤中磷的含量很低,而且大多以植物难以利用的无效态磷形式存在,可利用率低。特别是 19 世纪中叶以来,由于氮沉降量的不断增加,土壤中氮/磷比例失调,土壤性质发生变化,土壤中的磷素有效性不足以平衡氮素有效性,从而使磷成为许多陆地生态系统生物生长和重要生态过程的限制因子(He 等,2002;Kellogg 和 Bridgeham,2003),尤其是热带、亚热带及一些湿地、海岸生态系统(Kellogg 和 Bridgeham,2003;Sundareshwar 等,2003)和有机磷含量低的干旱区生态系统(West,1991)。据估计,全球 30% 以上的耕地作物生长受到磷的限制,我国 2/3 的土壤缺磷。作为不可再生资源,到 2050 年,世界上廉价的磷资源将会耗竭(Vance 等, 2003)。一方面,由于农业土壤中磷的有效性低,常常导致许多社会和环境问题,如在非洲的许多地方,由于土壤缺磷,贫穷的农民又没有能力施用磷肥以保障作物的正常生长,导致人们没有足够的粮食而引发饥饿,产生大量的社会问题;而对土地的过度开发和大量砍伐地表植物,引起土壤侵蚀和退化、水体污染加剧等环境问题。另一方面,在一些集约化的农牧生态系统中,近几十年来大量施用磷肥和畜禽粪便,使土壤中的磷大量富集,导致水体磷含量增加,造成水体的富营养化(Rekolainen 等,2002)。

6.1.1　磷对环境质量的影响

磷对环境质量的影响主要表现在两个方面,一是由于土壤缺磷所造成的土壤退化,二是由于土壤磷富集而引起的水体富营养化。

1. 土壤退化

许多热带、亚热带地区由于风化强烈,土壤中的磷又多以铁磷和铝磷等植物难以利用的无效态存在,因此造成土壤磷缺乏。自然生态系统通常可以通过植物残体的分解,为植物生长提供足够的磷。但是,一旦森林被开发利用,磷随土壤径流流失,植物收获又带走大量的磷,几年之后磷的平衡就会被打破,土壤出现磷素缺乏状态。同时,土壤磷含量过低也抑制了豆科植物的固氮过程,从而引起恶性循环,加剧土壤退化。

2. 水体富营养化

大多数水体在自然状况下,其磷素含量很低,一般都在 $10~\mu g \cdot L^{-1}$ 以下,藻类生长受到限制。但随着农业生产和人类活动的加剧,通过"点"和"源"污染进入水体的磷素急剧增加,引起蓝细菌和藻类的大量繁殖,水体透明度和水溶解氧含量降低,导致大量鱼虾死亡,产生水体的富营养化(eutrophication),导致水质恶化(Sharpley 等,1996)。

不少研究结果表明,农田磷素流失是水体富营养化的主要原因之一,甚至是一些水体最重要的磷素来源。中国湖泊、水库磷养分负荷有一半以上来自农业(金相灿等,1990),英国自然水体中约 35% 的磷来自农业,德国的比例为 38%,而丹麦达到 70%(Heckrath 等,1995)。不合理的施肥导致磷素在表层土壤富集,而不合理的耕作栽培措施又增加了径流,从而引起农田土壤磷素流失。由于大多数土壤固磷能力很强,与径流流失相比,磷的淋溶(leaching)流失一般不太严重。但当地下水位较高时,通过浅层水平侧渗流失的磷十分可观。此外,当土壤磷富集达到一定的程度,土壤胶体吸附位点几乎饱和,吸持固定磷能力降低,也会加剧磷的淋溶流失。

从农田流失的磷素主要以 DRP(非溶解态磷)和 PP(颗粒结合态磷)的形式存在,其中 80% 以上是 PP,这部分磷可以被水流运输至较远的地区而输出农田(Uüsi-Kämppä 等,2000)。径流中磷浓度的大小与施肥的多少及时间、降雨量、坡度、地表覆盖度等许多因素有关,施肥后的磷素流失量和水体中的总磷浓度远远大于施肥前(张乃明等,2003)。淋溶流失的磷形态不同学者的意见并不一致,吕家珑(2003)研究表明,土壤剖面 65 cm 下排水中的磷素形态以颗粒态磷所占比例最大,其次是可溶态反应性磷(MRP),可溶态有机磷(DOP)比例最小。Heckrath 等(1995)则发现长期(150 多年)不同施肥土壤排水中可溶性全磷(TDP)占 66% ~ 71%,而 Toor 等(2001)用原状土渗漏计方法研究土壤中不同施肥处理渗漏水中的磷素含量得出 PP 和 TDP 的数量相当，分别占总磷的 51% 和 49%。

径流或淋溶流失的磷均以溶解态磷的生物有效性最大，藻类可直接吸收利用，而颗粒态磷对藻类部分有效，是水体中生物有效磷的潜在库（Sharpley 等,1992），颗粒态磷的生物性大约在 30%（Lennox 等,1997），也有结果表明 PP 的生物性在 10% ~ 90% 之间变化，这依赖于流域降雨特性、土壤条件和影响径流与侵蚀的管理措施（Tunney 等,1998）。Sharpley（1992）指出降低总磷（TP）并不能减少湖泊中的生物产率，可能是由于生物有效磷（BAP）增加的原因，而非 TP。因此测定土壤流失磷素中的生物有效磷（BAP）对环境更有意义。

6.1.2　土壤磷循环

磷在自然环境中以磷酸盐的形式存在，正磷酸盐（PO_4^{3-}）是最简单的含磷化合物，在酸性环境中转化为 $H_2PO_4^-$，而在碱性环境中则主要以 HPO_4^{2-} 的形式存在。土壤磷循环包括生物循环和地球化学循环，其中溶解态磷为磷素循环的中心，土壤溶液磷浓度受制于物理化学和生物化学过程。原生矿物风化为植物有效磷库提供所需要的磷，细菌、真菌和高等植物吸收利用磷组成自身生物量，参与生物循环，而分解和矿化重新将磷以无机形态释放到土壤溶液中（图 6 - 1）。

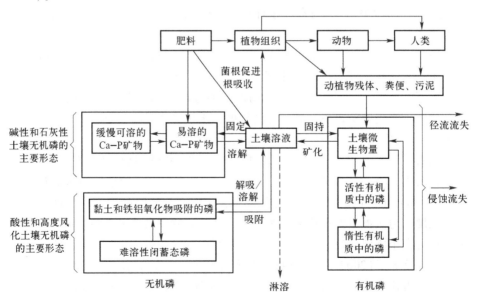

图 6 - 1　土壤磷的循环（Brady 和 Weil,2008）

磷的生物循环过程包括矿化(mineralization)、固持(mobilization)和溶解(solu-bilization)过程。生物体中的磷大多为有机磷化合物(organic phosphates)，一旦生命体死亡，这部分有机磷可被土壤微生物缓慢分解转化为无机磷，这就是有机磷的矿化过程。少部分参与腐殖质合成，成为更稳定的有机物质组分。同时，土壤微生物在生长和繁殖过程中吸收利用磷，转化为微生物量磷，或植物根系吸收磷成为植物生物量磷，这个过程为磷的固持过程。由于微生物对磷的固持，一方面减少了土壤对磷的固定，另一方面由于微生物量磷易分解、周转快，可持续供给植物生长所需的磷素营养，在土壤磷素循环中起着十分重要的作用。此外，土壤微生物或植物根系还通过分泌有机酸或质子等，降低环境中的 pH 或通过螯合作用等将土壤中的难溶性无机磷化合物溶解而释放出可溶性磷，此过程为磷的溶解过程。

有机磷物料(主要是植物残体)的分解速率，特别是净释放出来的无机磷量，取决于物料本身的化学组分(包括 C/P 比)、物理状况以及外在环境条件，如土壤湿度和温度。在 C/P 比 < 200、通气良好、适宜的温度和湿度条件下，有机磷化合物分解很快。在缺磷的土壤中，不仅矿化的磷很少，有机磷的年矿化速率约为 1%，而且有 20% ~ 50% 矿化的磷被微生物吸收利用转变为微生物量磷，成为土壤重要的活性磷库的一部分。因此，缺磷土壤的磷循环是一个封闭的循环过程，且随着时间的延长，生物过程和地球化学过程将可溶性无机磷转化为土壤中稳定的有机磷和无机磷。在没有人为干扰的自然生态系统中，磷素循环也是一个封闭的循环过程，土壤中的活性无机磷很少，活性有机磷矿化是土壤溶液磷的主要来源。与之相反，耕作土壤磷循环是开放式的，磷肥是土壤磷的主要来源，磷的输出包括农产品收获、地表径流、侵蚀和淋溶等，输入与输出的不平衡是造成土壤磷素累积，甚至污染环境的主要原因。

总之，土壤磷循环有着明显不同于碳、氮循环的特点，主要表现在以下几方面。①由于磷很容易与土壤中的 Ca^{2+}、Mg^{2+}、Fe^{2+} 等发生化学反应而被固定，所以土壤中有效态磷的含量通常很低。②土壤磷没有明显的气体状态。③土壤磷通常没有化合价的变化，只有形态的改变。④微生物在土壤有机磷转化为无机磷及难溶性无机磷的溶解过程中起着十分重要的作用。

6.1.3　土壤磷的形态及性质

土壤含磷化合物种类繁多，根据其化学结构，分为无机磷和有机磷。不同土壤中无机磷和有机磷的含量及其所占的比例差异很大(表 6-1)，大多数土壤无机磷占土壤全磷的 50% 以上，特别是耕作土壤，超过 70% 的磷为无机磷。深层土壤无机磷所占比例较大，尤其是在干旱和半干旱地区。有机磷占全磷的 20% ~ 80%(Curtin 等,2003)，这一比例远低于氮，因为土壤中的氮绝大多数以有机形式存在。

表 6－1　不同地点土壤全磷及有机磷和无机磷所占的比例（Brady 和 Weil,2008）

土壤及其来源	全磷/($mg \cdot kg^{-1}$)	有机磷/%	无机磷/%
有机土，纽约	1 491	52	48
软土和淋溶土，爱荷华州	561	44	46
亚利桑那州	703	36	64
澳大利亚	422	75	25
火山灰土，夏威夷	4 700	37	63
氧化土，夏威夷	1 414	19	81
老成土(粉壤)，马里兰	650	59	41
老成土(森林砂壤)，马里兰	472	70	30
老成土(砂壤,农田)，马里兰	647	25	75

　　根据对植物的有效性不同，土壤中的磷分为溶解态磷、活性态磷和固定态磷。土壤溶液中的可溶性磷含量非常低，其浓度通常为 $0.001 \sim 1$ mg·L^{-1}，不到全磷的 1%，主要是正磷酸盐和少量低分子的有机磷。含磷矿物的溶解性和土壤颗粒表面对磷的固定或吸附，是控制土壤溶液中磷浓度的主要因素。

　　土壤溶液中磷的化学形态取决于土壤酸碱度，强酸性土壤(pH 4～5.5)主要是 $H_2PO_4^-$，而碱性土壤则以 HPO_4^{2-} 为主，中性土壤两种离子均存在。尽管大多数人认为，植物更容易吸收利用 $H_2PO_4^-$，但土壤酸度对磷素有效磷的影响，主要反映在对磷酸根离子与土壤溶液中其他离子的相互作用，从而影响其有效性，而非体现在磷酸根形态上。

　　活性态磷包括易矿化的有机磷和易解吸的吸附态磷，大多数矿质土壤主要是相对容易解吸的吸附态磷。一般说来，随着植物的吸收利用，土壤溶液中的磷浓度下降，活性态磷通过物理化学平衡过程或生物学矿化过程，释放出来补充到土壤溶液中，达到熵最大的状态。由于土壤溶液磷库很小，因此土壤活性态磷库是植物有效磷的主要来源。

　　固定态磷在土壤中所占的比例较大，其中碱性土壤以钙磷为主，酸性土壤则主要是铁磷和铝磷，其溶解性均很低，不能被植物直接吸收利用。

1. 土壤有机磷

　　土壤中的有机磷绝大多数来自于微生物，大多数有机磷化合物不能直接被生物吸收利用，只有经过微生物转化为无机磷后才能被吸收利用。自然土壤的磷主要来源于成土母质，封闭的生物内循环可避免磷从自然生态系统流失，如在巴西雨林生态系统中，土壤磷均存在于活的和死的有机物中，通过微生物分解枯枝落叶和死亡的有机残体，促使磷在系统内循环转化。

（1）土壤有机磷的形态

土壤有机磷化合物种类很多，目前只有不到一半为我们所知，主要有磷酸单酯（$(RO)PO_3H_2$）和磷酸二酯（$(RO)(R'O)PO_2H$），如肌醇磷酸盐、核酸和磷脂，其化学多样性的差异主要体现在不同的有机官能团（R 和 R'）上。

肌醇磷酸盐在土壤中最为丰富，含量占土壤有机磷的 10% ~50%，主要与其高度稳定性以及与腐殖质中的富里酸和腐殖酸相结合有很大的关系。肌醇磷酸盐包括从一磷酸盐到六磷酸盐的一系列磷酸盐化合物，其中以植酸盐（即肌醇六磷酸盐）最为常见。植酸盐在酸性条件下与铁、铝结合，形成溶解度很低的化合物；在碱性条件下与钙形成难溶性化合物，还可与蛋白质、金属等形成稳定的化合物。因此，土壤中常常累积大量的植酸盐，其含量占有机磷的40% 左右。

核酸包括脱氧核糖核酸（DNA）和核糖核酸（RNA），占有机磷的 1% ~3%，游离态核酸很容易被核酸酶水解，而吸附在腐殖质和硅酸盐黏土矿物上的核酸，可在土壤中存留比较长的时间。

磷脂普遍存在于动植物及微生物组织中，常见的如卵磷脂（lecithin）和脑磷脂（cephalin）等。土壤中磷脂的含量不高，一般只占有机磷的 1%。磷脂类化合物容易分解，水解后形成甘油、脂肪酸和磷酸。微生物量磷（microbial biomass P）也属于土壤有机磷组分，是土壤活体微生物体内所含的磷，一般占有机磷的3% ~20%（Brookes 等，1984），可用氯仿熏蒸－$NaHCO_3$ 浸提来测定，详细内容参阅第 1 章。

（2）土壤有机磷组分测定

土壤有机磷总量一般用差减法测定，即全磷与无机磷的差值。主要采用的方法有灼烧法和浸提法，其中灼烧法较为简单，是测定有机磷总量的经典方法，被广泛采用。其测定方法如下：土壤经 550℃ 灼烧，使有机磷化合物转化为无机磷，然后用酸浸提，同时将未经灼烧的土壤用同一浓度的酸浸提，两者磷含量的差值即为有机磷总量。该方法适用于比较同类型土壤中有机磷的变化，不适用于比较不同类型土壤中有机磷的含量，且不太适用于酸性土壤。其主要缺点是在灼烧过程中可能改变矿物态磷的溶解度，在有机磷含量高时，高温可使部分磷挥发从而引入误差。

浸提法可用酸或碱浸提。所有的浸提法都是利用强酸使土壤中的有机磷与所结合的金属离子分离，然后用碱处理，释放出有机磷。与灼烧法相比，该法手续繁复，浸提不完全，而且浸提过程中有机磷可能水解。Bowman(1989) 采用浓硫酸和稀碱（18 mol·L^{-1} H_2SO_4 – 0.5 mol·L^{-1} NaOH）浸提的方法特别适合热带土壤，简便快速，浸提过程中有机磷水解少。也可在 85℃ 下采用 0.25 mol·L^{-1} NaOH 和 0.05 mol·L^{-1} Na$_2$EDTA 浸提 2 h 提取土壤中的有机磷，比较适合以螯合作用为主的有机质含量较高的土壤(Bowman,1993)。

　　土壤有机磷分组测定主要有两种方法。一种方法是测定土壤中的有机磷化合物，多用 NaOH – EDTA 浸提与核磁共振(^{31}P – NMR)相结合的方法，称为 ^{31}P – NMR 分析方法。另一种方法是根据有机磷化合物的溶解性进行浸提测定，简称化学浸提方法。

　　^{31}P 是稳定性同位素，核磁共振的化学位移能够指示不同的含磷化合物(图6-2 和表6-2)，如磷酸酯、正磷酸盐、磷酸单酯、磷酸双酯、焦磷酸盐和多聚磷酸盐等(Makarov 等,2005;Makarov 等,2002;McDowell 和 Stewart,2006;Bünemann 等,2008)。研究表明，土壤有机磷主要是磷酸单酯，还有少量的磷酸双酯，微量的焦磷酸盐和多聚磷酸盐，不同的土壤有很大的差异(表6-3)。

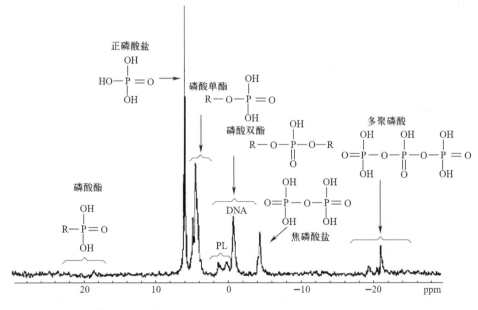

图 6-2　^{31}P – NMR 图谱分析有机磷的组成(http://smrl.stanford.edu/pnmr/)

　　比起 ^{31}P – NMR 仪器分析方法，化学浸提方法更为便宜，常用的有 Bowman-Cole(1978)、Hedley 等(1982)、Ivanoff 等(1998)和 Tiessen 等 (1993)所建立的有机磷分组体系，目前广泛采用的方法是 Zhang 和 Kover(2009)的连续化学浸提方法。按照顺序分别用 0.5 mol·L^{-1} NaHCO$_3$、1.0 mol·L^{-1} HCl 和 0.5 mol·L^{-1} NaOH 浸提(图6-3)，NaHCO$_3$ 浸提磷视为活性有机磷，其中包括微生物量磷(Hedley 等,1982)。HCl 浸提磷视为中等活性有机磷，能够被缓慢矿化。NaOH 浸提液经调酸后的沉淀部分为胡敏酸态有机磷，为非活性有机磷，

表 6 – 2　土壤碱性浸提剂中 ^{31}P – NMR 溶液图谱信号（Turner 等,2003）

功能群或化合物	信号/ppm①	化合物
磷酸酯	18 ~ 22	2 – 氨基乙基硫代磷酸
磷酸盐	6.1	无机正磷酸盐
磷酸单酯	3.0 ~ 6.0, 6.8	myo – 六磷酸肌醇（4.6、4.8、5.0、5.9 ppm），scyllo – 六磷酸肌醇（4.2 ppm），其他磷酸肌醇、磷酸糖、单核苷酸
磷酸双酯	– 1.0 ~ 2.5	DNA（ – 0.5 ppm），磷脂脂肪酸（0.5 ~ 2.0 ppm），RNA（0.5 ppm）
焦磷酸盐	– 4.4	
多聚磷酸盐	– 4.0（末端） – 23 ~ – 18（中间）	长链多聚磷酸盐
有机多聚磷酸盐	– 4.3（γ – 磷酸盐） – 9.7（α – 磷酸盐） – 19.7（β – 磷酸盐）	二磷酸腺苷、三磷酸腺苷

表 6 – 3　海菲尔德草地和撂荒地碱性提取液中磷的形态（Hawkes 等,1983）

磷形态	碱性可提取磷 /(mg · kg^{-1}干土)	
	草地	撂荒地
正磷酸盐	23	89
磷酸单酯	61	75
磷酸双酯	53	7
未知	21	20
全磷	158	191
无机磷	24	99
有机磷	134	92

很难矿化，几乎对植物无效。而不沉淀的部分是富啡酸态有机磷，属于中等活性有机磷。不同的土壤中有机磷的形态有很大的差异（表 6 – 4），一般以中活性有机磷和中稳性有机磷为主，而活性有机磷含量较少。其中，中活性有机磷

———————

① 　1ppm = 1 × 10^{-6}

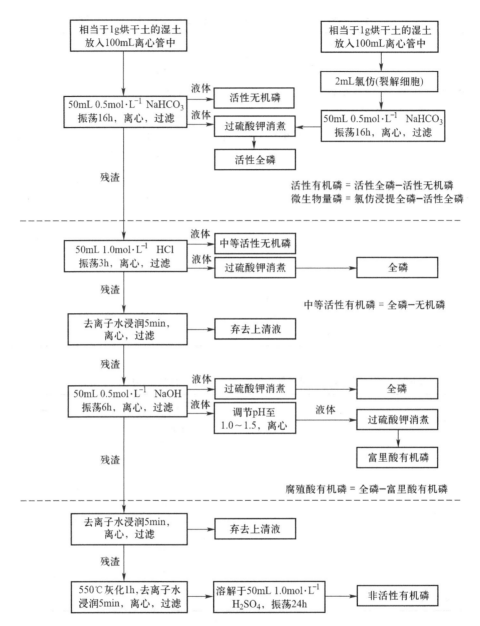

图 6 - 3 土壤有机磷的分组步骤（Zhang 和 Kover，2009）

占总有机磷的比例最高的可达到 70.9%，最低的只有 6.8%，中稳性占总有机磷的比例最高的可达到 59.0%，最低的只有 11.2%。

表6-4　几种土壤有机磷的形态组成和含量(mg·kg⁻¹)(冯跃华和张杨珠,2002)

土壤	活性	中活性	中稳性	高稳性	总量
青紫泥	22.9	17.8	106.6	36.2	183.5
红壤性水稻土	14.5	8.8	76.6	29.9	129.8
墡土	11.6	85.3	13.6	10.8	121.3
棕黄壤	25.0	127.8	51.9	23.4	228.1
草甸土	12.3	138.4	71.6	21.6	243.9
砂姜黑土	11.5	211.4	103.2	19.8	345.9
潮土	6.1	119.7	22.4	20.5	168.7
黑炭	1.0	42.0	53.0	1.0	97.0

（3）有机磷对植物磷素营养的贡献

在高度风化的土壤中,如老成土和氧化土,无机磷大多为难溶性磷,溶解性很低,对植物营养的贡献很小。而有机磷中易分解或易溶解的部分则对植物磷素营养起着十分重要的作用,即使是在土壤有机质含量相对较低的条件下也是如此,植物根系和菌丝能够在转化为难溶性磷之前,吸收利用部分被矿化的有机磷。相反,在风化程度不高的土壤中,如软土和变性土,即使有机质含量较高,无机磷也仍然起着更为重要的作用。

（4）施肥对有机磷的影响

施肥对有机磷有着重要的影响,特别是施用有机肥,有机肥和无机肥配施,均能减少土壤对磷的固定作用,活化土壤难溶性磷。一般来说,施有机肥能增加土壤有机磷各组分的含量,但各组分增加的幅度存在差异,主要取决于有机肥的种类和土壤类型等因素(张亚丽等,1998;Zhang等,1993)。有机肥施入土壤后,有机肥中的活性有机磷、中活性有机磷很大一部分将转化为中稳性有机磷,但培养一段时间之后,中活性有机磷和中稳性有机磷转化为活性有机磷,有效性增强。富磷的有机物料对磷的分配有影响,而低磷的有机物料,如小麦秸秆对磷的分配没有影响或影响很小(Iyamuremye等,1996)。无机磷肥对土壤有机磷的总量基本上没有明显的影响(Sharply,1985;张旭东等,1994)。

2. 土壤无机磷

土壤溶液中的无机磷(正磷酸盐)浓度很低,主要受制于含磷矿物的溶解性和土壤颗粒表面吸附态磷的热力学过程。酸性条件下(pH<6),磷主要被铁、铝化合物所吸附固定,而在碱性条件下(pH>7)则主要被钙、镁化合物吸附固定。在大多数土壤中，无机磷以各种形态的难溶性磷存在，对植物的有效性很低，当土壤的 pH 为 6 ~ 7 时，磷对植物的有效性最高。因此，施用石灰是提高酸性土壤有效磷含量的主要措施。

（1）土壤无机磷的主要形态及其有效性

无机磷包括原生矿物磷灰石和次生的无机磷酸盐，后者又分为化合态和吸附态。化合态是指与铁、铝或钙结合的磷酸盐，吸附态则是指被黏土矿物或有机物吸附的磷。土壤物理、化学和生物因子均影响土壤无机磷的形态，酸性土壤以磷酸铝、铁的形态存在，而中性和碱性土壤则以磷酸钙、磷酸镁的形态存在（表 6 - 5）。

表 6 - 5　土壤中常见的无机磷化合物（Brady 和 Weil,2008）

化合物	分子式
铁、铝化合物	
粉红磷铁矿	$FePO_4 \cdot 2H_2O$
磷铝石	$AlPO_4 \cdot 2H_2O$
钙化合物	
氟磷灰石	$[3Ca_3(PO_4)_2] \cdot CaF_2$
碳酸磷灰石	$[3Ca_3(PO_4)_2] \cdot CaCO_3$
氢氧磷灰石	$[3Ca_3(PO_4)_2] \cdot Ca(OH)_2$
氧化磷灰石	$[3Ca_3(PO_4)_2] \cdot CaO$
磷酸三钙	$Ca_3(PO_4)_2$
磷酸八钙	$Ca_8H_2(PO_4)_6 \cdot 5H_2O$
磷酸二钙	$CaHPO_4 \cdot 2H_2O$
磷酸一钙	$Ca(H_2PO_4)_2 \cdot H_2O$

注：每组无机磷化合物以有效性递增的顺序排列。

土壤 pH 对磷的有效性影响很大（图 6 - 4），当 pH 降低时，磷酸钙盐溶解度增加，因此酸性土壤磷酸钙盐很少。而在 pH 较高的土壤中，磷酸钙盐相当稳定且很难溶解，通常占无机磷的 80% 以上。磷灰石是难溶的磷酸盐，氟磷灰石的稳定性更高，溶解度更小，在酸性土壤中也可存在，占钙磷的 70% 左右，生物有效性也最低。磷酸一钙和磷酸二钙的溶解度相对较高，植物易于吸收和利用，然而这些化合物极易转化成其他难溶性磷，因此在土壤中的含量很少，仅占 1% 左右。Al - P、Fe - P 各占 4% ~ 5%，闭蓄态磷（O - P）占 10% 左右。

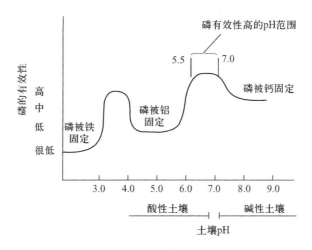

图 6 - 4　土壤 pH 对磷有效性的影响（Busman 等,1997）

　　粉红磷铁矿[$FePO_4 \cdot 2H_2O$]和磷铝石[$AlPO_4 \cdot 2H_2O$]在酸性土壤中溶解度很低，但随 pH 升高溶解度增加，因此在碱性土壤中很不稳定，而在酸性土壤中相当稳定，为酸性土壤磷酸盐的主要存在形态。尤其是磷酸铁盐（Fe - P），包括非晶质的磷酸铁化合物（$FePO_4 \cdot xH_2O$）、晶质的磷酸铁化合物（如针铁矿等）和闭蓄态磷酸铁化合物 3 种形态，是酸性土壤主要的磷酸盐，其活性随结晶程度的增加而降低。通常酸性土壤中 Al - P 占无机磷的 10% ～ 20 %，Ca - P 则很少。酸性土壤中各形态磷酸盐的生物有效性高低依次为磷酸一钙 > 水铝石 > Ca - P > Al - P > Fe - P。

　　（2）无机磷的固定

　　无论是在酸性土壤还是在碱性土壤中，磷酸盐一般都经过一系列的化学反应和物理化学反应，形成溶解度越来越低的各种磷酸盐。因此，磷酸根离子在土壤中存留的时间越长，其溶解度就越低，植物有效性也就越低（图 6 - 5）。当可溶性磷加入土壤后，在最初的几个小时内很快发生磷的固定反应，但仍然

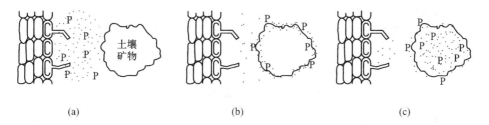

图 6 - 5　土壤矿物对磷的固定。（a）施肥后存在大量可溶性磷可立即被植物根系吸收；（b）土壤溶液中的磷很快被结合到土壤矿物表面。根系也许仍可利用这部分磷；（c）最终，大多数结合态的磷成为土壤矿物结构的一部分，磷的植物有效性显著降低（Espinoza 等,2005）

有一定的可溶性，能够被植物吸收利用。随着时间的延长，主要是由于吸附的磷酸盐与碳酸钙或金属氧化物之间形成永久性的化学键等作用，被固定的磷酸盐的溶解度逐渐降低。

　　土壤中磷的固定与土壤 pH 有很大的关系，酸性土壤中主要是 Al^{3+}、Fe^{3+}、Mn^{3+} 等三价阳离子与 $H_2PO_4^-$ 反应，形成难溶性的磷酸盐氢氧化物沉淀，如式（6-1）所示。新形成的沉淀物由于与土壤溶液有很大的接触面积，部分对植物有效，但随着时间的延长，有效性逐渐降低直至几乎成为无效状态。此外，$H_2PO_4^-$ 还可与难溶的铁、铝、锰等氧化物，如三水铝石（$Al_2O_3 \cdot 3H_2O$）、针铁矿（$Fe_2O_3 \cdot 3H_2O$）或 1:1 型硅酸盐矿物发生反应，从而被吸附固定下来。这些水合氧化物以晶体和非晶体颗粒存在，包被在黏粒外表面或片层之间。在酸性条件下，$H_2PO_4^-$ 被铁铝氧化物表面的正电荷吸附，可与其他阴离子如 OH^-、SO_4^{2-} 或有机酸 $R—COO^-$ 等发生交换反应而缓慢释放，从而被植物吸收利用。因此，施用石灰增加土壤 OH^- 的浓度，或施用有机肥料提高有机酸根离子的数量，均可以提高磷的有效性。

$$Al^{3+} + H_2PO_4^- + H_2O \rightleftharpoons H^+ + Al(OH)_2H_2PO_4^- + H_2O \qquad (6-1)$$
　　　　　可溶　　　　　　　　　　　　不可溶

　　在碱性或石灰性土壤中，磷酸根与 Ca^{2+} 反应形成一系列难溶性的磷酸钙盐，溶解度逐渐降低，相应地对植物有效性也降低，如式（6-2）所示。干旱或半干旱地区石灰性土壤中，施入可溶性磷肥很快转化为难溶性磷酸钙。此外，方解石中不纯的铁、铝也可吸附大量的可溶性磷，使这些土壤中磷的有效性大幅度降低。

$$Ca(H_2PO_4)_2 \cdot H_2O + H_2O \xrightarrow{CaCO_3} (CaHPO_4 \cdot 2H_2O) + CO_2\uparrow \xrightarrow{CaCO_3} Ca_3(PO_4)_2 + CO_2\uparrow + H_2O$$
磷酸一钙，可溶　　　　　　　　磷酸氢钙，轻微可溶　　　　　　磷酸三钙，难溶
$$(6-2)$$

　　（3）无机磷分组测定

　　无机磷分组方法很多，表示方法差异很大。目前，广泛采用的是修改的 Hedley 的分组方法（Hedley 等，1982；Tiessen 和 Moir，1993；Hedley 等，1994），可与有机磷的分组同步进行。该方法主要根据磷对植物的有效性，将土壤磷分为树脂交换态磷、活性磷（$NaHCO_3 - P$）、中等活性磷（$NaOH - P$、$HCl - P$）和残留磷。其中，树脂磷为可自由交换态的磷，$NaHCO_3$ 可提取磷为吸附在土壤胶体表面的磷（Tiessen 和 Moir，1993）。NaOH 提取的无机磷为结合在 Fe、Al 和黏土矿物表面的磷（Hedley 等，1982）；超声处理后用 NaOH 提取的磷为团聚体内表面中的磷。HCl 可去除氧化物表面的负电荷，为磷灰石类和部分闭蓄态磷，为中等活性磷（Hedley 等，1994；Liu 等，

2004）。残余态磷则较为稳定，为非活性磷。$NaHCO_3$ 和 $NaOH$ 提取液中的磷包括有机磷和无机磷，无机磷直接用钼蓝比色法测定，有机磷为滤液经酸性过硫酸钾消煮（Hygrath 等，1997）后用比色法所测定的滤液中的总磷与无机磷的差值。HCl 提取液中的磷用比色法直接测定，残余态磷是将最后的离心沉降物用浓 $H_2SO_4 - H_2O_2$ 消煮后用比色法测定磷含量。土壤无机磷的分组步骤如图 6 - 6 所示。

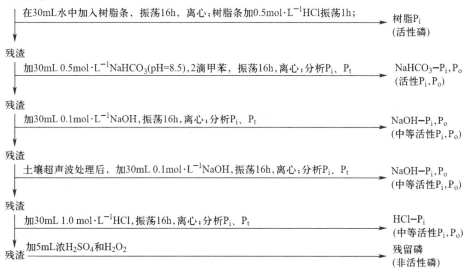

土壤(0.5g)

在30mL水中加入树脂条，振荡16h，离心；树脂条加0.5mol·L⁻¹HCl振荡1h；→ 树脂P_i（活性磷）

残渣

加30mL 0.5mol·L⁻¹$NaHCO_3$(pH=8.5)，2滴甲苯，振荡16h，离心；分析P_i、P_t → $NaHCO_3 - P_i$、P_o（活性P_i，P_o）

残渣

加30mL 0.1mol·L⁻¹NaOH，振荡16h，离心；分析P_i、P_t → $NaOH - P_i$、P_o（中等活性P_i，P_o）

残渣

土壤超声波处理后，加30mL 0.1mol·L⁻¹NaOH，振荡16h，离心；分析P_i、P_t → $NaOH - P_i$、P_o（中等活性P_i，P_o）

残渣

加30mL 1.0 mol·L⁻¹HCl，振荡16h，离心；分析P_i、P_t → $HCl - P_i$（中等活性P_i，P_o）

残渣 加5mL浓H_2SO_4和H_2O_2 → 残留磷（非活性磷）

注：消煮后可测定有机磷分组

图 6 - 6 土壤无机磷的分组测定步骤（Tiessen 和 Moir，1993）

土壤无机磷的分组也可依据无机磷的形态，用不同的化学试剂进行浸提。蒋伯藩和顾益初（1990）根据石灰性土壤中无机磷的组成特点，提出了石灰性土壤无机磷的分级方法，将石灰性土壤中 Ca - P 细分为 $Ca_2 - P$、$Ca_8 - P$、$Ca_{10} - P$ 等 3 种形态，并将土壤中的 Fe - P 和 O - P 进行很好的分离。具体方法为：0.25 mol·L⁻¹ $NaHCO_3$ 浸提 $Ca_2 - P$，1 mol·L⁻¹ NH_4Ac 浸提 $Ca_8 - P$，0.5 mol·L⁻¹ NH_4F 浸提 Al - P，0.1 mol·L⁻¹ $NaOH - Na_2CO_3$ 浸提 Fe - P，0.3 mol·L⁻¹柠檬酸三钠 $- Na_2S_2O_4 - NaOH$ 浸提 O - P，0.5 mol·L⁻¹ H_2SO_4 浸提 $Ca_{10} - P$。Zhang（2009）提出连续浸提法进行无磷形态的测定，首先用 1 mol·L⁻¹ NH_4Cl 提取可溶性磷，然后依次用 0.5 mol·L⁻¹ NH_4F、0.1 mol·L⁻¹NaOH 和 0.3 mol·L⁻¹CDB（柠檬酸三钠 $- Na_2S_2O_4 - NaHCO_3$）、0.25 mol·L⁻¹H_2SO_4 提取 Al - P、Fe - P、O - P 和 Ca - P。由于 NH_4F 在石灰性土壤中与$CaCO_3$形成 CaF_2 测定，降低提取效率，因此，在石灰性土壤中用

NaOH/NaCl 替代 NH$_4$F 提取可溶性 P 以及 Fe - P 和 Al - P(图 6 - 7)。

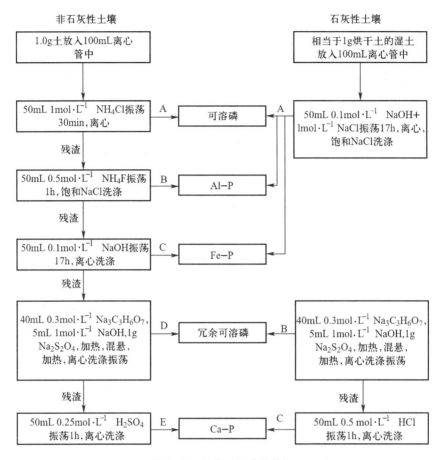

图 6 - 7　土壤无机磷的分级

6.1.4　土壤磷的转化及其影响因素

土壤磷的化学过程实际上是溶解与沉淀、吸附与解吸的过程。吸附与解吸量取决于土壤磷含量，含量较高时，以吸附为主；较低时，吸附的磷发生解吸。土壤磷素固定是一个可逆的过程，包括两个环节：一是水溶度磷转化为溶解度很小的磷酸盐，二是黏土矿物、方解石、水铝英石、铁和铝的腐殖酸类化合物以及铁氧化物等对磷的吸附固定。土壤磷生物转化过程是在微生物参与下的有机磷的矿化、固持、氧化还原及无机磷的溶解过程。

1. 磷素化学转化

石灰性土壤中的水溶性磷首先被方解石吸附，被吸附的磷可进一步转化为二水磷酸二钙和无水磷酸二钙，再转化为磷酸八钙、羟基磷灰石和氟磷灰石。

不同的 pH 下这些磷酸钙盐的溶解度不同，随 pH 的降低其溶解度迅速增加。施入石灰性土壤的磷肥短时期不易形成 O - P 和 Ca_{10} - P。

对于酸性土壤而言，磷肥（磷酸一钙）施入土壤后，由于强酸性的饱和溶液可以溶解大量的土壤 Fe、Al，从而形成非晶质的磷酸铁铝化合物（如 $FePO_4 \cdot xH_2O$），进一步水解转化为晶质的磷酸盐，如粉红磷铁矿（$FePO_4 \cdot xH_2O$）和磷铝石（$AlPO_4 \cdot 2H_2O$），再进一步转化为闭蓄态磷酸盐（刘建玲和张凤华，2000）。但是，在不同的种植制度下施入土壤的磷肥，其转化产物存在差异：在非石灰性旱作土壤中施入土壤的磷肥主要转化为磷酸二钙和磷酸三钙，只有很少一部分转化为磷酸铁和磷酸铝；而水稻土中施入的磷肥主要转化为 Fe - P 和 Al - P，土壤中的 O - P 也有一定程度的增加（陈刚才等，2001；刘建玲和张凤华，2000）。

由于植物根系分泌有机酸类物质，使根际土壤的 pH 降低，因此根际土壤磷素形态转化与非根际土壤明显不同。不同植物根系分泌的有机酸种类和数量各异，因而对根际土壤中不同形态磷素的活化程度也不一样。生长在石灰性土壤上的油菜和萝卜的根系，可分泌大量的苹果酸、柠檬酸等有机酸，从而降低根际土壤的 pH，增加 Ca_8 - P、Al - P 等的溶解度，提高其有效性。水稻根系可释放 O_2，同时释放 H^+，根际土壤 pH 比土体低 1 ~ 2 个单位，也可提高根际土壤磷的有效性。此外，根系分泌的有机酸类物质可以螯合根际土壤中的 Al、Fe，并竞争 $H_2PO_4^-$ 的吸附位点，从而提高磷的有效性。

2. 磷素生物转化

（1）有机磷矿化（mineralization）

土壤中的有机磷化合物不能被植物和土壤生物直接吸收利用，必须在微生物的作用下，分解转化为无机磷才能被植物吸收利用，这就是有机磷的矿化作用。有机磷的矿化速率取决于土壤微生物的活性，因此，影响微生物活性的环境因素如土壤温度、湿度、有机物的组成、氧气浓度、土壤 pH 和耕作等，均强烈地影响有机磷的矿化过程。环境条件适宜时，尤其当温度适合微生物生长时，有机磷矿化较快。土壤温度低时，植物缺磷现象较为常见，而随天气转暖，植物缺磷现象逐渐消失，这就是随着土温上升，土壤微生物活性加大，有机磷矿化加快的结果。耕作破坏了土壤团粒结构，改善了通气状况，促进了有机磷的矿化，但到了一定的程度后，其矿化速率就下降，趋于稳定状态。土壤有机磷的年矿化率为 2% ~ 4%，虽然数量比较少，但却是自然生态系统中非常重要的有效磷来源。在温带地区，每年有机磷矿化所释放的磷为 5 ~ 20 $kg \cdot hm^{-2}$，大多数可被植物吸收利用，可基本满足大多数作物、树木和草生长发育的需要，这些植物年吸收磷为 5 ~ 30 $kg \cdot hm^{-2}$。

参与有机磷矿化的酶类主要有磷酸单酯酶、磷酸双酯酶和焦磷酸酶 3 类。

磷酸单酯酶催化磷酸根脱离碳链，反应式如下：

$$R-O-\overset{\overset{\displaystyle O}{\|}}{\underset{\underset{\displaystyle OH}{|}}{P}}-OH + H_2O \xrightarrow{\text{磷酸单酯酶}} ROH + HO-\overset{\overset{\displaystyle O}{\|}}{\underset{\underset{\displaystyle OH}{|}}{P}}-OH \tag{6-3}$$

测定土壤磷酸单酯酶活性的基质为对硝基苯磷酸盐，其分子中的 R 基团为生色基团，可在很低的浓度下显色。如肌醇磷酸盐和核苷酸是磷酸单酯酶催化的主要底物，其中植酸酶催化植保素中磷酸盐的水解，而核酸酶可将核酸中的磷酸释放出来。磷酸单酯酶分为酸性磷酸酶（pH 为 4）和碱性磷酸酶（pH 为 11）。磷酸双酯酶催化磷酸双酯水解形成磷酸单酯和乙醇，如式（6-4）所示，磷酸双酯酶可降解磷脂和核酸。无机焦磷酸酶通常参与和能量有关的反应，在自然界中广泛存在。植物可吸收焦磷酸盐，但必须通过焦磷酸酶水解为单磷酸盐才能被植物吸收利用，如式（6-5）所示。

$$R_1-O-\overset{\overset{\displaystyle O}{\|}}{\underset{\underset{\displaystyle OH}{|}}{P}}-OR_2 + H_2O \xrightarrow{\text{磷酸双酯酶}} R_1OH + HO-\overset{\overset{\displaystyle O}{\|}}{\underset{\underset{\displaystyle OH}{|}}{P}}-OR_2 \tag{6-4}$$

$$HO-\overset{\overset{\displaystyle O}{\|}}{\underset{\underset{\displaystyle OH}{|}}{P}}-O-\overset{\overset{\displaystyle O}{\|}}{\underset{\underset{\displaystyle OH}{|}}{P}}-OH + H_2O \xrightarrow{\text{焦磷酸酶}} 2HO-\overset{\overset{\displaystyle O}{\|}}{\underset{\underset{\displaystyle OH}{|}}{P}}-OH \tag{6-5}$$

尽管植物根系也具有磷酸酶和植酸酶活性，但土壤中有机磷的水解主要取决于来自微生物酶的活性（Tarafdar 和 Jungk，1987；Li 等，1997），如 70% ~ 80% 的磷酸酶来自微生物，细菌中的巨大芽孢杆菌、枯草芽孢杆菌，变形杆菌属、节杆菌属，放线菌中的链霉菌属，真菌中的曲霉属、青霉属和根霉属等，都能够分泌磷酸酶。研究表明，微生物产生的酸性磷酸酶比植物产生的酸性磷酸酶更能有效地水解有机磷化合物（Tarafdar 等，2001）。表 6-6 列举了一些真菌水解不同有机磷的效率。

（2）磷素生物固持（immobilization）

磷素生物固持是指土壤中的可溶性磷被微生物吸收利用，转化为微生物量磷，是一个与有机磷矿化正好相反的过程。土壤磷素矿化与固持同时发生，反应平衡决定有机磷矿化时的净释放磷量（图6-8），主要受有机物质 C/P 的影响。当被分解的有机物料 C/P <200 时，会产生净矿化，即磷被释放出来。如果 C/P >300，如小麦秸秆分解时，不仅没有磷释放出来，而且还会吸收介质中的磷，发生磷的净固持，出现微生物与植物竞争磷素的现象。

表 6 – 6 真菌水解不同有机磷的效率（Yadav 和 Tarafdar，2003）

真菌种类	磷的释放效率/（μg P · min⁻¹）	
	肌醇六磷酸钙镁	甘油磷酸盐
黑曲霉范果寄生属	1.80	3.12
黑曲霉组	2.10	4.85
泡盛曲霉	1.65	2.71
构巢曲霉	1.25	2.61
虎纹裸胞壳	1.42	2.59
简青霉	0.92	2.12
红色青霉	1.08	2.32

注：磷的初始加入量为 500 mg · kg⁻¹。

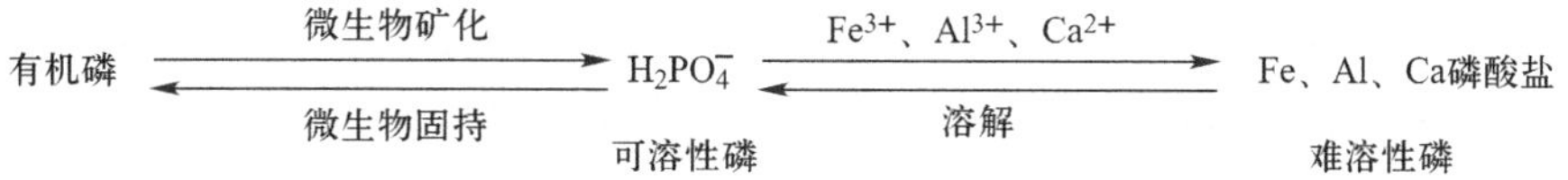

$$有机磷 \xrightleftharpoons[\text{微生物固持}]{\text{微生物矿化}} \underset{\text{可溶性磷}}{H_2PO_4^-} \xrightleftharpoons[\text{溶解}]{Fe^{3+}、Al^{3+}、Ca^{2+}} \underset{\text{难溶性磷}}{Fe、Al、Ca磷酸盐}$$

图 6 – 8 有机磷的矿化和固持

土壤微生物量磷变异很大，在 5 ~ 174 mg · kg⁻¹，一般占微生物干物质质量的 1.4% ~ 4.7%（Brookes 等，1984；Joergensen 等，1995），耕作土壤微生物量磷占有机磷的 2% ~ 5%，而在草地和林地中则占 20% 左右（Brookes 等，1984；Joergensen 等，1995）。植被、耕作、灌溉、施肥等都会引起土壤微生物量磷的变化（Kramer 和 Green，2000；李东坡等，2004；黄敏等，2004；Jonasson 等，2004；Agbenin 和 Adeniyi，2005）。土壤微生物量磷是土壤有机磷中最活跃的部分，它周转快，易矿化，有效性高，是植物有效磷的重要来源，其周转期或周转速率可反映微生物同化 – 矿化活性，是研究养分有效性及其循环转化的重要指标。

微生物量磷主要由核酸（50%）、ATP、磷脂类（< 10%）和多聚磷酸盐（20%）等构成（Hedley 等，1982；Vadstein，2000），这些物质的含量与比例，不仅因微生物种类和生长繁殖时期而异，而且也随环境条件而发生变化。与其他含磷化合物有很大的区别，多聚磷酸盐（Poly – P）不仅是细胞代谢物质，而且是十分重要的磷素储存物质和能量替代物质，在许多生物过程中起着相当重要的作用，如螯合和贮存阳离子、缓冲酸碱、参与细菌荚膜的形成、调节酶活性及调控胁迫响应等，在细菌、古细菌、真菌、原生动物、植物和哺乳动物中均广泛存在（Kornberg 等，1999；Kulaev 等，1999；Brown 和 Kornberg，2008）。多聚磷

酸盐是由 3 至数百个正磷酸根残基通过高能磷酸酐键连接而成的线性高分子聚合物（图 6 - 9）。其形成受环境条件的影响很大，当环境中无机磷（Pi）的含量较高时，许多微生物可通过低亲和力无机磷酸盐转运系统（*pit* 途径），将体外多余的无机磷以 Poly - P 的形式富集到体内，产生磷的"奢侈吸收"。当外界环境胁迫或磷素不足时，微生物启动"应急响应"机制，通过高亲和力的磷酸盐转运系

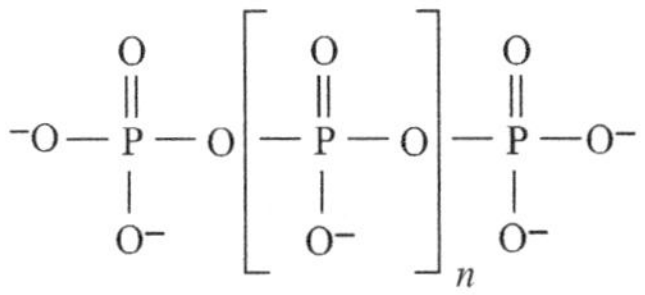

图 6 - 9　多聚磷酸盐的结构式
（n 值通常为数百）

统（*pst* 途径），从环境中吸收 Pi 合成 Poly - P，供调控各种生理代谢所需（Kornberg 等，1999；Van Dien 和 Keasling，1999；Ezawa 等，2004；Bünemann 等，2008）。多聚磷酸盐激酶（PPK，EC2.7.4.1）是参与 Poly - P 合成的主要酶类，催化 ATP 末位高能磷酸残基（ - Pi）向 Poly - P 转移（nATP poly Pn + nADP），合成约 750 个残基的长链 Poly - P 分子。当环境条件发生变化，微生物需要磷素时，在多聚磷酸盐外切酶（PPX，EC3.6.1.11）和内切酶（PPN，EC3.6.1.10）的作用下，长链 Poly - P 分子降解为短链的 Poly - P 或被完全降解，将贮存在 Poly - P 中的无机磷和能量释放出来，供微生物生长代谢（Kornberg 等，1999；Lichko 等，2006）。

土壤中施用无机磷后，一些真菌及细菌特别是丛枝菌根，迅速以多聚磷酸盐的形式贮存磷素（Ezawa 等，2004；Khoshmanesh 等，2002）。当连续输入碳源物质时，可引起磷在微生物体内重新分配。在可利用碳源充足而有效磷含量不足的土壤中，加入磷素可促使微生物形成 Poly - P；而在有效磷含量很高时，微生物也合成大量 Poly - P。Bünemann 等（2008）甚至报道真菌生物量与 Poly - P 的形成量有显著的相关性。

（3）磷素的氧化和还原

还原态磷在自然界中很少存在，大多以 +5 价的正磷酸盐的形式存在。现有研究表明磷化氢（PH_3）、亚磷酸盐和磷酸酯类为主要的还原态磷（Glindemann 等，2005）。许多细菌和真菌可在好氧或厌氧条件下氧化还原态的磷酸盐化合物。当土壤在甘露醇 - 磷酸二氢铵培养基中进行厌氧培养时，磷酸盐可被还原为亚磷酸盐和次亚磷酸盐，而当土壤中加入硝酸盐或硫酸盐时，此反应可被抑制，因为硝酸盐或硫酸盐很易作为最终电子受体。目前有关还原态气态磷（即磷化氢）是否存在仍有争议，一些人认为这一还原步骤在热力学上不可能发生，而另一些人则发现土壤中确实存在磷化氢的挥发。因此，在土壤磷的循环和转化过程中，氧化还原作用可以忽略不计。

（4）无机磷的溶解

土壤中的磷酸盐溶解度大多很低，植物很难吸收利用，因此，磷素常常是

许多地区植物生长的主要限制因子。施用可溶性磷肥对植物生长来说是必需的，但由于土壤具有强大的固持能力，磷肥施用量常常大大地超出植物的需求。在一些贫穷地区，由于商品磷肥昂贵，利用微生物溶解磷矿粉成为很好的一种选择（Whitelaw，2000）。此外，将磷矿粉与秸秆类物质混合堆肥，也可作为一种廉价的磷肥使用。土壤难溶性无机磷的溶解主要受土壤生物和植物根系的影响，如菌根与寄主植物形成共生体系，通过菌根庞大的菌丝系统分解吸收土壤难溶性磷，从而改善寄主植物磷素营养。但是，目前农业上推广应用微生物肥料，还存在相当大的困难，而且有关溶磷分子生物学机理如基因方面的知识还很缺乏（Rodriguez 等，2006）。

① 溶磷机理

溶磷微生物（phosphate-solubilizing microorganisms，PSM）通过分泌小分子有机酸、质子交换和络合作用等途径，溶解土壤中的难溶性无机磷，具体机理可能因微生物种类而异。植物根系和土壤微生物均可分泌低相对分子质量的有机酸，这些有机酸既能够降低 pH，又可与铁、铝、钙、镁等离子结合，从而使难溶性磷酸盐溶解。微生物分泌有机酸产生的溶磷作用，一方面与分泌的有机酸的种类和数量有关，另一方面与磷酸根结合的阳离子有关（Picini 和 Azcone，1987）。$Ca - P$ 化合物比 $Fe - P$ 和 $Al - P$ 化合物更容易被溶解，因此提高碱性土壤的酸度有利于难溶性磷的溶解。如果微生物分泌的有机酸多，土壤中的 $Ca - P$ 化合物也多，溶解释放的磷也相对较多。细菌能够分泌苹果酸、丙酸、乳酸、乙酸、柠檬酸，真菌分泌的有机酸种类比较复杂，主要有草酸、酒石酸、乳酸、乙酸、柠檬酸、丁二酸等，不同的菌株之间也有很大的差异（林启美等，2001；Illmer 和 Schinner，1995）。有机酸分泌由特定的酶控制，如革兰氏阴性溶磷细菌，在吡咯喹啉醌（PQQ）为辅基的葡萄糖脱氢酶（GDH）的作用下，催化葡萄糖形成葡萄糖酸。阿氏肠杆菌中的 *GDH* 基因编码的 GDH 为一种膜结合态酶，对葡萄糖具有很高的亲和力（Tripura 等，2007），而丧失 GDH 活性的 *GDH* 基因突变种则不能溶解土壤中的难溶性磷酸盐，说明 *GDH* 基因决定了阿氏肠杆菌的溶磷功能。目前，除葡萄糖酸外，对微生物合成和分泌其他有机酸的分子途径了解很少，对参与作用的关键基因也缺乏研究。

微生物的另一种重要的溶磷机理是分泌质子。Asea 等（1988）发现 *Penicillium bilaji* 和 *Penicillium cf1fuscum* 只有在培养介质中有 NH_4^+ 存在时，才具有溶解无机磷酸盐的能力。Illmer 等（1995）也发现有些微生物不产有机酸也具有溶解钙磷酸盐或铝磷酸盐的能力，主要是由于呼吸作用产生 H^+，或微生物在吸收阳离子（如 NH_4^+）的过程中，利用 ATP 转换时所产生的能量，通过质子泵将 H^+ 释放到细胞膜外，导致介质 pH 下降而产生溶磷作用。但土壤 pH 的变化与微生物溶磷量之间相关性比较微弱（Narsian 和 Patel，2000），尽管赵小蓉等

(2001)发现溶磷量与培养液中的 pH 存在一定的相关性($r = -0.732$),但他们同时也发现培养介质 pH 的下降,并不是微生物溶磷的必要条件。

② 溶磷微生物

土壤中存在大量的能够溶解难溶性磷的微生物,称为溶磷微生物。主要包括细菌中的芽孢杆菌属(*Bacillus*)、假单胞菌属(*Pseudomonas*)、埃希氏菌属(*Escherichia*)、欧文氏菌属(*Erwinia*)、土壤杆菌属(*Agrobacterium*)、沙雷氏菌属(*Serratia*)、黄杆菌属(*Flavobacterium*)、肠细菌属(*Enterobacter*)、微球菌属(*Micrococcus*)、固氮菌属(*Azotobacter*)、沙门氏菌属(*Salmonella*)、色杆菌属(*Chromobacterium*)、产碱菌属(*Alcaligenes*)、节杆菌属(*Arthrobacter*)、硫氧化硫杆菌(*Thiobacillus thiooxidans*)和多硫杆菌属(*Thiobacillus*)等,真菌主要是青霉属(*Penicillium*)、曲霉属(*Aspergillus*)和根霉属(*Rhizopus*),而溶磷放线菌则绝大部分为链霉菌属(*Streptomyces*)(尹瑞英,1988;赵小蓉等,2001)。

溶磷微生物的数量和种类受包括土壤物理性质、有机质含量、土壤类型、土壤肥力和耕作方式等多种因素的影响(Jacob,1962),尹瑞玲(1988)发现我国旱地土壤溶磷菌的数量平均为 $10^7 \mathrm{cfu} \cdot \mathrm{g}^{-1}$ 干土,占土壤微生物总数的 27% ~ 82%,其中细菌所占的比例最大。溶磷细菌数量因土壤类型而异,黑钙土溶磷菌最多,为 $4.89 \times 10^7 \mathrm{cfu} \cdot \mathrm{g}^{-1}$ 干土,瓦碱土最少,仅有 $2 \times 10^4 \mathrm{cfu} \cdot \mathrm{g}^{-1}$ 干土。林启美等(2001)在调查农田、林地、草地和菜地等 4 种不同的生态环境土壤中溶磷细菌的数量及种群结构时发现,菜地土壤的溶磷细菌数量显著高于其他土壤,农田土壤中的溶磷细菌只有菜地土壤的 1/10,其中耕地中的溶磷细菌主要是芽孢杆菌,而林地和菜地则主要是假单胞菌。溶磷微生物的分布表现出强烈的根际效应,即根际土壤的数量比土体要多,如小麦和玉米根际土壤的溶磷微生物数量比非根际土壤高 1 ~ 2 个数量级(林启美等,2001;赵小蓉等,2001)。

不同微生物的溶磷能力差异很大,通常真菌的溶磷能力比细菌强,而且在传代过程中比较稳定,溶磷能力一般不会丧失(Kucey 等,1987)。林启美等(2001)也发现真菌的溶磷能力比细菌强,真菌溶解磷矿粉的量为 59.64 ~ 145.36 $\mathrm{mg} \cdot \mathrm{L}^{-1}$,而几株溶磷能力较强的细菌则仅为 26.92 ~ 43.34 $\mathrm{mg} \cdot \mathrm{L}^{-1}$。

③ 菌根真菌

集约化农业生态系统中可通过施用大量的磷肥来满足植物生长的需要,但在世界的许多贫困地区无法负担昂贵的磷肥;草地和森林等自然生态系统很少施肥;许多土壤,如非洲稀树草原和南非地区的许多土壤有很强的固磷能力。在上述情况下,菌根真菌发挥着十分重要的作用。

菌根是真菌与植物根系形成的共生体系,植物为菌根真菌提供生长所需的碳源和能源,菌根真菌为植物提供磷、氮、锌和硫等营养元素,尤其是在磷素转移过程中起着相当重要的作用。1989 年，Harley 根据参与共生的真菌和植物种类及它们形成共生体系的特点，将菌根分为 7 种类型，即丛枝菌根、外生菌根、内外菌根、浆果鹃类菌根、水晶兰类菌根、欧石楠类菌根和兰科菌根（刘润进和李晓林，2000）。其中丛枝菌根对植物有广泛的侵染性，80% 以上的陆生植物以及绝大多数的农作物都可形成这种菌根（Smith 和 Read，1997）。

菌根真菌在土壤磷素转化过程中主要有以下 4 种作用机制。

第一，菌根真菌活化土壤中的难溶性无机磷。菌根真菌的菌丝通过分泌有机酸，呼吸释放 CO_2 形成碳酸，以及对 $NH_4^+ - N$ 的偏好性吸收等分泌质子，使菌丝际 pH 下降，从而溶解土壤中的矿物态磷。^{32}P 标记实验结果表明，菌根真菌与植物磷源是一致的，都可以活化和吸收利用 $Ca_2 - P$、$Ca_8 - P$、$Fe - P$ 和 $Al - P$ 等难溶性磷酸盐，而不能活化 $Ca_{10} - P$ 磷酸盐。但是，菌根真菌的外生菌丝所占据的土壤空间远远大于根系，导致其活化难溶性磷酸盐的能力远高于根系。

第二，菌根真菌的菌丝可扩大根系吸收磷的空间。由于土壤颗粒对磷的吸附和固定，磷在土壤中的移动性很差，只能通过扩散过程到达根系表面。当菌根真菌与植物根系建立共生关系后，纤细的外生菌丝在土壤中穿插，比植物根系更能有效地侵入土壤有机物颗粒和大团聚体内，并吸收其中的磷，从而极大地扩展了根系的吸收范围。研究表明，菌丝至少可以延伸到根外 117 mm 远，将根系的吸收范围扩大了 60 倍，而且根室中的菌丝长度密度达到每克土 5 m，远远高于土壤中根系的密度（Lin 等，1991）。利用分隔网室法以三叶草为供试植物，在低磷土壤中接种摩西球囊霉菌种，结果发现外生菌丝吸收的磷可占宿主植物吸磷总量的 90%（Li 等，1991），这充分体现了外生菌丝巨大的吸收土壤磷的能力，为在中低产田的低磷土壤中应用菌根技术提供了依据。

第三，菌根真菌的菌丝比植物根能从土壤溶液中吸收更低浓度的磷，这对于新形成的根来说显得更为重要。

第四，一些菌根真菌可产生磷酸酶，分解有机磷化合物。

菌根真菌可将所吸收的磷很快地合成为多聚磷酸盐，并以多聚磷酸盐的形式进行转移（Ezawa 等，2003），从而提高磷的转移效率（Rasmussen 等，2000）（图 6-10）。多聚磷酸既可存在于丛枝菌根的菌丝中，也可存在于 EM 菌根的菌鞘中，可占菌根真菌根中磷含量的 40%。土壤中施用氮、磷可提高丛枝菌根真菌的孢子萌发，增加菌丝中多聚磷酸盐的含量（图 6-11）。

3. 影响土壤磷素转化的因素

（1）土壤理化性质

磷在土壤中的转化速率受土壤溶液中游离 Fe、活性 $CaCO_3$、pH、黏粒含量、有机碳含量等因素的影响。石灰性土壤的固磷基质，主要是 < 0.01 mm 的

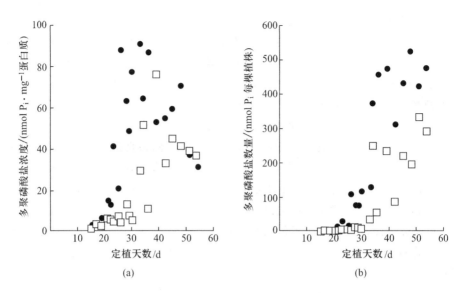

图 6-10　菌根真菌定植期间多聚磷酸盐的形成。(a)多聚磷酸盐的浓度；(b)每种植物总多聚磷酸盐的含量。50S（●）和 10S（□）分别表示每盆洋葱接种 50 个或 10 个孢子（Ohtomo 和 Satio,2005）

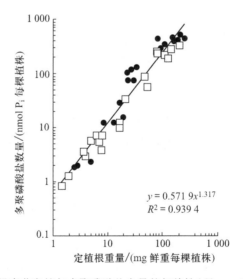

图 6-11　菌根真菌定植与多聚磷酸盐含量的相关性（Ohtomo 和 Satio,2005）

物理黏粒而非碳酸盐。但有些学者认为，低磷浓度下，石灰性土壤中的磷先被方解石吸附；高磷浓度下，磷酸根与 Ca^{2+} 反应形成沉淀。此外，土壤的风化程度也影响磷素的生物有效性，磷肥施入风化程度低的土壤，其有效性明显高于风化程度高的土壤。

（2）环境因子

土壤水分充足时，施入的磷多以 Olsen – P 形态存在，土壤磷的生物有效性高。低温降低了土壤微生物的活性，从而降低了有机磷的矿化速率和溶磷效率，也降低了土壤磷的有效性。土壤磷素形态及其含量也存在季节性的变化，春季 Olsen – P 含量增加，夏季、秋季则降低，土壤中稳定态的无机磷、有机磷含量随季节变化很小。

（3）种植方式

生态条件、种植方式对土壤中磷的转化有明显影响。水稻田施用的磷肥主要转化为 Fe – P、Al – P、O – P，随施肥时间的延长，Al – P 逐渐向 Fe – P 转化，水稻吸收的磷主要来自土壤 Al – P 和 Fe – P。长期种植作物时，土壤各形态磷素的消耗量明显高于草粮长期混播。种植山毛榉的土壤可浸提磷以无机磷为主，而长期种植草的土壤以不稳定态的有机磷和腐殖酸结合的有机磷为主。土壤免耕能提高有机碳和有机磷的含量，土壤磷酸酶活性也高，因此，土壤有机磷的矿化优势较大。

6.2　土壤硫的生物化学

硫是许多动植物生长发育必需的大量营养元素之一，是氨基酸如胱氨酸、半胱氨酸和蛋氨酸的组成成分，生物素、硫胺素和维生素 B_1 等维生素中均含有硫，许多调节光合作用和固氮作用的蛋白质酶中也含有硫。硫对植物吸收氮是必需的，如果没有硫，植物则无法吸收氮。S—S 键可将长链氨基酸的特定位点连接起来，形成蛋白质的特定三维结构，对催化作用至关重要。此外，硫是芳香油的重要组成成分，大豆、洋葱等植物需要大量的硫。巯基化合物可增强植物抗寒冷和抗干旱的能力。在缺硫条件下，植物的正常生长会严重受阻，甚至枯萎、死亡（王庆仁和崔岩山，2003）。

6.2.1　土壤硫循环

硫的循环涉及土壤圈、水圈、生物圈和大气圈，硫循环与氮循环很相似，都可被还原为气体形式而从土壤中挥发，在土壤中均主要以有机态存在，微生物是矿化 – 固持和氧化 – 还原反应的主要推动力量。土壤硫的输入包括土壤风化、硫肥、杀虫剂、灌溉和大气沉降等，输出则主要是植物收获、可溶性硫酸盐的淋失、气态硫挥发等。土壤硫存在多种价态，从 – 2 价（硫化物和还原性的有机硫）到 + 6 价（硫酸盐）均存在，但在生物体内多以 – 2 价存在，硫酸盐是硫最为稳定的存在形态。土壤硫循环如图 6 – 12 所示，内循环显硫的 4 种主要形式，即硫化物（S^{2-}）、硫酸盐（SO_4^{2-}）、有机硫和元素硫（S）；外循环显示硫的主要来源及其损失（图 6 – 12）。

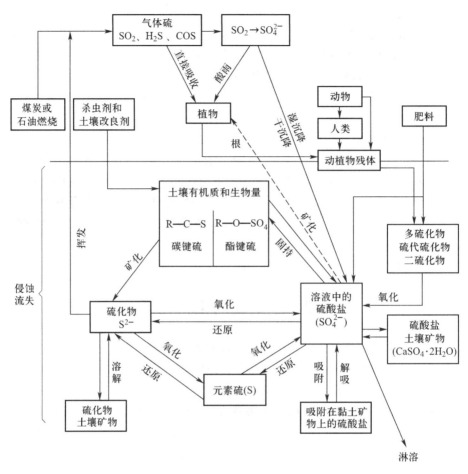

图 6 - 12　硫在土壤 - 植物 - 大气中的转化（Brady 和 Wiel，2008）

6.2.2　土壤中硫的形态及其有效性

土壤中总硫含量差异很大，高的达 35 000 mg · kg^{-1}，受成土母质、气候、植被、地形及农业管理措施等综合影响，一般矿质土壤硫含量为 20 ~ 200 mg · kg^{-1}。中国土壤全硫含量为 0.049% ~ 0.11%，其中黑土含量最高，南方的水稻土与北方的旱地土壤含量中等，而南方的旱地红壤最低（刘崇群等，1990）。

土壤硫以有机态和无机态两种形式存在，在通气良好的表层土壤中 90% 以上的硫为有机态，而在盐土、硫酸盐土、富含石膏的土壤中，硫酸盐和硫化物所占比例较大。中国南部和东部湿润地区的土壤中主要是有机硫，占全硫的 85% ~ 94%；而北部和西部石灰性土壤中，无机硫占全硫的 39.4% ~ 66.8%

（林启美等，1997）。土壤中有机硫的含量通常随剖面层次的加深而降低，而无机硫的含量则增加。在淹水土壤中，硫化物和其他氧化态较低的含硫化合物的含量远远高于硫酸盐的含量。

1. 有机硫

根据硫与其他元素结合键的特点，土壤有机硫可分为碳键硫（C – S bonded）和非碳键硫（酯键硫，ester sulfate）。碳键硫占土壤有机硫的 30%，多数为含硫氨基酸，如胱氨酸、半胱氨酸和蛋氨酸等。此外，还有铁硫蛋白质（图 6 – 13）、多肽、硫醇（R—C—SH）、亚砜（R—C—SO—CH_3）、亚磺酸（R—C—SO—OH）、与芳香环相连的磺酸盐、生物素和硫胺素等。碳键硫可能直接来自于植物残体或微生物蛋白质合成（Saggar 等，1998），通常比较稳定，不被氢碘酸（HI）还原为 H_2S。

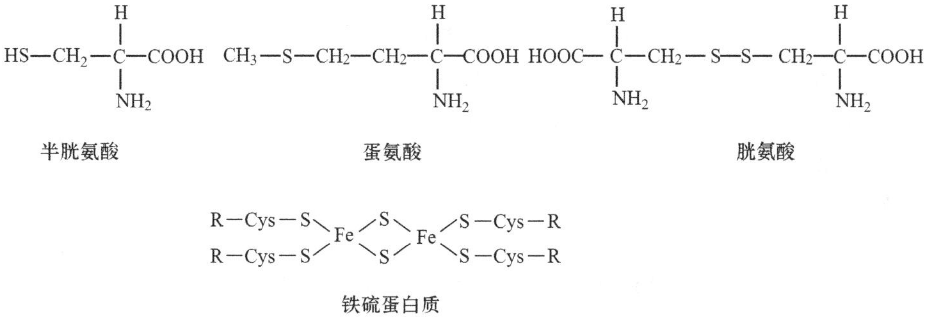

$$HS-CH_2-\overset{\overset{\displaystyle H}{|}}{\underset{\underset{\displaystyle NH_2}{|}}{C}}-COOH \quad CH_3-S-CH_2-CH_2-\overset{\overset{\displaystyle H}{|}}{\underset{\underset{\displaystyle NH_2}{|}}{C}}-COOH \quad HOOC-\overset{\overset{\displaystyle H}{|}}{\underset{\underset{\displaystyle NH_2}{|}}{C}}-CH_2-S-S-CH_2-\overset{\overset{\displaystyle H}{|}}{\underset{\underset{\displaystyle NH_2}{|}}{C}}-COOH$$

半胱氨酸　　　　　　　　　　　蛋氨酸　　　　　　　　　　　胱氨酸

$$\begin{array}{c} R-Cys-S \diagdown \underset{}{} \diagup S \diagdown \underset{}{} \diagup S-Cys-R \\ Fe \quad Fe \\ R-Cys-S \diagup \underset{}{} \diagdown S \diagup \underset{}{} \diagdown S-Cys-R \end{array}$$

铁硫蛋白质

图 6 – 13　几种碳硫键有机硫化合物

非碳键硫易被氢碘酸还原为 H_2S（Tabatabai，1996），占土壤有机硫的 30% ~ 75%，包括硫酸酯（C—O—S）、氨基磺酸硫（C—N—S）、硫酸酯硫糖苷（N—O—S）和磺酸半胱氨酸（C—S—S），如硫酸胆碱、芳香硫酸酯等化合物（图 6 – 14），是微生物分解有机残体的产物（Saggar 等，1998），一般认为是土壤有机硫中较为活跃的部分，受土壤利用状况、有机物投入以及气候因素的影响，易于转化为无机硫。通常通气性良好的耕作土壤中硫酯键有机硫所占比例较高，而未经扰动的草原、湿地和潮湿的森林土壤，只有不到一半的有机硫为硫酯键有机硫。草地开垦后，土壤有机硫的含量显著降低，其中硫酯键有机硫降低约 39%，碳键硫降低约 25%，说明硫酯键硫代表有效硫的主要形式（Wang 等，2006）。对当季作物来说，碳键硫的有效性低于酯键硫，但在长期耕作条件下，碳键硫可以通过酯键硫转化为无机硫而供作物吸收利用。既不是碳键合态硫也不是非碳键合态硫的有机硫部分，称为未知态有机硫或惰性硫（UO – S），对植物的有效性不明确。然而，目前实验室培养中被矿化的硫大多数为碳键硫，因此，Saggar 等（1998）认为这两种硫都不能被认为是土壤中有机硫的主要活性组分。

Curtin 等（2007）研究表明，有机硫主要富集在土壤有机质的轻组部分，轻

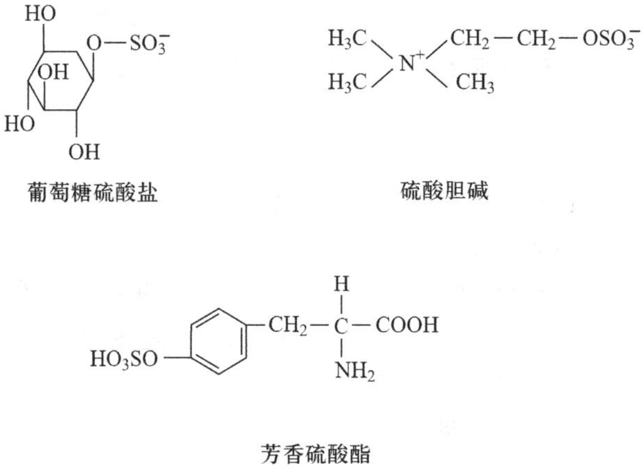

葡萄糖硫酸盐 硫酸胆碱

芳香硫酸酯

图 6 - 14 几种非碳键硫有机硫化合物

组中有机硫含量为 1 000 ~ 1 400 mg·kg^{-1}，而土壤中仅为 400 ~ 500 mg·kg^{-1}，但轻组中的硫仅占土壤硫的 1.3% ~ 4.7%。轻组中 88% 的硫为碳键硫，而氢碘酸还原硫只占轻组中硫的 12%。轻组中碳键硫与土壤全氮的相关性（$R^2 = 0.75$）高于氢碘酸还原硫与土壤全氮的相关性（$R^2 = 0.56$），而土壤中的氢碘酸还原硫与土壤全氮并不相关（图 6 - 15）。由于轻组中硫库很小，相对 C/S 比较大（200∶1），因此对植物有效硫贡献不大。

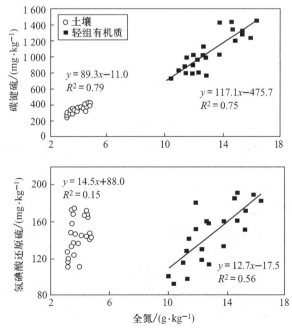

图 6 - 15 土壤全氮与土壤及轻组有机质中 C—S 和氢碘酸还原硫的相关性（Curtin 等，2007）

　　土壤微生物量硫为活的微生物细胞内所含的硫，可采用氯仿熏蒸 – $CaCl_2$ 或 $NaHCO_3$ 浸提测定所释放出的 S，占土壤有机硫的 2% ~ 3%。节杆菌（*Arthrobacter*）和假单胞菌（*Pseudomonas*）中约有 10% 的硫以氧化态形式存在，真菌在硫含量很低时与细菌相似，但当生长在硫有效性较高的环境中时，约有 40% 的硫以硫酸酯类存在。土壤微生物量硫的周转对维持硫的有效性和植物供给有极其重要的作用，加入土壤中的有机硫能很快释放出无机硫和被微生物吸收与转化（吴金水和肖和艾,1999）。

2. 无机硫

　　土壤无机硫主要以两种形态存在，在通气状况良好的土壤中主要为硫酸盐形态，而在淹水土壤中则主要以硫化物形态存在。硫酸盐包括水溶态（土壤溶液中的 SO_4^{2-}）、吸附态（胶体吸附的 SO_4^{2-} 与溶液 SO_4^{2-} 平衡）和不溶态（如 $CaSO_4$）几种形态。

　　土壤中的 SO_4^{2-} 是植物最易同化的无机硫形态，受施肥、动植物残体、大气沉降和灌溉的影响，表层土壤中的水溶态硫酸盐的浓度变化很大，而且存在明显的季节波动。水溶性硫酸盐含量随土层深度增加而提高，尤其是在半干旱地区的土壤中，深层土壤硫含量可达 10%。pH > 6.0 的土壤吸附态硫酸盐很少，大部分是水溶态。世界部分地区土壤的硫含量及其组分如表 6 – 7 所示。

表 6 – 7　世界上一些土壤的硫含量及其组分（Paul,2007）

位置	土壤类型	全硫 /($\mu g \cdot g^{-1}$)	全硫/($\times 10^6$ g)		
			无机硫	有机硫	
				碳键硫	酯键硫
加拿大萨斯喀彻温省	农田	88 ~ 760	0.5 ~ 13	25 ~ 59	41 ~ 71
加拿大不列颠	草地	286 ~ 928	ND	31 ~ 61	39 ~ 69
哥伦比亚省	森林	162 ~ 2 328	ND	20 ~ 47	53 ~ 80
	有机土	1 122 ~ 30 430	ND	28 ~ 75	25 ~ 72
	农田	214 ~ 438	2	18 ~ 45	55 ~ 82
美国爱荷华州	农田	57 ~ 618	2 ~ 8	43 ~ 60	7 ~ 18
美国卡罗莱纳州	沼泽	3 000 ~ 35 000			
美国夏威夷	火山灰	180 ~ 2 200	6 ~ 50	50 ~ 94	50 ~ 64
东澳大利亚	农田	38 ~ 545	4 ~ 13	10 ~ 70	24 ~ 76
尼日利亚	农田	25 ~ 177	4 ~ 20	80 ~ 96	80 ~ 96
巴西	农田	43 ~ 398	5 ~ 23	20 ~ 65	24 ~ 59

　　吸附态硫酸盐含量与土壤性质有很大的关系，主要取决于土壤中黏土矿物的含量和性质。pH > 6.0 和轻质土壤中硫酸盐的吸附可忽略不计，而在黏粒含量较高的酸性土壤中，尤其是铁、铝氧化物及高岭土含量较高的土壤中，吸附态硫酸盐含量较高，且随土壤 pH 降低 (pH < 6.0) 和剖面深度增加而提高。硫酸盐吸附是可逆的物理吸附，可以通过阴离子交换作用释放到土壤溶液中。因此，吸附态硫酸盐是植物可以吸收利用的有效态硫的来源。不溶性硫酸盐在石灰性土壤中主要与碳酸钙共沉淀，而在酸性土壤中主要为碱性的硫酸铝和硫酸铁。

　　淹水土壤中的无机硫主要为硫化物，其他还原态的含硫化合物如亚硫酸盐、硫代硫酸盐和元素硫也可能出现，但通常以硫化物为主。水稻土硫化物含量过高会对水稻产生毒害作用，排水可使硫化物很快氧化形成硫酸，从而使土壤酸化现象加剧，土壤 pH 可能降至 2.0 以下，成为我国南方一些地区酸化水稻土的主要原因。

6.2.3　土壤硫的转化

　　植物和土壤微生物主要以硫酸盐的形式吸收硫，元素硫向硫酸盐转化对于植物吸收有效硫是十分重要的。质地较粗的土壤中硫的氧化很快，一般在 3 ~ 4 周完成。土壤中硫的转化主要是微生物作用的结果，包括矿化、固持、氧化和还原过程。硫酸盐同化还原所形成的还原态硫化物是细胞的组成成分，由于受细胞保护不与氧发生反应。SO_4^{2-} 还原为 H_2S 是在厌氧的硫还原细菌的作用下所形成的。硫酸盐还原是土壤硫素循环的主要组成部分之一，当土壤中存在大量有机物质而又处于淹水或阶段性淹水时，将发生这一还原过程。

　　硫常以还原态的金属硫化物形式存在，岩浆金属硫化物在氧化亚铁硫杆菌的作用下氧化，以矿物沉积到海洋中。在干旱地区、泻湖或内海，它们可能形成石膏沉积物。在淹水土壤中，硫酸盐被脱硫弧菌还原为 H_2S。当形成的 H_2S 进入氧化区时，被排硫硫杆菌氧化，形成硫的沉积。排硫硫杆菌和氧化硫杆菌将 H_2S 氧化为 S，氧化硫杆菌最终将 S 氧化为硫酸。丝状和有色硫细菌对于水体中的硫的代谢起着十分重要的作用。

1. 有机硫矿化

　　有机硫矿化有两种途径。一种途径是生物化学过程，即在胞外酶的催化作用下水解有机硫。当土壤中缺乏供微生物生长所需的 SO_4^{2-} 时，微生物便会释放出特殊的胞外酶，如芳基硫酯酶，分解有机硫。酯键硫的矿化多经过此途径，主要为满足微生物对 SO_4^{2-} 的需求。硫酯酶如芳基硫酯酶是土壤中广泛存在的一种具有自由化水解作用的胞外酶，其活性与土壤总碳量、有机硫和 HI 还原硫量显著相关，且因土壤类型、季节和气候变化而异，随土层深度的增加，酶活性明显降低。活细胞包括土壤微生物、土壤动物和根系均可向土壤中释放硫酯酶，但来自不同生物体的硫酯酶的活性有差异，如从土壤微生物中提取的硫酯酶活性，不依赖于土壤中的 SO_4^{2-} 浓度，而在有机硫矿化过程中提取的硫酯酶活性与有机物质的氧化有关，而且是不可逆的。

有机硫矿化的另一种途径为生物学过程，即土壤生物在矿化有机碳的同时释放出硫。碳键硫的矿化主要通过这个过程，微生物对碳的需求是矿化有机硫的主要动力，不管硫的矿化是生物过程还是生物化学过程。

（1）参与有机硫矿化的酶

由于大多数土壤有机硫以硫酸酯的形式存在，芳基硫酸酯酶和胆碱硫酸酯酶在硫的矿化过程中起重要作用。硫酸酯酶在真菌和革兰氏阳性菌（G^+）的细胞壁上，而位于革兰氏阴性菌（G^-）的周质中。硫酸酯酶水解 O—S 键，将硫酸酯类有机硫化合物分解并释放出硫酸根，其催化的反应如式（6-6）所示。

$$R—OSO_3^- + H_2O \xrightarrow{\text{硫酸酯酶}} R—OH + H^+ + SO_4^{2-} \qquad (6-6)$$

芳基硫酸酯酶活性一般用对硝基苯硫酸盐法测定，即向土壤加入对硝基苯硫酸盐，培养 1~2h 后测定对硝基苯酚释放量。芳基硫酸酯酶活性变化较大，土壤类型、土层深度、有机质含量、季节和气候变化等均影响其活性大小。

土壤中的半胱氨酸很快被氧化为胱氨酸，胱硫醚裂解酶作用于胱氨酸，形成二硫化物硫代半胱氨酸，它很快与自由巯基反应形成硫化氢。无论是有氧还是无氧条件下，半胱氨酸和胱氨酸都可能存在。田间实验发现在淹水的最初阶段最容易发生 H_2S 的损失。

$$\underset{\text{半胱氨酸}}{HSCH_2CH(NH_2)COOH} + \underset{\text{半胱氨酸}}{HSCH_2CH(NH_2)COOH} \xrightarrow{\text{胱硫醚裂解酶}} \underset{\text{硫化氢}}{H_2S} + \underset{\text{胱氨酸}}{(SCH_2CH(NH_2)COOH)_2} \qquad (6-7)$$

另一种参与硫循环的酶为硫氰酸酶，为一种转移酶，许多土壤中均检测到硫氰酸酶活性。硫氰酸酶催化硫代硫酸盐和氰化物形成硫氰酸盐。

$$S_2O_3^{2-} + CN^- \xrightarrow{\text{硫氰酸酶}} SCN^- + SO_3^{2-} \qquad (6-8)$$

（2）影响有机硫矿化的因素

土壤有机硫的矿化主要是生物学过程，凡是影响微生物种类、数量和活性的因素均会影响有机硫的矿化速率。土壤温度、湿度、通气状况、pH 以及有机物或无机物的加入等均会对有机硫的矿化产生影响。

① 有机物质的稳定性和 C/S 比

土壤有机硫的矿化与其组分稳定性有关，酯键硫比较容易矿化，微生物可直接矿化并释放出其中的 SO_4^{2-}。土壤中大多数存在于蛋白质和氨基酸中的碳键硫以还原态存在，有机硫的矿化大多来源于碳键硫，碳键硫在有机硫的矿化和对植物有效硫供应方面起着重要作用(Haynes 等,1992),其矿化过程如式(6-9)所示。

$$有机硫 \xrightarrow{} 分解产物 \xrightarrow{O_2} SO_4^{2-} + H^+ \qquad (6-9)$$

蛋白质　　　　H₂S 或其他　　　硫酸盐
　　　　　　　简单硫化物

含硫氨基酸如胱氨酸、半胱氨酸等矿化比较快,而硫胺素等分解较慢。外源有机硫物质比土壤本身有机物质中的硫分解快,而且新形成的有机硫相对不稳定,但随着时间的延长其稳定性增强。当有机物质的 C/S < 200 时,矿化占优势,土壤净获得 SO_4^{2-}。而当 C/S > 400 时,以固持作用为主,土壤发生 SO_4^{2-} 的净损失。而当 C/S 比在 200 ~ 400 时,SO_4^{2-} 既不损失也不增加。

② 土壤质地和 pH

大部分土壤有机硫与矿质土粒紧密结合,约 70% 以上的硫和 80% 以上的 HI 还原硫存在于土壤的黏粒部分,可降低微生物对有机硫的矿化(Anderson,1981)。因此,质地黏重的土壤比砂质土壤的有机硫矿化慢。通常硫的矿化与土壤 pH 没有显著的相关性。在酸性土壤中施用石灰可提高微生物的活性,增强硫酯酶活性,使有机物质的分解加快,从而提高有机硫的矿化速度。

③ 温度和水分

当土壤温度低于 10 ℃ 或高于 40 ℃ 时,有机硫的矿化受阻。通常在 20 ~ 40 ℃,矿化随温度升高而增加,可以用 Q_{10} 表示温度对矿化的影响。土壤湿度 <15% 或 >80% 时,矿化受到阻碍,干湿交替会增强硫的矿化,主要是因为干燥过程中杀死的微生物的分解。土壤水分含量影响有机硫矿化的产物,在好氧条件下有机硫分解的最终产物为硫酸盐,在厌氧条件下则为硫化物、元素硫和挥发性物质如硫醇类,而且在好氧条件下有机硫的分解要比厌氧条件下快得多。

④ 耕作和植物生长

耕作土壤中有机硫的矿化比休闲土壤矿化强,导致硫的净损失。休闲土壤中 HI 还原硫的矿化比例高于 C—S 部分,而耕作土壤中矿化增加的硫主要来源于 C—S 部分(Freney 等,1991)。但 Zhou 等(2005)研究发现,无作物种植的培养实验中硫的矿化主要来自于 C—S,而种植水稻后其硫的矿化主要来自于 C—O—S 部分。种植作物显著提高有机硫的矿化量(Maynard 等,1985),可能是根系生长促进了微生物和胞外酶的活性,也可能是土壤溶液中 SO_4^{2-} 浓度的降低促进了有机硫的矿化。

⑤ 施肥

施用有机肥土壤有机硫含量增加,而不施肥土壤有机硫含量降低,主要是由于有机硫的矿化所引起的。在作物生长过程中施用硫肥可促进有机硫的矿化。

2. 土壤硫的固持

矿物态硫转化为有机硫化合物的过程称为硫的固持，即形成微生物量硫，也称为硫的同化还原。绝大多数微生物在一系列酶的作用下，将从环境中吸收的无机硫（主要为 SO_4^{2-}）同化还原成各种含硫化合物，组成蛋白质或以酯－S 物质储存。首先将硫酸盐中的硫（S^{6+}）转变为还原态的硫，并将其加入到生物体的含硫代谢物，如半胱氨酸和胱氨酸等有机硫化物中，构成生物的细胞组分。尽管动物不能直接还原硫酸盐，但动物可以吸收利用植物及其他生物合成的含硫氨基酸生成含硫气体。例如，在无氧还原环境中，甲硫氨酸可以降解产生二甲基二硫（DMDS）和甲硫醇（CH_3SH）。这个过程包含一系列酶参与的同化还原过程。首先，渗透酶携带 SO_4^{2-} 穿过细胞膜，在 ATP 硫酸化酶的作用下形成腺苷磷酸硫酸（APS），然后在 APS 激酶的作用下形成磷酸腺苷磷酸硫酸（PAPS）。PAPS 通过两条途径形成半胱氨酸，一是通过中间产物 SO_3^{2-}，由 NADH 还原为 HS^-，与丝氨酸反应生成半胱氨酸。枯草芽孢杆菌、金黄色酿脓葡萄球菌、产气肠杆菌、黑曲霉菌参与这一反应过程。另一种途径是谷胱甘肽从 APS 中转移 S 至乙酰丝氨酸形成半胱氨酸。大肠杆菌和鼠伤寒沙门氏菌均可参与此反应。蛋氨酸则通过半胱氨酸来合成。

$$ATP + SO_4^{2-} \xrightarrow{\text{ATP 硫酸化酶}} APS + PPi \xrightarrow[ATP]{\text{APS 激酶}} PAPS + ADP \qquad (6-10)$$

当 C/S 比较高的有机物质加入土壤中时会发生无机硫的固持，主要是由于含高能量的有机物质的加入刺激了微生物的生长，从而将无机硫同化到微生物细胞中。通常当 C/S > 400 时发生无机硫的固持作用。土壤有机物质中的硫与有机碳通常按相对恒定的比例被固持，但不同的土壤中有一定的差异。

3. 土壤硫的氧化

低氧化态的无机硫通过生物化学和微生物途径，转化为高氧化态的无机硫的过程称为硫的氧化，最终形成硫酸。硫的氧化是土壤硫素循环中十分重要的环节，氧化形成的硫酸盐极易被植物吸收利用，氧化过程中产生的酸可溶解难溶性养分供植物吸收利用，并可提高碱性土壤的肥力（Vidyalakshmi 等，2009）。

硫的氧化是一个非常复杂的过程，还原型的无机硫化物（如 S、H_2S、FeS_2、$S_2O_3^{2-}$ 和 $S_4O_6^{2-}$ 等）在土壤中的氧化，有些能以化学方式缓慢进行，但主要是微生物氧化的结果，其中硫杆菌在土壤硫的氧化过程中发挥着重要的作用（Giovannoni 和 Stingl，2005）。

$$HS^- \longrightarrow S^0 \longrightarrow S_2O_3^{2-} \longrightarrow S_4O_6^{2-} \longrightarrow SO_4^{2-} \qquad (6-11)$$

硫氧化微生物主要是革兰氏阴性菌（G^-），分为以下 3 类。

（1）光能自养型

主要包括绿硫和紫色红硫细菌，它们是专性厌氧微生物，以硫化物或者硫代硫酸盐作为电子供体进行 CO_2 的光合还原作用，将硫化物最终氧化为 SO_4^{2-} 并生成有机物。这些微生物在 HS^- 存在时体内有含硫颗粒。反应式如下：

$$CO_2 + 2H_2S =\!=\!= CH_2O + H_2O + 2S \qquad (6-12)$$

$$2CO_2 + S_2O_3^{2-} + 3H_2O + 2H^+ =\!=\!= 2CH_2O + 2H_2SO_4 \qquad (6-13)$$

（2）化能自养型

如硫杆菌属的排硫硫杆菌、那不勒斯硫杆菌、脱氮硫杆菌（兼性反硝化微生物）、氧化硫杆菌（极端嗜酸菌）、氧化亚铁硫杆菌、嗜盐硫杆菌，硫微螺菌属和贝氏硫菌属等。

（3）异养型

主要包括许多细菌和真菌。如细菌中的节细菌、芽孢杆菌、微球属、假单胞菌等，真菌中的木霉、镰刀菌、梨头霉和交链孢霉等。前两类通常出现在极端环境中，如热硫泉，最后一类通常在好氧土壤中氧化 S^0（Germida 和 Janzen，1993）。其中，最多的硫氧化微生物是异养细菌，其次是兼性微生物，再次是专性自养硫杆菌，最后是绿硫和紫色红硫细菌。

4. 土壤硫的还原

高氧化态的无机硫转化为低氧化态的无机硫的过程，就是硫的异化还原（dissimilatory reduction）。硫酸盐异化还原是土壤硫循环的重要组成部分，在全球碳循环中也起着重要作用，因为它显著地影响泥炭土有机碳的厌氧矿化过程。

厌氧微生物以低相对分子质量的有机物质或 H_2 作为电子供体，以 SO_4^{2-} 作为电子受体，最终将 SO_4^{2-} 还原为 H_2S。这个过程与反硝化作用类似，主要存在于淹水土壤和沉积底泥中。还原硫酸盐的微生物主要有两类。第一类为脱硫弧菌和脱硫肠状菌，利用有机碳作为能源，将有机物质不完全氧化为乙酸和 H_2S。当淹水土壤中的有机底质被氧化时，氧化还原电位 Eh 下降，当 Eh 在 $-75 \sim 150$ mV时，还原硫的专性厌氧菌如脱硫弧菌属进行厌氧呼吸，使硫酸盐发生还原反应生成 H_2S。反应受土壤 Eh 和 pH 的影响，反应式如下：

$$2CH_2O + SO_4^{2-} + 2H^+ =\!=\!= 2CO_2 + H_2S + 2H_2O \qquad (6-14)$$

第二类为脱硫菌、脱硫球菌属、脱硫八叠球菌属和脱硫线菌等，以 SO_4^{2-} 作为最终电子受体，将有机碳彻底氧化为 CO_2。

参与硫循环的原核生物及其主要过程如表 6-8 所示。

5. 土壤含硫气体的释放

含硫气体的释放是推动硫循环的动力，可使硫循环的周转速率加快，但是含硫气体的释放也对大气环境造成了影响。土壤是还原性含硫气体的重要来源，土壤释放含硫气体量为 $7 \sim 77$ Tg（S）·年$^{-1}$，主要有二氧化硫（SO_2）、硫化氢（H_2S）、羟基硫（COS）、二甲基硫（DMS）、二硫化碳（CS_2）、甲硫醇（MSH）和二甲基二硫（DMDS）等。

表 6 – 8 参与硫循环的原核生物及其主要过程

过程	微生物
硫化物/硫的氧化（$H_2S \rightarrow S^0 \rightarrow SO_4^{2-}$）	
有氧	化能自养硫细菌（硫杆菌、白硫菌等）
无氧	紫色和绿色光能营养细菌，部分化能营养菌
硫酸盐还原（$SO_4^{2-} \rightarrow H_2S$）	脱硫弧菌、脱硫菌
硫还原（$S^0 \rightarrow H_2S$）	脱硫单胞菌属，许多嗜热古细菌
硫的歧化（$S_2O_3^{2-} \rightarrow H_2S + SO_4^{2-}$）	脱硫弧菌等
有机硫氧化或还原（$CH_3SH \rightarrow CO_2 + H_2S$）（$DMSO \rightarrow DMS$）	
脱磺酰化（有机 $S \rightarrow H_2S$）	多种微生物

根据在大气中停留时间的长短，将含硫气体分为两类。①不稳定气体，包括 H_2S、DMS、CS_2、MSH 和 DMDS，一般停留时间为数天。②较稳定气体 COS，停留时间长达 1 年以上，这两类含硫气体都能影响气候变化。环境中的含硫气体通过光氧化、与自由基反应、非均相化学过程等途径发生转化，由沉降过程最终回到地面。含硫气体可抑制植物生长、硝化作用和其他生物化学反应，形成酸沉降、破坏臭氧层等，是形成酸雨的主要来源（李新华等,2006）。

图 6 – 16 酸雨对森林的影响（http://en.wikipedia.org/wiki/Acid_rain）

当 SO_2 作为污染物被排放到空气中，通过与大气中的水发生异化反应形成酸雨。作为可在水中溶解的强酸，H_2SO_4 抑制自然环境雨水中弱酸的解离，如 CO_2 溶于水形成弱酸碳酸，雨水的 pH 一般为 5.6。强酸使 pH 降至 4.3，反应转向右边进行，碳酸对游离酸不起作用。在工业区，降雨的酸度完全取决于强酸阴离子（SO_4^{2-} 和 NO_3^-）的浓度。酸雨对森林的破坏作用远远高于耕种作物，尤其是对于高海拔地区的森林，酸雨使植物的生长变慢，树叶变黄或脱落（图 6-16）。

参 考 文 献

陈刚才，甘露，王仕禄，万国江．2001．土壤中元素磷的化学行为．地质地球化学，29(2)：78-81．

冯跃华，张杨珠．2002．土壤有机磷分级研究进展．湖南农业大学学报（自然科学版），28(3)：247-252．

顾益初，蒋柏藩．1990．石灰性土壤无机磷分级的测定方法．土壤，22(2)：101-110．

金相灿．1990．中国湖泊富营养化．北京：中国环境科学出版社，pp. 1-12．

李晓林，姚青．2000．VA 菌根与植物的矿质营养．自然科学进展，10(6)：524-531．

李新华，刘景双，于君宝，王金达．2006．土壤硫的氧化还原及其环境生态效应．土壤通报，37(1)：159-163．

林启美，王华，赵小蓉，赵紫娟．2001．一些细菌和真菌的解磷能力及其机理初探．微生物学通报，28(2)：26-30．

林启美，熊顺贵，李秀英．1997．土壤中硫的转化及有效供给．中国农业大学学报，2(增刊)：25-31．

刘润进，李晓林．2000．丛枝菌根及其应用．北京：科学出版社，pp. 1-186．

吕家珑．2003．农田土壤磷素淋溶及其预测．生态学报，23：2689-2701．

王庆仁，崔岩山．2003．不同轮作制对农田生态系统中土壤硫攫取与归还途径的研究．应用生态报，14(6)：935-940．

王旭东，吕家珑，李祖荫．1994．有机肥对壤土有机磷各形态以及速效磷动态的影响．中国土壤学会青年工作委员会．中国土壤学会第五届全国青年土壤科学工作者学术讨论会论文集——现代土壤科学研究．北京：中国农业科学技术出版社，pp. 257-259．

吴金水，肖和艾．1999．土壤微生物对硫素转化及有效性的控制作用．农业现代化研究，20(6)：350-354．

杨秋忠，张芝贤，陈立夫．1998．台湾土生固氮溶铁磷细菌特性之研究．中国农业化学会志，36(2)：201-210．

张乃明，余杨，洪波．2003．滇池流域农田土壤磷污染负荷影响因素．环境科学，24(3)：155-157．

张亚丽，沈其荣，曹翠玉．1998．有机肥对土壤有机磷组分及其有效性的影响．南京农业大学学报，21(3)：259-263．

赵琼, 曾德慧. 2005. 陆地生态系统磷素循环及其影响因素. 植物生态学报, 29 (1): 153 – 163.

赵小蓉, 林启美, 孙焱鑫, 姚军, 张有山. 2001. 细菌解磷能力测定方法的研究. 微生物学通报, 28 (1): 1 – 4.

Anderson D W. 1981. Particle size fractions and their use in studies of soil organic matter: I. The nature and distribution of forms of carbon, nitrogen, and sulfur. Soil Science Society of America Journal, 45: 767 – 772.

Asea P E A, Kucey R M, Stewart J W B. 1988. Inorganic phosphate solubilization by two *Penicillium* species in solution culture and soil. Soil Biology & Biochemistry, 20: 459 – 464.

Brady N C, Weil R R (eds). 2008. The Nature and Properties of Soils (14th ed.). Pearson Education, Inc. , New Jersey, pp. 578 – 621.

Bowman R A. 1989. A sequential extraction procedure with concentrated sulfuric acid and dilute base for soil organic phosphorus. Soil Science Society of America Journal, 53: 362 – 366.

Bowman R A. Moir J O. 1993. Basic EDTA as an extractant for soil organic phosphorus. Soil Science Society of America Journal, 57: 1516 – 1518.

Buehler S, Oberson A, Rao I M, Friesen D K, Frossard E. 2002. Sequential phosphorus extraction of a ^{33}P – labeled Oxisol under contrasting agricultural systems. Soil Science Society of America Journal 66: 868 – 877.

Busman L, Lamb J, Randall G, Rehm G, Schmitt M. 1997. The nature of soil phosphorus. Minnesota Extension Service, University of Minnesota, FO, 6795 – B.

Cross A F, Schlesinger W H. 1995. A literature review and evaluation of the Hedley fractionation: Applications to the biogeochemical cycle of soil phosphorus in natural ecosystems. Geoderma, 64: 197 – 214.

Curtin D, Beare M H, McCallum F M. 2007. Sulphur in soil and light fraction organic matter as influenced by long-term application of superphosphate. Soil Biology & Biochemistry, 39: 2547 – 2554.

Eriksen J. 2009. Soil sulfur cycling in temperate agricultural systems. In: Advance in Agronomy, 102: 55 – 89.

Filippelli G M. 2002. The global phosphorus cycle. In: Kohn M J, Rakovan J, Hughes J M (eds). Reviews in Mineralogy and Geochemistry, Blacksburg, Virginia, Mineralogical Society of America, Vol 48, pp. 391 – 425.

Freney J R. 1991. Organic sulfur fractions labeled by addition of ^{35}S – sulphates to soil. Soil Science, 101: 307 – 316.

Ghani A, Rajan S S S, Lee A. 1994. Enhancement of phosphate rock solubility through biological processes. Soil Biology & Biochemistry, 26: 127 – 136.

Haynes R J, et al. 1992. Accumulation of soil organic matter and the forms, mineralization potentials and plant availability of accumulated organic sulphur: Effect of pasture experiment and intensive cultivation. Soil Biology & Biochemistry, 24: 209 – 217.

Heckrath G, Brookes P C, Poulton P R, Goulding K W T. 1995. Phosphorus leaching from containing different phosphorus concentrations in the Broadbalk experiment. Journal of Environmental Quality, 24: 904 – 910.

Illmer P, Schinner F. 1995. Solubilization of inorganic calcium phosphates solubilization mechanisms. Soil Biology & Biochemistry, 27: 257 – 263.

Iyamuremye F, Dick R P, Baham J O. 1996. Organic amendments and phosphorus dynamics Ⅱ. Distribution of soil phosphorus fractions. Soil Science, 161: 436 – 443.

Kobus J. 1962. The distribution of microorganisms mobilizing phosphorus in different soils. Acta Microbiologia Plolonica, 11: 255 – 264.

Lennox S D, Foy R H, Smith R V. 1997. Estimating the contribution from agriculture to the phosphorus load in surface water. Wallingford(United Kingdom): CAB International, pp. 29 – 31.

Li Z L, George E, Marschner H. 1991. Extension of the phosphorus depletion zone in VA – mycorrhizal white clover in a calcareous soil. Plant and Soil, 136: 41 – 48.

Makarov M I, Haumaier L, Zech W, Marfenina O E, Lysak L V. 2005. Can ^{31}P NMR spectroscopy be used to indicate the origins of soil organic phosphates? Soil Biology & Biochemistry, 37: 15 – 25.

Maynard D G, Stewart J W B, Bettany J R. 1985. The effects of plants on soil sulfur transformations. Soil Biology & Biochemistry, 17: 127 – 134.

Plante A F. 2007. Soil biogeochemical cycling of inorganic nutrients and metals. In: Paul EA (eds). Soil Microbiology, Ecology, and Biochemistry (Third edition). Elsevier's Science & Technology, Oxford, UK, pp. 391 – 412.

Rekolainen S, Salt C A, Bärlund Ⅰ, Tattari S, Culligan-Dunsmore M. 2002. Impacts of the management of radioactively contaminated land on soil and phosphorus losses in Finland and Scotland. Water, Air and Soil Pollution. 139: 115 – 116.

Sharpley A N. 1985. Phosphorus cycling in unfertilized and fertilized agricultural soils. Soil Science Society of America Journal, 49: 905 – 911.

Sharpley A N, Smith S J, Jones O R, Berg W A, Coleman G A. 1992. The transport of bioavailable phosphorus in agricultural runoff. Journal of Environmental Quality, 21: 30 – 35.

Slaton N A, Norman R J, Gilmour J T. 2001. Oxidation rates of commercial elemental sulfur products applied to an alkaline silt loam from Arkansas. Soil Science Society of America Journal, 65: 239 – 243.

Smith S E, Read D J. 2008. Mycorrhizal Symbiosis(3rd edition). Elsevier Ltd. , New York, USA, pp. 11 – 188.

Solomon D, Lehmann J, Martinez C E. 2003. Sulfur K-edge XANES spectroscopy as a tool for understanding sulfur dynamics in soil organic matter. Soil Science Society of America Journal, 67: 1721 – 1731.

Stevenson, F J. 1999a. The sulfur cycle. In: Stevenson F J, Cole M A(eds). Cycles of Soil: Carbon, Nitrogen, Phosphorus, Sulfur, Micronutrients. John Wiley, New York, USA, pp. 330 – 364.

Stevenson, F J. 1999b. The phosphorus cycle. In: Stevenson F J, Cole M A(eds). Cycles of Soil: Carbon, Nitrogen, Phosphorus, Sulfur, Micronutrients. John Wiley, New York, USA, pp. 279 – 329.

Tarafdar J C, Yadav R S, Meena S C. 2001. Comparative efficiency of acid phosphatase originated from plant and fungal sources. Journal of Plant Nutrition and Soil Science, 164: 279 – 282.

Tiessen H, Moir J O. 1993. Characterization of available P by sequential extraction. In: Carter M R (ed.). Soil Sampling and Methods of Analysis. Canadian Society of Soil Science, Lewis Publ. , Boca Raton, FL, pp. 75 – 86.

Toor G S, Condron L M, Di H J, Cameron K C, Hendry T. 2001. Incidental phosphorus loss from a grassland soil following application of dairy shed effluent. In 3rd International Phosphorus Transfer Workshop Abstract, Institute of Grassland and Environmental Research, Plymouth, UK. p 21.

Tripura C, Sudhakar Reddy P, Reddy M K, Sashidhar B, Podile A R. 2007. Glucose dehydro-genase of a rhizobacterial strain of *Enterobacter asburiae* involved in mineral phosphate solubiliza-tion shares properties and sequence homology with other members of enterobacteriaceae. Indian Journal of Microbiology, 47: 126 – 131.

Tunney H, Carton O, O'Donnell T. 1998. Phosphorus Loss from Soil to Water. UK: Oxford Univer-sity Press, pp. 1 – 12.

Turner B L, Mahieu N, Condron L M. 2003. Phosphorus – 31 nuclear magnetic resonance spectral assignments of phosphorus compounds in soil NaOH – EDTA extracts. Soil Science Society of A-merica Journal, 67: 497 – 510.

Uüsi-Kämppä J, Braskerud B, Jansson H, Syversen N, Uusitalo R. 2000. Buffer zones and con-structed wetlands as filters for agricultural phosphorus. Journal of Environmental Quality, 29: 151 – 158.

Vidyalakshmi R, Paranthaman R, Bhakyaraj R. 2009. Sulphur oxidizing bacteria and pulse nutri-tion—A review. World Journal of Agricultural Sciences, 5: 270 – 278.

Wang J, Solomon D, Lehmann J, Zhang X, Amelung W. 2006. Soil organic sulfur forms and dy-namics in the Great Plains of North America as influenced by long-term cultivation and climate. Geoderma, 133: 160 – 172.

Zamuner E C, Picone L I, Echeverria H E. 2008. Organic and inorganic phosphorus in Mollisol soil under different tillage practices. Soil & Tillage Research, 99: 131 – 138.

Zhang H, Kovar J L. 2009. Fractionation of soil phosphorus. In: Kovar J L, Pierzynski G M (eds). Methods for P Analysis. Virginia Tech University, pp. 50 – 60.

Zhang Y S, Ni W Z, Sun X. 1993. Influence of organic manure on organic phosphorus fraction in soils. Pedosphere, 3: 361 – 369.

Zhou W, He P, Li S, Lin B. 2005. Mineralization of organic sulfur in paddy soils under flooded conditions and its availability to plants. Geoderma, 125: 85 – 93.

第7章 土壤异源有机污染物的转化

　　土壤是人类活动最主要的场所，对于人类与自然活动所产生的污染物质，土壤往往是其最后的归属地。近年来，由于工业快速发展、农药肥料的大量使用、畜牧业的粪便排放等，导致大量有机污染物通过多种途径进入土壤，并与土壤物质及土壤生物等发生各种作用。在土壤中，这些有机污染物可通过生物及非生物降解后浓度逐渐降低，或被土壤颗粒吸附而不断地累积，或被植物吸收进入食物链，或随渗漏和土壤水分的运动而污染地下水，或挥发进入大气，或经地表水径流与淋洗而被迁移等。在这些过程中，有机污染物在土壤中的净化和累积作用可同时发生，如果输入土壤的污染物质的数量和浓度超过了土壤的净化作用速度，积累过程就会逐渐占据优势，当污染物数量累积到超过土壤最大容量时，必然导致土壤污染，引起土壤正常功能的失调及土壤质量恶化，影响农作物的生长发育，并可通过食物链引起对其他生物乃至人类的直接危害。

　　土壤污染具有明显的隐蔽性、滞后性和不可逆转性等特点，从产生污染到出现问题通常需要很长时间，并且积累在污染土壤中的难降解污染物，很难靠稀释作用和自净作用来消除，土壤一旦受到污染则需要很长的治理周期和较高的投资成本。特别要引起重视的是目前土壤中的新型有机污染物——持久性有机污染物(persistent organic pollutants, POPs)的环境行为及其危害。这类污染物主要包括艾氏剂、狄氏剂、异狄氏剂、滴滴涕(dichloro - diphenyl - trichloroethane, DDT)、七氯、氯丹、毒杀芬、灭蚁灵等有机氯杀虫剂，以及六氯苯、多氯联苯(polychlorinated biphenyls, PCBs)、呋喃、二噁英(polychlorinated dibenzodioxins, PCDDs)、苯并芘、多环芳烃(polynuclear aromatic hydrocarbons, PAHs)、溴化阻燃剂、各种兽药和抗生素，等等。其特点是在土壤环境中的浓度一般较低，但极难降解，滞留时间长，能通过大气远距离乃至全球性地传输，在生物体内积累并沿食物链富集放大，对人类健康构成强致癌、致畸、致突变"三致"效应的巨大威胁。因此，土壤中有机污染物的转化、迁移、降解与污染土壤的修复等日益受到人们的关注，并成为土壤学、环境科学等学科

的热点研究课题。本章将依据本领域近年来的研究成果，对有机污染物在土壤
环境中的吸附、形态转化、降解等行为以及污染土壤修复进行探讨和分析，为
科学认识土壤中的有机污染物残留污染问题的发生、土壤有机污染的有效修复
和防治、相关法律或法规的制定等提供科学依据。

7.1　土壤中异源有机污染物的吸附行为

7.1.1　土壤中异源有机污染物的吸附理论和模型

吸附是一种常见的现象，经典的物理化学对此现象进行过深入的研究。吸
附作用是分子或小颗粒附着物固定在吸附剂上的过程（占伟，1998）。吸附与解
吸是土壤中有机污染物环境行为的一对相反的过程，直接影响土壤中有机污染
物的微生物可利用性，也影响有机污染物向大气、地下水与地表水的迁移等。

土壤环境中有机污染物的吸附行为与机理的探讨始于 20 世纪 40 年代，当
时由于农药在农业生产中的应用，需要评价农药的有效性和安全性，研究者开
始对土壤吸附农药的行为及机理进行研究。到 20 世纪 70 年代，由于各种农药
的出现以及大量工业有机物的排放，越来越多的人开始关注有机污染问题，并
研究有机污染物在土壤上的吸附和解吸及其与在环境中的迁移转化和归宿之间
的联系。20 世纪 80 年代，提出了多种理论和模型，解释和预测有机污染物在
土壤上的吸附行为。20 世纪 90 年代，开始研究多过程、多介质的复合体系中
有机污染物在土壤上的吸附和解吸行为及机理，建立土壤等环境中有机污染的
修复和控制理论。

1. 吸附理论发展概述

土壤中有机污染物的吸附行为一直是十分活跃的研究领域，相关的吸附理
论和模型在不断地发展，提出了线性分配模型、Freundlich 模型、活性分配模
型（distributed reactivity model，DRM）及双态模式模型（dual mode model，DMM）
等一系列吸附模型，以描述有机污染物在土壤中的平衡分配过程。然而由于每
个模型都有各自的假设，各种吸附模型的应用仍有其自身的局限性（Karick-
hoff，1981；Voice 等，1983）。

20 世纪 40 年代，在有机污染物的土壤吸附行为及其机理研究中，将土壤
中的无机矿物和有机质作为一个整体来考虑，认为土壤对有机污染物的吸附机
理主要是表面吸附作用，吸附作用常用吸附剂的表面积来解释，但该理论难以
解释线性等温吸附曲线和非竞争吸附现象。20 世纪 50—60 年代，虽然有研究
显示土壤有机质对水中有机物的吸附作用，但没有进一步提供农药在土壤有机
质－水界面间分配的相关信息，因此没有认识到在水和非水体系中土壤有机质

分配作用对有机污染物吸附的重要性。20 世纪 70 年代，研究中心转移到土壤有机质和矿物质对农药等有机污染物的吸附行为及其机理方面。1979 年，Chiou 等（1979,1990,1992,1993）首先提出分配理论，即有机污染物在土壤 – 水中的平衡浓度与土壤吸附量呈线性关系。他们认为低极性非离子有机物，从水相吸附到土壤颗粒是溶质分子在土壤有机质中的分配过程，土壤吸附作用的强弱取决于其有机质含量。吸附作用的大小可用分配系数 K_d 来表示，与土壤有机质含量成正比。而有机碳标准化的分配系数 K_{oc} 基本为一个常数，与土壤性质无关。影响 K_{oc} 的主要因素是有机化合物在水中的溶解度，K_{oc} 与有机物的溶解度或辛醇 – 水分配系数呈线性关系。线性分配理论是基于不同土壤中的有机质成分和结构均一的假设，认为有机污染物的吸附过程是一个从热力学不稳定的水相分配到热力学稳定的土壤有机相的过程。在此过程中，有机质表现为对有机物的分配溶解作用，而土壤矿物质由于对水的强烈竞争吸附作用，导致其对有机污染物的吸附没有明显的贡献，且在存在复合溶质的条件下，吸附是非竞争性的。

20 世纪 80 年代，Voice 等（1983）将这一概念由严格固相土壤外推到水中悬浮颗粒物及沉积物，随之，线性分配理论被广泛应用于指导土壤等环境有机污染治理方案制定和修复技术选择等诸多领域，在土壤环境科学发展史中具有里程碑意义。然而，随着吸附理论研究的进一步深入，单一的分配理论有时也无法解释一些实验现象。如土壤对有机污染物的吸附往往也会产生非线性吸附；两种有机污染物存在竞争吸附作用；相对于吸附，解吸存在滞后效应等（Miller,1992;Xing 等,1996,1997;Huang,1997;Chiou,1998,2000），这些行为无法用分配吸附特征来解释。因此，研究者开始认识到，吸附过程并非线性模型假设的单一的线性分配过程（Miller 等,1992;Xing 等,1996,1997;Huang 等,1997）。除了分配吸附到土壤有机质中，还具有多种不同的作用机制，如吸附到矿物和土壤有机质的表面，填充到矿物的微隙之中（Xing 等,1996;Huang 等,1996）以及某些特殊位置的相互作用等（Chiou 等,2000）。一些学者认为，土壤颗粒有机碳含量及其微观结构，对有机污染物的吸附行为产生影响。当有机质含量高时，分配机制起主要作用（Chiou,1979）；而当有机碳含量较低时，土壤颗粒微观结构对吸附作用产生较大影响（Cutris 等,1986;Liu 等,2008,2010;He 等,2011）。例如，Liu 等（2008）的研究表明，对黏粒含量相对较低（土壤中黏粒和有机质含量的相对比值）的土壤，有机质的分配吸附占主导作用，吸附等温线呈现线性或近线性；而对黏粒含量相对较高的土壤，矿物表面对丁草胺吸附的影响递增，吸附等温线表现为非线性。Piwoni 等（1989）的结果表明，当有机碳含量（f_{oc}）<0.1% 时，无机矿物对农药的吸附占据支配地位，而且部分农药对一些矿物质成分具有较高的选择性。

有机污染物的分配作用主要由土壤有机质(soil organic matter,SOM)决定,这已为许多学者所认可。但对于非线性吸附,还没有一致的结论。在此方面,不同的学者提出了不同的理论模型来解释非线性吸附现象,相关经典模型主要包括活性分配模型、双态模式模型等(Weber 等,1992,1996,1997,2002;Huang 等,1996,1997;Xing 等,1997,1998;Chiou 等,1998,2000)。

Weber 等(1992,2002)和 Huang 等(1996,1997)提出了活性分配模型,将土壤分成 3 个有机污染物吸附区域:暴露的矿质区域、无定形有机质区域和致密有机质区域。有机污染物在无定形有机质区域的吸附为分配吸附,吸附等温线表现为线性;而在致密有机质区域的吸附既包括分配作用,也有发生于其内部的表面吸附作用,从而引起非线性等温吸附。另外,由于矿物表面常覆盖有水化层,所以有机污染物在矿物表面的吸附也表现为线性。

大量实验证据表明,线性分配理论的"土壤和沉积物中有机质在成分和结构上是均一性"的假设是不合理的。一些学者认为,由于土壤有机质是高分子有机固体,因此可以假定其以玻璃质态和橡胶态存在(Xing 等,1996,1997;Weber 等,1996)。橡胶态有机质对有机污染物的吸附以分配吸附为主,速度较慢,呈线性的非竞争吸附;而玻璃态有机质吸附有机物较快,呈非线性的竞争吸附(Weber 等,1996)。Xing 和 Pignatello(1997)的研究表明,有机质内部存在着纳米大小的空洞和孔隙,有机污染物可以嵌入其中而被吸附。嵌入吸附机制与其他吸附机制的动力学区别在于:后者是快速吸附,在化学物质进入土壤后几分钟内即发生;前者是一种慢吸附,需要很长的时间完成。慢吸附过程是不可逆的,相对于吸附,解吸有明显的滞后效应。据此,Pignatello 和 Xing(1996)以及 Xing 等(1996)提出了土壤吸附有机污染物的双态模式模型,认为橡胶态有机质起着溶解位点的作用,类似于最初的线性分配模型的设想,而玻璃态有机质具有溶解位点和空隙填充位点。其中,空隙填充位点是有机污染物非线性吸附作用和竞争作用的场所。

业已发现,土壤中可能含有不同于普通腐殖质的具有巨大表面积的含碳物质(high surface area carbonaceous material,HSACM)(Kleineidam 等,1999;Karapanagioti 等,2000),这些物质包括油母页岩、硬煤及软煤和黑炭(煤烟和木炭)。一些研究者认为,土壤对有机污染物的非线性吸附行为是由于该类物质的存在所致。Chiou 等(2000)从一种泥炭土中提取出不含 HSACM 相对较纯的胡敏酸和富含 HSACM 的腐黑物,发现前者吸附弱极性有机化合物二溴乙烯的行为为线性,而在后者则为非线性。因为水不能有效地抑制有机污染物在 HSACM 上的吸附,所以无论是极性有机污染物还是非极性有机污染物,都能在 HSACM 上发生非线性吸附,他们由此提出了有机物吸附的

HSACM 模型。总之，土壤和沉积物结构是高度不均一的，对于研究吸附和解吸作用而言，目前普遍认为土壤或沉积物吸附剂可分无机矿物表面、无定形的有机质、聚合态有机质、内部孔隙系统等 4 个区域，每个部分表现出的吸附行为和特征是不一样的。

2. 吸附行为的定量描述——吸附等温线

在一个等温体系中，化合物在固相介质上的吸附量与其液相浓度之间的依赖关系曲线即为吸附等温线（sorption isotherm）。但由于有机污染物在土壤 – 水体系中的浓度一般很低，加上体系复杂，吸附等温曲线仍以经验方程为主，其中应用较广的有线性吸附等温方程、Freundlich 吸附等温方程、Langmuir 吸附等温方程、DRM 模型和 DMM 模型。

（1）线性吸附等温方程

$$Q_e = K_p C_e \tag{7-1}$$

式中：Q_e 为吸附质在土壤中的吸附量，C_e 为吸附质在液相中的平衡浓度，K_p 是吸附质在两相中的分配系数。线性吸附等温线常用来描述有机物在土壤或沉积物上的分配作用（Chiou，1979）。

（2）Freundlich 吸附等温方程

大量研究证明，多数有机化合物在土壤 – 水体系中的吸附符合 Freundlich 方程：

$$Q_e = K_f C_e^N \tag{7-2}$$

$$\lg Q_e = \lg K_f + N \lg C_e \tag{7-3}$$

式中：Q_e、C_e 同式（7 – 1），K_f 和 N 是 Freundlich 常数。

Freundlich 方程是一个经验公式，吸附常数 K_f 的单位取决于 N 值，当 $N \neq 1$ 时，很难比较土壤对不同的有机污染物吸附作用的强弱。但由于多数有机污染物的 Freundlich 方程中的 N 值在 0.7 ～ 1.2，所以在实际应用中，可设定 $N \approx 1$，则有机污染物在土壤（固相）和溶液（液相）两相中的分配系数 K_d = 土壤中吸附量/液相中的有机污染物，根据 K_d 值的大小就可以比较土壤对不同有机污染物吸附作用的差异。

（3）Langmuir 吸附等温方程

$$Q_e = \frac{Q_m K_L C_e}{1 + K_L C_e} \tag{7-4}$$

式中：Q_m 是最大吸附量，K_L 是与吸附能量有关的常数，Q_e 和 C_e 的含义同式（7 – 1）。

Langmuir 方程是理论推导而来，假设条件是：各分子的吸附能量相同，且与其在吸着物表面覆盖度无关，物质的吸附仅发生在固定位置，且吸附质之间没有相互作用。当土壤有机质含量不高但黏土矿物含量较高时，Langmuir 方程能较好地描述土壤对一些有机污染物的吸附作用。

（4）DRM 模型相对应的等温吸附方程

$$Q_e = K_d C_e + K_f C_e^N \tag{7-5}$$

式中：Q_e、C_e 同式（7-1），K_d 为各部分线性吸附叠加后的总吸附系数，K_f 为 Freundlich 容量因子，N 为 Freundlich 指数因子。

（5）DMM 模型吸附等温方程（Xing 等，1996）

$$Q_e = K_p C_e + \frac{S^0 b C_e}{1 + b C_e} \tag{7-6}$$

式中：Q_e、C_e 同式（7-1），K_p 为表征线性分配吸附作用强度大小的系数（$L \cdot kg^{-1}$），S^0（$mg \cdot kg^{-1}$）和 b（$L \cdot mg^{-1}$）则是与表面吸附相关的系数，表征空隙填充作用的强度。其中，S^0 指最大吸附容量因子，b 是亲和因子，$S^0 b$ 为等温吸附线在低浓度段的斜率。

3. 迟滞效应

迟滞效应是指解吸等温线的滞后现象，即吸附与解吸等温线之间存在的差异。土壤吸附的有机物与解吸溶液中有机物浓度间的关系可用两种方式表示。一种是传统 Freundlich 等温线方程，即某一浓度有机物连续解吸多次后其浓度变化的等温线（图 7-1a），表征有机物浓度随解吸时间的变化，这一类解吸等温线（虚线）与吸附等温线（实线）差异明显，尤其在高初始浓度时更为突出。另一种是时变 Freundlich 等温线方程（time-dependent desorption isotherms），它指的是系列浓度有机物在不同解吸反应时间下的吸附解吸情况（图 7-1b）。时变解吸等温线符合多级反应模型（multireaction mode，MRM），它是受解吸时间约束的一簇解吸等温线（Zhu 等，2000）。从图 7-1b 中可观察到，解吸等温线

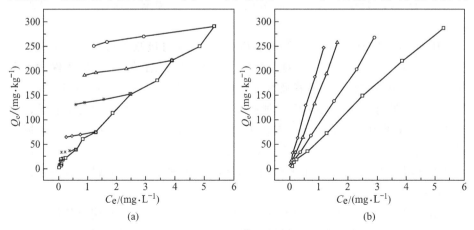

图 7-1 两种形式的解吸等温线。（a）传统 Freundlich 方程；（b）时变 Freundlich 方程

（虚线）与吸附等温线（实线）相似，但随着解吸时间的延长，吸附等温线与解吸等温线之间的差异越明显，其吸附与解吸间的滞后作用越强。

（1）迟滞效应的原因

引起吸附迟滞效应的因素主要分为实验操作因素和实际存在的吸附迟滞因素。其中，实验因素主要有以下几方面。

① 吸附解吸非平衡状态。如果吸附阶段达到平衡而解吸阶段未达到平衡，或者吸附阶段未达到平衡而解吸阶段却达到平衡，或者吸附阶段与解吸阶段均没有达到平衡，都会表现出解吸曲线滞后现象。有机物在土壤中达到吸附平衡需要几周至几个月的时间，而相应的解吸过程若干小时至若干天就达到平衡。这就意味着解吸过程中依然发生吸附作用，从而导致解吸初始阶段所计算的 K_{ds} 偏小，从而引起 K_{dd} 和 K_{ds} 的差值增大，所表现出的迟滞效应增大。也有人认为随吸附时间的延长，吸附"老化"现象也将引起解吸迟滞效应。

② 实验过程中溶质的损失，即实验器皿对溶质的吸附或者溶质挥发等引起。有报道即使实验中用 Teflon 衬垫，在超过 1 周的反应时间，其吸附损失仍会超过 5%，超过 2 个月，吸附损失会超过 15%。

③ 固相效应，即第三相对吸附解吸反应的影响。在吸附阶段，溶解到溶剂中的一些大分子化合物或有机质胶体，能显著增加溶质在溶剂中的溶解，从而使固相中所吸附的溶质减少，K_{ds} 偏小。有研究报道，采用第三相做背景电解质可以消除此影响，但至今此方法还有待完善。例如，悬浮固相或大分子物质（第三相）的浓度，会影响溶质在水相和背景固相的分配。

④ 被分析物的降解损失，如果实验条件控制不当，大多数有机污染物易发生生物降解、光解等反应，而引起有机物母体损失，误以为是解吸迟滞现象。

Huang 等（1998）曾比较不同的器皿——Teflon 衬垫瓶子和安瓿丙烷火焰封口，以及不同时间（1~14 天）对菲的解吸滞后效应，结果发现实验条件对表观滞后现象有明显的影响。随着吸附时间的延长，滞后系数（hysteresis index，HI）增加 2 倍。吸附方程模拟的 K_f 增加明显，而一次解吸方程 K_f 变化不明显，从而认为在 14 天内的实验阶段，老化现象的影响几乎不存在。用安瓿密封损失最小，而用螺丝口 Teflon 衬垫瓶子损失较大。用土壤提取液代替背景溶液做解吸剂，解吸一次时对 HI 几乎无影响。固相效应对解吸一次的 HI 影响不大，但若解吸多次会有明显的影响。

引起迟滞效应的非实验因素有：①化学键形成或在特定吸附点位的不可逆结合。②慢解吸速率。③吸附质被吸附剂分子捕获，包括被无机组分的中空隙或微空隙捕获或者有机质捕获。④结构或空隙变形机制（Huang 等，1998；Weber

等,2002;Braida 等,2003;Michael 等,2005)。迄今为止,引起迟滞行为的真正机制仍不确定。对于离子和极性化合物,有机物可以通过共价键或氢键与有机质结合,或者专性化学吸附在黏土矿物的内表面和外表面,从而通过第一种机制引起迟滞效应。对于疏水性有机化合物(hydrophobic organic compounds, HOC),主要是第二种和第三种机制,但还缺乏直接的证据。有研究认为,矿物组分对 HOC 解吸迟滞效应的贡献较小,但当 SOM 被土壤团聚体包裹时,矿物对解吸迟滞效应的影响较大。

Gunasekara 和 Xing(2003)为了解释胡敏素组分对菲的非线性吸附现象,提出结构变形理论,他们认为有机质玻璃态中的纳米孔隙在吸附解吸前后发生变形,是引起不可逆吸附行为的可能原因。Michael 和 Pignatello(2005)采用同位素交换技术证实了菲不可逆吸附的存在,他们认为是由于吸附剂在吸附过程中结构变形引起了不可逆吸附,而那种物理捕获作用是很小的。这可以解释低浓度下迟滞效应小(变形程度小),而高浓度下迟滞效应强(变形程度大)的现象。

(2) 滞后系数

为了进一步认识有机污染物在吸附解吸过程中出现的滞后现象,使研究结果具有可比性,需对滞后现象进行量化,即滞后系数。Ma 等(1993)把滞后作用定义为吸附解吸等温线的最大差值,通过数学简化后可得滞后系数 ω 的表达式:

$$\omega = \left(\frac{N_{ads}}{N_{des}} - 1 \right) \times 100 \qquad (7-7)$$

式中,N_{ads}、N_{des} 分别为吸附解吸等温线中的强度因子。

Cox 等(1997)把滞后作用定义为吸附解吸等温线参数 N 值的百分比,滞后系数 HI 可用下式表达:

$$HI = \frac{N_{des}}{N_{ads}} \times 100 \qquad (7-8)$$

滞后系数 HI 使用简便,可用于两类解吸等温线的滞后效应量化。相比之下,滞后系数 ω 只用于传统解吸等温线的滞后量化计算。由于在给定的浓度范围内找不到合适的浓度,使吸附解吸等温线的差值达到最大,故不能用 ω 对依时解吸等温线的滞后效应进行量化。因此,Zhu 等(2000)以依时解吸等温线为基础,把滞后作用定义为吸附解吸等温线与 x 轴构成的面积之差,滞后系数 λ 为

$$\lambda = \left[\frac{K_{des}(N_{ads} + 1)}{K_{ads}(N_{des} + 1)} C^{N_{des} - N_{ads}} - 1 \right] \times 100 \qquad (7-9)$$

式中,K_{ads}、K_{des} 分别为吸附解吸等温线中的容量因子。

λ 也可用于传统解吸等温线的滞后量化，但需对表达式进行简化，简化后的 λ 表达式为

$$\lambda = \left(\frac{N_{\text{ads}} + 1}{N_{\text{des}} + 1} - 1 \right) \times 100 \qquad (7-10)$$

对于吸附 – 解吸单循环实验，Huang 等（1998）和 Weber 等（1998）定义了滞后系数 HI：

$$HI = \frac{Q_e^d - Q_e^s}{Q_e^s} \bigg|_{T, C_e} \qquad (7-11)$$

式中：Q_e^d 和 Q_e^s 分别指在解吸和吸附过程中溶质在土壤上的浓度，下角标 T 和 C_e 分别为实验具体条件，即实验温度和 Q_e^d、Q_e^s 所对应的溶液相中溶质的浓度。

Michael 等（2005）提出了一个迟滞量化公式（TII）：

$$TII = \frac{\ln C^r - \ln C^d}{\ln C^s - \ln C^d} \qquad (7-12)$$

式中：TII 为不可逆吸附熵指数，C^s 和 C^d 分别指吸附和解析过程中所对应的溶液相溶质的浓度，C^r 是吸附等温线中吸附和解析等同时的溶质浓度。

7.1.2　土壤活性组分与异源有机污染物的相互作用

根据吸附质与吸附剂之间相互作用的不同，吸附可以分为在固体表面的吸附过程和在有机质中的分配过程（Weber 等，1991）。根据分子间作用力的差异，可分为物理吸附、化学吸附和静电吸附（孟庆笠等，2000），吸附类型与作用力的关系如表 7-1 所示。

表 7-1　吸附类型与作用力的关系

吸附类型	作用力	作用范围
化学吸附	共价键	化学键作用范围
	氢键	化学键作用范围
静电吸附	库仑力	$1/r$
	离子 – 偶极作用力	$1/r^2$
物理吸附	取向力	$1/r^3$
	诱导力	$1/r^6$
	色散力	$1/r^6$

注：r 为离子或偶极间距离。

1. 土壤有机质对异源有机污染物的吸附作用与机理

有机质是引起有机化合物在土壤中吸附最重要的土壤参数，其成分变异很

大，其中既有未分解的或半分解的有机残体，又包括多种相对分子质量不同、聚合程度不同的腐殖质（如胡敏素、胡敏酸和富里酸）。它们的分子结构决定其具有复杂而多样的表面活性，并含有多种官能团，如游离基、亲水基和疏水基。

（1）有机质对有机污染物的吸附

土壤有机质不仅对有机污染物有溶解作用，而且由于其分子结构中具有能够与有机污染物结合的特殊位点，所以对有机污染物还具有表面吸附作用。如三嗪类除草剂与土壤腐殖酸之间存在络合机制，即对于具有强酸性官能团的腐殖酸和低碱性的三嗪类除草剂，其络合作用主要是通过质子转移机制实现的；而对于具有低酸性官能团的腐殖酸和高碱性的三嗪类除草剂，其络合作用主要是通过电子转移机制实现的（Sposito 等，1996）。在某种意义上，这种规律具有一定的普遍性。

研究表明，有机质的极性和芳香碳含量显著影响有机化合物在土壤中的吸附行为。非极性有机化合物在高有机碳含量土壤中的有机碳标准化系数（K_{oc}），随有机质极性指数 PI（polarity index，PI = (N + O)/C）的增大而减小（Rutherford 等，1992）。Xing 等（1994）研究木质素、几丁质、纤维素等有机质吸附苯酚时发现，极性有机化合物苯酚的 K_{oc} 随 PI 的增大而减小。土壤胡敏酸是控制 HOC 吸附的最重要因素，比结构更重要（Kang 等，2005）。Ling 等（2005）报道土壤/蒙脱石表面吸附态可溶性有机质（dissolved organic matter，DOM）与阿特拉津的结合常数，远大于溶液中 DOM 与阿特拉津的结合常数，溶液中的阿特拉津主要以分配机制与 DOM 相结合，而 DOM 对土壤/矿物吸附阿特拉津的影响与 DOM 组成及性质有关。疏水组分和高相对分子质量组分含量高的 DOM，一般含有较多的羧基，与土壤/矿物表面羟基结合后，可改变土壤/矿物表面特性，极大地增强土壤/矿物表面对阿特拉津的吸附能力。而疏水组分和高相对分子质量组分含量低的 DOM，含有较多的亲水组分和极性组分以及低相对分子质量组分，可增强矿物表面的亲水性或极性，从而减弱阿特拉津的吸附，而且这些 DOM 与阿特拉津在矿物表面存在竞争吸附。

另外，有机质的形成及腐殖化过程对非极性有机化合物的吸附起决定作用。Grathwohl 等（1990）研究指出，第三纪泥页岩和优质烟煤中有机质的吸附容量，要比初育土及低质煤高一个数量级。Kleineidam 等（1999）分析有机质经成岩和风化作用后，其含氧官能团含量、H/C 和 O/C 的变化，提出有机质来源和腐殖化程度的不同会引起 K_{oc} 的差别。Kile 等（1999）研究两种非极性化合物（四氯化碳和 1,2 - 二氯苯）在 32 种土壤和 36 种沉积物（f_{oc} > 0.1%）上的吸附，发现沉积物上的 K_{oc} 均高于土壤上的 K_{oc}，这是由于沉积物中的有机物极性成分可能溶于水，而造成其有机质的极性弱于土壤有机质所致。

（2）近代分析技术在研究腐殖酸和有机污染物作用机理中的应用

红外光谱（infra-red spectrum, IR）是研究土壤活性组分吸附有机物机理最常用的手段，主要采用 KBr 压片法（Senesi 等,1987），通过测定腐殖酸、有机物－腐殖酸作用物的 IR 谱，比较腐殖酸主要官能团吸收峰位置及相对强弱的变化，从而分析吸附机理。腐殖酸分子羧基和羰基（C＝O）伸展振动峰（$1\,720 \sim 1\,725\ cm^{-1}$）、$COO^-$ 的 C—O 对称和非对称振动吸收峰（$1\,550 \sim 1\,610\ cm^{-1}$ 和 $1\,400\ cm^{-1}$）、酚羟基变形振动吸附峰（$1\,220 \sim 1\,265\ cm^{-1}$）等的变化是主要观测对象。几乎所有的有机物都含有可形成氢键的基团，如腐殖酸的 C＝O，可与有机污染物分子发生氢键吸附作用。离子键吸附机理通常只发生在阳离子有机物，或能接受 H^+ 成为阳离子有机物的吸附过程中，主要发生在腐殖酸的羧基和酚羟基上。

电子自旋共振波谱（electron spin resonance, ESR）技术可用于研究电荷转移、共价键、配位体交换等吸附机理。一般将有机物－腐殖酸的作用物干燥后置入 ESR 管中，采用 X 波段 ESR 波谱仪进行测定。土壤活性组分吸附有机物时，只要有给电子和受电子基团的存在，就可能发生电荷转移。此时在作用物的 ESR 谱上就可以看到自由基浓度明显升高（Senesi, 1983；Senesi 等, 1987）。Senesi 等（1987）根据扑灭通等 10 种有机污染物与腐殖酸作用物的 ESR 波谱，发现自由基浓度升高 0.5～6 倍，而光谱分裂因子 g 值和未吸附有机污染物的腐殖酸 g 值基本一致。这说明作用前后自由基的种类和环境基本相同，有机污染物与腐殖酸之间发生了电荷转移作用。当腐殖酸与有机物及降解产物生成共价键时，腐殖酸的自由基浓度会明显降低。研究表明，腐殖酸与氯酚链烷酸或酯作用后，ESR 图谱上，腐殖酸的自由基浓度显著降低，共振谱线宽度增加（Senesi 等,1987）。这是因为腐殖酸中的自由基和氯酚链烷酸降解产生的苯氧基、芳香基形成了共价键。

核磁共振光谱（nuclear magnetic resonance, NMR）用于研究土壤腐殖质及腐殖化过程已有 20 多年的历史，特别是固相 ^{13}C - NMR 方法的运用，进一步加深了对腐殖酸的性质、组成及其结构的认识。Kile 等（1999）运用 ^{13}C - NMR 技术，发现土壤有机质的极性碳含量与吸附量有直接的关系，而不是早先笼统地认为有机质含量与有机污染物的吸附量有直接关系。Gunasekara 和 Xing（2003）借助 NMR 分析技术，发现有机质中的芳香碳和脂肪碳组分对 HOC 的吸附都很重要。

荧光光谱包括激发光谱、发射光谱和同步扫描光谱，荧光光谱中峰的位置与分子结构有密切的相关性，通常共轭程度低的分子，其荧光峰的波长较短，但有利于共轭的给电子基团取代基，能使荧光强度增加。根据吸附前后腐殖酸水溶液荧光光谱中荧光峰的相对强度及位置的变化，可以帮助判断有机物分子在腐殖酸上的吸附机理。

元素分析和官能团分析是有机物在腐殖酸上吸附机理研究的另一个辅助手段。通过元素分析可以测定有机污染物，以及有机污染物 – 腐殖酸作用物 C、H、O、N 的百分含量，根据各自的 C/N 等比值，可以确定不同的腐殖酸对某一含氮有机物吸附量的大小。结合不同腐殖酸的官能团分析，可以确定富含哪种官能团有利于吸附某种有机物。如 Senesi 等(1980)通过元素和官能团分析，比较 3 种不同来源的腐殖酸吸附扑灭净等 4 种含氮除草剂，结果发现，含羧基、酚羟基多的腐殖酸更能有效地吸附这些除草剂，与 IR 光谱研究结果一致，即离子键为主要的吸附机理。

有机物在土壤活性组分上的吸附，往往存在多种机理，需要采用多种分析手段进行研究。李克斌等(1998)将 IR 光谱分析与元素分析相结合，研究发现含有羧基较多的 HA 易与苯达松形成离子键，氢键是其可能的吸附机理。而含有氨基和低羧基的 HA，则易与苯达松以氢键相结合。通过 ESR 波谱分析和紫外光谱分析，发现富含电子的苯达松分子与缺电子的腐殖酸分子之间发生了电荷转移，形成了更大的共轭体系。杨炜春等(2000)利用 IR 和电子自旋共振波谱研究阿特拉津的吸附机理，发现腐殖酸表面的醇、酚、酸羟基可能与阿特拉津发生氢键作用，缺电子的腐殖酸醌类物质与阿特拉津分子中富电子的胺及杂环氮原子经过单电子移动键合，其间可能有半醌式自由基中间体形成，但电子转移机理并不显著。Wang 等(1999)运用 IR 和 ESR 研究 HA 对酰胺类的吸附，发现氢键和电荷转移是主要的作用机理。Xu 等(2005)用 FTIR 和 NMR 研究 HA 主要通过氢键吸附丁草胺。Senesi 等(1992)结合 FTIR、ESR 和荧光分析，发现甲草胺低浓度时与 HA 的作用主要是形成氢键和电子转移，但高浓度则疏水键起主要作用。

2. 土壤黏土矿物对异源有机污染物的吸附作用与机理

黏土矿物是土壤中最活跃的成分之一，由于它们的比表面积大，具有较高的吸附容量，可以作为具有低溶解度强吸附有机污染物的良好吸附剂，从而影响有机物在环境中的迁移、滞留、生物化学分解甚至光降解。由于无机矿物具有较强的极性，矿物与水分子之间强烈的极性作用，使极性小的有机物分子很难与土壤矿物发生作用，它们对有机污染物的吸附量几乎微不足道。因此，在有机质含量较高的土壤中，当 $f_{oc} > 0.1\%$ 时，疏水有机化合物的吸附主要发生在有机质部分，而无机组分对其吸附甚微(Chiou 等,1979)。但在有机质含量较低的土壤中，$f_{oc} < 0.1\%$ 时，如果忽略黏土矿物对吸附的贡献，则会引起较大的预测偏差(Curtis 等,1986;Piwoni 等,1989)。

土壤中黏土矿物的种类和数量不同对污染物的吸附作用也不同。土壤有机质和各种黏土矿物对污染物的吸附能力顺序是有机胶体 > 烟石 > 蒙脱石 > 伊利石 > 绿泥石 > 高岭石。化学有机污染物的组成成分和性质不同，对吸附作用的影响也不同。在污染物分子结构中凡带有—NH_2、R_3N^+—、—$CONH_2$、—OH、—NH_2COR、—OCOR、—NHR 官能团的污染物吸附能力都比较强。在同一类型的污染物品种中，污染物的分子越大吸附能力越强；污染物在水中的溶解度越低，其在土壤中的吸附能力也越强（傅克文,1985）。

研究发现，土壤黏土矿物对有机污染物的吸附，主要通过离子键、氢键、电荷转移、共价键、范德华力、配体交换、疏水吸附和分配、电荷 – 偶极和偶极 – 偶极等几种作用力（戴树桂等,2001）。在溶液中解离成阳离子状态或可接受质子的农药，可通过离子键阳离子交换机理而被吸附；许多非离子极性农药在土壤有机质中的吸附氢键起重要作用（Pignatello 和 Xing,1996）。对于疏水性化合物其分配作用是一种重要机理（Voice 等,1983）；范德华力主要是非离子及非极性农药在吸附剂的一定部位吸附时起作用，作用力的大小随作用分子的大小及其靠近吸附剂表面程度的增大而增大（Sheng,1996）。

在吸附机制的研究中，土壤有机质吸附有机污染物的研究方法，大多可用于研究土壤黏土矿物与有机污染物之间的相互作用。如自载膜差示 IR 光谱方法可用于研究有机物在黏土矿物上的吸附机理（Pusino 等,1992;杨雅秀,1994）。以空白自载膜为参比，检测吸附有机物后的自载膜的 IR 谱，得到的差示 IR 谱应是黏土上吸附态有机物的 IR 谱，根据有机物分子主要官能团的红外吸收峰位置及相对强度的变化，可以对有机物分子在黏土上的吸附机理进行推测研究。

Weissmahr 等（1997）同时利用 ^{13}C – NMR、FTIR、UV、XRD 技术研究了氮芳环化合物（nitroaromatic compounds, NACs）在黏土上的吸附机理。研究表明，相对于氢键和硝基—NO_2） 在黏土表面的直接结合，在黏土的硅氧烷表面的氧（电子给予体）和 NACs（电子接受体）之间形成的 n – π 电子给予体 – 接受体复合物是其主要的吸附机制。

X 衍射常被用于测定有机物 – 黏土矿物复合物的内层空间间距 $d(001)$ 值，检测有机物是否嵌入黏土矿物内层。刘维屏等（1995,1998）报道有机物进入黏土矿物内层空间，不仅与有机物分子的性质（如分子大小、有机物类型、配位性能等）有关，还与蒙脱土交换性阳离子的种类、价态等有关。有机物分子越小，配位性越强，交换阳离子越大，价态越高，配位性越强，有机污染物分子越容易进入蒙脱石内层空间。

欧阳天赟等（2003）利用 FTIR 光谱探讨了人工合成针铁矿对苄嘧磺隆的吸附机理。结果表明，在针铁矿对苄嘧磺隆的吸附过程中，针铁矿表面 A 型游离羟基及 C 型羟基对吸附没有明显作用，而针铁矿表面的水合羟基和苄嘧磺隆分子中的羧基与磺酰基对吸附起着重要作用，苄嘧磺隆分子中的羧基和磺酰基与针铁矿表面的水合羟基形成了电荷－偶极键以及氢键结合的吸附作用。Bosetto 等（1993）借助 FTIR 和 X 衍射研究了甲草胺在不同的阳离子饱和蒙脱石上的吸附机理，他们认为甲草胺分子主要是通过配位键被吸附在蒙脱石表面，C＝O 官能团和黏粒可交换离子之间形成"水桥"。X 衍射证明甲草胺除草剂可以进入被多价阳离子饱和的蒙脱石矿物的内层空间。

7.1.3　影响土壤中异源有机污染物吸附的因素

1. 土壤的理化特征

（1）有机质含量

许多研究表明，腐殖质对有机污染物（尤其是非离子类有机物）的吸附量远远超过其他土壤组分，这充分证明了土壤有机质在有机污染物吸附中的重要作用。土壤有机质中含有多种疏水基、亲水基、自由基等官能团，一般情况下有机质含量越高，土壤对有机污染物的吸附越强。如 Walker 等（1968）报道 36 种土壤阿特拉津、扑草净、扑灭通、扑灭净的吸附量与土壤有机质含量之间有很强的相关性（$r^2 = 0.92 \sim 0.96$）；5 种土壤沙蚕毒素 K_f 值与土壤有机质含量有极显著的相关性（$r = 1.000$）（徐晓白，1990）；6 种土壤绿草定 K_f 值与土壤有机质含量也存在显著的正相关关系（刘维屏等，1995）。

（2）黏土矿物

黏土矿物包括结晶的铝硅酸盐矿物、无定形铝硅酸盐和所含有的水合金属氧化物，主要有高岭石、蒙脱石、滑石－叶蜡石矿物、间层（混层）黏土矿物和非晶质黏土矿物。与有机质类似，黏土矿物具有巨大的表面积，矿物表面也带有电荷，一般为负电荷，因此具有吸附阳离子型有机污染物的能力。特别是在干燥条件下的气态有机物吸附和非极性溶剂中的有机物吸附，黏土矿物起重要作用。

膨胀型的 2:1 型矿物蒙脱石对有机物的吸附作用要比伊利石、高岭石强，因为可形成内层配合物（Pusino 等，1992）。异丙甲草胺在 Ca^{2+}－蒙脱石、土壤腐殖酸的 Freundlich 吸附常数分别为 2.48 和 2.07，说明蒙脱石对异丙甲草胺的吸附性能不亚于腐殖酸（刘维屏等，1995）。

对于三嗪类、氨基甲酸盐类、硝基酚类以及硝基芳香族等有机污染物，土壤黏土矿物的吸附作用甚至超过有机质（Karickhoff，1981；Boyd 等，2001；Sheng 等，2001；Li 等，2003）。如 Karickhoff（1981）报道，对于含杂环氮的西玛津及喹啉，当黏土矿物与有机碳的比值大于 30 时，黏土矿物在吸附过程中所起的控制作用逐渐明显。Sheng 等（2001）报道钾离子饱和处理的蒙脱石，更能有效地吸附 4,6－二硝基－O－甲酚、2,6－敌草腈等农药。

（3） pH

土壤 pH 对离子型有机物在土壤中的吸附有很大的影响，He 等（2006）报道，pH 是影响五氯酚（pentachlorophenol，PCP）吸附行为的重要因素之一。一般说来，当 pH 趋近有机污染物的 pK_a 时，吸附最强；pH 升高时，有机物可解离而带负电荷，从而不利于吸附，甚至表现出负吸附；反之 pH 下降，有机物解离带正电荷，易被带负电荷的土壤颗粒表面所吸附（刘维屏等，1995；Wang 等，1999）。土壤对甲磺隆的吸附与土壤 pH、有机质、黏粒矿物及土壤中的金属离子等密切相关，但 pH 对吸附的影响大于有机质，黏土矿物对甲磺隆的吸附受 pH 支配，吸附作用随 pH 的升高而降低，pH > 6 时呈明显的负吸附（Zhu 等，2007）。

（4） 阳离子交换量（CEC）

一些有机污染物可质子化，以阳离子形式存在，并可与黏土矿物或腐殖质发生阳离子交换吸附作用。此时土壤 CEC 的大小将直接影响有机污染物在土壤上的吸附。据不同土壤有机磷、氨基甲酸酯的吸附结果，lgK_f 与 CEC 存在极显著的相关性（杨景辉，1995）。

2. 有机污染物的结构和性质

有机污染物的结构和性质在很大程度上决定其在土壤中的吸附与解吸行为，如有机污染物水中的溶解度 S_w、辛醇 - 水分配系数（K_{ow}）、沉积物 - 水分配系数 K_{oc} 等参数，能反映土壤中污染物的环境行为。土壤中的异源有机污染物一般为非极性或弱极性化合物，根据相似相溶原理，非极性或弱极性的化合物易溶于非极性或弱极性的有机溶剂中；反之，强极性化合物易溶于极性溶剂，水是强极性溶剂之一。因此，许多有机物在水中的溶解度 S_w 则比较小或不溶于水，而易被土壤有机质所吸附。有机物在辛醇的分配与在土壤有机质的分配极为相似，亲脂有机物在辛醇 - 水体系中有很高的分配系数，在有机相中的浓度可以达到水相中浓度的 101 ~ 106 倍。例如常见的环境污染物 PAHs、PCBs 和邻苯二酸酯等，在辛醇 - 水体系中的分配系数是一个无量纲值。通常，K_{ow} 值是描述一种有机化合物，在水和沉积物/土壤有机质之间，或水生生物脂肪之间分配的一个很有用的指标，有机物在水中的溶解度，往往可以通过它们对非极性有机相的亲和性反映出来。分配系数的数值越大，有机物在有机相中的溶解度也越大，即在水中的溶解度越小。

Chiou 等（1979，1990，1992，1993）认为，非极性有机物在水中的溶解度 S_w 或辛醇比系数 K_{ow}，是影响其在土壤中吸附性能的决定因素，其影响程度大于土壤性质。12 种芳香族化合物在 Woodburn 土壤（$f_{om} = 0.019$）上的吸附结果显示，K_{om} 和 S_w（在水中的溶解度）和 K_{ow}（辛醇比系数）有如下方程（Chiou，2002）：

$$lgK_{om} = -0.729lgS_w + 0.001 \qquad (n = 12, r^2 = 0.996) \qquad (7-13)$$

$$\lg K_{\mathrm{om}} = 0.904\lg K_{\mathrm{ow}} - 0.779 \qquad (n = 12, r^2 = 0.989) \qquad (7 - 14)$$

7.2　土壤中异源有机污染物的形态及转化

7.2.1　土壤中异源有机污染物的存在形态

20 世纪 70 年代中期，同位素示踪技术在土壤、环境科学研究中的应用，使人们发现土壤中残留的有机污染物可区分为两种形态：一种是可用溶剂提取并可为常规残留分析方法测定处理的可提取态残留；另一种是不能为溶剂提取且常规方法难以检测的结合态残留。结合态残留有机污染物不能以常规的有机污染残留分析方法萃取得到，故也有人称之为不可萃取性残留物。污染物在土壤中的残留形态不同，则其造成的环境效应也不同。可提取态残留物的生物活性较高，虽可能直接对生物(植物、动物、微生物)产生影响，但在土壤中降解也迅速；结合态残留物在土壤中残留的时间比较长。人们曾一度认为结合态残留物能降低或解除有机污染物的毒性，但大量的事实却证明，在一定的条件下母体化合物或其衍生物的结合态残留物，可因土壤动物、微生物的活动或其他原因再度以游离态形式释放出来，影响动物、后茬作物的正常生长，构成一种迟发性的环境问题(Gevao 等,2000;汪海珍等,2003a;Ye 等,2003;Li 等,2005)。

同位素示踪实验结果发现，随着有机污染物进入土壤时间的延长，污染物会发生"老化"现象。污染物与土壤组分紧密结合，解析率和可提取态残留物明显减少，而结合态残留物则增多(汪海珍等,2001)。如土壤中的甲磺隆[14]C残留物的可提取态残留率随实验时间延长而逐渐降低，但其结合态残留率在培养期前 28 天迅速增加，随后缓慢下降。土壤中的甲磺隆[14]C 残留物的结合态残留率与可提取态残留率的比值，亦随时间延长先增大而后稍降低(汪海珍等,2001)。而且，甲磺隆结合残留释放及其生态毒理效应的研究发现，结合态残留物可通过生物或非生物过程重新释放出来，转化为生物有效性较高的可提取态残留物，并对土壤酶、土壤微生物量、土壤微生物群落与多样性，以及水稻、油菜的生长产生较为明显的影响(汪海珍等,2003a;Ye 等,2003;Li 等,2005)。由此可见，土壤中的有机污染可提取态残留物，在被降解成 CO_2 的同时，还伴随着向结合态残留物的转变，而随着时间的变化这部分结合态残留物在土壤中也能缓慢地转变为可提取态残留物或直接矿化成 CO_2。

7.2.2　土壤中异源有机污染物的结合残留

由于不同的学者采用不同的溶剂和不同的提取方法，因此得到的结合残留以及对结合残留含义的描述也不尽相同。如 Pons 等（1998）将 0.01M CaCl₂ 和 80% 的甲醇（19% 的水 +1% 的冰醋酸）提取 24 h 后，残留在土壤中的污染物指定为结合残留；而 FAO/IAEA 确定的结合残留定义被大多数人接受，即用甲醇连续萃取 24 h 后，仍残存于样品中的污染物为结合残留（金守鸣，1987）。另外，通过提取方法的比较实验发现，土壤添加 ¹⁴C - 氯磺隆并在 25℃ 下培养 24 h 后，用甲醇连续振荡提取法（甲醇振荡提取 5 次，每次振荡提取 2 h）提取 ¹⁴C - 氯磺隆的效率要高于甲醇索氏提取法（连续提取 24 h），且重复性好。连续振荡提取时，第五次的提取率小于引入量的 0.3%，第六次的提取率接近零（提取物的放射性接近本底水平）。因此，依据结合残留的含义，指定甲醇连续振荡提取 5 次后，仍留存于土壤中的污染物为结合残留（叶庆富，2000；汪海珍等，2001）。

1. 土壤中异源有机污染物结合残留的研究方法

土壤或植物中有机污染物的结合残留分析和检测一直是一个具有挑战性的课题，目前，有机污染物结合残留研究中已发展了高温蒸馏（high temperature distillation，HTD）、酸碱水解、索氏抽提、微波辅助溶剂萃取（microwave assisted solventext extraction，MASE）、加速溶剂萃取（accelerated solvent extraction，ASE）、连续萃取和超临界流体萃取（supercritical fluid extraction，SFE）等提取方法。这些方法各有自己的特点，有些方法浸提效果差，有些方法可破坏结合残留态有机污染物的结构。

其中，高温蒸馏技术和超临界流体萃取技术，是研究人员在土壤中结合残留农药研究过程中相继研发出来的一些技术（Khan，1982；Capriel 等，1985）。如高温蒸馏技术是一项类似于高温分解法的技术，自该项技术建立起来以后，在结合残留研究中应用较为广泛，所用的高温蒸馏装置如图 7 - 2 所示。使用时将含有结合残留的风干样品放于燃烧船中，插入石英管中，石英管另一端与一系列装有适宜溶剂的收集管相接，管式炉从室温逐步升温至

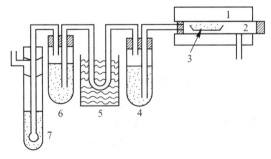

图 7 - 2　高温蒸馏装置。1. 石英管；2. 管式炉；3. 燃烧船；4. 收集管（甲醇）；5. 收集管（干冰和丙酮混合液）；6. 收集管（用甲醇配置的 25% 盐酸）；7. ¹⁴CO₂ 收集管（氢氧化铵）

800 ℃并维持15 min，用氦气做清除、保护气体，流量为 50 mL·min^{-1}。实验结束后，可将各收集管中的溶剂直接用于液闪测定，也可以经净化后，利用 GC－MS 进行定性鉴定。在蒸馏过程中，结合残留也可以分解产生$^{14}CO_2$。当用空气或氮气做清除气体时，相应产生的$^{14}CO_2$也更多，而残留物的回收率下降。到目前为止，还无法抑制或显著减少蒸馏过程中结合残留的热分解。

　　实际上，结合残留的提取分离与纯化测定技术至今仍是一项难题。已有学者提出结合残留的环境意义并不是取决于化学方法提取或释放的程度，而应强调其生物利用度和生物效应，根据化学可提取性所确定的部分可能与生物利用度不一致或毫无关系（Calderbank，1989）。因此，结合残留物及其再次释放过程中对活的生物，特别是对动物和那些作为动物饲料的植物的生物有效性的研究，将是该领域今后可深入开展的研究热点之一。

2. 土壤中异源有机污染物结合残留形成的影响因素

　　土壤中有机污染物结合残留的形成，不仅取决于有机污染物的结构、类型及其在土壤中的转化，还与土壤理化性质、腐殖质所含官能团的种类和数量、微生物活性及其他环境条件等密切相关。

　　首先，有机污染物的自身性质对结合残留的形成有着重要的影响。一般认为，有机物的疏水性越强，相对分子质量越大，K_{ow}值和K_{oc}值越大，其在土壤中的结合越强。Northcott 和 Jones（2001）研究发现，随老化时间的延长，土壤中 PAHs 及其降解中间产物形成的结合残留物与化合物的相对分子质量、K_{ow}值和K_{oc}值呈正相关。但总的来说，有关有机污染物的性质和结合残留间的研究报道至今还比较鲜见。

　　其次，有机污染物结合残留的形成与土壤特性有着密切关系。众多研究表明，土壤有机质和土壤的无机要素，特别是土壤颗粒组成和孔隙的大小等，对有机污染物－土壤结合作用非常重要。Barriuso 等（1991）认为，增加土壤中有机碳的含量能促进有机污染结合残留物的形成；结合态的甲磺隆^{14}C残留量与土壤 pH、微生物活性之间具有显著的相关性（Wang 等，2008）；富含有机质和pH 较高的土壤更易与丙酯草醚形成结合残留（岳玲等，2009）。也有研究提出，土壤与有机污染物形成结合残留态，其主要贡献是来自土壤的腐殖质，至于优先与何种腐殖质组分结合，则取决于残留物自身的结构和土壤性质，土壤腐殖质中的结合残留态农药的降解能力，与各腐殖质组分的稳定性、含量有明显的相关性（Senesi，1992）。

　　另外，土壤中的农药类有机污染物结合残留的研究结果表明，许多农业生产和环境因素，如农药施用浓度、施用时间、施药频率、施用模式，有机化肥、无机化肥的改良作用以及土壤温度、含水量等，均影响农药在土壤中的结合残留。如 Gan(1995)等发现，甲草胺的施用浓度为 10 mg · kg^{-1} 和 100 mg · kg^{-1}时，培养 40 周后，黏壤土中分别形成了 48% 和 37% 的结合残留物；当甲草胺浓度超过 100 mg · kg^{-1}时，结合残留物显著降低。Wang 等 (2007,2009)研究结果表明，土壤含水量越高，形成的甲磺隆^{14}C 结合态残留量越少；而土壤温度越高，甲磺隆^{14}C 结合态残留量最高值出现得越早，但随后减少的速度也快。

7.2.3 土壤腐殖质对异源有机污染物结合残留中的贡献

1. 土壤腐殖质中异源有机污染物结合残留的形成机理

土壤中能结合有机污染残留物的组分有有机质、有机-无机复合胶体及各种黏土矿物等，其中具有多种官能团、网状结构的腐殖质是最主要的活性组分(Stevenson,1982；Bollag 等，1983)。Bollag 等(1983)认为，许多工业及农用化学品具有与土壤腐殖质相似的结构，所以在腐殖化过程中，这些外源有机污染物和代谢中间产物，可与土壤有机物质牢固地结合在一起，形成结合残留。

土壤中有机污染物结合残留的形成过程与有机污染物吸附过程的关系非常密切，但又有区别。当有机污染物分子与土壤活性组分表面接触时，物理吸附或部分弱化学吸附即可快速发生，但这部分残留物是可被提取的，并不属于结合残留物。而当有机污染残留物与土壤腐殖质间形成稳定的化学键之后，其在土壤中的化学活性将降低，持留性将提高，并且难以提取(Berry 等，1985；Gevao 等，2000)。

有机污染结合残留物的形成主要通过吸附过程(包括离子交换、质子化、范德华力、氢键、配位键和非极性分子的疏水键等机制)和化学反应(与土壤有机质特别是腐殖质间的化学反应)两种途径，而土壤组分和有机污染残留物间的结合，通常有数种作用机理同时存在。

(1) 离子键(离子交换或静电结合)

当有机污染物以阳离子状态存在，或因质子化作用成为阳离子时，可通过离子键或阳离子交换机理被吸附(Senesi,1992)。有机污染残留物和土壤腐殖质发生离子键作用时，通常发生在腐殖质的羧基和酚羟基上(Maqueda 等，1989；Gevao 等，2000)。Senesi 等(1980)的红外光谱研究证明，均三氮苯类农药可通过质子化的亚氨基，直接与腐殖质的 COO—或酚羟基之间形成离子键。另外，杀草强、甲氟磷、三氟羧草醚、利谷隆、磺酰脲类除草剂及某些苯并咪唑类杀菌剂，与土壤腐殖质间的结合机理也主要是离子交换，但有机污染物自身的酸碱度和环境体系的 pH 对离子键作用的影响较大(魏开湄，1985；刘维屏 等，1996；杨光富 等，1998；Ukrainczyk 等，1996；Celi 等，

1997）。Maqueda 等（1983，1990）的多次实验结果都证实了土壤腐殖质与杀虫脒之间，主要是通过阳离子交换反应发生相互作用的。据 Khan（1982）的研究结果，土壤中呈二价阳离子型的联吡啶类除草剂敌草快和百草枯，可与土壤腐殖质的两个 COO—或一个 COO—及一个酚盐离子间，直接形成离子键而被强烈吸附。许多研究结果显示，电荷转移、氢键和范德华力等其他物理化学力，也是联吡啶类、均三氮苯类、磺酰脲类及杀虫脒等农药与腐殖质结合的方式（Senesi 等，1980；Maqueda 等，1989，1990；Ukrainczyk 等，1996；Celi 等，1997）。

另外，与土壤腐殖质结合的阳离子，也影响其键合有机污染物的能力。有机污染物与腐殖质间作用力的强弱依如下次序排列：$Al^{3+} > Fe^{3+} > Cu^{2+} > Ni^{2+} > Co^{2+} > Mn^{2+} > H^+ > Ca^{2+} > Mg^{2+}$（安琼，1992；Bollag 等，1983）。这种现象表明，有机污染物可通过阳离子交换作用与腐殖质进行反应。

（2）氢键

氢键可能是非离子型的极性结合残留最重要的机理（Senesi 等，1980，1983）。土壤腐殖质中的 $C=O$、羧基、酚羟基、醇羟基等官能团，均可与有机污染物分子中的 N—H 基形成氢键（Senesi 等，1983）。例如，在土壤 pH 低于污染物 pK_a 时，2，4 - D、2，4，5 - T、黄草灵、麦草畏以及酯类农药等，能通过 COOH、COOR 或某些类似基团与土壤腐殖质形成氢键（Carringer 等，1975）。红外（IR）、差热分析（DTA）或核磁共振（^1H - NMR）等分析发现，绿草定的羧基可与腐殖质中的羟基、羧基之间形成氢键（刘维屏等，1995）；吡虫啉中的硝基氧、吡啶环中的氮都可以与腐殖质羟基上的氢原子形成氢键，咪唑啉环中氨基上的氢可与腐殖质羟基中的氧原子形成氢键（宣日成等，2000）；均三氮苯类农药的亚氨基和腐殖质 $C=O$ 基之间产生了一个或多个氢键（Gevao 等，2000）；草甘膦（Piccolo 等，1994）、利谷隆（刘维屏等，1996）、苯达松（李克斌等，1998）、酰胺类除草剂（Wang 等，1999）、氟嘧磺隆及其降解中间产物（Ukrainczyk 等，1996）在与土壤组分结合的过程中，氢键起着重要作用。

（3）范德华力

范德华力对非离子非极性有机污染物吸附的贡献较大，其作用力大小随相对分子质量的增大而增大，但随与吸附剂表面的距离增大而减小。范德华力来自于短程偶极 - 偶极、偶极 - 诱发偶极或诱发偶极 - 诱发偶极相互间的弱相互作用，但被吸附物和吸附剂分子间的范德华力具有叠加性，可能会导致对某些大分子有机污染物的吸引（Gevao 等，2000）。一些研究发现，均三氮苯类和取代脲类农药（Senesi 等，1980）、苯脲类除草剂（Bollag 等，1983）、毒莠定和 2，4 - D（Khan，1973a）、杀虫脒（Maqueda 等，1989，

1990）、西维因及 1605（魏开湄，1985）等农药的吸附，范德华力是主要的辅助机理。

（4）疏水分配作用

土壤腐殖质由于其芳香框架和具有极性基团，兼含疏水和亲水吸附位点，其中疏水基包括脂肪、蜡、树脂和某些脂族侧链等部分（Stevenson，1982）。低溶解度或疏水性的非极性有机污染物与土壤溶液是不溶的，但能与上述疏水基结合，增强其在土壤中的分散能力，这种结合机理称为疏水分配作用（Stevenson，1982）。研究表明，2,4 - D（Khan，1973a）、毒莠定及麦草畏（Khan，1973b）、脲类除草剂（Khan 等，1974）、oxidizinon、地乐胺和灭草定（Carringer 等，1975）、多氯联苯除草剂（Bollag 等，1983）、氟嘧磺隆（Ukrainczyk 等，1996）、均三氮苯类农药及其降解中间产物（Lerch 等，1997）等农药都可与土壤疏水基间发生疏水分配作用。Chen 等（1992）利用荧光淬灭方法研究水溶液中腐殖酸和 1 - 萘酚间的作用机理时，发现 1 - 萘酚主要通过疏水分配作用结合在富啡酸、胡敏酸中的疏水部位。当体系 pH 大于 1 - 萘酚的 pK_a 值时，胡敏酸和 1 - 萘酚间的络合作用随水溶液中 Cu^{2+}、Zn^{2+} 的加入而增加，这表明，水溶性 1 - 萘酚阴离子也可能通过阳离子桥与胡敏酸结合。

（5）电荷转移

土壤腐殖质既有缺电子结构（如醌类），又有富电子结构（如联苯酚类），当有机污染物也有给电子或受电子基团时，两者就可能通过电荷转移机理结合（Senesi，1992）。如联吡啶类除草剂敌草快与百草枯（Senesi，1992）、均三氮苯类、取代脲类（Senesi 等，1980）、杀虫脒（Maqueda 等，1983，1990）、苯达松（李克斌等，1998）、酰胺类除草剂（Wang 等，1999）、磺酰脲类除草剂（杨光富等，1998）、吡虫啉（宣日成等，2000）等农药，均可与土壤腐殖质形成电荷转移复合物。Senesi 等（1987）利用元素分析、官能团分析与电子自旋共振（ESR）相结合的研究方法发现，腐殖质中的羧基越少，醌基越多，越有利于电荷转移作用，有机污染物和土壤腐殖质间的电荷转移作用会导致体系中游离基浓度的增加。

（6）配位体交换

有机污染物分子中的羧基、氨基等是良好的配位体，可以通过配位体交换作用，替代一些多价阳离子周围的弱配位体（如水），从而与这些阳离子络合吸附（Senesi，1992），均三氮苯类、磺酰脲类等阴离子型农药与土壤组分中金属阳离子的结合就是如此（刘维屏等，1995，1998；Senesi，1992）。有机污染物分子越小，阳离子价态越高，配位体交换作用越强（Bollag 等，1983；Senesi，1992）。有机污染物分子在替代原配位体过程中，如果体系的熵值发生了变化，配位体交换则将更容易进行（Gevao 等，2000）。

（7）共价键

若有机污染物中含有与土壤胡敏素组成相似的官能团，则易发生共价键结合（Bollag 等，1992；Senesi，1992）。许多有机污染物母体及其降解中间产物可通过化学、光化学或酶促反应等作用，多以不可逆的稳定共价键与土壤腐殖质结合形成低聚物或高聚物（Adrian 等，1989；Andreux 等，1992；Gevao 等，2000）。

在土壤腐殖化过程中，聚合作用是最重要的反应机制，而氧化耦合又是最重要的聚合反应（Bollag 等，1983），这些机制在有机污染物与土壤腐殖质结合中也起作用。如酚类、苯胺类、氨基酸等化合物，均可通过氧化耦合作用与土壤腐殖质共价结合。氧化耦合是一种游离基反应，有人认为在氧化耦合过程中，土壤酶或矿物质唯一的功能是促进酶解物对游离基的氧化作用（Bollag 等，1992）。当土壤腐殖质中的游离基和有机污染物母体及其降解中间产物的游离基形成共价键后，体系中的游离基浓度会明显降低（Senesi 等，1987）。酰苯胺类、氨基甲酸酯类、苯脲类、二硝基苯胺类除草剂，硝基苯胺类杀菌剂，对硫磷、甲基对硫磷等有机磷杀虫剂等，可直接与土壤腐殖质形成共价键结合残留物，其机理可能是有机污染物与土壤腐殖质中的羰基、醌和羧基等形成结合键（Bollag 等，1983）。

（8）镶嵌作用

随着在土壤中持留时间的延长，非极性和疏水性有机污染物能与土壤脂肪、蜡或腐殖质的多环芳烃族等组分间发生镶嵌作用（Gevao 等，2000）。镶嵌作用可认为是起初快速的吸附作用之后的一种缓慢而又稳定的反应机理（Huang 等，1996）。Xing 等（1996，1997）提出，在最初快速的吸附阶段，有机化合物通过分配机制吸附在胡敏酸和富啡酸的橡胶态基质中。镶嵌作用是有机化合物缓慢扩散到浓缩的玻璃态有机质（主要指胡敏素）中的专性吸附位点（小孔）上的一种填孔机制，这些玻璃态有机质中的吸附点可能是纳米级的孔穴。应注意的是，这两种作用机理能同时发生，两者间并没有独立的发生时间。

由于分布在土壤基质的微小孔穴中，镶嵌的化合物难以提取处理（Alexander，1995）。所以，目前还不能直接进行镶嵌机理的研究，而只是通过土壤中"老化"的有机化合物吸附作用模型，间接地了解镶嵌作用的相关机理（Gevao 等，2000）。

2. 异源有机污染物结合残留在土壤腐殖质中的分布与转化

进入土壤的有机污染物可与土壤各组分之间发生不同的作用，有机污染物一旦被土壤组分结合或固定后就成为土壤有机物质的一部分，并影响到有机污染物在环境中的迁移和最终命运，同时还挑战有机污染修复的彻底性和环境质量标准的制定。大量研究结果显示，土壤腐殖质在有机污染物结合或固定过程中充当着关键角色。土壤腐殖质不同组分的官能团种类、化学结构、化学性质等都有很大的区别，不仅影响到残留物和土壤腐殖质间的相互作用机理，还会导致结合残留物的理化特性、生物可利用性及其在土壤腐殖质各组分中分布规律的不一致性。如 Barriuso 等（1991）的研究结果显示，^{14}C – 阿特拉津结合态残留物在粉壤土和砂壤土腐殖质中的分布是富里酸 > 胡敏素 > 胡敏酸，在黏壤土中胡敏素 > 富里酸 > 胡敏酸。也有研究报道，富里酸可能是最活跃的组分，^{14}C结合态残留物在土壤腐殖质中的分布是：富里酸 > 胡敏素 > 胡敏酸（汪海珍等，2002；Xu 等，2003；岳玲等，2009）。

不同的有机污染物含有不同的基团，何者优先与何种腐殖质组分结合以及结合的机制与强弱等，不但和土壤腐殖质有关，还与有机污染物本身的结构、类型及供试土壤性质等均有密切的关系。许多研究表明，不同基团的有机污染物与土壤腐殖质各组分之间的结合程度差异很大。如 Murthy 等将 ^{14}C – 萘酚分别加入到砂黏土、砂壤土和黏土中培养 56 天后，分级提取结果显示，^{14}C – 萘酚结合残留物在不同类型的土壤中分布规律是不同的（Murthy 等，1997）。而属于均三氮苯类的阿特拉津和属于二苯醚类的三氟羧草醚除草剂，在土壤中的分布规律也不同，阿特拉津结合态残留物在土壤腐殖质中的胡敏素 > 富里酸 > 胡敏酸（Capriel 等，1985），三氟羧草醚除草剂则大致均匀分布于富里酸、胡敏酸和胡敏素中（Celi 等，1997）。张连仲（1986）报道，以甲基^{14}C 标记的溴氰菊酯在胡敏素、胡敏酸和富里酸的结合态分别占 58.5%、21.7% 和 16.8%，而以苄基^{14}C 标记的溴氰菊酯分别为 65.6%、24.7% 和 7.1%。Xie 等（1997）的研究结果表明，阿特拉津、2,4 – D 和 DDT 结合残留分布差异也很大。另外，培养温度、水分、氧气等条件，不仅会影响土壤中的结合残留量，而且也将影响结合残留物在土壤腐殖质中的分布（Mervosh 等，1995；Murthy 等，1997；Pons 等，1998；Wang 等，2008，2009）。因此，在评价土壤中的有机污染物结合残留的形成机制、与土壤腐殖质的作用强弱以及分布状况时，应注意到这些差异。

有机污染结合残留物在土壤中是以不同的结合形态存在的，结合形态的松紧状况在很大程度上决定了结合残留物的生物有效性。一般说来，结合在高水溶性、低相对分子质量的腐殖质中的残留物，其水溶性、淋溶性、矿化作用等将有所提高，并且可能参与土 – 水 – 作物系统中的物质交换。而与高相对分子质量腐殖质结合的有机污染残留物的生物可利用性及降解能力大大降低，延长了其在土壤中的滞留时间。^{14}C 示踪技术与土壤腐殖质分级方法联合研究发现，结合态甲磺隆残留物可区分为松结态、稳结态和紧结态等活性不同的组分，大部分是活性较高的松结态，容易释放处理，容易降解，潜在的环境威胁也越大，容易对后茬敏感作物产生药害或污染地下水。松结态甲磺隆残留物的相对百分比与土壤 CEC、无定形铁含量变化规律一致。而稳结态甲磺隆残留物的相对百分比与土壤 CEC、交换性钙、无定形铁（铝）含量呈相反的关系。紧结态甲磺隆残留物的相对百分比与无定形铝含量变化规律基本一致，但不同结合态的甲磺隆残留物的相对百分比与土壤的 pH、黏粒含量及各结合形态腐殖质含碳量之间的关系不是很明显（徐建明等，2002）。

　　有机污染结合残留物与土壤腐殖质的作用是一个动态变化的过程，有机污染物进入土壤之初，优先与活性较高的富里酸或松结态腐殖质组分中相应的官能团结合。但随着时间的延长，分布到活性较低的土壤组分（如胡敏素）中的结合残留物逐渐增多（徐建明等，2002；汪海珍等，2002）。究其原因，可能是土壤中"老化"的有机污染物母体及降解中间产物与土壤中活性较低的组分之间发生了共价键、螯合作用等结合力较强、较稳定的反应所致（Alexander，1995）。总之，如何在土壤中有机污染残留物的分布规律、结合机理、降解方式等研究的基础之上，促使结合残留物分布在对环境影响比较小的土壤腐殖质组分中，研发控制或解决土壤环境中有机污染物残留问题的有效技术或方法等，仍是国内外学者继续关注的研究领域。

7.3　土壤中异源有机污染物的降解

7.3.1　土壤中异源有机污染物的降解模型

　　异源有机污染物在土壤中会发生一系列氧化还原反应、水解反应、光化学反应等化学降解反应，同时，微生物也起着很大的作用。对有机污染物降解起决定性作用的是有机污染物的分子结构，其次还受土壤性质以及环境条件等诸多因素的共同影响。因此，有机污染物降解过程是一个非常复杂的动态过程。目前，国内外在有机污染物残留定量描述的研究中，多以 Hamaker 提出的一级动力学模型来描述，即在不考虑其他因素的条件下，有机污染物的降解速度与其浓度成正比：

$$\frac{\mathrm{d}y}{\mathrm{d}t} = -ky \qquad (k > 0, y(0) = a) \qquad (7-15)$$

式中：y 为有机污染物在 t 时刻的浓度，t 为有机污染物进入土壤环境中的时间，k 为有机污染物降解速度常数，a 为有机污染物在 $t = 0$ 时的浓度（初始浓

度)。解微分方程(7-15)可得:

$$y = ae^{-kt} \qquad\qquad (7-16)$$

由实测数据可估计参数 a、k。

一级动力学模型只能描述降解速度为时间的单调递减函数的情形,过于理想化、简单化,不能完全反映环境因素对降解的影响,应用受到一定的限制(赵红杰等,2007)。许多学者从分析影响有机污染物降解的诸因素出发,分解一级动力学模型中的降解速率常数,改进一级动力学模型提出的机理假设与有关参数经验拟合相互补充的模型,提出了二参数、三参数动力学模型(Liu 等,1987)。如王增辉等(1992)提出的多项式模型,万一平等(1995)提出改进的Rayleigh 模型,刘爱国等(2002)借鉴 Verhulst 建立 Logistic 曲线模型的思想方法,由系统动力学原理导出的农药降解的阻滞动力学模型,宋萍等(2005)还报道了一种通过参数调整兼容指数衰减、线性和非线性作用等各种影响机制的自适应的农药降解非线性动力学模型。

7.3.2　土壤中异源有机污染物的微生物降解

微生物降解有机污染物的研究始于 20 世纪 40 年代末,微生物在土壤和水体环境的有机污染物降解中的巨大潜力及特殊作用,一直是国内外土壤和环境学界的研究热点,研究内容包括有机污染物降解菌的分离、筛选及遗传学研究,有机污染物结构与生物降解之间的关系,以及降解影响因素等,取得了巨大的成绩。

1. 降解异源有机污染物的微生物类群

(1) 特异降解菌的分离、筛选及种类

早在 20 世纪 60 年代中期,人们就发现土壤环境中的微生物细胞通过吸附和吸收积聚除草剂、农药、石油烃及其他有机污染物,同时能降解这些生物异源物质。通过近 50 年的研究发现,细菌、真菌、放线菌、藻类等多种微生物具有降解异源有机污染物的能力,已分离出多种特异降解菌株(表 7-2)。

降解有机磷农药的微生物有假单胞菌属中的嗜中温假单胞菌(*P. mesophilica*)、铜绿假单胞菌(*P. aeruginosa*);芽孢杆菌属中的地衣芽孢杆菌(*Bacillus licheniformis*)和蜡样芽孢杆菌(*B. ceceus*);真菌中有华丽曲霉(*Aspergillus orantus*)和鲁氏酵母菌(*Saccharomyces rouxii*);不动杆菌属(*Acinetobacter*)、黄杆菌属(*Flavobacterium*)、邻单胞菌属(*Plesiomonas*)也有一些菌株能够降解此类有机污染物。

表 7 - 2　降解有机污染物的微生物

微生物		有机污染物
细菌	假单胞菌属（*Pseudomonas*）	DDT、二嗪农、对硫磷、灭草隆、三氯醋酸、氯苯胺灵等
	芽孢杆菌属（*Bacillus*）	DDT、对硫磷、灭草隆、三氯醋酸、七氯、苯硫磷、艾氏剂等
	土壤杆菌属（*Agrobacterium*）	DDT、氯苯胺灵、茅草枯、三氯醋酸、毒莠定等
	黄杆菌属（*Flavobacterium*）	对硫磷、二嗪农、三氯醋酸、毒莠定、2,4 - D、2 甲 4 氯等
	固氮极毛杆菌属（*Azotomonus*）	对硫磷、毒死蜱等
	链球菌属（*Stroptococcus*）	DDT、七氯等
	枝动杆菌属（*Mycoplana*）	2,4 - D、2 甲 4 氯、2,4,5 - T 等
真菌	曲霉属（*Aspergillus*）	DDT、艾氏剂、狄氏剂、七氯、二硝基苯胺、地虫磷、西草净等
	青霉属（*Pinicielium*）	DDT、敌百虫、对硫磷、茅草枯、敌蜱、七氯、五氯硝基苯等
	根霉属（*Rhizopu*）	DDT、地虫磷、阿特拉津、溴硫磷、七氯、艾氏剂、地可松等
	木霉属（*Trichoderma*）	DDT、γ - BHC、五氯酚、艾氏剂、狄氏剂、敌敌畏、五氯硝基苯等
	镰刀菌属（*Fusarium*）	DDT、γ - BHC、艾氏剂、敌百虫、五氯硝基酚、氯苯胺灵等
放线菌	诺卡氏菌属（*Nocardia*）	DDT、艾氏剂、狄氏剂、五氯硝基苯、2,4 - D、七氯、毒莠定等
	链霉属（*Streptomyces*）	艾氏剂、七氯、五氯硝基苯、茅草枯、二嗪农、草枯醚等
藻类	衣藻属（*Chlamydomonas*）	秀谷隆、阿特拉津
	绿藻属（*Chlorolla*）	对硫磷、甲拌磷
	菱形藻属（*Nitzschia*）	DDT

拟除虫菊酯类降解菌主要有产碱菌属，上述降解菌中的曲霉菌、酵母菌及不动杆菌均能够降解此类农药。除草剂类阿特拉津降解菌研究报道较多，农杆菌属、假单胞菌属、芽孢杆菌属、真菌中的某些属等均能降解阿特拉津。Joshi等(1985)的研究表明，对绿磺隆分解起重要作用的微生物主要是放线菌浅灰链霉菌、真菌黑曲霉和青霉3种，其中黑曲霉和青霉能催化磺酰脲桥的水解。某些放线菌、细菌能促进噻磺隆除草剂的脱脂作用(Cambon 等,1998)。周旭辉(2000)从甲磺隆驯化的中性土壤中，筛选出了降解甲磺隆的最优菌株——青霉。近期，白腐真菌降解有机污染物的作用备受关注。

大量研究表明，微生物降解有机污染物的效率既与微生物本身和降解酶有关，又受有机污染物的结构及土壤环境等因素的影响。一般说来，相对分子质量越小、结构越简单的有机污染物越易被分解，如饱和烃最易降解，其次是低相对分子质量的芳香烃；而高相对分子质量的芳香烃和极性有机物的降解速率极低。混合微生物群体对有机污染物的降解效果明显高于单一种类微生物(Macdonald 等,1993;郑重,1990)。

微生物对有机污染物的降解有很多途径，包括氧化、还原、水解、脱卤、脱羧、缩合和异构化等，在降解过程中有很多酶参与(虞云龙等,1996)。由于酶的抗逆性更强，如对硫磷水解酶在10%的无机盐、1%的有机溶剂、50℃都能保持活性，而产生这种酶的假单胞菌在同样的条件下却不能生长。因此，有人提出利用酶来降解土壤中的有机污染物具有更好的前景，而且可避免微生物对环境造成潜在的威胁。Alexander(1985)在实验室将对硫磷水解酶固定在载体上做成固相酶反应器，1分钟内即将对硫磷的浓度从1ppm降到500ppb，连续使用70天仍保持活性。但是，如何获取降解酶以及保持更长时间的活性，还有待于更深入的研究。

(2) 微生物降解酶基因的克隆、表达调控及基因工程菌的构建

目前，降解酶基因的克隆、表达调控研究主要涉及PCR扩增以及酶切降解菌总DNA与建立DNA指纹库两部分(An 等,2001)。李兆君(2005)研究发现，培养后期(56～98天)，经0.158 mg·kg^{-1}甲磺隆结合残留处理的土壤，其DGGE指纹图谱中部分条带较其他处理颜色深，说明污染土壤中可能存在利用甲磺隆结合残留的专性微生物，如何提高这些专性微生物对土壤中有机污染物的降解作用将具有重大的现实意义。而就基因工程菌的构建而言则包括重组代谢途径、改变污染物代谢产物流向及同源基因体外随机拼接等方面。如De Lipthay 等(2001)将编码2,4 - D初始降解步骤酶2,4 - D双加氧酶的基因tfdA，以水平转移的方式转化到一株苯酚降解菌中，这样使受体菌也获得了2,4 - D的降解能力，而且提高了土壤中2,4 - D的降解速度。崔中利等(2002)采用双亲结合法，将甲基对硫磷水解酶基因mpd克隆到对硝基苯酚降解菌P3

之中，构建了能够同时降解对硝基苯酚和甲基对硫磷农药的细菌。其后，又将该基因转移到一株耐盐的盐单胞菌上（*Halomonas* sp.），构建了一株能耐受中等浓度盐的降解甲基对硫磷的基因工程菌 H－pkT－MP，该菌的水解酶活性比甲基对硫磷亲本菌的活性提高了 1 倍左右（刘智等，2003）。闫艳春等（1999）将抗性尖音库蚊五带亚种的抗有机磷农药基因酯酶基因克隆到质粒 pRL－439中，得到了高酶活性的工程菌，将此工程菌固定化后对有机氯、菊酯类两类难降解农药进行降解，固定化细胞在 1 h 内对上两类农药可降解 90% 以上。此外，有机磷农药水解酶基因、阿特拉津降解酶基因已成功地克隆并表达，使构建的工程菌具有更高的降解活性。

异源有机污染物大多是人工合成的化合物，其中一些对人具有致畸、致突变和致癌作用，自然界中的微生物对其降解能力很弱。其原因可能是这些化合物进入自然界的时间比较短，微生物还未进化出降解此类化合物的代谢机制。尽管某些化合物在自然条件下可通过微生物群体的协同作用而缓慢降解，但这对微生物来说仍然是一个新的挑战。微生物通过改变自身的信息获得降解某一化合物的能力的过程非常缓慢，与目前大量使用的人工合成的生物异源物质相比，仅依靠微生物的自然进化显然不能降解日益增加的异源有机污染物。因此，研究在较短的时间内快速降解菌株显得非常重要和迫切。

2. 微生物降解异源有机污染物的机理

由于异源有机污染物种类繁多，不同的微生物降解异源有机污染物千差万别，因而降解机理存在多样化，多数研究是基于酶学理论，从异源有机污染物逐级降解步骤着手，结合共代谢的多种可能途径，研究了解微生物降解异源有机污染物的机理。归结起来，微生物降解异源有机污染物的过程为：由微生物体内相关降解基因编码的酶所催化的由大分子向小分子，由毒性分子向无毒分子的逐步反应，最终形成 CO_2 和 H_2O。

微生物降解异源有机污染物的机理可分为两大类，一是微生物直接作用于有机污染物，通过酶促反应降解有机污染物，常说的有机污染物微生物降解多属于此类；二是通过微生物的活动改变化学和物理环境而间接作用于有机污染物。常见的作用方式包括矿化、共代谢、生物浓缩或累积和微生物对有机污染物的间接作用等，而通过酶促反应降解有机污染物的方式则主要涉及氧化、脱氢、还原、水解、合成等几种反应类型。如阿特拉津在假单胞菌 ADP 的作用下，经历水解脱氯、脱酰胺反应，最后产生氰尿酸和异丙胺（张宏军等，2002）。而有机磷农药的降解与 P—S、P—O 及 P—N 键等的断裂有关（Bello-Ramirez 等，2000；方晓航等，2003）。氯代酚类污染物的初始转化过程则由不同的酶催化进行，只生成几种有限的中间代谢产物，如原儿茶酸，这些中间代谢产物再通过邻裂或间裂途径进一步转化，最终生成中心代谢途径如三羧酸循环中的中间代谢产物(刘和,2003)。以上代谢途径的普遍模式说明通过扩展外围酶的降解功能,可以促进初始污染物降解成为中心代谢途径中的代谢产物之一,并能拓展株菌的污染物降解范围。同时,大量共代谢降解研究表明,尽管参与共代谢的微生物种类多种多样,但参与共代谢的关键酶类却十分有限,如好氧微生物中,主要是单加氧酶和双加氧酶(刘和,2003)。

3. 微生物降解异源有机污染物的影响因素

微生物降解异源有机污染物的影响因素主要包括以下几方面。①土著微生物对有机污染物的降解作用缓慢,接种降解菌可提高有机污染物的降解率。②在一定的接种量和浓度下,有机污染物降解率与接种量存在较好的正相关。③有机污染物浓度太低,不利于微生物降解,但太高可能使微生物的生长受到抑制。④提高土壤湿度,有机污染物降解速率增加。⑤土壤 pH 对微生物降解作用影响很大。一方面,pH 能影响土壤微生物的活性,如氧化亚铁硫杆菌等嗜酸细菌在强酸条件下代谢活性更高,芽孢杆菌属等的细菌可在强碱环境中发挥其降解转化作用。再者,pH 是影响土壤中有机污染物赋存形态的一个重要因素,而土壤中有机物的吸附和生物降解等行为与污染物的赋存形态密切相关。一般认为,土壤微生物主要利用水相污染物而不是吸附态和非水相物质。但研究表明,当土壤 pH 较低时,甲磺隆除草剂主要以中性分子和阴离子形态混合存在,易被土壤颗粒吸附和土壤微生物降解。而土壤 pH 高于其 pK_a 时,大部分呈现阴离子形态,不利于被土壤吸附和微生物利用,使其在土壤中的残留时间较长(汪海珍等,2001)。⑥加入少量有机氮源或碳源,可加快污染物的降解,但加入量过高则往往导致降解率下降,这可能源于微生物对不同碳源的偏好利用。但对外加营养依赖性小、适应性较强的菌剂来说,外源营养物添加与否,对菌剂的降解效果影响不大。⑦有机污染物在土壤中的“老化”过程及其生物有效性,与微生物降解效果密切相关(Niranjan 等,2000;Dimitrios 等,2000)。如汪海珍等(2003b)的研究结果显示,优选菌株 *Penicillium* sp. 或有机肥的加入,均不同程度地促进土壤中甲磺隆的降解,甲磺隆的降解半衰期由162.3d 降至 42.5～51.6d,并促进结合态甲磺隆残留物向可提取态残留物转化或矿化,大大减少了土壤中结合态甲磺隆残留物的形成,56d 时其结合残留率仅为 1.1%～4.6%,而对照土壤中结合残留率仍达到 35.6%。张超兰(2004)报道,可提取态阿特拉津及甲磺隆在受试 3 种土壤中的降解率均存在显著差异,添加有机或无机营养物质,均极显著地促进了土壤中可提取态阿特拉津及甲磺隆的降解,有机物质的促进作用优于无机物料。

7.3.3　土壤－植物－微生物交互效应诱发的根际降解

根际环境与根际微生物是植物降解有毒有害有机污染物的基础,根际环境特别是有机污染物胁迫下的根际环境与一般土体存在显著的差别。由于植物根及其根系分泌作用的存在，根际环境中 pH、Eh、养分状况、微生物组成及酶活性等物理、化学及生物学特性的变化，将直接影响有机污染物在土壤－植物系统中的迁移和转化行为。

1. 异源有机污染物根际降解的作用机制

Günther 等(1996)总结出根际污染物快速降解的可能机理包括：从整体上增加微生物种群数量及多样性，或者选择性的富集污染物降解特异菌群；提高污染物的土壤吸附、植物吸收及迁移转化能力；根系分泌物及脱落物提供污染物共代谢降解底物；根部释放酶，催化降解有机污染物；加速污染物的腐殖化进程；根系生长改善了土壤理化性状等。

（1）根际微生物对有机污染物的代谢降解

由于根系的新陈代谢，根际土壤大多含有丰富的有机物质，因此根际区域存在微生物的富集效应，有机污染物的生物降解速率也由此得到明显提高。大量研究表明，根际有机污染物降解与根际微生物数量及活性密切相关。Sandmann(1984)报道，许多植物根际区的有机污染物降解速率与根际区微生物数量呈正相关。Arthur 等(2000)的研究结果表明，阿特拉津在根区土壤中的半衰期比无植物对照土壤缩短约 75%，且根区土壤中阿特拉津的降解菌数量比对照土壤多 9 倍。Shaw 和 Burns(2005)报道三叶草和黑麦草根际中的根沉降效应改变了 2,4－D 的矿化动力学方程，2,4－D 的降解菌数量也有相应的增加，并加速了 2,4－D 的矿化。Kirk 等(2005)证实，在石油烃类污染物的胁迫下，黑麦草和紫花苜蓿根区微生物群落结构具有选择性的富集效应，污染土壤中的特异降解菌群数量比未污染土壤中的特异降解菌群数量多，这是黑麦草和紫花苜蓿根际石油烃加速降解的根本原因。Yoshitomi 和 Shann(2001)为了证明这种效应，曾原位收集玉米(*Zea mays* L.)根系分泌物，研究其对 ^{14}C－芘矿化作用的影响。结果表明添加 *Zea mays* L. 根系分泌物的土柱，其微生物的 BiologTM 功能多样性增大，^{14}C－芘的矿化作用明显增强。

但也有相反的研究结果，如 Fang 等(2001)发现除草剂胁迫下一些植物根区土壤的降解菌数量并未改变，根区阿特拉津的矿化率甚至比未种植植物的土壤降低了。他们认为可能是供试植物根系脱落物不含有促进降解菌生长的物质，或者不能诱导微生物可能的降解途径，还有可能作为碳源或氮源与阿特拉津竞争，导致矿化率下降。植物整体对阿特拉津的降解可能来自植物自身代谢或被释放的酶降解。

除了上述微生物富集效应，根际环境还存在特种菌形成的趋化效应。Mallick 和 Bharati(1999)报道，二嗪农处理过的水稻根际可分离出黄杆菌属，且这种菌属对毒死蜱有较好的降解效果。郑师章等(1994)报道了凤眼莲同根际细菌——假单胞菌 No.5，通过物种间的化感作用构成系统后，大大提高了酚的降解能力。这种根际环境中的菌种形成趋化效应通常取决于根系分泌物中的特定物质，而不是总量。Heinrich(1985)的研究表明，小麦根分泌物中的氨基酸组分是名为 Azospirillium lipoferum 的一种正趋化物质，且正趋化作用具有一个最适的浓度范围。许多微生物能以土壤中低相对分子质量的 PAHs(双环或三环)作为唯一的碳源和能源，若共氧化，更能促进四环或多环高相对分子质量的 PAHs 的降解(Wilson 等，1993)。

根际微生物混合菌群对污染物降解的作用也受到人们的关注。Sandmann (1984)研究发现，多种微生物混合菌群比单一微生物更能有效地降解污染物。Lappin 等(1985)报道，即使提供相当数量的可利用的碳源，所分离的 5 种微生物均不能在除草剂 2 - 甲基 - 4 氯丙酸存在的介质中生长，但 2 种以上微生物混合可生长于以氯丙酸为唯一碳源的介质中，并且可以降解氯丙酸，还能降解 2,4 - D 和 2 - 甲基 - 4 苯酚乙酸。

（2）根际活性物质对污染物土壤环境行为的影响

早期研究结果表明，根系及根际微生物分泌的部分有机物，可能会提高污染物质的生物有效性，可对其迁移、转化等造成影响(Chanmugathas 等，1987)。一般情况下，HOCs 进入土壤后往往被吸附于土壤中，很少游离于水相，未被吸附的 HOCs 易被微生物降解，而吸附态的污染物生物有效性大大降低(戴树桂等,1999)。植物根系分泌物中可能存在类似表面活性剂的成分，这种物质可通过改善吸附态污染物在土壤中的生物有效性，从而促进污染物解吸，提高其生物有效性。Roy(1997)用从果树无患子(Sapindus mukurossi)果皮提取的表面活性剂洗涤土柱，发现浓度为 0.5% 和 1% 时，六氯苯回收率分别是水洗涤的 20 倍和 100 倍。同样，许多微生物在降解难溶物质时，都产生表面活性物质，也能增强吸附态污染物的溶解，从而加快分解。

不少异源有机污染物在自然条件下降解十分缓慢，但当有其他可利用的基质存在时，伴随着微生物代谢这些基质，氯苯类化合物也发生分解，这就是共代谢过程。张晓健等(1998)报道，易降解有机物存在时，二氯苯生物降解速率提高。根系分泌物通常以糖、有机酸和氨基酸的形式存在，这些物质都是微生物极易利用的基质，因此也可在微生物分解异源有机污染物时起共代谢或协同作用。石油污染土壤根际分离出的 R3 菌株，仅在葡萄糖或灭菌植物根分泌物共存下时才能以 C_2H_2 为基质。根系释放的酚酸、黄酮酸、萜烯既能作为微生物的生长基质，又可诱导细菌降解 PCBs(Gilbert 等,1997)。

此外，根际特定酶(系)在污染物作用下的诱导表达，会改变生物体对另一类化合物的代谢行为，这也是根 - 土界面污染物降解的重要机理。根系分泌的一些酶可直接降解或共代谢降解异源有机污染物，如氰水解酶对 4 - 氯苯氰、脱卤素酶对六氯乙烷和三氯乙烯的降解能力，以及过氧化物酶对五氯酚和腐殖酸前体的共聚合作用已得到证实（Morimoto 等, 2000; Bhandariet 等, 2001; Paaso 等, 2002）。

在根际矿物质和腐殖质对污染物化学行为及降解的影响方面，大量研究表明，氧化铁在有机污染物的富集和降解中存在明显作用，如铁锰氧化物能催化酚类及苯胺类化合物的氧化，Fe^{3+} 可通过促进光解产物 HO^- 的生成而催化阿特拉津的降解等（Ukrainczyk 等, 1993; Maria 等, 1998; Balmer 等, 1999）。Roper 等（1995）证实，高活性腐殖质能促进低活性污染物的聚合转化，土壤腐殖质成分对矿物催化的有机污染物转化过程存在积极的作用。根际环境特别是湿生或水生植物根际，根 – 土界面氧化铁、锰胶膜的形成，以及根际土壤腐殖质组成的变化，无疑会对有机污染物的土壤化学行为产生影响（Macfie 等, 1987; Filip 等, 2001; Hansel 等, 2001）。

（3）根际理化性状对有机污染物降解的激发作用

在根 – 土界面，根际 Eh 值提高后形成的氧化微环境，可大大激发微生物对有机污染物的分解。刘志光和于天仁（1983）测得非根际水稻土的 Eh 值约为 -100 mV，而根系密集处的土壤 Eh 值可达 $150 \sim 250$ mV。这种水生植物根际 Eh 值的变化将直接制约微生物种群的分布，进而影响有机物的降解，如对硫磷在水稻根际中的降解率为 22.6%，而在非根际土壤中仅降解 5.5%，前者是后者的 4 倍。PCP 的降解受 Eh 制约，在旱田中的降解速率大于水田（林琦, 2002）。此外，根际 pH 可通过影响污染物的溶解度，并对根际环境污染物的活性、吸附、降解等行为产生影响，对于 HOCs 则更为明显。

研究报道，根系对有机污染物的吸收、代谢也是根际修复的可能机理之一，但这种作用与污染物的特有化学性质——辛醇 – 水分配系数（$\lg K_{ow}$）密切相关。对于大部分疏水性较弱（$\lg K_{ow}$ 介于 $0.5 \sim 3$）的有机化合物而言，植物可吸收，并参与植物代谢，最终转化成无毒物质，如许多高等植物可吸收苯酚，并于体内将其转化为复杂的化合物（如酚糖苷等）而使其毒性消失。但对于疏水性较强（$\lg K_{ow} \geq 3$）的有机污染物，植物的吸收作用则相对微弱。

2. 异源有机污染物根际降解的影响因素

（1）植物种类及土壤特性

不同的植物具有不同的根系，不同的根比表面积产生不同的根系分泌物，形成不同的根际效应，根际胁迫及根际修复研究中入选的主要植物种类如表 7 – 3 所示。Anderson 等（1993）研究结果表明，由于须根系、深根系的草本植物较之其他植物具有更大的比表面积，能吸引更多的微生物在根际聚集，故其在有机污染物根际修复中可能具有更大的应用潜力。

表7-3 根际胁迫及根际修复研究中入选的主要植物种类

植物种类	有机污染物
谷物	阿特拉津、芘、表面活性剂
小麦	2-甲基-4氯丙酸、二嗪农
水稻	硝基苯酚、对硫磷
玉米	燃油烃类
豆类	二嗪农、对硫磷、表面活性剂、四氯乙烯
紫花苜蓿	多氯联苯、葵烷及菲等混合污染物、蒽、芘
黑麦草	氯苯甲酸盐、阿特拉津、菲、蒽、3-6环芳烃、烃类化合物
酥油草	阿特拉津、菲、蒽、芘、苯并芘
红花苜蓿	2,4,5-T、2,4-DCP、2,4-D、酚
苏丹草	阿特拉津、菲、蒽、芘
冰草	阿特拉津、菲、五氯苯酚
柳枝稷	阿特拉津、菲、蒽、芘
牧草	多环芳烃
梯牧草	2,4,5-T、2,4-DCP、2,4-D、酚
蓝草	葵烷及菲等混合污染物

土壤类型对污染物微生物降解有显著的影响，主要体现在不同土壤对污染物的吸附能力的差异，以及土壤微生物活性及多样性等方面。在实验研究过程中，为了减少土壤吸附的影响，通常选用粉壤土及砂壤土作为供试土壤（Anderson 等，1993；Boyle 等，1998）。距离根系不同的土壤，其性质差异非常大，目前针对外源污染物，特别是有机污染物削减的根际效应研究还较少，而此类研究是开展根际修复应用研究的基本理论前提，应予以重视。

（2）根系分泌物

有机污染物胁迫下的植物特异性根系分泌物的研究尚处于起步阶段，现有的研究大多是基于添加人工合成根系分泌物（Overbeek 等，1995；Joner 等，2002），也有人尝试收集和分离污染胁迫下的根系分泌物，研究根系分泌物与污染物降解之间的关系（Günther 等，1996；Yoshitomi 等，2001）。具体做法是将植物种植在特定的滤纸、石英砂、土壤中，或者将植物的地上部分暴露在放射性同位素中，收集介质的冲洗物和滤出物，然后进行分析。这些方法为污染胁迫下特异性根系分泌物的研究带来很大方便，但与真实情况还存在很大的差异，研究结果与收集分离方法有很大的关系，并且一些还存在着模棱两可的解释。显然，污染胁迫下特异性根系分泌物的产生是个复杂综合的过程，尚需在研究方法上不断地探索创新。

（3）污染物胁迫时间

污染物胁迫时间的长短与污染物在土壤中的老化过程密切相关，并影响其根际降解速率。由于采集自然污染原土存在一定的困难，研究者均添加污染物制备污染土样，这就涉及污染物在土壤中的平衡时间问题，平衡一定的时间后的"老化"土壤，污染物生物有效性更低，抗性更强（Anderson 等,1993;Reilley 等,1996）。Binet 等(2000)的研究结果显示，新污染的 PAHs 黑麦草根际降解速率比老化 6 个月的要高得多。

（4）接种菌根真菌

菌根作为真菌与植物的结合体，对土壤的影响具有微生物和植物的双重特性，不仅能从微生物修复角度改变土壤微生物的种类和数量，影响有机物降解，还能从植物修复角度通过改善根系的吸收面积、降低植物与土壤之间的流体阻力、促进根系对水分和养分的吸收与利用等方式来影响有机物的降解。因此，接种菌根真菌实际上是将植物修复与微生物修复紧密地结合在一起。虽然很少有菌根真菌和菌根植物降解土壤有机污染物的研究报道，但在许多土壤微生物和植物降解土壤有机污染物的研究中均涉及菌根对土壤有机污染物的降解作用，使当前污染物胁迫的根际效应研究延伸到菌根际。Donnelly 等(1994)证明了外生菌根菌丝在 PCBs 降解中的作用，王曙光等(2002)报道，VA 菌根在邻苯二甲酸二酯降解和转移过程中起着至关重要的促进作用。但 Joner 等(2006)对菌根真菌和菌根在加速土壤有机污染物降解中的作用提出质疑，他们以 3 种 PAHs 为例，对外生菌根真菌粘盖牛肝菌(*Suillus bovinus*)在 PAHs 相关环境行为中的影响作用进行了研究，发现由于粘盖牛肝菌的菌丝体具有疏水性的特点，更易吸收疏水性的 PAHs 到菌根内，由此抑制了 PAHs 在菌根际中的降解，这种作用与菌丝体对菌根际内养分的消耗作用类似。

7.4 土壤异源有机污染生物修复理论与技术

污染土壤防治主要包括两个方面的内容：一是源头控制，即有效地降低污染物的排放；二是污染土壤的修复，其关键科学问题是污染物在土壤与其他环境和生物介质之间的通量及其调控技术。概括起来，污染土壤修复分为物理修复、化学修复和生物修复。其中，物理修复和化学修复主要包括化学淋洗、溶剂浸提、化学氧化/还原、化学脱卤、电化学、固化/稳定化、蒸汽抽提、强化破裂、空气喷射、可渗透反应墙、物理分离、热解吸、玻璃化和活性炭吸附等修复技术。广义上的生物修复包括植物修复、动物修复和微生物修复，分为异位(ex-situ)修复、原位(in-situ)修复及两者相结合的修复方法。其中，异位修复包括预制床技术、生物反应器技术、厌氧处理和常规的堆肥法等；原位修复包括投菌法、生物培养法和生物通气法等。下面仅介绍污染土壤生物修复的理论与技术。

7.4.1　异位生物修复

异位生物修复也称为非原位生物修复，是将污染的土壤挖出，集中起来进行生物降解。这种方法包括土耕法、土壤堆肥法、预制床法、生物堆层法、生物反应器或生物泥浆法，等等（Truax 等，1995；Zappi 等，1996）。

异位生物修复方法可以人为设计和安装各种过程控制器或生物反应器，以达到最佳的降解效果，其中生物反应器（图 7 − 3）是污染土壤生物修复最灵活的方法，能最大限度地满足污染物生物降解所需的最适宜条件，获得最佳的处理效果。美国密西西比州立大学利用生物反应器修复柴油污染的土壤，结果表明，含油量为 1 335 mg·kg^{-1}砂土（湿重）60 天后的除油率高达 91%，含油量为 1 675 mg·kg^{-1}砂土（湿重）的除油率达 86%（Truax 等，1995；Zappi 等，1996）。

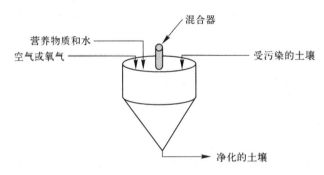

图 7 − 3　生物反应器的结构

其工作流程如下：把污染土壤挖出移入至生物反应器中，加入 3 ~ 9 倍的水混合呈泥浆状，同时加入必要的营养物质或表面活性剂，生物反应器可在好氧或厌氧条件下运转。当需氧时，经喷嘴导入氧气或压缩空气或通过加 H_2O_2产生，然后剧烈搅拌使微生物与底物充分接触，降解到处理目标后，将土壤排出脱水。

7.4.2　原位生物修复

原位生物修复方法是直接向污染区域接种特异微生物或种植植物，或添加氮、磷等营养物质，或采用供氧等方法来改善生物栖息的土壤环境条件，提高生物降解能力。主要包括投菌法、生物培养法、植物修复、生物通气法、P/T法、渗滤法、空气扩散等（陈玉成，1999；朱利中，1999）。原位生物修复方法具有以下几个优点：能强化有机污染物降解，缩短修复时间；方法相对简单，费用较低；生态风险较小。许多国家应用这种技术处理石油污染土壤，取得了较好的成效。如美国犹他州某空军基地对航空发动机油污染的土壤，先将土壤湿度调节到 8% ~ 12%，再添加氮、磷等营养物质，结合打竖井抽风等方法，13 个月后，土壤中的平均油含量由 410 mg · kg^{-1} 降至 38 mg · kg^{-1}（郑远扬，1993）。

7.4.3　植物修复

土壤污染植物修复作为一种廉价的绿色治理技术备受关注，有关研究越来越多，有的已达野外应用水平。与微生物修复相比，植物修复更适用于原位修复。但是研究植物去除有机污染物比较困难，因为有机污染物在植物体内的形态较难分析，形成的中间代谢物也较复杂，很难观察其在植物体内的转化。另外，植物的存活力与土壤性质和污染物浓度等密切相关，植物修复的费用虽然比较低，但与物理修复、化学修复方法相比修复时间要长一些。植物修复最适用于大面积受辛醇 - 水分配系数为 0.5 ~ 3 的中等疏水性或不易移动的有机污染物浅污染（<5m）的场所，其中的污染物包括 BTEX（苯、甲苯、乙苯和混二甲苯）、有机氯溶剂（三氯乙烯、DDT、PCP 等）、TNT、GTN、酞酸酯，过剩的氮、磷营养物质等（Schnoor 等，1995；Cunningham 等，1996；Salt 等，1998）。

植物去除土壤环境中有机污染物的机理主要有植物直接吸收有机污染物、植物释放的酶和分泌物、刺激土壤环境中的微生物活性和有机污染物的生物化学转化作用，等等（图 7 - 4）（Paterson 等，1990；Schnoor 等，1995；Cunningham

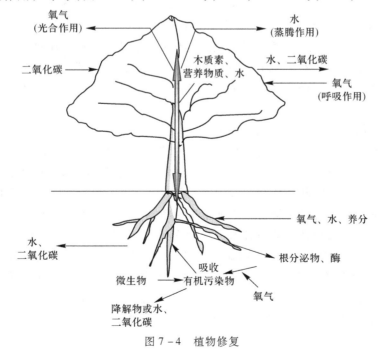

图 7 - 4　植物修复

等,1996;Salt 等,1998)。

1. 植物对有机污染物的直接吸收

植物通过根从土壤中直接吸收有机污染物,是植物修复有机污染物(尤其是中等疏水性有机污染物)的一个重要机理(Anderson 等,1993)。植物对有机污染物的吸收受有机污染物的理化性质、植物种类、蒸腾作用、土壤环境等因素的影响。植物能从土壤的固相、气相和液相 3 种土相中吸收有机污染物,但大部分有机污染物是从液相的土相中被吸收。有机污染物被吸收后,在植物体内会有多种去向(Anderson 等,1993;Cunningham 等,1996),可将其直接分解,可通过木质化作用将有机污染物及没有毒性的代谢中间体储存在植物组织中,也可通过挥发、代谢或矿化作用使其转化为二氧化碳和水。但许多有机污染物实际上是以一种很少能被生物利用的形式束缚在植物组织中,普通的化学提取方法也无法提取测定处理。植物直接吸收的有机污染物是否会通过食物链对动物及人类造成污染,还应做更深入的研究。

2. 植物释放的酶和分泌物对有机污染物的降解作用

植物可向土壤中释放一些酶和分泌物,一方面提高土壤微生物活性(即酶促反应),促进污染物降解;另一方面,酶本身具有降解污染物的作用,甚至远胜于微生物,特别是对低浓度的有机污染物(Anderson 等,1993)。许多研究结果表明,尽管释放到根区土壤中的酶和分泌物因植物种类而异,但均能促进一些有机污染物的降解(Anderson 等,1993;Schnoor 等,1995;Cunningham 等,1996)。如硝酸还原酶、树胶氧化酶具有降解 TNT、GTN 等有机污染物的能力;脱卤素酶和漆酶可降解有机氯溶剂(TCE),生成 Cl^-、H_2O 和 CO_2。所以,可通过植物根区微生物或酶的筛选、分离,来寻找能降解某种有机污染物的微生物或酶类,经富集驯化后接种到受污染的土壤中,快速降解有机污染物。

植物修复在治理土壤污染方面的作用已越来越突出,如何选育耐污力强、根系发达、能快速生长及高效降解有机污染物的"超级植物",或利用植物基因工程技术,导入能进行生物降解的微生物基因来构建转基因植物或创造植物 – 微生物联合修复的方法等,仍将是植物修复有机污染土壤的重要研究方向之一。有机污染物胁迫下土壤 – 植物 – 微生物交互效应诱发的根际环境,由于其微域性、动态性和复杂性等特点以及对污染物化学行为与生态效应的影响作用,一直受到研究者的极大关注。进一步系统研究有机污染物的根际修复途径及其内在机制,开发有效的植物和微生物资源,充分协调植物、微生物和根际环境的关系以及寻求更加合理、有效的措施提高植物修复的效率,将是促进有机污染环境生物修复应用技术发展的重要基础和支撑。

参 考 文 献

安琼.1992. 土壤中的农药结合残留问题. 土壤学进展，1：10－15.

陈玉成.1999. 土壤污染的生物修复. 环境科学动态，2：7－11.

崔中利，张瑞福，何键，李顺鹏.2002. 对硝基苯酚降解菌 P3 的分离、降解特性及基因工程菌的构建. 微生物学报，42(1)：19－25.

戴树桂，董亮.1999. 表面活性剂对受污染环境修复作用研究进展. 上海环境科学，18(9)：420－424.

戴树桂，刘广良，钱芸，孙玉宝.2001. 土壤多介质环境污染研究进展. 土壤与环境，10(1)：1－5.

方晓航，仇荣亮.2003. 有机磷农药在土壤环境中的降解转化. 环境科学与技术，26(2)：57－62.

傅克文.1985. 农业环境的化学污染. 北京：农业出版社.

金守鸣.1987. FAO/IAEA 土壤农药结合态残留量测定的标准方案及其联合试验. 核农学通报，4：36－39.

李克斌，王琪全，刘维屏.1998. 除草剂苯达松与腐殖酸作用机理的研究. 上海环境科学，17：18－20.

李兆君.2005. 土壤中甲磺隆结合残留的风险评价及水稻对其响应基因型差异的机理研究. 浙江大学博士学位论文.

林琦.2002. 重金属污染土壤植物修复的根际机理. 浙江大学博士学位论文.

刘爱国，花日茂，卢罡.2002. 农药降解的阻滞动力学模型. 安徽农业大学学报，29(4)：407－411.

刘和.2003. 芳香烃化合物的微生物降解及基因工程菌的构建. 浙江大学博士学位论文.

刘维屏，季瑾.1996. 农药在土壤－水环境中归宿的主要支配因素——吸附和脱附. 中国环境科学，16(1)：25－30.

刘维屏，王琪全，方卓.1995. 新农药环境化学行为研究——除草剂绿草定(Triclopyr)在土壤－水环境中的吸附和光解. 中国环境科学，15(4)：311－315.

刘维屏，郑巍，宣日成，王琪全.1998. 除草剂咪草烟在土壤上吸附－脱附过程及作用机理. 土壤学报，4(35)：475－481.

刘维屏.2006. 农药环境化学. 北京：化学工业出版社.

刘智，洪青，徐剑宏，张国顺，李顺鹏.2003. 耐盐及苯乙酸、甲基对硫磷降解基因工程菌的构建. 微生物学报，43(3)：554－559.

刘志光，于天仁.1983. 土壤电化学性质的研究. Ⅱ微电极方法在土壤研究中的应用. 土壤学报，11：160－170.

孟庆笠，储少岗，徐晓白.2000. 多氯联苯的环境吸附行为研究进展. 科学通报，45：1572－1583.

欧阳天贽，赵振华，顾小曼，李学垣．2003.除草剂苄嘧磺隆在针铁矿表面吸附的红外光谱研究．光谱学与光谱分析，6(12)：1097-1100.

宋萍，洪伟，吴承祯，范海兰．2005.农药降解动力学模型的改进研究．中国生态农业学报，13(2)：68-70.

万一平，张庆国．1995.Rayleigh 模型在农药残留上的应用．安徽农业大学学报，22(4)：461-463.

汪海珍，徐建明，谢正苗．2003a.甲磺隆结合残留对土壤微生物的影响．农药学学报，5(2)：69-78.

汪海珍，徐建明，谢正苗．2003b.甲磺隆污染土壤生物修复的初步探索．农药学学报，5(4)：53-58.

汪海珍，徐建明，谢正苗，叶庆富．2001.土壤中^{14}C-甲磺隆存在形态的动态研究．土壤学报，38(4)：547-557.

汪海珍，徐建明，谢正苗，叶庆富．2002.甲磺隆在土壤腐殖物质中结合残留的动态变化．环境科学学报，22(2)：256-260.

王曙光，林先贵，尹睿．2002.VA 菌根对土壤中 DEHP 降解的影响．环境科学学报，22(3)：369-373.

王增辉，安希忠，李长虹．1992.农药降解规律的数学方法探讨．农业环境保护，11(6)：283-285.

魏开湄．1985.农药在土壤环境中的行为和归宿(一)．农村生态环境，3：41-46.

徐建明，汪海珍，谢正苗，陈祖亮．2002.甲磺隆结合残留物在土壤结合态腐殖物质中的分布．中国环境科学，22(1)：1-5.

徐晓白．1990.有毒有机物环境行为和生态毒理论文集．北京：中国科学技术出版社．

徐应明．2007.污染土壤修复、诊断与标准体系建立的探讨．农业环境科学学报，26(2)：413-418.

宣日成，王琪全，郑巍，刘惠君，刘维屏．2000.吡虫啉在土壤中的吸附及作用机理研究．环境科学学报，20(2)：198-238.

闫艳春，乔传令，周晓涛．1999.一种工程菌的高酶活及其固定化细胞对农药的降解．中国环境科学，19(5)：461-465.

杨光富，赵国锋，陆荣健，刘华银，杨华铮．1998.以 ALS 为靶标的新型除草剂的分子设计、合成及生物活性研究——V.磺酰脲、稠杂磺酰胺类除草剂与受体的初级作用模型．中国科学(B 辑)，28(3)：283-288.

杨景辉．1995.土壤污染与防治．北京：科学出版社．

杨炜春，王琪全，刘维屏．2000.除草剂莠去津(atrazine)在土壤-水环境中的吸附及其机理．环境科学，4(21)：94-97.

杨雅秀．1994.中国粘土矿物．北京：中国地质出版社．

叶庆富．2000.土壤中磺酰脲类除草剂结合残留的形成、组成及其对植物药害的分子机理．浙江大学博士学位论文．

虞云龙，樊德方，陈鹤鑫．1996.农药微生物降解的研究现状与发展策略．环境科学进展，

4(3)：28 – 36.

岳玲，余志扬，汪海燕，叶庆富，吕龙 . 2009. 好氧土壤中［C 环 – U – 14C］丙酯草醚的结合残留及其在腐殖质中的分布动态 . 核农学报，23(1)：134 – 138.

占伟，吴文忠，徐盈 . 1998. 有机有毒污染物在土壤及底泥系统中的吸附/解吸行为研究进展 . 环境科学进展，6：1 – 13.

张超兰 . 2004. 外源物质对除草剂污染土壤中微生物生物量及除草剂快速降解的影响 . 浙江大学博士学位论文 .

张宏军，崔海兰，周志强，江树人 . 2002. 莠去津微生物降解的研究进展 . 农药学学报，4(4)：10 – 16.

张连仲 . 1986. 溴氰菊酯的结合残留 . 环境化学，5(2)：19 – 27.

张晓健，瞿福平，何苗，顾夏声 . 1998. 易降解有机物对氯代芳香化合物好氧生物降解性能的影响 . 环境科学，19(5)：25 – 28.

赵红杰，叶非 . 2007. 农药降解与残留分析中数学模型的应用 . 东北农业大学学报，38(1)：68 – 72.

郑师章，乐毅全，吴辉，汪敏，赵大君 . 1994. 凤眼莲及其根际微生物共同代谢和协同降酚机理的研究 . 应用生态学报，5(4)，403 – 408.

郑远扬 . 1993. 石油污染生化处理的进展 . 国外环境科学技术，3：46 – 50.

郑重 . 1990. 农药的微生物降解 . 环境科学，11(2)：68 – 72.

周旭辉 . 2000. 土壤中甲磺隆的微生物降解研究 . 浙江大学硕士学位论文 .

朱利中 . 1999. 土壤及地下水有机污染的化学与生物修复 . 环境科学进展，7(2)：65 – 71.

Adrian P, Lahaniatis E S, Andreux F, Mansour M, Scheunert I, Korte F. 1989. Reaction of the soil pollutant 4 – chloroaniline with the humic acid monomer catechol. Chemosphere, 8：1599 – 1609.

Alexander M. 1985. Biodegradation of organic chemicals. Environmental Science and Technology, 19：106 – 111.

Alexander M. 1995. How toxic are toxic chemicals in soil. Environmental Science and Technology, 29：2713 – 2717.

Alkorta I, Garbisu C. 2001. Phytoremediation of organic contaminants in soils. Bioresource Technology, 79：273 – 276.

An H R, Park H J, Kim E S. 2001. Cloning and expression of thermophilic catechol 1, 2 – dioxygenase gene (catA) from Streptomyces setonii. FEMS Microbiology Letters, 195：17 – 22.

Anderson T A, Guthie E A, Waltin B T. 1993. Bioremediation in the rhizosphere. Environmental Science and Technology, 27：2630 – 2636.

Andreux F, Portal J M, Schiavon M, Bertin G. 1992. The binding of atrazine and its dealkylated derivatives to humic-like polymers derived from catechol. Science of the Total Environment, 117/118：207 – 217.

Aprill W, Sims R C. 1990. Evaluation of the use of prairie grasses for stimulating polycyclic aromatic hydrocarbon treatment in soil. Chemosphere, 20：253 – 265.

Arthur E L, Perkovich B S, Anderson T A. 2000. Degradation of an atrazine and metolachlor herbicide mixture in pesticide-contaminated soils from two agrochemical dealerships in LOWA. Water, Air and Soil Pollution, 119: 75 – 90.

Balmer M E, Sulzberger B. 1999. Atrazine degradation in irradiated iron/oxalate systems: Effects of pH and oxalate. Environmental Science and Technology, 33: 2418 – 2424.

Banks M K, Lee E, Schwab A P. 1999. Evaluation of dissipation mechanisms for benzo [a] pyrene in the rhizosphere of tall fescue. Journal of Environmental Quality, 28: 294 – 298.

Barriuso E, Schiavon M, Andreux F, Portal J M. 1991. Localization of atrazine non-extractable (bound) residues in soil size fractions. Chemosphere, 22: 1131 – 1140.

Bello-Ramirez A M, Carreon-Garabito B Y, Nava-Ocampo A A. 2000. A theoretical approach to the mechanism of biological oxidation of organophosphorus pesticide. Toxicology, 149: 63 – 68.

Berry D F, Boyd S A. 1985. Decontamination of soil through enhanced formation of bound residues. Environmental Science and Technology, 19: 1132 – 1133.

Bhandari A, Xu F X. 2001. Impact of peroxidase addition on the sorption – desorption behavior of phenolic contaminants in surface soils. Environmental Science and Technology, 35: 3163 – 3168.

Binet P, Portal J M, Leyval C. 2000. Dissipation of 3 – 6 – ring polycyclic aromatic hydrocarbons in the rhizosphere of ryegrass. Soil Biology and Biochemistry, 32: 2011 – 2017.

Bollag J M, Loll M J. 1983. Incorporation of xenobiotics into soil humus. Experientia, 39: 1221 – 1232.

Bollog J M, Meyers C J, Minard R D. 1992. Biological and chemical interactions of pesticides with soils. Science of the Total Environment, 123/124: 205 – 217.

Bosetto M, Arfaioli P, Fusi P. 1993. Interactions of alachlor with homoionic montmorillonites. Soil Science, 155: 105 – 113.

Boyd S A, Sheng G, Teppen B J, Johnston C. 2001. Mechanisms for the adsorption of substituted nitrobenzenes by smectite clays. Environmental Science and Technology, 35: 4227 – 4234.

Boyle J J, Shann J R. 1998. The influence of planting and soil characteristics on mineralization of 2,4,5 – T in rhizosphere soil. Journal Environmental Quality, 27: 704 – 709.

Braida W J, Pignatello J J, Lu Y, Ravikovitch P I, Neimark A V, Xing B. 2003. Sorption hysteresis of benzene in charcoal particles. Environmental Science and Technology, 37: 409 – 417.

Calderbank A. 1989. The occurrence and significance of bound residues in soil. Reviews of Environmental Contamination and Toxicology, 108: 72 – 103.

Cambon J P, Bastide J, Vega D. 1998. Mechanism of thifensulfuron-methyl transformation in soil. Journal of Agriculture and Food Chemistry, 46: 1210 – 1216.

Capriel P, Haisch A, Khan S U. 1985. Distribution and nature of bound (nonextractable) residues of atrazine in a mineral soil nine years after herbicides application. Journal of Agriculture and Food Chemistry, 33: 567 – 569.

Carringer R D, Weber J B, Monaco T J. 1975. Adsorption – desorption of selected pesticides by organic matter and montmorillonite. Journal of Agriculture and Food Chemistry, 23: 569 – 572.

Celi L, Gennari M, Schnitzer M, Khan S U. 1997. Extractable and nonextractable (bound) residues of Acifluorfen in an organic soil. Journal of Agriculture and Food Chemistry, 45: 3677 – 3680.

Chanmugathas P, Bollag J M. 1987. Microbial role in immobilization and subsequent mobilization of cadmium in soil suspensions. Soil Science Society of America Journal, 51: 1184 – 1191.

Chen S, Inskeep W P, Williams S A, Callis P R. 1992. Complexation of 1 – naphthol by humic and fulvic acids. Soil Science Society of America Journal, 56: 67 – 73.

Chiou C T, Kile D E. 1998. Deviations from sorption linearity on soils of polar and nonpolar organic compounds at low relative concentrations. Environmental Science and Technology, 32: 338 – 343.

Chiou C T, Kile D E, Rutherford D W, Sheng G, Boyd S A. 2000. Sorption of selected organic compounds from water to a peat soil and its humic-acid and humin fractions: Potential sources of the sorption nonlinearity. Environmental Science and Technology, 34: 1254 – 1258.

Chiou C T, Lee J F, Boyd S A. 1990. the surface area of soil organic matter. Environmental Science and Technology, 24: 1164 – 1166.

Chiou C T, Lee J F, Boyd S A. 1992. Reply to comment on "the surface area of soil organic matter". Environmental Science and Technology, 26: 404 – 406.

Chiou C T, Peters L J, Fried V H. 1979. A physical concept of soil – water equilibria for nonionic organic compounds. Science, 206: 831 – 832.

Chiou C T, Rutherford D W, Manes M. 1993. Sorption of N_2 and EGBE vapors on some soils, clays, and minerals oxides and determination of sample surface area by use of sorption data. Environmental Science and Technology, 27: 1587 – 1594.

Cox L, Koskinen W C, Yen P Y. 1997. Sorption – desorption of imidacloprid and its metabolites in soils. Journal of Agricultural and Food Chemistry, 45: 1468 – 1472.

Cunningham S D, Ow D W. 1996. Promises and prospects of phytoremediation. Plant Physiology, 110: 715 – 719.

Curtis G P, Reinhard M, Rroberts P V. 1986. In Geochemical Processes at Mineral Surfaces, Davis J A, Hayers K F, Eds. America Chemical Society: Washington DC.

De Lipthay J R, Barkay T, Sϕrensen S J. 2001. Enhanced degradation of phenoxyacetic acid in soil by horizontal transfer of the tfdA gene encoding a 2,4 – dichlorophenoxyacetic acid dioxygenases. FEMS Microbiology Ecology, 35: 75 – 84.

Dimitrios G K, Allan W. 2000. Factors influencing the ability of Pseudomonas putida epI to degrade ethoprophos in soil. Soil Biology and Biochemistry, 32: 1753 – 1762.

Donnelly P K, Hedge R S, Fletcher J S. 1994. Growth of PCB-degrading bacteria on compounds from photosynthetic. Chemosphere, 28: 981 – 988.

Fang C W, Radosevich M, Fuhrmann J J. 2001. Atrazine and phenanthrene degradation in grass rhizosphere soil. Soil Biology and Biochemistry, 33: 671 – 678.

Ferro A M, Sims R C, Bugbee B. 1994. Hycrest crested wheatgrass accelerates the degradation of pentachlorophenol in soil. Journal of Environmental Quality, 23: 272 – 279.

Filip, Z, Kubat J. 2001. Microbial utilization and transformation of humic substances extracted from soils of long-term field experiments. European Journal of Soil Biology, 37: 167 – 174.

Gan J, Koskinen W C, Becket R L, Buhler D D. 1995. Effect of concentration on persistence of alachlor in soil. Journal of Environmental Quality, 24: 1162 – 1169.

Gevao B, Semple K T, Jones K C. 2000. Bound pesticide residues in soils: A review. Environmental Pollution, 108: 3 – 14.

Gilbert E S, Crowley D E. 1997. Plant compounds that induce PCB biodegradation by *Arthrobactor* sp. Strain B. Applied and Environmental Microbiology, 63: 1933 – 1938.

Grathwohl P. 1990. Influence of organic matter from soils and sediments from various origins on the sorption of some chlorinated aliphatic hydrocarbons: Implications on Koc correlations. Environmental Science and Technology, 24: 1687 – 1692.

Gunasekara A S, Xing B S. 2003. Sorption and desorption of naphthalene by soil organic matter: Importance of aromatic and aliphatic components. Journal of Environmental Quality, 32: 240 – 246.

Günther T, Dornberger U, Fritsche W. 1996. Effects of ryegrass on biodegradation of hydrocarbons in soil. Chemoshpere, 33: 203 – 215.

Hansel, C M, Fendorf S, Sutton S, Newville M. 2001. Characterization of Fe plaque and associated metals on the roots of mine-waste impacted aquatic plants. Environmental Science and Technology, 35: 3863 – 3868.

He Y, Liu Z Z, Zhang J, Wang H Z, Shi J C, Xu J M. 2011. Can assessing for potential contribution of soil organic and inorganic components for butachlor sorption be improved? Journal of Environmental Quality, 40: 1705 – 1713.

He Y, Xu J M, Wang H Z, Ma Z H, Chen J Q. 2006. Detailed sorption isotherms of pentachlorophenol on soils and its correlation with soil properties. Environmental Research, 101: 362 – 372.

Heinrich D. 1985. Chemotactic attraction of Azospirillum lipoferuny by wheat roots and characterization. Canadian Journal of Microbiology, 31: 26 – 31.

Huang W, Schlautman M A, Yu H, Weber Jr W J. 1996. A distributed reactivity model for sorption by soils and sediments. 5. The influence of near-surface characteristics in mineral domains. Environmental Science and Technology, 30: 2993 – 3000.

Huang W, Young T, Schlautman M A, Yu H, Weber Jr W J. 1997. A distributed reactivity model for sorption by soils and sediments. 9. General isotherm nonlinearity and applicability of the dual reactive domain model. Environmental Science and Technology, 31: 1703 – 1710.

Huang W, Yu H, Weber Jr W J. 1998. Hysteresis in the sorption and desorption of hydrophobic organic contaminants by soils and sediments. 1. A comparative analysis of experimental protocols. Journal of Contaminant Hydrology, 31: 129 – 148.

Joner E J, Corgie S C, Amellal N, Leyval C. 2002. Nutritional constraints to degradation of polycyclic aromatic hydrocarbons in a simulated rhizosphere. Soil Biology and Biochemistry, 34: 859 – 864.

Joner E J, Leyval C, Colpaert J V. 2006. Ectomycorrhizas impede phytoremediation of polycyclic aromatic hydrocarbons (PAHs) both within and beyond the rhizosphere. Environmental Pollution, 142: 34 – 38.

Joshi M M, Brown H M, Romesser J A. 1985. Degradation of chlorsulfuron by soil microorganisms. Weed Science, 33: 888 – 893.

Karapanagioti H K, Kleineidam S, Sabatini D A, Grathwohl P, Ligouis B. 2000. Impacts of heterogeneous organic matter on phenanthrene sorption: Equilibrium and kinetic studies with aquifer material. Environmental Science and Technology, 34: 406 – 414.

Karickhoff S W. 1981. Semi-empirical estimation of sorption of hydrophobic pollutants on natural sediments and soils. Chemosphere, 10: 833 – 846.

Khan S U. 1973a. Equilibrium and kinetic studies of the adsorption of 2,4 – D and picloram on humic acid. Canadian Journal of Soil Science, 53: 429 – 434.

Khan S U. 1973b. Interactions of humic substances with chlorinated phenoxyacetic and benzoic acids. Environmental Letters, 4: 141 – 148.

Khan S U. 1982. Distribution and characteristics of bound residues of prometryn in an organic soil. Journal of Agriculture and Food Chemistry, 30: 175 – 179.

Khan S U, Mazurkevich R. 1974. Adsorption of linuron on humic acids. Soil Science, 118: 339 – 343.

Kile D E, Wershaw R L, Chiou C T. 1999. Correlation of soil and sediment organic matter polarity to aqueous sorption of nonionic compounds. Environmental Science and Technology, 33: 2053 – 2056.

Kirk J L, Klironomos J N, Lee H, Trevors J T. 2005. The effects of perennial ryegrass and alfalfa on microbial abundance and diversity in petroleum contaminated soil. Environmental Pollution, 133: 455 – 465.

Kleineidam S, Rugner H, Ligouis B, Grathwohl P. 1999. Organic matter facies and equilibrium sorption of phenanthrene. Environmental Science and Technology, 33: 1637 – 1644.

Lappin H M, Greaves M P, Slater J P. 1985. Degradation of the herbicide Mecoprop [2 – (2 – methyl – 4 – chlorphenoxy) propionic acid] by a synergistic microbial community. Applied and Environmental Microbiology, 49: 429 – 433.

Lerch R N, Thurman E M, Kruger E L. 1997. Mixed-mode sorption of hydroxylated atrazine degradation products to soil: A mechanism for bound residue. Environmental Science and Technology, 31: 1539 – 1546.

Li H, Sheng G, Teppen B J, Johnston C T, Boyd S A. 2003. Sorption and desorption of pesticides by clay minerals and humic acid – clay complexes. Soil Science Society of America Journal, 67: 122 – 131.

Li Z J, Xu J, Muhammad A, Ma G R. 2005. Effect of bound residues of metsulfuron – methyl in soil on rice growth. Chemosphere, 58: 1177 – 1183.

Ling W T, Wang H Z, Xu J M, Gao Y Z. 2005. Sorption of dissolved organic matter and its effects on the atrazine sorption on soils. Journal of Environmental Sciences, 17: 478 – 482.

Liu D S, Zhang S M. 1987. Kinetic model for degradation processes of pesticides in soil. Ecological

Modelling, 37: 131 – 138.

Liu Z Z, Ding N, Hayat T, He Y, Xu J M, Wang H Z. 2010. Butachlor sorption in organically rich soil particles. Soil Science Society of America Journal, 74: 2032 – 2038.

Liu Z Z, He Y, Xu J M, Huang P M, Ghulam J. 2008. The ratio of clay content to total organic carbon content is a useful parameter to predict adsorption of the herbicide butachlor in soils. Environmental Pollution, 152: 163 – 171.

Ma L, Southwick L M, Willis G H, Selim H M. 1993. Hysteretic characteristics of atrazine adsorption – desorption by a Sharkey soil. Weed Science, 41: 627 – 633.

Macdonald J A, Rittmann B E. 1993. Performance standards for in situ bioremediation. Environmental Science and Technology, 27: 1974 – 1979.

Macfie S M, Crowder A A. 1987. Soil factors influencing ferric hydroxide plaque formation on roots of Tyoha Latifolia L. Plant and Soil, 12: 177 – 184.

Mallick K, Bharati K. 1999. Bacterial degradation of chlorpyrifos in pure cultures and in soil. Bulletin of Environmental Contamination and Toxicology, 62: 48 – 54.

Maqueda C, Morillo E, Rodriguez J L P, Justo A. 1990. Adsorption of chlordimeform by humic substances from different soils. Soil Science, 150: 431 – 437.

Maqueda C, Rodriguez J L P, Martin F, Hermosin M C. 1983. A study of the interaction between chlordimeform and humic acid from a typic chromoxerert soil. Soil science, 136: 75 – 81.

Maria D R P, Ruggiero P, Crecchio C, Mascolo G. 1998. Oxidation of chloroanilines at metal oxide surfaces. Journal of Agricultural and Food Chemistry, 46: 2049 – 2054.

Mervosh T L, Sims G K, Stoller E W. 1995. Clomazone fate in soil as affected by microbial activity, temperature, and soil moisture. Journal of Agriculture and Food Chemistry, 43: 537 – 543.

Michael S, Pignatello J J. 2005. An isotope exchange technique to assess mechanisms of sorption hysteresis applied to naphthalene in Kerogenous organic matter. Environmental Science and Technology, 39: 7476 – 7484.

Miller C T, Pedit J A. 1992. Use of a reactive surface – diffusion model to describe apparent sorption – desorption hysteresis and abiotic degradation of lindane in a subsurface material. Environmental Science and Technology, 26: 1417 – 1427.

Morimoto K, Tatsumi K, Kuroda K J. 2000. Peroxides catalyzed co-polymerization of pentachlorophenol and a potential humic precursor. Soil Biology and Biochemistry, 32: 1071 – 1107.

Murthy N B K, Raghu K. 1997. Fate of ^{14}C – 1 – naphthol in aerobic and anaerobic soils. Journal of Nuclear Agriculture and Biology, 26: 111 – 115.

Niranjan A, Rajiv A, Ashwani K. 2000. Factors influencing the degradation of soil-applied endosulfan isomers. Soil Biology and Biochemistry, 32: 1697 – 1705.

Northcott G L, Jones K C. 2001. Partitioning, extractability, and formation of nonextractable PAH residues in soil. 1. Compound differences in aging and sequestration. Environmental Science and Technology, 35: 1103 – 1110.

Overbeek L S, Elsas J D. 1995. Root exudates-induced promoter activity in pseudomonas fluorenscens mutants in the wheat rhizosphere. Applied and Environmental Microbiology, 3: 890 – 898.

Paaso N, Peuravuori J, Lehtonen T, Pihlaja K. 2002. Sediment – dissolved organic matter equilibrium partitioning of pentachlorophenol: The role of humic matter. Environment International, 28: 173 – 183.

Paterson S, Mackay D, Tam D. 1990. Uptake of organic chemicals by plants: A review of processes, correlations and models. Chemosphere, 21: 297 – 331.

Piccolo A, Celano G. 1994. Hydrogen-bonding interactions between the herbicide glyphosate and water-soluble humic substances. Environmental Toxicology and Chemistry, 13: 1737 – 1741.

Pignatello J J, Xing B. 1996. Mechanisms of slow sorption of organic chemicals to natural particles. Environmental Science and Technology, 30: 1 – 11.

Piwoni M D, Banerige P. 1989. Sorption of Volatile organic solvents from aqueous solution onto subsurface solids. Journal of Contaminant Hydrology, 4: 163 – 179.

Pons N, Barriuso E. 1998. Fate of metsulfuron-methyl in soils in relation to pedo-climatic conditions. Pesticide Science, 53: 311 – 323.

Pusino A, Liu W, Gessa C. 1992. Influence of organic matter and its clay complexes on metolachlor adsorption on soil. Pesticide Science, 36: 283 – 286.

Reilley K A, Banks M K, Schwab A P. 1996 . Dissipation of polycyclic aromatic hydrocarbons in the rhizosphere. Journal of Environmental Quality, 25: 212 – 219.

Reza M, Shiv O P, Darakhshan A. 2002. Rhizosphere effects of alfalfa on biotransformation of polychlorinated biphenyls in a contaminated soil augmented with sinorhizobium meliloti. Process Biochemistry, 37: 955 – 963.

Roper J C, Sarkar J M, Dec J, Bollag J M. 1995. Enhanced enzymatic removal of chlorophenols in the presence of co-substrates. Water Research, 29: 2720 – 2724.

Roy D. 1997. Soil washing potential of a natural surfactant. Environmental Science and Technology, 31: 670 – 675.

Rutherford D W, Chiou C T, Kile D E. 1992. Influence of soil organic matter composition on the partition of organic compounds. Environmental Science and Technology, 26: 336 – 340.

Salt D E, Smith R D, Raskin I. 1998. Phytoremediation. Annual Review of Plant Physiology and Plant Molecular Biology, 49: 643 – 668.

Sandmann E R. 1984. Enumeration of 2,4 – D – degading microorganism in soils and crop plant rhizosphere using indicator media: High populations associated with sugarcane (*Saccharum officinarum*). Chemosphere, 13: 1073 – 1084.

Schnoor J L, Licht L A, McCutcheon S C, Wolfe N L, Carreira L H. 1995. Phytoremediation of organic and nutrient contaminants. Environmental Science and Technology, 29: 318 – 323.

Senesi N. 1992. Binding mechanisms of pesticides to soil humic substances. Science of the Total Environment, 123/124: 63 – 76.

Senesi N, Testini C. 1980. Adsorption of some nitrogenated herbicides by soil humic acids. Soil Science, 130: 314 – 320.

Senesi N, Testini C. 1983. Spectroscopic Investigation of electron donor-acceptor processes involving organic free radicals in the adsorption of substituted urea herbicides by humic acids. Pesticide Science, 14: 79 – 89.

Senesi N, Testini C, Miano T M. 1987. Interaction mechanisms between humic acids of different origin and nature and electron donor herbicides: A comparative IR and ESR study. Organic Geochemistry, 11: 25 – 30.

Shawa L J, Burns R G. 2005. Rhizodeposits of Trifolium pratense and Lolium perenne: Their comparative effects on 2,4 – D mineralization in two contrasting soils. Soil Biology and Biochemistry, 37: 995 – 1002.

Sheng G. 1996. Mechanism controlling sorption of neutral organic contaminants by surfactant-derived and natural organic matter. Environmental Science and Technology, 30: 1553 – 1557.

Sheng G, Johnston C T, Teppen B J, Boyd S A. 2001. Potential contributions of smectite clays and organic matter to pesticide retention in soils. Journal of Agricultural and Food Chemistry, 49: 2899 – 2907.

Sposito G, Martin N L, Yang A. 1996. Atrazine complexation by soil humic acids. Journal of Environmental Quality, 25: 1203 – 1209.

Stevenson F J. 1982. Humus Chemistry. John Wiley & Sons, Inc.

Truax D D, Brittu R, Sherrard J H. 1995. Bench-scalt studies of reactor-based treatment of fuel-contaminated soils. Waste Management, 15: 351 – 357.

Ukrainczyk L, Ajwa H A. 1996. Primisulfuron sorption on minerals and soils. Soil Science Society of America Journal, 60: 460 – 467.

Ukrainczyk L, McBride M B. 1993. Oxidation and dechlorination of chlorophenols in dilute aqueous suspensions of manganese oxides: Reaction products. Environmental Toxicology and Chemistry, 12: 2015 – 2022.

Voice T C, Rice C P, Weber Jr W J. 1983. Effect of solids concentration on the sorption partitioning of hydrophobic pollutants in aquatic systems. Environmental Science and Technology, 17: 513 – 518.

Walker A, Crawford D. 1968. Isotopes and radiation in soil organic matter studies. FAO/LAFA (eds) ed. Proc. 2nd Symp. ViennaI: Int. Atomic Energy Agency.

Walton B T, Anderson T A. 1990. Microbial degradation of trichloroethylene in the rhizosphere: Potential application to biological remediation of waste sites. Applied and Environmental Microbiology, 56: 1012 – 1016.

Wang H Z, Gan J, Zhang J B, Xu J M, Yates S R, Wu J J, Ye Q F. 2009. Kinetic Distribution of C-14-Metsulfuron-methyl Residues in Paddy Soils under Different Moisture Conditions. Journal of Environmental Quality, 38: 164 – 170.

Wang H Z, Liu X M, Wu J J, Huang P M, Xu J M, Tang C X. 2007. Impact of soil moisture on metsulfuron-methyl residues in Chinese paddy soils. Geoderma, 142: 325 – 333.

Wang H Z, Wu J J, Yates S, Gan J. 2008. Residues of ^{14}C-metsulfuron-methyl in Chinese paddy soils. Pest Management Science, 64: 1074 – 1079.

Wang Q, Yang W, Liu W. 1999. Adsorption of acetanilide herbicides on soils and its correlation with soil properties. Pesticide Science, 55: 1103 – 1108.

Weber Jr W J, Huang W A. 1996. A distributed reactivity model for sorption by soils and sediments. 4. Intraparticle heterogeneity and phase-distribution relationships under nonequilibrium conditions. Environmental Science and Technology, 30: 881 – 888.

Weber Jr W J, Huang W, Yu H. 1998. Hysteresis in the sorption and desorption of hydrophobic organic contaminants by soils and sediments. 2. Effects of soil organic matter heterogeneity. Journal of Contaminant Hydrology, 31: 149 – 165.

Weber Jr W J, McGinley P M, Kaltz L E. 1991. Sorption phenomena in subsurface systems: Concepts, models and effects on contaminant fate and transport. Water Research, 25: 499 – 528.

Weber Jr W J, McGinley P M, Kaltz L E. 1992. A distributed reactivity model for sorption by soils and sediments. 1. Conceptual basis and equilibrium assessments. Environmental Science and Technology, 26: 1955 – 1962.

Weber Jr W J, Sung H K, Johnson M D. 2002. A distributed reactivity model for sorption by soils and sediments. 15. High-concentration co-contaminant effects on phenanthrene sorption and desorption. Environmental Science and Technology, 36: 3625 – 3634.

Weber Jr W J, Young T M. 1997. A distributed reactivity model for sorption by soils and sediments. 6. Mechanistic implications of desorption under supercritical fluid conditions. Environmental Science and Technology, 31: 1686 – 1691.

Weissmahr K W. 1997. In situ spectroscopic investigations of adsorption mechanisms of nitroaromatic compounds at clay minerals. Environmental Science and Technology, 31: 240 – 247.

Wilson S C, Jones K C. 1993. Bioremediation of soil contaminated with PAHs: A review. Environmental pollution, 81: 229 – 249.

Xie H, Guetzloff T F, Rice J A. 1997. Fractional of pesticide residues bound to humin. Soil Science, 162: 421 – 429.

Xing B, McGill W B, Dudas M J. 1994. Sorption of phenol by selected biopolymers: Isotherms, energetics, and polarity. Environmental Science and Technology, 28: 466 – 473.

Xing B, Pignatello J J. 1997. Dual-mode sorption of low-polarity compounds in Glassy (Vinyl Chloride) and soil organic matter. Environmental Science and Technology, 31: 792 – 799.

Xing B, Pignatello J J. 1998. Competitive sorption between 1,3 – dichlorobenzene or 2,4 – dichlorphenol and natural aromatic acids in soil organic matter. Environmental Science and Technology, 32: 614 – 619.

Xing B, Pignatello J J, Gigliotti B. 1996. Competitive sorption between atrazine and other organic compounds in soils and model sorbents. Environmental Science and Technology, 30: 2432 – 2440.

Xu D, Xu Z, Zhu S, Cao Y, Wang Y, Du X, Gu Q, Li F. 2005. Adsorption behavior of herbicide butachlor on typical soils in China and humic acids from the soil samples. Journal of Colloid and Interface Science, 285: 27 – 32.

Xu J M, Gan J, Papiernik S K, Becker J O, Yates S R. 2003. Incorporation of fumigants into soil organic matter. Environmental Science and Technology, 37: 1288 – 1291.

Ye Q F, Sun J H, Wu J M. 2003. Cause of phytotoxicity of metsulfuron-methyl bound residues in soil. Environmental Pollution, 126: 417 – 423.

Yoshitomi K J, Shann J R. 2001. Corn (*Zea mays* L.) root exudates and their impact on ^{14}C – pyrene mineralization. Soil Biology and Biochemistry, 33: 1769 – 1776.

Zappi M E, Rogers B A, Teeter C L, Gunnison D, Bajpai R. 1996. Bioslurry treatment of a soil contaminated with low concentrations of total petroleum hydrocarbons. Journal of Hazardous Materials, 46: 1 – 12.

Zhu H, Selim H M. 2000. Hysteretic behavior of metolachlor adsorption-desorption in soils. Soil Science, 165: 632 – 645.

Zhu Y F, Liu X M, Xie Z M, Xu J M, Gan J. 2007. Metsulfuron-methyl adsorption/desorption in variably charged soils from Southeast China. Fresenius Environmental Bulletin, 16: 1363 – 1368.

第8章　土壤金属与类金属的生物化学

　　土壤是金属或类金属离子的源和汇，这些离子在土壤中可以多种形态存在，如可溶态、交换态以及与土壤中不同固相组分(如碳酸盐、铁锰氧化物、有机质、残渣物质等)结合的形态。金属或类金属元素在土壤中的活性和生物有效性受到多种因素的制约，特别是各种有机胶体、无机矿物以及有机无机复合体对重金属离子的吸附、固定、络合、溶解、氧化还原等作用，决定着金属或类金属在土壤固－液相之间的分配及其向地表水和地下水的迁移(Sposito,2008)。而土壤微生物作为土壤中的活性胶体，具有比表面大、带电荷、代谢活动旺盛等特性，可通过多种作用方式影响土壤金属元素的毒性或生物有效性。

　　微生物对土壤金属/类金属形态转化的影响主要表现在以下几方面。①微生物富集作用。很多微生物对多种金属/类金属都具有惊人的富集能力，富集系数从几百到几十万不等。微生物积极地、有选择性地从介质中吸取它们需要的离子和化合物，因此，微生物富集作用具有很强的选择性。②微生物对环境物化条件的改变。微生物活动可以改变环境的物理化学条件，从而导致元素的形态发生变化。这些物化参数中比较重要的是 Eh 值和 pH。Eh 值的改变对一些变价元素具有非常重要的影响，有的元素在还原条件下易溶解迁移，而在氧化条件下发生沉淀富集，另一些元素则相反。pH 的改变也能使一些金属元素发生迁移和沉淀。异养细菌和真菌可通过消耗氨基酸或有机酸提高环境 pH。③微生物新陈代谢活动。许多微生物的新陈代谢活动可以催化无机物的氧化或还原，促使金属或类金属元素从一种形态转变为另一种形态，在元素的地质化学循环中扮演重要角色。此外，微生物对可溶性金属有机物的有机部分的代谢作用，可导致金属的释放和沉淀。

　　在自然土壤和水体中，微生物的活动可直接导致重金属/类金属的迁移。此外，胞外酶和酶系统也与这些元素的迁移密切相关。在土壤中，胞外酶来自微生物、植物、真菌和细菌的孢子内壁、原生动物的胞囊以及植物的根系等。自由酶可能因为被有机或者无机颗粒吸附而失去活性，也可能由于物理和化学因素而变性，或者作为微生物的底物被消耗。尽管大部分酶可存在于自然界的土壤和水体中，但是关于它们与重金属/类金属转移关系的研究却很少。

金属/类金属元素的生物化学转化过程，一方面受微生物的新陈代谢控制，另一方面遵循元素的物理化学规律。土壤中的大部分元素以不同的循环速率参与生物地球化学循环。其中，生命物质的主要组成元素（C、H、O、N、P、S）循环较快，少量元素（Mg、K、Na、卤素元素）和痕量元素（Al、B、Co、Cr、Mo、Ni、Se、V、Zn）则循环较慢。但属于少量和痕量元素的 Fe、Mn、Ca 和 Si 则例外，铁和锰以氧化还原的方式快速循环，硅和钙在原生质中含量较少，但在其他结构中含量较高。

本章将关注金属/类金属的生物形成和转化，回顾微生物介导的 Fe、Mn、Se、As、Cr、Hg 等元素的迁移转化，了解这些元素的生物化学过程。

8.1 土壤铁的生物化学

8.1.1 铁的形态与生物转化

铁是岩石圈和土壤圈中主要的元素之一，其含量仅次于氧、硅、铝，居第四位，但铁元素在生物界的含量很低，所以被列为生物必需的微量元素。虽然环境中铁的含量丰富、分布广泛，但铁的地球化学特征决定了环境中可溶性铁的含量并不高。与铁有关的环境与生态问题，往往是由于铁的缺乏。铁的功能主要与植物叶片中叶绿素的光合作用有关，在缺铁的植物中，细胞中叶绿体的数量和叶绿体的叶绿素含量会有所减少。因此，铁的缺乏会影响植物的生长和产量，严重时可导致植物死亡。

土壤氧化铁是成土过程的产物，其形态和种类在指示土壤发生过程和形成环境等方面具有重要的意义。铁氧化物的种类多样、形态各异，表面特性差异大，其形成与转化对土壤的理化性质有显著的影响（Cornell 和 Schwertmann，2003）。在水溶液体系中，铁离子易水解形成水铁矿，水铁矿通常不稳定，易向稳定的晶质氧化铁转化，转化途径主要有两种：一是水铁矿溶解产生的 $Fe(OH)_2^+$ 或 $Fe(OH)^{2+}$ 等离子聚合沉淀形成晶质氧化铁，即溶解-沉淀过程；二是水铁矿经过结构重排、脱水等过程转化为晶质氧化铁，即固相转化过程。氧化铁的形成与转化受温度、pH、共存矿物和 Fe^{2+} 浓度等因素的影响。低温有利于纤铁矿和针铁矿的形成，而高温易形成赤铁矿弱酸性和强碱性条件下易形成针铁矿，而强酸性和中性附近时有利于形成赤铁矿。

　　土壤中的二阶铁、三价铁及含铁有机物之间的相互转化除了化学过程外，还与微生物活动密切相关。作为生物体的一种重要微量元素，铁是生物体细胞中电子转移反应的理想辅助因子。对微生物来说，铁既可以作为电子供体（Fe^{2+}），也可以作为电子受体（Fe^{3+}）。一些自养微生物（如氧化亚铁硫杆菌）在 Fe^{2+} 氧化为 Fe^{3+} 的过程中，获取代谢所需的能量，并同化二氧化碳。在厌氧环境中，铁在微生物分解有机质的过程中，可以充当重要的电子受体。一些微生物还可以将有机铁化合物进一步分解，使得铁以无机离子态的形式释放出来（图 8 - 1）。铁在沉积物 - 水界面环境的地球化学循环过程中，可在不同剖面深度实现价态的转变，导致铁在界面附近的循环。

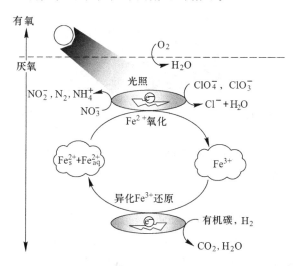

图 8 - 1　微生物诱导下的铁氧化还原循环（Weber 等，2006）

　　铁循环的基本过程是氧化和还原。微生物参与的铁循环包括氧化、还原和螯合作用。由此延伸出微生物对铁作用的 3 个方面。①铁的氧化和沉积：在铁氧化菌作用下，亚铁化合物被氧化成高铁化合物而沉积下来。②铁的还原和溶解：铁还原菌可以使高铁化合物还原成亚铁化合物而溶解。③铁的吸收：微生物可以产生非专一性和专一性的铁螯合体作为结合铁和转运铁的化合物，铁螯合物的形成，可以增强铁的活性，使其维持较高的溶解度和有效性。

8.1.2　微生物对二价铁的氧化

　　微生物通过碳的固定、呼吸作用和被动吸附作用等，在铁元素的循环过程中起重要作用。绝大多数铁的氧化物（如赤铁矿、磁铁矿）、氢氧化物（如针铁矿、纤铁矿等）和非晶形固相物等的形成与微生物过程密切相关，被认为是生物成因矿物。这些矿物在淡水、海水、潮湿土壤、受采矿活动影响的土壤等不同地球环境中形成。例如，在淡水湖的沉积物和水中，细菌细胞壁和胞外多聚体上就发现有非晶质的铁氧化物，沼泽地水生植物的根系附近也可找到细小的细菌成因的铁氧化物，在富铁的区域和深水层，更不乏与中性铁氧化细菌密切相关的弱晶质或不规则的赤铁矿（图 8 - 2）。在海洋中，还原态铁的氧化为一些细菌提供能量，这个过程可导致生物成因铁氧化物的沉积。

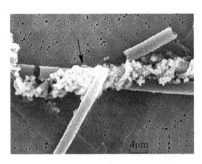

图 8 - 2　在富含 Fe^{2+} 的区域，铁氧化物（箭头所指）与中性铁氧化细菌密切相关（Fortin 和 Langley，2005）

生物成因的铁氧化物一般是纳米级的晶体粒子（2 ~ 500 nm），并含有 Si、P、S、Mn、Al 等杂质，显示出多样的形态学和矿物学特征。这些矿物的形成是细菌代谢活动或被动吸附或成核反应的结果。在有氧条件下，嗜酸和中性铁氧化细菌的代谢活动能促进 Fe^{2+} 氧化成 Fe^{3+}，这种成因的铁氧化物在细菌细胞的周围或细胞壁上沉积。在厌氧条件下，硝酸盐还原菌和光能自养型细菌可以 Fe^{2+} 为电子供体，进行铁的氧化。另外，铁氧化物在微生物参与的还原过程中，还可以产生二级铁氧化物，即细菌产生的胞外聚合物能吸附铁，为铁氧化物成核提供模板，从而促进铁氧化物的形成。一些研究表明，生物成因的铁氧化物可形成于现代环境中，但也是远古时代地质构成的重要组成成分，如铁带的形成。在自然环境中，一些细菌的细胞内也能形成铁氧化物，如趋磁细菌细胞内形成的链状排列的磁铁矿晶体粒子——磁小体。

8.1.3　铁氧化还原细菌与转化机理

微生物对铁的转化，主要反映在铁的价态与含氧量的变化，常通过多种微生物形成的"接力式电子传递"来实现。氧化反应的电子传递总是从高电位（e^-）向低电位（e^+）方向流动，还原反应则相反。Weber 等（2006）将与微生物矿化有关的有机化合物或无机矿物的氧化还原电位分别标记到中性 pH 条件下的氧化还原电位标尺上，并绘制成氧化还原塔（图 8 - 3）。该图量化了矿化产物的氧化还原序列，在研究微生物矿化反应中，能较好地判断出可能的电子供体与电子受体。

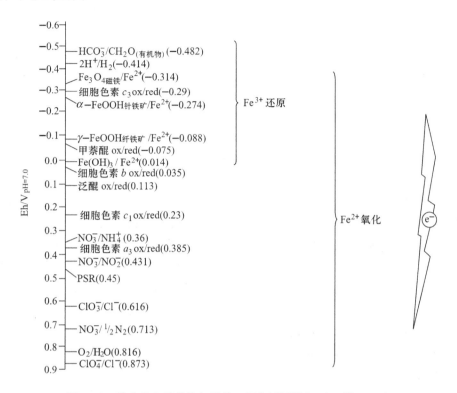

图 8 - 3　潜在的电子供体与受体：氧化还原塔（Weber 等，2006）

　　以往人们普遍认为，氧化铁的形成是由无机化学反应产生的，微生物仅仅起了加速无机反应的作用。生物成因的铁锰矿物是微生物诱导矿化的特殊共生矿物。阎葆瑞等（1992）对太平洋中部多金属结核及水 - 岩系统中的微生物活动进行了考察与测试。他们首先根据海水 pH（平均 7.92，109 个样点）求出大洋水 OH^- 的平均浓度，然后根据溶度积，计算出海水中不同金属离子的最大极限浓度值，再与大洋水和底层水中实测的金属离子浓度对比，结果表明大洋水中的 Fe^{2+}、Mn^{2+}、Pb^{2+}、Zn^{2+}、Co^{2+}、Ni^{2+} 的浓度均低于洋水的最大极限浓度，不能与 OH^- 结合成氢氧化物沉淀。Fe^{3+} 的极限浓度值极低，底层水实测值大于离子的极限浓度，有可能形成 $Fe(OH)_3$ 胶体的悬浮物被搬运。对 Fe^{2+}能否被氧化进行的热力学计算结果显示，自由能 $\Delta G^{\ominus}$ 均为正值，表明即便在有溶解氧存在的情况下，大洋水中的 Fe^{2+} 也不能自发地氧化成 Fe^{3+} 化合物沉淀。由此可见，海洋中无论高价的或低价的铁氧化物及其氢氧化物在沉淀的过程中，微生物均起了不可代替的作用。

理论上的电位值(Eh,V)和氧化还原作用能力对微生物作用下铁的氧化还原循环具有重要意义,图8-3中的Eh值是以pH为中性条件下计算的。由于电子供体比电子受体具有更大的负电性,电子的流向形象地表示为从(e^-)流向(e^+)。

十多年来,微生物学家发现了多种能在厌氧环境下氧化Fe^{2+}的古菌或细菌,如喜光的铁氧化菌: *Gallionella ferruginea*、*Leptothrix discophora*、*Marinobacter aquaeolei*等,它们属于α、β和γ的变形菌类(Widdel,1993;Weber等,2006)。光在沉积物中透过的深度不足200 μm,显然只有少量Fe^{2+}被喜光自养菌氧化成Fe^{3+},生成少量的磁铁矿。在厌氧环境下,微生物对Fe^{2+}的氧化还表现为与依赖硝酸盐生长的还原菌的耦合(Straub,1996),在这个微生物矿化过程中,Fe^{2+}作为电子供体被氧化,硝酸盐作为电子受体被还原。在前人研究的基础上,Weber等(2006)提出磁铁矿形成沉积的模式(图8-4)。氧化铁和磁铁矿的形成至少与三类古菌或细菌有关:一是喜光的铁氧化菌;二是硝酸盐还原菌,当闪电放电将空气中的N_2固定为NO,并通过非生物不成比例的反应而形成早期的N_2O、亚硝酸根离子(NO_2^-)及硝酸根离子(NO_3^-),这些含氮氧化物经硝酸盐还原菌还原成N或铵(NH_4^+),此时需要大量电子,Fe^{2+}的氧化正好可提供大量电子,这种耦合可使不同氧化氮作为早期铁氧化菌(FOM)的电子受体,导致厌氧环境中氧化铁与磁铁矿的形成;三是铁还原菌,还有部分磁铁矿是由生物成因的氧化铁被铁还原菌还原而成。

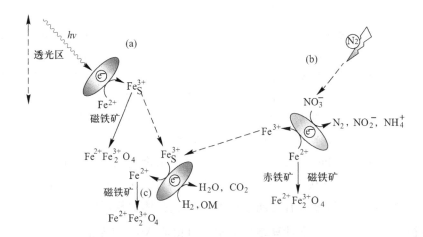

图8-4 与氧化铁和磁铁矿形成有关的微生物群。(a)氧化Fe^{2+}的菌群;(b)依赖硝酸盐还原菌氧化Fe^{2+}的菌群;(c)还原Fe^{3+}的菌群(Weber等,2006)

一般的化学反应都在水或溶液中进行，然而自然界的 Fe^{3+} 多以固态存在，对固态的反应需要有特殊的方式。微生物可通过以下 3 种方式参与固态 Fe^{3+} 向 Fe^{2+} 的转化(图 8 - 5)。

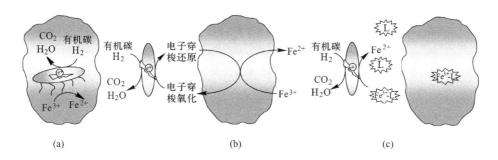

图 8 - 5　微生物作用于 Fe^{3+} 氧化物表面传递电子的 3 种方式。(a)菌毛直接与氧化物表面接触；(b)流动的电子穿梭体；(c)菌体分泌配位体(L)与 Fe^{3+} 形成络合物(Weber 等，2006)

(1) 细菌直接与氧化物表面接触。如 *Geobacter* spp. 以菌毛等"附件"作为"纳米级导线"，将微生物产生的电子(带负电荷的有机基质)直接传递到 Fe^{3+} 的氧化物表面。

(2) 从还原位向氧化位方向流动的电子穿梭体。将胞内生成的或外部环境有机基质产生的电子传递到固相 Fe^{3+} 氧化物表面。

(3) 形成以 Fe^{3+} 为中心离子的有机配位体。如 *Geothrix* sp. 分泌出复杂有机配位体构成以 Fe^{3+} 为中心离子的络合物。

在现代环境体系中，以古细菌占优势的原核微生物，具有优先对 Fe^{2+}／Fe^{3+} 氧化还原的潜力；而铁的丰度在地壳的 106 种天然元素中占第 4 位，产生的电子流动是不可忽视的。在有氧或无氧条件下，Fe^{2+} 作为电子供体，将亚铁氧化为高铁，从而获得能量来同化 CO_2，并为无机营养菌(如 FOM)提供还原性电子，在还原条件下无机营养菌(如 FRM)还原 Fe^{3+}，即 Fe^{2+} 作为电子供体，Fe^{3+} 作为终端电子受体。在铁循环过程中，氧化铁在沉积物里具有多相态，包括液相 Fe^{2+}、固相 Fe^{2+} 转变为固相 Fe^{3+}；多价态，包括水铁矿、针铁矿、纤铁矿和赤铁矿，以及混合价态的磁铁矿、磁赤铁矿和绿锈。铁氧化还原微生物种类具有多样性，沉积物中除了 FOM 和 FRM 外，还鉴定出适生于不同物理化学条件下的多种微生物，其中包括依靠硝酸盐或高氯酸盐生长的还原菌(图 8 - 6)，它们都能参与铁的氧化还原过程(Chaudhuri 等，2001)。

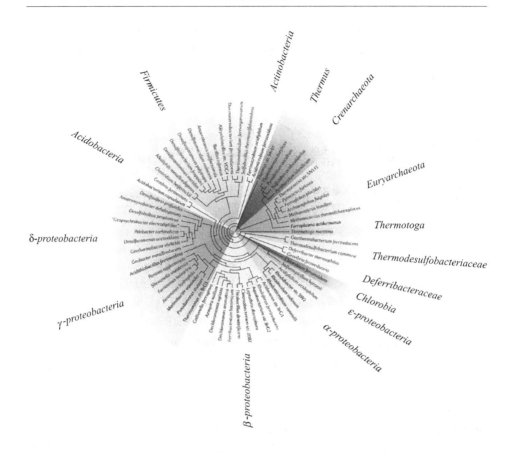

图 8-6　参与铁的氧化还原循环的微生物种群（Weber 等,2006）

8.1.4　土壤铁生物化学转化的环境意义

　　含有变价元素和带有表面电荷的铁氧化物具有良好的表面活性，不仅对有毒有害的无机污染物具有良好的净化功能，而且对土壤中有机污染物具有氧化降解作用，因此可加强土壤中铁氧化物和氢氧化物与有机污染物间的界面反应机理研究，进而利用这些矿物来修复污染土壤。通过分析水－矿－微生物系统中铁锰循环的生化过程（图 8-7），提出利用该过程解决环境污染问题的研究思路。微生物催化铁离子及其氧化物的循环与转化主导着水－矿－微生物系统中的金属循环，并与碳、氮、磷、硫循环过程耦合。强化水－矿－微生物系统中的循环通量，利用表层水体和沉积物界面的生化过程降解有机污染物，固定重金属，解决大规模面源污染。模拟自然水体多因素耦合过程及强化途径，达到对场地规模、流域规模、区域规模乃至全球规模水环境的预测、控制、干预和治理。随着环境问题的日益突出，仅进行点源污染治理的工艺研究远远不够，需通盘考虑流域、区域乃至全球规模的深层次污染，大规模水体、沉积物污染治理工程则需要用生物地球化学的原理进行设计。

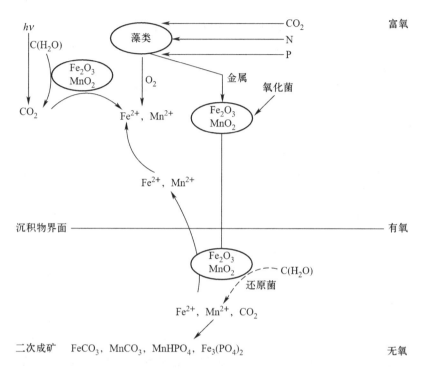

图 8 - 7 水 - 矿 - 微生物系统铁锰循环物质转化及其耦合过程模型（贾蓉芬等, 2009）

另外，过去在认识、研究、开发和利用自净作用时，忽略了微生物对元素转化过程的天然矿物净化功能，同时在治理污染的实践中往往把过多的精力投入在非自然方法技术的开发上，随之而来的是复杂昂贵的处理工艺与不可避免的二次污染。应利用环境中的矿物材料和天然场所中的微生物来解决环境污染，用调控微生物 - 生物地球化学循环的方法解决大面积污染问题。

8.2 土壤锰的生物化学

8.2.1 锰氧化物的结构与生物转化

锰（Mn）在地壳中含量丰富（居第 10 位），是丰度仅次于铁的最常见的过渡金属元素。岩石风化产生的 Mn^{2+} 迁移性强，进入地表和水体环境后被氧化为种类繁多的锰矿物。人们已知的天然氧化锰矿物有 30 多种，按构造类型可分为层状、隧道和低价矿物(Post,1999)。其中,低价氧化锰矿物(黑锰矿、水锰矿、六方水锰矿)不稳定,经歧化或进一步氧化,可转化为层状和隧道结构矿物(McKenzie,1989)。层状结构锰矿物是由 MnO_6 八面体沿 c 轴方向彼此相叠置成层间距分别为 1 nm(布塞尔矿、锂硬锰矿)和 0.7 nm(水羟锰矿、水钠锰矿、黑锌锰矿)的矿物。隧道结构矿物是 MnO_6 八面体链通过链内共棱和链间共角顶连接形成的不同大小隧道的氧化锰矿物(钙锰矿(3×3)、锰钾矿(2×2)、软锰矿(1×1))。

氧化锰矿物以细粒状、胶膜状、树枝状的聚集体,或球状、块状结核体等形态分布于土壤和沉积物中。由于它们的电荷零点低、表面积大、负电荷量高,是土壤与沉积物中具有高反应活性的一类矿物,能强烈地吸附多种重金属、放射性元素和微量元素,影响或决定着它们在环境中的浓度、形态、化学行为和生物有效性,以及它们进入陆地和水体生态系统食物链的强度和容量,被誉为"海洋的清道夫"(Tebo 等,2004)。作为天然的氧化剂和催化剂,氧化锰矿物广泛地参与自然界中各种有机化合物和无机化合物的氧化还原与催化反应:氧化 As^{3+}、Cr^{3+}、Co^{2+}、Pu^{3+} 等金属离子,催化降解有机物,促进土壤腐殖质、有机氮络合物和微生物可利用的低相对分子质量的有机化合物(如丙酮酸、丙酮、甲醛和乙醛等)的形成。许多化能异养的金属还原菌能利用锰氧化物作为缺氧条件下氧化有机物质的最终电子受体。由于氧化锰矿物形成于岩石圈和水圈、大气圈或生物圈的交界面,是这些圈层系统间相互作用的产物,其形成与转化携带了丰富的环境信息,对系统的演变有着潜在的指示作用。因此,氧化锰矿物的形成及其在有机和无机物迁移转化的环境地球化学循环中具有重要意义(图 8-8)。

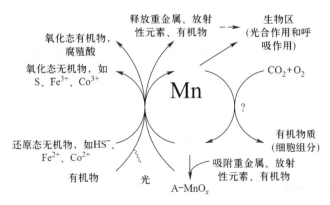

图 8-8　锰的形态转化对土壤中其他元素循环的影响

早期的研究中人们多关注氧化锰矿物的化学成因。Mn^{2+} 经化学氧化形成 Mn^{3+}/Mn^{4+} 矿物是热力学的自发过程,锰氧化物主要通过 Mn^{2+} 的化学氧化、表面催化和胶体化学凝聚沉淀形成。Mn^{2+}氧化为Mn^{4+}由两步组成，先生成Mn^{3+}的氧化物，如Mn_3O_4、$\gamma - MnOOH$，然后通过歧化反应或质子化反应形成Mn^{4+}氧化物（Post，1999）。目前，通过控制化学条件，能够实验室合成自然环境中存在的多数常见锰矿物，已初步明确了一些主要锰矿物化学形成的途径、中间产物及影响因素。特别是，以往钙锰矿的唯一合成方法是在实验室高温高压的热液条件下由布塞尔矿直接化学转化，而现在在常压和较低温度的实验条件下已能实现这一转化（Feng 等，2004）。多数氧化锰矿物的化学合成是在高盐、高温、高压和极端 pH 以及体系相对单一和非生物参与条件下进行的，这可能部分符合某些锰矿物形成的环境，为探明自然环境下锰矿物的形成与转化理论提供了许多重要依据。但这与有生物参与的陆地表生和海洋环境，特别是土壤锰矿物形成的条件，相差甚远。

微生物，特别是细菌能催化 Mn^{2+}的氧化和氧化锰矿物的形成，它们在自然界中分布广泛。生物氧化 Mn^{2+}形成 Mn^{4+}的速率比表面化学催化快 10万倍，自然界中的 Mn^{2+}氧化多数都有微生物的参与，这意味着生物的 Mn^{2+}氧化作用在环境中可能占主导作用，以至于有研究认为，环境中主要的锰矿物来自直接的生物 Mn^{2+}氧化或生物成因氧化物的转变。随着人们对生存环境和洋底锰结核资源的认识与关注以及地球生物学研究的突起，近年来在氧化锰矿物生物成因的分子机制和性质方面的研究取得了十分突出的进展（刘凡等，2008）。

8.2.2 锰氧化细菌的类型

氧化锰矿物生物成因的证据主要来自海相和湖相（铁）锰氧化物/结核及其模拟实验。目前已从海相和陆相等环境中分离得到了一些锰氧化细菌菌株，对其中三类模式菌株（图 8 - 9），即生盘纤发菌（*Leptothrix discophora*）SS - 1、SP - 6，恶臭假单胞菌（*Pseudomonas putida*）MnB1、GB - 1 及芽孢杆菌（*Bacillus* sp. ）SG - 1 进行了较深入的研究（Toner 等，2005；Webb 等，2005）。生盘纤发菌是研究细菌鞘对铁和锰形成沉积的模式生物，它是目前被鉴别的唯一既沉积铁又沉积锰的生物体。菌株 SS - 1、SP - 6 的 Mn^{2+}氧化因子可能是由细胞分泌的与阴离子杂多糖相连的一种糖蛋白。恶臭假单胞菌 MnB1/GB - 1 的 Mn^{2+}氧化因子位于外膜的多糖 - 蛋白质复合物上，在液体和固体培养基中可以将 Mn^{2+}氧化为 Mn^{4+}并在细胞表面沉淀（Tebo 等，2004）。芽孢杆菌 SG - 1 的孢子可以氧化锰/（Mn^{2+}），氧化产物聚集在孢子表面。分子生物学研究表明，海相铁锰结核中存在着多种类型的锰氧化细菌，主要分布于变形菌门（Roteobacteria）、放线菌门（Actinobacteria）和厚壁菌门（Firmicutes）（Tebo 等，2004）。此外，在海洋铁锰结核中发现的超微生物化石——中华微放线菌和太平洋螺球孢菌也被认

为是深海锰结核的真正建造者。利用显微荧光技术观察到锰结核中有清晰的微
生物显微荧光结构，并保存有大量与铁锰结核形成密切相关的微生物"活
体"。土壤环境中铁锰结核和锰氧化物的形成也有微生物的参与，Douka 从希
腊淋溶土中分离并鉴定了 2 种锰氧化细菌：假单胞菌（*Pseudomonas sp. nov.*）和
弗氏柠檬酸杆菌（*Citrobacter freundii*），这些细菌及其提取液均可使 Mn^{2+} 氧化，
且锰氧化沉淀的多少与加入的细菌和提取液的浓度呈正相关（Douka，1977）。
Sullivan 和 Koppi（1992）在澳大利亚黑土（Typic Pellustert）的锰矿物胶膜上观察
到微生物细胞和菌丝体状物质。从武汉黄棕壤铁锰结核中分离得到锰氧化细菌
WH4 菌株，其 16S rDNA 序列与 GenBank 中短小芽孢杆菌（*Bacillus pumilus*）的
序列相似性达 100%，为革兰氏阳性菌（Zhang 等，2008）。

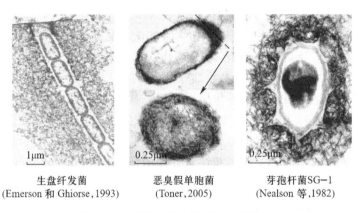

生盘纤发菌
(Emerson 和 Ghiorse，1993)

恶臭假单胞菌
(Toner，2005)

芽孢杆菌SG-1
(Nealson 等，1982)

图 8-9   不同类型的锰氧化细菌形貌

8.2.3   锰氧化物生物形成的机制

人们起初认为 Mn^{2+} 的生物氧化与非生物氧化类似：即反应消耗 O_2，产生
H^+，由低价矿物歧化生成 Mn^{4+}。然而结合 $\delta^{18}O$ 同位素示踪结果，认为在较
高的 pH 和 Mn^{2+} 浓度的条件下，SG-1 孢子氧化 Mn^{2+} 为一步双电子传递过程，
该氧化机制可能控制着海洋中锰氧化物的形成。目前认为细菌氧化 Mn^{2+} 可通
过直接和间接两种方式进行，并且以直接氧化为主。直接氧化是通过分泌多糖
或蛋白进行催化氧化反应。间接氧化通过改变环境的 pH 和（或）Eh，或释放可
化学氧化 Mn^{2+} 的代谢产物来实现（Tebo 等，2004）。其生化和分子生物学机制
已初露端倪：上述 3 种分类地位不同的锰氧化菌模式菌株（生盘纤发菌 SS-1、
SP-6 为 β-变形菌门,恶臭假单胞菌 MnB1、GB-1 为 γ-变形菌门,芽孢杆菌
SG-1 为低 G+C 含量的革兰氏阳性菌）均是在胞外聚合物基质中以酶催化
Mn^{2+} 进行氧化反应，都含有与锰氧化有关的基因，且该基因与多铜氧化酶基
因具有较高的序列相似性。研究表明，SG-1 孢子对 Mn^{2+} 的氧化是由孢子衣

上的蛋白所催化，SG - 1 突变体形成的孢子不能氧化 Mn^{2+}，其突变位点被命名为 mnx 操纵子，mnx 操纵子中的一个或几个基因可能控制孢子衣或外生孢子蛋白合成，其中 mnxG 被认为是编码芽孢杆菌 SG - 1 氧化 Mn^{2+} 的蛋白的基因。恶臭假单胞菌 KT2440，荧光假单胞菌 PfO - 1 和欧洲亚硝化单胞菌(Nitrosomonaseuropea)都含有与 mnxG 相似的基因，这 3 种由类 mnxG 基因所编码的假设的蛋白质来自亲缘关系较远的细菌，但相互间又具有较高的同源性，说明它们可能是性质不同的多铜氧化酶。KT2440 还含有 cumA，cumA 被认为是编码恶臭假单胞菌 GB - 1 氧化 Mn^{2+} 的蛋白的基因(Tebo 等,2004)。

生化实验表明，这 3 种模式菌株以及另外两株 α - 变形菌(土微菌和类红色杆菌 SD - 21)在氧化 Mn^{2+} 的过程中有多铜蛋白酶的参与，铜离子是 Mn^{2+} 氧化的必需元素(Francis 等,2001)。多铜氧化酶是一个种类多样的酶家族，能够利用多种类型的铜离子作为辅助因子氧化各种有机底物和无机底物，通过单电子传递步骤氧化基质。被推断的细菌型 Mn^{2+} 多铜氧化酶和研究得较为透彻的真核生物的多铜氧化酶(如人体中的血浆铜蓝蛋白、植物中的抗坏血酸氧化酶、植物和真菌中的漆酶)具有相似的氨基酸序列。但由于目前没有提纯出足够量的多铜氧化酶用于生化研究，也没有编码多铜氧化酶的基因在外源成功表达，所以关于多铜氧化酶是否直接参与 Mn^{2+} 的氧化值得商榷。因此，关于多铜氧化酶参与 Mn^{2+} 氧化的理论还处于假设和验证阶段。然而，似乎有理由相信多铜氧化酶参与了细菌对 Mn^{2+} 的氧化，原因包括：①遗传和生化研究显示多铜氧化酶可能参与了几种亲缘关系较远的细菌对 Mn^{2+} 的氧化。②已证明一些真核生物多铜氧化酶可以催化 Mn^{2+} 的氧化。③真核生物和细菌中都存在可氧化 Fe^{2+} 的多铜氧化酶(Tebo 等,2004)。

应用同步辐射等技术的研究表明，不同于 Mn^{2+} 的非生物氧化，SG - 1 孢子在氧化浓度为 $100\ \mu mol \cdot L^{-1}$ 或 $1\ mmol \cdot L^{-1}\ Mn^{2+}$ 的过程中没有生成固相 Mn^{3+}，体系中锰以 Mn^{2+} 和 Mn^{4+} 价态为主，也未检测到 Mn^{3+}(Bargar 等,2000)。以焦磷酸盐为 Mn^{3+} 捕获剂的实验进一步表明，SG - 1 孢子氧化 Mn^{2+} 生成 Mn^{4+} 是酶催化的两个连续的快速单电子传递过程，Mn^{3+} 在溶液中以与酶结合的瞬时中间态出现，由 Mn^{2+} 生成 Mn^{3+} 为限速步骤(Webb 等,2005)。SG - 1 孢子氧化 Mn^{2+} 生成 Mn^{4+} 需要 O_2，且 Cu^{2+} 的存在是细菌氧化低价锰所必需的，因而推断多铜氧化酶是锰细菌氧化 Mn^{2+} 的基础。多铜氧化酶被认为是"锰氧化剂"，以多铜氧化酶为氧化基础的其他生物氧化 Mn^{2+} 的过程可能具有相似的机制，特别是有键合 Mn^{3+} 的可溶性酶中间体的产生(图 8 - 10)。此外，目前还很难获得权威证据证明微生物能控制并利用这些反应释放的能量使之生长，许多微生物具有氧化 Mn^{2+} 的能力，但其 Mn^{2+} 氧化作用的生理学功能还不清楚。据文献报道(Golden 等,1992)，可氧化 Mn^{2+} 的真菌至少含有两

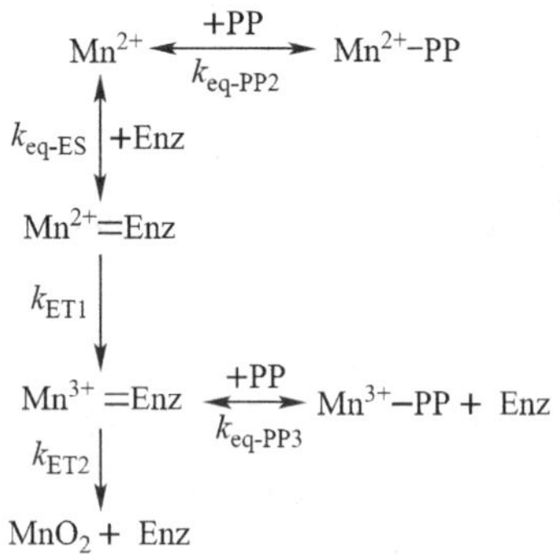

种氧化 Mn^{2+} 的胞外酶：过氧化物酶（包括锰过氧化物酶和木质素过氧化物酶）和漆酶，这些酶对木质素的降解、纸浆的漂白和异生型物质的生物修复有重要作用，但真菌锰氧化物的生物成因尚未得到很好的解释。有关土壤中的铁锰结核或锰氧化矿物生物成因机制的研究甚少，这可能主要归咎于从土壤锰氧化物中分离锰氧化菌及提取菌体 DNA 要比从海洋和湖水系统中复杂。锰矿物的成因研究正经历着从化学成因到生物成因的转变，

$$Mn^{2+} \underset{k_{eq\text{-}PP2}}{\overset{+PP}{\rightleftharpoons}} Mn^{2+}\text{-}PP$$

$$k_{eq\text{-}ES} \bigg\downarrow +Enz$$

$$Mn^{2+} = Enz$$

$$k_{ET1} \bigg\downarrow$$

$$Mn^{3+} = Enz \underset{k_{eq\text{-}PP3}}{\overset{+PP}{\rightleftharpoons}} Mn^{3+}\text{-}PP + Enz$$

$$k_{ET2} \bigg\downarrow$$

$$MnO_2 + Enz$$

图 8 - 10　芽孢杆菌（Strain SG - 1）氧化 Mn^{2+} 过程中 Mn^{3+} 的作用机制

而对两者耦合作用的探讨却较少。研究认为，生物作用是地表及海洋环境中锰氧化物最初形成的主导因素，生物锰氧化物以 δ - MnO_2 为主，而上述环境中已知氧化锰矿物有 30 多种，表明在一定的物理化学条件下，尤其在复杂和漫长的地表过程和海洋沉积过程中，生物锰氧化物发生了多种次级生物 - 化学转化，其影响条件、途径和机制还不清楚，显然，对这些问题进行解释是极具挑战性的工作。

　　细菌氧化 Mn^{2+} 的可能生理功能有：提供生命活动的能量；同化和固定 CO_2；保护菌体免受重金属、活性氧、紫外线等的毒害和损伤；作为厌氧条件下无氧呼吸的电子受体；清除过量的营养元素；将难溶有机质转化成可利用的底物等（Tebo 等,2004）。

8.2.4　锰氧化物生物形成的影响因素

　　随着同步辐射 X 射线衍射（SR - XRD）、X 射线吸收精细结构光谱（XAFS）、软 X 射线显微镜（STXM）等技术和理论的应用，使实时分析非晶物质的短程有序结构、原子的电子态和化学态、从分子尺度上直接测定原子的相互作用及其含量、价态和结构变化成为可能。这为生物成矿与转化过程中非晶态或弱晶态且多相共生的锰氧化物的鉴定和表征，揭示其形成机制和环境行为提供了重要的分析手段。研究表明，SG - 1 孢子氧化 Mn^{2+} 的产物受温度、Mn^{2+} 浓度、pH、老化时间及介质条件等因素影响。Mn^{2+} 浓度较低时，生成的 Mn^{4+} 矿相为类似于钙锰矿的 1 nm 稳定锰矿物，Mn^{2+} 浓度高时，生成 Mn^{3+}，在 30℃ 和 70℃ 的矿相分别为六方水锰矿和黑锰矿，长时间老化则转化为水锰矿。SS - 1 菌株氧化 Mn^{2+} 所形成产物的表面积为 224 $m^2 \cdot g^{-1}$，远高于相应的合成矿物。随着培养时间的延长，Mn^{2+} 的氧化度逐渐增加，90 天后形成弱结晶的 Mn^{4+} 层状矿物（Adams 和 Ghiorse,1988）。但也有研究表明，在一定的条件范围内，SG - 1 孢子氧化 Mn^{2+} 不受初始 Mn^{2+} 浓度、O_2 或空气环境、海水或

缓冲溶液介质等影响，起始产物均为类似于 $\delta - MnO_2$ 的无定形 Mn^{4+} 锰矿物，当 Mn^{2+} 浓度较高时，过量的 Mn^{2+} 与生物锰氧化物经二次化学过程，生成六方水锰矿（Bargar 等，2000）。共存离子类型影响产物结晶度、MnO_6 八面体层堆积混乱度和对称性。MnB1 菌株氧化 Mn^{2+} 的产物为六方对称弱晶质层状 Mn^{4+} 矿物，与 $\delta - MnO_2$ 和酸性介质中合成的水钠锰矿最为接近（Villalobos 等，2003）。从淡水环境中分离的 SP-6 菌株氧化 Mn^{2+} 可生成类似于水钠锰矿的微晶或类似钙锰矿的纤维状纳米晶。在土壤环境条件下，土壤物质组成（如黏土矿物和有机质）、土壤物理化学等因素如何影响锰氧化物的生物形成，尚无研究（刘凡等，2008）。

与化学合成氧化锰矿物相比，生物成因的锰氧化物（或称为生物氧化锰）结晶弱、粒径小、沿 c 轴堆积无序、Mn 价态高、结构中八面体空穴多，因而具有更强的吸附、氧化等表面活性（Tebo 等，2004）。在实验室中性 pH 的条件下化学合成的锰氧化物的锰氧化度较低，约为 3.1，而在大部分自然状态下水中由微生物活动所形成的锰氧化物的锰氧化度往往高于 3.4。X 射线发射光谱（XES）和 X 射线吸收近边结构（XANES）分析表明，在 NaCl 缓冲溶液中得到的生物氧化锰的平均氧化度接近 4.0。在 200 $\mu mol \cdot L^{-1}$ 的 Mn^{2+} 溶液中浮在溶液表面的 SS-1 菌株合成锰氧化物，培养 11 h 后其氧化度为 3.32，15 h 后为 3.46，30 天后增长到 3.62（Adams 和 Ghiorse，1988）。生物氧化锰的平均氧化度高，可能与生物氧化 Mn^{2+} 生成 Mn^{4+} 是酶催化的两个连续的快速单电子传递过程，Mn^{3+} 在溶液中只以与酶结合的瞬时中间态存在，无 Mn^{3+} 固相生成有关。盘状丝发菌 SP-6 氧化 Mn^{2+} 后形成层状的 MnO_x，其 $Mn^{4+}O_6$ 八面体链中有 12% ±4% 的位点为八面体空穴（Saratovsky 等，2006）。Friedl 等通过 EXAFS 对瑞士富营养化的 Sempach 湖底沉积物中氧化锰的研究认为，氧化锰主要是类似 c 轴无序的 H-水钠锰矿，大量八面体空穴存在于 MnO_6 八面体链中，其上或下方被吸附态的金属离子所占据。恶臭假单胞菌 MnB1 氧化 Mn^{2+} 形成的弱结晶六方水钠锰矿结构中最高可含有约 17% 的八面体空穴，此类锰矿物八面体层中不含 $Mn^{3+}O_6$ 八面体（Villalobos 等，2006）。

8.2.5 生物氧化锰的环境意义

生物氧化锰与金属离子相互作用的研究已陆续有些报道，其作用的机制与化学合成产物不完全相同，表现在以下几方面（Tebo 等，2004；刘凡等，2008）。①生物活动产生的锰氧化物一直保持较高的生长活性，受环境污染因素影响小，这大大减小了将金属结合到锰氧化物中所需的活化能。②生物锰氧化物结构中 Mn^{3+} 少，由恶臭假单胞菌 MnB1 菌株氧化生成的锰氧化物，其层状结构中几乎全部是 Mn^{4+}，以致吸附作用更多地发生在 MnO_6 八面体层空穴处。③胞外聚物、生物被膜或菌鞘等影响吸附特性。U^{6+} 进入正在生长的生物锰氧化物，形成与钙锰矿相似的生物锰矿物，而合成的层状锰矿物却不能发生类似的转变。因此，在一些情况下，具有隧道结构的钙锰矿被认为是一种具有生物起源的锰矿物。Toner 等(2006)应用 EXAFS 比较了 3 种情况下，即无生物锰氧化物的细菌细胞、已经形成生物氧化锰的细菌细胞和正在形成生物氧化锰的细菌细胞对 Zn^{2+} 和 Ni^{2+} 的吸附作用。结果表明，当体系只有细菌细胞时，Zn^{2+} 主要与磷酸基团络合，而羧基是与 Ni^{2+} 键合的重要基团。有生物氧化锰存在时，两种金属离子都对锰氧化物表现出高的亲和性，此时细胞对金属的键合贡献很小。当吸附作用发生在 Mn^{2+} 氧化过程中时，对金属离子的吸附会更大。在高表面覆盖度和低表面覆盖度的情况下，应用 EXAFS 对生物氧化锰吸附 Zn^{2+} 的 Zn—O 和 Zn—Mn 键长的分析表明，其结构均为四配位的三齿共角 Zn 络合物。这意味着在合成的水钠锰矿和由恶臭假单胞菌生成的锰氧化物之间存在着差异，前者在不同的 Zn 覆盖度下配位不同。对于 Pb^{2+} 的吸附也进行了类似的研究，在没有锰氧化物存在的情况下 Pb^{2+} 与有机基团键合，但在有锰氧化物存在的情况下，Pb^{2+} 在层间八面体空穴处与三个氧原子形成三齿络合物(Villalobos 等,2005)。Pb^{2+} 在 SS - 1 生成的锰氧化物上的吸附量远大于合成锰矿物。MnB1 锰氧化物吸附的 Zn^{2+} 位于空穴的上下方，最大吸附量达 $4.1\ mol \cdot kg^{-1}$，与其中的空穴总数非常吻合。在锰氧化物吸附饱和后生物被膜才吸附 Zn^{2+}，吸附量可占总吸附量的 38%(Toner 等,2006)。Cu^{2+} 以三齿共角顶 O 的配合物形态吸附在 SG - 1 形成的锰氧化物的空穴处，Co^{2+} 则快速氧化后进入 MnO_6 八面体层结构中(Tebo 等,2004)。锰氧化物是 As^{3+} 的重要氧化剂之一，在只有菌液而没有 Mn^{2+} 存在的条件下，As^{3+} 未被氧化，这说明 As^{3+} 不是被锰氧化菌直接氧化的。当 As^{3+} 和生物氧化锰同时存在时，生物氧化锰吸附的 As^{3+} 很少，As^{3+} 是先被氧化为 As^{5+} 才被吸附的。

化学成因的锰氧化物通过自身价态的变化，对一些变价元素、除草剂、抗菌剂、杀虫剂等有机污染物的氧化降解及转化、催化多酚等有机分子的梅拉德反应形成腐殖质的研究已有一些报道，但关于生物氧化锰与有机分子相互作用的研究还很少。

在 Mn^{2+} 至 Mn^{4+} 的氧化反应中，Mn^{3+} 中间体及真菌的胞外酶，特别是漆酶、木质素过氧化酶和锰过氧化酶等提取物的重要性值得关注。在这些体系中，Mn^{3+} 产物是有机酸的络合物，Mn^{3+} 络合物可以从酶的活性部位扩散开来，成为一类重要的氧化剂(图 8 - 11)。因此，细菌产生的 Mn^{3+} 络合物在水体和陆地环境中可能扮演着重要的扩散性氧化剂作用，它们可以参与有机化合物和无机化合物氧化还原反应。Mn^{3+} 可能与含铁细胞(含铁配合基)进行络合，与其中的 Fe^{3+} 发生竞争和交换，从而影响生物体对铁的利用(Tebo 等,2004)。微生物氧化 Mn^{2+} 过程中产生的 Mn^{3+} 中间体可以赋予酶某种共代谢活性。例如，球形芽孢杆菌 SG - 1 属芽孢催化 Co^{2+} 至 Co^{3+}、Cr^{3+} 至 Cr^{6+} 的反应与 Mn^{3+} 有关（Tebo 等,2004;Wu 等,2005）。由于 Cr^{6+} 的毒性远远高于 Cr^{3+}，可见 Cr^{3+} 的氧化作用非常重要。用不同的锰氧化度矿物进行 Cr^{3+} 氧化反应速率的分析结果表明，氧化速率与 Mn^{3+} 的含量有关。Nico 和 Zasoski 的进一步研究表明，在合成 $\delta - MnO_2$ 中引入 Mn^{3+}，加入焦磷酸钠，可以降低 Cr^{3+} 的氧化反应速率，该结果验证了 Mn^{3+} 是 Cr^{3+} 发生氧化反应主要位点的假设（Duckworth 和 Sposito, 2005）。比较化学和生物形成的锰氧化物对 Cr^{3+} 氧化反应的催化作用表明，与细胞相关的 Mn^{3+} 中间体在很大程度上决定了环境系统中的 Cr^{3+} 的环境行为（Murray 和 Tebo,2007）。Mn^{3+} 是强氧化剂，它能影响很多其他元素的循环，包括 C、N、Fe 和 S 等。在 Mn^{2+} 氧化的过程中，Mn^{3+} 与有机或无机的配体结合形成可溶的复合体，在环境中的作用可能比我们以往所认为的重要得多（Trouwborst 等,2006）。

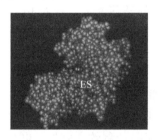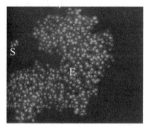

图 8 - 11　Mn^{3+} 中间体扩散（S 为底物 Mn^{3+},E 为酶）（参见书末彩插）

研究表明，一株能催化 Mn^{2+} 氧化的细菌含有编码 1,5 - 二磷酸核酮羧化酶/加氧酶的基因，这种酶在多种好氧化能自养型生物中能固定 CO_2，虽然在该菌株中没有检测出有酶活力，但在 *E. coli* 中由该基因所表达的蛋白质具有固定 CO_2 的活性。生盘纤发菌在腐殖质培养基上的生长实验证明微生物在生成锰氧化物过程中可以使有机质的利用加快，而且一些其他海洋锰氧化菌也可能是通过这种方式来获得碳源和能量。尽管到目前为止细菌氧化 Mn^{2+} 作用与 CO_2 固定和释放之间的相互关系仍不清楚，但已有的研究结果使我们对锰氧化菌在碳的生物地球化学循环中的作用有了更新的认识（刘凡等,2008）。

8.3　土壤铬的生物化学

8.3.1　铬的形态与生物毒性

土壤铬含量取决于成土母质类型和受铬污染的程度。自然土壤中的铬主要来源于成土母岩，成土母质不同，含量差异很大。但事实上，由于铬具有许多工业用途，导致大量的铬以不同的形态排放到环境中，铬存在 -2 价到 $+6$ 价的多种化学形态。土壤中的铬常以 4 种化学形态存在，2 种三价铬离子（Cr^{3+} 阳离子和 CrO_2^- 阴离子）和 2 种六价铬阴离子（$Cr_2O_7^{2-}$ 和 CrO_4^{2-}）。由于不同土壤的矿物种类、组成、有机质含量和 pH 等不同，铬的形态亦不同。土壤中水溶性铬含量很低，一般难以检测。交换态铬含量也较低，一般 $<0.5\ \mathrm{mg\cdot kg^{-1}}$，约占总铬的 0.5%。土壤中铬大多以沉淀态、有机结合态和残渣态存在。有机结合态含量通常 $<15\ \mathrm{mg\cdot kg^{-1}}$，比沉淀态和残渣态含量低，残渣态含量一般占总铬的 50% 以上。

　　Cr^{3+} 离子在土壤溶液中水解形态很复杂，一般认为，土壤溶液中 Cr^{3+} 的存在形态主要是 $Cr(H_2O)_6^{3+}$ 及其水解产物和多种聚合形态，与天然水中 Cr^{3+} 的特征相似。由于 Cr^{3+} 能被土壤强烈吸附、沉淀和螯合，土壤溶液中 Cr^{3+} 的浓度很快降低。吸附、沉淀的铬一般聚积在土壤表层，表层以下含量较少，而土壤中有机质含量的增加可以提高 Cr^{3+} 的迁移能力。相对 Cr^{3+}，土壤溶液中的 2 种六价铬阴离子迁移能力更强。它们可以被植物吸收或沥滤到深层土壤、地下水中或流入表面水造成污染，少量的 Cr^{6+} 被吸附到土壤中，结合能力主要与土壤的矿物组成和 pH 有关。CrO_4^{2-} 离子能被高岭土、氧化铁、氧化铝和其他土壤胶体（表面带正电荷）吸附。质子形式的 $HCrO_4^-$ 存在于酸性土壤中，也能被固定在土壤中或保持溶解状态。上述 4 种离子态铬在土壤中的迁移转化状况，主要受土壤 pH 和氧化还原电位（Eh）的制约。此外，也受土壤有机质含量、无机胶体组成、土壤质地及其他化合物种类的影响。不同形态的铬在适当的土壤环境条件下是可以相互转化的（图 8 - 12）。

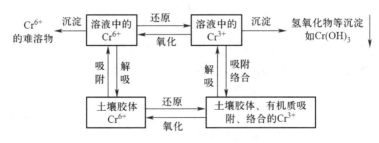

图 8 - 12　土壤中不同形态铬的转化关系

　　不同价态铬的化学性质差异较大，随着铬价态的升高，引起离子半径减小和电负性、电子电位的增大，导致其非金属性增强。Cr^{3+} 显碱性，不易络合，其还原能力较强，很不稳定，遇潮湿空气就被氧化。Cr^{3+} 在 pH 5.0～9.0 的范围内，氧化还原电位低于 $+0.5\ \mathrm{V}$ 条件下，易形成氢氧化铬沉淀。在强氧化条件下，Cr^{3+} 可被氧化成 Cr^{6+} 形成黄色的铬酸根或橙色的重铬酸根，这两种阴离子都易溶于水，在酸性介质中是强氧化剂，极易被有机质、Fe^{2+}、S^{2-} 还原。

Cr^{6+} 极易穿过真核生物和原核生物的细胞膜，以硫酸盐运输的方式进入到细胞内部（Ohtake 等，1987）。Cr^{6+} 一旦进入细胞质，就被还原为 Cr^{3+}，并与脱氧核糖核酸（DNA）发生反应，从而造成较强的毒性。而三价铬在 pH > 5 时，会以氧化物和氢氧化物的形式沉淀下来，不具有迁移性，很难通过生物膜，具有较低的毒性（McGrath 和 Smith，1990）。

8.3.2　六价铬的生物还原

虽然微生物将六价铬还原为三价铬的具体过程尚不清楚，但它仍是缓解 CrO_4^{2-} 毒性的重要机制之一。Bopp 等（1983）筛选出耐 CrO_4^{2-} 的荧光假单胞菌（Pseudomonas），并确定了这种抗性源于质粒，但此后又提出铬酸根的还原与一种膜结合酶有关。随后的研究发现，由于荧光假单胞菌对 CrO_4^{2-} 既敏感又具有抗性，可将 CrO_4^{2-} 还原，表明 CrO_4^{2-} 的还原和质粒抗 CrO_4^{2-} 毒性是两个相互独立的过程（Bopp 和 Ehrlich，1988）。

目前，关于微生物还原 Cr^{6+} 的机理，主要存在两种观点，即直接作用和间接作用。直接作用是指微生物通过自身的生理活动直接将 Cr^{6+} 还原为 Cr^{3+}，间接作用则是指通过微生物的代谢产物还原 Cr^{6+}。

普遍认为微生物对 Cr^{6+} 的直接还原作用是酶促机理，即微生物体内的某种或某些酶能催化 Cr^{6+} 还原，这些酶统称为 Cr^{6+} 还原酶（图 8 - 13）。还原酶有两大类，一类为细胞质中的溶解性蛋白质，好氧条件下 Cr^{6+} 的酶促还原主要与这类酶有关；另一类酶是细胞膜成分，厌氧条件下 Cr^{6+} 的酶促还原主要通过这类酶完成。Cr^{6+} 的酶促还原必须通过菌体的新陈代谢活动实现。虽然有报道指出，一些兼性细菌在新陈代谢时将 Cr^{6+} 离子作为唯一的电子受体，但 Lovley（1993）认为 Cr^{6+} 离子的还原过程并没有提供细菌生长所需的能量。迄今为止，参与 CrO_4^{2-} 还原的酶还没有被鉴别出来，但已明确了芽孢杆菌属、肠杆菌属、链霉菌属和假单胞菌属等细菌中参与 CrO_4^{2-} 还原的一些酶的特征。

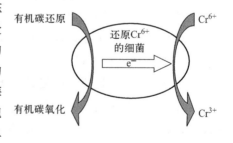

图 8 - 13　细菌对 Cr^{6+} 的直接还原机理

有学者早期分别从荧光假单胞菌 LB300 和阴沟肠杆菌 HO - 1 的细胞膜上，发现了具有 Cr^{6+} 还原能力的还原酶（Bopp 和 Ehrlich，1988）。在细胞膜表面，观察到 Cr^{6+} 还原后生成的三价铬沉淀物。研究表明，这些膜成分中的还原酶在将电子从 NADH 传递给 Cr^{6+} 的过程中起重要作用。在后来的研究中，有学者发现嗜麦芽假单胞菌对 Cr^{6+} 的酶促作用也是通过细胞膜上的还原酶来完成的。同样，对于腐败希瓦氏菌 MR－1，其还原酶存在于细胞质膜上，甲酸盐和烟酰胺腺嘌呤二核苷酸（NADH）都能充当酶还原 Cr^{6+} 的电子供体，但烟酰胺腺嘌呤二核苷酸磷酸（NADPH）和 L－乳酸盐却不能作为该菌体中还原酶还原 Cr^{6+} 的电子供体（Myers 等，2000）。

Cr^{6+} 还原酶活性与细胞膜、可溶性蛋白质组分有关。荧光假单胞菌 LB3000 的无细胞提取物以葡萄糖为电子供体很容易将 Cr^{6+} 还原。当 NADH 辅酶加入到由无细胞提取物制备而成的 S32 上清液（32 000 × g 离心 20 min）时，会加快 CrO_4^{2-} 的还原。而将 NADH 加入到 S150 的上清液（150 000 × g 离心 40 min）中，CrO_4^{2-} 没有被还原，这表明能将 NADH 的电子转移到 CrO_4^{2-} 的部分或全部酶是与细胞膜结合的。Wang 等（1990）发现加入 NADH 不会增强阴沟肠杆菌 HO－1 还原 CrO_4^{2-} 的能力，这可能与膜囊泡无法接触到 NADH 有关。膜囊泡被 NADH 还原后，接着被 CrO_4^{2-} 氧化成 c 型（c548、c549 和 c550）和 b 型（b555、b556 和 b558）细胞色素，其中细胞色素 c548 具有将电子转移到 CrO_4^{2-} 的特性。当 H_2 作为电子供体时，在脱硫弧菌中 c3 型细胞色素类物质可作为 Cr^{6+} 的还原酶（Lovley 和 Phillips，1994）。Cr^{6+} 的还原发生在与膜结合的可溶性蛋白组分中。研究表明，当可溶性蛋白组分通过阳离子交换柱过滤去除 c3 型细胞色素后，Cr^{6+} 还原酶失去活性。当在过滤后的可溶性蛋白组分中重新加入 c3 型细胞色素时，又具有还原 Cr^{6+} 的能力。

恶臭假单胞菌 PR2000 对 Cr^{6+} 的还原活性，除了与可溶性蛋白组分有关外，还需要在无细胞提取物中加入 NADH 或 NADPH。而在假单胞菌鞘 G－1 无细胞提取物中，Cr^{6+} 还原酶需要 NADH 作为氢的供体，而不是 NADPH。也有研究发现，枯草芽孢杆菌对 CrO_4^{2-} 的还原活性与可溶性蛋白组分有关，并且加入 NADH 或 NADPH 可显著加速 CrO_4^{2-} 的还原。枯草芽孢杆菌菌株 QC1－2 对 CrO_4^{2-} 的还原反应与 NADH 有关，NADH 在可溶性蛋白组分中还原能力最强，而在膜组分中其还原活性相对较低。此外，细胞悬液还原 CrO_4^{2-} 的过程与葡萄糖有关，硫酸根离子是 CrO_4^{2-} 运输的竞争抑制剂，但对 CrO_4^{2-} 的还原速率并没有影响。另有报道，在链霉菌 3M 的可溶性蛋白组分中发现 CrO_4^{2-} 被还原，并且该还原过程与 NADH 和 NADPH 有关，当存在 NADH 时具有较高的还原速率（Dungan 和 Frankenberger Jr.，2002）。

微生物对 Cr^{6+} 的另一种还原作用是微生物通过其代谢产物的间接还原来实现的（图 8－14）。目前，关于代谢产物还原 Cr^{6+} 的研究较多的包括一些硫酸盐还原菌在厌氧条件下还原 SO_4^{2-} 产生的 S^{2-}，异化型铁还原菌还原 Fe^{3+} 产生的 Fe^{2+}，它们可作为 Cr^{6+} 的还原剂促进 Cr^{3+} 的生成。据报道，海藻希瓦氏菌 BrY 是一种对 Fe^{3+} 氧化物有较好的转化作用的异化型铁还原菌，该菌能够通过

还原 Fe^{3+} 生成的 Fe^{2+} 来还原 Cr^{6+}（Vázquez-Morillas 等, 2006）。利用嗜酸氧化硫硫杆菌对硫的氧化作用，可获得具有强还原性的氧化产物（如亚硫酸盐、硫代硫酸盐等）来还原 Cr^{6+}。也有研究报道，硫酸盐还原菌（如脱硫弧菌）对 Cr^{6+} 的还原与 SO_4^{2-} 还原作用密切相关，主要是由菌体的代谢作用产生的还原性产物（S^{2-}）来完成的。

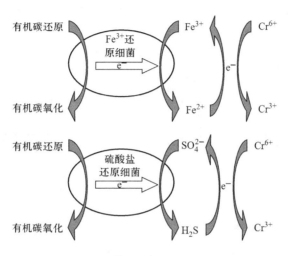

图 8-14　细菌对 Cr^{6+} 的间接还原机理

8.3.3　六价铬的生物修复

目前，受铬酸根离子污染的土壤和水体的生物修复方法主要有两种。一是通过刺激硫还原细菌产生 H_2S，再以 H_2S 为还原剂，直接还原 CrO_4^{2-}。二是 Cr^{6+} 还原细菌通过酶的作用直接还原。Cr^{6+} 的间接生物还原大多数是在厌氧环境中发生的，而直接还原在厌氧和好氧环境均可发生。

现有 CrO_4^{2-} 的生物还原主要采用生物反应器。Cr^{6+} 还原细菌用基质固定在反应器内。此体系中，含 CrO_4^{2-} 的污水和各种碳源与营养物质一并用泵抽入通过反应器。还原反应发生后，三价铬离子的沉淀物采用过滤法去除。该反应器的优点是成本低，不需要化学反应物，主要缺点是在批处理实验中铬的出水浓度最低约为 $1\ mg \cdot L^{-1}$，而该浓度约为 EPA 饮用水标准中铬浓度的 20 倍。此外，由于 CrO_4^{2-} 要进行扩散，并与细胞直接接触，使对细胞的毒害作用较高，还原速率较低。

Losi 等（1994）研究出一种处理 Cr^{6+} 污染地下水的农用方法。即将含 Cr^{6+} 的污水灌溉到苜蓿地，使 Cr^{6+} 被还原、沉淀和固定。在温室实验中，含 Cr^{6+} 的污水通过被牛粪或苜蓿生长改良过的土柱，入水的 Cr^{6+} 离子浓度为 $1\ mg \cdot L^{-1}$，最后出水的浓度低于 $0.02\ mg \cdot L^{-1}$（图 8-15）。研究发现，去除 Cr^{6+} 的主要机制是先还原后沉淀。O_2 含量较低时有利于还原反应，同时内源微生物类型与有效碳源（如牛粪）对 Cr^{6+} 的还原具有较大的贡献。Komori 等（1990）将另一生物还原技术应用到铬污染水的修复，将含 Cr^{6+} 的还原细菌的透析管浸入到受污染的水体中，扩散到透析管中的 Cr^{6+} 被还原并沉淀在管内。这项技术可将初始浓度为 208 mg·L^{-1} 的 Cr^{6+} 去除90%以上。但这个系统的主要缺陷是扩散过程有浓度梯度，当 Cr^{6+} 浓度较低时，Cr^{6+} 扩散到透析管的效率将会下降，需要较长的滞留时间达到去除效果。

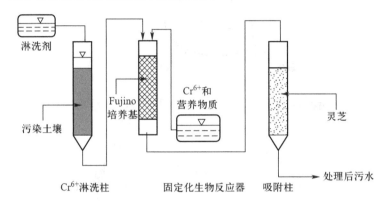

图 8-15　Cr^{6+} 污染土壤的生物修复

利用海洋中的 SO_4^{2-} 还原细菌同样设计出了厌氧生物反应器，将 SO_4^{2-} 还原细菌作为生物膜固定在沙砾表面，处理后的水体中铬含量可低于 0.01 mg·L^{-1}。这个微生物还原系统的优点是细菌的细胞不直接与 CrO_4^{2-} 接触，生成的硫化氢扩散到介质中还原 CrO_4^{2-}，避免细胞受到 Cr^{6+} 的毒害。但该系统的缺陷是反应过程中需要保持厌氧条件，并要添加能量物质。

这类技术对处理铬污染土壤和地下水的原位固定具有应用前景，通过加入硫酸根和其他营养物质，激活硫酸根还原细菌，在土壤深层剖面或地下水中产生硫化氢，从而起到净化土壤和地下水中铬的作用。

8.4　土壤汞的生物化学

8.4.1　汞的形态与生物毒性

汞在常温下为液态的金属元素，对人的神经系统具有毒害作用。土壤中的汞主要源于地质演变和现代工业过程中的人为释放。汞在土壤中的积累、迁移和转化受到土壤的生物过程、物理过程、化学过程的影响，而其在土壤固液界面上的行为受土壤固相组分对汞离子的吸附-解吸特性的影响。进入土壤的汞处于吸附和解吸的动态平衡中，这种平衡控制着汞在土壤中的浓度、活性、生物有效性或毒性以及在土壤中的迁移和在食物链中的传递。土壤的类型、组分、性质以及汞自身的化学特性决定着土壤汞的形态，并直接影响土壤汞的环境风险。

土壤汞的释放与无机汞化合物的性质密切相关，一般来说，土壤中汞的溶解度越大，汞越容易挥发。土壤汞挥发速率的大小顺序为 $HgCl_2 > Hg(NO_3)_2 > Hg(C_2H_3O_2)_2 > HgO > HgS$。其次是土壤自身对汞吸持的特性，有机胶体倾向于吸附非极性和非离子态汞，而黏土倾向于吸附离子态汞。但 Lindqvist 等（1991）认为，无机胶体对有机汞的吸附贡献较大，而有机胶体对无机汞的吸附贡献显著。不同质地土壤汞的挥发速率大小为砂土 > 壤土 > 黏土。当土壤中的有机质含量较高时，有机络合剂（如腐殖质）和无机络合剂（如 Cl^-、Br^-）浓度的增加，使土壤汞形成络合物的数量增加，从而微生物可利用的 Hg^{2+} 数量减少，降低了土壤汞的挥发量。

土壤汞的挥发途径是一种生物学过程，微生物的活性对汞释放起着决定性的作用。微生物活性越高，汞的挥发量越大，实验中观察到土壤汞的挥发速率与微生物的数量近似成正比关系（Scholtz，2003）。土壤中的无机汞化合物在厌氧细菌的作用下，可以转化为有机汞化合物。土壤中的无机汞 $HgSO_4$、$Hg(OH)_2$、$HgCl_2$ 和 HgO 因溶解度较低，在土壤中的迁移能力较弱，当有微生物作用时，便可向甲基化方向转化。微生物合成甲基汞在需氧或厌氧条件下都可以进行。在需氧条件下主要形成甲基汞，它是脂溶性物质，可被微生物吸收、积累而转入食物链造成对人体的危害。在厌氧条件下主要形成二甲基汞，在微酸性环境中，二甲基汞又可转化为甲基汞，如图 8-16 所示。

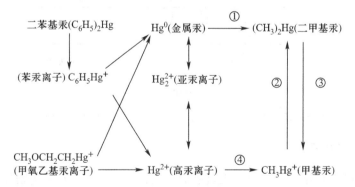

图 8-16　汞在土壤中的转化模式。①酶的转化（厌氧）；②酸性环境；③碱性环境；④化学转化（需氧）（唐永鉴，1987）

细菌在降低汞及其化合物的毒性时主要有 5 种机制。①减少细胞对汞离子的渗透。②将甲基汞脱甲基转化为不可溶的汞硫化物。③甲基汞与硫化氢不断地作用形成汞的硫化物而螯合汞离子。④有些细菌(如脱硫弧菌 LS)，甲基汞对它的毒性比汞离子小，这类细菌通过两步生化反应将汞离子转化成甲基汞，减少汞离子的毒性。⑤通过细胞中的汞还原酶将汞离子还原为毒性小、易挥发的金属汞，从细胞溢出减弱毒性。

目前的研究主要集中在生物还原和甲基化反应(Dungan 和 Frankenberger Jr.,2002)。

8.4.2　二价汞的还原

很多微生物为了避免汞的毒害而将 Hg^{2+} 还原为 Hg^0，如肠道细菌、假单胞菌、葡萄球菌、氧化亚铁硫杆菌、链霉菌属和隐球菌，这在污染土壤和水体中去除汞具有潜在的应用前景。细菌还原汞的能力与其对汞的抗性有关。细胞中质粒的解毒机制模型如图 8－17 所示。蛋白质质粒先与胞外质结合，Hg^{2+} 通过膜蛋白(merP)穿过细胞内膜转移到细胞质，在细胞质中 Hg^{2+} 被 NADH(含有二价汞的还原酶)还原为 Hg^0，Hg^0 再通过扩散从细胞中消除。二价汞还原酶在过量硫醇(如巯基乙醇、二硫苏糖醇、谷胱甘肽、半胱氨酸)存在时具有较强的活性。

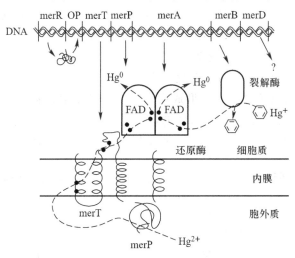

图 8－17　质粒对汞的解毒体系模型(Silver 和 Mirsa,1988)

8.4.3　汞的甲基化

在自然环境中，汞主要以无机汞的形式存在，在生物和非生物作用下无机汞可发生甲基化转化成毒性较强的甲基汞。甲基汞是一种强亲脂性、高神经毒性的有机汞化合物，它可在生物体内累积，通过食物链进入人体，对人类健康造成危害(Clarkson,2002)。环境中甲基汞的含量受到生物和非生物因素的控制，其中微生物对汞的甲基化具有重要的作用(胡海燕等,2011)。

1968 年，Wood 等发现在无机汞溶液中加入微生物提取物，可产生甲基汞。次年，Jensen 和 Jernelöv 发现，在实验室培养沉积物时，无机汞可以转化成甲基汞，而且消毒灭菌可以抑制该过程的进行，他们推测沉积物中的微生物使无机汞甲基化（胡海燕等，2011）。Hg^{2+} 唯一的甲基供体很可能是甲基钴胺素，产生甲基钴胺素的主要是厌氧细菌，称为产烷生物，认为它是微生物甲基化的辅助因子。甲钴胺在甲硫氨酸生物合成中是一种很重要的辅酶。甲钴胺能够催化转移甲基基团给高半胱氨酸，导致了甲硫氨酸的合成。在链孢霉中，高半胱氨酸的加入可以激发甲基汞的形成，而甲硫氨酸的加入则阻碍甲基汞的形成。真菌首先与辅酶或半胱氨酸形成 Hg^{2+} 的复合物，然后甲基化，通过甲基转移酶分裂产生甲基汞。由于认为维生素 B_{12} 并不参与链胞霉的新陈代谢，所以甲钴胺是最有可能的甲基供体。基于这个证据，错误得出甲硫氨酸将阻碍粗糙脉胞霉汞的甲基化。

随后科学家发现，在培养基中许多其他微生物也可使无机汞甲基化。硫酸盐还原菌被认为在无机汞甲基化过程中起着主要作用（King 等，2001）。Fleming 等（2006）发现，并不是所有的硫酸盐还原菌都能使汞甲基化，不同的硫酸盐还原菌菌株，其甲基化速率和甲基汞产量也不同。基于对 *Desulfovibrio desulfovibricans* LS 菌株的研究，Choi 等（1994）提出了完全氧化菌甲基化汞的途径，认为完全氧化硫酸盐还原菌是一种发生在细胞质的乙酰辅酶 A（CoA）的副反应，甲基来自于 C-3 丝氨酸或者是甲酸盐，通过乙酰辅酶 A 途径把甲基从甲基-四氢呋喃转移到一种蛋白质，然后进行酶甲基化，不完全氧化菌使汞甲基化则通过不同于乙酰 CoA 的反应途径来完成。随着研究的深入，人们认识到这类细菌控制某一代谢途径的梅尔基因，并提出了梅尔基因的解毒机理（图 8-18）。

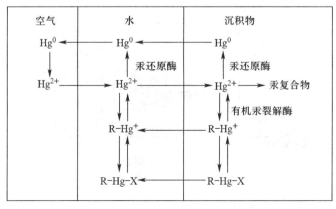

图 8-18 梅尔基因对汞的解毒机理（Jan 等，2009）

8.4.4 汞的生物修复

自然界中汞的生物转化现象大量存在，可应用于含汞污水和土壤的生物修复。抗汞细菌能够从含有 $50 \sim 100~mg \cdot L^{-1}$ 的 Hg^{2+} 溶液中累积非挥发性汞的 $2\% \sim 4\%$。在一个生物反应器中，提供碳源（甲醇或醋酸）和其他营养物质，待含汞污染物通过反应器后，分离出含汞的生物质，将其在 $400 \sim 500~℃$ 下进行热分解，从而获得汞的蒸馏液。

生物吸附技术对汞污染修复具有重要作用。该技术是将固定的水藻制造成生物修复系统并向市场推广（如 Alga - SORB）。该产品是将海藻加热到 $300 \sim 500~℃$，固定在硅酸盐基质上，Alga - SORB 对汞具有较强的吸附性，汞与细胞壁上的配位基团相互作用（与含有氮和硫的官能团形成共价复合物）而被吸附。研究表明，$0.14 \sim 1.6~mg \cdot L^{-1}$ 的汞通过 Alga - SORB 处理柱后，出水中汞的浓度普遍低于 $10~\mu g \cdot L^{-1}$。但是，生物吸附不能有效地去除有机汞化合物（如乙酸苯汞或甲基汞），只能有效地处理 Hg^{2+}。因此，在进行生物吸附前，与有机碳共价结合的汞（如甲基汞）必须水解成为游离的 Hg^{2+}。

汞的生物还原是去除汞污染物的有效途径，即通过微生物先将 Hg^{2+} 还原为 Hg^{0}，再挥发掉（图 8 - 19）。一些汞处理系统使用浮水小球藻和还原汞的细菌（包括嗜麦芽黄单胞菌、嗜水气单胞菌、真养产碱杆菌、假单胞菌、细杆菌属）后，其性能得到较大提高。将浮水小球藻固定在藻酸钙上后，该系统能够在 12 天内从 $1~mg \cdot L^{-1}$ 的汞溶液中去除 99% 的汞。也有人将面包酵母包被于一种多孔介质表面，然后放入未灭菌的汞培养基中，抗汞的细菌在微粒上生长，

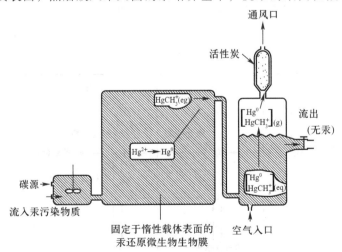

图 8 - 19　汞污染水体生物反应器处理示意（Frankenberger Jr. 和 Losi,1995）

提高 Hg^{2+} 的去除率。也有学者利用从城市活性污泥中分离的细菌聚集体，在这个系统中，含汞的培养溶液加入到流动床中，当汞接触到包被生物膜的沙砾时，被还原成 Hg^0。当入水的汞浓度为 $2\ mg\cdot L^{-1}$ 时，可使出水的 Hg^{2+} 浓度降为 $10\ \mu g\cdot L^{-1}$（Dungan 和 Frankenberger Jr.，2002）。

8.5　土壤硒的生物化学

8.5.1　硒的形态与生物有效性

硒属于元素周期表ⅥA族，是一种类金属元素，其物理和化学性质介于金属和非金属之间。在环境中硒以 +2、0、+4 和 +6 四种价态存在，可形成多种化合物。在土壤溶液和自然水体中常以硒酸盐（SeO_4^{2-}）和亚硒酸盐（SeO_3^{2-}）形态存在。有机的含硒化合物包括硒代蛋氨酸、硒代半胱氨酸和硒代胱氨酸等，以及二甲基硒（DMSe，$(CH_3)_2Se$）、二甲基二硒醚（DMDSe，$(CH_3)_2Se_2$）、硒代甲烷（CH_3SeH）等挥发性甲基化合物。低价态的无机硒主要包括含硒矿物和硒化氢（H_2Se）（吴求亮等，2000）。

由于硒具有抗氧化性，对体内过氧化物的形成和积累起重要作用，因而硒与人体和动物的抗病性以及植物的生长有密切联系。在中国克山病流行地区，由于土壤中硒的贫乏，导致粮食和人体内含硒量过低，人体缺硒是克山病的主要病因之一。同时，硒元素浓度过高又会对人、动物、植物及某些细菌产生毒害作用。如美国加利福尼亚的圣华金河谷，水鸟的死亡和畸形与农业排水中硒含量升高有关（Ohlendorf 等，1986）。土壤硒含量适中，可以生产出适中硒含量的粮食，这对抑制癌症发病具有积极意义。在所有的元素中，硒元素的毒害和缺乏的临界浓度都比较狭窄，因而理解硒的环境暴露与健康的关系极为重要。

硒的生物循环途径与硫的类似。像硫一样，硒通过不同的氧化和还原反应直接影响它的价态、化学特性和环境行为。迄今为止，大部分研究都集中于硒的还原反应和甲基化/挥发反应，因为它们对于含硒环境具有修复潜力。目前，Se 的生物修复在很大程度上仍处于实验阶段。

大多数土壤硒含量与其来源地质体的母质密切相关。大部分土壤硒含量很低，在 $0.01\sim2\ mg\cdot kg^{-1}$（世界土壤平均值为 $0.4\ mg\cdot kg^{-1}$），也有报道富硒地区土壤硒含量可高达 $1\ 200\ mg\cdot kg^{-1}$（Selinus 等，2005）。尽管地质状况是土壤硒的初始控制因素，但硒的移动性、生物有效性仍由土壤生物、物理和化学等因素决定。这些因素主要包括 pH 和氧化还原条件、硒的化学形态、土壤质地和矿物组成以及有机质和竞争离子的类型。其中制约土壤硒化学形态的主要因素是 pH 和氧化还原条件（图 8-20）。在自然氧化还原状态下，亚硒酸盐和硒酸盐是主要的无机硒形态，亚硒酸盐相对更稳定。比 Se^{6+} 更具有亲和力的 Se^{4+} 可通过配位体交换吸附到土壤颗粒表面，这个过程取决于体系的 pH，随 pH 的降低吸附能力增强。在酸性和中性土壤中，Se^{4+} 与氧化铁或氢氧化铁形成难溶的化合物，如 $Fe_2(OH)_4SeO_3$。较低的溶解度和较强的吸附固定，使亚硒酸的生物可利用性较差。相对而言，硒在中性和碱性土壤中最普通的形态是硒酸盐，它易于溶解，活性较高，可被植物吸收。实验表明，将等量的硒分别以硒酸盐和亚硒酸盐的形式加入土壤，其中加入硒酸盐时植物对硒的吸收量比加入亚硒酸盐时高 10 倍(Neal,1995)。

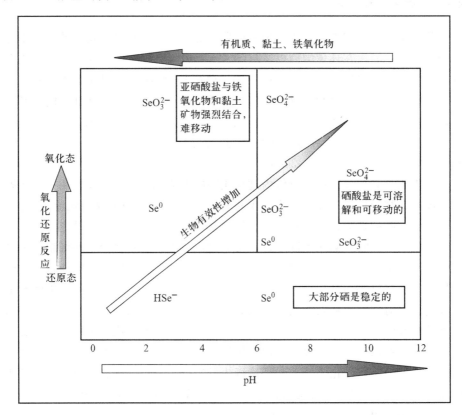

图 8 - 20　土壤硒形态的主要控制因素及其生物有效性(Selinus 等,2005)

元素态硒(Se^0)、硒化物(Se^{2-})和硒的硫化物一般只在还原性、酸性和富含有机质的环境中存在。这些形态的硒氧化潜能低、溶解性差，植物和动物难以利用。然而，硒的氧化还原与微生物活动密切相关，如巨大芽孢杆菌能将单质硒氧化成亚硒酸根。据估计，一些土壤中 50% 的硒以有机化合物的形式存在，但被分离鉴定出来的很少。到目前为止，已经从土壤中分离出了硒代蛋氨酸，植物对它的生物有效性比无机亚硒酸盐的高 2 ~ 4 倍，硒代半胱氨酸的生

物有效性则比硒蛋氨酸差。如图 8 - 21 所示为土壤中不同形态硒的生物有效
性。总体上，硒酸盐比亚硒酸盐移动性强、溶解度大、不易被吸附。因此，硒
的生物有效性在氧化和碱性条件下较高。

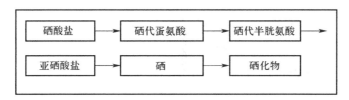

图 8 - 21　土壤中不同化学形态硒的生物有效性比较(Neal,1995)

　　除了硒的形态，土壤的性质也会影响硒的活性。由于细颗粒物对硒的吸附
能力增加，土壤中的黏土含量与硒的生物有效性呈负相关。铁在制约硒的活性
方面发挥着主要作用，在氧化和还原条件下，铁和硒密切相关，氧化铁对硒的
吸附超过了黏土矿物。黏土和氧化铁对硒的吸附能力受到 pH 的强烈影响，在
pH3 ~ 5 的范围内吸附能力最强，随 pH 的升高吸附能力下降。而有机质对硒
的络合作用，使硒易从土壤溶液中移出。

　　SO_4^{2-}、PO_4^{3-} 可与硒竞争植物和土壤中的结合位点，从而影响植物对硒的
吸收。SO_4^{2-} 抑制植物对硒的吸收，对硒酸盐的影响比对亚硒酸盐的影响更大。
由于 PO_4^{3-} 易于被土壤颗粒吸附，取代土壤表面固定的亚硒酸盐，因而在土壤
中加入 PO_4^{3-} 后植物对硒的吸收增强，从而提高硒的生物有效性。与此同时，
加入土壤的 PO_4^{3-} 促进了植物的生长，又会稀释植物体中硒的含量。

　　可见，有关土壤硒的研究中，硒的生物有效性是非常重要的。几种不同
化学形态可用来评价硒的生物有效性，但水溶性硒含量是被广泛接受的指
标。在大多数土壤中，水溶性硒的量只占总硒量的 0.3% ~ 7%，其含量通常
小于 0.1 mg·kg^{-1}。

8.5.2　六价硒的还原

　　SeO_4^{2-} 作为呼吸代谢的终端电子受体被异化微生物还原为 Se^0。Macy
(1994)从含硒的沉淀物中分离了利用 SeO_4^{2-}、NO_3^- 和 NO_2^- 呼吸的 *Thauera
selenatis* 菌株，从该菌株分离的 SeO_4^{2-} 还原酶和 NO_3^- 还原酶能将 SeO_4^{2-} 和 NO_3^-
分别还原成 SeO_3^{2-} 和 NO_2^-。当生物体同时存在 SeO_4^{2-} 和 NO_3^- 时，SeO_4^{2-} 能被完
全还原为 Se^0。在三羧酸循环过程中，烟酰胺腺嘌呤二核苷酸(NADH)和琥珀
酸作为电子供体去还原 SeO_4^{2-} 和 SeO_3^{2-}。硒酸盐还原生成 SeO_3^{2-} 与细胞质中的
SeO_4^{2-} 还原酶有关，但在 SeO_4^{2-} 和 NO_3^- 的呼吸过程中，认为 SeO_4^{2-} 是通过细胞
质中的 NO_2^- 还原酶还原生成 SeO_3^{2-}(图 8 - 22)。

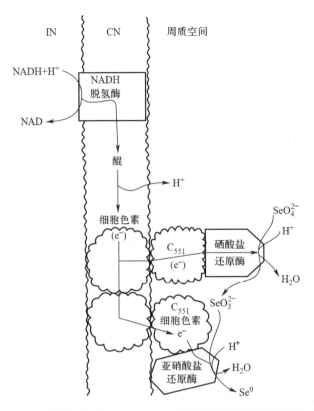

图 8 – 22 硒酸盐被 *Thauera selenatis* 菌株还原为元素硒的机理模型

Losi 和 Frankenberger(1997)分离出一种兼性厌氧菌阴沟肠杆菌(*Enterobacter cloacae* SLD1a – 1),其氧化还原机理与 *T. selenatis* 相似。在厌氧生长中,以 SeO_4^{2-} 和 NO_3^- 为电子受体,将 SeO_4^{2-} 还原成 Se^0。尽管 SLD1a – 1 是在无氧条件下还原 SeO_4^{2-},但是它只有在 NO_3^- 存在的条件下,才能将 SeO_3^{2-} 完全还原为 Se^0,这表明在 SeO_3^{2-} 还原为 Se^0 的过程中 NO_3^- 是必不可少的。Oremland 等 (1994)分离出一株厌氧活性弧菌 *Sulfurospirillum barnesii*(SES – 3),以乳酸作为电子供体时,它能在 SeO_4^{2-} 或者 NO_3^- 存在的环境中生长,并且已经明确 SeO_4^{2-} 和 NO_3^- 可被各自的诱导酶系统还原。尽管其生长过程没有检测到 SeO_3^{2-},但是 SES – 3 的细胞悬液可以将 SeO_3^{2-} 还原成 Se^0。施氏假单胞菌菌株只能在有氧条件下将 SeO_4^{2-} 和 SeO_3^{2-} 还原成 Se^0,但是它们的解毒机制仍有待深入。

在持续的厌氧条件下,SeO_3^{2-} 被生物还原成 Se^0 也会发生。尽管大量的 SeO_3^{2-} 还原菌株已经被分离,但此还原过程仍不清楚。据相关文献,SeO_3^{2-} 的解毒机制是在无氧条件下被细胞质中的 NO_2^- 还原酶还原，这是两个独立的异化还原作用。然而，*Bacillus selenitireducens* 对 SeO_3^{2-} 的还原作用与它的呼吸过程有关。有氧生长的海德堡沙门菌（*Salmonella heidelberg*）、荧光链球菌（*Streptococcus fluorescens*）及粪链球菌（*Streptococcus faecium*）的休眠细胞能够将亚硒酸盐还原成 Se^0。两种普通的土壤菌株荧光假单胞菌（*Pseudomonas fluorescens*）和枯草芽孢杆菌（*Bacillus subtilis*）能明显地将 SeO_3^{2-} 还原成 Se^0，而这种解毒机制与 SeO_3^{2-} 和 NO_2^- 无关（Garbisu 等，1996）。Yanke 等（1995）研究发现巴斯德梭状芽孢固氮杆菌（*Clostridium pasteurianum*）能够利用合成脱氢酶（I）作为 SeO_3^{2-} 的还原酶，此酶不仅能够还原 SeO_3^{2-}，还可还原亚碲酸盐（TeO_3^{2-}）。当酶暴露在 O_2 和 $CuSO_4$ 中，脱氢酶的活性受到抑制，亚硒酸盐的还原反应停止。

8.5.3　硒的甲基化

硒的甲基化作用是一个生物过程，且被认为是微生物对它的生长环境进行解毒的一种自我保护机制。硒的甲基化和挥发是硒在污染土壤和水体环境中迁移的重要步骤。土壤、沉积物和水体中分离的细菌和真菌是主要的硒甲基化生物体。大多数微生物产生的含硒气体主要是二甲基硒，尽管还存在二甲基二硒醚和硒代甲烷等其他易挥发的硒化合物，但其数量极其有限。虽然硒甲基化的生物学意义不是很明确，但当易挥发的硒化合物释放到大气层中后，硒的潜在威胁就会消失（Dungan 和 Frankenberger Jr.，2002）。

Challenger 和 North 在纯化培养 *Penicillium breviicaule* 的研究中，首次报道了微生物能将 SeO_4^{2-} 和 SeO_3^{2-} 转化为二甲基硒。随后鉴定出许多其他真菌都具有硒甲基化的能力，这些真菌包括 *Penicillium* sp.、*Fusarium* sp.、*Schizopyllum commune*、黑曲霉（*Aspergillus niger*）、链格孢（*Alternaria alternata*）和 *Acremonium falcforme*（Karlson 和 Frankenberger Jr.，1988）。同时，含硒土壤中易挥发硒的生成量与真菌的数量密切相关。土生假丝酵母（*Candida humicola*）真菌接种到土壤后，使土壤的挥发性硒含量增加一倍。然而，土壤中添加氯霉素后，土壤中挥发性硒的数量减少 50%，这说明真菌在硒的甲基化过程中起重要作用。

到目前为止，只有少数几种具有硒甲基化功能的细菌被鉴定出来。从湖泊沉积物中分离了 3 种菌株（气单胞菌、黄杆菌、假单胞菌），它们都具有将 SeO_3^{2-} 甲基化为 DMSeS 和 DMDSe 的能力。从土壤分离的棒杆菌菌株能将 SeO_4^{2-}、SeO_3^{2-}、Se^0、硒代蛋氨酸和硒代半胱氨酸转化为二甲基硒（Dungan 和 Frankenberger Jr.，2002）。从含硒的农业排水中分离出来的维氏气单胞菌株可生成挥发性的 DMSe 和较少数量的甲基硒醇、DMSeS、DMDSe（Rael 和 Frankenberger Jr.，1996）。McCarty 等（1993）发现两种向光细菌——深红红螺菌 S1 和纤细红

螺菌可将 SeO_4^{2-} 还原成 DMSe 和 DMDSe。SeO_4^{2-} 和 SeO_3^{2-} 的还原菌阴沟肠杆菌 SLD1a - 1，可将 SeO_4^{2-}、SeO_3^{2-}、Se^0、$(CH_3)_2SeO_2$、硒代蛋氨酸、6 - 硒肌酐和 6 - 硒基嘌呤还原生成二甲基硒。水藻对硒的甲基化也被证实，从盐分很高、蒸发作用强烈的湖泊中分离出一种广盐性的绿色微单细胞绿藻，在有氧条件下，这种绿藻能将 SeO_3^{2-} 转变为 DMSe、DMSeS 和 DMDSe（Fan 等，1997）。

　　一般来说，由硒的含氧阴离子形成硒代烷烃是一个还原甲基化步骤，但该步骤中相关的反应过程仍存在争议。有推测认为 DMSe 的形成是通过连续的甲基化作用和还原反应实现的，且在这个过程中，二甲基硒是 DMSe 的一个中间产物（图 8 - 23）。SeO_3^{2-} 被还原为 Se^0，然后还原为硒化物，进一步甲基化作用还原为硒代甲烷，最终生成 DMSe。尽管没有证实生成了中间产物硒代甲醇和硒代甲烷，但却发现在甲基化真菌培养过程中释放出少量的硒代甲烷。Cooke 和 Bruland（1987）提出了自然水体中 SeO_4^{2-} 和 SeO_3^{2-} 的 DMSe 形成过程：硒的含氧阴离子还原形成中间产物 $CH_3Se(CH_2)_2CHNH_2COOH$，然后甲基化成 $(CH_3)_2Se^+(CH_2)_2CHNH_3COOH$，最后水解成 DMSe 和高丝氨酸。尽管对硒的含氧阴离子转变为 DMSe 的途径有所了解，但是仍无法阐明其中的反应机制，可见硒甲基化的生物化学特性仍需要大量的研究工作。

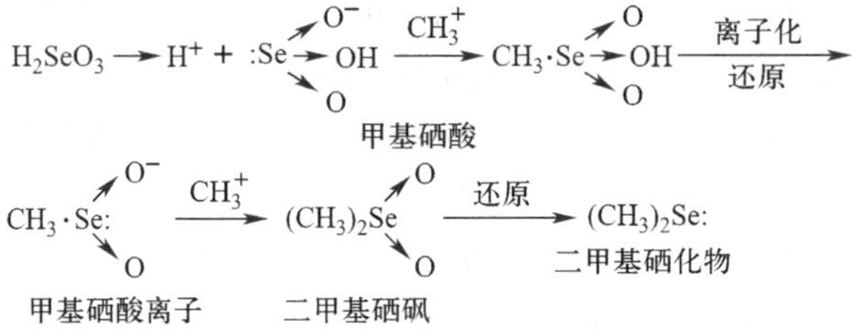

图 8 - 23　真菌对硒甲基化过程的机理（Dungan 和 Frankenberger Jr.，2002）

8.6　土壤砷的生物化学

8.6.1　砷的形态与生物毒性

　　砷可以在自然过程中的风化、侵蚀和生物活动、火山爆发以及人类活动等多种方式的共同作用下被活化。虽然大多数环境中砷的问题是其在自然条件下迁移转化的结果，但诸如采矿、化石燃料的燃烧以及含砷农药、除草剂、作物干燥剂、含砷的禽畜饲料添加剂的施用等人为活动，已经对某些地区产生了深刻影响。尽管最近几十年，含砷杀虫剂和除草剂的施用量已经大为减少，但是砷仍广泛用于木材的保存，对环境构成局部的威胁。

砷（As）是元素周期表ⅤA族的一种类金属元素，在自然环境中存在 +5、+3、0 和 -3 四种价态。砷能够与各种金属形成合金，也可以与碳、氢、氧和硫形成共价键（Dungan 和 Frankenberger Jr.，2002）。砷酸根（AsO_4^{3-}）是一种类似于磷酸根的生物化学物质，可以在磷酸根的同化过程中通过能源依赖性泵膜传递至细胞内部，然而亚砷酸根对硫酸基具有较高的亲和性，从而导致许多酶失活。砷与磷的类似性以及可与硫形成共价键是其具有毒性的两个原因。砷的毒性使其成为良好的除草剂和农药。砷在环境中广泛存在，因此它的生物毒性以及再分配均引起了广泛的关注。

尽管已证实砷是动物新陈代谢所必需的，但还没有证据表明砷是植物的营养元素。低浓度的砷对植物有刺激作用，当摄入过量砷时植物会受到危害。植物受砷毒害的症状首先表现在叶子，其次是根部的生长受到阻碍，致使植物的生长发育受到显著抑制，甚至死亡。土壤中砷的生物有效性或毒性不仅与砷化合物的种类、形态、价态有关，还与土壤性质及其时空动态变化关系密切。氧化还原电位（Eh）和 pH 是控制砷形态最为重要的因素。在氧化条件下，当 pH 较低时（约低于 6.9）主要为 $H_2AsO_4^-$，pH 较高时则以 $HAsO_4^{2-}$ 为主（图 8-24）。在还原条件下，当 pH 低于 9.2 时，以不带电的 $H_3AsO_4^0$ 形态为主；在强还原条

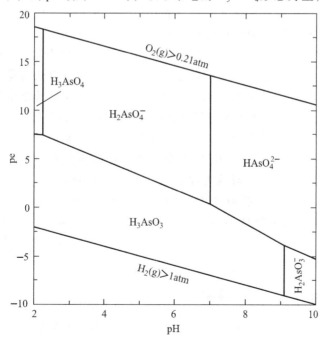

图 8-24　在 As-O₂-H₂O 系统中可溶性砷的种类的 pe-pH 图（$As_T = 10^{-5}$ mol·L⁻¹，NaCl = 10^{-2} mol·L⁻¹，25℃）（Selinus 等，2005）

件下，自然砷也可能存在。

砷在土壤中的形态一般分为以下 5 种。①吸附态砷，用 $1 mol \cdot L^{-1}$ NH_4Cl 提取（包括水溶性砷）。②铝型砷（Al – As），用 $0.5 mol \cdot L^{-1}$ NH_4F 可提取的砷酸铝盐。③铁型砷（Fe – As），用 $0.1 mol \cdot L^{-1}$ NaOH 可提取的砷酸铁盐。④钙型砷（Ca – As），用 $0.2 mol \cdot L^{-1}$ H_2SO_4 可提取的砷酸钙盐。⑤闭蓄态砷（O – As），不能被上述提取剂提取的被闭蓄在矿物晶格中的砷。土壤中的水溶性砷主要以 AsO_4^{3-} 和 AsO_3^{3-} 形式存在，含量极少，常低于 $1 mg \cdot kg^{-1}$，通常在吸附态砷中包括了水溶性砷。后 4 种形态的砷属于难溶性砷，Al – As 和 Fe – As 的毒性小于 Ca – As。Fe – As 在大多数土壤中占优势，其次为 Al – As。一般说来，酸性土壤以 Fe – As 占优势，而碱性土壤以 Ca – As 占优势。

近年来的研究表明，微生物在砷的形态和释放上起着重要作用。它们是亚砷酸盐的氧化、砷酸盐的还原以及不同形态砷的甲基化和挥发的重要催化剂。在微生物参与的砷转化过程中，它或者提供能量来源，或者起着解毒的作用。一些化能自养菌使用氧、硝酸盐或三价铁作为最终电子受体氧化三价砷，二氧化碳则作为它们唯一的碳源。有些自氧菌也具有氧化三价砷的能力。与此过程相反，有些原核生物利用呼吸作用可以还原五价砷，其中包括一些真菌和少数超嗜热菌（原始菌）。砷还可以由微生物引起的氧化还原反应过程中间接释放出来。如异化铁还原细菌将臭葱石中的 Fe^{3+} 还原生成 Fe^{2+}，在这个过程中释放出五价砷（Cumming 等，1999）。此外，微生物还可将砷甲基化。产甲烷细菌对砷的甲基化过程和甲烷气体的产生是同时进行的，可以认为是一种去毒机制。这个机制包括将砷酸根还原为亚砷酸根，随后将亚砷酸根甲基化为二甲胂。真菌也可将无机的和有机的砷化合物转化为易挥发的甲胂。

按照砷的不同代谢机制，可以将这些微生物分为砷甲基化微生物（arsenic methylating bacteria，AMBs）、化能自养型砷氧化微生物（chemolithoautotrophic arsenite oxidizers，CAOs）、异养型砷氧化微生物（heterotrophic arsenite oxidizers，HAOs）、异养型砷还原微生物（dissimilatory arsenate-reducing prokaryotes，DARPs）以及砷抗性微生物（arsenic-resistant microbes，ARMs）（Jonathan 和 Oremland，2006；Oremland 和 Stolz，2003，2005）。微生物转化砷的不同机制如图 8 – 25 所示。

8.6.2　铁氧化物对砷形态的影响

金属氧化物是土壤和沉积物中砷（包括亚砷酸盐、砷酸盐）的主要吸附剂，特别是铁、铝、锰的氧化物和氢氧化物。碳酸盐也可吸附砷，但其吸附能力极其有限。在砂质含水层中，铁的氧化物，特别是新形成的无定形氧化铁，因其

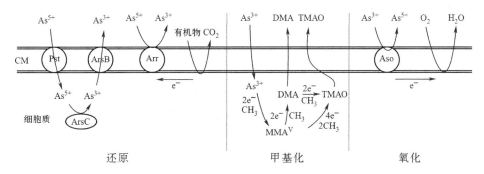

图 8-25 微生物对环境中砷的转化作用机制。CM:细胞膜;MMA^V:甲基胂酸;DMA:二甲基胂酸;TMAO:三甲基胂氧化物;Pst:磷酸盐转运子;Arr:砷酸盐还原酶;Aso:亚砷酸盐氧化酶

含量相对较高、表面积大、结合能力强,而成为砷的重要吸附剂或固定剂。

当土壤长期浸水处于还原条件时,铁的氧化还原状况发生改变,从而直接影响砷的活性。形成高砷地下水的主要原因之一就是由于铁氧化物被还原,使吸附或共沉淀的砷释放出来。这个还原反应开始于氧的消耗和有机物分解导致溶解的 CO_2 增加,继而 NO_3^- 被还原为 NO_2^-,最终生成氮气和 N_2O。接着不溶的锰氧化物被还原为 Mn^{2+},含水的铁氧化物被还原为 Fe^{2+}。在这些过程中 SO_4^{2-} 被还原为 S^{2-},然后通过发酵产生甲烷,N_2 被还原为 NH_4^+。在硫酸盐还原过程中产生的硫化物与生成的 Fe^{2+} 形成 FeS,最后形成黄铁矿(FeS_2)。As^{5+} 的还原反应通常发生在 Fe^{3+} 被还原之后,但在 SO_4^{2-} 被还原之前。

在硫酸盐缺乏的还原性环境下,游离氧化铁还原成可溶性的 Fe^{2+},使溶液中的铁含量增高。微生物在这个反应中起到催化的作用,同时铁氧化物的颜色从红色、橙色、褐色转变为灰色、绿色、蓝色。目前,我们对 Fe^{3+} 氧化物在强还原条件下的变化过程缺乏了解,至今仍不清楚这一转化过程对吸附在铁氧化物上的砷有何影响。由于土壤、沉积物的固液比值大,即使砷的形态发生很小的变化,也会对土壤水或沉积物孔隙水的砷浓度产生较大的影响。因此,对土壤与沉积物中铁氧化物形态改变的认识,是理解环境中砷活化过程的重要内容。

8.6.3 五价砷的还原

一定量的细菌可将五价砷还原为三价砷,这是一种常见的解毒机制。除了在有氧和无氧条件下的还原解毒作用,无氧沉积物中砷酸根的异化还原作用也有助于五价砷还原为三价砷(Harrington 等,1998)。Dowdle 等(1996)发现在缺氧的沉积物中,以乳酸盐、氢气或葡萄糖作为电子受体,五价砷可被还原为三价砷;而二硝基酚、鱼藤酮或 2-庚基-4-羟基喹啉氮氧化物等呼吸抑制剂、解偶联剂会阻碍五价砷的还原，表明沉积物中五价砷的还原是通过异化还原作用进行的。

目前，几种砷酸根的菌株被分离、表征，如嗜砷硫黄单胞菌株 MIT－3、*S. barnesii* 菌株 SES－3、脱硫弯杆菌菌株 OREX－4 以及砷酸产金菌属菌株 BAL－1T。这些菌株中常见的电子受体是延胡索酸，细菌呼吸作用消耗硝酸根（Ahmann 等, 1994；Dungan 和 Frankenberger Jr., 2002）。但在异化还原和还原去毒机制中电子转移到砷酸根的途径不同。

被还原的二硫酚转移电子的同时，发生砷酸根的还原去毒作用（Newman 等, 1998）。另外，当菌株在砷酸根环境中生长时，菌株的细胞膜中会出现细胞色素 b，而细胞色素 b 可能与电子转移过程有关。如图 8－26 所示为菌株 SES－3 在乳酸盐环境中生长时，砷酸根还原为亚砷酸根的生物化学途径。菌株 SES－3 通过利用质子泵介质（例如甲基萘醌类）或氢气（细胞质的氢化酶产生）从细胞膜扩散到细胞外，在细胞质内产生由乳酸盐脱氢酶到砷酸根还原酶的定向电子流动。而胞外的氢被氢化酶氧化，使电子穿过细胞膜内的电子载体转移给砷酸根还原酶。尽管五价砷的还原具有一定的环境意义，但是需要更多的研究来理解砷酸根的异化还原作用机制。

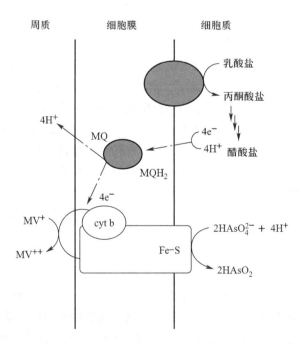

图 8－26 *Sulfurospirillum barnesii strain* SES－3 对砷酸盐氧化的生物化学模型

8.6.4 三价砷的氧化

一些微生物在诱导下能将 As^{3+} 氧化成 As^{5+}。已经分离出杆菌、硫杆菌属、假单胞菌可将亚砷酸根氧化为毒性较弱的砷酸根。此外，从土壤和污水中分离得到的粪产碱菌（Alcaligenes faecalis）能够氧化亚砷酸根，该氧化过程受到砷酸根和亚砷酸根的诱导。当使用呼吸抑制剂时，可阻止亚砷酸根的进一步氧化，表明氧气是最终的电子受体。研究表明，亚砷酸根的氧化过程与带有核黄素的氧化还原酶有关，在该反应过程中细胞色素 c 和细胞色素氧化酶将电子由亚砷酸根传递给氧气。间接的证据表明微生物依靠亚砷酸根的氧化获得生物体所需的能量。从金和砷的矿石中分离出了砷氧化假单胞杆菌，这种细菌将土壤中的亚砷酸根作为能量物质进行自养生长（Dungan 和 Frankenberger Jr. ,2002）。

Anderson 等（1992）发现了粪产碱菌菌株 NCIB8687，在其原生质膜的外表面上分泌有诱导性的亚砷酸根氧化酶，这表明在细胞周质间隙中可发生亚砷酸根的氧化。85 – kD 酶是一类含钼羟化酶，它在催化氧化 AsO_2^- 时，天青和细胞色素 c 作为电子受体。异氧菌对亚砷酸根的氧化作用在砷解毒方面起着重要的作用，能够将 78% ~ 96% 的亚砷酸根催化氧化成砷酸根。

8.6.5 砷的甲基化过程

1. 细菌的甲基化过程

产甲烷菌对无机砷的甲基化作用已被广泛研究。产甲烷细菌包括球菌、杆菌、螺旋菌等多类细菌，都以甲烷为代谢终产物。它们常存在于无氧的生态环境中，例如污水处理厂的污泥、淡水沉积物以及堆肥中。在无氧条件下，砷在产甲烷细菌的作用下生成二甲胂，二甲胂在无氧条件下稳定存在，但在有氧条件下可被快速氧化。在这个反应过程中，砷酸盐、亚砷酸盐、甲基胂酸都能够作为生成二甲胂的底物。无机砷的甲基化作用伴随着甲烷的形成，这是细菌对砷解毒的重要机制。

在无氧条件下，砷酸盐、甲基钴胺素、氢气和三磷酸腺苷存在时培养的甲烷杆菌 sp. 菌株的无细胞浸提液会产生挥发性的二甲胂。如图 8 – 27 所示为甲烷杆菌产生挥发性二甲胂的途径，包括低相对分子质量辅酶 M（CoM）将砷酸根还原为亚砷酸根的过程和随后进行的砷甲基化过程。供试的产甲烷细菌都含有 CoM，化学组成为 2, 2’ – 羟基乙烷磺酸。甲基胂酸加入到无细胞浸提液中，需要进行甲基化作用后才能还原成为甲胂。然而，二甲胂酸甚至在无甲基供体存在时都可生成二甲胂。与砷酸根一起培养的脱硫弧菌菌株 8303 的无细胞浸提液中也产生了挥发性的砷衍生物，可能是砷化氢（Dungan 和 Frankenberger Jr. ,2002）。在没有外来甲基供体存在时，这个反应也可以进行，但甲钴胺的加入会极大地促进该反应的进行。

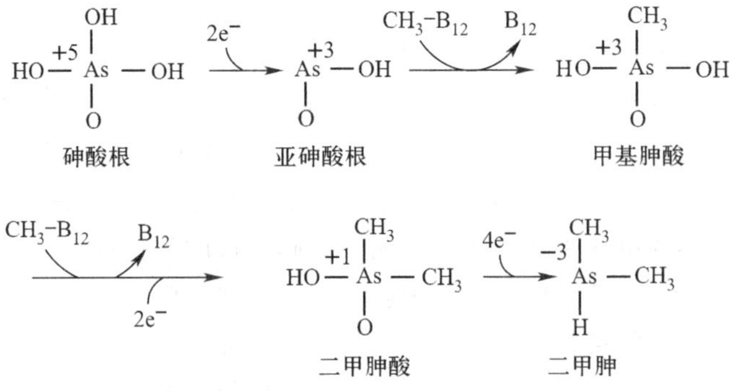

图 8-27 无氧条件下 *Methanobacterium* sp. 生成二甲胂的途径(Dungan 和 Frankenberger Jr. ,2002)

2. 真菌的甲基化过程

除了细菌,一些真菌也能够通过甲基化作用将有机或无机砷转化为挥发性的甲基胂化合物。挥发性砷从细胞中散发出去,有效地降低了真菌内的砷浓度。真菌对砷新陈代谢的重要发现可追溯至 19 世纪初,当时在德国和英国发生大量三甲胂气体中毒事件,此后,鉴定出几株能够使砷挥发的真菌。在含有二甲胂酸或甲基胂酸的面包屑上生长的真菌青霉菌 *brevicaule* 能够产出三甲胂,并提出三甲胂的生物化学生成途径(图 8-28)。

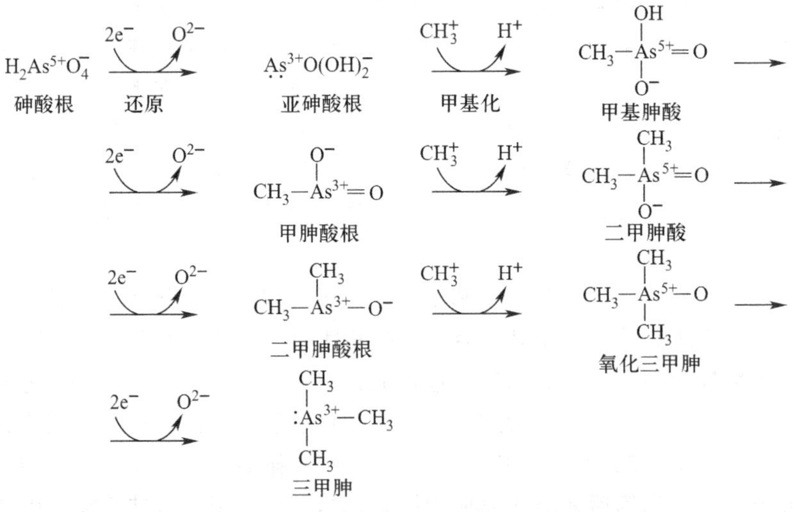

图 8-28 真菌砷甲基化形成三甲胂的途径(Dungan 和 Frankenberger Jr. ,2002)

早期报道了 3 种不同的真菌菌株(土生假丝酵母、粉红粘帚霉、青霉菌),可以将甲基胂酸和二甲胂酸转化为三甲胂。尽管磷酸盐的存在会阻碍无机砷和甲基胂酸向三甲胂的转化，但是会促进二甲胂酸向三甲胂的转化。

砷的甲基化作用是通过腺苷甲硫氨酸转移其质子到砷而实现的。与甲硫氨酸消解剂一起培养的细胞阻滞了砷化氢的产生，由此表明腺苷甲硫氨酸是甲基供体。无细胞浸提液中加入甲基胂酸或二甲胂酸都会生成三甲胂氧化物。在有完整细胞存在的条件下，三甲胂氧化物可进一步还原成三甲胂，并认为三甲胂氧化物还原为三甲胂的过程与几种硫醇类(半胱氨酸、谷胱甘肽、硫辛酸)化合物有关。细胞与三甲胂氧化物的预培养可提高三甲胂的转化速率，这表明在这个转化过程中存在一个诱导系统。

近年来，人们对土壤、地下水砷的研究与日俱增。现有的大范围地下水砷问题一般发生在两种环境中：第一种是冲积沉积物中强还原性含水层(如我国北方、孟加拉国、印度、匈牙利等)，第二种是干旱半干旱地区的内陆或封闭的盆地(如阿根廷中部、墨西哥)。两类环境都存在于地质上年轻的沉积物并处于平坦低洼、地下水流动缓慢的区域。含砷丰富的土壤和地下水还发现于一些局部范围的砷矿区(特别是硫化物矿床地区)以及矿业开发地区。因此，对砷的生物地球化学过程的理解，将有助于砷的去除，避免进入食物链造成毒害。

8.7　土壤铅、铜、镉、锌的生物化学

8.7.1　形态与生物毒性

土壤中重金属元素的迁移、转化及其对植物的毒害和环境的影响程度，除与重金属的含量有关外，还与重金属在土壤中的存在形态密切相关。土壤中重金属存在的形态不同，其活性、生物毒性及迁移特征也不同。重金属形态的划分有两类定义，一类是指土壤中化合物或矿物的类型，例如含 Cd 的矿物包括 CdO、$\beta-Cd(OH)_2$、$CdCO_3$、$CdSO_4 \cdot H_2O$、$CdSiO_3$、$CdSO_4$、$Cd(OH)_2$、$Cd_3(PO_4)_2$、CdS 等；另一类是指通过实验方法将重金属进行化学形态分级。

重金属化合物的类型对生态效应有显著的影响。当土壤中所含化合物的类型不同时，由于这些化合物本身性质的差异和与土壤交互作用的不同，所产生的生物效应不一样。然而，要直接区分土壤中化合物的类型是相当困难的，因而人们通常所指的"形态"为重金属与土壤组分的结合形态，即化学形态分级，它是以特定的提取剂和提取步骤的不同来定义的。

植物受重金属毒害主要与土壤可溶态和交换态重金属的含量有关。在不同的土壤环境条件下，包括土壤类型、土地利用方式、阳离子交换量(CEC)、土壤 pH 和 Eh 值、土壤胶体种类和含量等因素的差异，都可以引起土壤中重金属存在形态的转化，从而影响到重金属对植物的毒害程度。

土壤重金属的形态分级有助于了解重金属在土壤中的结合方式，但目前对土壤重金属形态的测定往往比较困难。目前已采用 X 射线吸收精细结构光谱（XAFS）、漫反射光谱仪（DRS）、高分辨热重分析仪（HRTGA）等技术来研究重金属离子在矿物表面的结合方式，包括外配位、内配位和表面沉淀等，如利用 XAFS 观察到 Co、Ni 和 Zn 在矿物表面形成的金属氢氧化物沉淀；研究 Ni 在矿物表面的吸附动力学，观察到随时间的延长产生了 Ni – Al 氢氧化物沉淀。另外，应用电化学和膜技术也可分析土壤溶液中重金属实际存在的化学形态，用以区分重金属离子态和有机配合态等。在此基础上，利用化学反应平衡，化学形态模型也可用于理解和预测重金属在土壤中的形态与生物有效性。

受重金属污染的土壤，往往富集多种耐重金属的真菌和细菌，这些微生物可通过多种方式影响土壤重金属的形态和生物有效性。微生物对土壤中重金属活性的影响主要体现在以下 4 个方面：①生物吸附和富集作用。②溶解和沉淀作用。③氧化还原作用。④菌根真菌与土壤重金属的生物有效性关系。

8.7.2　微生物对重金属离子的生物吸附

微生物对重金属的吸附可分为生物吸附和生物累积。生物吸附是指重金属离子在细胞表面的吸附，即重金属离子与胞外聚合物、细胞壁上的官能团（如—COOH、—OH、—NH$_2$、—SH、—PO$_4^{3-}$）等通过络合、螯合、离子交换、静电吸附、共价吸附以及无机微沉淀等作用相结合的过程，其特点是快速、可逆、不依赖于生物细胞的能量代谢。生物累积是指微生物通过摄取必要的营养元素或通过表面吸附的金属离子与细胞表面的某些酶相结合，从而将重金属离子转移至细胞体内的过程。生物累积过程是通过微生物的新陈代谢伴随着能量的消耗进行的，它比微生物吸附缓慢。王亚雄等（2001）研究了细菌对 Cu^{2+}、Pb^{2+} 等的吸附特性，发现细菌对 Cu^{2+}、Pb^{2+} 的离子吸附分为两个阶段：一是细胞表面的络合，在 3 min 内吸附量可达总吸附量的 75%；二是向细胞内部缓慢的扩散过程。

微生物的细胞壁在生物吸附重金属离子的过程中起着重要作用。细胞壁的特殊结构，在很大程度上决定着微生物对重金属离子的吸附能力。如细胞壁的多孔结构使活性化学配位体在细胞表面合理排列，使细胞易于与金属离子结合。同时，微生物细胞的细胞壁上存在着多种官能团，这些官能团中的氮、氧、磷、硫原子可作为配位原子与重金属离子配位络合。细胞外的多糖在某些微生物吸附重金属离子的过程中也起重要作用。

重金属离子的生物吸附效果受溶液 pH、金属离子初始浓度、共存离子以及温度等因素的影响，生物吸附剂的预处理对重金属离子的去除效果也有重要影响。对生物吸附剂进行适当的预处理，可以提高微生物对重金属离子的去除能力和生物吸附剂的稳定性。

8.7.3　微生物对重金属离子的生物转化

微生物对重金属离子的转化作用主要分为氧化作用、还原作用和甲基化作用，通过这 3 种作用，微生物可改变重金属的化学形态，从而影响重金属离子的毒性。

微生物能够改变金属存在的氧化还原形态，将高价金属离子还原成低价态，使金属的毒性降低或消失。研究表明。一些微生物在厌氧条件下利用高价金属或类金属离子作为电子受体，将其还原为低价态离子，微生物从中获取能量维持生长。微生物还能将有机态金属还原成单质，减少重金属的毒害。一些微生物还可将环境中的一些重金属元素氧化，某些自养细菌如硫铁杆菌类能氧化 Mo^{4+}、Cu^+ 等，通过氧化作用使这些金属离子的活性降低。

镉、铅等金属离子能够在微生物作用下发生甲基化反应。据报道，假单胞菌属在金属及类金属离子的甲基化作用中贡献显著，它们能够使许多金属或类金属离子发生甲基化反应，从而使金属离子的活性或毒性降低。

重金属的危害在很大程度上与其溶解性、迁移性有关，若溶解性和迁移性强，则生物有效性强，危害也大。反之，危害较小。某些微生物能有效地促进重金属的沉淀，降低重金属的溶解性和迁移性。据报道，一些微生物产生的代谢产物如硫酸盐还原菌还原硫酸盐产生的 S^{2-} 能与重金属离子发生反应，生成难溶的金属硫化物，从而使其在溶液中沉淀分离。与硫化物一样，金属磷酸盐的溶解度也较小。有研究表明，柠檬酸细菌属菌种能利用磷酸盐还原酶降解丙三醇磷酸酯产生无机磷酸盐，细胞表面高浓度的重金属和磷酸盐相互反应形成难溶解的重金属磷酸盐（Lloyd，2002）。

8.7.4　微生物对重金属离子的溶解和淋滤

许多微生物的代谢作用产生多种低相对分子质量的有机酸，如甲酸、乙酸、丙酸和丁酸等，真菌产生的有机酸大多为不挥发性酸，如柠檬酸、苹果酸、琥珀酸和乳酸等，微生物能利用这些有机酸络合并溶解重金属。Siegel 等报道，真菌可以通过分泌氨基酸、有机酸以及其他代谢产物溶解重金属及含重金属的矿物。Francis 和 Dodge（1988）从洗煤废渣中筛选出一株具有固氮作用的梭状芽孢杆菌，在厌氧条件下能通过酶促反应直接溶解铁、锰氧化物，通过分泌有机酸（丁酸、乙酸、乳酸）溶解镉、铜、铅和锌的氧化物。

利用微生物的溶解作用滤取重金属已得到广泛的应用，最典型的就是生物淋滤技术去除污泥中的重金属离子。在氧化亚铁硫杆菌、氧化硫硫杆菌等细菌的作用下，污泥中难溶性的金属硫化物变成可溶性的金属硫酸盐，再通过固液分离可达到去除污泥中重金属离子的目的。细菌溶出污泥中重金属的机理有两种。一是直接机理，细菌通过其分泌的胞外聚合物直接吸附在污泥中金属硫化物表面，而细胞内特有的氧化酶系统直接氧化金属硫化物，生成可溶性的硫酸盐。二是间接机理，即细菌的代谢产物与重金属相互作用，将难溶的重金属转化成可溶形态溶解出来。

8.7.5　固定化微生物技术处理重金属

固定化微生物技术是 20 世纪 60 年代发展起来的一门新兴生物技术，通过物理或化学的手段，将游离的微生物固定在限定的空间区域使其保持活性并可反复利用。与传统的悬浮生物处理法相比，固定化微生物技术具有效率高、反应易控制、细胞密度高、固液分离效果好、对环境的耐受力强（如 pH、温度、有机溶剂、有毒物质）等优点，因而在土壤与废水处理中受到重视，特别是在重金属废水处理中，表现出良好的效果，有巨大的应用潜力。固定化微生物技术处理重金属主要是利用重金属离子在固定化细胞载体表面的吸附作用、重金属离子向载体内部的扩散传质作用、微生物细胞对重金属离子的吸附作用及生物离子交换树脂作用等去除环境中的重金属离子。

国内外对固定化微生物技术处理环境中的重金属进行了大量研究，取得了不少研究成果，采用的菌体涉及藻类、真菌和细菌，但大部分处于实验阶段，投入实际应用的并不多。

藻类可有效地吸收和富集污水中的重金属，富集倍数可达数千倍，而其富集重金属容量可达藻干重的 10%。固定化能增加藻细胞对重金属毒性的抗性，比悬浮藻更适合应用于含有对藻类有致毒效应的重金属处理中。Geoffey 等（1992）用藻朊酸盐固定小球藻，在 5 h 内，62% 的 Co、40% 的 Mn、54% 的 Zn 被吸附。与之相比，在相同的条件下，悬浮小球藻的吸附量要小得多。Chang 等（1997）分别用灭活前后的铜绿假单胞菌（$Pu\ 21$）制备固定化生物吸附剂，用于去除重金属离子。结果表明，两种处理的固定化生物吸附剂对 Pb、Cu 和 Cd 都有很强的吸附能力，用盐酸解析后，对 Pb、Cu 的吸附能力仍保持在原吸附能力的 98% 以上，对 Cd 的吸附能力保持在 80% 以上。

在固定化真菌方面，也有不少研究报道。如用海藻酸钙包埋的真菌（$Lentinus\ sajorcaju$）处理含 Cd^{2+} 废水，发现 0.5 h 内镉的生物吸附率很快达到 85%，吸附能力与时间的关系符合准二级动力学方程（Bayramoglu 等，2002）。用海藻酸钙包埋固定的活性白腐真菌黄孢原毛平革菌和包埋后用 5 mmol·L^{-1} $CaCl_2$

溶液处理并经加热灭活的固定化细胞吸附处理 $30 \sim 600$ mg · L^{-1} 的 Pb^{2+} 和 Zn^{2+}，研究发现，在 pH $5.0 \sim 6.0$、吸附 1 h 后，加热灭活固定化菌对 Pb^{2+} 和 Zn^{2+} 的吸附容量为 355 mg · g^{-1} 和 48 mg · g^{-1} 干重，大于活菌球的 282 mg · g^{-1} 和 37 mg · g^{-1} 干重（Arica 等，2003）。用多孔载体——丝瓜瓤固定的黄孢原毛平革菌吸附去除溶液中的 Pb^{2+}、Cu^{2+} 和 Zn^{2+}，在 pH 为 6.0 时，吸附 1 h 达平衡，Pb^{2+}、Cu^{2+} 和 Zn^{2+} 3 种金属离子的去除率分别是 88.2%、68.7% 和 39.6%（Iqbal 等，2004）。

与固定化藻类和固定化真菌相比，关于固定化细菌处理重金属废水的报道相对较少。用聚丙烯酰胺包埋固定的柠檬酸细菌处理重金属废水，在适宜的条件下，该固定化菌体能长期使用。使用单级固定化细胞反应柱可去除废水中 90% 以上的 Cd^{2+}、Cu^{2+}、Zn^{2+}、Au^{3+} 等金属离子。使用三级固定化细胞反应柱，金属去除率达 100%。对工业发酵中废弃的芽孢杆菌菌体加碱处理后进行交联固定化，用于重金属废水的处理，该固定化菌体可选择性地去除污水中的 Cd、Cu、Ni、Pb、Zn 等重金属，去除率高达 99% 以上，菌体吸附的重金属占细胞干重的 10%。

参 考 文 献

胡海燕，冯新斌，曾永平，仇广乐 . 2011. 汞的微生物甲基化研究进展 . 生态杂志，30：874 – 882.

贾蓉芬，高梅影，彭先芝，陈多福，周怀阳 . 2009. 微生物矿化 . 北京：科学出版社 .

刘凡，冯雄汉，陈秀华，邱国红，谭文峰，贺纪正 . 2008. 氧化锰矿物的生物成因及其性质的研究进展 . 地学前缘，15(6)：66 – 73.

唐永鉴 . 1987. 环境学导论 . 北京：高等教育出版社 .

王亚雄，郭瑾珑，刘瑞霞 . 2001. 微生物吸附剂对重金属的吸附特性 . 环境科学，22：72 – 75.

吴求亮，杨玉爱，谢正苗，朱岩 . 2000. 微量元素与生物健康 . 贵阳：贵州科技出版社 .

阎葆瑞，张锡根 . 2000. 微生物成矿学 . 北京：科学出版社 .

Adams L F, Ghiorse W C. 1988. Oxidation state of Mn in the Mn oxide produced by *Leptothrix discophora* SS – 1. Geochimica et Cosmochimica Acta, 52：2073 – 2076.

Ahmann D, Roberts A L, Krumholz L R, Morel F M M. 1994. Microbe grows by reducing arsenic. Nature, 372：750.

Anderson G L, Williams J, Hiller R. 1992. The purification and characterization of arsenite oxidase from *Alcaligenes faecalis*, a molybdenum-containing hydroxylase. Journal of Biological Chemistry, 267：23674 – 23682.

Arica M Y, Arpa C, Ergene A, Bayramoglu G. 2003. Ca-alginate as a support for Pb(Ⅱ) and Zn(Ⅱ) biosorption with immobilized *Phanerochaete chrysosporium*. Carbohydrate Polymers, 52：167 – 174.

Bargar J R, Tebo B M, Villinski J E. 2000. In situ characterization of Mn (Ⅱ) oxidation by spores of the marine *Bacillus* sp. *strain* SG – 1. Geochimica et Cosmochimica Acta, 64: 2777 – 2780.

Bayramoglu G, Denizli A, Bektas S Arica M Y. 2002. Entrapment of *Lentinus sajorcaju* into Ca-alginate gel beads for removal of Cd(Ⅱ) ions from aqueous solution: Preparation and biosorption kinetics analysis. Microchemical Journal, 72: 63 – 76.

Bopp L H, Chakrabarty A M, Ehrlich H L. 1983. Chromate resistance plasmid in *Pseudomonas fluorescens*. Journal of Bacteriology, 155: 1105 – 1109.

Bopp L H, Ehrlich H L. 1988. Chromate resistance and reduction in *Pseudomonas fluorescens* strain LB300. Archives of Microbiology, 150: 426 – 431.

Chang J S, Law R, Chang C C. 1997. Biosorption of lead, copper and cadmium by biomass of *Pseudomonas aeruginosa* PU 21. Water Research, 31: 1651 – 1658.

Chaudhuri S K, Lack J G, Coates J D. 2001. Biogenic magnetite formation through anaerobic biooxidation Fe(Ⅱ). Applied and Environmental Microbiology, 67: 2844 – 2847.

Choi S C, Chase T, Bartha R. 1994. Metabolic pathways leading to mercury methylation in Desulfovibrio desulfuricans L S. Applied and Environmental Microbiology, 60: 4072 – 4077.

Clarkson T W. 2002. The three modern faces of mercury. Environmental Health Perspectives, 110: 11 – 23.

Cook T D, Bruland K W. 1987. Aquatic chemistry of selenium: Evidence of biomethylation. Environmental Science and Technology, 21: 1214 – 1219.

Cornell R M, Schwertmann U. 2003. The iron oxides: Structure, properties, reactions, occurences and uses. Druckhuas Darmstadt Press: Darmstadt, Germany.

Cummings D E, Caccavo F, Fendorf S, Rosenzweig R F. 1999. Arsenic mobilization by the dissimilatory Fe(Ⅲ)-reducing bacterium *Shewanella ala* BrY. Environmental Science and Technology, 33: 723 – 729.

Dowdle P R, Laverman A M, Oremland R S. 1996. Bacterial dissimilatory reduction of arsenic (V) to arsenic(Ⅲ) in anoxic sediments. Applied and Environmental Microbiology, 62: 1664 – 1669.

Duckworth O W, Sposito G. 2005. Siderophore-manganese (Ⅲ) interactions. Ⅱ. Manganite dissolution promoted by *desferrioxamine* B. Environmental Science and Technology, 39: 6045 – 6051.

Dungan R S, Frankenberger Jr. W T. 2002. Enzyme-mediated transformations of heavy metals/metalloids. In: Burns R G, Dick R P (eds). Enzymes in the Environment Activity, Ecology, and Applications. CRC Press, pp. 539 – 565.

Fan T W M, Lane A N, Higashi R M. 1997. Selenium biotransformations by a *euryhaline microalga* isolated from a saline evaporation pond. Environmental Science and Technology, 31: 569 – 576.

Feng X H, Tan W F, Liu F, et al. Synthesis of todorokite at atmospheric pressure. Chemistry of Materials, 2004, 16: 4330 – 4336.

Fleming E J, Mack E E, Green P G, Nelson D C. 2006. Mercury methylation from unexpected sources: Molybdate-inhibited fresh water sediment and iron-reducing bacterium. Applied and Environmental Microbiology, 64: 457 – 464.

Francis A J, Dodge C J. 1988. Anaerobic microbial dissolution of transition and heavy metal ox-
ides. Applied and Environmental Microbiology, 54: 1009 – 1014.

Francis C A, Co E-M, Tebo B M. 2001. Enzymatic manganese (II) oxidation by a marine α –
proteobacterium. Applied and Environmental Microbiology, 67: 4024 – 4029.

Frankenberger Jr. W T, Losi M E. 1995. Applications of bioremediation in the cleanup of heavy me-
tals and metalloids. In: Skipper H D, Turco R F (eds). Bioremediation: Science and Applica-
tions. Special Publication 43. Madison, WI: Soil Science Society of America, pp. 173 – 210.

Garbisu C, Ishii T, Leighton T, Buchanan B B. 1996. Bacterial reduction of selenite to elemental
selenium. Chemical Geology, 132: 199 – 204.

Geoffrey W, Codd G A, Gadd G M. 1992. Accumulation of cobalt, zinc and manganese by the es-
tuarine green microalgae Chlorella salina immobilized in alginate microbeads. Environmental Sci-
ence and Technology, 26: 176 – 177.

Golden D C, Zuberer D A, Dixon J B. 2009. Manganese oxides produce by fungal oxidation of
manganese from siderite and rhodochrosite. In: Skinner H C W, Fitzpatrick R W (eds).
Biomineralization Processes of Iron and Manganese—Modern and Ancient Environ-
ments. CATENA Verlag, Cremlingen-Destedt, Germany, pp. 161 – 168.

Harrington J M, Fendorf S E, Rosenzweig R F. 1998. Biotic generation of arsenic (III) in metal
(loid)-contaminated freshwater lake sediments. Environmental Science and Technology, 32:
2425 – 2430.

Iqbal M, Edyvean R G J. 2004. Biosorption of lead, copper and zinc ions on loofa sponge immobi-
lized biomass of Phanerochaete chrysosporium. Minerals Engineering, 17: 217 – 223.

Jan A T, Murtaza I, Ali A, Mohd Q, Haq R. 2009. Mercury pollution: An emerging problem and
potential bacterial remediation strategies. World Journal of Microbiology and Biotechnology, 25:
1529 – 1537.

Jonathan R L, Oremland R S. 2006. Microbial transformations of arsenic in the environment: From
Soda lakes to aquifers. Elements, 2: 85 – 90.

Karlson U, Frankenberger Jr. W T. 1988. Effects of carbon and trace element addition on alkyl sele-
nide production by soil. Soil Science Society of America Journal, 52: 1640 – 1644.

King J K, Kostka J E, Frischer M E, et al. 2001. A quantitative relationship that demonstrates
mercury methylation rates in marine sediments are based on the community composition and activ-
ity of sulfate reducing bacteria. Environmental Science and Technology, 35: 2491 – 2496.

Komori K, Rivas A, Toda K, Ohtake H. 1990. A method for removal of toxic chromium using dial-
ysis-sac cultures of a chromate-reducing strain of Enterobacter cloacae. Applied Microbiology and
Biotechnology, 33: 117 – 119.

Lindqvist O K, Johnson K, Bringmark L, Timm B, Aastrup M, Andersson A, Hovsenius G,
Håkanson L, Lverfeldt Å, Meili M. 1991. Mercury in the Swedish environment: Recent research
on causes consequences and corrective methods. Water, Air and Soil Pollution, 55: 1 – 261.

Lloyd J R. 2002. Bioremediation of metals: The application of microorganisms that make and break minerals. Microbiology Today, 29: 67 – 69.

Losi M E, Amrhein C, Frankenberger Jr. W T. 1994. Bioremediation of chromate contaminated groundwater by reduction and precipitation in surface soils. Journal of Environmental Quality, 23: 1141 – 1150.

Losi M E, Frankenberger Jr. W T. 1997. Reduction of selenium oxyanions by *Enterobacter cloacae* strain SLDI a – I: Isolation and growth of the bacterium and its expulsion of selenium particles. Applied and Environmental Microbiology, 63: 3079 – 3084.

Lovley D R. 1993. Dissimilatory metal reduction. Annual Review of Microbiology, 47: 263 – 290.

Lovley D R, Phillips E J P. 1994. Reduction of chromate by *Desulfovibrio vulgaris* and its C_3 cytochrome. Applied and Environmental Microbiology, 60: 726 – 728.

Macy J M. 1994. Biochemistry of selenium metabolism by *Thauera selenatis* gen. nov. sp. nov. and use of the organism for bioremediation of selenium oxyanions in San Joaquin Valley drainage water. In: Frankenberger Jr. W T, Benson S (eds). Selenium in the Environment. New York: Marcel Dekker, pp. 421 – 444.

Manning B A, Goldberg S. 1997. Adsorption and stability of arsenic(III) at the clay mineral-water interface. Environmental Science and Technology, 31: 2005 – 2011.

McCarty S, Chasteen T, Marshall M, Fall R, Bachofen R. 1993. Phototrophic bacteria produce volatile, methylated sulfur and selenium compounds. FEMS Microbiol Lett, 112: 93 – 98.

McGrath S P, Smith S. 1990. Chromium and nickel. In: Alloway B J (ed). Heavy Metals in Soils. New York: John Wiley & Sons, 1990, p 137.

McKenzie R M. 1989. Manganese oxides and hydroxides. In: Dixon J B, Weed S B (eds). Minerals in Soil Environments (2nd edition). Madison: SSSA Book Series 1, pp. 439 – 465.

Murray K J, Tebo B M. 2007. Cr(III) is indirectly oxidized by the Mn (II)-oxidizing bacterium Bacillus sp. strain SG – 1. Environmental Science and Technology, 41: 528 – 533.

Myers C R, Carstens B P, Antholine W E, Myers J M. 2000. Chromium(VI) reductase activity is associated with the cytoplasmic membrane of anaerobically grown *Shewanella putrefaciens* MR – 1. Journal of Applied Microbiology, 88: 98 – 106.

Neal R H. 1995. Selenium. In: Alloway B J (ed). Heavy Metals in Soils. Blackie Academic and Professional, London, pp. 260 – 283.

Newman D K, Ahmann D, Morel F M M. 1998. A brief review of microbial arsenate respiration. Geomicrobiology, 15: 255 – 268.

Ohlendorf H M, Hoffman D J, Saiki M K, Aldrich T W. 1986. Embryonic mortality and abnormalities of aquatic bird: Apparent impact of selenium from irrigation drain water. The Science of the Total Environment, 52: 49 – 63.

Ohtake H, Cervantes C, Silver S. 1987. Decreased chromate uptake in Pseudomonas fluorescens. carrying a chromate resistance plasmid. Journal of Bacteriology, 169: 3853 – 3856.

Oremland R S, Blum J S, Culbertson C W, Visscher P T, Miller L G, Dowdle P, Strohmaier F E. 1994. Isolation, growth, and metabolism of an obligately anaerobic selenate-respiring bacterium, strain SES – 3. Applied and Environmental Microbiology, 60: 3011 – 3019.

Oremland R S, Stolz J F. 2003. The ecology of arsenic. Science, 300: 939 – 944.

Oremland R S, Stolz J F. 2005. Arsenic, microbes and contaminated aquifers. TRENDS in Microbiology, 13: 45 – 49.

Post J E. 1999. Manganese oxide minerals: crystal structures and economic and environmental significance. Proceedings of the National Academy of Sciences, 96: 3447 – 3454.

Rael R M, Frankenberger Jr. W T. 1996. Influence of pH, salinity, and selenium on the growth of *Aeromonas veronii* in evaporation agricultural drainage water. Water Research, 30: 422 – 430.

Saratovsky I, Wightman P G, Pasten P A, et al. 2006. Manganese oxides: Parallels between abiotic and biotic structures. Journal of American Chemical Society, 128: 11188 – 11198.

Scholtz M T B. 2003. Modelling of mercury emissions from background soils. The Science of the Total Environment, 304: 185 – 207.

Selinus O, Alloway B, Centeno J A, Finkelman R B, Fuge R, Lindh U, Smedley P. 2005. Essentials of medical geology: Impacts of the natural environment on public health. Elsevier Academic Press.

Silver S, Mirsa T K. 1988. Plasmid-mediated heavy metal resistances. Annual Reviews in Microbiology, 42: 717 – 743.

Sposito G. 2008. The Chemistry of Soils. Oxford University Press.

Straub K L, Benz M, Schink B, Widdel F. 1996. Anaerobic, nitrate – dependent microbial oxidation of ferrous iron. Applied and Environmental Microbiology, 62: 1458 – 1460.

Sullivan L A, Koppi A J. 1992. Manganese oxide accumulations associated with some soil structural pores. I. Morphology, composition and genesis. Australian Journal of Soil Research, 30: 409 – 427.

Tebo B M, Bargar J R, Clement B G et al. 2004. Biogenic manganese oxides: Properties and mechanisms of formation. Annual Review of Earth and Planetary Sciences, 32: 287 – 328.

Tebo B M, Johnson H A, McCarthy J K et al. 2005. Geomicrobiology of manganese (II) oxidation. Trends in Microbiology, 13: 421 – 428.

Toner B, Fakra S, Villalobos M, et al. 2005. Spatially resolved characterization of biogenic manganese oxide production within a bacterial biofilm. Applied and Environmental Microbiology, 71: 1300 – 1310.

Toner B, Manceau A, Webb S M, et al. 2006. Zinc sorption to biogenic hexagonal-birnessite particles within a hydrated bacterial biofilm. Geochimica et Cosmochimica Acta, 2006, 70: 27 – 43.

Trouwborst R E, Clement B G, Tebo B M, et al. 2006. Soluble Mn (III) in Suboxic Zones. Science, 313: 1955 – 1957.

Vázquez-Morillas A, Vaca-Mier M, Alvarez P J. 2006. Biological activation of hydrous ferric oxide for reduction of hexavalent chromium in the presence of different anions. European Journal of Soil Biology, 42: 99 – 106.

Villalobos M, Bargar J, Sposito G. 2005. Mechanisms of Pb (II) sorption on a biogenic manganese oxide. Environmental Science and Technology, 39: 569 – 576.

Villalobos M, Lanson B, Manceau A, et al. 2006. Structural model for the biogenic Mn oxide produced by *Pseudomonas putida*. American Mineralogist, 91: 489 – 502.

Villalobos M, Toner B, Bargar J, Sposito G. 2003. Characterization of the manganese oxide produced by *Pseudomonas putida* strain MnB1. Geochimica et Cosmochimica Acta, 67: 2649 – 2662.

Wang P C, Mori T, Toda K, Ohtake H. 1990. Membrane-associated chromate reductase activity from *Enterobacter cloacae*. J Bacteriol, 172: 1670 – 1672.

Webb S M, Dick G J, Bargar J R, Tebo B M. 2005. Evidence for the presence of Mn(Ⅲ) intermediates in the bacterial oxidation of Mn (Ⅱ). Proceedings of the National Academy of Sciences, 2005, 102: 5558 – 5563.

Weber K A, Achenbach L A, Coates J D. 2006. Microorganisms pumping iron: Anaerobic microbial iron oxidation and reduction. Nature Reviews Microbiology, 4: 752 – 764.

Widdel F, Schnell S, Heising S. 1993. Ferrous iron oxidation by anoxygenic phototrophic bacteria. Nature, 362: 834 – 836.

Wood J M, Kennedy F S, Rosen C G. 1968. Synthesis of methyl-mercury compounds by extracts of a methanogenic bacterium. Nature, 220: 173 – 174.

Wu Y, Deng B, Xu H, et al. 2005. Chromium (Ⅲ) oxidation coupled with microbially mediated Mn(Ⅱ) oxidation. Geomicrobiology Journal, 22: 161 – 170.

Yanke L J, Bryant R D, Laishley E J. 1995. Hydrogenase(Ⅰ) of *Clostridium pasteurianum* functions as a novel selenite reductase. Anaerobe, 1: 61 – 67.

Zhang L M, Liu F, Tan W F, Zhu Y G, He J Z. 2008. Microbial DNA extraction and analyses of soil iron-manganese nodules. Soil Biology and Biochemistry, 40: 1364 – 1369.

第 9 章　根际土壤生物化学

自 1904 年德国科学家 Lorenz Hiltner 首次提出根际（rhizosphere）概念（Hiltner,1904）以来，有关根际土壤生物化学的研究历经 100 余年，人们对根际环境和根际过程的认识逐步深入，已经明确根际是植物、土壤和微生物及其环境相互作用的重要界面，是植物和土壤环境物质和能量交换最剧烈的区域，是各种养分从无机环境进入生命系统，并参与食物链物质循环的瓶颈，是各种污染物质进入植物体内的主要通道，是导致一系列生态安全问题的特殊微生态系统。土壤－植物系统中的物质迁移和转化，受根际土壤中多层次的化学和生物学过程的控制。因此，探索根际土壤中这些生物化学特性、过程及其对植物养分和污染物质环境行为的影响，合理调控根际土壤中的物质循环，可能从根本上改变人们只重视环境调控（如施肥、灌水调控土壤环境），而忽视植物生物学潜力（如植物对逆境的适应、对难溶性养分的活化和高效利用、对污染物质的钝化和脱毒效应）的开发；或仅仅把土壤视为养分的供应场所，而忽视土壤是物质（水分、养分及污染物）和能量的转化场，从而使人们的科学视野上升到调控土壤－植物－微生物相互作用的根际生态水平，这对优化土壤生态服务功能、改善环境质量和保障食品安全具有科学意义和实际价值。

目前有关根际土壤生物化学的研究趋向于整体性的系统研究，已经深入到土壤学、植物生理学、微生物学、环境科学、遗传学、分子生物学、生态学等各个领域，形成了多学科的交叉研究。从最基本的根际土壤化学和生物环境动态、根系分泌物的作用以及根际土壤微环境中的物质迁移和转化，到植物－土壤－微生物之间的交互效应及其在养分和有害物质的根际生物化学过程中的调控作用，都积累了大量的研究结果。本章将在总结根际土壤生物化学研究最新成果的基础上，提出亟待解决的问题和前沿研究课题。

9.1　根际环境及其特异性

根际是指受植物根系活动的影响，在物理、化学和生物学性质上不同于原土体的动态微域，它是植物－土壤－微生物与环境交互作用的场所，也是各种养分、水分和有益或有害物质进入根系，参与食物链物质循环的门户，是一个特殊的微生态系统。

根际的范围虽然通常只有数微米到数毫米，但由于此微域深受根系生长活动的影响，如根系选择性地吸收离子或水分，导致离子在根际土壤内的消耗或积累；根系对氧气的消耗或释放，使根际的氧化还原电位发生变化；根系分泌物为微生物提供生长繁殖基质，间接地活化根际土壤中的矿质养分等，根际土壤化学和生物学性状表现为一个动态的变化过程，与非根际土壤存在很大的区别。这些动态的生物化学变化过程，导致根圈周围在某些组成和性质上具有环境特异性，出现明显的梯度变化，不仅存在于垂直根面指向原土体的横向方向上，而且也存在于沿根轴的纵向方向上，且在这两个方向上存在着时空变异（图9－1）。

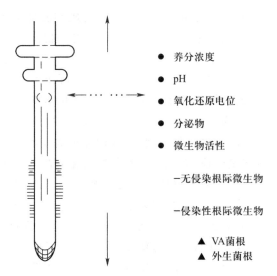

养分浓度

pH

氧化还原电位

分泌物

微生物活性

－无侵染根际微生物

－侵染性根际微生物

▲ VA菌根
▲ 外生菌根

图9－1　根际中各种物质浓度梯度的变化（转引自李学垣，2001）

就根际环境的特异性而言，具体可归纳为以下几个方面。第一，根系对根际土壤中的阴阳离子吸收不平衡，根呼吸、微生物呼吸和土壤动物代谢产生CO_2，以及根系分泌有机酸和其他物质，诱导根际 pH 变化。第二，根和根际微生物呼吸耗氧以及根系分泌还原性物质，诱导根际 Eh 变化。第三，当根－土界面因养分亏缺或污染而产生胁迫时，植物会建立体外抗性机制，并主动释放出特异性根系分泌物，提高微生物群落对养分物质的吸收率及毒性物质的转化率。在上述这些与根际土壤生物化学相关的特异微生态调节过程中，微生物不仅绝对数量增加，根际特异活性微生物菌群的相对丰度也增大，酶种类和活性均提高，特定酶（系）在某种养分或污染物作用下进行诱导表达，并由此改变生物体对另一类化合物的代谢行为。这些响应变化过程造就了根际土壤的环境特异性，将直接或间接地影响植物养分和污染物质在根际中的存在形态、生物有效性以及迁移、转化和代谢方式等环境行为，从而使根际中植物养分的形态转化和污染物的致毒效应变得不可预测。另外，需要强调的是，在根际环境中，特别是湿生或水生植物，根－土界面氧化铁、锰胶膜的形成，伴随着有机物质的矿化与腐殖质化所引起的根际土壤有机物质组成成分及其含量的变化，无疑将影响植物养分和污染物质在根际的环境行为。

9.1.1　根际土壤的特异性

根系分泌物、根细胞质膜上的 H^+ － ATP 酶及各种转运蛋白的活动，深刻地改变了根际土壤的化学性质，主要是 pH 及 Eh 的变化。

1. 根际土壤 pH

根际土壤 pH 与非根际土壤差异很大，主要是由于根系选择性地吸收养分离子，导致根际阴阳离子不平衡，以及分泌有机酸，前者是造成根际土壤 pH 改变的主要原因。引起根际阴阳离子不平衡的因素包括：施用不同形态的氮肥，豆科植物的共生固氮作用，植物的营养状况以及植物种类和品种的差异等。施用铵态氮肥时，根系吸收的氮素以铵态氮为主，为了维持细胞正常生长的 pH 和电荷平衡，根系必然分泌出质子，导致根际土壤 pH 下降。相反，施用硝态氮肥时，根系吸收硝态氮，同时分泌出 OH^- 或 HCO_3^-，导致根际土壤 pH 升高。一些豆科植物通过根瘤固氮，将空气中的 N_2 还原为 NH_4^+ 供植物吸收，从而导致根系分泌出质子，降低根际土壤 pH。缺磷增加油菜和荞麦阳离子吸收量，导致根际土壤 pH 降低。缺锌抑制硝态氮的吸收，从而造成阳离子的吸收量大于阴离子，根际土壤 pH 也降低。禾本科植物对氮肥形态的反应很敏感，吸收铵态氮时根际土壤 pH 便下降，吸收硝态氮时根际土壤 pH 则上升。对豆科植物而言，不论是吸收铵态氮还是硝态氮，根际土壤 pH 都会下降。

影响根际土壤 pH 变化的另一个主要因素是植物基因型间的差异。某些植物长期生长在有效养分含量很低的土壤上，从而逐步进化形成一些主动机制来改变根际环境。例如，白羽扇豆在缺磷的石灰性土壤上，能形成大量的排根，并主动向根外分泌柠檬酸使根际土壤酸化，同时柠檬酸又能螯合土壤中的 Ca、Fe、Al 等，从而提高磷的有效性。缺铁也能诱导根系分泌质子，如一些非禾本科单子叶植物和双子叶植物，在低铁胁迫条件下，主动分泌某些还原性物质，同时也分泌质子以酸化根际土壤。上述这种由植物的适应性调节机制引起的根际土壤 pH 的改变，对农业生产具有极其重要的意义。

根际土壤 pH 的改变，对环境中养分和有害物质（如重金属）的有效性影响很大。如在石灰性土壤上施用铵态氮肥，由于降低了根际土壤 pH，提高了 P、K、Cu、Zn、Fe、Mn、B 和 Si 等元素的生物有效性，不仅使植物对这些元素的吸收量增加，而且提高了植物对病虫害的抵御能力。而在酸性土壤上施用硝态氮肥，使根际土壤 pH 上升，也可以提高磷的有效性，减轻土壤酸度对根系的毒害作用。施用使根际土壤酸化的氮肥（如硫酸铵），比施用使土壤碱化的氮肥（如硝酸钙），更能促进植物对 Cd 的吸收，从而使植物更易遭受 Cd 的毒害。豆科植物在固氮过程中酸化了根际，进而提高了难溶性磷的利用效率。而缺磷时白羽扇豆、油菜和荞麦根际的酸化作用，不仅提高了磷的有效性，而且明显增加了 Cu、Zn、Fe、Mn 的溶解度。根际土壤 pH 的提高可以降低土壤交换性铝的含量，减少铝从土壤固相向根际土壤溶液的释放，从而使根际土壤（特别是根尖区）的铝毒得到缓解。根际土壤酸度的提高还可能导致 H^+ 代换根细胞中的部分 Ca^{2+}，引起原生质膜透性的增加，导致生物膜的完整性受到损伤，造成养分离子外渗，甚至有害元素（如重金属）进入根细胞。在酸性土壤中施用铵态氮肥造成根际 H^+ 浓度增加，可能会抑制植物对某些阳离子（如 Mg^{2+}）的吸收。而在石灰性土壤中施用硝态氮肥提高植物根际 OH^- 浓度，则会抑制某些阴离子的吸收。根际土壤 pH 的改变，还深刻地影响着可解离的疏水性有机污染物的溶解性，如三硝基甲苯（TNT）从污染土壤中的溶出速率就受 pH 控制，Daughney 和 Fein（1998）甚至报道细菌细胞壁对 2，4，6 – 三氯苯酚（TCP）的吸附也受介质 pH 的控制。

2. 根际土壤的氧化还原电位（Eh）

由于土壤是一个高度不均一体系，所以，即使在通气良好的土壤中，也可能有一些厌氧的微区，其中的氧化还原电位明显低于其他土壤区域。在根际，这种微区出现的概率最高。虽然目前对这些微区还缺乏很透彻的了解，但已经明确根际微生物和根系呼吸作用消耗较多的氧气，会造成氧化还原电位下降，一些变价元素，如 Fe、Mn 营养元素及 As、Cr 等重金属元素的有效性提高，甚至造成毒害现象，同时反硝化作用也有所增强。

生长于厌氧环境中的植物如水稻，为了适应长期渍水还原的环境条件，地上部和根系的形态结构会发生特殊变化，形成由叶片向根部的输氧组织，根系可释放部分氧气和氧化性物质，提高根际的氧化还原电位。水稻根际这种氧化还原电位的改变，深刻地影响着土壤中有机物质与无机物质反应的方向与速率。一方面有利于降低土壤溶液中的某些有毒物质，如挥发性单元羧酸、Fe^{2+}、Mn^{2+} 及 H_2S 等的有害浓度；另一方面在氧化层会形成铁、锰氧化物胶膜，这些胶膜沉淀物能吸持养分离子，也有可能根据沉淀作用的强弱促进或抑制这些离子的吸收和运输。一般认为铁、锰氧化物胶膜在近根表的区域富集养分，在介质中养分缺乏时被活化吸收（Ye 等，2001；Zhang 等，1998，1999c）。研究表明，铁膜中含有铁、锰、磷、镁、硫、氯等植物必需的营养元素，其吸附在膜上或与铁共沉淀于氧化物膜中，因此，植物根表铁膜在一定的程度上是一个土壤养分富集库。同时，铁膜还可以吸附重金属离子，如 Cd^{2+}、Pb^{2+}、Hg^{2+} 等（Trivedt 等，2000）。一般认为，湿地植物之所以能在淹水和受污染较严重的环境下生存，主要是根表有铁、锰氧化物膜包裹，由于形成的铁、锰氧化物膜可以吸附、氧化还原、固定土壤溶液中大量存在的金属离子，并成为这些离子进入根系组织的障碍层，减轻其毒害作用（Greipsson 等，1994；Ye 等，1998）。如在还原条件下，由于铁、锰氧化物胶膜的还原，以及 As^{5+} 还原为 As^{3+}，使 As 得以活化，导致水稻根际 As 的积累（Otte 等，1995）。此外，氧化还原状况交替变化的水稻根际中，硫可与重金属反应生成难溶化合物，进而也可影响重金属的生物有效性。如水稻土壤中的 Cd，在淹水的还原条件下形成难溶性的硫化镉，而在排水的氧化条件下又会再度溶解被植物吸收。

同时，根际 Eh 值提高后形成的氧化微环境，对于激发微生物分解有机污染物也特别有效。如刘志光和于天仁（1983）测得未受根系影响的水稻土的 Eh 值约为 −100 mV，而根系密集处的土壤 Eh 值可达 150～250 mV。根际 Eh 值的差异直接影响微生物种群的分布，进而影响有机物的降解。例如对硫磷在水稻根际中的降解为 22.6% 时，非根际中仅降解 5.5%，前者是后者的 4 倍。也有研究报道，五氯酚（PCP）的降解受 Eh 制约，降解速率旱田快于水田（林琦，2002）。

在氧化还原电位很低的淹水土壤中，大量有机物质的厌氧降解可产生大量的甲烷。由于植物根系分泌物会增加甲烷的释放，因此种植水稻的水田比未种植水稻的水田会释放更多的甲烷。但是，湿地草本植物中的一些多年生盐湖沼泽植物，如盐湖牧草网茅属 [*Spartina patens*（Aiton）*Muhlenb.*]，由于其根际微生物释放的甲烷单氧酶对甲烷的分解作用，从而抑制甲烷的释放（Kludze 和 De Laune，1994）。

3. 根际土壤酶

根际土壤的特异性还表现在土壤酶活性的特异性上，这些酶在物质交换过程中占据着非常重要的地位（Diamantidis 等，2000）。根际土壤酶主要来源于根际土壤微生物的代谢过程、植物根系和动植物残体分解过程中释放的酶，但根际微生物是脱离活体的根际土壤酶的唯一来源（关松荫，1986）。由于大多数植物会不断地自我改善根际的营养状况，产生特定的土壤酶，因此，研究根际土壤酶对于探索植物与土壤的相互作用过程和机理具有极其重要的意义（Radersma 和 Grierson，2004）。

诸多研究表明，树木根际土壤中，特定的土壤酶活性与细菌和真菌类群密切相关，微生物的数量与土壤酶活性总体呈正相关。如 Scott 和 Condron

（2003）发现，在温带林牧系统的根际土壤中，植物自身产生的磷酸酶的活性非常高。在不同的造林模式下，土壤酶的活性也不相同。如白蜡的根际土壤中脲酶的活性比较高，而刺槐的根际土壤多酚氧化酶活性比较高（李传荣等，2006）。此外，在污染胁迫下，根际土壤酶的活性也会产生相应的变化（He等，2005）。

对根际土壤酶特异性的研究，有助于理解根际土壤中生物源储积酶的催化性质及其与土壤环境之间的关系。值得注意的是，由于对土壤酶的基本性质缺乏了解，且研究手段落后，有关根际土壤酶特异性的研究。大多停留在描述性而非机理性的研究。在目标酶的选择上，主观性多而理性少。在研究方向上，催化活性研究多而催化过程研究少。

9.1.2　根际微生物的特异性

根际微生物是根际环境特异性研究的另一个重要方面，根际是土壤微生物活动特别旺盛的区域。有别于一般的土体，根际中根系分泌物提供的特定碳源及能源，使根际微生物数量和活性明显增加，一般为非根际土壤的 5～20 倍，最高可达 100 倍（Anderson 和 Coats，1994）。而且，植物根的类型（直根、丛根、须根）、年龄、根结瘤状况（有瘤或无瘤）、根毛的多少等，都影响根际微生物的数量、种群（含特异菌群）结构及丰度特征。

根际微生物与根系组成一个特殊的生态系统，许多根际微生物能分泌特定的物质改变根的形态和结构，有些细菌还分泌胞外酶，如酸性磷酸酶等，促进根际难溶磷溶解，提高其有效性。植物根系与一些真菌共生的菌根，可以显著提高根系吸收土壤养分的能力。此外，根系与微生物之间还存在某种程度的专一性，可利用这种关系来防治有害生物对根的危害。

1. 根际微生物的活性及其在污染修复中的应用

不少研究者将根际微生物的特异性视为污染土壤根际微生物修复的理论前提，挖掘根际微生物降解菌资源和原位激发其活性，是根际微生物修复的主要目标。大量研究表明，根际土壤中典型持久性有机污染物多环芳烃（PAHs）降解菌数量均大于非根际土壤，PAHs 降解菌在根际土壤中有选择性地增加（Robinson 等，2003；Krutz 等，2005；Parrish 等，2005）。Miya 等（2000）研究了一年生的燕麦土壤对菲的降解动态，发现根际土壤中菲降解菌数量显著高于非根际土壤。Krutz 等（2005）研究表明，狗牙根草（*Bermuda*）根际土壤芘降解菌数量显著高于非根际土壤。将高酥油草和三叶草种植到 PAHs 污染土壤，12 个月后高酥油草和三叶草根际土壤 PAHs 降解菌数量是非根际土壤的 100 多倍，磷脂脂肪酸分析表明微生物群落结构随着生长时期发生了改变（Parrish 等，2005）。Robinson 等（2003）以杂芬油为目标污染物，考察了高酥油草根际微生物修复 PAHs 的效果。研究结果显示，36 个月后，根际土壤中，以芘和䓛作为唯一碳源的微生物是非根际土壤的 2 倍。Rugh 等 (2005) 在 PAHs 污染土壤中栽种 18 种密歇根州本地植物，研究其根际土壤 PAHs 降解菌富集情况，发现所有植物根际土壤的异养降解菌数量均高于非根际土壤，但不同的植物影响 PAHs 降解菌富集程度不同，大多数供试植物刺激了生物降解菌活性，扩展了根际细菌群落多样性及代谢作用的范围和程度。Muratova 等 (2003) 用盆栽实验比较了芦苇 (*Phragmites communis*) 和紫花苜蓿根际修复 PAHs 污染土壤的效果，两者根际处理的 PAHs 去除率分别达74.5% 和 68.7%。紫花苜蓿根际土壤微生物总量和 PAHs 降解菌数量分别比非根际土壤增加 1.3 倍和 7 倍。Joner 等 (2001) 研究了植物根和真菌共生对修复 PAHs 污染土壤的影响，发现在接种菌根真菌促进了䓛和二苯并蒽降解并改变了细菌的种群结构。接种根瘤菌 *Rhizobium leguminosarum* bv. *trifolii* 的三叶草和黑麦草土壤，根际土壤中 16 种 PAHs 的降解率明显高于非根际土壤 (Johnson 等, 2005)。Li 等 (2006) 研究了淹水条件下，香根草 (*Vetiveria zizanioides*) 修复苯并芘的效果，结果发现根际土壤苯并芘去除加快并伴随着微生物量的增加。

2. 根际植物促生细菌

根际植物促生细菌 (plant growth-promoting rhizobacteria, PGPR) 是存在于根际甚至皮层组织中的一些对植物生长有促进和保护作用的微生物。在农业生态系统中，充分利用这些细菌的生物学潜力，将有助于减少化肥和农药投入，促进植物生长，减轻环境污染，实现农业可持续发展。几十年来，PGPR 的应用研究一直未间断，已制成菌剂用于小麦、水稻、玉米、甘蔗等禾本科作物，胡萝卜、黄瓜等蔬菜和甜菜、棉花、烟草等经济作物，或用于处理种子和马铃薯种块等，都取得了显著的增产和生物防治效果。但是由于土著菌的竞争及其他土壤环境因子的影响，降低了 PGPR 的繁殖和活性，实际应用效果不稳定或不明显。

迄今为止，已筛选鉴定出多种 PGPR 菌株，主要包括假单胞菌属 (*Pseudomonas*)、芽孢杆菌属 (*Bacillus*)、产碱菌属 (*Alcaligenes*)、节杆菌属 (*Arthrobacter*)、固氮菌属 (*Azotobacter*)、固氮螺菌属 (*Azospirillum*)、肠杆菌属 (*Enterobacter*)、欧文氏菌属 (*Erwinia*)、黄杆菌属 (*Flavobacteria*)、哈夫尼菌属 (*Hafnia*)、克雷伯氏菌属 (*Klebsiella*)、沙雷氏菌属 (*Serratia*)、黄单胞菌属 (*Xanthomonas*) 和慢生型根瘤菌属 (*Bradyrhizobium*) 等。其中，荧光假单胞菌 (*Pseudomonas fluorescens*) 在很多植物的根际和根面都占绝对优势，可达60% ~93%。荧光假单孢菌的一些基因型是最常见的生防细菌，能分泌抗生素、氰化氢 (hydrogen cyanide, HCN) 和 2,4 - 二乙酰基藤黄酚 (2,4 - diacetylphloroglucinol，Phl），对许多病原菌有抑制作用。Ramette 等（2003）用分子手段分析了 HCN 合成基因的多态性，发现荧光假单胞菌有很多遗传突变型，土壤 Fe 的有效性可调节荧光假单胞菌的抗生素生产能力。Svercel 等（2005）从新老葡萄园（951 年和 1603 年）和葡萄 - 烟草轮作土壤分离荧光假单胞菌，并进行 HCN 和 Phl 基因的多态分析，发现葡萄根际的 HCN 和 Phl 基因型假单胞菌数高于烟草根际，老葡萄园土壤的 HCN 和 Phl 基因型高于新葡萄园土壤，轮作降低了 HCN 和 Phl 基因型相对于总假单胞菌数的比例，根系分泌物似乎促进了一些生防细菌的发展。此外，根际固氮细菌（包括共生和非共生固氮菌）对环境有不同的适应性，能将大气 N_2 转变成铵态氮，是重要的植物根际促生有益细菌。Ofek 等（2005）报道，在蚕豆侧根上有大量草螺菌定植，但在主根上没有这些固氮细菌。Heijden 等（2005）发现，将根瘤菌接种到草原植物后，根瘤菌不仅增加了植物生物量，还改善了植被生物的多样性（陆雅海和张福锁，2006）。

总之，PGPR 对植物的促生作用是综合性的，可分为以下几个方面。①改善植物根际的营养坏境。②产生多种生理活性物质刺激作物生长。③对根际有害微生物的生物防治作用。④提高植物耐受污染的能力，减轻污染物对植物的毒害，并达到修复根际污染的效果（Huang 等，2004a，2004b）。

3. 连作土壤根际微生物定向变化与化感作用

化感作用又称为他感作用或相生相克作用，广义上是指植物或微生物的代谢分泌物，对环境中其他植物或微生物的有利或有害的影响。然而，许多人习惯上仍然只把生物之间的抑制作用定义为化感作用，产生化感作用的物质称为化感物质。如果这种抑制作用发生在同一种植物之间，就称之为自毒作用。

化感物质的直接毒害作用一般很小，大多是通过影响土壤病原菌而产生为害的，即常见的连作障碍。多年的生产实践表明，导致连作减产的最主要原因是连作土壤根际微生物定向变化，致使根际微生态系统失衡而产生的土壤微生物学障碍，即土传病害的严重发生。

连作条件下土传病害的严重发生与根系分泌物对病原生物的刺激作用或对有益生物的抑制作用有关。中国农业大学连作障碍产生机理与控制途径研究小组的结果表明，受大豆根系活动的影响，根面和根际土壤微生物种群较单一，非根际土壤中的微生物种群最丰富。而且，镰刀霉菌的数量也是根面最高，根际次之，非根际最少。同时，根际活动还刺激了胞囊线虫的生长，其中感病品种对镰刀菌和胞囊线虫的促进作用更强。他们还发现不同连作年限大豆非根际土壤中，细菌群落在 DGGE 图谱中没有明显的条带变化，而根际则有明显变化；根系对病原真菌的生长有显著的促进作用；而连作和迎茬大豆根面和根际镰孢霉数量均多于正茬大豆。因此，在农业生产中，特别针对设施土壤的连作障碍，可利用根际土壤生物化学的原理，通过增加系统的生物多样性，对农作物根系与根际微生物之间的相互联系进行干扰，定向调控根际生物群落，恢复土壤生态系统的平衡。

9.2 根际沉积与根系分泌物

9.2.1 根际沉积

植物根系通过各种形式将输入到根部的有机化合物、无机化合物释放到周围土壤，形成根际沉积（rhizodeposition），这是一种重要的植物与土壤间交换的界面过程。根际沉积主要是根际碳的沉积，即部分植物光合作用产物通过死亡的根细胞或根系分泌物沉积于根际土壤中。根际碳沉积物主要源于根边缘细胞的脱落、黏液层黏液的分泌、根际可溶物的被动扩散和根表皮、皮层细胞的衰老等（王振宇等，2006）。一般情况下，根系向环境释放的有机碳量占植物固定总碳量的 1% ~ 40%，其中有 4% ~ 7% 通过分泌作用进入土壤（Lynch 和 Whipps，1990）。

近年来，根际沉积在陆地生态系统的作用研究已有大量报道（Curl 和 Truelove，1986；Farrar 和 Jones，2000；Hanson 等，2000）。其中，根际沉积碳在植物 - 土壤碳循环中的作用尤其受到重视，但关于根际沉积碳的数量、组成以及周转过程的研究依然十分有限。究其原因，是由于根际沉积物中存在大量的可溶性化合物（如水溶物和低相对分子质量的分泌物）和高相对分子质量的不溶物（如胶黏物和死根残留物），其化合物的数量未知，以及根系分泌物组分分离技术不够成熟。同时，这些可溶物从质膜释放到土壤的机理依然没有可靠的依据（Farrar 等，2003）。以下就近年来有关根际沉积中碳的释放机制、碳分配等的研究新进展做简要介绍，以增进对根际沉积及其在植物 - 土壤碳循环中的作用的深入理解（王振宇等，2006）。

1. 根际碳沉积物的释放机制

目前，根际碳沉积物的释放机制通常有两种过程：一种为沿电化学梯度的扩散过程，最后发生基渗，是被动扩散过程；另一种为逆电化学梯度、耗能的主动扩散过程，具有很强的选择性。扩散是根际碳沉积物释放的主要机制，然而，膜孔的开放（如离子通道）也可以增加根际沉积物的有效扩散速率（王振宇等，2006）。

一般认为，根际碳沉积物的释放是单一的流向，即根际碳化合物分泌进入土壤，而这些进入到土壤中的化合物可以被根系主动吸收到植物之中（Jones

等,1996)。这些被重新吸收到根系中的分泌物包括大量被释放的糖和氨基酸,以及不是根分泌物主要组成成分的多胺(如腐胺),其功能还不清楚。根－土界面根际碳沉积物的释放和吸收同时发生,但与根际碳沉积物释放不同的是,根际所吸收的物质组分受植物自身的调控(Farrar 等,2003)。而且,大多数碳分泌物的量化实验都是在消毒的溶液中培养,这些分泌物可以在几天或几周内收集,同时在此环境下消除了微生物的吸收,仅有糖类和氨基酸的释放和吸收。研究发现,根际碳的释放和吸收能够达到一种平衡(Jones 等,1996),而且通过外界提高分泌物中糖和氨基酸的浓度,这些增加的物质同样会被消耗直到释放与吸收达到平衡(Jones 和 Darrah,1993)。因此,根际碳沉积物的释放速率被大大低估,以前对根际碳释放的研究只是定性研究而不是定量的研究。由于根际碳沉积物种类繁多、性质各异,所以根际碳沉积的机制也是多种多样,但扩散是其主要的机制。

2. 根际沉积碳的分配

20 世纪 80 年代以来,许多学者对植物－土壤体系中碳的分配进行了研究,其中同位素技术的应用能够有效地阐明碳在植物和土壤之间的流通,并进一步研究地下碳的动态变化和土壤碳储量的微小迁移与转换,以及定量化评价新老土壤有机碳对碳储量的相对贡献。迄今为止,已有 3 种同位素示踪技术用于测定植物转运到土壤中的碳量,主要是脉冲标记、连续标记和 ^{13}C 自然丰度。脉冲标记和连续标记可以用 ^{13}C、^{14}C 标记植株地上部,然后测定转运到地下部的碳同化物。在植物整个生育期内脉冲标记仅标记一次,而连续标记则需经历较长的时间,即从第一片叶标记开始直至收获。自然丰度法是通过测定不同的光合类型植物同化物的 ^{13}C 和 ^{12}C 丰度来研究土壤碳的含量,可以测定大田环境下根际碳沉积的量。

Hütcsh 等(2002)研究了玉米中的碳分配,结果发现,土壤存留的 ^{14}C 占光合固定的 ^{14}C 的 4.0%,仅 1.9% 的根源 ^{14}C 被根际微生物呼吸消耗。Swinnen 等(1994b)发现,在小麦生长期内,15% ~ 39% 的净 ^{14}C 同化物转移至地下部,其中 35% ~ 48% 被根系和根际微生物所消耗。在多年生雀麦草的实验研究中,转移至地下部的净 ^{14}C 同化物高达 56% ~ 69%。其中 52% ~ 62% 集中在根系,24% ~ 31% 被根系呼吸消耗,13% ~ 21% 存留在土壤中(Swinnen 等,1994a)。然而,由于研究手段和方法的限制,微生物呼吸在根际呼吸中所占的比例是 5% ~ 85%(Hütcsh 等,2002)。因此,研究植物释放并进入土壤的碳量,准确区分根际微生物呼吸和根呼吸的量依然是关注的焦点问题。

总的来说,作为植物－土壤系统中的物质流、信息流及能量流,根际沉积一方面是维持根系呼吸消耗的一个重要组成成分,同时在植物根际碳消耗中占有相当大的比重，可直接或间接地影响植物营养状况、植物生理调节过程，另一方面还是土壤有机质的主要来源，会引起土壤化学、物理和生物特性的改变，而且直接关系到土壤呼吸及 CH_4 排放等土壤过程。根际沉积物的释放影响着植物的根际环境，并通过根际微生物的利用转化，影响着植物－土壤间的碳循环过程，形成了联系植物、土壤及微生物的桥梁。认识和调控根际沉积碳的流量与方向，对于增强作物耐旱性、提高作物产量及建立根际环境中碳、氮的合理分配模式，促进农田的可持续管理具有重要作用。

9.2.2 根系分泌物

根系分泌物(root exudates)是根际沉积作用最主要的形式，也是根系最重要的特性之一。根系分泌物是植物与土壤、水、大气进行物质、能量和信息交换的载体，在提高根际微域的养分有效性，提高植物对污染土壤的修复作用，以及植物遗传改良等领域都具有重要的作用(沈宏和严小龙,2000;张福锁,1992,1998;旷远文,2003)。

纵观根系分泌物的研究历程，1795 年 Plenk 首次发现植物能通过根系向外分泌一些物质，形成了根系分泌物的概念(Curl 和 Truelove,1986)。尔后，Hiltner 于 1904 年提出根际的概念，并将根际土壤与非根际土壤理化性状差异的主要原因归结为根系分泌物的作用，从此根系分泌物开始逐渐被越来越多的研究者关注(Hiltner,1904)。但由于分析技术和实验条件的限制，根系分泌物的研究进展比较缓慢。近 20 年来，现代仪器分析方法的飞速发展，伴随根系分泌物在植物营养、农业生态与环境等领域中的重要作用被肯定，根系分泌物成为世界各国科学家日益重视的研究热点(徐建明和何艳,2006)。

1. 根系分泌物的种类

1979 年，Warembourg 和 Biller 等根据分泌物的性质，将根系分泌物分为 3 类。①细胞脱落物和裂解物。②高相对分子质量的凝胶状物。③低相对分子质量的有机化合物。

Rovira 根据其来源将根系分泌物分为 4 类。①分泌物：根系细胞主动释放出的化合物。②渗出物：根系细胞扩散释放的低相对分子质量的有机物。③黏胶质：包括根冠细胞、未形成次生壁的表皮细胞和根毛分泌的黏胶状物质。④裂解物：从裂解或死亡细胞中释放出的物质。

据估计，根系分泌物在 200 种以上(表 9 - 1)，低分子分泌物主要有有机酸、糖类、酶类和各种氨基酸；高分子分泌物主要包括黏胶和胞外酶，其中黏胶有多糖和多糖醛酸(Marschner 等,1997)。

表 9 – 1   根系分泌物的种类（何艳，2006）

有机物的种类	化合物
糖类	葡萄糖、果糖、蔗糖、麦芽糖、半乳糖、鼠李糖、棉子糖、核糖、木糖、阿拉伯糖、寡糖
氨基酸	异亮氨酸、亮氨酸、γ–氨基丁酸、谷氨酰胺、天冬氨酸、丝氨酸、谷氨酸、甘氨酸、组氨酸、精氨酸、苏氨酸、丙氨酸、脯氨酸、酪氨酸、缬氨酸、赖氨酸、苯丙氨酸、胱氨酸、半胱氨酸
有机酸	酒石酸、草酸、柠檬酸、苹果酸、乙酸、丙酸、丁酸、琥珀酸、延胡索酸、戊酸、丙二酸、羟基丁酸
脂肪酸和固醇	软脂酸、硬脂酸、油酸、亚油酸、胆固醇、菜油固醇、豆甾醇
生长物质	生物素、硫胺素、尼克酸、维生素 B_1、泛酸、胆碱、肌醇、甲酸、氨基苯甲酸
酶类	转化酶、蛋白酶、淀粉酶、RNA 酶、DNA 酶、蔗糖酶、脲酶
其他	核苷、黄酮类化合物、植物生长素、皂角苷、糖苷、植物抗毒素

2. 特异性根系分泌物

根系分泌物的组成和含量的变化是植物对环境胁迫最直接、最明显的响应，是不同的生态型植物对其生存环境长期适应的结果。环境胁迫下根系分泌作用、特异性根系分泌物的组分特征及其与养分有效性和污染物的特异根–土界面行为的关系等，一直是研究的重点和焦点。

早在 20 世纪 90 年代就有研究发现，当外部环境有大量的重金属聚集，并可能对植物产生毒害时，植物就开始进行能动的生理反应，改变体外环境，特别是根际环境，以降低金属的生物有效性，减少对金属的吸收，这种体外建立起来的抗性作用比在体内的抗性更为积极主动。植物体外抗性机制的建立，主要通过改变根系分泌物的组成与数量而实现（常学秀等，2000），此时的根系分泌物就是特异性根系分泌物，可诱导根际土壤理化性状及微生物群落结构的定向变化，并由此影响根系对养分的吸收，以及污染物对根系的毒性效应（Benizri等，2002），对于减轻植物毒害症状，修复污染的根际环境等均具有积极的意义。

大量研究表明，缺磷可诱导白羽扇豆形成排根，光合产物的 25% 以柠檬酸的形式从排根区分泌进入根际。这些柠檬酸一方面可降低根际 pH，提高难溶性磷酸盐溶解度；另一方面与 Al^{3+}、Fe^{3+} 和 Ca^{2+} 等金属离子形成螯合物，避免磷酸盐固定，从而大大提高了根际有效磷的浓度，达到自身调节和改善磷营养状况的目的（Dinkelaker 等，1989）。

耐 Al 植物根系在 Al 胁迫时可分泌大量的有机酸，并与 Al 络合，减少 Al 进入细胞的数量，降低 Al 的毒性。如荞麦在 Al 毒胁迫时，根系可分泌大量的草酸和铝络合形成草酸铝化合物，有效地减轻 Al 对根系的毒害（Ma 等，1997）。抗 Al 小麦能诱导合成或过量积累多肽，并分泌到根外与 Al 结合（Basu 等，1994）。

禾本科植物缺 Fe 时，其根系能分泌一种麦根酸类的高铁载体（PS），目前已研究发现和检定的麦根酸类植物铁载体有 5 种。该化合物对 Fe^{3+} 具有极强的络合能力，可在根际与 Fe^{3+} 螯合后转移至根表，然后通过在根系原生质膜上吸收铁螯合物的专一性运载系统转移至细胞内（图 9-2）。形成 Fe^{3+}-PS 螯合物的 Fe^{3+}，来源于根际土壤中的羟基铁化合物，或微生物释放及某些合成的铁化合物，主要通过配位交换反应实现（Yuhuda 等，1996）。在这个过程中，高价铁不需要还原为低价铁而可以直接为根系吸收利用。这种植物铁载体对 Fe^{3+} 的络合不是专一的，还可与 Cu、Zn、Mn、Co、Ni 等络合，因此可提高根际环境中这些元素的有效性（张福锁，1998）。植物铁载体的释放是禾本科植物适应缺铁反应的一种机制，这种机制对禾本科植物从石灰性土壤上获取铁营养有着重要的生态学意义。由缺铁诱导的植物高铁载体分泌的增加受根际土壤 pH 的影响较小，在缺铁胁迫下，植物高铁载体分泌的增加程度与石灰性土壤上植物抗缺铁失绿的能力呈正相关。如 Gries 等（1992）发现野草在缺铁条件下，分泌的植物高铁载体与它们在酸性和石灰性土壤上的自然分布呈显著正相关。另外，值得强调的是，在缺铁的石灰性土壤中，虽然根际微生物也可以分泌大量的铁载体，但它们对于植物从根际土壤中获取铁营养的作用比较小。微生物铁载体虽然也有较强的活化石灰性土壤中铁的能力，但与植物高铁载体如羟基-麦根酸相比，植物对微生物 Fe^{3+}-铁载体（如铁氧胺 B）中铁的吸收率较低。但从长远来看，根际中产生铁载体的微生物的存在，可使根面形成较多新鲜的非晶形铁氧化物沉淀，它们是根系分泌物较易接近的铁源。而且，这些 Fe^{3+}-铁载体化合物还可以作为禾本科植物进行配位体交换反应的直接铁源。

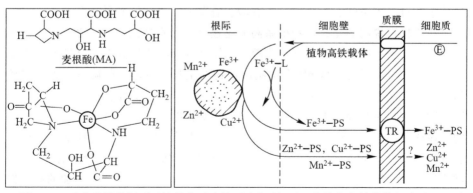

图 9-2　禾本科植物根系对缺铁的适应性反应机制。（E 为植物高铁载体的合成和释放增加；TR 为质膜中 Fe^{3+}-植物高铁载体的运载系统）（转引自李学垣，2001）

除了上述矿质养分的胁迫研究外，还有大量有关重金属胁迫环境的研究。如小麦在 Pb、Cd 胁迫时，根系分泌物中糖类含量提高（林琦，2003），且随 Cd 胁迫浓度的升高，小麦根系有机酸生成量也明显增加（王宏镔等，2002）。在水培和砂培环境中，低 Cd（0.5 mg·L^{-1}）胁迫下，小麦根系氨基酸分泌量增加，而若高于此浓度，则氨基酸分泌量和次生代谢物种类减少，H$^+$ 的分泌量也减弱（张玲和王焕校，2002）。周启星等（1994）报道，Cd - Zn 之间的相互作用及化学机制与植物部位也有密切关系，水稻叶组织中的 Cd 能抑制对 Zn 的吸收和积累，而根组织中的 Cd 则促进对 Zn 的吸收和积累，原因在于水稻根系分泌物对 Zn 的活化作用。

现有的研究主要集中在养分及重金属胁迫上，对有机污染物胁迫下的特异性根系分泌物的相关研究还非常薄弱，可能是根系分泌物分析技术的限制所致。随着新方法、新理论与新技术的问世及其在环境化学及生物学领域的成功应用，如 ^{13}C - NMR、FT - IR、HPLC - MS、PLFA 磷酸酯脂肪酸分析法、DNA 指纹技术等，可以预见，该研究领域的突破性进展指日可待。

3. 根系分泌物的植物营养学及生态环境学意义

根系分泌的有机酸、酚类物质和植物铁载体等低相对分子质量的有机物，在植物的根际营养以及植物间的化感互作中起着非常重要的作用。根系分泌物中的有机酸对根际 pH、矿质养分的活化、根际微生物活性影响较大，某些有机酸（如柠檬酸、酒石酸等）是良好的金属螯合物，在活化根际难溶性养分方面起着十分重要的作用。如在酸性土壤的氧化土中，白羽扇豆分泌的柠檬酸与 Fe、Al 的螯合作用，提高土壤中难溶性的磷酸铁、铝化合物有效性（Marschner，1998）。

酚酸是重要的化感成分，可严重抑制植物的生长。水稻连作减产的主要原因就是水稻秸秆腐解，以及根系分泌作用所释放的大量酚酸类物质所致，这些物质包括对羟苯甲酸、香豆酸、丁香酸、香草酸、杏仁酸和阿魏酸等。

需要特别说明的是，植物根系高分泌速率有着重要的植物营养学及生态环境学意义。对于缓冲性能较好的土壤，根际土壤 pH 的降低需要有较高的质子和有机酸的分泌强度，低 pH 会抑制微生物的生长及分泌物的降解。如能将植物铁载体限制在一天中的数小时内在根尖区分泌出来，并维持这一微域较低的微生物活性，对于提高 Fe、Zn 等有效性非常重要。如白羽扇豆根系局部较高的柠檬酸分泌速率，即使在石灰性土壤上都可以使根际土壤的 pH 酸化，根际土壤溶液中 P、Fe、Al 的浓度，以及可提取 Fe、Mn、Zn 的含量均有所增加。需要注意的是，在缺磷、铁等营养胁迫下，虽然植物根系分泌物增加的有益作用显而易见，但是在某些情况下，它们也可能产生副作用，如白羽扇豆在缺磷土壤上易产生锰的毒害。

　　根系分泌物中的有机酸对于缓解或消除重金属的毒害也非常重要。这些低相对分子质量的有机酸可以有多种作用方式，使根际土壤胶体表面的重金属离子解吸，或者促进重金属离子在胶体表面的吸附，从而对根际土壤中重金属离子的活性、动态和生物有效性等产生深刻的影响。

　　低相对分子质量的有机酸的这些作用包括：①竞争或掩蔽矿物胶体表面的吸附位点。②在胶体表面形成吸附力强的重金属–配位体复合物。③与溶液中的重金属离子有较强的螯合作用，形成非吸附态的化合物，使其在矿物胶体表面的吸持力降低。④增加表面负电荷而使重金属离子的吸附增加。⑤在矿物形成的过程中，有机酸可以改变矿物的结构，增加比表面和电荷，从而增大重金属离子的吸附量。⑥对黏土矿物具有溶解作用，从而可减少对重金属的吸附。

　　不同的植物根系分泌的低相对分子质量的有机物的种类和数量不同，从而影响到对重金属的吸收。研究表明，从无菌培养的植物中分离的各种根系分泌物，都有与重金属离子进行螯合作用的能力，有的还能从土壤中提取 Cd 及其他元素。Mench 和 Martin（1991）发现，玉米或烟草的根系分泌物，可以促进土壤中的 Cd、Cu、Mn 及 Ni 等的溶解。Hamon 等（1995）的研究表明，萝卜根际土壤溶液中的 Cd 和 Zn 主要是以螯合态形式存在。

　　根系分泌物在有机污染物的根际脱毒过程中也发挥着重要的作用（Delhaize，1995）。作用机理可能主要包括酶系统的直接降解途径；通过增加微生物的数量，提高其活性的间接降解途径等；以及根系分泌物诱导的共代谢或协同代谢降解途径（Schnoor 等，1995；Newman 等，1997；涂书新等，2000；旷远文等，2003；魏树和等，2003）。其中酶系统的直接降解具有应用前景，受试污染物主要包括氯代溶剂、炸药、石油烃类等，第 7 章对此已有比较详尽的阐述。

9.3　菌根与菌根际

　　菌根是真菌与植物的结合体，是自然界中广泛存在的共生体系，陆地生态系统中 80% 以上的植物可以形成菌根。菌根对土壤的影响具有微生物和植物的双重特性，不仅能改变土壤微生物的种类和数量，影响养分和污染物在根际的环境行为，还能从植物角度通过改善根系的吸收面积、降低植物与土壤之间的流体阻力等方式，来促进根系对水分和养分的吸收与利用，以及对污染物的消减与脱毒。

9.3.1　菌根的概念

　　菌根的英文名为 mycorrhiza，来自希腊语 mycor（真菌）和 rhiza（根系）。其字面含义是由真菌和植物根系所构成的共生的"根"。菌根的菌丝一端侵入植物根系，另一端延伸在土壤中，从而使寄主植物的根系不再是传统意义上单纯的根本身，而成为根系与真菌的复合体。

自然界普遍存在着植物与真菌的共生现象。真菌需要从植物根部获得生长所需要的糖类和一些生长物质，同时真菌的菌丝可以从土壤中吸收矿质营养元素和水分等，并通过菌丝内部的原生质环流，快速地将它们运转到根内部供植物生长需要。

一般根据菌根的解剖学特征或寄主植物特征对菌根进行分类，按照菌根的解剖学特征分为丛枝菌根、外生菌根和内外生菌根；按照寄主类型分为兰科菌根、杜鹃花科菌根、水晶兰类菌根和浆果莓类菌根等。

在栽培植物中，除十字花科和藜科外，都有丛枝菌根。据估计，地球上3%的有花植物有外生菌根和内外生菌根，绝大部分都是乔灌木树种。具有丛枝菌根的植物占90%，大部分是草本植物及一部分木本植物，其他内生菌根的植物占4%，不能形成菌根的植物约占3%。所以，我们完全有理由认为，对于自然界中的绝大多数植物来说，它们根本没有"纯粹的"根系，只有菌根。因此有关根际土壤生物化学的研究，如果不考虑菌根的影响就不能全面反映其中的真实情况。

9.3.2 菌根际

菌根植物的根–土界面称为菌根际（mycorrhizosphere）。类似于根际，菌根际是一个比较模糊的、动态的区域，笼统地讲是指受菌根影响比较大的区域，是根系–真菌–土壤相互作用的区域，也是菌根发挥作用的场所。

菌根在很多方面影响寄主植物对土壤矿质养分的吸收，主要表现在两个方面。一是增加了植物根系与土壤的接触面积，延长了根系吸收养分的范围，提高了土壤养分的空间有效性。二是增强了吸收低浓度、移动性差的养分离子的能力，如 P、NH_4^+–N、Zn，这对养分贫瘠的土壤和支根不发达的植物（如豆科作物）尤为重要。

图 9–3 归纳了菌根在促进植物获取养分方面的潜在作用。其中根瘤及根瘤菌固氮作用及机理的研究比较成熟，其固氮量占生物固氮量的 2/3 左右。根际联合固氮细菌可以将固定的氮素迅速转移到宿主植物，增加植物的含氮量。植物根分泌的黏液、有机酸和糖类也为根际固氮细菌提供了营养来源，维持固氮细菌生长繁殖的需要。关于菌根真菌活化土壤磷的研究较为深入，明确了外生菌丝扩大根系磷养分吸收空间的机理（Li 等，1991）、菌根真菌分泌质子酸化根际环境活化无机磷养分的机理（Yao 等，2003）、分泌磷酸酶加速土壤有机磷矿化和利用的机理（Feng 等，2002，2003）等。

近年来，随着菌根真菌在环境领域中不断地被拓展运用，对根际土壤生物

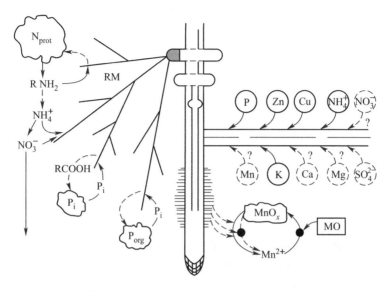

图 9 – 3　内生菌根和外生菌根根际的养分动态（MnO_x 为三价与四价锰氧化物，N_{prot} 为蛋白质氮，P_i 为无机磷，P_{org} 为有机磷，RM 为根状菌索，MO 为根际微生物）（转引自李学垣，2001）

化学过程的相关研究也延伸到了菌根际，且研究手段多与污染胁迫紧密结合在一起。例如，Li 和 Christie（2001）发现，红三叶菌根际中存在的菌根菌对 Zn 存在固定作用，因此可抑制红三叶根系对 Zn 的吸收并减轻 Zn 的毒害；低浓度的灭克磷对 AM 真菌摩西球囊酶生长有刺激作用，而且摩西球囊酶可以通过增加自身物质代谢的周转速率来降低农药毒害，从而表现出对农药的耐性（范洁群等，2006）。Hartmann 等（2004）报道，有机氯农药对菌根菌在根表面的定植范围没有影响，但显著降低了根际土壤菌根菌的孢子数和菌丝体密度，说明内生菌根菌可能受到植物保护，免受农药的毒害。但 Joner 等（2006）对菌根真菌和菌根在加速土壤有机污染物降解过程中的作用提出质疑，他们以 3 种多环芳烃化合物（PAHs）为例，对外生菌根真菌粘盖牛肝菌在 PAHs 相关环境行为中的影响作用进行了研究，发现由于粘盖牛肝菌的菌丝体具有疏水性的特点，更易吸收疏水性的 PAHs，从而抑制了 PAHs 在菌根际中的降解，这种作用与菌丝体对菌根际内养分的消耗作用类似。

9.4　环境胁迫与根际土壤生物化学效应

根际土壤是包括矿物质、有机质、生物种群等组成的多介质体系，具有复杂的化学和生物性能，是一个重要的环境界面。作为地球表层绿色植被与土壤环境作用的核心，根际是自然界物质循环和人类活动干扰与影响最剧烈的区

域。水分、养分、污染等环境胁迫，对土壤－植物系统产生巨大的影响，根际
是这些影响的焦点，根际土壤的生物化学性质的变化最为突出。所谓环境胁迫
下根际土壤的生物化学效应，主要是指水分、养分、污染等环境胁迫条件下，
根际土壤生物及生物化学性质的变化，以及与水分、养分高效利用、污染物降
解及污染环境修复等之间的关系，一直是国内外土壤学、环境科学、植物生理
学、微生物学、生态学的研究热点与前沿研究课题。

9.4.1　养分胁迫

在养分胁迫条件下，植物可通过根系形态和生理生化的适应性变化机制，
来调节自身活化和吸收养分的强度。不同的植物种类甚至同一植物的不同品
种，在活化和吸收养分方面都有显著的差异，这些差异反映了植物不同个体的
基因潜力，并能够在根际土壤生物化学效应的动态变化特征上表现出来。

生长在养分贫瘠土壤上的植物，在长期适应养分胁迫的过程中，逐步形成
了高效利用养分的特殊机制。排根是一种特殊的根形态结构，是植物根系独立
适应养分胁迫并不断进化的结果，是继固氮和菌根系统之后，植物对土壤养分
胁迫的第三大适应性调节机制，已成为养分胁迫和植物适应性研究热点内容
之一。

具有排根的植物主要生长在养分贫瘠的土壤上，排根不仅能显著提高根系
吸收养分的范围，而且可分泌大量的有机物质，特别是有机酸，并伴随质子的
释放，活化土壤难溶性磷酸盐，改善植物磷素营养。

白羽扇豆是研究排根形成、根系分泌物及相应的根际土壤生物化学效应的
模型植物，尽管白羽扇豆在其他养分缺乏的条件下也可形成排根，但缺磷对排
根的诱导效应最为强烈。因此，对磷胁迫下白羽扇豆排根的形成和有机酸分泌
的机制及调节机理，是深入理解植物对养分胁迫适应性的关键，将为挖掘土壤
养分高效利用的生物潜力，选育养分高效型抗逆新品种提供科学依据。已有研
究证实，在低磷胁迫下，白羽扇豆可在侧根上形成许多不连续的排根，一方面
扩大了根的吸收范围，另一方面分泌大量的柠檬酸和酸性磷酸酶进入根际，活
化土壤中难溶性的 Ca－P、Al－P、Fe－P 等无机磷和有机磷。Shen 等（2003，
2004，2005）的研究表明，白羽扇豆根分泌有机酸存在周期性的变化，排根的
形成和有机酸的释放主要受制于植物体内磷浓度的负反馈调节。此外，白羽扇
豆的排根还能释放大量的磷酸酶，从而使土壤中的有机磷得到活化（Li 等，
1997）。

肥田萝卜和油菜等也是磷高效利用研究的模式作物。在缺磷条件下，适应
在酸性土壤上生长的肥田萝卜根系分泌大量酒石酸，其分泌量可占根系分泌有
机酸总量的 72.9%，用于活化土壤中的铝磷。而适应在碱性土壤上生长的油

菜分泌大量的苹果酸，其分泌量可占根系分泌有机酸总量的 80%，用于活化土壤中的钙磷。肥田萝卜更倾向于吸收较多的 Al - P，而生长在北方的油菜更多地利用 Ca - P，这一结果充分反映了植物生态适应与不同土壤磷形态的地域差异间的相关性（Zhang 等，1997）。

不同的植物对低铁胁迫的不同响应也是备受关注的研究课题。双子叶和非禾本科单子叶植物对缺铁的反应，主要表现为根系还原力、质子分泌量及酚酸类物质分泌量的增加。根际酸化作用不仅提高了 Fe^{3+} 的溶解度和移动性，同时也有利于其还原与吸收。此外，这种适应性反应也提高了铜和锰的还原性，提高了其生物有效性，但要注意的是，在还原锰含量较高的石灰性土壤上，也可能会发生锰中毒的现象。

禾本科植物对低铁胁迫的响应完全不同，主要表现为根系分泌大量麦根酸类植物铁载体，这些物质是禾本科植物适应缺铁环境的特异性物质。麦根酸类植物铁载体的生物合成、根系分泌、活化铁以及螯合吸收等 4 个过程，组成了禾本科植物对缺铁胁迫的适应机理。研究发现，大多数植物在日出后 2 ~ 6 h 内大量分泌铁载体，分泌部位集中在微生物尚未侵染的根尖，一方面减少与土壤颗粒接触而被吸附固定，另一方面避开了被微生物分解，从而在根际微域维持比较高的铁载体浓度，提高活化铁效率。铁载体分泌作用和螯合作用不受介质 pH 和 Ca^{2+} 浓度的影响，这对高 pH 和高 Ca^{2+} 浓度的石灰性土壤具有特殊的意义。缺铁可诱导激活根细胞原生质膜上的 Fe^{3+} - 植物铁载体螯合体的专一性吸收和运载蛋白，这种蛋白几乎不受 pH 和 Ca^{2+} 浓度的影响，这也反映出小麦等禾本科植物适应缺铁胁迫的实质及其生态学意义（Zhang 等，1991a，1991b）。

水稻根表形成铁氧化物胶膜也是对淹水胁迫的一种响应。在厌氧环境中，当介质中有 Fe^{2+} 存在时，由于根际氧化作用会在水稻根表形成红色的铁氧化物胶膜。根表铁氧化物胶膜对介质中的磷、锌有明显的富集作用，随着铁膜数量的进一步增加，铁膜反而阻碍了水稻对锌的吸收。根系氧化力不同的水稻品种其根表的铁膜数量有明显的差别，这为筛选耐低磷、低锌的水稻品种提供了理论依据。一些植物可以在根质外体空间富集和活化微量元素或重金属，从而达到暂时解毒或缓解养分缺乏的作用（Zhang 等，1999a，1999b，1999c）。另外，缺镁、缺钾和缺磷时，根际可利用的有机物质增多，微生物活性提高，消耗大量 O_2，造成厌氧环境，可能引起还原铁的危害作用。

9.4.2　污染胁迫

污染胁迫主要是指重金属和农药等有机污染物浓度过高，对植物构成潜在的危害。植物在污染胁迫下，会做出主动的适应性响应，根际是响应的场所，因此，污染胁迫下根际的土壤生物化学特性将发生巨大的变化，直接关系到污染物的吸附－解吸、氧化－还原、络合－沉淀、迁移－固定、降解－残留等转化过程（图9－4），一直都是污染环境修复的研究热点。

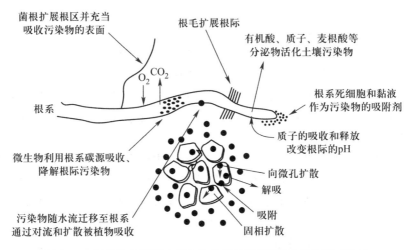

图9－4　污染物的根际土壤生物化学过程（转引自李学垣，2001）

1. 重金属污染胁迫

重金属污染胁迫主要是指 Hg、Cu、Cr、Cd、Ni、As 等有毒重金属在土壤中浓度过高时对植物生长产生的胁迫。

重金属污染胁迫下，植物的主动适应性调控会诱导根际土壤生物化学特性发生变化，由此改变重金属的吸附－解吸、氧化－还原、络合－沉淀等转化释放过程，进而影响到根际土壤中重金属的固定化和活化。从分子水平上研究根际土壤中根系分泌物影响下重金属的结构、形态、存在方式及其与生命物质的结合方式，重金属的有效性及其与生物效应的相关性，产生毒害的离子（或分子）释放机理及其化学转化与生物有效性的关系等，一直都是重金属污染胁迫下根际土壤生物化学效应的研究热点和前沿。研究手段多依靠先进的结构测定法、热力学和动力学研究法以及现代配位化学理论。

（1）根际土壤重金属的固定化效应

根系分泌物可以改变根际环境中重金属的化学性质，从而改变重金属元素的生物有效性和生物毒性。根分泌物与某些游离重金属离子络合，形成稳定的螯合体，活度降低，阻止了重金属在土壤中的迁移与扩散，进入其他生态系统，这就是重金属的植物稳定或植物固化作用。根际中的 Pb^{2+}、Cu^{2+} 和 Cd^{2+} 等重金属离子可以取代根系分泌的多糖类黏胶物质中的 Ca^{2+}、Mg^{2+} 等离子，作为连接糖醛酸链的桥，也可以与支链上的糖醛酸分子基团结合，形成稳定的螯合体，将重金属稳定在污染土壤中（Cunningham，1995）。重金属可被黏胶包在根尖外面，充当"过滤器"，阻止重金属离子向根内运输。根系分泌的有机酸、氨基酸等有机物，含有羟基和羧基等官能团，对一些重金属离子有较强的络合能力（袁可能，1990）。陈英旭等（2000）报道，无论是单一的还是 Pb、Cd复合污染，根系分泌物中的有机酸都可抑制萝卜根系吸收 Pb、Cd，并阻止其由根向叶的输送，从而减轻 Pb、Cd 对萝卜的毒害，柠檬酸的抑制能力大于酒石酸。此外，根系分泌物可以通过吸附、包埋金属，使其在根外沉淀下来。

（2）根际中重金属的活化效应

重金属的活度一般都比较低，必须经过活化后，即溶解在土壤溶液中，才能被植物吸收。根系分泌物可以通过改变根际 pH、Eh 等条件，提高重金属活度与生物有效性，如果能够超量吸收并富集重金属，就可达到逐渐降低土壤重金属含量，修复重金属污染土壤的目的，这就是所谓的重金属植物提取作用（张福锁，1992；Fernandez，1999）。

根际重金属活化效应可以归纳为以下几个方面。

① 络合溶解效应

根分泌的有机酸、氨基酸和酚类化合物，可与 Pb、Cd 等重金属形成络合物，提高其生物有效性，有利于植物吸收，重金属的移动性也相应增强（Mench 和 Martin，1991）。Cieslinski 等（1998）报道，植物组织中 Cd 的积累量与根际土壤中的低相对分子质量有机酸特别是乙酸和琥珀酸的含量成正比。Huang（1998）报道芥菜对铀的吸收量与根分泌物中有机酸的含量呈线性相关。同位素示踪技术研究结果显示，加入玉米和小麦根系分泌物中的可溶性物质，玉米根际^{57}Co、^{65}Zn 和 ^{54}Mn 络合量分别为 31%、16% 和 6%，小麦为 31%、15% 和 1%，而对照土壤仅为 6.1%、1.99% 和 0.2%，说明根系分泌物能和重金属发生络合作用，形成可溶性络合物（Merckx，1986）。吴启堂（1993）指出，水溶性小分子分泌物与 Cd 的络合作用很强，如玉米根系水溶性有机物与 Cd 的络合可达 128 mol · 100g^{-1}，有利于 Cd 向根际移动，增加植物对 Cd 的吸收。

② 酸化溶解效应

土壤中的绝大多数重金属都以难溶态存在，有效性很低。根系分泌的有机酸可以酸化根际土壤，使根际 pH 明显降低，从而促进了难溶性重金属矿物的溶解，提高其有效性。一般而言，土壤 pH 越低，其溶解度就越大，活性越高。反之则越容易固定，活性降低。如当土壤 pH 从 7.0 下降到 4.5 时，交换态 Cd 增加，难溶性 Cd 减少（Xian，1989）。根系分泌的有机酸如柠檬酸、酒石酸、草酸、琥珀酸、天冬氨酸和谷氨酸等，可以活化 Pb、Zn 尾矿及其废水污染土壤中的重金属。各种有机酸对 Cd 的活化能力最强，而对 Pb 的活化能力最弱，其中柠檬酸、酒石酸和草酸的活化能力最强（杨仁斌等，2000）。Krishnamurti 等（1997）报道，低相对分子质量的有机酸能促进固相结合 Cd 的释放，形成 Cd 复合物，增加土壤 Cd 的溶解性，有利于植物吸收。

③ 还原活化效应

根际土壤的氧化还原电位明显低于非根际土壤，导致 Fe、Mn 等变价金属还原，Cr^{6+}、Cu^{2+} 等溶解度升高，其有效性也相应地提高，更有利于植物吸收利用（张福锁,1992）。

④ 酶解效应

根系分泌的酶对重金属有效性的影响，可能是通过分解有机物质而实现的。Kandeler 等（1996）发现，在轻度污染浓度下（Zn、Cu、Ni、V、Cd 分别为 300 $mg \cdot kg^{-1}$、100 $mg \cdot kg^{-1}$、50 $mg \cdot kg^{-1}$、50 $mg \cdot kg^{-1}$、3 $mg \cdot kg^{-1}$，低于欧盟标准），芳基硫酸酯酶、碱性磷酸酶和脱氢酶分别只有对照的 56% ~ 80%、46% ~ 64% 和 54% ~ 69%，酶活性的变化，直接影响到根际有机物质的分解转化，从而影响到根际土壤重金属的有效性。

⑤ 微生物的间接活化效应

根系分泌物对重金属有效性有直接的影响，而且还可通过影响土壤微生物的数量和活性，间接地影响重金属的有效性。一方面，微生物将大分子化合物转化为小分子化合物，增强与重金属的络合活化能力；另一方面，微生物也可以分泌出质子、有机质等，提高重金属的有效性。Whiting 等（2001）的研究结果表明，向利用锌超积累植物接种 3 种根际细菌，明显促进植物对锌的吸收。丛枝根菌侵染能促进三叶草对 Zn、Cd 的吸收，贡献率分别为 8.1% ~ 22.4% 和 13.6% ~ 63.6%（陶红群等,1998）。

2. 有机污染胁迫

有机污染胁迫主要是指农药、多环芳烃、多氯联苯等有机毒物在土壤中残留浓度过高时对植物生长产生的胁迫。

与重金属污染胁迫类似，在有机污染胁迫下，植物的主动适应性调控也会诱导根际产生有别于非根际土壤的特殊生物化学效应，主要包括微生物的响应效应、土壤理化性状的响应效应和酶活性的响应效应等。这些特殊的根际生物化学效应对调控有机污染物在根际土壤中的脱毒转化具有重要意义。

（1）有机污染物的根际脱毒转化

所谓有机污染物的根际脱毒转化是指有机污染物在根际特殊生物化学效应调控下的迁移、吸收、代谢、降解、残留及其形态转变等过程。一般情况下，这些过程可提高有机污染物在根际土壤中的生物有效性和可利用性，加速有机污染物在根际土壤中的消解行为，从而减缓其对植物的毒害。

Binet 等（2000、2001），Günther 等（1996），Reilley 等（1996），Yoshitomi 和 Shann（2001）等曾先后研究过蒽、芘等多环芳烃污染物在黑麦草等根际的降解作用；Aprill 和 Sims（1990）则对 4 种多环芳烃化合物在土壤中存在的滞留性做了调查。残留物经高效液相色谱分析表明，在 8 种草本混合栽培的植被区，PAHs 降解较无植被区快得多。作者认为是微生物的降解使 PAHs 降解量增多。另外，他们认为，PAHs 在有植被区被腐殖质酸化也是一种降解加快的可能原因。在这个实验中，根的吸收和代谢未被考虑，然而已有许多证据证明植物的吸收和代谢对 PAHs 的降解起很大作用。

另外，根际对三氯乙烯(TCE)降解的促进作用、冰草对五氯苯酚(PCP)污染土壤的净化作用及酥油草根际苯并芘(BaP)降解的机理等都有报道(Walton 和 Anderson,1990；Ferro 等,1994；Banks 等,1999)。Walton 和 Anderson(1990)以 ^{14}C 标记 TCE，对不同类型根系的植物如须根型、直根型、豆科有根瘤的和有接种菌根的松属植物对 TCE 在植物根际的降解做了实验，证明 2 种豆科植物(胡枝子和大豆)对土壤中的 ^{14}C - TCE 的微生物矿化起促进作用，有外生菌根的 Dinus treda 幼苗根际也发现了污染物的矿化作用，说明苗根对 TCE 矿化过程也起作用。Ferro 等(1994)发现，^{14}C - PCP 在有冰草生长的土壤中的消失速度是无植物区的 3.5 倍。Banks 等(1999)则采用同位素示踪法对 BaP 在酥油草根际环境中的归趋做了研究，评价因素涉及矿化、挥发、植物吸收及土壤残留 4 个方面。结果表明，BaP 降解量因矿化和挥发的 < 2%，被植物吸收的 < 0.12%，污染物主要储存库乃土壤基质，且种植酥油草可减少 BaP 在土壤中的残留。但实验设计为一个短效实验，故未能探明 ^{14}C - BaP 在土壤中的腐殖化过程及其在富啡酸/胡敏酸中结合形态的动态变化。

（2）有机污染胁迫下的特殊根际生物化学效应

① 根际微生物的响应效应

微生物乃根际土壤中最活跃的生物相，其在污染胁迫下根际土壤生物化学效应中的作用尤为重要。在污染胁迫的根际土壤生物化学效应研究内容中，涉及最多的便是根际微生物的动态响应效应。大量研究表明，根际有机污染物降解加快与根际区微生物数量及活性改变关系密切。如 Sandmann(1984)研究证明了许多植物根际区的农药降解速度快，降解率与根际区微生物数量的增加呈正相关。Nichols 等(1997)证实，同种植物根区的微生物群落数量在污染土壤中比未污染土壤中多。Arthur 等(2000)的研究结果表明，阿特拉津在植物根区土壤中的半衰期较无植物对照土壤缩短约 75%，且根区土壤中阿特拉津的降解菌数量比对照土壤中的相应数量多 9 倍。Shawa 和 Burns(2005)研究了根际中 2,4 - D 的矿化行为，发现三叶草和黑麦草根际中根沉降效应改变了 2,4 - D 的矿化动力学方程，并加速了 2,4 - D 的矿化，以 MPN 法表征的 2,4 - D 的降解菌数量也有相应的增加。Kirk 等(2005)证实，在石油烃类污染物的胁迫下，黑麦草和紫花苜蓿根区的微生物群落结构具有选择性富集效应，特异降解菌群数量在污染土壤中比未污染土壤中多，这是黑麦草和紫花苜蓿根际石油烃加速降解的根本原因。这些研究充分说明了根际微生物对有机污染物在根际降解中的促进作用。但也有相反的研究结果，如 Fang 等（2001）在研究植物修复除草剂污染时并未观测到与上述研究一致的结论，他们发现，在除草剂胁迫下，一些植物的种植并未影响根区土壤的降解菌数量，而根区土壤对阿特拉津的矿化率甚至比未种植植物的土壤降低了。他们认为，可能是实验用植物的根系脱落物不含有能促进降解菌生长的物质，也不能诱导微生物可能的降解途径，而且还有可能作为碳源或氮源与阿特拉津竞争，导致矿化率下降。植物整体对阿特拉津的降解可能来自植物自身代谢或被释放的酶降解。由此揭示出有机污染胁迫下根际微域的复杂变异性，这无疑将对有机污染物在根际土壤中的降解产生深远的影响。

根际微生物混合菌群对污染胁迫下根际土壤生物化学效应的影响也受到研究者的关注（Anderson 等，1993；Anderson 和 Coats，1994）。Sandmann（1984）研究发现，多种微生物联合的群落比单一的群落对化合物的降解有更广泛的适应范围。Lappin 等（1985）研究也表明，多种微生物构成的微生物群落也可以在以除草剂 2 - 甲基 - 4 氯丙酸为唯一碳源和能源的条件下生长。他们分离了 5 种微生物，培育实验结果为，即使提供相当可利用的碳源，也没有一种微生物能单独生长在有 2 - 甲基 - 4 氯丙酸存在的条件下。然而，2 种以上的微生物混合即能生长于以 2 - 甲基 - 4 氯丙酸为唯一碳源的环境中，并且可以降解这种物质，这种微生物群落也能降解除草剂 2，4 - D 和 2 - 甲基 - 4 - 苯酚乙酸。由此说明在促进有机污染物降解方面，根际微生物联合菌群要远比单一的微生物更有效。

此外，针对目前对根际微生物在污染胁迫下根际土壤生物化学效应中的作用机制还缺乏系统了解的现状，近来 Leigh 等（2002）通过实验室和温室根箱实验证实，从树根释放的芳香类化合物可作为多氯联苯降解菌的底物，激发它们的生长。所以，一般在多年生植物土壤上，多氯联苯降解菌的丰度较高。他们在 5 类植物根际中研究多氯联苯降解菌的动态，发现植树土壤的多氯联苯降解菌显著高于非植树土壤。丰度最高、多氯联苯降解潜力最大的细菌是 G^+ 的红球菌。他们还发现，某些树种特别能激发多氯联苯细菌的生长，树根化学组成和周转速率可能起重要作用。Corgié 等（2006）利用 PCR - TTGE 和 RT - PCR - TTGE 的 DNA/RNA 分析技术，研究了菲加速降解的根际中土壤细菌的 16S rDNA 和 16S rRNA 的遗传特性变化特征，结果表明，虽然远根际土层中细菌的菌群结构较之非根际土无明显变化，但其中的活性菌种却存在较大的变异，这是诱导菲在远根际土层中加速降解的根本原因。徐建明等考察了根际土壤中结合态甲磺隆对水稻生长的胁迫效应，并采用 PCR - DGGE 指纹分析技术，对结合态甲磺隆胁迫影响下根际中不同毫米级土层的微生物菌群结构进行了分子水平的研究，揭示了不同基因型水稻品种对结合态甲磺隆的抗性表征及其内在作用机制（Xu 等，2004；Li 等，2005）。何艳等（2005）将根际土壤按不同的毫米级微域范围划分，并对其中五氯酚（PCP）的降解行为进行了细致研究，发现根际中 PCP 的降解并非与根系分泌物消减梯度相一致，而是距离根系生长室 3 mm 处根际土中的 PCP 降解程度最大。借助 PLFAs 技术追踪微生物群落结构的响应变化特征，结果表明受 PCP 污染胁迫下根系分泌物根际梯度递减效应的影响，根际的微生物群落结构在毫米级微域内发生规律演替，并最终导致丛枝菌根真菌、放线菌及部分细菌在 3 mm 的近根际微域内相对聚集。因此，结合细菌、放线菌及丛枝菌根真菌的动态变化特征，可以清晰地解析 PCP 在根际土壤中不同毫米级微域中的特异降解行为，可信度在 90% 以上。在此基础上，他们还开展了 PCP 污染土壤的模拟根际研究，试图从添加外源根系分泌物的角度在更深层面上系统揭示 PCP 在根际环境中的特异降解行为。结果表明，根系分泌物添加剂量不足或过量均会抑制土壤中 PCP 的降解，适宜的添加剂量才能最大程度激发土壤微生物活性，优化根际环境，诱导土壤环境质量的友好演变，实现 PCP 的快速降解（何艳等，2005；He 等，2005，2007，2009）。这些最新研究进展启示我们，借助新近发展的现代分析技术，通过根际这一特殊的环境界面，特别是根际毫米级微域中根际微生物、特殊根际环境、污染物脱毒转化三者之间的互动关系及其互作机理的研究并取得突破性的进展，极有可能将污染胁迫下根际土壤生物化学效应的研究提升到一个较高的水平。

② 根际理化性状和酶活性的响应效应

部分研究还探讨了根系生长对土壤理化性状及酶活性的影响而产生的对污染物根际脱毒转化的间接作用。内容包括湿度、紧实度（Aprill 和 Sims，1990；Reza 等，2002）等土壤理化参数及磷酸酶（王曙光等，2002）、脱氢酶（Günther 等，1996）等土壤酶活性在根际污染物降解前后的变化，旨在探明有机污染物根际脱毒转化的最优环境条件。

（3）有机污染物修复的根际土壤生物化学机理

根际土壤生物化学效应在有机污染物的富集和降解中起重要的作用。Günther 等（1996）总结的有机污染物修复的根际土壤生物化学的可能机理包括：①根际土壤微生物种群数量及多样性从整体上增加，或者污染物降解特异菌群的选择性富集。②污染物的土壤吸附、植物吸收及迁移转化等能力在根际中得到提高。③根系分泌物及脱落物提供污染物共代谢降解底物。④根部释放酶催化降解有机污染物。⑤加速污染物的腐殖化进程。⑥根系生长改善了土壤理化性状等。以下着重介绍一下根际微生物对有机污染物的代谢降解、根际活性物质对有机污染物根际土壤行为的影响，以及根系对有机污染物的吸收和代谢三方面的研究进展。

① 根际微生物对有机污染物的代谢降解

在根际环境中，根系生长主动释放的大量分泌物作为一种易利用性碳源，可供土壤微生物生长代谢所用，从而在根际区域存在微生物的富集效应，有机污染物的生物降解能力也由此得到明显增强。Yoshitomi 和 Shann(2001) 为了证明这种效应，曾原位收集玉米根系分泌物，研究它们对^{14}C – 芘的矿化作用的影响，结果表明添加玉米根系分泌物的土柱中微生物的 Biolog^{TM} 功能多样性增大，且^{14}C – 芘的矿化作用明显增强。

除了这种微生物富集效应，根际环境还存在特种菌形成的趋化效应。Mallick 和 Bharati(1999) 的研究证实，二嗪农处理过的水稻根际可分离出产黄菌属，且这种菌属对毒死蜱有较好的降解效果。郑师章等(1994) 报道了凤眼莲同根际细菌——假单胞菌 No.5 通过物种间的他感作用构成系统后大大提高降酚能力的现象。这种根际环境中的菌种形成趋化效应通常取决于根系分泌物中的特定物质，而不是总量。Heinrich(1985) 的研究表明，对小麦根分泌物中的氨基酸组分是对根际细菌 *Azospirillium lipoferum* 的一种正趋化物质，且正趋化作用具有一个最适的趋化物浓度范围。

根际环境还是一个代谢活跃区。有研究证实，许多微生物能以土壤中低相对分子质量的 PAHs(双环或三环) 作为唯一的碳源和能源，并将其完全无机化，若共氧化，更能促进四环或多环高相对分子质量的 PAHs 的降解(Wilson 和 Jones,1993)。

② 根际活性物质对有机污染物根际土壤行为的影响

在根际活性物质对污染物生物有效性的作用方面，早期研究表明，根系及根际微生物分泌的部分有机物，存在提高污染物质生物有效性的可能，因此可对其迁移、转化等土壤行为造成影响(Chanmugathas 和 Bollag,1987)。一般情况下，疏水性有机化合物(HOCs)进入土壤后往往被吸附于其中，游离于水相的部分很少，未被吸附的 HOCs 易被微生物降解，而吸附态的污染物生物有效性大大降低(戴树桂等,1999)。植物根系分泌物中可能存在类似表面活性剂的成分，这种物质可通过改善吸附态污染物在土壤中的生物有效性从而促进其在土壤中的释放解吸。Roy(1997) 用从果树无患子(*Sapindus mukurossi*)果皮获得植物表面活性剂洗涤土柱，发现浓度为 0.5% 和 1% 时，六氯苯回收率分别是水洗涤的 20 倍和 100 倍。同样，许多微生物在降解难溶物质时，都产生表面活性物质，也能增强吸附态污染物的溶解，从而加快分解。

在根际活性物质对污染物的共代谢作用方面，理论上大部分有机化合物在土壤中并不会最终降解成 CO_2 和 H_2O，或 CH_4 和 CO_2，其间往往经历复杂漫长的微生物共代谢过程。如氯苯类化合物(包括氯苯、二氯苯、三氯苯、四氯苯等)，本身难以在土壤中自然降解，但当其在有其他微生物易生长基质共存时，也可伴随微生物共代谢过程而被协同分解。张晓健等（1998）就曾对氯代芳香化合物的好氧生物降解进行研究，并证实了易降解有机物的存在在改善二氯苯生物降解性中的作用。根系分泌物通常以糖、有机酸和氨基酸的形式存在，这些物质都是微生物极易利用的生长基质，因此也可在微生物分解有机毒物时起共代谢或协同作用。如有研究表明，石油污染土壤根际分离出的 R3 菌株，仅在葡萄糖或灭菌植物根分泌物共存下以 C_2H_2 为基质。根系释放的酚酸、黄酮酸、萜烯既能作为微生物的生长基质，又可诱导 PCBs 的细菌降解（Gilbert 和 Crowley,1997）。此外，根际特定酶（系）在污染物作用下的诱导表达会改变生物体对另一类化合物的代谢行为，这也是根－土界面污染物降解的重要机理。根系分泌的一些酶可直接或共代谢降解土壤中的有机污染物，如氰水解酶对 4－氯苯氰、脱卤素酶对六氯乙烷和三氯乙烯的降解能力，以及过氧化物酶对五氯酚和腐殖酸前体的共聚合作用已得到证实（Morimoto 等,2000；Bhandariet 和 Xu,2001；Paaso 等,2002）。

在根际矿物质和腐殖质对污染物化学行为及降解的影响方面，大量研究表明，氧化铁在有机污染物的富集和降解过程中存在明显作用，如铁锰氧化物能催化酚类及苯胺类化合物的氧化，Fe^{3+} 可通过促进光解产物 HO· 的生成而催化阿特拉津的降解等（Ukrainczyk 和 McBride,1993；Maria 等,1998；Balmer 和 Sulzberger,1999）。Roper 等（1995）证实，高活性腐殖质能促进低活性污染物的聚合转化，土壤腐殖质成分对矿物催化的有机污染物转化过程也存在积极的作用。根际环境特别是湿生或水生植物根际，根－土界面氧化铁、锰胶膜的形成，以及根际土壤腐殖质组成的变化，无疑会对有机污染物的土壤化学行为产生影响（Macfie 和 Crowder,1987；Filip 和 Kubat,2001；Hansel 等,2001）。

③　根系对有机污染物的吸收和代谢

根系对有机污染物的吸收、代谢也是根际污染修复的可能机理之一。但这种作用与有机化合物的特有化学性质——辛醇－水分配系数（$\lg K_{ow}$）密切相关。已经证实，对于大部分疏水性较弱（$\lg K_{ow}$ 介于 0.5~3）的有机化合物而言，植物可以将其吸收并代谢，且这种代谢能力甚至可以诱导（Alkorta 和 Garbisu,2001）。进入根系中的这些污染物在植物体内各种酶系的参与下发生氧化、还原、水解、络合等一系列反应后，可最终转化降解成无毒物质，如许多高等植物可吸收苯酚，并在体内将其转化为复杂的化合物（酚糖苷等）而使其毒性消失。但对于疏水性较强（$\lg K_{ow} \geqslant 3$）的有机化合物而言，植物的吸收作用则相对微弱，受此类化合物污染的环境根际修复机理更主要的是与土壤理化及生物学性状在根际微域内的特殊性有关。

（4）　研究不足与亟待解决的问题

总的来说，目前有关有机污染胁迫下植物、土壤、微生物三者的交互作用对根际土壤生物化学效应的影响研究还很薄弱，多以根际环境中的根系分泌物如分泌强度及成分的细微变化导致根际微生物区系的极大差异从而诱发污染物在根际土壤中脱毒效应的改变为前提，以探明根际土壤中的微生物活性及数量变化与污染物消减的关系为最终目的，基本处于现象研究阶段。现有研究成果尚无法对有机污染物在根际的消减行为进行系统地诠释，往往将其简单地归结为降解作用，在降解过程中对结合残留态转化与腐殖化进程的剖析不深，对降解中间产物的鉴定也比较薄弱，在相关降解与形态转化的机理方面缺乏足够的认识。同时，就目前的研究现状看，从共代谢角度系统研究有机污染物的土壤生物化学过程的文献不多，相关根际中根系分泌物诱导的污染物共代谢降解过程更是鲜见报道。由于对根系分泌物中共代谢碳源和能源的分析鉴定还缺乏系统考虑，因此很难建立根系分泌物中不同共代谢碳源与不同有机污染物关系的选择优化理论。此外，对植物如何激发根际微生物促进有机污染物的脱毒转化的机理目前了解很少，对功能微生物的种类、功能基因和作用途径的多样性的探讨也极为薄弱，对功能菌群如何在根际进行空间分布并联合代谢有机污染物目前尚缺乏研究。

9.5 新技术在根际土壤生物化学研究中的应用

近年来，随着现代仪器分析技术和分子生物学新技术与新方法的引入，根际土壤生物化学研究快速发展，在污染物的根 – 土界面过程与分子机理方面取得了丰硕的成果，下面将介绍最新的相关研究技术与方法。

9.5.1 根际土壤的原位采集

由于根际的微域性特点，获取足够数量的根际土壤常常比较困难。早期工作一般采用的都是根际与根系结合的紧密程度，通过抖落的方式，粗略地区分和获取非根际土壤、根际土壤和根面土壤。人工轻轻抖落下来的土壤为非根际土壤，而未抖落松散地黏附在根表面的土壤为根际土，距离根为 $1 \sim 4$ mm，紧密黏着在根表面的土壤为根面土壤，距根表面为 $0 \sim 2$ mm。这种区分方法操作简单，不需要特殊的仪器设备。但有较强的主观性、经验性和随意性。一些研究者采用洗根法，也存在一些缺陷，主要是掺杂比较多的根系。

20 世纪 60 年代末，人们开始应用模拟装置进行根际研究，模拟装置的核心是应用某种允许养分和水分自由通过，而植物根系不能穿过的隔膜，将植物根系和土壤介质两者机械地分离开来，从而很容易地获取足够量的根际土壤。常见的装置如根袋、根垫、单隔层根箱、多隔层根箱等，下面介绍几种常用的技术。

1. 双段培养法

所谓双段培养法是通过营养液预培养阶段和土壤培养阶段，获得根际土壤（图 9 – 5）。第一阶段将植物种子置于网格上，在营养溶液中沿隔膜生长至形成层状根垫（图 9 – 5a）。之后进行土壤层的制备（图 9 – 5b），即先在一块 PVC 板中央挖出直径为 32 mm 的空间，并将 3 ~ 4 g 土壤置于其中，然后用另一块 PVC 板做承托，并用镊子夹紧。两块 PVC 板中间放置无灰分的滤纸，以吸收营养液。第二阶段为土壤培养阶段（图 9 – 5c）。即将图 9 – 5a 和图 9 – 5b 的装置整合，并通过滤纸吸收营养液到土壤层，以保证植物生长所需养分和水分的供应。因为土壤层与根垫通过隔膜及装置进行彼此分离，所以便于根际土壤的原位采集。

此法的优点在于：①将根系与土壤有效分离，可研究土壤 – 植物的交互效

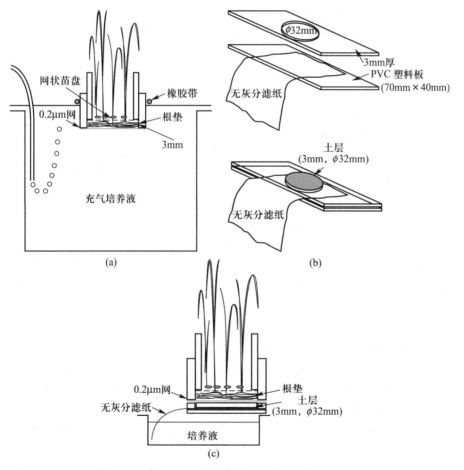

图 9 – 5　根际土壤双段培养法。（a）植物营养液生长预培养；（b）土壤层准备；（c）植物土壤生长（Luster 和 Finlay,2006）

应。②植物的生长不受土壤物理性状的影响。不足之处是根际土壤层一直被营养液所饱和，且无法对根层加以区分。

2. 垂直单隔层法

垂直单隔层法采用的装置包括植物生长和自动补水两部分（图9-6）。供植物生长的装置由两根PVC管构成，两根PVC管上下叠接，并通过一张25 μm的尼龙网彼此分隔。上管高40 mm，直径40 mm，下管又分为上部根际区域（高度13 mm）和下部非根际区域（高度27 mm），直径与上管相同。植物生长过程中所需水分的补给是通过毛细管作用实现的。

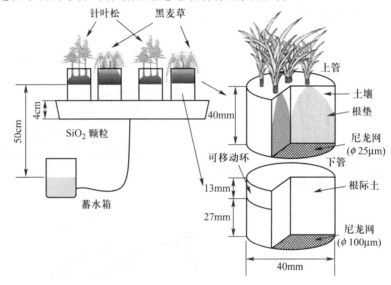

图9-6　垂直单隔层法（Chen等，2002）

Chen等（2002）采用垂直单隔层法研究了黑麦草和辐射松根际的土壤磷动态。此法的优点在于通过水势差调控毛细管作用，实现了水分的自动补给，因此有利于研究养分元素的根际动态，特别是垂直土体方向上的根际流。不足之处也是无法对根层加以区分。

3. 垂直单隔层联用冰冻切片法

垂直单隔层联用冰冻切片法采用的装置类似于上述的垂直单隔层法，也是由上（高160 mm，直径57 mm）、下（高40 mm，直径57 mm）两部分组成，并通过网布（30 μm）彼此分隔。至采样期，将位于下部PVC管的土体收获、冻干后采用切片机切成距根系不同距离的根际土壤切片（图9-7）。

Kuzyakov等（2003）采用垂直单隔层联用冰冻切片法研究了玉米根系分泌物在根际土壤中的周转与分布。此法的优点在于联用了切片机，可分离采集任何厚度大于0.1mm距离根系不同远近的根际土层。但由于样品在切片前需要冰冻，因此对于测定某些土壤生物化学指标的实验不适用。

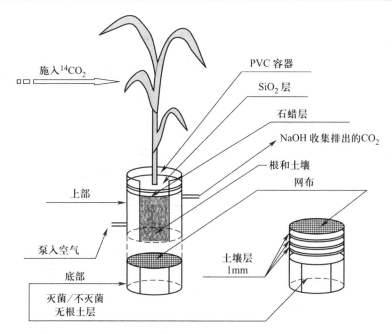

施入 $^{14}CO_2$

PVC 容器

SiO_2 层

石蜡层

NaOH 收集排出的 CO_2

根和土壤

网布

上部

泵入空气

底部

土壤层 1mm

灭菌/不灭菌 无根土层

图 9-7 垂直单隔层联用冰冻切片法（Kuzyakov 等,2003）

4. 水平多隔层法

根箱的设计在参考传统多隔层方法的基础上进行了改良（图 9-8）。该装置用 PVC 板加工制成，拼装组合后大小为 150 mm × 140 mm × 230 mm，可拆卸，包括中室（或根系生长室,20 mm 宽）、左土壤室及右土壤室（或左、右根围,各 60 mm 宽）三部分；中室为"U"形三面体，左、右土壤室为"U"形四面体；中室两边分别通过螺钉与左、右土壤室的右、左侧相连。在拼装整形的根箱中，紧贴中室两边的左右土壤室内插有 n 张由 < 25 μm 尼龙网制成的 1 mm 厚的插片。插片四周的支撑材质为 1 mm 厚的环氧印制电路板，这种先进工艺技术材料质地坚硬且膨胀系数远大于尼龙网，可确保任何湿度条件下插片厚度的精确性，严格控制各目标土层 1 mm 的厚度大小。通过 n 张插片的控制，可将植物根系限制于中室内生长，实现根际不同毫米级土壤的分别采集。这种设计在充分避免根系组织生长进入相邻土壤室、实现各目标土层间彼此物理分离的同时，又确保了土壤微生物及根系分泌物等的层间迁移活动。至取样期，可开箱并逐一抽出尼龙网插片，以便分离采集不同毫米级微域的根际土壤。

He 等（2005,2007,2009）采用水平多隔层法研究了有机污染物五氯酚在黑麦草毫米级根际微域中的消减行为。该法的优点在于：①在选材、插片等环节上进行精心考虑，避免了人为不可控因素、根系生长量大小及长短等植物不确定参数的影响。②首次实现了适用于有机污染物胁迫下土壤生物和生物化学性质测定的根际土壤毫米级微域的区分，具有比传统冰冻切割法无可替代的优

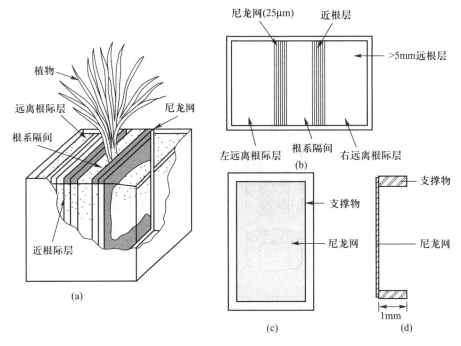

图 9 - 8　水平多隔层法。(a)根箱效果图；(b)根箱俯视图；(c)插片正视图；(d)插片侧视图(He 等,2005,2007,2009)

点，是对常规根际研究法的改进创新。

　　目前，紧贴根面的根际土壤采集仍没有很好的方法，这也是制约环境胁迫下，特别是污染胁迫下，根际土壤生物化学相关领域研究无法深入的根本原因，还需要改良和创新根际土壤取样技术及方法，实现根 - 土界面中不同毫米级土层间彼此物理分离的同时，确保土壤微生物及根系分泌物等的层间迁移活动。

9.5.2　根系分泌物的原位收集、分离与鉴定

　　根系分泌物的原位收集、分离和鉴定时，应遵循以下几个原则：①根据实验目的确定收集方法，即整体或局部定位的收集方法。②收集过程不能影响根系生长。③收集过程尽量维持根的自然生理状态。④收集过程应阻止微生物的分解作用。⑤提取根系分泌物时，应避免高温与长时间的操作，特别是用有机溶剂浸提。⑥分离根系分泌物时应尽量采用温和的提取剂。⑦收集或分离获得的根系分泌物样品应在 - 40 ℃以下冰冻保存。

　　根系分泌物收集方法很多，归纳起来，可分为三大类：①植物种植在无菌水或营养液中，分析释放到溶液中的物质。②植物种植在固体基质物上，然后淋洗培养介质，分析其成分。③碳同位素示踪检测法。一般流程如图 9 - 9 所示。

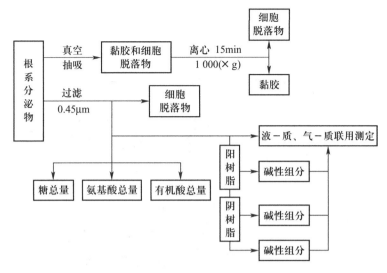

图 9 - 9　根系分泌物的收集、分离与鉴定流程

如图 9 - 10 所示为近年来研究中采用的根系分泌物收集方法的 3 个案例，属于第二类，即植物是种植在固体基质物上的，根系分泌物则通过淋洗培养介质后收集获得。整个收集装置密封，比较复杂，因此不易进行多处理实验。

真空微量探头原位提取根分泌物的方法是较新的技术，与土培根箱实验相结合，使根系分泌的提取过程几乎不干扰植物根系的生长（图 9 - 11）。此方法的优点在于：①非破坏性采样。②可进行重复测量。③具有空间分辨性，可用于研究根系分泌物在根际中的水平流或垂直流动态。④能与根箱实验结合，并可运用于田间实验。

不足之处是：①真空微量探头本身对收集的根系分泌物存在吸附作用的影响。②根际环境是一个三维空间，但采用真空微量探头仅能对此三维空间中的二维平面展开研究。③不适用于须根系植物的根系分泌物收集。④采样量少。⑤后续离子交换树脂膜或琼脂板分离处理过程烦琐。⑥真空微量探头在采集根系分泌物时也会同时非选择性地采集到部分土壤溶液成分，因此影响所收集到的根系分泌物的纯度。

鉴于根系分泌物原位收集和分离鉴定方面的缓慢进展现状，徐建明和何艳（2006）提出借鉴水溶性有机质研究法，采用根际土壤溶解性有机质（DOM）对环境胁迫下的抗性植物根系分泌物进行表征，并结合元素分析、FTIR、CP/MAS^{13}C - NMR、HPLC - MS 等手段，利用树脂联用和超滤膜分离方法，将根际 DOM 按亲水性和疏水性组分及相对分子质量的大小进行区分，并着重研究低相对分子质量（如小于 1000）的 DOM 组分（图9 - 12）。

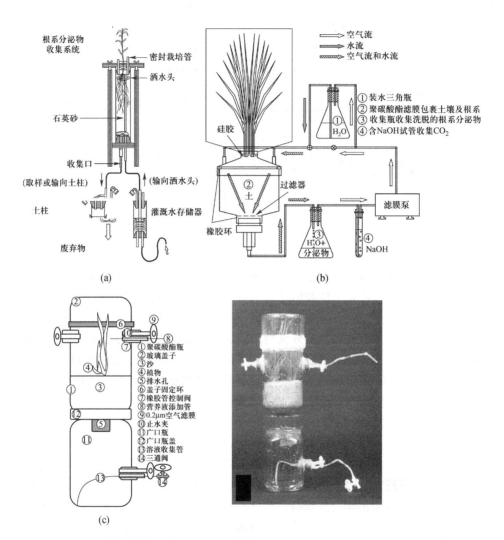

图 9-10　根系分泌物的收集方法。(a)案例一：Yoshitomi 和 Shann，2001；(b)案例二：Luster 和 Finlay，2006；(c)案例三：Treonis 等，2005

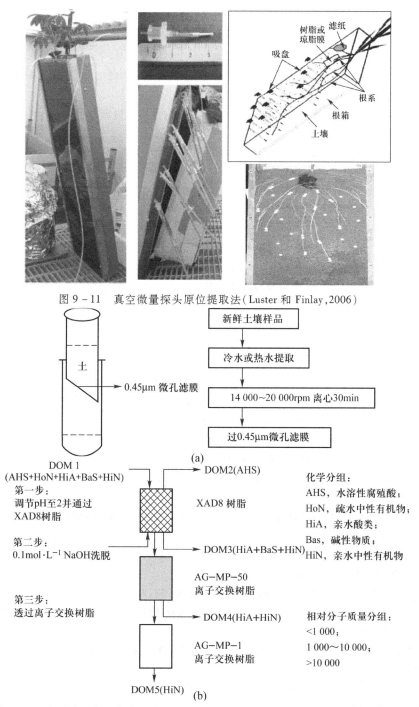

图 9 - 11　真空微量探头原位提取法（Luster 和 Finlay，2006）

图 9 - 12　根系分泌物收集与分离可选择的新途径。（a）根系分泌物的提取；（b）根系分泌物的分组

参 考 文 献

常学秀，段昌群，王焕校．2000．根分泌作用与植物对金属毒害的抗性．应用生态学报，11（2）：315－320．

陈英旭，林琦，陆芳，等．2000．有机酸对铅、镉植株危害的解毒作用研究．环境科学学报，20（4）：467－472．

戴树桂，董亮．1999．表面活性剂对受污染环境修复作用研究进展．上海环境科学，18（9）：420－424．

范洁群，冯固，李晓林．2006．有机磷杀虫剂——灭克磷对丛枝菌根真菌 *Glomus mosseae* 生长的效应．菌物学报，25（1）：125－130．

方程冉．2003．甲磺隆对根际微生物生态的影响及其降解规律研究．浙江大学硕士学位论文．

关松荫．1986．土壤酶及其研究法．北京：北京农业出版社．

何艳．2006．五氯酚的土水界面行为及其在毫米级微域中的消减作用．浙江大学博士学位论文．

何艳，徐建明，汪海珍，吴愉萍．2005．五氯酚（PCP）污染土壤模拟根际的修复．中国环境科学，25（5）：602－606．

旷远文，温达志，钟传文，2003．周国逸．根系分泌物及其在植物修复中的作用．植物生态学报，27（5）：709－717．

李传荣，许景伟，宋海燕，李春艳，郑莉，王卫东，王月海．2006．黄河三角洲滩地不同造林模式的土壤酶活性．植物生态学报，30：802－809．

李学垣．2001．土壤化学．北京：高等教育出版社．

林琦．2002．重金属污染土壤植物修复的根际机理．浙江大学博士学位论文．

林琦，陈英旭，陈怀满，郑春荣．2003．根系分泌物与重金属的化学行为研究．植物营养与肥料学报，9（4）：425－431．

刘志光，于天仁．1983．土壤电化学性质的研究．Ⅱ微电极方法在土壤研究中的应用．土壤学报，11：160－170．

陆文龙，曹一平，张福锁．1999．根分泌的有机酸对土壤磷和微量元素的活化作用．应用生态学报，10（3）：379－382．

陆雅海，张福锁．2006．根际微生物研究进展．土壤，38（2）：113－121．

沈宏，严小龙．2000．根系分泌物研究现状及其在农业环境领域的应用．农村生态环境，16（3）：51－54．

陶红群，李晓林，张俊伶．1998．丛枝菌根菌丝对重金属元素 Zn 和 Cd 吸收的研究．环境科学学报，5：545－548．

涂书新，孙锦荷，郭智芬，谷峰．2000．植物根系分泌物与根际营养关系评述．土壤与环境，9：64－67．

王宏镔，王焕校，文传浩．2002．镉处理下不同小麦品种几种解毒机制探讨．环境科学学报，22(4)：526 – 528.

王建林，刘芷宇 . 1991. 重金属在根际中的化学行为：土壤中铜吸附的根际效应 . 环境科学
　　学报，11(2)：178 – 185.

王曙光，林先贵，尹睿 . 2002. VA 菌根对土壤中 DEHP 降解的影响 . 环境科学学报，22
　　(3)：369 – 373.

王振宇，吕金印，李凤民，徐炳成 . 2006. 根际沉积及其在植物 – 土壤碳循环中的作用 . 应
　　用生态学报，17(10)：1963 – 1968.

魏树和，周启星，张凯松，梁继东 . 2003. 根际圈在污染土壤修复中的作用与机理分析 . 应
　　用生态学报，14(1)：143 – 147.

吴启堂 . 1993. 根系分泌物对镉生物有效性的影响 . 土壤，25：257 – 259.

徐建明，何艳 . 2006. 根 – 土界面的微生态过程与有机污染物的环境行为研究 . 土壤，38
　　(4)：353 – 358.

杨仁斌，曾清如，周细红，刘声扬 . 2000. 植物根系分泌物对铅锌尾矿污染土壤中重金属的
　　活化效应 . 农业环境保护，19(3)：152 – 155.

姚槐应，黄昌勇 . 2006. 土壤微生物生态学及其实验技术 . 北京：科学出版社 .

袁可能 . 1990. 土壤化学 . 北京：农业出版社 .

张福锁 . 1992. 根分泌物及其在植物营养中的作用(综述) . 北京农业大学学报，18(4)：
　　353 – 356.

张福锁 . 1993. 植物营养生态生理学和遗传学 . 北京：中国科学技术出版社 .

张福锁 . 1998. 环境胁迫与植物根际营养 . 北京：中国农业出版社 .

张玲，王焕校 . 2002. 镉胁迫下小麦根系分泌物的变化 . 生态学报，22(4)：496 – 502.

张晓健，瞿福平，何苗，顾夏声 . 1998. 易降解有机物对氯代芳香化合物好氧生物降解性能
　　的影响 . 环境科学，19(5)：25 – 28.

郑师章，乐毅全，吴辉，汪敏，赵大君 . 1994. 凤眼莲及其根际微生物共同代谢和协同降酚
　　机理的研究 . 应用生态学报，5(4)：403 – 408.

周启星，吴燕玉，熊先哲 . 1994. 重金属 Cd – Zn 对水稻的复合污染和生态效应 . 应用生态
　　学报，5(4)：438 – 441.

Alkorta I, Garbisu C. 2001. Phytoremediation of organic contaminants in soils. Bioresource Tech-
　　nology, 79：273 – 276.

Anderson T A, Coats J R. 1994. Bioremediation through Rhizosphere Technology. American Chemi-
　　cal Society, Washington D. C., pp. 93 – 99.

Anderson T A, Gunthrie E A, Walton B T. 1993. Bioremediation in the rhizosphere. Environmen-
　　tal Science and Technology, 27：2630 – 2636.

Andrew A M, John W G. 2000. Ectomycorrhizas-extending the capabilities of rhizosphere remedia-
　　tion? Soil Biology and Biochemistry, 32：1475 – 1484.

Aprill W, Sims R C. 1990. Evaluation of the use of prairie grasses for stimulating polycyclic aroma-
　　tic hydrocarbon treatment in soil. Chemosphere, 20：253 – 265.

Arthur E L, Perkovich B S, Anderson T A. 2000. Degradation of an atrazine and metolachlor herbicide mixture in pesticide-contaminated soils from two agrochemical dealerships in LOWA. Water Air and Soil Pollution, 119: 75 – 90.

Balmer M E, Sulzberger B. 1999. Atrazine degradationin irradiated iron/oxalate systems: Effects of pH and oxalate. Environmental Science and Technology, 33: 2418 – 2424.

Banks M K, Lee E, Schwab A P. 1999. Evaluation of dissipation mechanisms for benzo [a] pyrene in the rhizosphere of tall fescue. Journal of Environmental Quality, 28: 294 – 298.

Basu U, Basu A, Taylor G J. 1994. Differential exudation of polypeptides by roots of aluminum-resistant and sensitive cultivates of *Triticum aestivum* L. in response to aluminum stress. Plant Physiology, 106: 151 – 158.

Benizri E, Dedourge O, Dibattista – Leboeuf C, Piutti S, Nguyen C, Guckert A. 2002. Effect of maize rhizodeposits on soil microbial community structure. Applied Soil Ecology, 21: 261 – 265.

Bhandari A, Xu F X. 2001. Impact of peroxidase addition on the sorption-desorption behavior of phenolic contaminants in surface soils. Environmental Science and Technology, 35: 3163 – 3168.

Binet P, Portal J M, Leyval C. 2000. Dissipation of 3 – 6 – ring polycyclic aromatic hydrocarbons in the rhizosphere of ryegrass. Soil Biology and Biochemistry, 32: 2011 – 2017.

Binet P, Portal J M, Leyval C. 2001. Application of GC – MS to the study of anthracene disappearance in the rhizosphere of ryegrass. Organic Geochemistry, 32: 217 – 222.

Bligh E G, Dyer W J. 1959. A rapid method of total lipid extraction and purification. Canadian Journal of Biochemistry and Physiology, 37: 911 – 917.

Böhme L, Langer U, Böhme F. 2005. Microbial biomass, enzyme activities and microbial community structure in two European long-term field experiments. Agriculture Ecosystems and Environment, 109: 141 – 152.

Bollag J M. 1988. Laccase mediated detoxification of phenolic compounds. Applied and Environmental Microbiology, 54: 3086 – 3091.

Bossio D A, Scow K M. 1998. Impacts of carbon and flooding on soil microbial communities: Phospholipid fatty acid profiles and substrate utilization patterns. Microbial Ecology, 35: 265 – 278.

Butler J L, Williams M A, Bottomley P J, Myrold D D. 2003. Microbial community dynamics associated with rhizosphere carbon flow. Applied and Environmental Microbiology, 69: 6793 – 6800.

Chanmugathas P, Bollag J M. 1987. Microbial role in immobilization and subsequent mobilization of cadmium in soil suspensions. Soil Science Society of America Journal, 51: 1184 – 1191.

Chen C R, Condron L M, Davis M R, Sherlock R R. 2002. Phosphorus dynamics in the rhizosphere of perennial ryegrass (*Lolium perenne* L.) and radiata pine(*Pinus radiata* D. Don.). Soil Biology and Biochemistry, 34: 487 – 499.

Cieslinski G, Van Rees K C J, Szmigielska A M. 1998. Low molecular weight organic acids in rhizosphere soils of durum wheat and their effect on cadmium bioaccumulation. Plant and Soil, 203: 109 – 117.

Cieslinski G, Vanrees K C J, Szmigielska A M, Huang P M. 1997. Low molecular weight organic acids released from roots of durum wheat and flax into sterile nutrient solution. Journal of Plant

Nutrition, 20: 753 – 764.

Corgié S C, Beguiristain T, Leyval C. 2006. Profiling 16S bacterial DNA and RNA: Difference between community structure and transcriptional activity in phenanthrene polluted sand in the vicinity of plant roots. Soil Biology and Biochemistry, 38: 1545 – 1553.

Cunningham S D. 1995. Phytoremediation of contaminated soil. Trends in Biotechnology, 13: 393 – 397.

Curl E A, Truelove B. 1986. The Rhizosphere. Springer-Verlag: Berlin.

Daughney C J, Fein J B. 1998. Sorption of 2, 4, 6 – Trichlorophenol by Bacillus subtilis. Environmental Science and Technology, 32: 749 – 752.

Delhaize E. 1995. Genetic control and manipulation of root exudates. In: Johnsen C, Lee K K, Sharma K K, et al. (eds.). Genetic Manipulation of Crop Plants to Enhance Integrated Nutrient Management in Cropping System. ICR ISA T, India, pp. 145 – 152.

Diamantidis G, Effosse A, Potier P, Bally R. 2000. Purification and characterization of the first bacterial laccase in the rhizospheric bacterium *Azospirillum lipoferum*. Soil Biology and Biochemistry, 32: 919 – 927.

Dinkelaker B, Römheld V, Marschner H. 1989. Citric acid excretion and precipitation of calcium in the rhizosphere of white lupin (*Lupinus albus* L.). Plant, Cell and Environment, 12: 285 – 292.

Donnelly P K, Hedge R S, Fletcher J S. 1994. Growth of PCB-degrading bacteria on compounds from photosynthetic. Chemosphere, 28: 981 – 988.

Drenovsky R E, Elliott G N, Graham K J, Scow K M. 2004. Comparison of phospholipids fatty acid (PLFA) and total soil fatty acid methyl esters (TSFAME) for characterizing soil microbial communities. Soil Biology and Biochemistry, 36: 1793 – 1800.

Farrar J F, Hawes M, Jones D, Lindow S. 2003. How roots control the flux of carbon to the rhizosphere? Ecology, 84: 827 – 833.

Farrar J F, Jones D L. 2000. The control of carbon acquisition by roots. New Phytologist, 147: 43 – 53.

Fang C W, Radosevich M, Fuhrmann J J. 2001. Atrazine and phenanthrene degradation in grass rhizosphere soil. Soil Biology and Biochemistry, 33: 671 – 678.

Feng G, Song Y C, Li X L, Christie P. 2003. Contribution of arbuscular mycorrhizal fungi to utilization of organic sources of phosphorus by red clover on a calcareous soil. Applied Soil Ecology, 22: 139 – 148.

Feng G, Su Y B, Li X L, Wang H. 2002. Histochemical visualization of phosphatase released by arbuscular mycorrhiza fungi in soil. Journal of Plant Nutrition, 25: 969 – 980.

Fernandez S, Seoane S, Merino A. 1999. Plant heavy metal concentrations and soil biological properties in agricultural serpentine soils. Communications in Soil Science and Plant Analysis, 30: 1867 – 1884.

Ferro A M, Sims R C, Bugbee B. 1994. Hycrest crested wheatgrass accelerates the degradation of pentachlorophenol in soil. Journal of Environmental Quality, 23: 272 – 279.

Filip Z, Kubat J. 2001. Microbial utilization and transformation of humic substances extracted from soils of long-term field experiments. European Journal of Soil Biology, 37: 167 – 174.

Findlay R H. 1996. The use of phospholipid fatty acids to determine microbial community structure. In: Akkermans A D, van Elsas J D, de Bruijn F J (eds) . Molecular Microbial Ecology Manual. Norwell, Mass: Kluwer Academic Publishers, pp. 1 – 17.

Fletcher J S, Hedge R S. 1995. Release of phenols by perennial plant roots and their potential importance in bioremediation. Chemosphere, 31: 3009 – 3016.

Frostegård A, Tunlid A, Bååth E. 1993. Phospholipid fatty acid composition, biomass and activity of microbial communities from two soil types experimentally exposed to different heavy metals. Applied and Environmental Microbiology, 59: 3605 – 3617.

Gilbert E S, Crowley D E. 1997. Plant compounds that induce PCB biodegradation by Arthrobactor sp. Strain B. Applied and Environmental Microbiology, 63: 1933 – 1938.

Gordon M. 1998. Phytoremediation of trichloroethylene with hybrid poplars. Environmental Health Prospectives, 32: 1001 – 1004.

Grayston S J, Prescott C E. 2005. Microbial communities in forest floors under four tree species in coastal British Columbia. Soil Biology and Biochemistry, 37: 1157 – 1167.

Greipsson S. 1994. Effect of plaque on roots of rice on growth and metal concentration of seeds and plant tissues when cultivated in excess Cu. Communications in Soil Science and Plant Analysis, 25: 2761 – 2769.

Gries D, Brunn S, Crowley D E, Parker D R. 1995. Phytosiderophore release in relation to micronutrient metal deficiencies in barley. Plant and Soil, 172: 299 – 308.

Günther T, Dornberger U, Fritsche W. 1996. Effects of ryegrass on biodegradation of hydrocarbons in soil. Chemosphere, 33: 203 – 215.

Haack S K, Garchow H, Odelson D A, Forney L J, Klug M J. 1994. Accuracy, reproducibility, and interpretation of fatty acid methyl ester profiles of model bacterial communities. Applied and Environmental Microbiology, 60: 2483 – 2493.

Hackl E, Pfeffer M, Donat C, Bachmann G, Zechmeister-Boltenstern S. 2005. Composition of the microbial communities in the mineral soil under different types of natural forest. Soil Biology and Biochemistry, 37: 661 – 671.

Hamon R E, Lorenze S E, Holm P E, Christensen T H, McGrath S P. 1995. Changes in trace metal species and other components of the rhizosphere after growth of radish. Plant, Cell and Environment, 18: 749 – 756.

Hansel C M, Fendorf S, Sutton S, Newville M. 2001. Characterization of Fe plaque and associated metals on the roots of mine-waste impacted aquatic plants. Environmental Science and Technology, 35: 3863 – 3868.

Hanson P J, Edwards N T, Garten C T, et al. 2000. Separating root and soil microbial contributions to soil respiration: A review of methods and observations. Biogeochemistry, 48: 115 – 146.

Hartmann A, Schmid M, Wenzel W, Hinsinger P. 2005. Rhizosphere 2004 – Perspectives and Challenges – A Tribute to Lorenz Hiltner. Munich, Germany: GSF – National Research Center for Environment and Health.

He Y, Xu J M, Lv X F, Ma Z H, Wu J J, Shi J C. 2009. Does the depletion of pentachlorophe-
nol in root-soil interface follow a simple linear dependence on the distance to root surfaces? Soil
Biology and Biochemistry, 41: 1807 – 1813.

He Y, Xu J M, Ma Z H, Wang H Z, Wu Y P. 2007. Profiling of PLFA: Implications for nonlin-
ear spatial gradient of PCP degradation in the vicinity of *Lolium perenne* L. roots. Soil Biology and
Biochemistry, 39: 1121 – 1129.

He Y, Xu J M, Tang C X, Wu Y P. 2005. Facilitation of pentachlorophenol degradation in the
rhizosphere of ryegrass (*Lolium perenne* L.). Soil Biology and Biochemistry, 37: 2017 – 2024.

Heinrich D. 1985. Chemotactic attraction of Azospirillum lipoferum by wheat roots and characteriza-
tion. Canadian Journal of Microbiology, 31: 26 – 31.

Hiltner L U. 1904. Neuere erfahrungen und probleme dufdem gebietder bodenbakteriologie und unter be-
sondererberu cksichtigung der grundungung und brache. Arb Dtsch Land Wirt. Ges, 98: 59 – 78.

Hütcsh W B, Augustin J, Merbach W. 2002. Plant rhizodeposition: An important source for car-
bon turnover in soils. Journal of Plant Nutrition and Soil Science, 165: 397 – 407.

Huang J W, Blaylock M J, Kapulnik Y, Ensley B D. 1998. Phytoremediation of Uranium contami-
nated soils: Role of organic acid in triggering Uranium hyperaccumulation in
plant. Environmental Science and Technology, 32: 2004 – 2008.

Huang X D, Ei-alawi Y, Penrose D M, et al. 2004a. A multi-process phytoremediation system for
removal of polycyclic aromatic hydrocarbons from contaminated soils. Environmental Pollu-
tion. 130: 465 – 476.

Huang X D, Ei-alawi Y, Penrose D M, et al. 2004b. Responses of three grass species to creosote
during phytoremediation. Environmental Pollution. 130: 453 – 463.

Johnson D L, Anderson D R, Mcgrath S P. 2005. Soil microbial response during the phytoremedia-
tion of a PAH contaminated soil. Soil Biology and Biochemistry, 37: 2334 – 2336.

Joner E J, Corgie S C, Amellal N, Leyval C. 2002. Nutritional constraints to degradation of polycy-
clic aromatic hydrocarbons in a simulated rhizosphere. Soil Biology and Biochemistry, 34: 859 –
864.

Joner E J, Jonansen A, Loibner A P, et al. 2001. Rhizosphere effects on microbial community
structure and dissipation and toxicity of polycyclic aromatic hydrocarbons (PAHs) in spiked
soil. Environmental Science and Technology, 35: 2773 – 2777.

Joner E J, Leyval C, Colpaert J V. 2006. Ectomycorrhizas impede phytoremediation of polycyclic
aromatic hydrocarbons(PAHs) both within and beyond the rhizosphere. Environmental Pollution,
142: 34 – 38.

Jones D L, Darrah P R. 1993. Re-sorption of organic compounds by roots of *Zea mays* L. and its
consequences in the rhizosphere Ⅱ. Experimental and model evidence for simultaneous exudation
and re-sorption of soluble C compounds. Plant and Soil, 153: 47 – 59.

Jones D L, Darrah P R, Kochian L V. 1996. Critical evaluation of organic acid mediated iron disso-
lution in the rhizosphere and its potential role in root iron uptake. Plant and Soil, 180: 57 – 66.

Kandeler E, Kampichler C, Horak O. 1996. Influence of heavy metals on the functional diversity of soil microbial communities. Biology and Fertility of Soils, 23: 299 – 306.

Kates M. 1982. Techniques in lipidology. Isolation, analysis and identification of lipids. New York: Elsevier.

Kilibanov A M. 1981. Horseradish peroxidase for the removal of carcinogenic aromatic amines from water. Enzyme and Microbial Technology, 3: 119 – 121.

Kirk J L, Klironomos J N, Lee H, Trevors J T. 2005. The effects of perennial ryegrass and alfalfa on microbial abundance and diversity in petroleum contaminated soil. Environmental Pollution, 133: 455 – 465.

Kludze H K, DeLaune R D. 1994. Methane emissions and growth of Spartina patens in response to soil redox intensity. Soil Science Society of America Journal, 58: 1838 – 1845.

Krishnamurti G S R, Cieslinski G, Huang P M, Van Rees K C J. 1997. Kinetics of cadmium release from soils as influenced by organic acids: Implication in cadmium availability. Journal of Environmental Quality, 26: 271 – 277.

Krutz L J, Beyrouty C A, Gentry T J, et al. 2005. Selective enrichment of a pyrene degrader population and enhanced pyrene degradation in Bermuda grass rhizosphere. Biology and Fertility of Soils, 41: 359 – 364.

Kuzyakov Y, Raskatov A V, Kaupenjohann M. 2005. Turnover and distribution of root exudates of Zea mays. Plant and Soil, 254: 317 – 327.

Lappin H M, Greaves M P, Slater J P. 1985. Degradation of the herbicide Mecoprop [2 – (2 – methyl – 4 – chlorphenoxy) propionic acid] by a synergistic microbial community. Applied and Environmental Microbiology, 49: 429 – 433.

Leigh M B, Fletcher J S, Fu X O, Schmitz F J. 2002. Root turnover: An important source of microbial substrates in rhizosphere remediation of recalcitrant contaminants. Environmental Science and Technology, 36: 1579 – 1583.

Li H, Luo Y M, Song J, et al. 2006. Degradation of benzo[a]pyrene in an experimentally contaminated paddy soil by vetiver grass(Vetiveria zizanioides). Environmental Geochemistry and Health, 28: 183 – 188.

Li X L, Christie P. 2001. Changes in soil solution Zn and pH and uptake of Zn by arbuscular mycorrhizal red clover in Zn-contaminated soil. Chemosphere, 42: 201 – 207.

Li X L, George E, Marschner H. 1991. Extension of the phosphorus depletion zone in VA – mycorrhizal white clover in a calcareous soil. Plant and Soil, 136: 41 – 48.

Li X L, George E, Marschner H, Zhang J. 1997. Phosphorus acquisition from compacted soil by hyphae of a mycorrhizal fungus associated with red clover (Trifolium pratense L.). Canadian Journal of Botany, 75: 723 – 729.

Li Z J, Xu J M, Muhammad A, Ma G R. 2005. Effect of bound residues of metsulfuron – methyl in soil on rice growth. Chemosphere, 58: 1177 – 1183.

Lu Y, Abraham W R, Conrad R. 2007. Spatial variation of active microbiota in the rice rhizosphere revealed by in situ stable isotope probing of phospholipid fatty acids. Environmental Microbiology, 9: 474 – 481.

Lu Y, Conrad R. 2005. In situ stable isotope probing of methanogenic archaea in the rice rhizosphere. Science, 309: 1088 – 1090.

Lu Y, Murase J, Watanabe A, Sugimoto A, Kimura M. 2004. Linking microbialcommunity dynamics to rhizosphere carbon flow in a wetland rice soil. FEMS Microbiology Ecology, 48: 179 – 186.

Luster J, Finlay R. 2006. Handbook of Methods used in Rhizosphere Research – Online Edition. [http//www. rhizo. at/handbook].

Lynch J M, Whipps J M. 1990. Substrate flow in the rhizosphere. Plant and Soil, 129: 1 – 10.

Ma J F, Hiradate S, Nomoto K. 1997. Internal detoxification mechanism of Al in hydrangea – Identification of Al form in the leaves. Plant Physiology, 113: 1033 – 1039.

Macfie S M, Crowder A A. 1987. Soil factors influencing ferric hydroxide plaque formation on roots of *Tyoha Latifolia* L. Plant and Soil, 12: 177 – 184.

Mallick K, Bharati K. 1999. Bacterial degradation of chlorpyrifos in pure cultures and in soil. Bulletin of Environmental Contamination and Toxicology, 62: 48 – 54.

Maria D R P, Ruggiero P, Crecchio C, Mascolo G. 1998. Oxidation of chloroanilines at metal oxide surfaces. Journal of Agricultural and Food Chemistry, 46: 2049 – 2054.

Marschner H. 1998. Soil – root interface: Biological and biochemical processes. In: Huang P M, Adriano D C, Logan T J, Checkai R T, (eds.). Soil Chemistry and Ecosystem Health. WI: Madison, pp. 191 – 231.

Marschner P, Crowley D E, Higashi R M. 1997. Root exudation and physiological status of a root-colonizing fluorescent pseudomonad in mycorrhizal and non mycorrhizal peper(*Capsicum annuum* L.). Plant and Soil, 189: 11 – 20.

McKinley V L, Peacock A D, White D C. 2005. Microbial community PLFA and PHB responses to ecosystem restoration in tall grass prairie soils. Soil Biology and Biochemistry, 37: 1946 – 1958.

Mench M, Martin E. 1991. Mobilization of cadmium and other metals from two soils by root exudates of *Zea mays* L. , *Nicotiana tabacum* L. and *Nicotiana rustica* L. . Plant and Soil, 132: 187 – 196.

Merckx R, Ginkel J H V, Sinnaeve J, Cremers A. 1986. Plant induced-changes in the rhizosphere of maize and wheat Ⅱ. Complexation of cobalt, zinc and manganese in the rhizosphere of maize and wheat. Plant and Soil, 96: 95 – 97.

Miya R K, Firestone M K. 2000. Phenanthrene-degrader community dynamics in rhizosphere soil from a common annual grass. Journal of Environmental Quality. 29: 584 – 592.

Morimoto K, Tatsumi K, Kuroda K J. 2000. Peroxides catalyzed co-polymerization of pentachlorophenol and a potential humic precursor. Soil Biology and Biochemistry, 32: 1071 – 1107.

Muratova A, Hubner T, Tischer S, et al. 2003. Plant – rhizosphere microflora association during phytoremediation of PAH-contaminated soil. International Journal of Phytoremediation, 5: 137 – 151.

Newman L A, Strand S E, Choe N, Duffy J, Ekuan G, Ruszaj M, Shurtleff B B, Wilmoth J, Heilman P, Gordon M P. 1997. Uptake and transformation of trichloroethylene by hybrid poplar. Environmental Science and Technology, 31: 1062 – 1067.

Nichols T D, Wolf D C, Rogers H B, Beyrouty C A, Reynolds C M. 1997. Rhizosphere microbial populations in contaminated soils. Water, Air and Soil Pollution, 95: 165 – 178.

Nielsen P, Petersen S O. 2000. Ester-linked polar lipid fatty acid profiles of soil microbial communities: A comparison of extraction methods and evaluation of interference from humic acids. Soil Biology and Biochemistry, 32: 1241 – 1249.

Otte M L, Kearns C C, Doyle M O. 1995. Accumulation of arsenic and zinc in the rhizosphere of wetland plants. Bulletin of Environmental Contamination and Toxicology, 55: 154 – 161.

Paaso N, Peuravuori J, Lehtonen T, Pihlaja K. 2002. Sediment-dissolved organic matter equilibrium partitioning of pentachlorophenol: The role of humic matter. Environment International, 28: 173 – 183.

Parrish Z D, Banks M K, Schwab A P. 2005. Effect of root death and decay on dissipation of polycyclic aromatic hydrocarbons in the rhizosphere of yellow sweet clover and tall fescue. Journal of Environmental quality, 34: 207 – 216.

Radajewski S, Ineson P, Parekh N R, Murrell J C. 2000. Stable-isotope probing as a tool in microbial ecology. Nature, 403: 646 – 649.

Radersma S, Grierson P F. 2004. Phosphorus mobilization in agroforestry: Organic anions, phosphatase activity and phosphorus fractions in the rhizosphere. Plant and Soil, 259: 209 – 219.

Ramsey P W, Rillig M C, Feris K P, Holben W E, Gannon J E. 2006. Choice of methods for soil microbial community analysis: PLFA maximizes power compared to CLPP and PCR-based approaches. Pedobiologia, 50: 275 – 280.

Reilley K A, Banks M K, Schwab A P. 1996. Dissipation of polycyclic aromatic hydrocarbons in the rhizosphere. Journal of Environmental Quality, 25: 212 – 219.

Reza M, Shiv O P, Darakhshan A. 2002. Rhizosphere effects of alfalfa on biotransformation of polychlorinated biphenyls in a contaminated soil augmented with *sinorhizobium meliloti*. Process Biochemistry, 37: 955 – 963.

Robinson S L, Novak J T, Widdowson M A, et al. 2003. Field and laboratory evaluation of the impact of tall fescue on polyaromatic hydrocarbon degradation in an aged crestote-contaminated surface soil. Journal of Environmental Engineering – Asce. 129: 232 – 240.

Roper J C, Sarkar J M, Dec J, Bollag J M. 1995. Enhanced enzymatic removal of chlorophenols in the presence of co-substrates. Water Research, 29: 2720 – 2724.

Roy D. 1997. Soil washing potential of a natural surfactant. Environmental Science and Technology, 31: 670 – 675.

Rugh C L, Susilawati E, Kravchenko A N, et al. 2005. Biodegrader metabolic expansion during polyaromatic hydrocarbons rhizoremediation. Zeitschrift Fur Naturforschung C – A Journal of Biosciences, 60: 331 – 339.

Sandmann E R. 1984. Enumeration of 2, 4 - D - degrading microorganism in soils and crop plant rhizosphere using indicator media: high populations associated with sugarcane(*Saccharum officinaram*). Chemosphere, 13: 1073 - 1084.

Schnoor J L, Light L A, McCutchem S C, Wolfe N L, Carreira, L H. 1995. Phytoremediation of organic and nutrient contaminants. Environmental Science and Technology, 29: 318A - 324A.

Scott J T, Condron L M. 2003. Dynamics and availability of phosphorus in the rhizosphere of a temperate silvopastoral system. Biology and Fertility of Soil, 39: 65 - 73.

Shawa L J, Burns R G. 2005. Rhizodeposits of *Trifolium pratense* and *Lolium perenne*: Their comparative effects on 2, 4 - D mineralization in two contrasting soils. Soil Biology and Biochemistry, 37: 995 - 1002.

Shen J B, Li H, Neumann G, Zhang F. 2005. Nutrient uptake, cluster root formation and exudation of protons and citrate in *Lupinus albus* as afected by localized supply of phosphorus in a split-root system. Plant Science, 168: 837 - 845.

Shen J B, Rengel Z, Tang C X, Zhang F S. 2003. Role of phosphorus nutrition in development of cluster roots and release of carboxylates in soil-grown *Lupinus albus*. Plant and Soil, 248: 199 - 206.

Shen J B, Tang C X, Rengel Z, Zhang F S. 2004. Root-induced acidification and excess cation uptake up by N_2-fixing *Lupinus albus* grown in phosphorus-deficient soil. Plant and Soil, 260: 69 - 77.

Steer J, Harris J A. 2000. Shift in the microbial community in rhizosphere and non-rhizosphere soils during the growth of a grostis stolonifera. Soil Biology and Chemistry, 32: 869 - 878.

Swinnen J, Van Veen J A, Merckx R. 1994a. [14]C pulse-labelling of field-grown spring wheat: an evaluation of its use in rhizosphere carbon budget estimations. Soil Biology and Biochemistry, 26: 161 - 170.

Swinnen J, Van Veen J A, Merckx R. 1994b. [14]C pulse-labelling of field - grown spring wheat: model calculations based on ^{14}C partitioning after pulse-labelling. Soil Biology and Biochemistry, 26: 171 - 182.

Treonis A M, Grayston S J, Murray P J, Dawson L. 2005. Effects of root feeding, cranefly larvae on soil microorganisms and the composition of rhizosphere solutions collected from grassland plants. Applied Soil Ecology, 28: 203 - 215.

Treonis A M, Ostle N J, Stott A W, Primrose R, Grayston S J, Ineson P. 2004. Identification of metabolically-active rhizosphere microorganisms by stable isotope probing of PLFAs. Soil Biology and Biochemistry, 36: 533 - 537.

Trivedt P, Axe L. 2000. Modeling Cd and Zn sorption to hydrous metal oxides. Environmental Science and Technology, 34: 2215 - 2223.

Tunlid A, Barid B H, Trexler M B, Olsson S, Odham G, White D C. 1985. Determination of phospholipids ester-linked fatty acid and poly $- \beta -$ hydroxybutyrate for the stimulation of bacterial biomass and activity in the rhizosphere of the rape plant *Brassica napus*(L.). Canadian Journal of Microbiology, 31: 1113 – 1119.

Ukrainczyk L, McBride M B. 1993. Oxidation and dechlorination of chlorophenols in dilute aqueous suspensions of manganese oxides: Reaction products. Environmental Toxicology and Chemistry, 12: 2015 – 2022.

Walton B T, Anderson T A. 1990. Microbial degradation of trichloroethylene in the rhizosphere: Potential application to biological remediation of waste sites. Applied and Environmental Microbiology, 56: 1012 – 1016.

White D C, Davis W M, Nickels J S, King J D, Bobbie R J. 1979. Determination of the sedimentary microbial biomass by extractible lipid phosphate. Oecologia, 40: 51 – 62.

Whiting S N, DeSouza M P, Terry N. 2001. Rhizosphere bacteria mobilize Zn for hyperaccumulation by Thlaspi caerulescens. Environmental Science and Technology, 35: 3144 – 3150.

Wilson S C, Jones K C. 1993. Bioremediation of soil contaminated with PAHs: A review. Environmental pollution, 81: 229 – 249.

Xian X F. 1989. Effect of chemical forms of cadmium, zinc and lead in polluted soil on their uptake by cabbage plants. Plant and Soil, 113: 257 – 264.

Xu J, Li Z, Wang H. 2005. Changes in microbial community diversity in rhizosphere of rice(Oryza sativa L.) stressed by bound redisues of metsulfuron-methyl in soil. In: Li C J, et al (eds). Plant Nutrition for Food Security, Human Health and Environmental Protection. Tsinghua University Press: Beijing, China, pp. 748 – 749.

Yao Q, Li X L, Ai W D, Christie P. 2003. Bi-directional transfer of phosphorus between red clover and perennial ryegrass via arbuscular mycorrhizal hyphal links. European Journal of Soil Biology, 39: 47 – 54.

Ye Z H, Baker A J M, Wong M H, Willis A J. 1998. Zinc, lead and cadmium accumulation and tolerance in Typha latifolia as affected by iron plaque on the root surface. Aquatic Botany, 61: 55 – 67.

Ye Z H, Cheung K C, Wong M H. 2001. Copper uptake in Typha Latifolia as affected by iron and manganese plaque on the root surface. Canadian Journal of Botany, 79: 314 – 320.

Yoshitomi K J, Shann J R. 2001. Corn (Zea mays L.) root exudates and their impact on ^{14}C-pyrene mineralization. Soil Biology and Biochemistry, 33: 1769 – 1776.

Yuhuda Z, Shenker M, Romheld V, Marschner H, Hadar Y, Chen Y. 1996. The role of ligand exchange in the uptake of iron microbial siderophores by gramineous plants. Plant Physiology, 112: 1273 – 1280.

Zhang F S, Ma J, Cao Y P. 1997. Phosphorus deficiency enhances root exudation of low-molecular weight organic acids and utilization of sparingly solube inorganic phosphates by radish(Raghanus satiuvs L.) and rape(Brassica napus L.)plants. Plant and Soil, 196: 261 – 264.

Zhang F S, Römheld V, Marschner H. 1991a. Mobilization of iron by phytosiderophores as affected by other micronutrients. Plant and Soil, 130: 173 – 178.

Zhang F S, Römheld V, Marschner H. 1991b. Diurnal pattern in release of phytosiderophores and uptake rate of zinc in iron deficient and iron sufficient wheat. Soil Science and Plant Nutrition ,

37：671 – 678.

Zhang X K, Yi C L, Zhang F S, 1999a. Iron accumulation in root apoplasm of dicotyledonous and graminaceous species grown on calcareous soil. New Phytologist, 141：27 – 31.

Zhang X, Zhang F, Mao D. 1998. Effect of Fe plaque outside roots on nutrient uptake by rice(*Oryza sativa* L.)：Zinc uptake. Plant and Soil, 202：33 – 39.

Zhang X K, Zhang F S, Mao D R. 1999b. Effect of iron plaque on nutrient uptake by rice (*Oryza sativa L.*)：Zinc uptake. Plant and Soil, 202：33 – 39.

Zhang X K, Zhang F S, Mao D R. 1999c. Effect of iron plaque outside roots on nutrient uptake by rice (*Oryza sativa L.*)：Phosphorus uptake. Plant and Soil, 209：187 – 192.

Zheng Z, Sheth U, Nadig M. 2001. A model for the role of the proline-linked pentose phosphate pathway in polymeric dye-tolerance in oregano. Process Biochemistry, 36：941 – 946.

索　引

W

X

Y

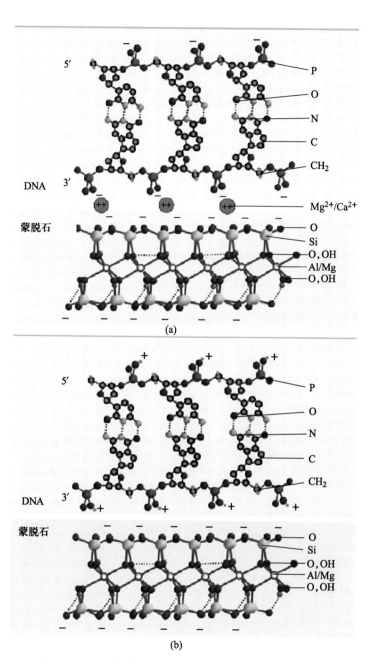

图 3 - 9　pH 对胞外 DNA 在蒙脱石表面吸附机理的影响。

（a）pH ＞ 5；（b）pH ＜ 5（Levy-Booth 等，2007）

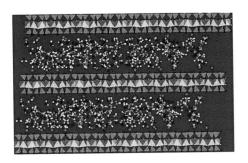

图 3 - 10　Na - 蒙脱石与插入层间的单链
DNA 原子结构图(Beall 等,2009)

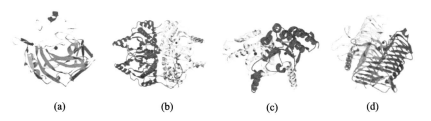

(a)　　　　　(b)　　　　　(c)　　　　　(d)

图 4 - 24　α、β、γ 组碳酸酐酶晶体结构的条带图。红色球状表示 Zn^{2+} 所在的活性中心,
不同颜色表示 β、γ 组中的不同亚单元单体。(a)α 组,人类 CA;(b)β 组,红藻 CA;
(c)β 组,大肠杆菌 CA;(d)γ 组,嗜热甲烷八叠球菌 CA (Tripp 等, 2001)

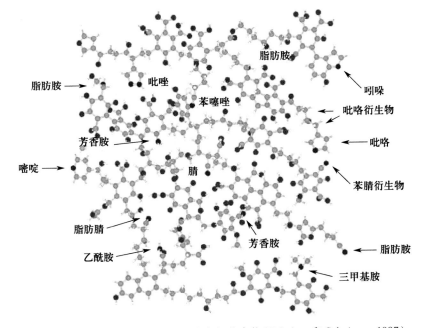

图 5 - 2　土壤腐殖质结构模拟图及含氮化合物(Schulten 和 Schnitzer,1997)

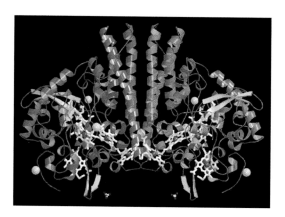

图 5 - 14 细胞色素 c 亚硝酸还原酶 NrfA(二聚型)的结构全貌。分离自产琥珀酸沃廉菌，红色和蓝色部分表示 2 个单体，白色部分表示亚铁血红素(紫色球是其中心离子)。活性中心被 SO_4^{2-} 占据，灰色球是 Ca^{2+}。粉红色球是结晶缓冲液中的 Y^{3+}

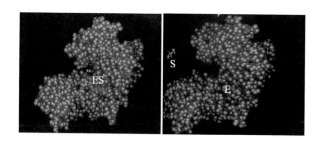

图 8 - 11 Mn^{3+} 中间体扩散(S 为底物 Mn^{3+},E 为酶)

郑重声明

高等教育出版社依法对本书享有专有出版权。任何未经许可的复制、销售行为均违反《中华人民共和国著作权法》，其行为人将承担相应的民事责任和行政责任；构成犯罪的，将被依法追究刑事责任。为了维护市场秩序，保护读者的合法权益，避免读者误用盗版书造成不良后果，我社将配合行政执法部门和司法机关对违法犯罪的单位和个人进行严厉打击。社会各界人士如发现上述侵权行为，希望及时举报，本社将奖励举报有功人员。

反盗版举报电话　（010）58581897　58582371　58581879

反盗版举报传真　（010）82086060

反盗版举报邮箱　dd@hep.com.cn

通信地址　北京市西城区德外大街4号　高等教育出版社法务部

邮政编码　100120